Michael Jischa

**Konvektiver Impuls-,
Wärme- und Stoffaustausch**

Grundlagen der Ingenieurwissenschaften

herausgegeben von
Wilfried B. Krätzig
Theodor Lehmann
Oskar Mahrenholtz

Michael Jischa

Konvektiver Impuls-, Wärme- und Stoffaustausch

Mit 113 Bildern

Springer Fachmedien Wiesbaden GmbH

CIP-Kurztitelaufnahme der Deutschen Bibliothek

Jischa, Michael:
Konvektiver Impuls-, Wärme- und Stoffaustausch /
Michael Jischa.

(Grundlagen der Ingenieurwissenschaften)
ISBN 978-3-322-91591-7   ISBN 978-3-322-91590-0 (eBook)
DOI 10.1007/978-3-322-91590-0

Dr.-Ing. *Michael Jischa* ist Professor für Mechanik an der
Technischen Universität Clausthal.

Verlagsredaktion: *Alfred Schubert*

Umschlaggestaltung: Hanswerner Klein, Leverkusen
Satz: Dr. Habering, Frankfurt

ISBN 978-3-322-91591-7

Inhaltsverzeichnis

Vorwort

Mit diesem Buch soll Studenten des Maschinenbaus, der Verfahrenstechnik und verwandter Richtungen eine Einführung in das Gebiet des Impuls-, Wärme- und Stoffaustausches gegeben werden. Vorlesungen dieser Art werden üblicherweise nach dem Vorexamen abgehalten, so daß Grundkenntnisse in Strömungsmechanik und Thermodynamik vorausgesetzt werden können. Das Buch basiert weitgehend auf Vorlesungen, die ich an der Ruhr-Univ. Bochum, der Univ. Essen-GH sowie am Technion, Israel Institute of Technology in Haifa, gehalten habe. Es soll ein Lehrbuch und kein Handbuch sein. Eine ohnehin nicht erreichbare Vollständigkeit wird nicht angestrebt. Die Stoffauswahl erfolgte nach den Kriterien: Was ist für das Verständnis wichtig? Welches sind charakteristische Resultate? Welches sind charakteristische Lösungsverfahren?

Dem Charakter des Buches entsprechend wird auf eine umfangreiche Auflistung von Gebrauchsformeln verzichtet. Nachschlagewerke wie der VDI-Wärmeatlas können und sollen durch ein Lehrbuch nicht ersetzt werden. Dies mögen Anwender und Kritiker nicht übersehen.

Das erste Kapitel ist der Herleitung der Bilanzgleichungen gewidmet. Dies geschieht recht ausführlich, da nur das Vertrautsein mit den Grundlagen den Benutzer vor einer unkritischen oder gar falschen Anwendung der grundlegenden Beziehungen schützt. Die Bilanzgleichungen werden in der indizierten Tensornotation geschrieben. Darüber mag man geteilter Meinung sein, da bei späteren Anwendungen ohnehin koordinatenweise ausgeschrieben wird. Für das Studium neuerer Literatur und weiterführender Bücher ist es jedoch unumgänglich, die indizierte Tensornotation zu beherrschen. Das wird in diesem Buch besonders bei der Behandlung der turbulenten Strömungen deutlich.

Die folgenden drei Kapitel behandeln die molekularen Austauschvorgänge von Impuls, Energie und Materie, sie sind daher auf laminare Strömungen beschränkt. Am Anfang steht dabei die Behandlung des Impulsaustausches, da konvektive Wärme- und Stoffaustauschvorgänge immer mit gleichzeitigem Impulsaustausch verknüpft sind. Es werden analytische Lösungen (die ausgebildete Rohr- und Kanalströmung), ähnliche Lösungen der Grenzschicht-Gleichungen sowie Näherungslösungen mit Integralbedingungen behandelt. Letztere spielen bei vielen Anwendungen nach wie vor eine wichtige Rolle.

Die beiden letzten Kapitel sind den für die Praxis besonders wichtigen turbulenten Austauschvorgängen gewidmet. Sie werden ihrer Bedeutung gemäß entsprechend ausführlich behandelt. Das fünfte Kapitel ist besonders breit angelegt, da die ersten Abschnitte dieses Kapitels eine Einführung in die Theorie turbulenter Strömungen darstellen.

Mit dieser Übersicht ist auch deutlich geworden, was das Buch nicht enthält. Das sind die Gebiete Wärmeleitung und Diffusion in ruhenden Systemen, Wärmestrahlung, Austauschvorgänge mit Phasenänderung (Verdampfung und Kondensation), Mehrphasenströmungen, Nicht-Newtonsche Fluide, um nur die wichtigsten nichtberücksichtigten Bereiche zu nennen. Weiterhin wird die Ähnlichkeitstheorie nicht diskutiert, die dann von Bedeutung ist, wenn die das Problem beschreibenden Bilanzgleichungen entweder nicht bekannt oder zu schwierig zu formulieren sind. Sind diese dagegen bekannt, so lassen sich die jeweiligen Kennzahlen aus den Bilanzgleichungen gewinnen. Das ist anschaulich und wird vorgezogen.

In den Text sind Aufgaben eingestreut, die als Bestandteil desselben angesehen werden sollen. Am Ende eines jeden Kapitels wird Literatur zum Weiterstudium angegeben. Dabei handelt es sich ausschließlich um Bücher, Handbuchartikel, Tagungsberichte oder zusammenfassende Darstellungen. Es wäre ein leichtes, „mit spottbilliger Gelehrsamkeit zu prunken" (Werfel) und Dutzende von Originalarbeiten anzuführen. Dem Fachmann würde dadurch nichts Neues geboten, und der Anfänger würde verwirrt werden. Originalarbeiten werden (als Fußnoten) nur spärlich angegeben.

Meinen akademischen Lehrern, Alfred Walz und Karl Stephan, ist dieses Buch in hohem Maße verpflichtet. Es läßt sich durch Fußnoten nicht belegen, wieviel Anregungen ich während meiner Tätigkeit am Lehrgebiet für Angewandte Grenzschichttheorie der Univ. (TH) Karlsruhe und am Lehrstuhl für Überschalltechnik der TU Berlin gemeinsam mit Professor Dr.-Ing. A. Walz sowie am Lehrstuhl für Wärme- und Stoffübertragung im Institut für Thermo- und Fluiddynamik der Ruhr-Universität Bochum gemeinsam mit Professor Dr.-Ing. K. Stephan sammeln konnte, ohne die dieses Buch nicht entstanden wäre.

Mein Dank gilt weiterhin einer Reihe von Freunden und Kollegen, die das Manuskript kritisch durchgesehen und manche Verbesserungsvorschläge gemacht haben. Hier möchte ich besonders Prof. Dr.-Ing. B. Gampert (Essen), Prof. Dr.-Ing. N. Peters (Aachen), Prof. Dr.-Ing. J. Siekmann (Essen) sowie Privatdozent Dr.-Ing. Vasanta Ram (Bochum) erwähnen. Desweiteren haben mich meine (teilweise ehemaligen) Mitarbeiter T. Abdelhafez, L. Hackler, Dr.-Ing. R. Härtnagel, Dr.-Ing. K. Homann, Dr.-Ing. H. B. Rieke und P. Wagner in vielfältiger Weise und insbesondere beim Korrekturlesen dankenswerterweise unterstützt. Das Manuskript wurde von Frau G. Eschenauer, Frau I. Knigge, Frau H. Müller und Frau B. Wolf mit gewohnter Sorgfalt geschrieben, die Bilder zeichneten Frau E. Schumann und Frau D. Zellmer.

Nicht zuletzt danke ich den Herausgebern, insbesondere Prof. Dr.-Ing. Th. Lehmann (Bochum), für viele freundschaftliche Ratschläge sowie dem Vieweg Verlag für die angenehme Zusammenarbeit.

Den größten Teil des Manuskriptes habe ich während meines Gastaufenthaltes am Technion, Israel Institute of Technology in Haifa, geschrieben. Die Möglichkeit hierzu hatte ich Prof. A. Solan und dem damaligen Dekan, Prof. Ch. Gutfinger sowie einem Minerva-Stipendium zu verdanken.

Essen, im Juli 1981   *Michael Jischa*

Symbolverzeichnis

Lateinische Buchstaben

a	$= \lambda/(\rho\, c_p)$, Temperaturleitfähigkeit
a_1	$= \overline{u'v'}/k$, empirische Konstante
a_1	Wandsteigung des Temperaturprofils, Gl. (3.87)
A	Oberfläche
A	Atom A
A_2	zweiatomiges Molekül A_2
Ar	Archimedes-Zahl, Gl. (3.138)
A_τ	turbulente Austauschgröße für den Impuls, Gl. (5.69)
b	Plattenbreite, Kanaltiefe
b	Wärmeübergangsparameter, Gl. (3.237)
B	Nachlaufparameter, Gl. (5.130)
c	Schallgeschwindigkeit
c	Massenkonzentration
c_α	Massenkonzentration der Komponente α
c_f	$= 2\,\tau_w/(\rho_\delta\, u_\delta^2)$, Reibungsbeiwert
c_w	resultierender Widerstandsbeiwert, Gl. (2.46)
c_p	spezifische Wärmekapazität bei konstantem Druck
$\bar{c}_p$	mittlere spezifische Wärmekapazität bei konstantem Druck
c_v	spezifische Wärmekapazität bei konstantem Volumen
c_D	Dissipationsintegral, Gl. (3.266)
c_E	Entrainment-Funktion, Gl. (5.146)
c_τ	Schubspannungsintegral, Gl. (5.151)
C	Chapman-Rubesin Faktor, Gl. (3.247)
D	Rohrdurchmesser
D	Kompressibilitätsterm, Gl. (6.207)
D	binärer Diffusionskoeffizient
$D_{\alpha\beta}$	polynärer Diffusionskoeffizient
Da	Damköhler-Zahl, Gl. (4.47)
Da_F	Damköhler-Zahl der homogenen Reaktion in der Fluidphase
Da_w	Damköhler-Zahl der heterogenen Reaktion an der Wand
e	$= u + v_j^2/2$, spezifische Gesamtenergie
e_i	Einheitsvektor
Ec	Eckert-Zahl, Gl. (3.23)
E_1	Verteilungsfunktion, eindimensionales Energiespektrum
f	Frequenz
f	dimensionslose Stromfunktion, Gln. (2.39) u. (3.141)
$f_{j,\alpha}$	auf die Komponente α wirkende Volumenkraft

f_T	Freiheitsgrad der Translation
f_R	Freiheitsgrad der Rotation
f_V	Freiheitsgrad der Vibration
F	$= h/h_\delta$
F_w	Widerstandskraft
g	Erdbeschleunigung
g	$= h_0/h_{0\delta}$
g	spezifische freie Enthalpie
G	freie Enthalpie
G	empirische Funktion, Gl. (5.89)
G	$= \Delta_2/\Delta_1$, Formparameter des turbulenten Geschwindigkeitsprofils
Gr	Grashof-Zahl, Gl. (3.139)
Gz	Graetz-Zahl, Gl. (3.116)
h	Plattenabstand, Bild 3.24
h	spezifische Enthalpie
h_0	spezifische totale Enthalpie
h_α	partielle spezifische Enthalpie der Komponente α, Gl. (1.37)
h_A^0	Dissoziationsenthalpie
h_J	Ionisationsenthalpie
H	Enthalpie
H	halbe Kanalhöhe, Bild 2.1
H_1	$= (\delta - \delta_1)/\delta_2$, Formparameter des Geschwindigkeitsprofils
H_{12}	$= \delta_1/\delta_2$, Formparameter des Geschwindigkeitsprofils
$H_{32} = H$	$= \delta_3/\delta_2$, Formparameter des Geschwindigkeitsprofils
$H_{32} = H$	$= \delta_{3i}/\delta_{2i}$, kinematischer Formparameter des Geschwindigkeitsprofils bei kompressibler Strömung
$H_{32}^* = H^*$	$= \delta_3/\delta_2$ bei kompressibler Strömung
j	Massendiffusionsstrom
j_k	Massendiffusionsstromvektor
$j_{k,\alpha}$	Massendiffusionsstromvektor der Komponente α
j_H	Colburn j-Faktor des Wärmeübergangs, Gl. (3.39)
j_M	Colburn j-Faktor des Stoffaustausches, Gl. (4.59)
k	$= \overline{v_j'^2}/2$, Turbulenzenergie
k^+	$= k/u_\tau^2$, dimensionslose Turbulenzenergie
k	Reaktionsgeschwindigkeitskonstante der homogenen Reaktion in der Fluidphase
k_s	Rauhigkeit
k_s^+	$= k_s u_\tau/\nu$, dimensionslose Rauhigkeit
k_T	Thermodiffusionskoeffizient
K_c	Gleichgewichtskonstante, Gln. (4.123) u. (4.126)
K_p	Gleichgewichtskonstante, Gl. (4.101)
K_w	Reaktionsgeschwindigkeitskonstante der heterogenen Wandreaktion
Kn	Knudsen-Zahl, Gl. (4.93)
l	turbulenter Mischungsweg, Gl. (5.70)
l, l^*	mittlere freie Weglänge
L	turbulentes Längenmaß
L^+	$= L u_\tau/\nu$, dimensionsloses turbulentes Längenmaß

L	charakteristische Länge, Rohr- oder Plattenlänge
L_S	hydrodynamische Einlaufstrecke
L_T	thermische Einlaufstrecke
L_{JK}	lineare phänomenologische Koeffizienten
Le	Lewis-Zahl, Gl. (4.31)
Le_{tur}	turbulente Lewis-Zahl, Gl. (6.25)
m	Exponent der Hartree-Profile, Gl. (2.49)
m	Masse
m_α	Masse der Komponente α
$\dot{m}_\alpha$	Massenstrom der Komponente α
M	Molmasse
$\overline{M}$	mittlere Molmasse, Gl. (4.15)
M_α	Molmasse der Komponente α
Ma	Mach-Zahl, Gl. (3.24)
n	Exponent im Geschwindigkeitsansatz, Gl. (5.98)
n	$= N/V$, Moldichte
n_α	$= N_\alpha/V$, Moldichte der Komponente α
n_j	Oberflächennormalenvektor
N	Molzahl
N_α	Molzahl der Komponente α
Nu	Nusselt-Zahl, Gl. (3.37)
p	Druck
p_α	Partialdruck der Komponente α
p_D	charakteristischer Dissoziationsdruck
p_J	charakteristischer Ionisationsdruck
$\overline{P}$	1/3 der Spur von P_{jk}
P_{jk}	Drucktensor
Pe	Peclet-Zahl, Gl. (3.35)
Pr	Prandtl-Zahl, Gl. (3.21)
Pr_{tur}	turbulente Prandtl-Zahl, Gl. (6.23)
q	Wärmestrom
q_k	Wärmestromvektor, Gl. (1.34)
q_k'	Energiestromvektor, Gl. (1.34)
Q	Wärme
Q	Korrelationsfunktion, Gl. (5.28)
r	Recovery-Faktor, Gl. (3.171)
r	radiale Koordinate
r^+	$= ru_\tau/\nu$, dimensionslose radiale Koordinate
R	Rohrradius
R^+	$= Ru_\tau/\nu$, dimensionsloser Rohrradius
R	$= \Re/M$, individuelle Gaskonstante
$\overline{R}$	$= \Re/\overline{M}$, mittlere Gaskonstante
$\Re$	universelle Gaskonstante
R	Korrelationskoeffizient, Gl. (5.29)
Ra	Rayleigh-Zahl, Gl. (3.140)
Re	Reynolds-Zahl, Gl. (2.25)

Re_2	Reynolds-Zahl mit der Impulsverlustdicke δ_2 gebildet
Re_{tur}	turbulente Reynolds-Zahl
s	spezifische Entropie
s_α	partielle spezifische Entropie der Komponente α
S	Entropie
Sc	Schmidt-Zahl, Gl. (4.30)
Sc_{tur}	turbulente Schmidt-Zahl, Gl. (6.24)
Sh	Sherwood-Zahl, Gl. (4.55)
St	Stanton-Zahl, Gl. (3.38)
St'	Stanton-Zahl für den Stoffübergang, Gl. (4.58)
t	Zeit
T	Temperatur
T_0	Ruhe- oder Stautemperatur
T^*	Referenztemperatur
T^+	dimensionslose Temperaturdifferenz, Gl. (6.72)
T_{aw}	adiabate Wandtemperatur
T_D	charakteristische Dissoziationstemperatur
T_J	charakteristische Ionisationstemperatur
T_{jk}	Spannungstensor
Tu	Turbulenzgrad, Gl. (5.6)
u	spezifische innere Energie
u	Geschwindigkeitskomponente in x-Richtung
u^+	$= \bar{u}/u_\tau$, dimensionslose $\bar{u}$-Komponente
u_{eff}	effektive Geschwindigkeit, Gl. (6.180)
u_m	$= \dot{V}/A$, mittlere Durchflußgeschwindigkeit
u_t	charakteristische Turbulenzgeschwindigkeit, Gl. (5.44)
u_τ	Schubspannungsgeschwindigkeit, Gln. (5.61) u. (6.176)
U	innere Energie
v	Geschwindigkeitskomponente in y-Richtung
v_j	Geschwindigkeitsvektor
$v_{j,\alpha}$	Geschwindigkeitsvektor der Komponente α
V	Volumen
$\dot{V}$	Volumenstrom
w	Geschwindigkeitskomponente in z-Richtung
w	Nachlauffunktion
w	Reaktionsrate (-geschwindigkeit)
w_r	Reaktionsrate der r-ten Reaktion
x, y, z	rechtwinklige kartesische Koordinaten
x_j	Ortsvektor
X	Stoßpartner, Gl. (4.116)
X_J	generalisierte Kraft
y^+	$= yu_\tau/\nu$, dimensionslose Querkoordinate
Y_j	generalisierter Fluß
Z	$= \delta_2\,Re_2$, Dickenparameter
Z	Realgasfaktor

Griechische Buchstaben

α	Thermodiffusionsfaktor
α	Wärmeübergangskoeffizient, Gl. (3.36)
α	$= f''(\eta = 0) = 0{,}332$, dimensionslose Wandsteigung des Blasius-Profils
α	$= 2\,\pi/\lambda$, Wellenzahl
α	Dissoziationsgrad, Gl. (4.97)
β	Keilwinkel, Bild 2.8
β	Stoffübergangskoeffizient, Gl. (4.54)
β	thermischer Ausdehnungskoeffizient, Gl. (3.127)
β	Ionisationsgrad, Gl. (4.111)
β	Druckgradientenparameter, Gl. (5.120)
γ	Exponent in Gl. (3.79)
γ	Intermittenzfaktor, Gl. (5.67)
Γ	Formparameter des Schubspannungsprofils, Gl. (5.173)
δ	Grenzschichtdicke
δ_1	Verdrängungsdicke, Gln. (2.62) u. (3.259)
δ_2	Impulsverlustdicke, Gln. (2.63) u. (3.260)
δ_3	Energieverlustdicke, Gl. (3.265a)
δ_4	Dichteverlustdicke, Gl. (3.265b)
δ_S	Dicke der Strömungsgrenzschicht
δ_T	Dicke der Temperaturgrenzschicht
δ_D	Dicke der Diffusionsgrenzschicht
δ_{jk}	δ-Tensor bzw. Kronecker-δ
Δ	$= \delta_T/\delta_S$
Δ_1, Δ_2	Dickenparameter, Gl. (5.123)
ϵ	$= 1/\sqrt{Re}$ oder $d\delta/dx$
ϵ	turbulente Dissipation, Gl. (5.26)
ϵ	spezifische Bilanzgröße, Gl. (1.42)
ϵ_τ	turbulente Impulsaustauschgröße, Gl. (5.69)
ϵ_q	turbulente Energieaustauschgröße, Gl. (6.21)
ϵ_D	turbulente Stoffaustauschgröße, Gl. (6.22)
ζ	$= \mu' + 2\mu/3$, Volumenviskosität
η	$= y/\delta$, dimensionslose Querkoordinate
η	Ähnlichkeitsvariable, Gln. (2.36), (3.141) u. (3.242)
θ	dimensionsloses Temperaturprofil, Gln. (3.54), (3.80), (3.133), (3.143), (3.182) und (4.66)
θ_a	dimensionsloses Temperaturprofil bei adiabater Wand
θ	Wärmeübergangsparameter, Gl. (3.237)
θ	Winkel bei Zylinder- und Kugelkoordinaten, Bild 7.1
κ	Isentropenexponent
κ	Konstante im logarithmischen Wandgesetz (5.66)
λ	Wärmeleitfähigkeit
λ	Widerstandszahl bei der Rohrströmung, Gl. (2.20)
λ	Wellenlänge
λ	turbulentes Mikromaß, Gl. (5.36)
Λ	turbulentes Makromaß, Gl. (5.35)

Λ	Pohlhausen-Parameter, Gl. (2.58)
μ	dynamische Viskosität
μ'	zweite Viskosität oder Volumenviskosität
μ_α	spezifisches chemisches Potential der Komponente α
ν	$= \mu/\rho$, kinematische Viskosität
ν_α	stöchiometrischer Koeffizient der Komponente α
$\nu_{\alpha r}$	stöchiometrischer Koeffizient der Komponente α in der r-ten Reaktion
ξ	Ähnlichkeitsvariable, Gl. (3.243)
ξ	Reaktionslaufzahl
ξ_r	Reaktionslaufzahl der r-ten Reaktion
π_{jk}	viskoser Drucktensor
$\overset{0}{\pi}_{jk}$	Deviator des viskosen Drucktensors
$\bar{\pi}$	$1/3$ der Spur von π_{jk}
ρ	Dichte
ρ_α	Partialdichte der Komponente α
ρ_+	Partialdichte der Ionen
σ	Produktionsdichte
σ_α	Produktionsdichte der Komponente α
σ_E	Produktionsdichte der Eigenschaft ϵ, Gl. (1.42)
σ_s	Entropieproduktionsdichte
τ	Schubspannung
τ	Zeit
τ	Relaxationszeit
τ_D	charakteristische Diffusionszeit, Gl. (4.50)
τ_R	charakteristische Reaktionszeit, Gl. (4.49)
τ_{jk}	Viskoser Spannungstensor
ϕ	dimensionslose Konzentrationsdifferenz, Gl. (4.66)
ϕ	Winkel bei Kugelkoordinaten, Bild 7.1
$\phi_{k,E}$	Dichte des ϵ-Stromes, Gl. (1.42)
$\phi_{k,s}$	Entropiestromdichte
Φ	$= \tau_{jk}\, \partial v_j/\partial x_k$, Dissipation
ψ	Stromfunktion
ψ	spezifische potentielle Energie
ψ_α	spezifische potentielle Energie der Komponente α
ω	Exponent im Viskositätsgesetz, Gl. (3.207)
ω_α	Molkonzentration der Komponente α

Indizes

$i, j, k, \ldots$	Tensorindizes
$\alpha, \beta, \gamma, \ldots$	Teilchensorte
e	equilibrium
v	viskos
e	extern
i	intern
m	Mittelwert
max	Maximalwert

a	adiabat
i	inkompressibel
∞	Anströmung
w	Wand
δ	Außenrand der Grenzschicht
δ	mit der Grenzschichtdicke δ gebildet
x	mit der Lauflänge x gebildet
L	mit charakteristischer Länge L gebildet
krit	laminar-turbulenter Umschlag
o	Bezugsgröße
f	Vorwärtsreaktion
b	Rückwärtsreaktion
A	Atom A
M	Molekül A_2
O	Sauerstoff
N	Stickstoff
mol	molekularer Anteil
tur	turbulenter Anteil
res	Summe aus molekularem und turbulentem Anteil
x, y, z	Richtungen in rechtwinkligen Koordinaten
r, θ, z	Richtungen in Zylinderkoordinaten
r, θ, ϕ	Richtungen in Kugelkoordinaten

Hochzeichen und sonstige Zeichen

*	Gleichgewichtszustand
*	dimensionslose Variable
$-$	Mittelwert $\Big\}$ bei konventioneller Mittelung
$'$	Schwankungswert
$\sim$	Mittelwert $\Big\}$ bei massengewichteter Mittelung
$''$	Schwankungswert
[ ]	Molkonzentration in Mol/Volumen

1 Die Bilanzgleichungen der Thermofluiddynamik

Grundlage aller Austauschvorgänge sind die Bilanzgleichungen für Masse, Energie und Impuls. Ihrer Herleitung wird ein breiter Raum gewidmet, da das Verständnis der Bilanzgleichungen und das Erkennen der Bedeutung einzelner Terme den Schlüssel zu allen Anwendungen darstellt.

Masse und Energie sind skalare Größen, in den dazugehörigen Bilanzgleichungen treten vektorielle Flußgrößen (Energiestrom, Massendiffusionsstrom) auf. Der Impuls ist eine vektorielle Größe, in dessen Bilanzgleichung ein Tensor zweiter Stufe (Spannungstensor) auftritt.

Physikalische Größen sind ganz allgemein Tensoren unterschiedlicher Stufe. Diese können auf zweierlei Art dargestellt werden, entweder in der symbolischen oder der indizierten Schreibweise.

Die symbolische Schreibweise ist unabhängig von einem zu wählenden Koordinatensystem. Sie wird jedoch schon bei Tensoren dritter Stufe, wie sie z.B. in der Theorie turbulenter Strömungen auftreten, zu unhandlich. Die indizierte Schreibweise verlangt dagegen die Festlegung eines einmal gewählten (jedoch beliebigen) Koordinatensystems; wir verwenden hier ausschließlich kartesische Koordinaten. Vorteilhaft ist die größere Systematik der indizierten Schreibweise, Tensoren höherer Stufen fügen sich zwanglos in das System ein.

Die letztere Schreibweise hat sich in der Thermofluiddynamik durchgesetzt und soll auch hier verwendet werden. Im folgenden wird eine kurze Einführung gegeben. Diese beschränkt sich jedoch auf die wenigen Vereinbarungen, die in diesem Buch benötigt werden.

Erfahrungsgemäß stellt die Tensornotation für viele Studenten eine psychologische Barriere dar, die sie teilweise schwer überwinden können. Dies liegt einzig und allein daran, daß es sich um etwas Ungewohntes handelt. Die eingefügten Beispiele und Aufgaben sollen den Prozeß der Gewöhnung erleichtern.

1.1 Einführung in die Tensornotation

Wir beginnen mit folgender Klassifizierung:

Tensor nullter Stufe = Skalar: z.B. Temperatur, Entropie, Masse, Energie, ...

Tensor erster Stufe   = Vektor: z.B. Geschwindigkeit, Beschleunigung, Kraft, Impuls, Ortsvektor, ...

Tensor zweiter Stufe: z.B. Spannungstensor, Doppelkorrelationen, ...

Tensor dritter Stufe: Diese spielen in der Theorie turbulenter Strömungen eine Rolle (Tripelkorrelationen).

Tensor n-ter Stufe.

Tensoren nullter Stufe (Skalare) sind durch Angabe ihrer Zahlenwerte, d.h. durch ihre Verhältnisse zu fest gewählten Einheiten, vollständig beschrieben. Es ist einleuchtend, daß diese Maßzahlen von einer Koordinatentransformation unabhängig sind.

Tensoren erster Stufe (Vektoren) sind durch Angabe ihrer Zahlenwerte nur unvollständig beschrieben. Zwei Kräfte gleichen Betrages haben abhängig von ihrer Richtung im Raum verschiedene Wirkungen. Zur vollständigen Beschreibung sind in einem vorgegebenen Koordinatensystem drei Angaben erforderlich; entweder der Betrag und zwei Winkel oder drei Koordinaten.

Bei Tensoren zweiter Stufe sind $3 \times 3 = 9$ Koordinaten zur vollständigen Beschreibung erforderlich. Wir werden am Beispiel des Spannungstensors sehen, daß neben der Angabe der Angriffsfläche auch die der Wirkungsrichtung erforderlich ist. Bei Tensoren n-ter Stufe sind 3^n Koordinaten zur Beschreibung notwendig.

Die Koordinaten von Tensoren erster und höherer Stufen sind beim Übergang von einem zu einem anderen Bezugssystem einer Transformation unterworfen.

Sobald Tensoren auftreten, muß man sich zwischen zwei *verschiedenen Notationen* mit spezifischen Vor- und Nachteilen entscheiden. Die *symbolische Schreibweise* rechnet mit den Tensoren selbst. Die *indizierte* oder *Koordinaten-* oder *Zeigerschreibweise* rechnet mit den Koordinaten des Tensors in einem einmal gewählten, jedoch beliebigen Koordinatensystem. Wir verwenden kartesische Koordinaten.

		symbolische	Zeigerschreibweise
	Tensor 0. Stufe	a	a
	Tensor 1. Stufe	$\vec{a}$ oder $\underline{a}$	a_i; $i = 1, 2, 3$
	Tensor 2. Stufe	$\vec{a}$ oder $\underline{\underline{a}}$	a_{ij}; $i, j = 1, 2, 3$
	Tensor 3. Stufe	$\underline{\underline{\underline{a}}}$	a_{ijk}; $i, j, k = 1, 2, 3$
	usw.		
Beispiel:	Ortsvektor	$\vec{x} = (x, y, z)$	$x_i = (x_1, x_2, x_3)$
	Geschwindigkeitsvektor	$\vec{v} = (u, v, w)$	$v_j = (v_1, v_2, v_3)$.

Zwei Tensoren $a_{i..j}$ und $b_{i..j}$ nennt man gleich, wenn sie in allen gleich indizierten Koordinaten übereinstimmen.

Wenn ein Index in einem Glied einer Gleichung nur einmal vorkommt, nennt man ihn einen *freien Index*. Alle Glieder einer Gleichung müssen in ihren freien Indizes übereinstimmen.

Beispiel: $a_i = cb_i$

Ist c eine (skalare) Konstante, so unterscheiden sich a_i und b_i nur im Betrag, sie haben die gleiche Richtung. Es ist $a_1 = cb_1$; $a_2 = cb_2$, $a_3 = cb_3$.

Beispiel: $a_{ij} = cb_{ij}$

In der Matrixform geschrieben:

$$a_{ij} \,\hat{=}\, \underline{\underline{a}} = \begin{bmatrix} a_{11} & a_{12} & a_{13} \\ a_{21} & a_{22} & a_{23} \\ a_{31} & a_{32} & a_{33} \end{bmatrix}; \quad cb_{ij} \,\hat{=}\, c\underline{\underline{b}} = c \begin{bmatrix} b_{11} & b_{12} & b_{13} \\ b_{21} & b_{22} & b_{23} \\ b_{31} & b_{32} & b_{33} \end{bmatrix}$$

Anmerkung: Man beachte, daß die symbolische Schreibweise den Tensor selbst und die Zeigerschreibweise seine Koordinaten angibt, man darf deshalb die einander entsprechenden Ausdrücke in beiden Schreibweisen nicht gleichsetzen. Wir schreiben daher $a_{ij} \,\hat{=}\, \underline{\underline{a}}$ usw. und meinen damit „entspricht". Es ist im Sprachgebrauch jedoch üblich, vom Tensor a_{ij} statt korrekter vom Tensor mit den Koordinaten a_{ij} zu reden.

Das Innenprodukt (Skalarprodukt) zweier Vektoren

$$\vec{a} \cdot \vec{b} = a_1 b_1 + a_2 b_2 + a_3 b_3$$

lautet in der indizierten Schreibweise

$$\vec{a} \cdot \vec{b} = \sum_{i=1}^{3} a_i b_i.$$

Da innere Produkte sehr häufig vorkommen, wird nach Einstein folgende *Summations-Konvention* getroffen:
Über alle in einem Glied doppelt vorkommenden Indizes soll von eins bis drei summiert werden, ohne daß dies durch ein Summenzeichen ausgedrückt wird. Einen solchen Index nennt man einen *gebundenen Index*.

Beispiel: $\quad a_i b_i = a_1 b_1 + a_2 b_2 + a_3 b_3$

$$\frac{\partial v_j}{\partial x_j} = \frac{\partial v_1}{\partial x_1} + \frac{\partial v_2}{\partial x_2} + \frac{\partial v_3}{\partial x_3}$$

$$\frac{\partial^2 \phi}{\partial x_k^2} = \frac{\partial^2 \phi}{\partial x_k \partial x_k} = \frac{\partial^2 \phi}{\partial x_1^2} + \frac{\partial^2 \phi}{\partial x_2^2} + \frac{\partial^2 \phi}{\partial x_3^2}$$

Aufgabe 1.1: $\quad$ Man schreibe $\left(\dfrac{\partial v_i}{\partial x_j} \right)^2$ aus.

Man definiert den sogenannten *Einheitstensor,* auch δ-*Tensor* oder *Kronecker* δ genannt, durch:

$$\delta_{ij} = \begin{cases} 1 & \text{für } i = j \\ 0 & \text{für } i \neq j \end{cases} \quad \text{d.h.} \quad \delta_{ij} = \begin{bmatrix} 1 & 0 & 0 \\ 0 & 1 & 0 \\ 0 & 0 & 1 \end{bmatrix}$$

Beispiel: $\quad \delta_{ii} = 1 + 1 + 1 = 3$

Aufgabe 1.2: $\quad$ Man bestätige die Identität $b_i \delta_{ij} = b_j$.

Aufgabe 1.3: $\quad$ Man ermittle $\delta_{ij} \delta_{ij}$.

Ein Tensor, dessen Koordinaten eine Funktion des Ortes sind, beschreibt ein *Tensorfeld:* $a(x_p)$ ist ein Skalarfeld, $a_i(x_p)$ ist ein Vektorfeld, $a_{ij}(x_p)$ ist ein Tensorfeld (zweiter Stufe) usw. In diesen Feldern interessieren uns speziell die Operatoren Gradient und Divergenz.

Gradient:

$$\text{grad } a = \underline{b}; \quad \text{grad } \underline{a} = \underline{\underline{b}}; \quad \text{grad } \underline{\underline{a}} = \underline{\underline{\underline{b}}}; \quad \text{usw.}$$

In der Zeigerschreibweise heißt dies

$$\frac{\partial a}{\partial x_k} = b_k; \quad \frac{\partial a_i}{\partial x_k} = b_{ki}; \quad \frac{\partial a_{ij}}{\partial x_k} = b_{kij}; \quad \text{usw.}$$

So ist z.B. der Gradient eines Skalars:

$$\text{grad } a \mathrel{\hat{=}} \frac{\partial a}{\partial x_k} \quad \text{mit den Koordinaten} \left(\frac{\partial a}{\partial x_1}, \frac{\partial a}{\partial x_2}, \frac{\partial a}{\partial x_3} \right).$$

Man vereinbart, daß der durch die Differentiation hinzukommende Index an die erste Stelle gesetzt wird und im übrigen die Reihenfolge der Indizes erhalten bleibt, siehe Aufgabe 1.4. Bei der Gradientenbildung erhält man einen Tensor einer um eins höheren Stufe als den Ausgangstensor. Der Gradient eines Skalars ergibt einen Vektor, der eines Vektors ergibt einen Tensor zweiter Stufe usw.

Aufgabe 1.4:   Man schreibe $\dfrac{\partial a_i}{\partial x_k} = b_{ki}$ aus.

Divergenz:

$$\operatorname{div} \underline{a} = b; \quad \operatorname{div} \underline{\underline{a}} = \underline{b}; \quad \operatorname{div} \underline{\underline{\underline{a}}} = \underline{\underline{b}}; \quad \text{usw.}$$

In der Zeigerschreibweise heißt dies

$$\frac{\partial a_i}{\partial x_i} = b; \quad \frac{\partial a_{ij}}{\partial x_i} = b_j; \quad \frac{\partial a_{ijk}}{\partial x_k} = b_{ij}; \quad \text{usw.}$$

So ergibt z.B. die Divergenz eines Vektors einen Skalar:

$$\operatorname{div} \underline{a} \mathbin{\hat{=}} \frac{\partial a_i}{\partial x_i} = \frac{\partial a_1}{\partial x_1} + \frac{\partial a_2}{\partial x_2} + \frac{\partial a_3}{\partial x_3} = b.$$

Die Nützlichkeit der Summationskonvention wird hier deutlich. Bei der Divergenzbildung erhält man aus dem Ausgangstensor einen Tensor einer um eins niedrigeren Stufe.

Aufgabe 1.5:   Man schreibe $\dfrac{\partial a_{ij}}{\partial x_i} = b_j$ aus.

Auf den Operator Rotation gehen wir hier nicht ein, da er im folgenden nicht benötigt wird. Benötigt wird dagegen der *Satz von Gauß*, der in symbolischer Schreibweise lautet:

$$\int_A \vec{b} \cdot \vec{n}\, dA = \int_V \operatorname{div} \vec{b}\, dV; \quad \vec{n} = \text{nach außen zeigender Normaleneinheitsvektor.}$$

Er besagt: Für jedes Volumen V eines Vektorfeldes $\vec{b}$ ist die Normalkomponente $\vec{b} \cdot \vec{n}$, integriert über die umschließende Oberfläche A, gleich der Divergenz von $\vec{b}$ integriert über das eingeschlossene Volumen.

Er lautet in der Zeigerschreibweise:

$$\int_A b_j n_j\, dA = \int_V \frac{\partial b_k}{\partial x_k}\, dV.$$

Der Satz von Gauß gilt nicht nur für Vektorfelder $b_j(x_p)$, er gilt allgemein für beliebige Tensorfelder $g(x_p)$:

$$\int_A g n_j\, dA = \int_V \frac{\partial g}{\partial x_j}\, dV.$$

Abschließend soll in Bild 1.1 ein anschauliches Beispiel für die physikalische Bedeutung eines Tensors zweiter Stufe gegeben werden. Ein Massenpunkt M werde durch die Kraft F_j

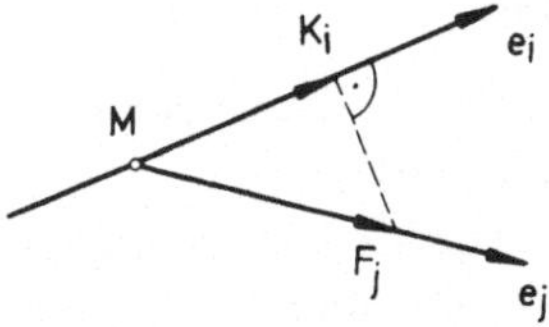

Bild 1.1 Zur Illustration eines Tensors zweiter Stufe

auf einer Stange mit der Richtung des Vektors e_i (Einheitsvektor = Vektor vom Betrag 1) bewegt. Der Betrag der Kraft F_j ist $e_j F_j$, die Projektion dieses Betrages auf e_i ergibt die Kraft K_i:

$$K_i = e_i e_j F_j = a_{ij} F_j.$$

Man bezeichnet $e_i e_j = a_{ij}$ als Projektionstensor. Seine Komponenten lauten in der Matrixform:

$$a_{ij} = \begin{bmatrix} e_1^2 & e_1 e_2 & e_1 e_3 \\ e_2 e_1 & e_2^2 & e_2 e_3 \\ e_3 e_1 & e_3 e_2 & e_3^2 \end{bmatrix}.$$

Ein Tensor zweiter Stufe kann anschaulich als die Koeffizientenmatrix einer linearen Zuordnung der Komponenten eines Vektors (hier F_j) zu den Komponenten eines anderen Vektors (hier K_i) gedeutet werden. So ist der Spannungstensor T_{jk}, den wir in Abschnitt 1.4 kennenlernen werden, die Verknüpfungsmatrix der linearen Zuordnung der gerichteten Oberflächenkraft zum Normaleneinheitsvektor der Angriffsfläche. Tensoren höherer Stufe entstehen meist formal durch Verknüpfung von Tensoren niederer Stufe, ihre anschauliche Deutung ist schwierig.

Der Name Tensor kommt aus der Spannungslehre, der Spannungszustand in einem Punkt des Kontinuums wird durch einen Tensor zweiter Stufe bestimmt, der mit dem tautologischen Namen Spannungstensor belegt wird.

Aufgabe 1.6:   Bei isotropen Medien ist der Wärmestrom q_k über den Fourierschen Ansatz $q_k = -\lambda \partial T/\partial x_k$ mit dem Temperaturgradienten verknüpft, siehe Abschnitt 1.8. Die Wärmeleitfähigkeit λ ist eine skalare Größe. Wie sieht obiger Ansatz bei richtungsabhängiger Wärmeleitfähigkeit aus?

Dies genügt als Einleitung für die folgenden Abschnitte. Zum weiterführenden Studium seien das Buch von Schade [1.19], dem einige Aufgaben entnommen wurden, sowie die Bücher [1.2, 1.5, 1.13, 1.16] empfohlen.

Vorsorglich sei darauf hingewiesen, daß es bei der indizierten Tensornotation unterschiedliche Schreibweisen für die Ableitungen von Tensoren gibt. So wird z.B. der Gradient eines Vektors als $\partial v_j/\partial x_k$ (wie hier), als $\partial_k v_j$ oder auch als $v_{j,k}$ bezeichnet. Speziell letztere Schreibweise könnte zu Verwechslungen führen, da wir im nächsten Abschnitt z.B. die Geschwindigkeit einer Teilchenart α mit $v_{j,\alpha}$ bezeichnen werden. Kleine lateinische Buchstaben i, j, k ... als Indizes sind immer Tensorindizes, kleine griechische Buchstaben α, β ... bezeichnen bei uns als Indizes die Teilchenart (siehe nächster Abschnitt).

1.2 Der thermodynamisch-mechanische Zustand von Fluiden

Wir betrachten kontinuierliche fluide isotrope Medien, die aus mehreren Komponenten zusammengesetzt sind. Zunächst wird der Begriff Kontinuum kurz diskutiert.

Es wird angenommen, daß sich die einzelnen Massenelemente (dies ist ein Gedankenmodell) eines Mediums als thermodynamische Systeme behandeln lassen, die mit ihrer Umgebung (d.h. benachbarten Volumenelementen) Materie und Energie austauschen. Das hat folgende Konsequenz:

Die Werte der *extensiven* Zustandsvariablen, z.B.

> der inneren Energie U,
> des Volumens V und
> der Massen m_α der Komponenten α

bestimmen die *intensiven* Zustandsvariablen, z.B.

> die Temperatur T,
> den Druck p und
> die chemischen Potentiale μ_α der Komponenten α

über Relationen der Thermodynamik. Damit existiert für jedes Massenelement ein thermodynamisches Potential; für die extensiven Variablen U, V, m_α ist dies die Entropie $S(U, V, m_\alpha)$. Man nennt

$$TdS = dU + pdV - \sum_{\alpha=1}^{A} \mu_\alpha dm_\alpha \tag{1.1}$$

die Gibbs-Relation oder auch Fundamentalgleichung der Thermodynamik. Dabei ist $\alpha = 1, 2, \ldots$ A, wenn A die Gesamtzahl der im thermodynamischen System enthaltenen Komponenten darstellt. Der Potentialcharakter der Entropie wird durch die Relationen

$$\left(\frac{\partial S}{\partial U}\right)_{V, m_\alpha} = \frac{1}{T} \; ; \quad \left(\frac{\partial S}{\partial V}\right)_{U, m_\alpha} = \frac{p}{T} \; ; \quad \left(\frac{\partial S}{\partial m_\alpha}\right)_{U, V, m_\beta \atop \beta \neq \alpha} = -\frac{\mu_\alpha}{T} \tag{1.2}$$

deutlich. Darin sind μ_α die auf die Masseneinheit bezogenen chemischen Potentiale der Komponenten. In der Thermodynamik wird das chemische Potential häufig auf die Substanzmenge, die der Teilchenzahl proportional ist, oder auf die Teilchenzahl der entsprechenden Komponente bezogen. Hier ist es zweckmäßiger, das chemische Potential auf die Masseneinheit zu beziehen.

Die Fundamentalgleichung spielt eine zentrale Rolle in der Thermodynamik. Sie soll deshalb für ein Einkomponentenfluid diskutiert werden. Der Term pdV drückt die am System reversibel geleistete Arbeit aus. Man nennt p und V „primitive" Variablen, da sie einer Messung direkt zugänglich sind. Die Variable U ist dagegen keine primitive Größe, sie kann jedoch über eine solche definiert werden: Die Änderung der inneren Energie U ist gleich der am System adiabat geleisteten Arbeit (den letzten Term der rechten Seite können wir uns als chemische Arbeit vorstellen). Damit ist die rechte Seite der Gl. (1.1) einer Messung direkt zugänglich.

Der Term TdS hat dagegen einen völlig anderen Charakter als die Terme der rechten Seite. Die Entropie S kann nicht wie andere physikalische Größen gemessen werden; falls dies so wäre, wäre Gl. (1.1) ein Naturgesetz. Das ist nicht der Fall, die Fundamentalgleichung (1.1) ist eine Definitionsgleichung der Entropie.

Es ist zweckmäßig, von den extensiven Variablen S, U, m_α auf die spezifischen Größen Dichte ρ, Partialdichten ρ_α, spezifische innere Energie u und spezifische Entropie s überzugehen:

$$m = \int_V \rho dV; \quad m_\alpha = \int_V c_\alpha \rho dV; \quad U = \int_V u\rho dV; \quad S = \int_V s\rho dV. \tag{1.3}$$

Die spezifischen Variablen sind Feldgrößen. Anstelle von z.B. u = U/m müssen wir u durch

$$u = \lim_{\Delta V \to 0} \frac{\Delta U}{\rho \Delta V} \quad \text{definieren, usw.}$$

Die Zusammensetzung des Mediums soll durch die *Massenkonzentration*

$$c_\alpha = \frac{\rho_\alpha}{\rho}, \tag{1.4}$$

auch Massenbruch genannt, beschrieben werden. Es gelten die „Schließbedingungen":

$$\sum_{\alpha=1}^{A} c_\alpha = 1 \quad \text{wegen} \quad \sum_{\alpha=1}^{A} \rho_\alpha = \rho \quad \text{bzw.} \quad \sum_{\alpha=1}^{A} m_\alpha = m. \tag{1.5}$$

Beispiel: In einem Binärgemisch ist $c_1 + c_2 = 1$ und damit $c_2 = 1 - c_1$.

Bei Verwendung der spezifischen Größen geht die Fundamentalgleichung (1.1) über in

$$\boxed{ds = \frac{1}{T} du + \frac{p}{T} d\left(\frac{1}{\rho}\right) - \sum_{\alpha=1}^{A} \frac{\mu_\alpha}{T} dc_\alpha}. \tag{1.6}$$

Der lokale *thermodynamische Zustand* kann durch die Massenkonzentrationen c_α (oder die Partialdichten ρ_α), die Gesamtdichte ρ und die innere Energie u beschrieben werden.

Zusätzlich zum thermodynamischen Zustand müssen wir die Beschreibung des *mechanischen Zustandes* diskutieren. Dies erfolgt durch die Angabe charakteristischer Geschwindigkeiten. Hierfür bieten sich die Geschwindigkeiten $v_{j,\alpha}$ der einzelnen Komponenten an. Die *Schwerpunktsgeschwindigkeit* v_j (auch mittlere Massengeschwindigkeit genannt) ist definiert durch:

$$\rho v_j = \sum_{\alpha=1}^{A} \rho_\alpha v_{j,\alpha} \quad \text{bzw.} \quad \boxed{v_j = \sum_{\alpha=1}^{A} c_\alpha v_{j,\alpha}}. \tag{1.7}$$

Sie ist eine bevorzugte Größe, da ihre Änderung durch die Bewegungsgleichung beschrieben wird. Die Geschwindigkeiten $v_{j,\alpha}$ beschreiben die Bewegungen der einzelnen Komponenten gegeneinander (man beachte, daß die Indizes i, j, k ... eine andere Bedeutung haben als die Indizes α, β ..., die die Teilchenart kennzeichnen). Die Relativbewegungen werden durch die

(Massen-)*Diffusionsstromdichten*, definiert durch

$$j_{k,\alpha} = \rho_\alpha(v_{k,\alpha} - v_k) \qquad (1.8)$$

ausgedrückt. Die Geschwindigkeitsdifferenz $(v_{k,\alpha} - v_k)$ wird als Diffusionsgeschwindigkeit bezeichnet. Eine Summation über alle Komponenten ergibt die Schließbedingung

$$\sum_{\alpha=1}^{A} j_{k,\alpha} = 0. \qquad (1.9)$$

Beispiel: In einem Binärgemisch ist $j_{k,1} + j_{k,2} = 0$ und damit $j_{k,2} = -j_{k,1}$.

Die Beschreibung des Bewegungszustandes durch ein anderes Geschwindigkeitsfeld als das der Schwerpunktsgeschwindigkeit kann für manche speziellen Probleme zweckmäßig sein. Mögliche Bezugsgeschwindigkeiten sind neben der Schwerpunktsgeschwindigkeit, siehe z.B. [1.10],

> die mittlere molare Geschwindigkeit (Teilchenbezugssystem),
> die mittlere Volumengeschwindigkeit (Ficksches Bezugssystem),
> die Geschwindigkeit einer herausgegriffenen Teilchenart (Hittorfsches Bezugssystem),
> die Verschiebungsgeschwindigkeit der Gitterpunkte in einem Kristall (Gitterbezugssystem).

Anstelle der Schwerpunktsgeschwindigkeit v_k ist in der Definition der Diffusionsstromdichten (1.8) die entsprechende Bezugsgeschwindigkeit einzuführen. Eine Umrechnung von Bezugsgeschwindigkeiten ist leicht möglich [1.10].

Die Bilanzgleichungen werden im folgenden für ein gegebenes konstantes Kontrollvolumen aufgestellt (*raumfeste Betrachtung*). Die zeitliche Veränderung physikalischer Größen (Dichte, Partialdichten, Impuls, Energie) in diesem von Materie erfüllten ortsfesten Volumen kann auf zweierlei Art zustande kommen,

> durch einen *Fluß* dieser Größe durch die feste Oberfläche und
> durch eine *Produktion* (Quelle oder Senke) dieser Größe im Innern des betrachteten Volumens, siehe Bild 1.2.

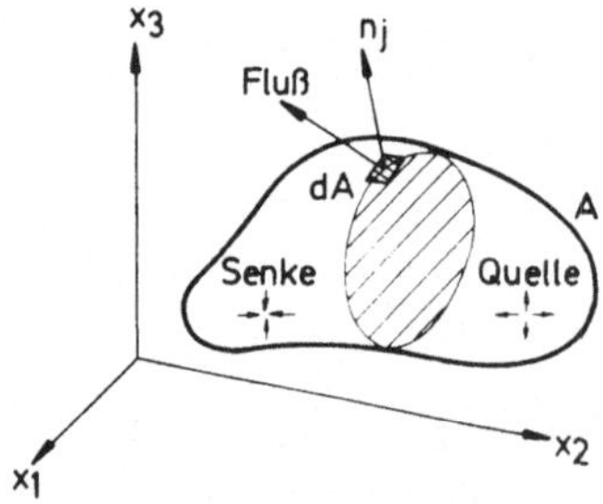

Bild 1.2 Zur Herleitung der Bilanzgleichungen
n_j = Einheitsvektor normal zur Oberfläche A, er wird nach außen gerichtet positiv gezählt

1.3 Massenbilanzen

Die Massenänderung der Komponente α im Volumen V ist

$$\frac{dm_\alpha}{dt} = \frac{d}{dt} \int_V \rho_\alpha dV = \int_V \frac{\partial \rho_\alpha}{\partial t} dV \quad (V = \text{konstant!}).$$

Diese Änderung setzt sich aus zwei Anteilen zusammen. Zunächst haben wir den Materie-fluß der Komponente α in das Volumen V durch dessen Oberfläche A:

$$-\int_A \rho_\alpha v_{j,\alpha} n_j dA.$$

Es ist hierbei über das Innenprodukt aus Massenstrom und Normaleneinheitsvektor zu integrieren. Wegen der Orientierung von n_j muß das negative Vorzeichen vorgesehen werden, so werden der Zustrom positiv und der Abstrom negativ gezählt.

Hinzu kommt die Erzeugung (positiv oder negativ) der Komponente α durch chemische Reaktionen im Innern des Volumenelements:

$$\int_V \sigma_\alpha dV.$$

Die Größe σ_α wird als lokale Quelldichte oder lokale Produktionsdichte bezeichnet. Wir gehen darauf weiter unten ein. Die Massenbilanz für die Komponente α lautet damit in *integraler Form*

$$\int_V \frac{\partial \rho_\alpha}{\partial t} dV = -\int_A \rho_\alpha v_{j,\alpha} n_j dA + \int_V \sigma_\alpha dV. \tag{1.10}$$

Um daraus die differentielle Form zu erhalten, muß zuvor das Oberflächenintegral mit Hilfe des Gaußschen Satzes

$$\int_A g n_j dA = \int_V \frac{\partial g}{\partial x_j} dV \tag{1.11}$$

in ein Volumenintegral umgewandelt werden. In Gl. (1.11) ist g eine beliebige (transportable) skalare, vektorielle oder tensorielle Feldgröße. Mit Gl. (1.11) folgt aus Gl. (1.10)

$$\int_V \left[\frac{\partial \rho_\alpha}{\partial t} + \frac{\partial}{\partial x_j} (\rho_\alpha v_{j,\alpha}) - \sigma_\alpha \right] dV = 0. \tag{1.12}$$

Wegen der willkürlichen Größe und Gestalt des ortsfesten Volumens muß der Integrand verschwinden. Es folgt die *Massenbilanz für die Komponente* α zu

$$\frac{\partial \rho_\alpha}{\partial t} = -\frac{\partial}{\partial x_j} (\rho_\alpha v_{j,\alpha}) + \sigma_\alpha; \quad \alpha = 1, 2, \dots A. \tag{1.13}$$

Bei Verwendung des Diffusionsstromes $j_{k,\alpha} = \rho_\alpha(v_{k,\alpha} - v_k)$ nach Gl. (1.8) folgt die äquivalente Form

$$\boxed{\frac{\partial \rho_\alpha}{\partial t} = -\frac{\partial}{\partial x_k}(j_{k,\alpha} + \rho_\alpha v_k) + \sigma_\alpha} \quad ; \quad \alpha = 1, 2 \ldots A. \tag{1.14}$$

An beiden Gleichungen wird in charakteristischer Weise die Form einer Bilanzgleichung deutlich: Die lokale Änderung (von ρ_α) ist gleich der negativen Divergenz des Flusses (der Komponente α) plus einem Quellterm (der Komponente α). Gl. (1.14) unterscheidet sich von Gl. (1.13) dadurch, daß der Massenstrom $\rho_\alpha v_{k,\alpha}$ in einen konvektiven Anteil $\rho_\alpha v_k$ und einen Diffusionsterm $j_{k,\alpha}$ aufgespalten wurde.

Die Masse der Komponente α bleibt i. a. nicht erhalten, da die Komponente α sich an chemischen Reaktionen beteiligen kann; es ist dann $\sigma_\alpha \neq 0$ (positiv oder negativ). Für inerte Komponenten ist $\sigma_\alpha = 0$. Erhalten bleibt jedoch die Gesamtmasse. Eine Summation über alle Komponenten α liefert wegen der Massenerhaltung

$$\sum_{\alpha=1}^{A} \sigma_\alpha = 0 \tag{1.15}$$

sowie wegen $\sum_\alpha \rho_\alpha = \rho$ und $\rho v_j = \sum_\alpha \rho_\alpha v_{j,\alpha}$ für die Gesamtmasse bzw. totale Dichte aus Gl. (1.13) die Aussage

$$\boxed{\frac{\partial \rho}{\partial t} = -\frac{\partial}{\partial x_j}(\rho v_j)} \,. \tag{1.16}$$

Gl. (1.16) wird als *globale* oder *pauschale* oder *totale Kontinuitätsgleichung* bezeichnet, Gl. (1.13) bzw. Gl. (1.14) dagegen auch als partielle Kontinuitätsgleichung oder Komponentenkontinuitätsgleichung.

Bei der Herleitung der Bilanzgleichungen für die einzelnen Komponenten und für die Gesamtmasse wurde ein *konstantes Kontrollvolumen* zugrunde gelegt. Eine solche *raumfeste Betrachtung* liefert die Bilanzgleichung in *lokaler* Formulierung. Man kann sich das derart vorstellen, daß ein ortsfester Beobachter das Fluid an sich vorbeiströmen läßt und dabei die Veränderung seiner Eigenschaften registriert. Diese Form der Darstellung wird als *Eulersche Betrachtungsweise* bezeichnet. Das Schicksal eines einzelnen Fluidteilchens interessiert hierbei nicht.

Im Gegensatz dazu wird bei der *Lagrangeschen Betrachtungsweise* anstelle des konstanten Kontrollvolumens eine konstante Kontrollmasse zugrunde gelegt, die sich im Fluid mit der Schwerpunktsgeschwindigkeit mitbewegt. Ein derart mitbewegter Beobachter registriert die Veränderung der Fluideigenschaften in bezug auf dessen Schwerpunktsbewegung. Anstelle der lokalen Integralform (1.10) erhalten wir eine *substantielle* oder *materielle* Formulierung der Integralform zu

$$\frac{d}{dt} \int_{V^*} \rho_\alpha dV^* = -\int_{A^*} (\rho_\alpha v_{j,\alpha} - \rho_\alpha v_j) n_j dA^* + \int_{V^*} \sigma_\alpha dV^*.$$

In dem Flußterm ist anstelle von $\rho_\alpha v_{j,\alpha}$ in Gl. (1.10) die auf die Schwerpunktsgeschwindigkeit v_j bezogene Stromdichte $(\rho_\alpha v_{j,\alpha} - \rho_\alpha v_j)$ einzusetzen. Der Stern soll andeuten, daß sich Volumen- und Flächenelement im Feld mitbewegen. Wegen $\rho dV^* = dm^* = $ konstant ist

$$\frac{d}{dt} \int_{V^*} \rho_\alpha dV^* = \frac{d}{dt} \int_{V^*} c_\alpha \rho dV^* = \int_{V^*} \rho \frac{dc_\alpha}{dt} dV^*,$$

da die Zeitdifferentiation nur auf c_α wirkt. Mit Beachtung des Gaußschen Satzes und Einführung der Diffusionsstromdichte folgt damit die differentielle Formulierung der *partiellen Kontinuitätsgleichung* in der *substantiellen Schreibweise* zu

$$\boxed{\rho \frac{dc_\alpha}{dt} = - \frac{\partial j_{k,\alpha}}{\partial x_k} + \sigma_\alpha} \; ; \quad \alpha = 1, 2, \dots A. \tag{1.17}$$

Der Zusammenhang zwischen beiden Betrachtungsweisen läßt sich durch die Operatorgleichung

$$\frac{d}{dt} = \frac{\partial}{\partial t} + v_j \frac{\partial}{\partial x_j} \tag{1.18}$$

$$\text{substantielle} = \text{lokale} + \text{konvektive Änderung,}$$

angewendet auf eine beliebige transportable Größe, darstellen. Die substantielle Änderung wird auch als materielle oder totale Änderung bezeichnet, dafür wird statt d/dt auch oft D/Dt geschrieben.

Beispiel: Die Temperatur sei vom Ortsvektor x_j und der Zeit t abhängig, d.h. $T = T(x_j, t)$. Wegen

$$dT = \frac{\partial T}{\partial t} dt + \frac{\partial T}{\partial x_j} dx_j \quad \text{und} \quad \frac{dx_j}{dt} = v_j \quad \text{folgt}$$

$$\frac{dT}{dt} = \frac{\partial T}{\partial t} + v_j \frac{\partial T}{\partial x_j}.$$

Damit folgt die *pauschale Kontinuitätsgleichung* (1.16) in *substantieller Formulierung* zu

$$\boxed{\frac{d\rho}{dt} = -\rho \frac{\partial v_j}{\partial x_j}}. \tag{1.19}$$

Zum Abschluß dieses Abschnittes soll noch ein wenig zur lokalen Produktionsdichte gesagt werden. Dies soll am Beispiel der Knallgasreaktion

$$2\,H_2 + O_2 \rightleftharpoons 2\,H_2O$$

geschehen. Die stöchiometrischen Koeffizienten der Ausgangsstoffe (linke Seite) werden vereinbarungsgemäß negativ und die der Produkte (rechte Seite) positiv gezählt:

$$\nu_{H_2} = -2; \quad \nu_{O_2} = -1; \quad \nu_{H_2O} = +2.$$

Man liest die Reaktionsgleichung als Mengenbilanz wie folgt:

$$2 \text{ mol } H_2 + 1 \text{ mol } O_2 \rightleftharpoons 2 \text{ mol } H_2O.$$

Die Änderung der Molzahl n_α einer Komponente ist somit dem stöchiometrischen Koeffizienten ν_α dieser Komponente proportional. Dieser Proportionalitätsfaktor wird als Reaktionslaufzahl ξ bezeichnet. Die infinitesimale Änderung der Molzahl n_α ist dann

$$dn_\alpha = \nu_\alpha d\xi.$$

Damit ist die Änderung der Molzahl einer Komponente beschrieben, wenn im betrachteten Gemisch nur eine Reaktion abläuft; laufen dagegen R Reaktionen ab, so ist über alle $r = 1, 2, ...,$ R Reaktionen zu summieren:

$$dn_\alpha = \sum_{r=1}^{R} dn_{\alpha r} = \sum_{r=1}^{R} \nu_{\alpha r} d\xi_r.$$

Man bezeichnet

$$w_r = \frac{d\xi_r}{dt} \quad \text{als Reaktionsrate oder -geschwindigkeit.}$$

Es gilt

$$\frac{dn_\alpha}{dt} = \sum_{r=1}^{R} \nu_{\alpha r} \frac{d\xi_r}{dt} = \sum_{r=1}^{R} \nu_{\alpha r} w_r.$$

Durch Multiplikation mit der Molmasse M_α der Komponente α folgt für die Produktionsdichte (mit der Dimension Masse pro Volumen und Zeit)

$$\sigma_\alpha = M_\alpha \sum_{r=1}^{R} \nu_{\alpha r} w_r.$$

Bei nur einer Reaktion vereinfacht sich dies zu $\sigma_\alpha = M_\alpha \nu_\alpha w$. Die Produktionsdichte ist der Molmasse und dem stöchiometrischen Koeffizienten (dieser steuert das Vorzeichen) der betrachteten Komponente proportional. Der Einfluß des thermodynamischen Zustandes kommt in der i.w. temperaturabhängigen Reaktionsgeschwindigkeit zum Ausdruck. Ihre Bereitstellung ist eine Aufgabe der chemischen Reaktionskinetik; wir werden dies an einem Beispiel in Abschnitt 4.4.3 diskutieren.

1.4 Impulsbilanz

Das Newtonsche Grundgesetz „Impulsänderung des Fluids im Kontrollvolumen V = Summe aller von außen angreifenden Kräfte" wird auf das das konstante Kontrollvolumen V (Bild 1.2) durchströmende Fluid angewendet. Alle Kräfte sollen auf die Volumeneinheit bezogen werden; statt des Impulses ist dann die Impulsdichte ρv_j, d.h. Impuls pro Volumen, zu betrachten. In Analogie zum vorangegangenen Abschnitt ist die Impulsänderung im Volumen V

$$\int_V \frac{\partial}{\partial t}(\rho v_j) dV.$$

Zu diesem lokalen Anteil kommt der konvektive Term

$$\int_A \rho v_j (v_i n_i) dA$$

hinzu. Dieser wird hier positiv angesetzt, da er auf die linke Seite der Bilanzgleichung geschrieben wird. Dies geschieht, um zu verdeutlichen, daß die Summe aus beiden Anteilen die substantielle Änderung darstellt.

Der konvektive Term wird wie in Abschnitt 1.3 als Oberflächenintegral über das Innenprodukt $v_i n_i$ multipliziert mit der Impulsdichte ρv_j als zu bilanzierender Eigenschaft gebildet. Das Innenprodukt $v_i n_i$ reguliert das Vorzeichen und legt den Anteil von ρv_j fest, der über die Oberfläche des Kontrollvolumens fließt.

An dem Volumenelement V greifen *Oberflächen-* und *Volumenkräfte* an. Als Oberflächenkräfte treten Druck- und Reibungskräfte auf. Ist das Fluid reibungsfrei, liegen nur Druckkräfte (normal zur Oberfläche) vor. Der skalare Druck, die Kraft pro Flächeneinheit, sei p. Da n_j der nach außen gerichtete Einheitsvektor ist, wirkt auf das von der Oberfläche A umschlossene Fluid die Kraft

$$-\int_A p n_j dA.$$

In einem viskosen Fluid treten neben den Normalkräften auch Tangentialkräfte aufgrund der Reibung auf. An die Stelle des skalaren Druckes p tritt nun ein Druckvektor p_j. In einem reibungsfreien Fluid ist p_j parallel zu n_j, der Proportionalitätsfaktor ist p. In einem viskosen Fluid ist p_j nicht parallel zu n_j. Jedoch ist p_j eine homogene lineare Funktion von n_j. Dies bedeutet (s. Abschnitt 1.1)

$$p_j = P_{jk} n_k.$$

Der Projektionstensor P_{jk} wird Drucktensor genannt. Als resultierende Oberflächenkraft folgt damit

$$-\int_A P_{jk} n_k dA.$$

Bei der Behandlung der Volumenkraft ist zu beachten, daß die eingeprägten äußeren Kräfte verschieden auf die einzelnen Teilchen einwirken können. Es sei $f_{j,\alpha}$ die Kraft pro Masseneinheit, die auf die Komponente α einwirkt; für die resultierende Volumenkraft gilt dann

$$\sum_\alpha \int_V \rho_\alpha f_{j,\alpha} dV.$$

Damit ist alles bereitgestellt, um die integrale Formulierung der Impulsbilanz angeben zu können. Diese lautet

$$\int\limits_V \frac{\partial}{\partial t}(\rho v_j)\, dV + \int\limits_A \rho v_j(v_i n_i)\, dA = -\int\limits_A P_{jk} n_k\, dA + \sum_\alpha \int\limits_V \rho_\alpha f_{j,\alpha}\, dV. \qquad (1.20)$$

Mit dem Satz von Gauß folgt daraus wegen der willkürlichen Größe und Gestalt des Volumens V die differentielle Form zu

$$\boxed{\;\frac{\partial}{\partial t}(\rho v_j) = -\frac{\partial}{\partial x_k}(\rho v_j v_k + P_{jk}) + \sum_\alpha \rho_\alpha f_{j,\alpha}\;} \; ; \quad j = 1, 2, 3 \qquad (1.21)$$

Dies ist die *lokale Formulierung der Impulsbilanz.*

Gl. (1.21) hat wieder die typische Form einer Bilanzgleichung; die lokale Änderung der Impulsdichte ρv_j ist gleich der negativen Divergenz eines Impulsflusses (bestehend aus einem Konvektions- und einem Diffusionsterm) plus einer Impulsquelldichte aufgrund der eingeprägten äußeren Kräfte.

Bei Beachtung der globalen Kontinuitätsgleichung sowie der Operatorgleichung (1.18) folgt aus Gl. (1.21) die *substantielle Formulierung der Impulsbilanz* zu

$$\boxed{\;\rho\frac{dv_j}{dt} = -\frac{\partial P_{jk}}{\partial x_k} + \sum_\alpha \rho_\alpha f_{j,\alpha}\;} \; ; \quad j = 1, 2, 3. \qquad (1.22)$$

Aufgabe 1.7:   Man zeige, daß Gl. (1.21) in Gl. (1.22) übergeht.

Es sollen noch einige Bemerkungen zu den Größen $f_{j,\alpha}$ und P_{jk} gemacht werden. Auf die Komponente α wirkt $f_{j,\alpha}$ als eingeprägte äußere Kraft pro Masseneinheit. Bei der Beschränkung auf zeitlich konstante und rotationsfreie Kraftfelder (dies ist der Normalfall) läßt sich der Kraftvektor $f_{j,\alpha}$ als Gradient einer zeitunabhängigen skalaren Ortsfunktion ψ_α ausdrücken:

$$f_{j,\alpha} = -\frac{\partial \psi_\alpha}{\partial x_j} \; ; \quad \frac{\partial \psi_\alpha}{\partial t} = 0. \qquad (1.23)$$

Man nennt ψ_α die potentielle Energie oder das Potential der Kraft. In einem Schwerefeld ist $f_{j,\alpha} = f_j = g_j$ und in einem Zentrifugalfeld ist $f_{j,\alpha} = f_j = r_j \omega^2$ (dabei ist r_j der Abstandsvektor von der Rotationsachse und ω die Winkelgeschwindigkeit). In beiden Fällen ist die äußere Kraft pro Masseneinheit für alle Komponenten gleich. Dies ist dagegen nicht der Fall, wenn ein elektrostatisches Feld vorhanden ist, das auf unterschiedlich geladene Teilchen eine unterschiedliche Krafteinwirkung ausüben kann.

Es ist üblich, den *Drucktensor* P_{jk} in zwei Anteile zu zerlegen:

$$P_{jk} = (P_{jk})_e + (P_{jk})_v. \qquad (1.24)$$

Der erste Anteil wird durch den Zustand des Fluids und der zweite Anteil durch dessen Zustandsänderung gekennzeichnet. Das bedeutet, daß der Drucktensor P_{jk} einen Gleichgewichtsterm $(P_{jk})_e$ (e = equilibrium) und einen Nichtgleichgewichtsterm $(P_{jk})_v$ enthält. Letzterer hängt von der Geschwindigkeit der Zustandsänderung bzw. den Geschwindigkeitsgradienten ab. Da diese wiederum die Reibungskräfte bestimmen, wird $(P_{jk})_v$ als viskoser Drucktensor bezeichnet.

Im Gleichgewichtsfall ist $(P_{jk})_v = 0$, das Fluid ist im Ruhezustand. Für ein isotropes Medium gilt dann $(P_{jk})_e = p\delta_{jk}$, wobei p der skalare hydrostatische Druck ist.

Der Ruhezustand ist damit gekennzeichnet durch

$$P_{jk} = (P_{jk})_e = p\,\delta_{jk} = \begin{bmatrix} p & 0 & 0 \\ 0 & p & 0 \\ 0 & 0 & p \end{bmatrix}.$$

D. h. $P_{jk} = 0$ für $j \neq k$ und

$$P_{11} = P_{22} = P_{33} = \frac{1}{3} P_{jj} = p.$$

Für ein *bewegtes Fluid* ist $(P_{jk})_v \neq 0$. Man separiert analog zum Ruhezustand den hydrostatischen Druck und schreibt anstelle von Gl. (1.24) die Aufspaltung

$$\boxed{P_{jk} = p\,\delta_{jk} + \pi_{jk}}. \tag{1.25}$$

Dabei ist $\pi_{jk} \equiv (P_{jk})_v$. Ausgeschrieben heißt dies

$$P_{jk} = \begin{bmatrix} p + \pi_{11} & \pi_{12} & \pi_{13} \\ \pi_{21} & p + \pi_{22} & \pi_{23} \\ \pi_{31} & \pi_{32} & p + \pi_{33} \end{bmatrix}.$$

Anstelle von P_{jk} und π_{jk} werden auch häufig die entgegengesetzten Größen, die die Wirkung vom Fluidelement auf die Umgebung beschreiben,

$$-P_{jk} \equiv T_{jk} = \textit{Spannungstensor}$$

$$-\pi_{jk} \equiv \tau_{jk} = \textit{viskoser Spannungstensor}$$

verwendet. Dann lautet Gl. (1.25)

$$\boxed{T_{jk} = -p\,\delta_{jk} + \tau_{jk}}. \tag{1.26}$$

Man bezeichnet die Elemente der Diagonalen des viskosen Spannungstensors τ_{jk}, also die

τ_{jj}, als Normalspannungen (bzw. die
π_{jj} als Normaldrücke)

und die Elemente mit den gemischten Indizes, also die

τ_{jk} für $j \neq k$, als Schubspannungen (bzw. die
π_{jk} für $j \neq k$ als „Schubdrücke").

Zu dem allseitig gleichen hydrostatischen Druck p kommen in einem bewegten viskosen Fluid die Normaldrücke π_{jj} (bzw. die Normalspannungen τ_{jj}) hinzu. Dies soll Bild 1.3 verdeutlichen.

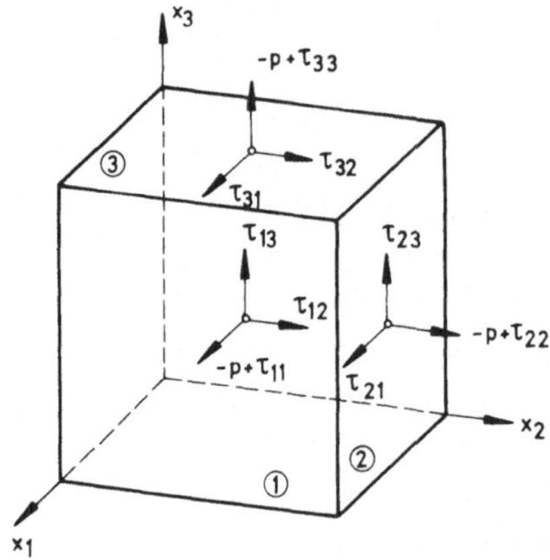

Bild 1.3 Zur Illustration des Spannungstensors

Erster Index: Er bezeichnet die Ebene (durch die auf dieser senkrecht stehenden Achse), an der die Kraft angreift.

Zweiter Index: Er gibt die Kraftrichtung an.

Von den 9 Komponenten des Tensors $\tau_{jk} = -\pi_{jk}$ sind nur 6 Komponenten voneinander unabhängig; es gilt $\tau_{jk} = \tau_{kj}$ (d.h. $\tau_{13} = \tau_{31}$ usw.) aufgrund des Satzes von der Gleichheit der einander zugeordneten Schubspannungen (Boltzmann'sches Axiom) der Festigkeitslehre, der in gleicher Weise auch hier gilt.

1.5 Energiebilanz

Die Energiebilanz kann für verschiedene Energieformen angegeben werden. Für die Gesamtenergie e (pro Masseneinheit) gilt ein Erhaltungssatz, der zweckmäßigerweise zuerst formuliert werden soll. Die spezifische Gesamtenergie e ist

$$e = \frac{1}{2} v_j^2 + u, \tag{1.27}$$

d.h. die Summe aus kinetischer und innerer Energie. Die totale Änderung der Gesamtenergie e im betrachteten Volumen V setzt sich wieder aus einem lokalen Anteil

$$\int_V \frac{\partial}{\partial t}(\rho e)\,dV$$

und einem konvektiven Anteil

$$\int_A \rho e v_j n_j \, dA,$$

der einen Energiestrom durch die Oberfläche A des Volumens V darstellt, zusammen.

Ursachen für die Änderung der Energie im Volumen V sind:
Die am Volumen verrichtete *Arbeit der Oberflächenkraft* (= Skalarprodukt Kraft × Geschwindigkeit)

$$-\int_A p_j v_j dA = -\int_A P_{jk} v_j n_k dA,$$

die verrichtete *Arbeit der Volumenkräfte*

$$\int_V \sum_\alpha{}' \rho_\alpha f_{j,\alpha} v_{j,\alpha} dV$$

(hierbei ist die auf die Komponente α wirkende Kraft mit der Geschwindigkeit dieser Komponente zu multiplizieren, danach ist über alle Komponenten zu summieren) und die dem Volumen *zu- oder abgeführte Energie*

$$-\int_A q_k' n_k dA.$$

Diese wird als Oberflächenintegral über dem Innenprodukt aus Energiestrom q_k' und Oberflächennormalenvektor gebildet. Das negative Vorzeichen wird aufgrund der Orientierung von n_k vorgesehen.

Damit lautet die integrale Energiebilanz, die als Definitionsgleichung für den Energiestrom q_k' in einem offenen System angesehen werden kann,

$$\int_V \frac{\partial}{\partial t}(\rho e)dV + \int_A \rho e v_j n_j dA = -\int_A P_{jk} v_j n_k dA$$

$$+ \int_V \sum_\alpha{}' \rho_\alpha f_{j,\alpha} v_{j,\alpha} dV - \int_A q_k' n_k dA. \tag{1.28}$$

Nach Anwendung des Satzes von Gauß folgt daraus die differentielle *Energiebilanz in lokaler Formulierung*

$$\boxed{\frac{\partial}{\partial t}(\rho e) = -\frac{\partial}{\partial x_k}(\rho e v_k + P_{jk} v_j + q_k') + \sum_\alpha{}' \rho_\alpha f_{j,\alpha} v_{j,\alpha}} \,. \tag{1.29}$$

Bei Verwendung der globalen Kontinuitätsgleichung sowie der Operatorgleichung (1.18) geht Gl. (1.29) über in die *substantielle Formulierung der Energiebilanz*, vgl. hierzu auch Aufgabe 1.7:

$$\boxed{\rho \frac{de}{dt} = -\frac{\partial}{\partial x_k}(P_{jk} v_j + q_k') + \sum_\alpha{}' \rho_\alpha f_{j,\alpha} v_{j,\alpha}} \,. \tag{1.30}$$

Man mag sich an dieser Stelle fragen, wo die potentielle Energie bei dieser Bilanz geblieben ist. Diese steckt als Leistung der Volumenkraft auf der rechten Seite der Gleichung. Dies verdeutlichen wir uns für den einfachen (Normal-)Fall, daß die Volumenkraft $f_{j,\alpha}$ gleich der

Schwerkraft g_j ist. Wir nehmen weiter an, daß das Schwerefeld zeitlich konstant ist. Gemäß Gl. (1.23) schreiben wir

$$g_j = -\frac{\partial \psi}{\partial x_j} \; ; \quad \frac{\partial \psi}{\partial t} = 0.$$

Die skalare Potentialfunktion (die „potentielle Energie") ist dann zeitunabhängig. Damit lautet der letzte Term der rechten Seite von Gl. (1.30)

$$\sum_\alpha \rho_\alpha f_{j,\alpha} v_{j,\alpha} = \rho g_j v_j = -\rho v_j \frac{\partial \psi}{\partial x_j} \; .$$

Deutung: Bei einer Bewegung der Fluidteilchen auf Äquipotentiallinien ψ = konst. verschwindet dieser Term, die potentielle Energie bleibt konstant. Der Term wird maximal, wenn die Bewegung v_j der Fluidteilchen senkrecht zu den Linien ψ = konst. erfolgt.

Damit können wir für den hier beschriebenen Sonderfall $f_{j,\alpha} = g_j$ die Energiebilanz (1.30) auch in der Form

$$\rho \frac{d}{dt} \left(\frac{1}{2} v_j^2 + u + \psi \right) = -\frac{\partial}{\partial x_k} (P_{jk} v_j + q_k')$$

schreiben. Wir lesen dies wie folgt: Die Änderung der Summe aus kinetischer, innerer und potentieller Energie ist gleich der Arbeit der Oberflächenkräfte zuzüglich der zu- oder abgeführten Energie.

Es ist jedoch sinnvoller, die Formulierung Gl. (1.30) zu verwenden, da die potentielle Energie keine Masseneigenschaft wie die kinetische und die innere Energie ist. Sie ist der Masse vielmehr erst aufgrund eines äußeren Kraftfeldes zugeordnet. Damit hat die potentielle Energie einen anderen Charakter als die kinetische und die innere Energie, da letztere nicht von der Existenz äußerer Felder abhängen. Diese Bemerkungen mögen genügen, um die potentielle Energie zu verdeutlichen.

Um nun zu einer Bilanzgleichung für die innere Energie u zu gelangen, muß von Gl. (1.29) bzw. Gl. (1.30) die *Bilanzgleichung für die kinetische Energie* abgezogen werden. Letztere gewinnt man aus der Impulsbilanz durch skalare Multiplikation mit der Schwerpunktsgeschwindigkeit v_j. Es folgt bei Verwendung der substantiellen Formulierung Gl. (1.22):

$$\frac{\rho}{2} \frac{dv_j^2}{dt} = -v_j \frac{\partial P_{jk}}{\partial x_k} + \sum_\alpha \rho_\alpha f_{j,\alpha} v_j. \tag{1.31}$$

Durch Subtraktion der Gl. (1.31) von Gl. (1.30) folgt die gesuchte *Bilanzgleichung für die innere Energie* u; diese lautet in *substantieller Formulierung*

$$\boxed{\rho \frac{du}{dt} = -\frac{\partial q_k'}{\partial x_k} + \sum_\alpha f_{k,\alpha} j_{k,\alpha} - P_{jk} \frac{\partial v_j}{\partial x_k}} \tag{1.32}$$

und in lokaler Formulierung (vgl. zur Umrechnung wieder Aufgabe 1.7)

$$\boxed{\frac{\partial}{\partial t} (\rho u) = -\frac{\partial}{\partial x_k} (\rho u v_k + q_k') + \sum_\alpha f_{k,\alpha} j_{k,\alpha} - P_{jk} \frac{\partial v_j}{\partial x_k}} \tag{1.33}$$

Die Energiegleichung für die innere Energie wird auch als 1. Hauptsatz der Thermodynamik für kontinuierliche Systeme bezeichnet.

Der Unterschied in den Bilanzgleichungen für die Gesamtenergie e und für die innere Energie u ist für das Verständnis der Energiebilanz von Bedeutung. Die Bilanz von e enthält die Arbeit der Oberflächenkräfte

$$\frac{\partial}{\partial x_k}(P_{jk}v_j) = v_j\,\frac{\partial P_{jk}}{\partial x_k} + P_{jk}\,\frac{\partial v_j}{\partial x_k}\ .$$

Diese läßt sich in zwei Anteile zerlegen. Der erste Term erscheint in der Bilanzgleichung für die kinetische Energie. Er stellt die der Strömung durch die Arbeit der Oberflächenkräfte entzogene oder zugeführte Energie dar, er kann positiv oder negativ sein. Der zweite Term erscheint in der Bilanzgleichung für die innere Energie. Er stellt die Umwandlung mechanischer Energie in innere Energie dar. Dies geschieht entweder durch Kompression (Anteil $p\delta_{jk}$ von P_{jk}) oder durch Reibung (Anteil τ_{jk} von P_{jk}). Man bezeichnet letzteren Anteil auch als Dissipation im engeren Sinne. Wir werden in Abschnitt 1.7 sehen, daß es noch weitere dissipative (die Entropie vermehrende) Prozesse gibt. Diese kurze Diskussion werden wir in Abschnitt 3.7.1 für eine Grenzschichtströmung fortsetzen.

Die Produktion von innerer Energie erfolgt nicht nur durch den diskutierten Term $P_{jk}\,\partial v_j/\partial x_k$. Sie wird darüberhinaus auch durch den Anteil der äußeren Kräfte bewirkt, der nicht zur Beschleunigung dient. Dieser Anteil, der zweite Term der rechten Seite von Gl. (1.33), tritt nur bei Mehrkomponentenfluiden auf, in denen auf die einzelnen Komponenten unterschiedliche Kräfte wirken. Schließen wir derartige Kraftfelder aus und beschränken uns z.B. auf Schwerefelder, so entfällt dieser Term.

Desweiteren soll hervorgehoben werden, daß die Bilanzgleichung für die kinetische Energie nur mechanische Energien und somit natürlich keinen Energiestrom q_k' enthält.

Der Energiestrom q_k' stellt die dem Fluidvolumen von außen zu- oder abgeführte thermische Energie dar. Das kann neben reiner Wärmeleitung (und der hier vernachlässigten Strahlung) auch der diffusive Transport von thermischer Energie sein. Wir werden diese anschauliche Deutung in Abschnitt 1.7 präzisieren, sie führt zu dem Zusammenhang

$$q_k' = q_k + \sum_{\alpha=1}^{A} j_{k,\alpha}h_\alpha. \tag{1.34}$$

Der Energiestrom q_k' besteht aus einem Wärmestrom q_k und einem Enthalpiediffusionsstrom. Für ein Einkomponentenfluid ist $q_k' = q_k$.

Wir haben bisher eine Bilanzgleichung für die Gesamtenergie und eine für die innere Energie kennengelernt. Aus letzterer gewinnen wir eine *Bilanzgleichung für die Enthalpie* $h = u + p/\rho$. Nach kurzer Umformung folgt in substantieller Schreibweise, auf die wir uns hier beschränken wollen,

$$\boxed{\ \rho\,\frac{dh}{dt} - \frac{dp}{dt} = -\frac{\partial q_k'}{\partial x_k} + \sum_\alpha f_{k,\alpha}j_{k,\alpha} - \pi_{jk}\,\frac{\partial v_j}{\partial x_k}\ } \tag{1.35}$$

Dabei wurde von der Identität

$$p\,\frac{\partial v_j}{\partial x_j} = p\,\frac{\partial v_j}{\partial x_k}\,\delta_{jk}\,, \qquad \text{vgl. Aufgabe 1.2,}$$

sowie von $P_{jk} = p\delta_{jk} + \pi_{jk}$, Gl. (1.25), und der Kontinuitätsgleichung (1.19) Gebrauch gemacht.

Aufgabe 1.8:   Man entwickle Gl. (1.35) aus Gl. (1.32).

Weiterhin läßt sich daraus eine Gleichung für das Temperaturfeld herleiten. Faßt man h als Funktion von T, p, c_α auf und bezeichnet mit

$$c_p = \left(\frac{\partial h}{\partial T}\right)_{p,c_\alpha} \tag{1.36}$$

die spezifische Wärmekapazität bei konstantem Druck und konstanten Konzentrationen und mit

$$h_\alpha = \left(\frac{\partial h}{\partial c_\alpha}\right)_{\substack{T,p,c_\beta \\ \beta \neq \alpha}} \tag{1.37}$$

die partiellen spezifischen Enthalpien der Komponenten, so folgt mit

$$\frac{dh}{dt} = c_p\,\frac{dT}{dt} + \left(\frac{\partial h}{\partial p}\right)_{T,c_\alpha}\frac{dp}{dt} + \sum_\alpha h_\alpha\,\frac{dc_\alpha}{dt} \tag{1.38}$$

sowie mit der partiellen Kontinuitätsgleichung (1.17) und q_k', Gl. (1.34), nach Umformung die gesuchte *Differentialgleichung für das Temperaturfeld* in der substantiellen Formulierung:

$$\begin{aligned}
\rho c_p\,\frac{dT}{dt} &+ \left[\rho\left(\frac{\partial h}{\partial p}\right)_{T,c_\alpha} - 1\right]\frac{dp}{dt} = -\sum_\alpha h_\alpha\sigma_\alpha - \frac{\partial q_k}{\partial x_k} \\
&+ \sum_\alpha j_{k,\alpha}\left(f_{k,\alpha} - \frac{\partial h_\alpha}{\partial x_k}\right) - \pi_{jk}\,\frac{\partial v_j}{\partial x_k}.
\end{aligned} \tag{1.39}$$

Aufgabe 1.9:   Man entwickle Gl. (1.39) aus Gl. (1.35).

Der Übergang zur lokalen Beschreibung ergibt sich mit Gl. (1.18), d.h.

$$\frac{dT}{dt} = \frac{\partial T}{\partial t} + v_j\,\frac{\partial T}{\partial x_j} \qquad \text{und} \qquad \frac{dp}{dt} = \frac{\partial p}{\partial t} + v_j\,\frac{\partial p}{\partial x_j} \qquad \text{zu}$$

$$\rho c_p\,\frac{\partial T}{\partial t} + \left[\rho\left(\frac{\partial h}{\partial p}\right)_{T,c_\alpha} - 1\right]\left(\frac{\partial p}{\partial t} + v_j\,\frac{\partial p}{\partial x_j}\right) = -\sum_\alpha h_\alpha\sigma_\alpha - \frac{\partial q_k}{\partial x_k} \tag{1.40}$$

$$-\rho c_p v_j\,\frac{\partial T}{\partial x_j} + \sum_\alpha j_{k,\alpha}\left(f_{k,\alpha} - \frac{\partial h_\alpha}{\partial x_k}\right) - \pi_{jk}\,\frac{\partial v_j}{\partial x_k}.$$

Die bei einer Reaktion freiwerdende oder gebundene Reaktionswärme tritt in der Energiebilanz für die Gesamtenergie e, für die innere Energie u oder die Enthalpie h explizit nicht auf; sie ist jedoch implizit in e, u und h enthalten. Ein *Energiequellterm* der Form $\sum\limits_{\alpha} h_\alpha \sigma_\alpha$ tritt in der Energiebilanz explizit nur auf, wenn diese für das Temperaturfeld geschrieben wird. Dabei enthalten die partiellen spezifischen Enthalpien h_α die Reaktionswärmen.

Die Bilanzgleichungen für das Enthalpie- und das Temperaturfeld lassen sich nicht so anschaulich deuten wie jene für die Gesamtenergie oder die innere Energie. Das liegt daran, daß die Enthalpie eine formal eingeführte Größe ist, die einen Energieterm (u) und einen Arbeitsterm (p/ρ) miteinander verknüpft. Die Enthalpie wird jedoch in der Thermodynamik gern in offenen Systemen verwendet, da ihre Einführung eine verkürzte Schreibweise erlaubt.

1.6 Zusammenstellung der Bilanzgleichungen

Es werden die hergeleiteten Bilanzgleichungen einheitlich formuliert und zusammengestellt. Dazu betrachten wir wiederholend die zeitliche Änderung einer beliebigen transportablen Größe E in einem ortsfesten Volumen. Die Änderung dieser extensiven Größe $E = \int \rho e dV$ kommt durch Einströmen dieser Größe durch die feste Oberfläche und durch Produktion im Innern des Volumens zustande. Wir nennen

$\phi_{k,E}$ die Dichte des ϵ-Stromes und

σ_E die Dichte der ϵ-Produktion.

Dann lautet für die zeitliche Änderung von E die Bilanzgleichung in integraler Form

$$\frac{dE}{dt} = \int\limits_V \frac{\partial}{\partial t}(\rho\epsilon)dV = -\int\limits_A \phi_{k,E} n_k dA + \int\limits_V \sigma_E dV. \tag{1.41}$$

Mit dem Satz von Gauß folgt daraus die differentielle *Bilanzgleichung in lokaler Formulierung*

$$\boxed{\frac{\partial}{\partial t}(\rho\epsilon) = -\frac{\partial \phi_{k,E}}{\partial x_k} + \sigma_E} \tag{1.42}$$

und durch Verwendung der Operator-Gleichung (1.18) in *substantieller Formulierung*

$$\boxed{\rho\frac{d\epsilon}{dt} = -\frac{\partial}{\partial x_k}(\phi_{k,E} - \rho\epsilon v_k) + \sigma_E}. \tag{1.43}$$

Man teilt die Produktionsdichte σ_E in einen äußeren Anteil $(\sigma_E)_a$ und einen inneren Anteil $(\sigma_E)_i$ auf, siehe hierzu [1.15]. Dabei sind die $(\sigma_E)_a$ auf eingeprägte äußere Kraftfelder zurückzuführen. Für Erhaltungssätze gilt $(\sigma_E)_i = 0$!

In der Tabelle 1.1 sind die hergeleiteten Bilanzgleichungen zusammengestellt.

Tabelle 1.1: Zusammenstellung der Bilanzgleichungen

lokale Formulierung: $\dfrac{\partial}{\partial t}(\rho\epsilon) = -\dfrac{\partial\phi_{k,E}}{\partial x_k} + \sigma_E;$ substantielle Formulierung: $\rho\dfrac{d\epsilon}{dt} = -\dfrac{\partial}{\partial x_k}(\phi_{k,E} - \rho\epsilon v_k) + \sigma_E$

Bilanzgleichung für	spezifische Bilanzgröße ϵ	Stromdichte $\phi_{k,E}$	$(\sigma_E)_a =$ äußere	$(\sigma_E)_i =$ innere Produktionsdichte
Teilmasse (partielle Kontinuitätsgleichung)	$\dfrac{\rho_\alpha}{\rho} = c_\alpha$ $\alpha = 1, 2, \ldots (A-1)$	$j_{k,\alpha} + \rho c_\alpha v_k$	0	σ_α
Masse (pauschale Kontinuitätsgleichung)	$\dfrac{\rho}{\rho} = 1$	ρv_k	0	0
Impuls (Bewegungsgleichung)	v_j	$P_{jk} + \rho v_j v_k$	$\displaystyle\sum_\alpha \rho_\alpha f_{j,\alpha}$	0
Gesamtenergie (Energiegleichung)	$e = \dfrac{1}{2}v_j^2 + u$	$P_{jk}v_j + q_k' + \rho e v_k$	$\displaystyle\sum_\alpha \rho_\alpha f_{j,\alpha}v_{j,\alpha}$	0
innere Energie (1. HS)	u	$q_k' + \rho u v_k$	$\displaystyle\sum_\alpha f_{k,\alpha}j_{k,\alpha}$	$-P_{jk}\dfrac{\partial v_j}{\partial x_k}$

Mit Ausnahme des Impulses ist die spezifische Bilanzgröße ϵ, die auf die Masse bezogene Bilanzgröße E, ein Skalar. Die dazugehörige Stromdichte ist dann jeweils ein Vektor, so daß die Vorstellung einer Flußgröße naheliegt. Bei der Impulsgleichung wird jedoch eine Vektorgröße bilanziert, die dazugehörige Stromdichte ist ein Tensor zweiter Stufe. Es fällt hier schwerer, an eine Flußgröße zu denken. Die Analogie ist jedoch naheliegend.

Die Stromdichte enthält in charakteristischer Weise zunächst einen konvektiven Term, der aus einem Produkt aus Massenstromdichte (ρv_k) und der spezifischen Bilanzgröße ϵ als zu transportierender Eigenschaft gebildet wird. Es sei wiederholend darauf hingewiesen, daß dieser konvektive Term explizit nur in der (anschaulicheren) lokalen Formulierung auftritt; bei der substantiellen Formulierung ist er in der totalen zeitlichen Ableitung d/dt enthalten, vgl. hierzu Aufgabe 1.7.

Neben dem konvektiven Term enthält die Stromdichte weitere Glieder, die sämtlich ihren Ursprung in Oberflächenintegralen haben. Dies sind der Massendiffusionsstrom in der partiellen Kontinuitätsgleichung, die Oberflächenkräfte in der Impulsgleichung sowie der Energiestrom und die Arbeit der Oberflächenkräfte in der Energiegleichung. Die Bilanzgleichung für die innere Energie enthält neben dem konvektiven Term nur den Energiestrom, dafür tritt jedoch ein Anteil aus der Arbeit der Oberflächenkräfte als Produktion auf. Neben der inneren Energie kann nur die Partialmasse produziert werden, beide sind keine Erhaltungsgrößen.

Die äußere Produktionsdichte unterscheidet sich von der inneren Produktionsdichte in charakteristischer Weise. Letztere ist durch im Fluidsystem ablaufende Prozesse gekennzeichnet, während erstere ihre Existenz äußeren Kraftfeldern verdankt.

Die Energiegleichung in der Enthalpie- und Temperaturform fügt sich in dieses Schema natürlich auch ein. Ihre Interpretation ist jedoch wegen der künstlichen Größe h, bestehend aus einem Energie- und einem Arbeitsterm, schwieriger als bei den ursprünglichen Energieformen e und u. Aus diesem Grund sind diese Bilanzgleichungen in das Schema nicht mit aufgenommen worden.

Einer anschaulichen Interpretation zugänglicher ist dagegen die Bilanzgleichung für die Entropie, auf die wir im folgenden Abschnitt eingehen werden.

1.7 Entropiebilanz und Dissipationsfunktion

Aus den nunmehr bekannten Bilanzgleichungen läßt sich eine Entropiebilanz gewinnen. Damit läßt sich der Begriff der Dissipation verdeutlichen.

Wir erinnern zunächst an den 2. Hauptsatz der Thermodynamik. Es existiert für jedes thermodynamische System eine Zustandsfunktion S, die Entropie, deren Änderung als Summe zweier Terme geschrieben werden kann:

$$dS = d_e S + d_i S. \tag{1.44}$$

Dabei ist $d_e S$ die dem System von außen (e = extern) zugeführte Entropie und $d_i S$ die innerhalb (i = intern) des Systems produzierte Entropie. Es gibt verschiedene Möglichkeiten, den 2. Hauptsatz der Thermodynamik zu formulieren. Eine davon ist

$$d_i S \geqslant 0. \tag{1.45}$$

Es ist $d_i S = 0$ für reversible und > 0 für irreversible Umwandlungen innerhalb des Systems.

Die von außen zugeführte Entropie kann jedoch positiv oder negativ sein, dies hängt von der Wechselwirkung des Systems mit seiner Umgebung ab. Findet kein Energie- und Materietransport über die Systemgrenzen statt, so ist $d_e S = 0$ und somit

$$dS \geqslant 0. \tag{1.46}$$

Ein solches System wird als „abgeschlossen" oder als „materie- und energiedicht" bezeichnet. Schließen wir jedoch nur den Materietransport aus und lassen einen Energietransport über die Systemgrenzen zu, so ist

$$d_e S = \frac{dQ}{T} \tag{1.47}$$

Dabei ist dQ die dem System von außen zu- oder abgeführte Wärme; T ist die (absolute) Temperatur, bei der das System die Wärme aufnimmt. Damit ist

$$dS \geqslant \frac{dQ}{T} \tag{1.48}$$

für ein „materiedichtes" System. Dieses wird auch als „geschlossenes" System bezeichnet.

Ein Fluid ist jedoch ein kontinuierliches System und als solches weder materie- noch energiedicht; es ist ein „offenes" System. Dann wird $d_e S$ auch einen Term beinhalten, der vom Materieaustausch herrührt. Die Aussagen (1.44) und (1.45) bleiben unberührt davon weiterhin gültig.

Da in einem Fluid auch die spezifische Entropie wie jede andere spezifische thermodynamische Zustandsgröße eine stetige Funktion der Raum- und Zeitkoordinaten ist, müssen für kontinuierliche Systeme die Aussagen (1.44) und (1.45) in geeigneter Weise als Feldgleichungen umgeschrieben werden. Analog zum vorangegangenen Abschnitt setzen wir

$$S = \int\limits_V \rho s\, dV$$

$$\frac{d_e S}{dt} = - \int\limits_A \phi_{k,s} n_k\, dA; \qquad \phi_{k,s} = \text{Entropiestromdichte}$$

$$\frac{d_i S}{dt} = \int\limits_V \sigma_s\, dV; \qquad \sigma_s = \text{Entropieproduktionsdichte}$$

Anstelle von Gl. (1.44) haben wir nun die integrale *Entropiebilanz* für ein konstantes Kontrollvolumen:

$$\frac{dS}{dt} = \int\limits_V \frac{\partial}{\partial t}\, (\rho s)\, dV = - \int\limits_A \phi_{k,s} n_k\, dA + \int\limits_V \sigma_s\, dV. \tag{1.49}$$

Mit dem Satz von Gauß folgt daraus, da die Beziehungen (1.44) und (1.45) für ein beliebiges Volumen gelten müssen, die Entropiebilanz in differentieller Form zu

$$\boxed{\frac{\partial}{\partial t}\, (\rho s) = - \frac{\partial \phi_{k,s}}{\partial x_k} + \sigma_s}\;, \text{wobei} \tag{1.50}$$

$$\sigma_s \geqslant 0 \quad \text{ist.} \tag{1.51}$$

Dies sind die *lokalen Formulierungen des 2. Hauptsatzes der Thermodynamik,* die an die Stelle der Beziehungen (1.44) und (1.45) treten. Gl. (1.50) ist formal eine Bilanzgleichung, wobei der Quellterm der wichtigen Ungleichung (1.51) genügt.

In nunmehr bekannter Weise (Aufgabe 1.7) folgt aus Gl. (1.50) die *substantielle Formulierung der Entropiebilanz* zu

$$\boxed{\rho\, \frac{ds}{dt} = - \frac{\partial}{\partial x_k}\, (\phi_{k,s} - \rho s v_k) + \sigma_s}\;. \tag{1.52}$$

In welcher Weise gewinnen wir explizite Ausdrücke für den Entropiestrom $\phi_{k,s}$ und die Entropieproduktion σ_s? Hierzu benötigen wir die Gibbssche Fundamentalgleichung (1.6), die die Änderung der Entropie auf die Änderungen der inneren Energie, der Dichte und der Konzentrationen zurückführt:

$$\frac{ds}{dt} = \frac{1}{T}\frac{du}{dt} + \frac{p}{T}\frac{d}{dt}\left(\frac{1}{\rho}\right) - \sum_{\alpha}\frac{\mu_\alpha}{T}\frac{dc_\alpha}{dt}\ . \tag{1.53}$$

Wir ersetzen

durch Gl.   (1.32)   (1.19)   (1.17), wobei

$$\frac{d}{dt}\left(\frac{1}{\rho}\right) = -\frac{1}{\rho^2}\frac{d\rho}{dt}\quad\text{ist.}$$

Es folgt zunächst

$$\rho\,\frac{ds}{dt} = -\frac{1}{T}\frac{\partial q_k'}{\partial x_k} + \frac{1}{T}\sum_{\alpha} f_{k,\alpha}\,j_{k,\alpha} - \frac{1}{T}\,P_{jk}\frac{\partial v_j}{\partial x_k} \tag{1.54}$$

$$+ \frac{p}{T}\frac{\partial v_k}{\partial x_k} + \frac{1}{T}\sum_{\alpha}\mu_\alpha\frac{\partial j_{k,\alpha}}{\partial x_k} - \frac{1}{T}\sum_{\alpha}\mu_\alpha\sigma_\alpha .$$

Ein Vergleich mit Gl. (1.52) zeigt, daß in dieser Schreibweise die gesamte rechte Seite als Entropieproduktion zu deuten wäre und der Entropiestrom $\phi_{k,s} = \rho s v_k$ somit nur aus einem konvektiven Anteil bestehen würde. Eine solche Interpretation ist nicht sinnvoll, da sich die Forderung $\sigma_s \geq o$ nicht erfüllen ließe. Jeder Summand der Entropieproduktion muß für sich allein stets positiv sein, was in der Schreibweise (1.54) nicht gegeben ist. So kann z.B. der Gradient des Energiestromes sein Vorzeichen wechseln. Die rechte Seite der Gl. (1.54) muß derart umgeformt werden, daß die Ungleichung (1.51) erfüllt ist. Mit der auch in Abschnitt 1.5 verwendeten Identität

$$p\,\frac{\partial v_k}{\partial x_k} = p\,\delta_{jk}\frac{\partial v_j}{\partial x_k}$$

und der Einführung des viskosen Drucktensors nach Gl. (1.25) kann man Gl. (1.54) nach kurzer Umformung wie folgt schreiben:

$$\rho\,\frac{ds}{dt} = -\frac{\partial}{\partial x_k}\left[\frac{q_k'}{T} - \frac{1}{T}\sum_{\alpha}\mu_\alpha j_{k,\alpha}\right]$$

$$-\frac{q_k'}{T^2}\frac{\partial T}{\partial x_k} + \sum_{\alpha} j_{k,\alpha}\left[\frac{f_{k,\alpha}}{T} - \frac{\partial}{\partial x_k}\left(\frac{\mu_\alpha}{T}\right)\right] \tag{1.55}$$

$$-\frac{1}{T}\,\pi_{jk}\frac{\partial v_j}{\partial x_k} - \sum_{\alpha}\frac{\mu_\alpha}{T}\,\sigma_\alpha .$$

Nach dieser Formulierung lauten der *Entropiestrom*

$$\phi_{k,s} = \frac{q_k'}{T} - \frac{1}{T}\sum_{\alpha}\mu_\alpha j_{k,\alpha} + \rho\,s v_k \tag{1.56}$$

und die *Entropieproduktion*

$$\sigma_s = - \frac{q_k'}{T^2} \frac{\partial T}{\partial x_k} + \sum_\alpha{}' j_{k,\alpha} \left[\frac{f_{k,\alpha}}{T} - \frac{\partial}{\partial x_k} \left(\frac{\mu_\alpha}{T} \right) \right] \tag{1.57}$$

$$+ \frac{1}{T} \tau_{jk} \frac{\partial v_j}{\partial x_k} - \sum_\alpha{}' \frac{\mu_\alpha}{T} \sigma_\alpha.$$

In dieser Form ist stets $\sigma_s \geqslant 0$, wovon man sich freilich erst nach Kenntnis der konstitutiven Gleichungen, Abschnitt 1.8, überzeugen kann. Betrachten wir als äußere Kräftefelder wiederum nur das Schwerefeld, d.h. $f_{k,\alpha} = g_k$, so wird aufgrund der Schließbedingung (1.9) der Anteil

$$\frac{1}{T} \sum_\alpha{}' j_{k,\alpha} f_{k,\alpha} = \frac{1}{T} g_k \sum_\alpha{}' j_{k,\alpha} = 0. \tag{1.58}$$

Der *Entropiefluß* $\phi_{k,s}$ enthält somit 3 Anteile,

> der erste Term ist verknüpft mit dem Energiefluß,
> der zweite Term ist verknüpft mit den Diffusionsflüssen von Materie,
> der dritte Term ist ein konvektiver Entropiestrom.

Die Entropieproduktion σ_s enthält 4 Beiträge. Jeder dieser 4 Terme von σ_s ist ein charakteristisches Produkt zweier Faktoren. Einer dieser Faktoren eines jeden Terms wird als „Flußgröße" bezeichnet:

> Energiefluß q_k',
> (Massen-)Diffusionsfluß $j_{k,\alpha}$,
> Impulsfluß oder viskoser Spannungstensor τ_{jk},
> chemische Produktionsdichte σ_α.

Der zweite Faktor in jedem Term wird als „thermodynamische Kraft" bezeichnet, da er die Abweichungen vom thermodynamisch-mechanischen Gleichgewichtszustand beschreibt. Er enthält entweder

> den Gradienten einer intensiven Zustandsvariablen (Temperatur T, chemisches
> Potential μ_α, Geschwindigkeit v_j) oder
> die äußere Kraft $f_{k,\alpha}$ oder
> das chemische Potential μ_α.

Die Gl. (1.57) für die Entropieproduktion ist der Ausgangspunkt der „Nichtgleichgewichts-Thermodynamik", auch „Thermodynamik irreversibler Prozesse" (TIP) genannt. Wir gehen darauf im nächsten Abschnitt kurz ein.

Man bezeichnet σ_s häufig als *verallgemeinerte Dissipationsfunktion;* in ihr sind sämtliche irreversiblen Prozesse enthalten. Als Dissipationsfunktion im engeren Sinne wird oft der Term, der die Arbeit der viskosen Spannungen beschreibt, bezeichnet.

Häufig formuliert man die Entropieproduktion ein wenig anders und gelangt so zu einer anderen Definition des Energiestromes, die wir mit Gl. (1.34) schon anschaulich erläutert haben. Ausgangspunkt ist der Gedanke, daß die als Faktor des Diffusionsstromes in Gl. (1.57) auftretende thermodynamische Kraft einen Anteil enthält, der dem Temperaturgradienten proportional ist. Dieser Anteil kann zum Energiefluß q_k' geschlagen werden. Zur Umformung schreiben wir, wobei wir das chemische Potential als $\mu_\alpha(T, p, c_\alpha)$ annehmen wollen:

$$\frac{\partial}{\partial x_k}\left(\frac{\mu_\alpha}{T}\right) = -\frac{\mu_\alpha}{T^2}\frac{\partial T}{\partial x_k} + \frac{1}{T}\frac{\partial \mu_\alpha}{\partial x_k}, \quad \text{wobei}$$

$$\frac{\partial \mu_\alpha}{\partial x_k} = \underbrace{\left(\frac{\partial \mu_\alpha}{\partial T}\right)_{p,c_\alpha}\frac{\partial T}{\partial x_k} + \left(\frac{\partial \mu_\alpha}{\partial p}\right)_{T,c_\alpha}\frac{\partial p}{\partial x_k} + \sum_\alpha{}'\left(\frac{\partial \mu_\alpha}{\partial c_\alpha}\right)_{\substack{T,p,c_\beta \\ \beta \neq \alpha}}\frac{\partial c_\alpha}{\partial x_k}}_{\displaystyle \equiv \left(\frac{\partial \mu_\alpha}{\partial x_k}\right)_T}.$$

Aus der Thermodynamik ist folgender Zusammenhang zwischen der partiellen spezifischen Enthalpie h_α und dem chemischen Potential μ_α bekannt:

$$h_\alpha = \mu_\alpha - T\left(\frac{\partial \mu_\alpha}{\partial T}\right)_{p,c_\alpha} = -T^2\left[\frac{\partial}{\partial T}\left(\frac{\mu_\alpha}{T}\right)\right]_{p,c_\alpha}$$

Aufgabe 1.10: Man leite obige Beziehung her. Dazu die Definition einer partiellen spezifischen Größe

$$z_\alpha = \left(\frac{\partial Z}{\partial m_\alpha}\right)_{\substack{T,p,m_\beta \\ \beta \neq \alpha}} = \left(\frac{\partial z}{\partial c_\alpha}\right)_{\substack{T,p,c_\beta \\ \beta \neq \alpha}}$$

verwenden.

Damit folgt endgültig

$$\frac{\partial}{\partial x_k}\left(\frac{\mu_\alpha}{T}\right) = -\frac{h_\alpha}{T^2}\frac{\partial T}{\partial x_k} + \frac{1}{T}\left(\frac{\partial \mu_\alpha}{\partial x_k}\right)_T. \tag{1.59}$$

Unter $(\partial \mu_\alpha/\partial x_k)_T$ ist der Gradient von μ_α bei konstanter Temperatur zu verstehen, wenn T, p und c_α die unabhängigen Variablen sind. Mit Gl. (1.59) lautet die Entropieproduktion (1.57) alternativ:

$$\sigma_s = -\frac{q_k}{T^2}\frac{\partial T}{\partial x_k} + \frac{1}{T}\sum_\alpha{}' j_{k,\alpha}\left[f_{k,\alpha} - \left(\frac{\partial \mu_\alpha}{\partial x_k}\right)_T\right] \tag{1.60}$$

$$+ \frac{1}{T}\tau_{jk}\frac{\partial v_j}{\partial x_k} - \sum_\alpha{}'\frac{\mu_\alpha}{T}\sigma_\alpha.$$

Darin haben wir als neuen Energiefluß

$$q_k = q_k' - \sum_\alpha{}' j_{k,\alpha} h_\alpha \tag{1.61}$$

eingeführt, q_k wird als Wärmestrom, häufig auch als reduzierter Wärmestrom, bezeichnet, vgl. hierzu Gl. (1.34). In der Formulierung (1.60) enthält die zum Diffusionsfluß konjugierte thermodynamische Kraft keinen Temperaturgradienten mehr. Der zum Temperaturgradienten konjugierte Fluß ist nunmehr der Wärmefluß nach Gl. (1.61) anstelle des Energieflusses q_k'.

Die Differenz zwischen q_k' und q_k stellt eine Energieübertragung durch Diffusion dar. Tatsächlich kann in Mehrkomponentensystemen der Begriff des „Wärmeflusses" unterschiedlich definiert werden.

Mit Einführung des Wärmeflusses nach Gl. (1.61) lautet der Entropiestrom anstelle Gl. (1.56):

$$\phi_{k,s} = \frac{q_k}{T} + \sum_{\alpha}' s_\alpha j_{k,\alpha} + \rho s v_k. \tag{1.62}$$

Darin ist $s_\alpha = -(\mu_\alpha - h_\alpha)/T$ die partielle spezifische Entropie, vgl. Aufgabe 1.10. Der zweite Term ist nunmehr anschaulicher der diffusive Transport von partieller spezifischer Entropie.

Der Vollständigkeit halber muß noch die bislang unterschlagene „Hypothese vom lokalen Gleichgewicht" erwähnt werden. Diese besagt:
Innerhalb eines kleinen Volumenelementes des betrachteten Systems herrscht ein Zustand lokalen Gleichgewichts (obwohl das Gesamtsystem nicht im Gleichgewichtszustand ist), für den die lokale Entropie s dieselbe Funktion von u, ρ und c_α ist wie im tatsächlichen Gleichgewichtszustand.

Erst durch diese Hypothese, die vom makroskopischen Standpunkt aus nur durch die Gültigkeit der daraus gezogenen Schlüsse gerechtfertigt werden kann, ist die Verwendung der Gibbsschen Fundamentalgleichung (1.53) für kontinuierliche Systeme möglich. Wir gehen auf diese Problematik nicht weiter ein, sondern verweisen auf die entsprechende Literatur, z.B. [1.8, 1.10, 1.15]. Es genügt uns zu wissen, daß die Hypothese vom lokalen Gleichgewicht für nicht „zu große" Abweichungen vom Gleichgewichtszustand erfüllt ist. Dieser Tatbestand liegt bei den in Fluiden ablaufenden Transportphänomenen praktisch immer vor.

1.8 Die konstitutiven Gleichungen (Materialgleichungen)

Das System der Bilanzgleichungen ist für alle Materialien gültig. Es beschreibt den Zusammenhang zwischen den *Zustandsfeldern* und den *Prozeßfeldern.*
Zustandsfelder sind:

ρ (x_j, t), das Feld der Massendichte,
ρ_α (x_j, t), das Feld der Partialdichten,
ρe (x_j, t), das Feld der Energiedichte,
ρv_k (x_j, t), das Feld der Impulsdichte.

Die ersten drei „Dichtefelder" kennzeichnen den thermodynamischen Zustand und das vierte „Dichtefeld" den mechanischen Zustand der kontinuierlichen Materie. Neben diesen „Dichtefeldern" existieren Felder der intensiven thermodynamischen Zustandsgrößen wie

T (x_j, t), Temperaturfeld
p (x_j, t), Druckfeld
μ_α (x_j, t), Felder der chemischen Potentiale usw.

Die Zustandsgleichungen der Thermodynamik verknüpfen letztere mit den Dichtefeldern; in die thermodynamischen Zustandsgleichungen gehen die Materialeigenschaften des Mediums ein.

Die Bilanzgleichungen führen die zeitlichen Veränderungen der Zustandsfelder auf äußere Einflüsse wie

> Materieaustausch,
> Energieaustausch,
> Impulsaustausch und
> chemische Reaktionen

zurück. Zur vollständigen Formulierung der Bilanzgleichungen benötigt man daher neue Felder, die die Prozesse beschreiben, das sind die *Prozeßfelder*:

> Vektorfelder der Diffusionsstromdichten,
> Vektorfeld der Energiestromdichte,
> Tensorfeld der Impulsstromdichte,
> Skalarfelder chemischer Produktionsdichten.

Die *Bilanzgleichungen* zusammen mit den Zustandsgleichungen der Thermodynamik bilden somit noch kein vollständiges Gleichungssystem. Sie müssen durch weitere Beziehungen ergänzt werden. Diese verknüpfen die Zustands- und die Prozeßfelder miteinander. In diese gehen ebenfalls die Materialeigenschaften des Mediums ein.

Die Beziehungen, die die Zustands- und die Prozeßfelder miteinander verknüpfen, nennt man

> *konstitutive Gleichungen oder Materialgleichungen.*

Es gibt drei Möglichkeiten, die konstitutiven Gleichungen zu gewinnen.

A. Empirisch

Ansätze dieser Art sind mit den Namen Fourier, Fick und Newton verknüpft. Zur Vereinfachung seien diese empirischen Beziehungen für ein *inkompressibles* (ρ = konst.) und inertes *Binärgemisch* ($c = c_1$, $c_2 = 1 - c$) angegeben:

$$q_k = -\lambda \frac{\partial T}{\partial x_k} \qquad \text{\textit{Fourier}scher Ansatz der Wärmeleitung} \qquad (1.63)$$

$$j_k = -\rho D \frac{\partial c}{\partial x_k} \qquad \text{\textit{Fick}scher Ansatz der Diffusion} \qquad (1.64)$$

$$\pi_{jk} = -\tau_{jk} = -\mu \left(\frac{\partial v_j}{\partial x_k} + \frac{\partial v_k}{\partial x_j} \right) \quad \text{\textit{Newton}scher Spannungsansatz} \qquad (1.65)$$

Die Ansätze sind Definitionsgleichungen der *empirischen Transportkoeffizienten* λ = Wärmeleitfähigkeit, D = binärer Diffusionskoeffizient, μ = dynamische Viskosität.

Die negativen Vorzeichen bedeuten, daß

> Wärme in Richtung abnehmender Temperatur,
> Materie in Richtung abnehmender Konzentration und
> Impuls in Richtung abnehmender Geschwindigkeit „fließen".

Der entsprechende „Fluß" ist jeweils dem Gradienten einer treibenden Größe direkt proportional. Dies ist ein experimenteller Befund.

Eine theoretische Begründung der empirischen Ansätze kann im Rahmen der Möglichkeiten B und C gegeben werden.

B. Phänomenologisch

Dies ist Ziel und Zweck der „Nichtgleichgewichts-Thermodynamik", auch „Thermodynamik irreversibler Prozesse" (TIP) genannt. Die TIP ist eine makroskopische Theorie, die allgemeingültige Aussagen über Transportkoeffizienten unabhängig von der Struktur der Materie macht. Diesem Vorzug steht der Nachteil gegenüber, daß diese Aussagen natürlich nicht quantitativer Art sein können. Vorgehen und Konsequenzen der TIP sollen kurz skizziert werden.

Ausgangspunkt ist die uns bekannte Beziehung (1.57) bzw. (1.60) für die Entropieproduktion. Wir hatten notiert, daß jeder Term der Entropieproduktion in charakteristischer Weise ein Produkt aus „Fluß", allgemein Y_J, und „Kraft", allgemein X_J, darstellt:

$$\sigma_s = \sum_J Y_J X_J. \tag{1.66}$$

Hierbei ist über sämtliche Flüsse J zu summieren. Zunächst wird angenommen, daß jeder Fluß Y_J von jeder Kraft X_J abhängt. Dies wird durch die linearen phänomenologischen Gleichungen

$$Y_J = \sum_K L_{JK} X_K \tag{1.67}$$

ausgedrückt. Hierbei ist über sämtliche Kräfte K zu summieren. Die L_{JK} werden lineare phänomenologische Koeffizienten genannt. Mit Gl. (1.67) folgt aus Gl. (1.66)

$$\sigma_s = \sum_{J,K} L_{JK} X_K X_J \tag{1.68}$$

für die Entropieproduktion, d.h. ein in den „Kräften" quadratischer Ausdruck.

Aus physikalischen Gründen lassen sich nur Tensoren mit gleichem Transformationsverhalten miteinander verknüpfen. Dies wird in der TIP das Symmetrieprinzip von Curie genannt. Demzufolge sind nur die in Tabelle 1.2 angegebenen Verknüpfungen zwischen „Flüssen" und „Kräften" möglich. Man beachte bezüglich der Schreibweise, daß die großen lateinischen Buchstaben J, K von den Tensorindizes i, j, k ... zu unterscheiden sind.

Tabelle 1.2: Mögliche Verknüpfungen zwischen „Flüssen" und „Kräften" auf der Basis der Entropieproduktion nach Gl. (1.60)

	„Flüsse"	„Kräfte"
skalar	$\sigma_\alpha; \bar{\pi}$	$\mu_\alpha; \dfrac{\partial v_i}{\partial x_i}$
vektoriell	$q_k; j_{k,\alpha}$	$\dfrac{\partial T}{\partial x_k}; f_{k,\alpha} - \left(\dfrac{\partial \mu_\alpha}{\partial x_k}\right)_T$
tensoriell (2. Stufe)	$\overset{\circ}{\pi}_{jk}$	$\dfrac{\partial \overset{\circ}{v}_j}{\partial x_k}$

Vektorielle „Flüsse" können nur von vektoriellen „Kräften", skalare „Flüsse" nur von skalaren „Kräften" und von der (skalaren) Invarianten (Spur) der tensoriellen „Kräfte", tensorielle „Flüsse" nur von den tensoriellen „Kräften" und von skalaren „Kräften" multipliziert mit dem Einheitstensor abhängen. Erläuternd sei dazu gesagt, daß sich jeder Tensor 2. Stufe eindeutig in einen isotropen Tensor (= Tensor, dessen Koordinaten sich bei einer Bewegung des Koordinatensystems nicht und bei einer Umlegung höchstens im Vorzeichen ändern) und einen Deviator (= Tensor mit der Spur Null, die Spur eines Tensors ist die Summe der Diagonalelemente) zerlegen läßt. Am Beispiel des viskosen Drucktensors bedeutet dies

$$\pi_{jk} = \bar{\pi}\delta_{jk} + \overset{\circ}{\pi}_{jk} \tag{1.69}$$

Aufgabe 1.11:   Man schreibe Gl. (1.69) in der Matrizenform aus.

Nach dem Symmetrieprinzip von Curie ist somit zugelassen, daß
— der viskose Drucktensor nicht nur von den Geschwindigkeitsgradienten, sondern auch von den chemischen Potentialen abhängen kann,
— die chemischen Produktionsdichten nicht nur von den chemischen Potentialen, sondern auch von Geschwindigkeitsunterschieden abhängen können.
Diese eigentümlichen Abhängigkeiten sind bisher noch nicht experimentell verifiziert worden; es gibt jedoch Deutungsversuche („chemische Viskosität", siehe z.B. [1.10]).

Weitere Beschränkungen bezüglich der linearen phänomenologischen Koeffizienten L_{JK} existieren:
— Ungleichungen für die L_{JK} wegen $\sigma_s \geqslant 0$.
— $L_{JK} = \pm L_{KJ}$, diese nach Onsager und Casimir bezeichneten Reziprozitätsbeziehungen haben ihren Grund in der „Zeitumkehr-Invarianz" der Bewegungsgleichungen der einzelnen Teilchen, dem „Prinzip der mikroskopischen Reversibilität". Die Formulierung der Reziprozitätsbeziehungen zuerst durch Onsager (1931) und erweitert von Casimir (1945) stellt das Kernstück der TIP dar.
— Beschränkungen aufgrund der Schließbedingungen $\sum\limits_{\alpha} j_{k,\alpha} = 0$ sowie $\sum\limits_{\alpha} \sigma_\alpha = 0$.

— Beschränkungen aufgrund der stöchiometrischen Bedingungen.
Die weiter unten folgende Tabelle 1.3 gibt eine Zusammenfassung.

Die hier unternommene kurze Skizzierung der TIP soll nicht mit einer Einführung in dieses interessante Gebiet verwechselt werden. Für Interessenten seien vor allem die Darstellungen von Meixner und Reik [1.15], Haase [1.10] sowie de Groot und Mazur [1.8] genannt, desweiteren die Bücher [1.6, 1.9, 1.12, 1.24].

C. Kinetisch

Im Gegensatz zum makroskopisch-phänomenologischen Vorgehen der TIP handelt es sich hierbei um eine mikroskopische Theorie der Atome und Moleküle und deren Wechselwirkungen. Es werden bestimmte Molekülmodelle zugrundegelegt. Daraus können mit Methoden der statistischen Mechanik quantitative Aussagen über die Transportkoeffizienten gemacht werden. Das ist ein Vorzug gegenüber der TIP. Nachteilig ist demgegenüber, daß die Aussagen der kinetischen Theorie an die Gültigkeit des jeweiligen Molekülmodells gebunden sind und damit keine Allgemeingültigkeit besitzen. Zum besseren Verständnis sollen die beiden Äste der mikroskopischen Theorie kurz skizziert werden.

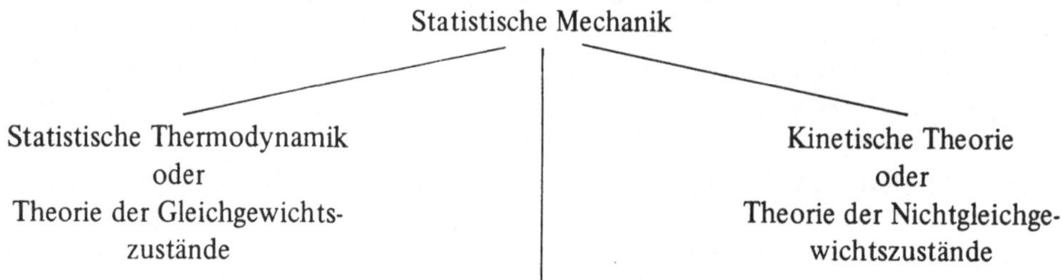

Die statistische Thermodynamik arbeitet mit den mathematischen Methoden der Wahrscheinlichkeitsrechnung und Statistik. Ihr Ziel ist die Berechnung der Zustandssumme, um daraus die Gleichgewichtseigenschaften (die Zustandsgleichungen) gewinnen zu können. Die Zustandssumme ist eine statistische Größe, unter der man sich eine geeignete Summierung über alle möglichen Energieniveaus für die verschiedenen Energieformen (Translation, Rotation, Schwingung) vorstellen kann. Wichtige Ergebnisse sind die Formulierung der Maxwell-Boltzmannschen Geschwindigkeitsverteilung und die statistische Deutung des zweiten Hauptsatzes. Die statistische Thermodynamik ist recht erfolgreich bei der Ermittlung von Zustandsgrößen von Gasen mit einfacher Molekülstruktur (ein- und zweiatomig) sowie bei Festkörpern. Flüssigkeiten zu behandeln ist problematisch, da bei ihnen weder die unregelmäßigen Molekularbewegungen (wie bei verdünnten Gasen) noch die intermolekularen Wechselwirkungen (wie bei den Festkörpern) dominieren. Für Interessenten seien die Bücher von Sonntag und van Wylen [1.21, 1.22] genannt.

Die kinetische Theorie beschäftigt sich im Gegensatz zur statistischen Thermodynamik mit den Nichtgleichgewichtszuständen, den Transportvorgängen. Ihr Ziel ist die quantitative Beschreibung der Transportkoeffizienten Viskosität, Wärmeleitfähigkeit und der Diffusionskoeffizienten aus mikroskopischen Eigenschaften. So sagt die elementare kinetische Theorie („Billardkugelmodell") für verdünnte Gase die Abhängigkeiten μ, λ, $\rho D \sim \sqrt{T}$ voraus, diese qualitativen Aussagen sind durchaus vernünftig.

Grundlage der exakten kinetischen Theorie ist die Boltzmannsche Transportgleichung, eine Integro-Differentialgleichung für die Boltzmannsche Verteilungsfunktion. Letztere gibt an, wieviele Moleküle sich im Raumelement zwischen x, y, z und x + dx, y + dy, z + dz befinden und Geschwindigkeiten zwischen u, v, w und u + du, v + dv, w + dw besitzen. Diese Molekülverteilung im sogenannten Molekülphasenraum kann sich zeitlich ändern. Ursache dafür ist die Wechselwirkung zwischen den Molekülen, welche in der Transportgleichung durch den Kollisionsterm erfaßt wird.

Die Bestimmung des Kollisionsterms ist das zentrale Problem der kinetischen Theorie. Dies ist wie auch in der statistischen Thermodynamik leichter für verdünnte Gase mit einfacher Molekülstruktur möglich. Aus den mikroskopischen Eigenschaften der Masse, der Energie und des Impulses zusammenstoßender Moleküle lassen sich dann aus der Boltzmannschen Transportgleichung die makroskopischen Bilanzgleichungen für Masse, Energie und Impuls gewinnen. Standardliteratur dieser schwierigen Materie sind die Bücher von Hirschfelder, Curtiss und Bird [1.11], Reid und Sherwood [1.18] sowie Chapman und Cowling [1.4].

Diese sehr kurzen Bemerkungen zur phänomenologischen und zur kinetischen Theorie mögen an dieser Stelle genügen. Es sollen jedoch die aus beiden Theorien sich ergebenden konstitutiven Gleichungen angegeben werden.

Dies erfolgt in Anlehnung an Tabelle 1.2 zunächst in tabellarischer Form (Tabelle 1.3) und der der Übersichtlichkeit halber vereinfachenden Annahme eines inerten Gemisches. Das bedeutet, daß die (praktisch bedeutungslosen) Wechselwirkungen zwischen den viskosen Spannungen und den chemischen Reaktionen nicht aufgeführt sind.

Tabelle 1.3: Abhängigkeiten zwischen „Flüssen" und „Kräften" für inerte Gemische

„Kräfte"

„*Flüsse*"	Deformationsgeschwindigkeit (Tensor)	Temperaturgradient (Vektor)	Konzentrations- u. Druckgradienten, Volumenkräfte (Vektor)
Viskoser Drucktensor π_{ij} (Tensor)	Newtonsches Gesetz		
Wärmestrom q_k (Vektor)		Fouriersches Gesetz der Wärmeleitung	Diffusionsthermik (Dufour-Effekt)
Massendiffusionsströme $j_{k,\alpha}$ (Vektor)		Thermodiffusion (Soret-Effekt)	Ficksches Gesetz der Diffusion

Stark umrandet sind die sog. „*Grundeffekte*". So beschreibt z.B. das Fouriersche Gesetz den Zusammenhang zwischen Wärmestrom und Temperaturgradient. Weiterhin kann ein Wärmestrom auch durch Konzentrationsgradienten, Druckgradienten oder Volumenkräfte hervorgerufen werden. Diesen „*Überlagerungseffekt*" bezeichnet man als Diffusionsthermik oder nach seinem Entdecker als Dufour-Effekt. Ein weiterer Überlagerungseffekt ist die Thermodiffusion oder Soret-Effekt; er besagt, daß Massendiffusionsflüsse auch durch einen Temperaturgradienten hervorgerufen werden.

Normalerweise sind die Überlagerungseffekte vernachlässigbar klein gegenüber den Grundeffekten. Es gibt jedoch Ausnahmen. So wird die Thermodiffusion bei der Isotopentrennung ausgenutzt. Die Diffusionsthermik kann eine Rolle spielen, wenn z.B. Mischungen von Gasen mit stark unterschiedlichen Molmassen vorliegen.

Für ein Binärgemisch seien die konstitutiven Gleichungen in allgemeiner Form angegeben, vgl. z.B. [1.4, 1.8, 1.15]:

$$j_{k,1} = -j_{k,2} = -\rho D \, \frac{\partial c}{\partial x_k} + \frac{M_1 M_2 D c}{p} \, \frac{\partial p}{\partial x_k}$$

(1.70)

$$+ \frac{M_1 M_2 c(1-c)D}{RT} (f_{k,2} - f_{k,1}) - \frac{\rho D c(1-c)\alpha}{T} \, \frac{\partial T}{\partial x_k}$$

$$q_k = -\lambda \frac{\partial T}{\partial x_k} - \alpha RT \, \frac{\overline{M}^2}{M_1 M_2} \, j_{k,1} \quad \text{bzw.}$$

$$q_k{}' = q_k + j_{k,1} (h_1 - h_2)$$

(1.71)

$$\pi_{jk} = -\tau_{jk} = -\mu \left(\frac{\partial v_j}{\partial x_k} + \frac{\partial v_k}{\partial x_j} \right) - \underbrace{\left(\zeta - \frac{2}{3} \, \mu \right)}_{\mu'} \frac{\partial v_i}{\partial x_i} \, \delta_{jk}.$$

(1.72)

Die Terme der rechten Seite von Gl. (1.70) bedeuten nacheinander: Die gewöhnliche oder Ficksche Diffusion, vgl. Gl. (1.64), die Druckdiffusion, die Diffusion durch Volumenkräfte und die Thermodiffusion. Die Druckdiffusion und die Diffusion durch Volumenkräfte (letztere ist Null in einem Schwerefeld wegen $f_{k,1} = f_{k,2} = g_k$) werden durch den gleichen Transportkoeffizienten D wie die gewöhnliche Ficksche Diffusion beschrieben. In der Thermodiffusion tritt dagegen ein neuer Transportkoeffizient αD auf, α wird als Thermodiffusionskoeffizient bezeichnet.

Der Wärmestrom nach Gl. (1.71) beinhaltet die gewöhnliche oder Fouriersche Wärmeleitung, vgl. Gl. (1.63), sowie den Diffusionsthermoeffekt. Letzterer wird durch den gleichen Transportkoeffizienten α wie die Thermodiffusion beschrieben. Neben dem Wärmestrom q_k ist wiederum der Energiestrom $q_k{}'$ aufgeführt, der zusätzlich einen Enthalpiediffusionsstrom enthält. M_1 und M_2 sind die Molmassen der Komponenten 1 und 2 und $\overline{M}$ eine über die Molenbrüche definierte mittlere Molmasse.

Gl. (1.72) für den viskosen Drucktensor enthält neben der Scherviskosität μ zusätzlich eine zweite Viskosität μ', die als Volumenviskosität (bulk viscosity) bezeichnet wird. Mitunter wird auch die Größe $\zeta = \mu' + 2\,\mu/3$ Volumenviskosität genannt.

An dieser Stelle sind einige Bemerkungen zum thermodynamischen Druck angebracht. Für ein ruhendes Fluid sind hydrostatischer Druck und thermodynamischer Druck identisch. In einem bewegten Fluid ist der thermodynamische Druck über eine Zustandsgleichung mit der Dichte und der Temperatur verknüpft, und es ist sinnvoll, ausgehend von dem Ansatz (1.25) für den Drucktensor in Verbindung mit Gl. (1.72), also

$$P_{jk} = p \, \delta_{jk} - \mu \left(\frac{\partial v_j}{\partial x_k} + \frac{\partial v_k}{\partial x_j} \right) - \mu' \frac{\partial v_i}{\partial x_i} \, \delta_{jk},$$

einen mittleren Druck $\overline{P}$ durch

$$\overline{P} = \frac{1}{3} (P_{11} + P_{22} + P_{33}) = p - \zeta \frac{\partial v_i}{\partial x_i} = p - \left(\mu' + \frac{2}{3} \, \mu \right) \frac{\partial v_i}{\partial x_i}$$

zu definieren. Dieser mittlere Druck $\overline{P}$ ist in einem viskosen bewegten Fluid nicht mit dem thermodynamischen Druck p identisch. Der Unterschied ist oft unerheblich, da bei typischen

Strömungen die Divergenz des Geschwindigkeitsvektors meist sehr klein ist. Über die Volumenviskosität ist wenig bekannt, man versucht, sie hinwegzudiskutieren.

Mit der Stokes' Hypothese $\zeta = \mu' + \dfrac{2}{3}\mu = 0$, d.h. $\mu' = -\dfrac{2}{3}\mu$, wird die Volumenviskosität auf die Scherviskosität zurückgeführt, und der mittlere Druck $\overline{P}$ wird mit dem thermodynamischen Druck p identisch. Als Rechtfertigung für diese Hypothese wird genannt, daß die Verwendung der Bewegungsgleichung mit diesem Ansatz zu Resultaten führt, die mit Experimenten im Einklang stehen. Darüberhinaus kann die Stokes' Hypothese für einatomige Gase mit kinetischen Argumenten bestätigt werden.

Bei inkompressiblen Strömungen ist die Volumenviskosität ohne Bedeutung, da die Divergenz des Geschwindigkeitsvektors aufgrund der Kontinuitätsgleichung verschwindet.

1.9 Zusammenfassung

Die in diesem Kapitel hergeleiteten Bilanzgleichungen seien noch einmal zusammengestellt. Wir nehmen dabei an, daß allein die Schwerkraft als Volumenkraft auftritt.

$$\frac{\partial \rho}{\partial t} + \frac{\partial}{\partial x_k}(\rho v_k) = 0 \tag{1.73}$$

$$\rho \frac{\partial c_\alpha}{\partial t} + \rho v_k \frac{\partial c_\alpha}{\partial x_k} = -\frac{\partial j_{k,\alpha}}{\partial x_k} + \sigma_\alpha \tag{1.74}$$

$$\rho \frac{\partial v_j}{\partial t} + \rho v_k \frac{\partial v_j}{\partial x_k} = -\frac{\partial p}{\partial x_j} + \frac{\partial \tau_{jk}}{\partial x_k} + \rho g_j \tag{1.75}$$

$$\rho \frac{\partial u}{\partial t} + \rho v_k \frac{\partial u}{\partial x_k} = -p \frac{\partial v_k}{\partial x_k} + \tau_{jk} \frac{\partial v_j}{\partial x_k} - \frac{\partial q_k'}{\partial x_k} \tag{1.76}$$

Die Energiegleichung ist hierbei für die innere Energie angegeben. Wir hatten diskutiert, daß das System der Bilanzgleichungen durch die konstitutiven Gleichungen ergänzt werden muß. Durch diese werden die speziellen Materialeigenschaften berücksichtigt. Wir beschränken uns gemäß Abschnitt 1.8 auf Newtonsche Fluide; weiterhin geben wir hier vereinfachend die konstitutiven Gleichungen für ein Binärgemisch an und vernachlässigen die „Überlagerungseffekte". Damit lauten die Gln. (1.70) bis (1.72):

$$j_{k,1} = -j_{k,2} = -\rho D \frac{\partial c}{\partial x_k} \tag{1.77}$$

$$q_k' = -\lambda \frac{\partial T}{\partial x_k} - \rho D(h_1 - h_2) \frac{\partial c}{\partial x_k} \tag{1.78}$$

$$\pi_{jk} = -\tau_{jk} = -\mu \left(\frac{\partial v_j}{\partial x_k} + \frac{\partial v_k}{\partial x_j} \right) - \mu' \frac{\partial v_i}{\partial x_i} \delta_{jk}. \tag{1.79}$$

Darin ist $c = c_1 = 1 - c_2$. Das System der Bilanzgleichungen (1.73) bis (1.76) zuzüglich der konstitutiven Gleichungen (1.77) bis (1.79) ist geschlossen und somit prinzipiell lösbar, sofern zusätzlich Zustandsgleichungen der Thermodynamik für $p(\rho, T)$, h_1, h_2 und $u = f(\rho, T, c)$ sowie Ansätze für die Transportkoeffizienten μ, μ', λ und $D = f(\rho, T, c)$ zur Verfügung stehen.

Die Unbekannten des Gleichungssystems sind dann v_k, ρ, T und c, wobei bei geeigneter Wahl der Zustandsgleichungen auch andere thermodynamische Zustandsgrößen als abhängige Variable gewählt werden können. Die Impulsgleichung (1.75) mit τ_{jk} nach Gl. (1.79) wird als Navier-Stokessche Bewegungsgleichung bezeichnet.

In den nun folgenden Anwendungen wird das Gleichungssystem überwiegend in kartesischen Koordinaten verwendet. Bei gewissen Problemen bieten sich Zylinder- oder Kugelkoordinaten an. Umrechnungen dieser Art sind leicht möglich aber umständlich. Hierzu sei auf die Literatur verwiesen. So geben z.B. Bird, Stewart, Lightfoot [1.3] die Bilanzgleichungen in verschiedenen Koordinatensystemen an, siehe auch Abschnitt 7.2.

Literatur zu Kapitel 1

[1.1] *R. Aris:* Vectors, Tensors, and the Basic Equations of Fluid Mechanics; Prentice Hall, Englewood Cliffs, N.J., 1962.

[1.2] *J. Betten:* Elementare Tensorrechnung für Ingenieure; Vieweg, Braunschweig, 1977.

[1.3] *R.B. Bird, W.E. Stewart, E.N. Lightfoot:* Transport Phenomena; J. Wiley & Sons, New York, 1960.

[1.4] *S. Chapman, T.G. Cowling:* The Mathematical Theory of Non-Uniform Gases; Cambridge Univ. Press, 3rd Ed., 1970.

[1.5] *A. Duschek, A. Hochrainer:* Tensorrechnung in analytischer Darstellung; Springer, Wien, 5. Auflage, 1968.

[1.6] *D.D. Fitts:* Nonequilibrium Thermodynamics; McGraw Hill, New York, 1962.

[1.7] *P. Glansdorff, I. Prigogine:* Thermodynamic Theory of Structure, Stability and Fluctuations; Wiley-Interscience, London, 1971.

[1.8] *S.R. de Groot, P. Mazur:* Non-Equilibrium Thermodynamics; North-Holland Publ., Amsterdam, 1962.
In deutscher Übersetzung: Grundlagen der Thermodynamik irreversibler Prozesse; Band 162, 1969, und Anwendung der Thermodynamik irreversibler Prozesse; Band 757, 1974, Bibliograph. Inst. Mannheim.

[1.9] *I. Gyarmati:* Non-equilibrium Thermodynamics; Springer-Verlag, Berlin, 1970.

[1.10] *R. Haase:* Thermodynamik der irreversiblen Prozesse; Dr. D. Steinkopf Verlag, Darmstadt, 1963.

[1.11] *J.O. Hirschfelder, F.C. Curtiss, R.B. Bird:* Molecular Theory of Gases and Liquids; J. Wiley & Sons, New York, 1954.

[1.12] *G. Kalitzin:* Thermodynamik irreversibler Prozesse; VEB Deutscher Verlag für Grundstoffindustrie, Leipzig, 1968.

[1.13] *E. Klingbeil:* Tensorrechnung für Ingenieure; Bibliograph. Inst., Mannheim, 1966.

[1.14] *H.W. Liepmann, A. Roshko:* Elements of Gasdynamics; John Wiley & Sons, New York, 1950.

[1.15] *J. Meixner, H.G. Reik:* Thermodynamik der irreversiblen Prozesse; Handbuch der Physik, Band III/2, S. 413–523, Springer-Verlag, Berlin, 1959.

[1.16] *W. Prager:* Einführung in die Kontinuumstheorie; Birkhäuser Verlag, Basel, 1961.

[1.17] *I. Prigogine:* Introduction to Thermodynamics of Irreversible Processes; Interscience Publ., New York, 1961.

[1.18] *R.C. Reid, T.K. Sherwood:* The Properties of Gases and Liquids; McGraw-Hill Book Comp., New York, 1958.

[1.19] *H. Schade:* Kontinuumstheorie strömender Medien; Springer-Verlag, Berlin, 1970.

[1.20] *E. Schmidt, K. Stephan, F. Mayinger:* Technische Thermodynamik: Grundlagen und Anwendungen; Springer-Verlag, Berlin, 1975.

[1.21] *R.E. Sonntag, G.J. van Wylen:* Fundamentals of Statistical Thermodynamics; John Wiley & Sons, New York, 1966.

[1.22] *R.E. Sonntag, G.J. van Wylen:* Introduction to Thermodynamics: Classical and Statistics; John Wiley & Sons, New York, 1971.

[1.23] *L.C. Woods:* The Thermodynamics of Fluid Systems; Clarendon Press, Oxford, 1975.

[1.24] *W. Yourgraw, A. van der Merwe, G. Raw:* Treatise on Irreversible and Statistical Thermophysics; The MacMillan Comp., New York, 1966.

2 Laminarer Impulsaustausch

In diesem Kapitel werden Lösungen des Gleichungssystems

$$\frac{\partial v_k}{\partial x_k} = 0 \tag{2.1}$$

$$v_k \frac{\partial v_j}{\partial x_k} = -\frac{1}{\rho} \frac{\partial p}{\partial x_j} + \nu \frac{\partial^2 v_j}{\partial x_k^2} \tag{2.2}$$

behandelt. Die Unbekannten sind der Geschwindigkeitsvektor v_k und der Druck p. Damit sind auch gleichzeitig die Voraussetzungen dieses Kapitels deutlich geworden:
— Die Dichte ρ wird als konstant angenommen. Dies gilt mit sehr guter Näherung für alle Flüssigkeiten sowie für Gase bei niedrigen Strömungsgeschwindigkeiten. Im dritten Kapitel wird deutlich werden, daß bei Luftströmungen bis etwa $50 \div 100$ m/s (dies hängt vom Fehler ab, den man zu akzeptieren bereit ist) näherungsweise die Dichte konstant gesetzt werden kann. Ein derartiges Fluid wird als inkompressibel bezeichnet.
— Die kinematische Viskosität $\nu = \mu/\rho$ ist konstant; ν ist die auf die Masse (pro Volumen) bezogene dynamische Viskosität μ. Je kleiner die Masse und damit die Trägheit und je größer die Reibung ist, desto rascher breitet sich die bremsende Wirkung im Fluid aus.
— Volumenkräfte werden vernachlässigt; diese werden als Auftriebskräfte im nächsten Kapitel eine Rolle spielen.
— Die Strömung ist stationär.
— Das Fluid besteht aus einer Komponente.
In dem viskosen Spannungstensor (1.79) entfällt wegen ρ = konstant der Anteil, der die Volumenviskosität enthält. Damit wird für μ = konstant

$$\frac{\partial \tau_{jk}}{\partial x_k} = \mu \frac{\partial}{\partial x_k} \left(\frac{\partial v_j}{\partial x_k} + \frac{\partial v_k}{\partial x_j} \right) = \mu \frac{\partial^2 v_j}{\partial x_k^2}. \tag{2.3}$$

Der zweite Summand verschwindet aufgrund Gl. (2.1).

Wir wollen das Gleichungssystem komponentenweise ausschreiben und beschränken uns dabei auf ebene Strömungen. Wir schreiben im folgenden $x_1 = x$, $x_2 = y$ sowie $v_1 = u$ und $v_2 = v$ und erhalten:

$$\frac{\partial u}{\partial x} + \frac{\partial v}{\partial y} = 0 \tag{2.4}$$

$$u \frac{\partial u}{\partial x} + v \frac{\partial u}{\partial y} = -\frac{1}{\rho} \frac{\partial p}{\partial x} + \nu \left(\frac{\partial^2 u}{\partial x^2} + \frac{\partial^2 u}{\partial y^2} \right) \tag{2.5}$$

$$u \frac{\partial v}{\partial x} + v \frac{\partial v}{\partial y} = -\frac{1}{\rho} \frac{\partial p}{\partial y} + \nu \left(\frac{\partial^2 v}{\partial x^2} + \frac{\partial^2 v}{\partial y^2} \right). \tag{2.6}$$

Es liegt ein System von nichtlinearen partiellen Differentialgleichungen vom elliptischen Typ vor[1]. Eine allgemeine Lösung existiert nicht. Es gibt einige wenige exakte Lösungen unter stark einschränkenden Voraussetzungen, wir werden davon die Kanal- und Rohrströmung besprechen.

Glücklicherweise kann für die Behandlung der meisten Impulsaustauschvorgänge das Gleichungssystem entscheidend vereinfacht werden. Bei genügend großer Reynolds-Zahl laufen sämtliche Austauschvorgänge im wesentlichen in einer dünnen Schicht, der sog. *Grenzschicht*, ab. Dabei braucht es sich nicht um Strömungen entlang fester Wände zu handeln, auch Frei-strahl- und Nachlaufströmungen besitzen Grenzschichtcharakter.

2.1 Kanal- und Rohrströmung

Wir betrachten eine ausgebildete ebene *Kanalströmung*. Das Koordinatensystem ist Bild 2.1 zu entnehmen.

Der Begriff ausgebildet bedeutet, daß die Geschwindigkeitskomponente u sich mit der Strömungsrichtung x nicht ändert. Wegen $\partial u / \partial x = 0$ ist somit nach Gl. (2.4) $\partial v / \partial y = 0$ bzw. v = konstant. Schließen wir Absaugung oder Ausblasen aus, so ist v = 0. Damit entfallen die konvektiven Terme in den Gln. (2.5) und (2.6), und es verbleibt von der Kräftegleichung (2.6) quer zur Strömungsrichtung die Aussage $\partial p / \partial y = 0$. Damit ist der Druck p nur von der Strömungsrichtung x abhängig und die Kräftegleichung (2.5) in Strömungsrichtung geht über in

$$\frac{dp}{dx} = \mu \frac{d^2u}{dy^2} = \frac{d\tau}{dy}, \tag{2.7}$$

wobei wegen u(x, y) = u(y) die gewöhnliche Ableitung geschrieben werden kann. Von dem Spannungstensor ist nur die Komponente $\tau = \mu \, \partial u / \partial y$ wirksam.

Die rechte Seite der Gl. (2.7) ist eine Funktion von y und die linke Seite eine Funktion von x, also müssen beide Seiten konstant sein. Nach Integration folgt

$$\tau(y) = \frac{dp}{dx} y + C \text{ mit } C = \tau (y = 0) = \tau_w$$

$$\tau(y) = \tau_w + \frac{dp}{dx} y. \tag{2.8}$$

Die Schubspannungsverteilung ist linear. Aus Symmetriegründen ist $\tau(y = H) = 0$, d.h.

$$\tau_w = - \frac{dp}{dx} H \tag{2.9}$$

gibt den Zusammenhang zwischen Wandschubspannung und Druckgradient an. Damit folgt in dimensionsloser Form

$$\frac{\tau(y)}{\tau_w} = 1 - \frac{y}{H}. \tag{2.10}$$

Mit $\tau = \mu \, \partial u / \partial y$ läßt sich nach nochmaliger Integration die Geschwindigkeitsverteilung ermitteln:

$$u(y) = \frac{\tau_w}{\mu} y (1 - \frac{y}{2 H}) + C \text{ mit } C = u(y = 0) = 0.$$

---

1 Die Bezeichnung nichtlinear ist an dieser Stelle üblich. Mathematiker sprechen von einer quasilinearen Differentialgleichung, da der Term der höchsten Ableitung linear ist.

Es ist $u(y = H) = u_{max}$:

$$u_{max} = \frac{\tau_w H}{2\mu} = -\frac{dp}{dx}\frac{H^2}{2\mu} = \frac{\Delta p H^2}{2\mu L}. \tag{2.11a}$$

Es ist $\Delta p/L = -dp/dx$ der auf die Kanallänge L bezogene Druckabfall. Die Geschwindigkeitsverteilung folgt in dimensionsloser Form zu

$$\frac{u}{u_{max}} = \frac{y}{H}\left(2 - \frac{y}{H}\right). \tag{2.11b}$$

Die Geschwindigkeitsverteilung ist parabolisch (Hagen-Poiseuille Parabel) (Bild 2.1).

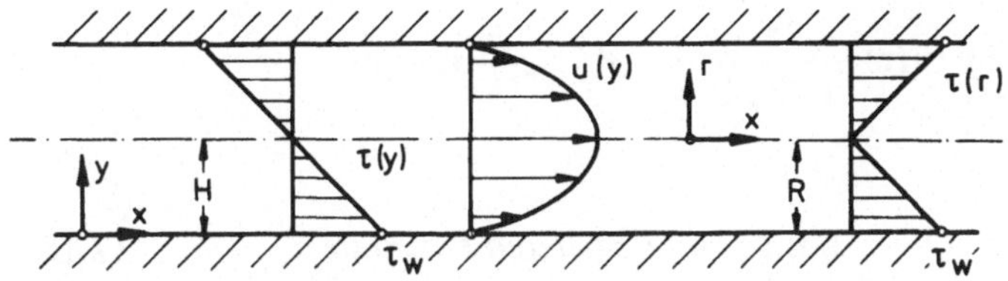

Bild 2.1 Schubspannungs- und Geschwindigkeitsverteilung bei ausgebildeter Kanalströmung (für Rohrströmung rechtes Koordinatensystem)

Bei ausgebildeter *Rohrströmung* erhalten wir das gleiche Bild. Es ist lediglich in dem Zusammenhang zwischen τ_w und dp/dx sowie zwischen u_{max} und dp/dx ein Faktor 1/2 zu berücksichtigen. Dies sei kurz skizziert.

In Zylinderkoordinaten gilt an Stelle von Gl. (2.7), siehe Anhang 7.2,

$$\frac{dp}{dx} = -\frac{1}{r}\frac{d(\tau r)}{dr} = \frac{1}{r}\frac{d}{dr}\left(r\mu\frac{du}{dr}\right) = \text{konstant.} \tag{2.12}$$

Wegen $y = R - r$ ist $dy = -dr$, also findet eine Vorzeichenumkehr statt. Damit wird $\tau = -\mu\,\partial u/\partial r$; τ bleibt positiv, da die Geschwindigkeit mit wachsendem Abstand r abnimmt. Nach Integration wird mit $\tau\,(r = 0) = 0$

$$\tau(r) = -\frac{dp}{dx}\frac{r}{2} \tag{2.13}$$

an Stelle von Gl. (2.8). Weiter ist

$$\tau_w = -\frac{dp}{dx}\frac{R}{2} = \frac{\Delta p}{L}\frac{R}{2} \qquad \text{und somit} \tag{2.14}$$

$$\frac{\tau(r)}{\tau_w} = \frac{r}{R} \tag{2.15}$$

analog zu Gl. (2.10). Die Geschwindigkeitsverteilung folgt mit $\tau = -\mu\,\partial u/\partial r$ nach Integration bei Beachtung der Randbedingung $u\,(r = R) = 0$ zu

$$u(r) = \frac{\Delta p}{4\mu L}(R^2 - r^2) \qquad \text{und damit}$$

$$u_{max} = \frac{\Delta p R^2}{4\,\mu L} \tag{2.16}$$

$$\frac{u}{u_{max}} = 1 - \left(\frac{r}{R}\right)^2. \tag{2.17}$$

Der Faktor 1/2 läßt sich dadurch erklären, daß bei der Rohrströmung verglichen mit der Kanalströmung eine im Verhältnis zur Querschnittsfläche (auf die der Druck wirkt) doppelt so große Oberfläche (an der die Reibungskraft angreift) zur Kompensation der Druckkraft zur Verfügung steht.

Der Volumenstrom $\dot{V}$ folgt aus

$$\dot{V} = \int_A u\, dA = \int_0^R 2\,\pi\, r u(r) dr = \frac{\pi \Delta p}{2\,\mu L} \int_0^R (R^2 - r^2) r dr \quad \text{zu}$$

$$\boxed{\dot{V} = \frac{\pi \Delta p R^4}{8\,\mu L}} \qquad \textit{Gesetz von Hagen und Poiseuille} \tag{2.18}$$

Es ist wichtig, sich die Abhängigkeiten $\dot{V} \sim \Delta p/L$ und $\dot{V} \sim R^4$ zu merken. Bei gleichem anliegenden Druckgradienten bewirkt eine Zunahme des Durchmessers um 10% einen Zuwachs des Volumenstromes von 44%!

Man definiert eine mittlere Durchflußgeschwindigkeit u_m durch $u_m = \dot{V}/A$. Hier folgt

$$u_m = \frac{\dot{V}}{A} = \frac{\dot{V}}{\pi R^2} = \frac{\Delta p R^2}{8\,\mu L} = \frac{1}{2} u_{max}. \tag{2.19}$$

Die interessierende Größe ist der Druckabfall bzw. Druckverlust, der in geeigneter Weise dimensionslos gemacht werden soll. Aus

$$\dot{V} = \frac{\pi \Delta p R^4}{8\,\mu L} = u_m\, \pi R^2 \quad \text{folgt}$$

$$\Delta p = \frac{8\, u_m \mu L}{R^2} = \frac{\rho}{2}\, u_m^2 \frac{64 \nu L}{u_m D^2} \qquad \text{mit } D = 2\,R$$

$$\Delta p = \frac{\rho}{2}\, u_m^2 \frac{L}{D} \frac{64}{Re} \qquad \text{wobei } Re = \frac{u_m D}{\nu}.$$

Man definiert eine *Widerstandszahl* λ durch

$$\Delta p = \lambda \frac{L}{D} \frac{\rho}{2}\, u_m^2. \tag{2.20}$$

Für die laminare Rohrströmung folgt damit

$$\boxed{\lambda = \frac{64}{Re}} \qquad \textit{Widerstandsgesetz bei laminarer Rohrströmung} \tag{2.21}$$

Hieran wird in einfacher Weise deutlich, wie der Druckabfall bzw. Reibungswiderstand von der Reynolds-Zahl abhängt. Die Reynolds-Zahl ist bei Impulsaustauschvorgängen die allein auftretende Kennzahl. Dies wird im nächsten Abschnitt deutlicher werden.

Aufgabe 2.1:   Auch ohne Kenntnis der Navier-Stokesschen Gleichung läßt sich aus einem Kräftegleichgewicht an einem Kontrollvolumen die Geschwindigkeitsverteilung gewinnen. Man formuliere das Kräftegleichgewicht für ein in Strömungsrichtung um den Winkel α geneigtes Rohr und bestimme daraus u (r) sowie $\dot{V}$ für den Fall dp/dx = 0.

2.2 Die Grenzschicht-Gleichungen

Ausgangspunkt ist das Gleichungssystem (2.4) ÷ (2.6).

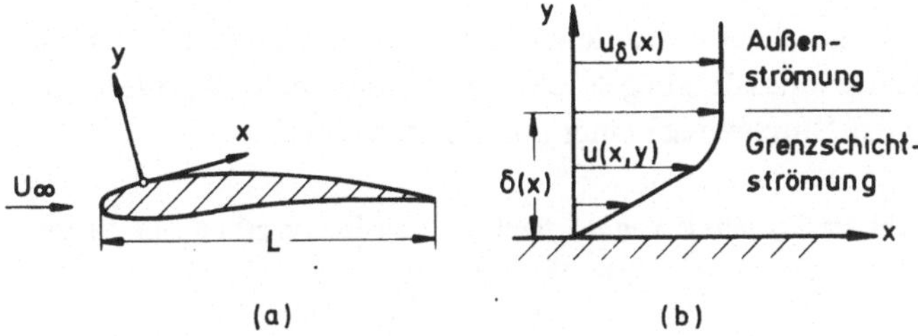

Bild 2.2 Koordinatensystem (a) und beobachteter Geschwindigkeitsverlauf (b)

Bild 2.2 zeigt das verwendete lokale Koordinatensystem (a) und den beobachteten Geschwindigkeitsverlauf (b). Über die Größenordnung der Grenzschichtdicke $\delta(x)$ wird nichts vorausgesetzt, die folgende Abschätzung wird darüber eine Aussage machen.

Zunächst führt man dimensionslose Variablen ein:

$$x^* = \frac{x}{L}; \quad y^* = \frac{y}{\delta(x)}; \quad u^* = \frac{u}{u_0}; \quad p^* = \frac{p}{\rho_0 u_0^2}. \qquad (2.22)$$

Diese sind von der Größenordnung Eins, man schreibt 0(1). L und u_0 sind geeignete Bezugsgrößen, nach Bild 2.2 (a) z.B. Profillänge und Anströmgeschwindigkeit. Weiter sei

$$v^* = \frac{v}{u_0}; \quad \rho^* = \frac{\rho}{\rho_0} = 1 \ (\text{wegen } \rho = \text{konstant}). \qquad (2.23)$$

1. Schritt: Wir führen die dimensionslosen Variablen in die Kontinuitäts-Gl. (2.4) ein:

$$\frac{u_0}{L} \cdot \frac{\partial u^*}{\partial x^*} + \frac{u_0}{\delta} \cdot \frac{\partial v^*}{\partial y^*} = 0 \quad \wedge \quad \frac{\partial u^*}{\partial x^*} + \frac{\partial}{\partial y^*}\left(\frac{v^* L}{\delta}\right) = 0.$$

Wegen u^*, x^* und $y^* = 0(1)$ muß auch $v^* L/\delta = 0(1)$ sein, und es folgt die Aussage

$$v^* = \frac{v}{u_0} \sim \frac{\delta}{L}. \qquad (2.24)$$

2. Schritt: Wir führen die dimensionslosen Variablen in die Navier-Stokessche Gleichung (2.5) in x-Richtung ein:

$$\frac{u_0^2}{L} u^* \frac{\partial u^*}{\partial x^*} + \frac{u_0^2}{\delta} v^* \frac{\partial u^*}{\partial y^*} = -\frac{\rho_0 u_0^2}{\rho L} \frac{\partial p^*}{\partial x^*} + \frac{\mu u_0}{\rho} \left[\frac{1}{L^2} \frac{\partial^2 u^*}{\partial x^{*2}} + \frac{1}{\delta^2} \frac{\partial^2 u^*}{\partial y^{*2}} \right] \cdot \bigwedge$$

$$\underbrace{\underbrace{u^* \frac{\partial u^*}{\partial x^*} + \frac{v^* L}{\delta} \cdot \frac{\partial u^*}{\partial y^*}}_{\sim 1 \qquad \sim 1} = -\underbrace{\frac{\partial p^*}{\partial x^*}}_{\sim 1} + \frac{1}{Re_0} \cdot \frac{L^2}{\delta^2} \left[\frac{\delta^2}{L^2} \frac{\partial^2 u^*}{\partial x^{*2}} + \underbrace{\frac{\partial^2 u^*}{\partial y^{*2}}}_{\sim 1} \right]}_{\sim 1}$$

Es tritt als entscheidender Parameter eine dimensionslose Kennzahl, die *Reynolds-Zahl*

$$\boxed{Re = \frac{\rho u\, L}{\mu} = \frac{u\, L}{\nu}} \tag{2.25}$$

gebildet mit den Bezugsgrößen auf. Sie allein charakterisiert viskose Strömungen. L ist eine geeignete Bezugslänge; z.B. die Länge eines Tragflügels, einer Platte oder eines Wärmeaustauschers, ein Rohrdurchmesser oder der Durchmesser einer umströmten Kugel.

Aufgabe 2.2:   Man deute die Re-Zahl als Verhältnis von Trägheitskraft zu Reibungskraft am Beispiel des Bildes 2.2 (b).

Wir kommen zur Abschätzung zurück und fordern, daß das Reibungsglied gleichberechtigt neben dem Trägheitsglied und Druckglied auftreten soll. Dies ist nur erfüllt für

$$\frac{1}{Re} \frac{L^2}{\delta^2} \sim 1 \quad \text{d.h.} \frac{\delta}{L} \sim \frac{1}{\sqrt{Re}} \, . \tag{2.26}$$

3. Schritt: Wir gehen zu $Re \gg 1$ über, es folgt

$$v^* = \frac{v}{u_0} \sim \frac{\delta}{L} \ll 1 \quad \text{und} \quad \left| \frac{\delta^2}{L^2} \frac{\partial^2 u^*}{\partial x^{*2}} \right| \ll \left| \frac{\partial^2 u^*}{\partial y^{*2}} \right| . \tag{2.27}$$

Letzteres führt zu einer Vereinfachung des Reibungsgliedes.

4. Schritt: Wir nehmen eine ähnliche Abschätzung der Navier-Stokesschen Gleichung (2.6) in y-Richtung vor. Für $Re \gg 1$ verbleibt allein die Aussage

$$\boxed{\frac{\partial p}{\partial y} = 0} \, . \tag{2.28}$$

Es ist $p(x, y) = p(x) = p_\delta(x)$. Normal zur Wand ändert sich der Druck in der Grenzschicht nicht, er wird der Grenzschicht von außen, d.h. von der reibungsfreien Potentialströmung, aufgeprägt. Der Druck p ist in der Grenzschichttheorie keine Unbekannte sondern als Randbedingung vorgegeben! Darüberhinaus ist die Aussage (2.28) für die Meßtechnik bedeutsam, durch eine Druckmessung an der Wand kann der Druck der Außenströmung ermittelt werden.

Mit diesen Informationen gehen wir auf dimensionsbehaftete Größen zurück und erhalten die *Grenzschicht-Gleichungen,* die 1904 von L. Prandtl angegeben wurden:

$$\frac{\partial u}{\partial x} + \frac{\partial v}{\partial y} = 0 \tag{2.29}$$

$$u\,\frac{\partial u}{\partial x} + v\,\frac{\partial u}{\partial y} = -\,\frac{1}{\rho}\,\frac{dp_\delta(x)}{dx} + \nu\,\frac{\partial^2 u}{\partial y^2}\;. \tag{2.30}$$

Es liegen 2 Gleichungen zur Ermittlung der Unbekannten u, v = f(x, y) vor. Aufgrund der Bernoullischen Gleichung

$$p_\delta(x) + \frac{\rho}{2}\,u_\delta(x)^2 = \text{konstant} \tag{2.31}$$

sind Druck- und Geschwindigkeitsgradient der reibungsfreien Außenströmung verknüpft über

$$\frac{dp_\delta}{dx} = -\,\rho\,u_\delta\,\frac{du_\delta}{dx}\;. \tag{2.32}$$

Die Randbedingungen des Gleichungssystems lauten:

$$\begin{aligned} &y = 0 \,:\, u = v = 0 \\ &y = \delta \,:\, u = u_\delta(x). \end{aligned} \tag{2.33}$$

Das System der Grenzschichtgleichungen ist parabolisch, es liegt ein Anfangs-Randwert-Problem vor. Der Grund dafür ist die Vereinfachung des Reibungsterms wegen $\partial^2 u/\partial x^2 \ll \partial^2 u/\partial y^2$. Diffusionsvorgänge sind nur in y-Richtung wirksam! Es gibt keinen stromaufwärts gerichteten Informationsfluß, es kann stromabwärts gerechnet werden. Dies bedeutet eine enorme Vereinfachung gegenüber den elliptischen Navier-Stokes-Gleichungen, bei denen eine simultane Lösung des gesamten Bereiches notwendig ist.

Wir wollen zusammenfassen, wodurch Strömungen mit Grenzschichtcharakter ausgezeichnet sind:

$$\frac{1}{\sqrt{Re}} = \epsilon \ll 1; \qquad \frac{\delta}{L} = 0(\epsilon); \qquad \frac{v}{u} = 0(\epsilon); \qquad \frac{\partial^2 u}{\partial y^2} \gg \frac{\partial^2 u}{\partial x^2}; \qquad \frac{\partial p}{\partial y} = 0.$$

Die Grenzschicht-Gleichungen sind nur für Re $\gg$ 1 gültig, streng genommen für Re $\to \infty$. Die Forderung Re $\gg$ 1 ist bei den meisten technischen Anwendungen erfüllt. Ausnahmen bilden langsame Strömungen hochviskoser Fluide und Strömungen bei sehr kleinen Abmessungen.

Aufgabe 2.3:   Man ermittle die Reynolds-Zahl (2.25) für eine ebene Platte der Länge L = 1 m für u = 0,1 sowie 1 und 10 m/s. Das Fluid sei Luft mit $\nu = 15 \cdot 10^{-6}$ m²/s oder Wasser mit $\nu = 10^{-6}$ m²/s.

2.3 Exakte Lösungen der Grenzschicht-Gleichungen

Auch die Grenzschicht-Gleichungen sind aufgrund der nichtlinearen konvektiven Terme noch so kompliziert, daß eine allgemeine Lösung nicht angegeben werden kann. Es ist Aufgabe der *Grenzschichttheorie,* Lösungen des Gleichungssystems für spezielle Fälle zu finden.

Die erste Lösung der Grenzschicht-Gleichungen stammt von Blasius (1908) für die *Strömung entlang einer ebenen Platte* (Bild 2.3).

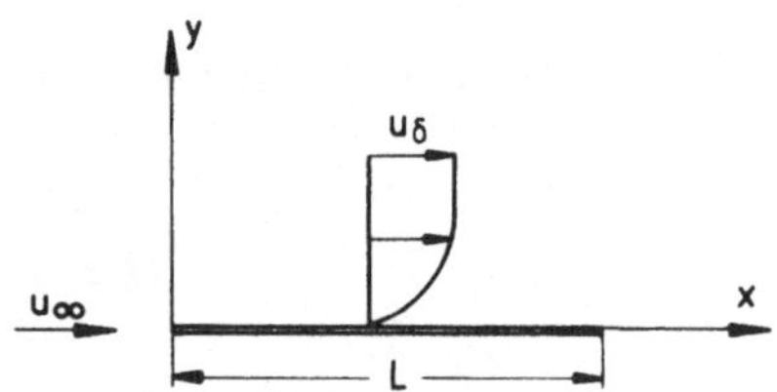

$$u_\delta(x) = u_\infty = \text{konstant}$$
$$p_\delta(x) = p_\infty = \text{konstant}$$

Bild 2.3 Grenzschichtströmung entlang ebener Platte

Die Grenzschicht-Gleichungen lauten hierfür:

$$\frac{\partial u}{\partial x} + \frac{\partial v}{\partial y} = 0 \tag{2.34}$$

$$u\,\frac{\partial u}{\partial x} + v\,\frac{\partial u}{\partial y} = \nu\,\frac{\partial^2 u}{\partial y^2}. \tag{2.35}$$

Wie können die beiden partiellen Differentialgleichungen gelöst werden? Es existiert eine Koordinatentransformation derart, daß eine Reduktion auf eine gewöhnliche Differentialgleichung möglich ist. Dazu transformieren wir x, y, u, v probeweise wie in Bild 2.4 angegeben.

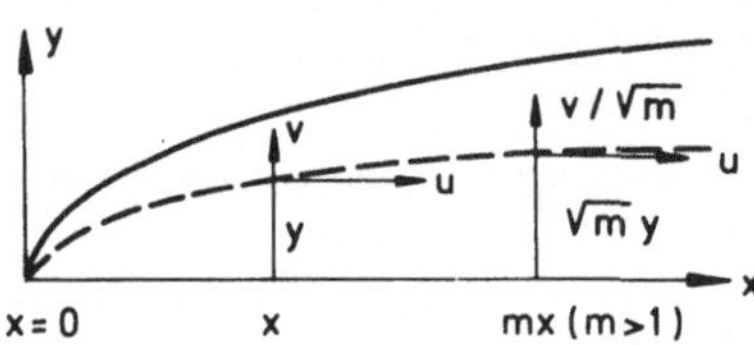

$$\begin{aligned}
x &\to mx & &= X \\
y &\to \sqrt{m}\,y & &= Y \\
u &\to u & &= U \\
v &\to v/\sqrt{m} & &= V
\end{aligned}$$

Bild 2.4 Erläuterung der Koordinatentransformation

Wir werden sehen, daß die Parabeln $y/\sqrt{x}$ (---), deren Scheitel an der Plattenvorderkante liegen, ausgezeichnete Koordinaten des Problems darstellen. Es ist

$$\frac{Y}{\sqrt{X}} = \frac{\sqrt{m}\,y}{\sqrt{mx}} = \frac{y}{\sqrt{x}} = \text{konstant.}$$

Die Transformation nach Bild 2.4 wird in das Gleichungssystem (2.34), (2.35) eingesetzt:

$$\frac{\partial U}{\partial X} + \frac{\partial V}{\partial Y} = \frac{1}{m}\left[\frac{\partial u}{\partial x} + \frac{\partial v}{\partial y}\right] = 0$$

$$U\,\frac{\partial U}{\partial X} + V\,\frac{\partial U}{\partial Y} - \nu\,\frac{\partial^2 U}{\partial Y^2} = \frac{1}{m}\left[u\,\frac{\partial u}{\partial x} + v\,\frac{\partial u}{\partial y} - \nu\,\frac{\partial^2 u}{\partial y^2}\right] = 0.$$

Daraus sehen wir, daß die Transformation sinnvoll ist, und führen $\eta \sim y/\sqrt{x}$ als neue unabhängige Variable ein:

$$\eta(x, y) = y \sqrt{\frac{u_\infty}{\nu x}}. \tag{2.36}$$

Dabei ist $\sqrt{u_\infty/\nu}$ ein Maßstabsfaktor, um η dimensionslos zu machen. Bevor das Gleichungssystem auf die neue Variable η umgeschrieben wird, führen wir die Stromfunktion $\psi(x, y)$ mit der Definition

$$u = \frac{\partial \psi}{\partial y}; \quad v = -\frac{\partial \psi}{\partial x} \tag{2.37}$$

ein. Dadurch wird die Kontinuitäts-Gleichung (2.34) identisch erfüllt, und die Bewegungsgleichung geht über in eine partielle Differentialgleichung für die Stromfunktion

$$\psi_y \psi_{yx} - \psi_x \psi_{yy} = \nu \psi_{yyy}, \text{ wobei } \psi_y = \frac{\partial \psi}{\partial y} \text{ usw. ist.} \tag{2.38}$$

Diese ist von 3. Ordnung. Die Stromfunktion ψ muß nun entsprechend transformiert werden. Wir setzen $u/u_\infty = g(\eta)$, da u gemäß Bild 2.4 nur eine Funktion von η ist. Es folgt

$$\psi(x, y) = \int u\,dy = u_\infty \int g(\eta)dy = u_\infty \sqrt{\frac{\nu x}{u_\infty}} \int g(\eta)\,d\eta.$$

Der Ausdruck $\int g(\eta)d\eta \equiv f(\eta)$ wird als dimensionslose Stromfunktion bezeichnet; damit wird

$$\psi(x, y) = \sqrt{u_\infty \nu x}\, f(\eta). \tag{2.39}$$

Wegen $f(\eta) = \int \frac{u}{u_\infty}(\eta)\,d\eta$ ist $f'(\eta) = \frac{u}{u_\infty}$ mit $' = \frac{d}{d\eta}$.

Anstelle von $\psi(x, y)$ wird $f(\eta)$ in die partielle Differentialgleichung (2.38) eingeführt. Dazu bilden wir:

$$u = \psi_y = u_\infty f'$$

$$v = -\psi_x = -[f(\eta)\sqrt{u_\infty \nu x}]_x = -\left[f'\frac{\partial \eta}{\partial x}\sqrt{u_\infty \nu x} + \frac{f}{2}\sqrt{\frac{u_\infty \nu}{x}}\right],$$

$$\text{mit } \frac{\partial \eta}{\partial x} = -\frac{1}{2}\frac{y}{x\sqrt{\frac{\nu x}{u_\infty}}} = -\frac{1}{2}\frac{\eta}{x} \quad \text{wird} \quad v = \frac{1}{2}\sqrt{\frac{u_\infty \nu}{x}}[\eta f' - f].$$

Analog dazu folgen

$$\psi_{yy} = u_\infty \sqrt{\frac{u_\infty}{\nu x}}\,f'', \quad \psi_{yyy} = u_\infty \frac{u_\infty}{\nu x}\,f''',$$

$$\psi_{yx} = -\frac{1}{2}u_\infty \sqrt{\frac{u_\infty}{\nu x}}\frac{y}{x}\,f'' = -\frac{1}{2}\frac{u_\infty}{x}\,\eta f''.$$

Dies eingesetzt in Gl. (2.38) ergibt nach einer Zusammenfassung eine *gewöhnliche,* nichtlineare Differentialgleichung 3. Ordnung für die dimensionslose Stromfunktion f(η):

$$f''' + \frac{1}{2} ff'' = 0 \qquad\qquad (2.40)$$

Die Randbedingungen lauten:

$$y = 0 \text{ bzw. } \eta = 0 : f = 0; f' = 0$$

$$y \to \infty \text{ bzw. } \eta \to \infty : f' = 1.$$

Die Gl. (2.40) läßt sich nicht analytisch sondern nur numerisch lösen. In der Literatur, z.B. [2.12], existieren tabelliert die Größen:

$$f(\eta) = \int \frac{u}{u_\infty}\, d\eta; \quad f'(\eta) = \frac{u}{u_\infty}; \quad f''(\eta) = \frac{\partial u/u_\infty}{\partial \eta}.$$

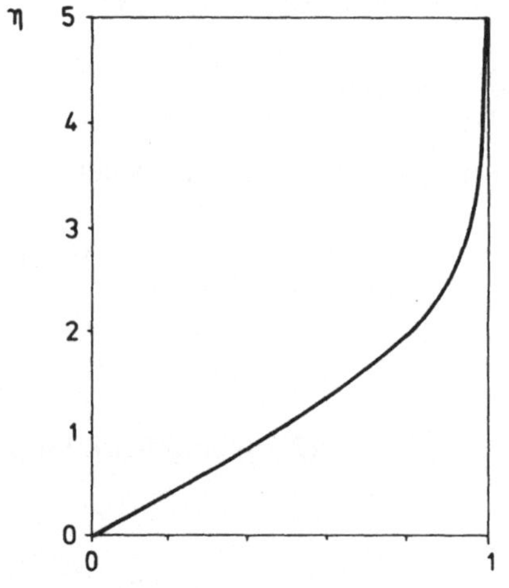

Bild 2.5 Geschwindigkeitsprofil für die ebene Plattenströmung

Das Bild 2.5 zeigt das Geschwindigkeitsprofil u/u_∞ = f'(η). Man spricht von einer *ähnlichen Lösung,* da dieses Geschwindigkeitsprofil an jeder Stelle x der Platte vorliegt. Wäre dies nicht der Fall, so hätte keine noch so geschickte Koordinatentransformation eine gewöhnliche Differentialgleichung ergeben.

Aufgrund des asymptotischen Übergangs der Geschwindigkeit u innerhalb der Grenzschicht in die ungestörte Außengeschwindigkeit u_∞ bedarf es zur Festlegung der *Grenzschichtdicke* δ einer Definition. Man setzt z.B.

$$\delta = y(u/u_\delta = 0{,}99).$$

Dies ist für $\eta \approx 5{,}0$ der Fall, d.h. $\sqrt{\dfrac{u_\infty}{\nu x}}\, \delta \approx 5{,}0.$

Somit ist

$$\delta(x) \approx 5{,}0 \sqrt{\frac{\nu x}{u_\infty}} \quad \text{bzw.}$$

$$\frac{\delta(x)}{x} \approx \frac{5{,}0}{\sqrt{Re_x}} \quad \text{oder} \quad \frac{\delta(x)}{L} \approx \frac{5{,}0}{\sqrt{Re_L}} \sqrt{\frac{x}{L}}.$$

(2.41)

Dabei wird die Reynolds-Zahl entweder mit der Lauflänge x oder mit der Bezugslänge L gebildet:

$$Re_x = \frac{u_\infty x}{\nu}, \quad Re_L = \frac{u_\infty L}{\nu}.$$

(2.42)

Die laminare Grenzschichtdicke an der ebenen Platte wächst proportional zur Wurzel aus der Lauflänge x. Sie ist weiterhin der Wurzel aus der Reynoldszahl umgekehrt proportional. Dies sollte man sich merken!

Infolge der Unsicherheit bei der Festlegung der Grenzschichtdicke δ wird gern die *Verdrängungsdicke* δ_1 als ein physikalisch sinnvolles Maß für die Dicke der Grenzschicht verwendet. Man versteht darunter diejenige Schichtdicke, um welche die Potentialströmung infolge der Geschwindigkeitsminderung in der Grenzschicht nach außen abgedrängt wird, siehe Bild 2.6. Man definiert die Verdrängungsdicke δ_1 durch

$$\delta_1 u_\delta = \int_0^\infty (u_\delta - u)\, dy, \quad \text{d.h.}$$

$$\delta_1 = \int_0^\infty \left(1 - \frac{u}{u_\delta}\right) dy.$$

(2.43)

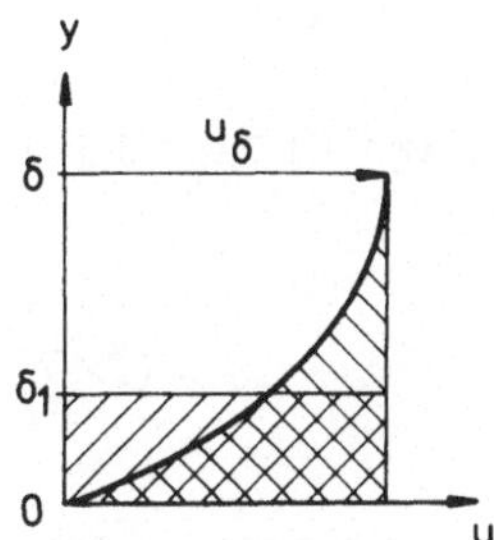

Bild 2.6 Zur Definition der Verdrängungsdicke

Die exakte Lösung von Blasius liefert für die Plattenströmung

$$\boxed{\frac{\delta_1(x)}{x} = \frac{1{,}7208}{\sqrt{Re_x}}.}$$

(2.44)

Bei der Plattenströmung ist $\delta_1 \approx \delta/3$, wie ein Vergleich mit Gl. (2.41) zeigt.

Die für die Praxis wichtigsten Größen sind der *lokale Reibungsbeiwert* definiert durch

$$c_f(x) = 2\,\frac{\tau_w(x)}{\rho u_\delta{}^2} \tag{2.45}$$

sowie der dimensionslose *Widerstandsbeiwert* definiert durch

$$c_w = \frac{F_w}{\dfrac{1}{2}\,\rho u_\infty{}^2 A}\,. \tag{2.46}$$

Darin ist F_w der Reibungswiderstand und $A = L \cdot b$ die Plattenoberfläche; hierzu betrachten wir in Bild 2.7 (a) eine einseitig benetzte Platte.

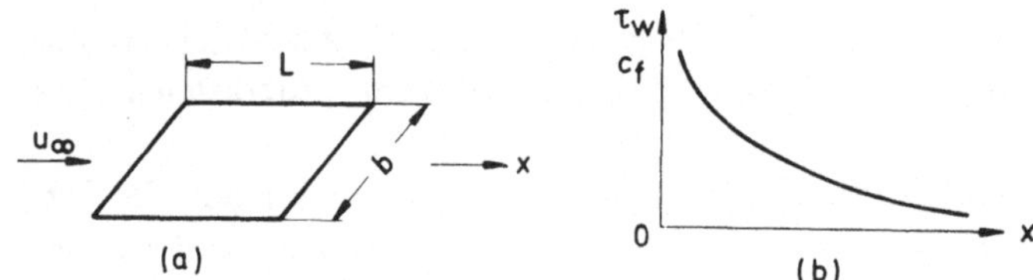

Bild 2.7 Zum Reibungswiderstand der ebenen Platte (a) sowie qualitativer Verlauf des örtlichen Reibungsbeiwertes (b)

Der Widerstand einer Plattenseite (einseitige Benetzung) ist

$$F_w = b \int_0^L \tau_w(x)\,dx.$$

Für die örtliche Wandschubspannung $\tau_w(x)$ gilt

$$\tau_w(x) = \mu\left(\frac{\partial u}{\partial y}\right)_w = \mu u_\infty \sqrt{\frac{u_\infty}{\nu x}}\, f''(\eta = 0) \sim \frac{1}{\sqrt{x}}\,.$$

Darin ist die dimensionslose Wandtangente des Geschwindigkeitsprofils $f''(\eta = 0) \equiv \alpha = 0{,}332$ nach Blasius. Der örtliche *Reibungsbeiwert* c_f, Gl. (2.45), lautet damit

$$\boxed{c_f(x) = \frac{0{,}664}{\sqrt{Re_x}} \sim \frac{1}{\sqrt{x}}}\,. \tag{2.47}$$

Bild 2.7 (b) zeigt qualitativ den Verlauf von $c_f(x)$ bzw. $\tau_w(x)$. An der Plattenvorderkante ergibt sich eine für viele Grenzschichtströmungen typische Singularität; die Grenzschichtgleichungen sind dort nicht mehr gültig. Speziell trifft die Ungleichung $|\partial^2 u/\partial x^2| \ll |\partial^2 u/\partial y^2|$ dort nicht mehr zu. Dies wirkt sich glücklicherweise nicht aus, wenn zur Ermittlung des Gesamtwiderstandes über die Plattenlänge integriert wird. Es ist

$$F_w = b\,\mu u_\infty \sqrt{\frac{u_\infty}{\nu}}\,\alpha \int_0^L \frac{dx}{\sqrt{x}} = 2\,b\,\alpha \sqrt{u_\infty^3\,\mu\rho L} \sim u_\infty{}^{3/2}\,L^{1/2}$$

für eine Plattenseite. Der Reibungswiderstand der Platte wächst mit $u_\infty^{3/2}$ und $L^{1/2}$. Letzteres ist so zu verstehen, daß die hinteren Plattenteile weniger zum Gesamtwiderstand beitragen, da sie im Bereich der dickeren Reibungsschicht und somit der kleineren Wandschubspannung liegen. Der *Widerstandsbeiwert* folgt damit zu

$$c_w = \frac{4\,\alpha}{\sqrt{Re_L}} = \frac{1{,}328}{\sqrt{Re_L}} \qquad\qquad (2.48)$$

Dieses *Blasiussche Plattenwiderstandsgesetz* gilt nur im Bereich der laminaren Strömung, d.i. für $Re < 5 \cdot 10^5 \div 10^6$. Im Bereich der turbulenten Strömung, $Re > 10^6$, ist der Widerstand erheblich größer (vgl. Bild 5.21 in Abschnitt 5.12).

Aufgabe 2.4:　　Um wieviel Prozent ändert sich der Widerstand bei einer Verdopplung der (a) Außengeschwindigkeit und (b) Plattenlänge?

Wir fassen die Ergebnisse der ebenen Plattenströmung zusammen:

— $\delta, \delta_1 \sim \sqrt{x}$
— $\tau_w, c_f \sim 1/\sqrt{x}$
— $c_w \sim 1/\sqrt{Re}$
— Die Grenzschicht ist i.a. sehr dünn, wie folgendes Beispiel zeigt:

Beispiel:　　Plattenlänge $L = 1$ m; $t = 20\,^\circ C$; $p = 1$ bar

	Luft: $\nu = 15 \cdot 10^{-6}\,m^2/s$		Wasser: $\nu = 10^{-6}\,m^2/s$	
u_∞	Re	$\delta(x = L)/L$	Re	$\delta(x = L)/L$
1 m/s	$6{,}7 \cdot 10^4$	$1{,}9 \cdot 10^{-2}$	10^6	$5 \cdot 10^{-3}$
10 m/s	$6{,}7 \cdot 10^5$	$6{,}1 \cdot 10^{-3}$	10^7	$1{,}6 \cdot 10^{-3}$
100 m/s	$6{,}7 \cdot 10^6$	$1{,}9 \cdot 10^{-3}$	10^8	$5 \cdot 10^{-4}$

Bei hinreichend großer Re-Zahl ist die Grenzschichtdicke bezogen auf eine charakteristische Körperabmessung meist von vernachlässigbarer Größenordnung. Darauf beruht die Anwendbarkeit der reibungsfreien Theorie bei vielen Strömungsproblemen. Man kann z.B. bei der Umströmung eines Tragflügelprofils in folgenden Schritten vorgehen:

1. Ermittlung der Druck- und Geschwindigkeitsverteilung um den Körper aus der Potentialtheorie mit Hilfe von Singularitätenverfahren oder konformen Abbildungen, siehe z.B. [2.6] und [2.13]. Bei komplizierter Geometrie wird die Druckverteilung in der Regel experimentell ermittelt. Hierbei kommt im Rahmen der Grenzschichttheorie der glückliche Umstand zum Tragen, daß der Druck an der Wand $p_w(x)$ gleich dem Druck $p_\delta(x)$ am Außenrand der Grenzschichtströmung ist. Aus der Druckverteilung läßt sich mit der Bernoullischen Gleichung (2.31) die Geschwindigkeitsverteilung $u_\delta(x)$ ermitteln.

2. Berechnung der Grenzschichtströmung durch Lösung der Grenzschicht-Gleichungen, dabei ist die Geschwindigkeitsverteilung $u_\delta(x)$ der Außenströmung als Randbedingung vorgegeben. Aus der Grenzschichtrechnung folgen mit $\delta(x)$, $\delta_1(x)$, $c_f(x)$, c_w die interessierenden Größen.

Anhand der Grenzschichtströmung entlang der ebenen Platte ist in charakteristischer Weise deutlich geworden, in welcher Art exakte (wenn auch numerische) Lösungen der Grenzschicht-Gleichungen gewonnen werden können. Der Weg führt immer über eine geeignete Koordinatentransformation analog zu Gl. (2.36).

Neben der Strömung entlang einer ebenen Platte existieren ähnliche Lösungen der Grenzschicht-Gleichungen (2.29), (2.30) auch für die sog. *Keilströmungen*. Hierbei ist die Geschwindigkeit $u_\delta(x)$ der Potentialströmung einer Potenz der vom Staupunkt aus gemessenen Lauflänge proportional:

$$u_\delta(x) = \text{konst. } x^m. \tag{2.49}$$

Die Bezeichnung Keilströmung rührt daher, daß zwischen dem (beliebigen aber konstanten) Exponenten m und dem Keilwinkel $\pi\beta$ der Zusammenhang

$$m = \frac{\beta}{2-\beta} \quad \text{bzw.} \quad \beta = \frac{2\,m}{m+1} \quad \text{besteht (Bild 2.8).}$$

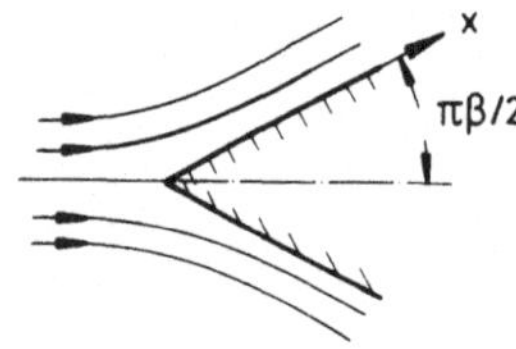
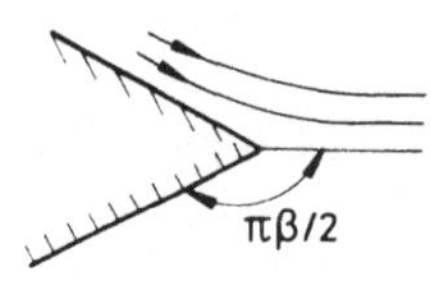

Bild 2.8 Zur Illustration der Keilströmungen

Keilströmung
$0 \leqslant \beta \leqslant 2$

Expansionsströmung
$-2 \leqslant \beta \leqslant 0$

Mit der Ähnlichkeitstransformation

$$\eta(x, y) = y\sqrt{\frac{u_\delta}{\nu x}}; \quad f(\eta) = \frac{\psi}{\sqrt{\nu u_\delta x}} \tag{2.50}$$

analog zu Gl. (2.36) ergibt sich auch für Strömungen vom Typ (2.49) eine gewöhnliche Differentialgleichung aus den Grenzschicht-Gleichungen. Diese lautet

$$f''' + \frac{m+1}{2}\,ff'' + m(1 - f'^2) = 0. \tag{2.51}$$

Sie ist zuerst von Falkner und Skan (1930) angegeben worden und von Hartree (1937) für verschiedene Werte von m bzw. β numerisch gelöst und tabelliert worden, siehe z.B. [2.12]. Im Bild 2.9 sind einige dieser „*Hartree-Profile*" dargestellt. Der Exponent m bzw. β ist dabei ein Parameter der Lösungskurven.

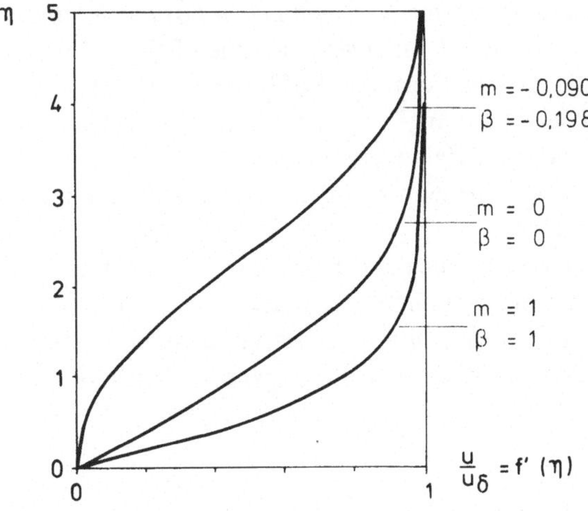

Bild 2.9 Geschwindigkeitsprofile für die Keilströmungen

Zwei *Spezialfälle* sind von Bedeutung (Bild 2.10):

Bild 2.10 Spezialfälle der Keilströmungen

(a) $\beta = 0$, $m = 0$: $u_\delta(x)$ = konstant. Dies ist der behandelte Fall der längsangeströmten ebenen Platte. Die beiden Differentialgleichungen (2.51) und (2.40) sind identisch.

(b) $\beta = 1$, $m = 1$: $u_\delta(x)$ ~ x. Es handelt sich um die ebene Staupunktströmung. Für diese existiert sogar eine exakte Lösung der Navier-Stokesschen Gleichung; vgl. [2.12].

Beide Geschwindigkeitsprofile sind in Bild 2.9 eingezeichnet. Weiter ist das Ablöseprofil dargestellt. Das ist jenes Profil mit der Wandtangente $f'' = 0$; hierfür ist $\beta = -0,1988$ bzw. $m = -0,0904$. Dieses Profil spielt bei der Beurteilung der Strömungsablösung eine besondere Rolle.

Anhand Bild 2.9 wird deutlich, daß

— bei beschleunigter Strömung ($\beta > 0$, $m > 0$) die Geschwindigkeitsprofile völliger sind als das Blasius-Profil der Plattenströmung. Die Krümmung $f''' = \partial^2(u/u_\delta)/\partial\eta^2$ ist stets positiv.

— bei verzögerter Strömung ($\beta < 0$, $m < 0$) die Geschwindigkeitsprofile weniger völlig sind als das Blasius-Profil. Die Krümmung f''' ist in Wandnähe negativ, sie wechselt im Feld das Vorzeichen und wird zum Außenrand hin wieder positiv.

Das Blasius-Profil ($\beta = 0$, $m = 0$) besitzt als Grenze zwischen beiden Fällen an der Wand die Krümmung $f''' = 0$.

Die Grenzschicht-Gleichungen können nur für bestimmte Typen von Außenströmungen $u_\delta(x)$ exakt gelöst werden, die numerische Lösung einer gewöhnlichen Differentialgleichung wird hierbei als exakt bezeichnet. Der wichtigste Fall sind die besprochenen Keilströmungen vom Typ $u_\delta \sim x^m$ mit m = konstant. Man spricht allgemein von *ähnlichen Lösungen,* da das jeweilige Geschwindigkeitsprofil unabhängig von der Lauflänge x für einen beliebigen aber festen Wert von m an jeder Stelle das gleiche ist. Die Form des Profils dargestellt durch den „Formparameter" m bzw. β ändert sich mit der Lauflänge nicht, es ändert sich lediglich die Grenzschichtdicke $\delta(x)$ und damit natürlich auch der Reibungsbeiwert $c_f(x)$.

Es gibt einige wenige andere ähnliche Lösungen, die jedoch von geringerer Bedeutung sind; hierzu sei auf die Literatur, z.B. [2.12], verwiesen.

Bei beliebiger Außenströmung $u_\delta(x)$ ändert sich auch die Form des Geschwindigkeitsprofils, die Geschwindigkeitsprofile sind nicht mehr ähnlich. Die Grenzschicht-Gleichungen (2.29) und (2.30) müssen dann numerisch entweder mit Differenzenverfahren oder mit Näherungsverfahren vom Typ der Integralmethoden gelöst werden. Im folgenden Abschnitt wird der Grundtyp der Integralverfahren behandelt.

2.4 Integralverfahren nach von Kármán und Pohlhausen

Die Aufgabenstellung lautet, bei vorgegebener Außenströmung $u_\delta(x)$ bzw. $p_\delta(x)$ die Grenzschichtdicke und die Form des Geschwindigkeitsprofils als Funktion der Lauflänge zu ermitteln. Damit ist auch der Verlauf der Wandschubspannung und durch Integration der Reibungswiderstand bekannt.

Aus der Grenzschicht-Gleichung (2.30), angeschrieben an der Wand ($u = v = 0$), folgt zunächst als sehr wichtige Beziehung die sog. *Wandbindungsgleichung*

$$\mu \left[\frac{\partial^2 u}{\partial y^2} \right]_w = \frac{dp_\delta(x)}{dx} . \tag{2.52}$$

Sie verknüpft die Krümmung des Geschwindigkeitsprofils an der Wand mit dem aufgeprägten Druckgradienten! Bei bekanntem Druckgradienten der Außenströmung kann damit das Geschwindigkeitsprofil qualitativ „richtig" gezeichnet werden.

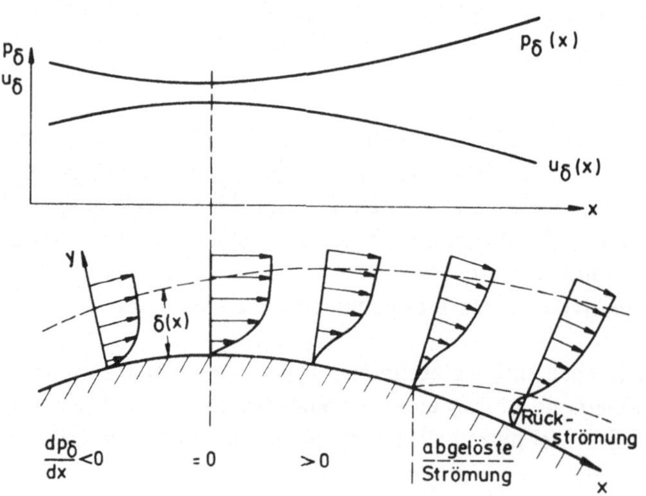

Bild 2.11 Zur Erläuterung der Wandbindungsgleichung

Bild 2.11 zeigt qualitativ den Druck- und Geschwindigkeitsverlauf entlang einer gekrümmten Kontur, diese kann z.B. der Ausschnitt aus einem Tragflügelprofil sein. Es ist

$$\frac{\partial^2 u}{\partial y^2}\bigg|_w < 0 \quad \text{für} \quad \frac{dp_\delta}{dx} < 0 \qquad \text{(beschleunigte Strömung)}$$

$$\frac{\partial^2 u}{\partial y^2}\bigg|_w = 0 \quad \text{für} \quad \frac{dp_\delta}{dx} = 0 \qquad \text{(Plattenströmung)}$$

$$\frac{\partial^2 u}{\partial y^2}\bigg|_w > 0 \quad \text{für} \quad \frac{dp_\delta}{dx} > 0 \qquad \text{(verzögerte Strömung)}$$

Fazit:　　　Nur bei verzögerter Außenströmung ist eine Ablösung der Grenzschichtströmung möglich!

In verzögerter Außenströmung muß die Grenzschichtströmung gegen einen Druckanstieg anlaufen. Dieser kommt zur hemmenden Wirkung der Wandreibung hinzu. Die kinetische Energie der Grenzschichtströmung reicht schließlich nicht mehr aus, diese Widerstände zu überwinden. Das Geschwindigkeitsprofil wird immer energieärmer, bis es zur Strömungsablösung kommt. Jenseits davon tritt im Ablösegebiet Rückströmung auf.

Die Wandbindungsgleichung (2.52) dient nicht nur zur qualitativen Deutung der Geschwindigkeitsprofile; sie ist darüberhinaus eine zentrale Beziehung des klassischen Integralverfahrens, das wir ausführlich besprechen wollen.

Von Pohlhausen (1921) stammt der Vorschlag, das unbekannte Geschwindigkeitsprofil durch ein Polynom

$$\frac{u(x, y)}{u_\delta(x)} = \sum_i a_i(x)\, \eta^i \tag{2.53}$$

anzunähern. Darin sind die Koeffizienten $a_i(x)$ zunächst unbekannt und $\eta = y/\delta(x)$ ist eine dimensionslose Querkoordinate. Dieser Polynomansatz soll gewisse physikalisch sinnvolle *Randbedingungen* erfüllen:

$$\left.\begin{array}{l} \eta = 0 : \dfrac{u}{u_\delta} = 0 \\[2ex] \eta = 1 : \dfrac{u}{u_\delta} = 1; \quad \dfrac{d(u/u_\delta)}{d\eta} = 0; \quad \dfrac{d^2(u/u_\delta)}{d\eta^2} = 0. \end{array}\right\} \tag{2.54}$$

Neben diesen vier geometrischen Randbedingungen wird als fünfte *dynamische Randbedingung* verlangt, daß die Wandbindungsgleichung (2.52) erfüllt wird. Der Grad des Polynomansatzes (2.53) wird so gewählt, daß *ein freier Koeffizient* als *Formparameter* verbleibt. Dieser ist dann die zweite Unbekannte neben der Grenzschichtdicke $\delta(x)$.

Aufgrund der Anzahl der geometrischen Randbedingungen nahm Pohlhausen ein Polynom 4. Grades („P4-Profil") an:

$$\frac{u(x, y)}{u_\delta(x)} = \begin{cases} a\eta + b\eta^2 + c\eta^3 + d\eta^4 & \text{für } \eta \leq 1 \\[2ex] 1 & \text{für } \eta \geq 1 \ . \end{cases} \tag{2.55}$$

Mit den Randbedingungen liegen drei Bestimmungsgleichungen für die Koeffizienten a, b, c, d vor. Diese lauten:

$$\left[\frac{u}{u_\delta}\right]_{\eta=1} = 1 = a + b + c + d$$

$$\left[\frac{du/u_\delta}{d\eta}\right]_{\eta=1} = 0 = a + 2\,b + 3\,c + 4\,d \qquad\qquad (2.56)$$

$$\left[\frac{d^2u/u_\delta}{d\eta^2}\right]_{\eta=1} = 0 = 2\,b + 6\,c + 12\,d$$

Die Randbedingung für $\eta = 0$ ist durch den Ansatz (2.55) schon erfüllt. Damit bleibt ein Koeffizient des Polynomansatzes als Parameter frei. Die Wandbindungsgleichung (2.52) liefert einen Zusammenhang zwischen der Grenzschichtdicke δ und dem noch freien Parameter. Mit Gl. (2.32) lautet Gl. (2.52)

$$\left[\frac{\partial^2u/u_\delta}{\partial\eta^2}\right]_{\eta=0} = -\frac{du_\delta}{dx}\,\frac{\delta^2}{\nu}. \qquad\qquad (2.57)$$

Man nennt

$$\boxed{\Lambda = \frac{u_\delta{'}\delta^2}{\nu}}\;;\qquad u_\delta{'} = \frac{du_\delta}{dx} \qquad\qquad (2.58)$$

den *Pohlhausen-Parameter*. Er stellt die dimensionslose, negative Krümmung des Geschwindigkeitsprofils an der Wand dar. Mit dem Geschwindigkeitsansatz (2.55) folgt dafür $-\Lambda = 2\,b$. Damit sowie mit Gl. (2.56) lassen sich die 4 Koeffizienten a, b, c, d durch den Pohlhausen-Parameter Λ ausdrücken. Es ist

$$a = 2 + \frac{1}{6}\Lambda;\quad b = -\frac{1}{2}\Lambda$$
$$\qquad\qquad\qquad\qquad\qquad\qquad\qquad (2.59)$$
$$c = -2 + \frac{1}{2}\Lambda;\quad d = 1 - \frac{1}{6}\Lambda$$

und der Geschwindigkeitsansatz (2.55) lautet für $\eta \leqslant 1$:

$$\frac{u}{u_\delta} = 2\,\eta - 2\,\eta^3 + \eta^4 + \frac{1}{6}\Lambda\,(\eta - 3\,\eta^2 + 3\,\eta^3 - \eta^4) =$$
$$\qquad\qquad\qquad\qquad\qquad\qquad\qquad (2.60)$$
$$= \frac{u}{u_\delta}\left[\frac{y}{\delta(x)}, \Lambda(x)\right].$$

Bild 2.12 zeigt das Geschwindigkeitsprofil für charakteristische Λ-Werte, deren Bedeutung weiter unten deutlich wird.

Man nennt Λ den *Formparameter* und δ den *Dickenparameter*. Der Formparameter Λ, Gl. (2.58), soll noch ein wenig diskutiert werden. Für $\Lambda = 0$ ist $u_\delta{'} = 0$, das ist die Strömung entlang einer ebenen Platte. Für $\Lambda < 0$ ist $u_\delta{'} < 0$, $p_\delta{'} > 0$, die Strömung wird verzögert, der Druck steigt an. Für $\Lambda > 0$ ist $u_\delta{'} > 0$, $p_\delta{'} < 0$, die Strömung wird beschleunigt, der Druck fällt ab. Dies entspricht natürlich der Diskussion anhand Bild 2.11.

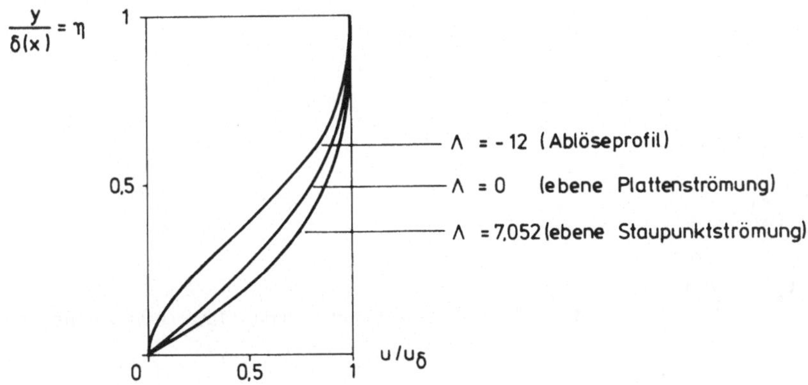

Bild 2.12 Geschwindigkeitsprofil nach Gl. (2.60)

Für den Zusammenhang $\tau_w(\Lambda, \delta)$ gilt

$$\tau_w = \mu \left[\frac{\partial u}{\partial y}\right]_w = \mu \left[\frac{\partial u/u_\delta}{\partial \eta}\right]_w \frac{u_\delta}{\delta} = \frac{\mu u_\delta}{\delta} a = \frac{\mu u_\delta}{\delta} \left(2 + \frac{1}{6}\Lambda\right) \sim \frac{1}{\delta}. \qquad (2.61)$$

Zum Ablöseprofil gehört der Formparameter $\Lambda = -12$! Bei *Ablösung* gilt somit

$$-\frac{u_\delta'\delta^2}{\nu} = \frac{p_\delta'\delta^2}{\mu u_\delta} = 12.$$

Was folgt daraus?
— Ablösung ist nur möglich bei Druckanstieg. Dies hatten wir schon anhand Bild 2.11 festgestellt.
— Eine dünne Grenzschicht verträgt einen größeren Druckanstieg als eine dicke Grenzschicht. Bei großer Lauflänge und somit dicker Grenzschicht führt schon ein kleiner Druckanstieg zur Ablösung.

Die weitere Aufgabe besteht darin, den Verlauf des Formparameters $\Lambda(x)$ entlang einer gegebenen Kontur zu bestimmen. Bei bekanntem Formparameter $\Lambda(x)$ ist mit Gl. (2.58) die Grenzschichtdicke $\delta(x)$ und mit Gl. (2.61) der Verlauf der Wandschubspannung $\tau_w(x)$ bekannt.

Gesucht wird eine Bestimmungsgleichung für $\delta(x)$ oder $\Lambda(x)$. Dies muß eine gewöhnliche Differentialgleichung sein. Die Grenzschicht-Gleichung (2.30), die bisher nur an der Wand verwendet wurde (daraus folgt der Zusammenhang zwischen δ und Λ), ist jedoch eine partielle Differentialgleichung. Die gesuchte gewöhnliche Differentialgleichung ist der *Impulssatz der Grenzschicht nach von Kármán* (1921). Dieser entsteht nach partieller Integration der Grenzschicht-Gleichung (2.30) über y, d.h. quer zur Strömungsrichtung. Dadurch wird aus der partiellen Differentialgleichung (2.30) eine gewöhnliche Differentialgleichung in x, die auch als *Integralbedingung für den Impuls* bezeichnet wird. Zur Herleitung wird neben der Grenzschicht-Gleichung (2.30) die Kontinuitätsgleichung (2.29) benötigt. Die Herleitung wird kurz skizziert (Bild 2.13):

$$\text{Aus Gl. (2.29): } v(x, y) = -\int_0^y \frac{\partial u}{\partial x}\, dy; \text{ damit in Gl. (2.30):}$$

$$u \frac{\partial u}{\partial x} - \left(\int_0^y \frac{\partial u}{\partial x}\, dy \right) \frac{\partial u}{\partial y} - u_\delta \frac{du_\delta}{dx} = \frac{\mu}{\rho} \frac{\partial^2 u}{\partial y^2}.$$

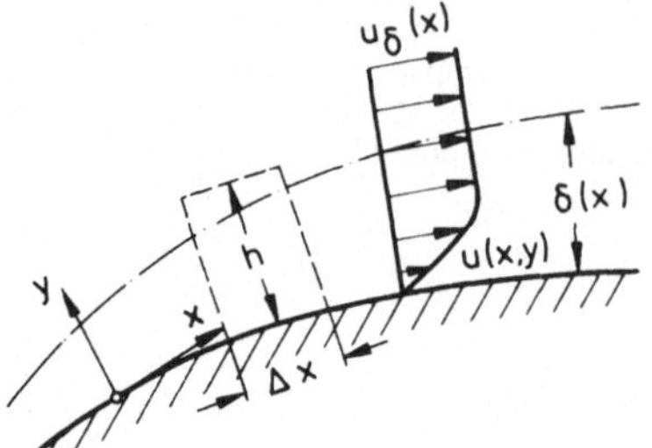

Bild 2.13 Zur Herleitung der Integralbedingung für den Impuls

Partielle Integration über y von 0 bis h, wobei h > δ(x) gewählt wird, liefert mit $\tau(y = h) = 0$:

$$\int_0^h \left[u \frac{\partial u}{\partial x} - \left(\int_0^y \frac{\partial u}{\partial x}\, dy \right) \frac{\partial u}{\partial y} - u_\delta \frac{du_\delta}{dx} \right] dy = - \frac{\tau_w}{\rho}.$$

Nach der Methode der partiellen Integration

$$\int_a^b p'(x)q(x)\,dx = [p(x)q(x)]_a^b - \int_a^b p(x)q'(x)\,dx$$

läßt sich das zweite Glied der linken Seite umformen:

$$\int_0^h \left(\underbrace{\int_0^y \frac{\partial u}{\partial x}\, dy}_{q} \right) \underbrace{\frac{\partial u}{\partial y}}_{p'}\, dy = \left[u \int_0^y \frac{\partial u}{\partial x}\, dy \right]_0^h - \int_0^h u \frac{\partial u}{\partial x}\, dy =$$

$$= u_\delta \int_0^h \frac{\partial u}{\partial x}\, dy - \int_0^h u \frac{\partial u}{\partial x}\, dy.$$

Eingesetzt folgt:

$$\int_0^h \left[2 u \frac{\partial u}{\partial x} - u_\delta \frac{\partial u}{\partial x} - u_\delta \frac{du_\delta}{dx} \right] dy = - \frac{\tau_w}{\rho}.$$

Mit

$$2 u \frac{\partial u}{\partial x} = \frac{\partial}{\partial x} u^2; \quad -u_\delta \frac{\partial u}{\partial x} = - \frac{\partial}{\partial x}(u\, u_\delta) + u \frac{du_\delta}{dx}$$

folgt weiter

$$\underbrace{\int_0^h \frac{\partial}{\partial x}\left[u(u_\delta - u)\right]\,dy + \frac{du_\delta}{dx}\int_0^h (u_\delta - u)\,dy = \frac{\tau_w}{\rho}}_{\displaystyle \frac{d}{dx}\int_0^h u(u_\delta - u)\,dy,}$$

da h von x unabhängig ist.

Es werden folgende Abkürzungen eingeführt:

$$\delta_1 = \int_0^\delta \left(1 - \frac{u}{u_\delta}\right) dy \;=\; \text{Verdrängungsdicke, siehe schon Gl. (2.43),} \qquad (2.62)$$

$$\delta_2 = \int_0^\delta \frac{u}{u_\delta}\left(1 - \frac{u}{u_\delta}\right) dy \;=\; \text{Impulsverlustdicke.} \qquad (2.63)$$

Da außerhalb der Grenzschicht, d.h. für $y > \delta$, $(1 - u/u_\delta)$ verschwindet, können die oberen Grenzen auch bis $y = h$ oder $\to \infty$ verschoben werden. Es folgt der

$$\boxed{\frac{d}{dx}(u_\delta^2\,\delta_2) + \delta_1 u_\delta\,\frac{du_\delta}{dx} = \frac{\tau_w}{\rho}} \qquad \begin{array}{l}\textit{Impulssatz der Grenzschicht}\\ \textit{nach von Kármán.}\end{array} \qquad (2.64)$$

Die drei Terme in Gl. (2.64) bedeuten

> die Änderung der Trägheitskraft in Strömungsrichtung,
> die Änderung der Druckkraft in Strömungsrichtung und
> die Wandschubspannung.

Häufig wird der Impulssatz der Grenzschicht in ausdifferenzierter Form angegeben. Es ist dann ($' = d/dx$)

$$\delta_2' + \delta_2\frac{u_\delta'}{u_\delta}\left(2 + \frac{\delta_1}{\delta_2}\right) = \frac{\tau_w}{\rho u_\delta^2}. \qquad (2.65)$$

Darin sind die beiden Integralgrößen δ_1 und δ_2 sowie die Wandschubspannung τ_w unbekannt. Es ist mit Gl. (2.61) $\tau_w = \tau_w(\Lambda, \delta)$. Ebenso folgen $\delta_1 = \delta_1(\Lambda, \delta)$ und $\delta_2 = \delta_2(\Lambda, \delta)$, denn aufgrund der Definitionen (2.62) und (2.63) sowie mit dem Geschwindigkeitsansatz (2.60) wird

$$\delta_1 = \delta \int_0^1 \left(1 - \frac{u}{u_\delta}\right) d\eta = \delta\left(\frac{3}{10} - \frac{\Lambda}{120}\right) \qquad (2.66)$$

$$\delta_2 = \delta \int_0^1 \frac{u}{u_\delta}\left(1 - \frac{u}{u_\delta}\right) d\eta = \delta\left(\frac{37}{315} - \frac{\Lambda}{945} - \frac{\Lambda^2}{9072}\right). \qquad (2.67)$$

Damit stehen zur Ermittlung der beiden *Unbekannten* $\Lambda(x)$ *und* $\delta(x)$ zwei Gleichungen zur Verfügung, die aus der Wandbindungsgleichung folgende Beziehung (2.58) und der Impulssatz der Grenzschicht (2.65). Sie seien noch einmal im Zusammenhang angegeben:

$$\Lambda = \frac{u_\delta' \delta^2}{\nu} \tag{2.68}$$

$$\delta_2' + \delta_2 \frac{u_\delta'}{u_\delta} \left(2 + \frac{\delta_1}{\delta_2}\right) = \frac{\tau_w}{\rho u_\delta^2} \tag{2.69}$$

I.a. müssen beide Gleichungen numerisch integriert werden. Dies kann mit Standard-Verfahren wie dem Runge-Kutta-Verfahren geschehen. Dabei müssen die *Anfangswerte* $\delta(x_0)$ und $\Lambda(x_0)$ an einer Stelle $x = x_0$ gegeben sein. In Bild 2.14 ist dies für das Beispiel der Grenzschichtrechnung um ein Tragflügelprofil skizziert.

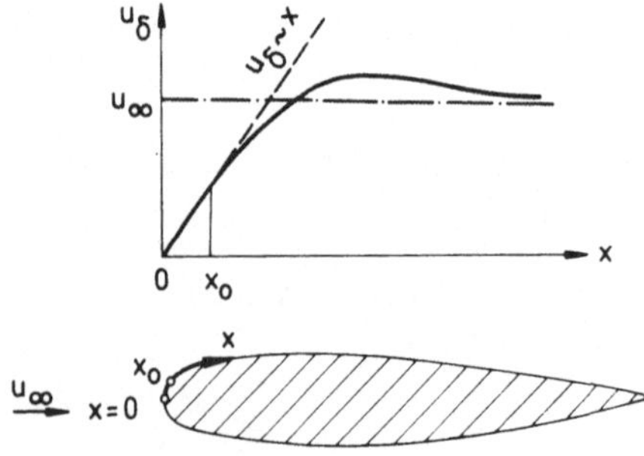

Bild 2.14 Zur Grenzschichtrechnung um ein Tragflügelprofil

Für die ebene Staupunktströmung gibt es eine exakte Lösung der Grenzschicht-Gleichungen, vgl. hierzu Abschnitt 2.3. Es ist $u_\delta \sim x$ im Bereich des Staupunktes, d.h. es ist $m = 1$ in Gl. (2.49). Hierzu gehört der Pohlhausen-Parameter $\Lambda = 7{,}052$, für den das Geschwindigkeitsprofil in Bild 2.12 mit eingezeichnet wurde.

Aufgabe 2.5: Man bestätige den Wert 7,052 für den Pohlhausen-Parameter Λ aus dem Gleichungssystem (2.68), (2.69) für die ebene Staupunktströmung $u_\delta = ax$, wobei $a = (du_\delta/dx)_0$ der Geschwindigkeitsgradient im Staupunkt ist.

Aufgabe 2.6: Man kann die Integralbedingung für den Impuls (2.64) auch ohne Kenntnis der Grenzschicht-Gleichung (2.30) direkt aus einer Impulsbilanz anhand Bild 2.13 gewinnen. Man zeige dies durch Anwendung des Impulssatzes (ausströmender minus einströmender Impulsstrom ist gleich Summe der von außen angreifenden Kräfte) auf das eingezeichnete Kontrollvolumen.

Wir wollen noch kurz die Güte des vorgestellten Integralverfahrens testen, indem wir das Gleichungssystem (2.68), (2.69) für den Spezialfall *der ebenen Platte* lösen. Dies kann geschlossen geschehen. Wir vergleichen dann dieses Ergebnis mit der uns bekannten exakten Lösung von Blasius.

Für die ebene Platte ist wegen $u_\delta' = 0$ zunächst $\Lambda = 0$. Der Impulssatz lautet dann

$$\frac{d\delta_2}{dx} = \frac{\tau_w}{\rho u_\infty^2}.$$

Die Wandschubspannung ist dem Anstieg der Impulsverlustdicke proportional.

$$\text{Mit } \Lambda = 0 \text{ ist } \tau_w = 2\,\mu\,\frac{u_\infty}{\delta} \quad \text{und} \quad \delta_2 = \frac{37}{315}\,\delta.$$

Dies eingesetzt ergibt mit

$$\delta\,\frac{d\delta}{dx} = \frac{2 \cdot 315}{37}\,\frac{\nu}{u_\infty} = \text{konstant}$$

eine gewöhnliche Differentialgleichung für $\delta(x)$ mit der Lösung

$$\frac{\delta(x)}{x} = \frac{5,83}{\sqrt{Re_x}}.$$

Die exakte Lösung (2.41) liefert etwa den Wert 5,0 anstelle von 5,83. Es ist jedoch zu beachten, daß die Grenzschichtdicke δ bei der exakten Lösung willkürlich definiert wurde. Zu Vergleichszwecken eignet sich daher die präzise definierte Verdrängungsdicke δ_1 besser. Gl. (2.66) liefert für $\Lambda = 0$ den Wert $\delta_1 = 3\,\delta/10$, d.h.

$$\frac{\delta_1(x)}{x} = \frac{1,749}{\sqrt{Re_x}}.$$

Die exakte Lösung liefert den Zahlenwert 1,7208, siehe Gl. (2.44). Der Fehler beträgt etwa 2%. Ähnliches gilt für den Reibungsbeiwert c_f nach Gl. (2.45). Hier folgt

$$c_f(x) = 2\,\frac{\tau_w(x)}{\rho u_\infty^2} = 4\,\frac{\mu}{\rho u_\infty \delta(x)} = \frac{0,686}{\sqrt{Re_x}}.$$

Die exakte Blasius-Lösung (2.47) liefert den Zahlenwert 0,664 anstelle von 0,686. Der Fehler beträgt etwa 3%.

Ein Fehler von der genannten Größenordnung ist für Integralverfahren typisch. Der Fehler ist nicht darin begründet, daß etwa die Integralbedingung für den Impuls ungenau wäre. Er liegt einzig und allein in dem nicht exakten Ansatz für das Geschwindigkeitsprofil. Dies wollen wir uns anhand der folgenden Aufgabe noch einmal verdeutlichen.

Aufgabe 2.7:   Für die ebene Plattenströmung soll die Integralbedingung für den Impuls für die Geschwindigkeitsansätze

a) $\dfrac{u(x, y)}{u_\delta(x)} = \eta$ (lineares Profil)

b) $\dfrac{u(x, y)}{u_\delta(x)} = \sin\dfrac{\pi}{2}\,\eta$ (Sinusprofil)

c) $\dfrac{u(x, y)}{u_\delta(x)} = a + b\eta + c\eta^2 + d\eta^3$ (Pohlhausen P3-Profil)

        $\eta = y/\delta(x)$

gelöst werden.

Dabei sind im Fall c die Randbedingungen

$$y = 0: \quad u = 0; \qquad\qquad \partial^2 u/\partial y^2 = 0$$

$$y = \delta: \quad u = u_\delta = u_\infty; \qquad \partial u/\partial y = 0$$

an Stelle von Gl. (2.54) zu verwenden. Die Bedingung $\partial^2 u/\partial y^2 = 0$ für $y = 0$ folgt aus der Bewegungsgleichung mit $dp/dx = 0$.

Man ermittle $\delta(x)$, $\delta_1(x)$, $c_f(x)$ sowie c_w und vergleiche mit der exakten Blasius-Lösung.

Das Integralverfahren nach Pohlhausen und von Kármán hat sich als außerordentlich schlagkräftig und erfolgreich erwiesen. Es ist bei meist befriedigender Genauigkeit vergleichsweise einfach in der Anwendung.

2.5 Zusammenfassung und Schlußbemerkungen

Wir haben in diesem Kapitel grundlegende Konzepte zur Behandlung laminarer Impulsaustauschvorgänge kennengelernt. Das Hauptziel ist dabei, den örtlichen Reibungsbeiwert $c_f(x)$ oder den resultierenden Widerstandsbeiwert c_w zu ermitteln. Dabei haben wir gesehen, daß die besprochenen Ergebnisse sich in der Form

$$c_f(x) = f(Re_x^{\;m}); \quad c_w = f(Re_L^n)$$

darstellen lassen. Es ist Re_x eine mit der Koordinate x gebildete örtliche Reynolds-Zahl und Re_L eine mit einer charakteristischen Körperabmessung gebildete Reynolds-Zahl. Für die Kanal- und Rohrströmung ergab sich $n = -1$; der Reibungsbeiwert ändert sich bei ausgebildeter Kanal-/Rohrströmung in Strömungsrichtung nicht. Dies ist bei der Grenzschichtströmung entlang einer ebenen Platte anders. Aufgrund der in Strömungsrichtung wachsenden Grenzschichtdicke nimmt der örtliche Reibungsbeiwert mit wachsender Lauflänge x ab, es ergab sich $m = -1/2$. Für den resultierenden Widerstandsbeiwert folgte $n = -1/2$.

Entscheidend ist hierbei, daß als einzige Kennzahl die *Reynolds-Zahl* auftritt, die das Verhältnis von Trägheits- zu Reibungskraft beschreibt. Bei der ausgebildeten Kanal-/Rohrströmung tritt an die Stelle der verschwindenden Trägheitskraft die Druckkraft.

Wir unterscheiden im einzelnen folgende Vorgehensweisen:

Analytische Lösungen der Navier-Stokesschen Gleichung lassen sich nur in wenigen Ausnahmefällen angeben. Wir haben den für die Praxis wichtigen Fall der Kanal-/Rohrströmung behandelt.

Numerische Lösungen der Navier-Stokesschen Gleichung sind außerordentlich aufwendig in Bezug auf Rechenzeit und Speicherbedarf. Es muß ein System von nichtlinearen partiellen Differentialgleichungen vom elliptischen Typ gelöst werden. Dies ist ein Randwertproblem, es lassen sich keine „fortschreitenden" Verfahren wie bei den numerisch günstigeren parabolischen Grenzschicht-Gleichungen anwenden. Für bestimmte Fälle sind derartige numerische Rechnungen durchgeführt worden, so z.B. um die Vorgänge in einer Rohreinlaufströmung oder in der Nähe einer Plattenvorderkante zu untersuchen. Für die Ingenieurpraxis spielen diese numerischen Verfahren nur eine untergeordnete Rolle.

Für den Grenzfall Re $\to \infty$ geht die Navier-Stokessche Gleichung in die Grenzschicht-Gleichung über. Für sehr viele praktisch wichtige Fälle ist die Reynolds-Zahl hinreichend groß, um die Grenzschicht-Gleichung benutzen zu können. Eine Ausnahme bildet z.B. die erwähnte Strömung in der Nähe einer Plattenvorderkante, hier treffen die Voraussetzungen $d\delta/dx \ll 1$ bzw. $\partial^2/\partial x^2 \ll \partial^2/\partial y^2$ nicht zu.

Exakte Lösungen der Grenzschicht-Gleichung existieren für bestimmte Verläufe der als Randbedingung vorgegebenen Außenströmung. Zum Begriff „exakt" ist zu vermerken, daß es sich nicht um analytische sondern um (beliebig genau angebbare) numerische Lösungen einer gewöhnlichen Differentialgleichung handelt. Man spricht von *ähnlichen Lösungen,* da das jeweilige Geschwindigkeitsprofil seine Form in Strömungsrichtung nicht ändert und durch eine geeignete Koordinatentransformation auf das „ähnliche" Profil reduziert werden kann. Bei beliebiger Außenströmung ändert das Geschwindigkeitsprofil seine Form in Strömungsrichtung, es existieren keine ähnlichen Lösungen und die Grenzschicht-Gleichung kann nur numerisch gelöst werden. Dies kann auf zwei Arten geschehen.

Numerische Lösungen der Grenzschicht-Gleichung sind in großer Zahl ausgearbeitet worden. Mit Hilfe von Differenzen-Verfahren läßt sich die parabolische Grenzschicht-Gleichung als Anfangs-Randwertproblem mit Hilfe fortschreitender Verfahren numerisch integrieren. Dabei wird aus Stabilitätsgründen den aufwendigeren impliziten Verfahren der Vorzug gegenüber den einfacheren expliziten Verfahren gegeben. Der Aufwand an Rechenzeit und Speicherkapazität ist unvergleichlich geringer als bei der numerischen Lösung der elliptischen Navier-Stokesschen Gleichung. Es darf jedoch nicht übersehen werden, daß auch hier die Anwendung derartiger Verfahren einige Kenntnisse in numerischer Mathematik voraussetzt, obwohl diese oft als „fertige" Programme angepriesen werden. Es sei in diesem Zusammenhang z.B. auf das Buch von Cebeci und Bradshaw [2.1] verwiesen.

Integralverfahren zur numerischen Lösung der Grenzschicht-Gleichung sind aufgrund ihrer sehr einfachen Handhabung für die Praxis am geeignetsten. Bei dem besprochenen Verfahren nach Pohlhausen und von Kármán muß eine gewöhnliche Differentialgleichung, die Integralbedingung für den Impuls, zusammen mit einer algebraischen Beziehung, der Wandbindungsgleichung, numerisch integriert werden. Hierzu steht mit dem Runge-Kutta-Verfahren ein einfach und unproblematisch anzuwendendes Standard-Verfahren zur Verfügung. Der Aufwand an Rechenzeit und Speicherkapazität ist denkbar gering. Auch ohne große Kenntnisse in numerischer Mathematik läßt sich dieses Verfahren einfach anwenden und programmieren. Das gleiche gilt für verbesserte Integralverfahren, bei denen anstelle der algebraischen Wandbindungsgleichung eine zweite gewöhnliche Differentialgleichung, z.B. die Integralbedingung für die mechanischen Energien, gelöst werden muß. Auch die numerische Lösung von zwei gekoppelten, nichtlinearen gewöhnlichen Differentialgleichungen ist in unproblematischer Weise mit dem Runge-Kutta-Verfahren möglich. Wir werden auf verschiedene Integral-Verfahren in Abschnitt 5.13 eingehen, weil die Integral-Methoden bei der Berechnung turbulenter Grenzschichten auch heute noch von großer Bedeutung sind. An dieser Stelle sei besonders auf das Buch von Walz [2.15] verwiesen. Den unbestreitbaren Vorzügen der Integral-Methoden steht als grundsätzlicher Nachteil gegenüber, daß die Ergebnisse einzig und allein von der Güte des gewählten Profilansatzes abhängen. Man muß einiges von der zu erwartenden Lösung wissen, um geeignete Profilansätze formulieren zu können. Wir werden den Integral-Methoden in den folgenden Abschnitten weiter begegnen.

Auf *empirische Beziehungen* muß man zurückgreifen, wenn z.B. eine komplizierte Geometrie numerische Lösungen praktisch unmöglich macht.

Zum Abschluß sollen der Vollständigkeit halber noch zwei Problemkreise kurz erwähnt werden. Dies ist zum einen die *Grenzschichttheorie höherer Ordnung.* Hierbei handelt es sich um eine Störungstheorie, die als Methode der angepaßten asymptotischen Entwicklungen (matched asymptotic expansions) bezeichnet wird. Sie stellt eine Weiterentwicklung des Prandtlschen Grenzschichtkonzeptes dar, die Prandtlsche Grenzschichtgleichung fügt sich als eine Gleichung erster Ordnung in diese Hierarchie ein. Es können Effekte höherer Ordnung, wie Verdrängungswirkung, Krümmung u.a. berücksichtigt werden. Arbeiten dieser Art sind neueren Datums, sie sind daher in die existierende Standardliteratur noch nicht eingegangen; eine Übersicht wird von van Dyke [2.5] gegeben. Die Störungstheorie als Grundlage dieser Arbeiten ist z.B. in den Büchern von van Dyke [2.4] und Cole [2.2] beschrieben.

Der zweite in diesem Kapitel nicht behandelte Komplex betrifft *dreidimensionale Grenzschichten.* Diese sind speziell in der Luft- und Raumfahrttechnik von Interesse. Man denke z.B. an gepfeilte Tragflügel und an angestellte Flugkörper. Hierzu wird auf andere Bücher, z.B. Schlichting [2.12] und White [2.16], verwiesen. Liegt Rotationssymmetrie vor, so handelt es sich um zweidimensionale Grenzschicht-Strömungen, die in ähnlicher Weise wie ebene Grenzschicht-Strömungen behandelt werden können. Auch hier sei auf die angegebene Literatur verwiesen.

Literatur zu Kapitel 2

[2.1] *T. Cebeci, P. Bradshaw:* Momentum Transfer in Boundary Layers; Hemisphere Publ., Washington, 1977.

[2.2] *J.D. Cole:* Perturbation Methods in Applied Mathematics; Blaisdell Publ., Waltham, 1968.

[2.3] *N. Curle:* The Laminar Boundary Layer Equations; Clarendon Press, Oxford, 1962.

[2.4] *M. van Dyke:* Perturbation Methods in Fluid Mechanics; Academic Press, New York, 1964, sowie Parabolic, Stanford, 1975.

[2.5] *M. van Dyke:* Higher-Order Boundary Layer Theory; in: Annual Review of Fluid Mechanics, Vol. 1, S. 265–292, Annual Reviews, Inc., Palo Alto, 1969.

[2.6] *F. Keune, K. Burg:* Singularitätenverfahren der Strömungslehre, G. Braun, Karlsruhe, 1975.

[2.7] *L.G. Loitsiantski:* Laminare Grenzschichten; Akademie-Verlag, Berlin, 1967.

[2.8] *D. Meksyn:* New Methods in Laminar Boundary-Layer Theory; Pergamon Press, New York, 1961.

[2.9] *F.K. Moore (Ed.):* The Theory of Laminar Flows; Vol. IV der Serie High Speed Aerodynamics and Jet Propulsion, Oxford Univ. Press, London, 1966.

[2.10] *L.N. Persen:* Boundary Layer Theory; Tapir-Forlag, 1972.

[2.11] *L. Rosenhead:* Laminar Boundary Layers; Clarendon Press, Oxford, 1963.

[2.12] *H. Schlichting:* Grenzschichttheorie; G. Braun, Karlsruhe, 5. Auflage, 1965.

[2.13] *H. Schlichting, E. Truckenbrodt:* Aerodynamik des Flugzeugs; Springer-Verlag, Berlin, Band I, 2. Auflage, 1967 und Band II, 1960.

[2.14] *K. Stewartson:* The Theory of Laminar Boundary Layers in Compressible Fluids; Clarendon Press, Oxford, 1964.

[2.15] *A. Walz:* Strömungs- und Temperaturgrenzschichten; G. Braun, Karlsruhe, 1966.

[2.16] *F.M. White:* Viscous Fluid Flow; McGraw-Hill Book Comp., New York, 1974.

3 Laminarer Wärmeaustausch

In einem strömenden Fluid werden Energie und Impuls ausgetauscht, wenn

(a) dem Fluid Wärme zugeführt bzw. entzogen wird, oder

(b) wenn die kinetische Energie der Strömung von der Größenordnung der inneren Energie ist, so daß es infolge Dissipation zu einer Temperaturerhöhung kommt.

Im Fall (a) unterscheidet man zwischen erzwungener und freier Konvektionsströmung. Bei erzwungener Konvektionsströmung ist ein äußerer Antrieb (anliegendes Druckgefälle, aufgeprägte Außenströmung) vorhanden, während bei der freien oder natürlichen Konvektionsströmung durch Dichteunterschiede (die ihrerseits auf Temperaturunterschieden beruhen) hervorgerufene Auftriebskräfte die Ursache der Strömung sind, siehe dazu die Abschnitte 3.5 und 3.6.

Wir beschränken uns weiterhin auf Einkomponentenfluide, außerdem setzen wir stationäre Strömungen voraus. Das zu lösende Gleichungssystem besteht aus, siehe Kapitel 1:

$$\frac{\partial}{\partial x_k}\,(\rho v_k) = 0 \tag{3.1}$$

$$\rho v_k \frac{\partial v_j}{\partial x_k} = -\frac{\partial p}{\partial x_j} + \frac{\partial \tau_{jk}}{\partial x_k} + \rho g_j \tag{3.2}$$

$$\rho c_p v_k \frac{\partial T}{\partial x_k} = v_k \frac{\partial p}{\partial x_k} - \frac{\partial q_k}{\partial x_k} + \tau_{jk} \frac{\partial v_j}{\partial x_k}. \tag{3.3}$$

Dabei ist die Energiegleichung (3.3) in der Temperaturform angegeben; es sei daran erinnert, daß die drei Terme der rechten Seite die Druckarbeit, die von außen zu- oder abgeführte Wärme sowie die Dissipation beschreiben. In der Kräftegleichung wird im Unterschied zum vorangegangenen Kapitel die Volumenkraft ρg_j berücksichtigt; diese spielt bei der natürlichen Konvektion eine wesentliche Rolle.

Das Gleichungssystem muß durch die konstitutiven Gleichungen (1.71) und (1.72) ergänzt werden:

$$q_k = -\lambda \frac{\partial T}{\partial x_k} \tag{3.4}$$

$$\tau_{jk} = \mu \left(\frac{\partial v_j}{\partial x_k} + \frac{\partial v_k}{\partial x_j} \right) + \mu' \frac{\partial v_i}{\partial x_i} \delta_{jk}. \tag{3.5}$$

Hinzu kommen die thermische Zustandsgleichung

$$\rho = \rho\,(p, T) \tag{3.6}$$

sowie Ansätze für die Transportgrößen λ, μ, μ' als Funktionen thermodynamischer Zustandsgrößen. Damit liegt ein vollständiges Gleichungssystem zur Ermittlung der Unbekannten v_k, ρ, p, T = $f(x_k)$ vor.

Das Gleichungssystem (3.1) bis (3.3) mit (3.4) und (3.5) wird komponentenweise ausgeschrieben, wobei wir uns wie im vorangegangenen Kapitel auf ebene Strömungen beschränken. Mit $x_1 = x$, $x_2 = y$, $v_1 = u$, $v_2 = v$ haben wir:

$$\frac{\partial}{\partial x}(\rho u) + \frac{\partial}{\partial y}(\rho v) = 0 \tag{3.7}$$

$$\rho\left(u\frac{\partial u}{\partial x} + v\frac{\partial u}{\partial y}\right) = -\frac{\partial p}{\partial x} + 2\frac{\partial}{\partial x}\left(\mu\frac{\partial u}{\partial x}\right) + \frac{\partial}{\partial y}\left[\mu\left(\frac{\partial u}{\partial y} + \frac{\partial v}{\partial x}\right)\right] \tag{3.8}$$

$$+ \frac{\partial}{\partial x}\left[\mu'\left(\frac{\partial u}{\partial x} + \frac{\partial v}{\partial y}\right)\right] + \rho g_x$$

$$\rho\left(u\frac{\partial v}{\partial x} + v\frac{\partial v}{\partial y}\right) = -\frac{\partial p}{\partial y} + 2\frac{\partial}{\partial y}\left(\mu\frac{\partial v}{\partial y}\right) + \frac{\partial}{\partial x}\left[\mu\left(\frac{\partial v}{\partial x} + \frac{\partial u}{\partial y}\right)\right] \tag{3.9}$$

$$+ \frac{\partial}{\partial y}\left[\mu'\left(\frac{\partial u}{\partial x} + \frac{\partial v}{\partial y}\right)\right] + \rho g_y$$

$$\rho c_p\left(u\frac{\partial T}{\partial x} + v\frac{\partial T}{\partial y}\right) = \frac{\partial}{\partial x}\left(\lambda\frac{\partial T}{\partial x}\right) + \frac{\partial}{\partial y}\left(\lambda\frac{\partial T}{\partial y}\right) + u\frac{\partial p}{\partial x} + v\frac{\partial p}{\partial y} + \Phi. \tag{3.10}$$

Darin ist Φ die Dissipationsfunktion

$$\Phi = \tau_{jk}\frac{\partial v_j}{\partial x_k} = 2\mu\left[\left(\frac{\partial u}{\partial x}\right)^2 + \left(\frac{\partial v}{\partial y}\right)^2\right] + \mu\left(\frac{\partial v}{\partial x} + \frac{\partial u}{\partial y}\right)^2 + \mu'\left(\frac{\partial u}{\partial x} + \frac{\partial v}{\partial y}\right)^2, \tag{3.11}$$

die die irreversible Umwandlung von kinetischer Energie in thermische Energie beschreibt, vgl. Abschnitt 1.7.

3.1 Die Grenzschicht-Gleichungen bei erzwungener Konvektion

Wir führen dimensionslose Variablen ein:

$$x^* = \frac{x}{L}; \quad u^* = \frac{u}{u_0}; \quad \rho^* = \frac{\rho}{\rho_0}; \quad p^* = \frac{p}{\rho_0 u_0^2}; \tag{3.12}$$

$$\mu^* = \frac{\mu}{\mu_0}; \quad \mu'^* = \frac{\mu'}{\mu_0}; \quad y^* = \frac{y}{L}; \quad v^* = \frac{v}{u_0}.$$

Die Bezugsgrößen sind so gewählt, daß x^* bis $\mu'^* = 0(1)$ sind. Im Gegensatz zu Gl. (2.22) wird die Querkoordinate y nicht mit der Grenzschichtdicke δ sondern mit der Bezugslänge L dimensionslos gemacht. Das hat keine tiefere Bedeutung, es gibt verschiedene Arten der Dimensionslosmachung, um zu den Grenzschichtgleichungen zu gelangen. Es ist $\delta_S^* = \delta_S/L$ die dimensionslose Dicke der Strömungsgrenzschicht, somit ist $y^* = 0(\delta_S^*)$.

Die Kontinuitäts-Gleichung (3.7) geht über in:

$$\frac{\partial(\rho^* u^*)}{\partial x^*} + \frac{\partial(\rho^* v^*)}{\partial y^*} = 0. \tag{3.13}$$

$$\frac{1}{1}\,1 \qquad\qquad \frac{1}{\delta_S^*}\,v^*$$

Der zweite Summand muß von der Größenordnung Eins sein, und es folgt wie schon im inkompressiblen Fall

$$v^* = \frac{v}{u_0} \sim \frac{\delta_S}{L} = \delta_S^*. \tag{3.14}$$

Die x-Komponente der Bewegungsgleichung lautet in dimensionsloser Form (ohne Berücksichtigung der Volumenkraft):

$$\rho^* \left(u^* \frac{\partial u^*}{\partial x^*} + v^* \frac{\partial u^*}{\partial y^*} \right) = -\frac{\partial p^*}{\partial x^*} + \frac{1}{Re_0} \left[2 \frac{\partial}{\partial x^*} \left(\mu^* \frac{\partial u^*}{\partial x^*} \right) \right.$$

$$1 \quad 1 \quad \frac{1}{1} \quad \delta_S^* \frac{1}{\delta_S^*} \qquad \frac{1}{1} \qquad \frac{1}{1} \quad 1 \quad \frac{1}{1} \tag{3.15}$$

$$+ \frac{\partial}{\partial y^*} \left(\mu^* \frac{\partial u^*}{\partial y^*} \right) + \frac{\partial}{\partial y^*} \left(\mu^* \frac{\partial v^*}{\partial x^*} \right) + \frac{\partial}{\partial x^*} \left(\mu'^* \frac{\partial u^*}{\partial x^*} \right) + \left. \frac{\partial}{\partial x^*} \left(\mu'^* \frac{\partial v^*}{\partial y^*} \right) \right].$$

$$\frac{1}{\delta_S^*} \quad 1 \quad \frac{1}{\delta_S^*} \qquad \frac{1}{\delta_S^*} \quad 1 \quad \frac{\delta_S^*}{1} \qquad \frac{1}{1} \quad 1 \quad \frac{1}{1} \qquad \frac{1}{1} \quad 1 \quad \frac{\delta_S^*}{\delta_S^*}$$

Als entscheidender Parameter tritt in der Kräftegleichung wie im inkompressiblen Fall die *Reynolds-Zahl*

$$\boxed{Re = \frac{\rho u L}{\mu}} \tag{3.16}$$

gebildet mit den Bezugsgrößen auf. Im Rahmen der Grenzschichttheorie, d.h. für $Re \gg 1$, verbleibt in Gl. (3.15) nur der unterstrichene Term des Reibungsgliedes. Es muß $Re_0 \delta_S^{*2} = 0(1)$ sein, damit der Konvektions- und der Reibungsterm von gleicher Größenordnung sind, d.h.

$$\delta_S^* = \frac{\delta_S}{L} \sim \frac{1}{\sqrt{Re}} . \tag{3.17}$$

Eine analoge Abschätzung der y-Komponente der Bewegungsgleichung liefert $\partial p^*/\partial y^* \sim v^* = 0(\delta_S^*)$. Für $Re \to \infty$ folgt

$$\frac{\partial p}{\partial y} = 0. \tag{3.18}$$

Wir kommen zu der an dieser Stelle eigentlich interessierenden Abschätzung der *Energiegleichung*. Zusätzlich zu den dimensionslosen Größen (3.12) führen wir ein:

$$T^* = \frac{T}{\Delta T_0} ; \quad \lambda^* = \frac{\lambda}{\lambda_0} ; \quad c_p^* = \frac{c_p}{c_{p_0}} = 0(1). \tag{3.19}$$

Die Temperaturdifferenz, auf die die Temperatur bezogen wird, kann z.B. die Differenz zwischen Anströmtemperatur und Wandtemperatur sein. Die Dicke der Temperaturgrenzschicht bezeichnen wir mit δ_T; dann ist $\delta_T^* = \delta_T/L$ und $y^* = 0(\delta_T^*)$ im Fall von Temperaturableitungen. Gl. (3.10) geht über in

$$\rho^* c_p^* \left(u^* \frac{\partial T^*}{\partial x^*} + v^* \frac{\partial T^*}{\partial y^*} \right) = \frac{1}{Re_0 Pr_0} \left[\frac{\partial}{\partial x^*} \left(\lambda^* \frac{\partial T^*}{\partial x^*} \right) + \frac{\partial}{\partial y^*} \left(\lambda^* \frac{\partial T^*}{\partial y^*} \right) \right]$$

$$1 \quad 1 \quad 1 \quad \frac{1}{1} \quad \delta_S^* \frac{1}{\delta_T^*} \qquad \frac{1}{1} \quad 1 \quad \frac{1}{\delta_T^*} \quad \frac{1}{\delta_T^*} \quad 1 \quad \frac{1}{\delta_T^*}$$

$$+ \mathrm{Ec}_0 \left(u^* \frac{\partial p^*}{\partial x^*} + v^* \frac{\partial p^*}{\partial y^*} \right) + \frac{\mathrm{Ec}_0}{\mathrm{Re}_0} \left\{ 2\, \mu^* \left[\left(\frac{\partial u^*}{\partial x^*} \right)^2 + \left(\frac{\partial v^*}{\partial y^*} \right)^2 \right] \right. \tag{3.20}$$

$$\qquad 1 \quad \frac{1}{1} \qquad \delta_S^* \delta_S^* \qquad\qquad 1 \qquad \frac{1}{1} \qquad 1$$

$$\left. + \mu^* \left(\frac{\partial v^*}{\partial x^*} + \frac{\partial u^*}{\partial y^*} \right)^2 + \mu'^* \left(\frac{\partial u^*}{\partial x^*} + \frac{\partial v^*}{\partial y^*} \right)^2 \right\}.$$

$$\qquad 1 \quad \frac{\delta_S^{*2}}{1} \quad \frac{1}{\delta_S^{*2}} \qquad 1 \quad \frac{1}{1} \qquad 1$$

Neben der Reynolds-Zahl treten zwei neue dimensionslose Kennzahlen, die *Prandtl-Zahl*

$$\boxed{\mathrm{Pr} = \frac{\mu c_\mathrm{p}}{\lambda} = \frac{\nu}{a}} \;; \quad a = \frac{\lambda}{\rho c_\mathrm{p}} \tag{3.21}$$

und die *Eckert-Zahl*

$$\boxed{\mathrm{Ec} = \frac{u^2}{c_\mathrm{p} \Delta T}} \tag{3.22}$$

auf. Die *Prandtl-Zahl* ist eine reine *Stoffgröße*, sie hängt i.a. von T und p, praktisch meist nur von T ab. Man bezeichnet a als Temperaturleitfähigkeit; diese Bezeichnung ist recht unschön. In der englischsprachigen Literatur wird a als „thermal diffusivity" und entsprechend ν als „momentum diffusivity" bezeichnet. Der Nenner von a ist eine auf das Volumen bezogene Wärmekapazität. Je kleiner dieser Nenner und je größer die Wärmeleitfähigkeit ist, desto rascher wird sich eine Temperaturänderung ausbreiten. Die Prandtl-Zahl beschreibt das Verhältnis von Impulsdiffusion zu Wärmetransport in einem Fluid.

Die *Eckert-Zahl* ist als Verhältnis von kinetischer Energie zu Enthalpie (-differenz) ein *Maß für die Kompressibilität* eines Fluids. Sie ist dem Quadrat der Mach-Zahl proportional. Für ideale Gase gilt

$$\mathrm{Ec} = \frac{u^2}{c_\mathrm{p} \Delta T} = (\kappa - 1)\, \frac{T}{\Delta T}\, \mathrm{Ma}^2. \tag{3.23}$$

Teilweise ist es zweckmäßig, in der Eckert-Zahl eine charakteristische Temperatur an Stelle einer Differenz einzuführen; dann ist $\mathrm{Ec} = (\kappa - 1)\,\mathrm{Ma}^2$. Die *Mach-Zahl*

$$\boxed{\mathrm{Ma} = \frac{u}{c}} \tag{3.24}$$

ist das Verhältnis von Strömungsgeschwindigkeit zu Schallgeschwindigkeit. Letztere ist definiert durch

$$c^2 = \frac{dp}{d\rho} = \left(\frac{\partial p}{\partial \rho} \right)_s, \tag{3.25}$$

siehe z.B. [3.2], [3.25]. Für ideale Gase folgt

$$c = \sqrt{\kappa RT} = \sqrt{\kappa p/\rho}. \tag{3.26}$$

Darin ist $R = \mathcal{R}/M$ die individuelle Gaskonstante, $\mathcal{R} = 8{,}315$ J/(K mol) ist die absolute Gaskonstante und M die Molmasse.

Aufgabe 3.1:   Man zeige, daß für ideale Gase Gl. (3.26) aus Gl. (3.25) folgt und daß die Beziehung (3.23) $Ec \sim Ma^2$ gilt.

Es hat historische Gründe, die Mach-Zahl nach Gl. (3.24) zu definieren. In der Energiegleichung tritt die Mach-Zahl jedoch immer quadratisch auf.

Inkompressible Fluide sind durch $d\rho \to 0$ gekennzeichnet; aufgrund der Definitionen (3.25) und (3.24) bedeutet das $c \to \infty$ und $Ma \to 0$ bzw. $Ec \to 0$. Sämtliche Flüssigkeiten sind nahezu inkompressibel. Darüberhinaus können Gase bei mäßigen Strömungsgeschwindigkeiten als inkompressibel angesehen werden.

Aufgabe 3.2:   Aus dem Energiesatz für reibungsfreie eindimensionale, stationäre Strömungen $c_p T + u^2/2$ = konstant leite man eine Reihenentwicklung für die Dichteänderung bei kleinen Mach-Zahlen her und diskutiere diese.

Anhand dieser Aufgabe sieht man, daß man Gasströmungen bis etwa 50 ... 100 m/s näherungsweise als inkompressibel ansehen kann. Erst bei höheren Strömungsgeschwindigkeiten spielt die Dichteänderung eine nicht zu vernachlässigende Rolle.

Nach diesem Exkurs über den Begriff der Kompressibilität kommen wir zur Abschätzung der Energiegleichung (3.20) zurück. Wir sehen, daß im Rahmen der Grenzschichttheorie (nunmehr muß $RePr \gg 1$ zusätzlich zu $Re \gg 1$ gefordert werden)
— von dem Wärmeleitungsterm nur der zweite Summand verbleibt,
— von der Druckarbeit nur der erste Summand verbleibt,
— von der Dissipationsfunktion nur der Term $\mu(\partial u/\partial y)^2$ verbleibt,
— die Druckarbeit und die Dissipation nur bei kompressiblen Strömungen von Bedeutung sind und bei inkompressiblen Fluiden verschwinden und
— das Produkt $Re_0 Pr_0 \delta_T^{*2} = O(1)$ sein muß, damit konvektiver Wärmetransport und Wärmeleitung von gleicher Größenordnung sind.
Aus letzterer Bedingung folgt

$$\delta_T^* = \frac{\delta_T}{L} \sim \frac{1}{\sqrt{RePr}}. \tag{3.27}$$

Ein Vergleich mit der Aussage (3.17) liefert für das Verhältnis der Dicken von Temperatur- und Strömungsgrenzschicht

$$\frac{\delta_T}{\delta_S} \sim \frac{1}{\sqrt{Pr}}. \tag{3.28}$$

Damit können wir die Prandtl-Zahl recht anschaulich deuten, Bild 3.1.

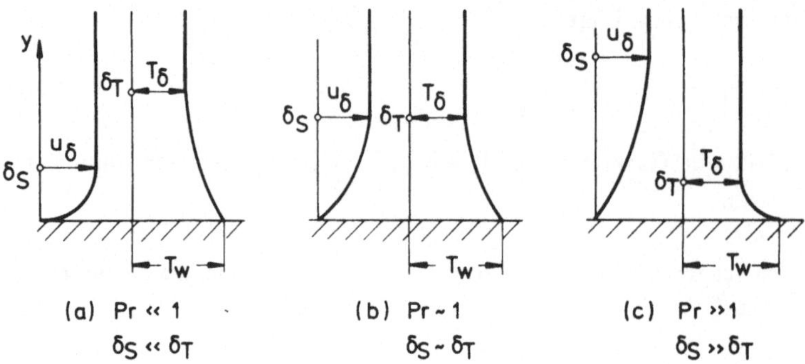

Bild 3.1 Zur Deutung der Prandtl-Zahl

Fall (a) liegt bei flüssigen Metallen vor, diese besitzen bei sehr guter Wärmeleitfähigkeit eine geringe Viskosität, es ist $Pr \ll 1$.

Gase besitzen eine vergleichsweise geringe Viskosität und eine geringe Wärmeleitfähigkeit, sie isolieren gut; es ist $Pr \approx 1$, Fall (b).

Flüssigkeiten wie Wasser und besonders Öle leiten die Wärme außerordentlich schlecht, andererseits ist ihre Viskosität hoch; es ist $Pr > 1$ für Wasser und $Pr \gg 1$ bei Ölen, Fall (c).

Für praktische Rechnungen ergeben sich daraus interessante Konsequenzen:

— Bei flüssigen Metallen ist die Strömungsgrenzschicht vernachlässigbar, zur Ermittlung der Temperaturgrenzschicht kann das Geschwindigkeitsprofil näherungsweise durch $u_\delta(x)$ ersetzt werden.

— Bei Gasströmungen sind die Dicke der Temperatur- und Strömungsgrenzschicht von gleicher Größenordnung (für $Pr = 1$ ist $\delta_T = \delta_S$ wie exakte Rechnungen zeigen, siehe später). Zur Anschauung seien charakteristische Prandtl-Zahlen angegeben:

Temperatur	Quecksilber	Luft	Wasser	Motoröl
0 °C	0,0288	0,72	13,6	47.100
20 °C	0,0249	0,71	7,02	10.400
100 °C	0,0162	0,69	1,74	276

Die folgende Skala zeigt das Prandtl-Zahl Spektrum von Fluiden:

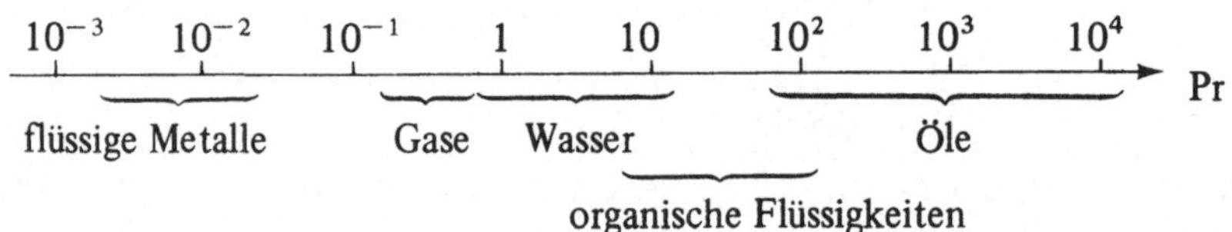

In dem Bereich zwischen den flüssigen Metallen und den Gasen (etwa $0{,}05 < Pr < 0{,}5$) gibt es keine Fluide. Bei Luft ist die Temperaturabhängigkeit nahezu vernachlässigbar, da sich die Viskosität und die Wärmeleitfähigkeit in etwa gleicher Weise mit der Temperatur ändern und die Wärmekapazität praktisch konstant ist. Bei Flüssigkeiten ist, wie die Tabelle zeigt, die Temperaturabhängigkeit erheblich.

Das Gleichungssystem (3.13), (3.15), (3.20) geht nach der Grenzschichtabschätzung über in die *Grenzschichtgleichungen für kompressible Strömungen,* wobei wir zuvor wieder zu den dimensionsbehafteten Größen zurückkehren:

$$\frac{\partial}{\partial x}(\rho u) + \frac{\partial}{\partial y}(\rho v) = 0 \tag{3.29}$$

$$\rho\left(u\,\frac{\partial u}{\partial x} + v\,\frac{\partial u}{\partial y}\right) = -\frac{dp}{dx} + \frac{\partial}{\partial y}\left(\mu\,\frac{\partial u}{\partial y}\right) \tag{3.30}$$

$$\rho c_p\left(u\,\frac{\partial T}{\partial x} + v\,\frac{\partial T}{\partial y}\right) = u\,\frac{dp}{dx} + \frac{\partial}{\partial y}\left(\lambda\,\frac{\partial T}{\partial y}\right) + \mu\left(\frac{\partial u}{\partial y}\right)^2 \tag{3.31}$$

Hinzu kommen die thermische Zustandsgleichung $\rho = \rho(T, p)$ sowie Ansätze für die Transportgrößen μ und $\lambda = f(T, p)$, wobei die Druckabhängigkeit meist unbedeutend ist. Damit liegt ein geschlossenes Gleichungssystem zur Ermittlung der Unbekannten $u, v, T, \rho = f(x, y)$ vor. Glücklicherweise entfallen in den Grenzschichtgleichungen diejenigen Terme des Reibungsgliedes, die die Volumenviskosität μ' enthalten, da letztere nur einen Beitrag zu den (in Grenzschichtströmungen vernachlässigbaren) Normalspannungen liefern.

Sowohl die Druckarbeit als auch die Dissipation enthalten in der dimensionslosen Schreibweise (3.20) die Eckert-Zahl als Faktor. Für Ec $\rightarrow$ 0, d.h. für konstante Dichte, verschwinden beide Ausdrücke. Nehmen wir darüberhinaus noch die Transportgrößen als konstant an, so folgen die *Grenzschicht-Gleichungen für inkompressible Strömungen:*

$$\frac{\partial u}{\partial x} + \frac{\partial v}{\partial y} = 0 \tag{3.32}$$

$$\rho\left(u\,\frac{\partial u}{\partial x} + v\,\frac{\partial u}{\partial y}\right) = -\frac{dp}{dx} + \mu\,\frac{\partial^2 u}{\partial y^2} \tag{3.33}$$

$$\rho c_p\left(u\,\frac{\partial T}{\partial x} + v\,\frac{\partial T}{\partial y}\right) = \lambda\,\frac{\partial^2 T}{\partial y^2} \tag{3.34}$$

Als Unbekannte verbleiben $u, v, T = f(x, y)$. Mitunter wird jedoch auch bei inkompressiblen Strömungen mit konstanten Stoffwerten der Dissipationsterm $\mu(\partial u/\partial y)^2$ in der Energiegleichung berücksichtigt, wir kommen darauf in Abschnitt 3.7 zu sprechen.

Der kompressible und der inkompressible Fall unterscheiden sich in charakteristischer Weise voneinander. Für ρ = konstant sind die Kontinuitäts- und die Kräftegleichung von der Energiegleichung entkoppelt, die Temperatur tritt in den Gln. (3.32), (3.33) nicht auf. Die Strömungsgrenzschicht kann unabhängig von der Temperaturgrenzschicht behandelt werden, sämtliche in Kapitel 2 behandelten Lösungen sind auch hier gültig. Bei bekannter Geschwindigkeitsverteilung stellt die Energiegleichung (3.34) eine lineare partielle Diffentialgleichung für das Temperaturfeld dar.

Für $\rho \neq$ konstant sind die 3 Gleichungen (3.29) bis (3.31) gekoppelt und können nur simultan gelöst werden. Das ist eine ungleich schwierigere Aufgabe.

Wir haben festgestellt, daß bei der *erzwungenen Konvektion* das Geschwindigkeits- und Temperaturfeld von *drei Kennzahlen* abhängt:
— Die *Reynolds-Zahl* charakterisiert den Impulsaustausch;
— die *Prandtl-Zahl* beschreibt das Verhältnis von Impuls- zu Wärmeaustausch;
— die *Eckert-Zahl* bzw. die *Mach-Zahl* sagt etwas über die Kompressibilität aus.

Das Produkt Re · Pr, das in der dimensionslosen Form der Energiegleichung (3.20) als Nenner des Wärmeleitungsgliedes auftritt, wird als *Peclet-Zahl*

$$\mathrm{Pe} = \mathrm{RePr} = \frac{uL}{a} = \frac{\rho c_p uL}{\lambda} \tag{3.35}$$

bezeichnet.

Es sei schon hier darauf hingewiesen, daß bei der freien Konvektion die Grashof-Zahl an die Stelle der Reynolds-Zahl tritt. Die Vorgänge bei freier Konvektion laufen langsam ab, die Eckert-Zahl bzw. Mach-Zahl tritt dort nicht auf. Neben der Grashof-Zahl verbleibt nur die Prandtl-Zahl als Einflußgröße, wir gehen darauf in den Abschnitten 3.5 und 3.6 ein.

Bevor wir Lösungen des Gleichungssystems (3.29) bis (3.31) bzw. (3.32) bis (3.34) besprechen, sollen zwei für den Wärmeübergang charakteristische Kennzahlen definiert werden. In den meisten Fällen wird das Temperatur- und Geschwindigkeitsfeld nicht in allen Einzelheiten benötigt, es interessiert die vom Fluid auf eine feste Berandung (oder umgekehrt) übertragene Wärme. Man definiert einen *Wärmeübergangskoeffizienten* α durch

$$q_w = \alpha\Delta T = -\left(\lambda\frac{\partial T}{\partial y}\right)_w. \tag{3.36}$$

Darin ist ΔT eine geeignete Temperaturdifferenz, z.B. mit $\Delta T = T_w - T_\delta$ die Differenz zwischen der Temperatur an der Wand und am Außenrand der Grenzschicht. Die rechte Seite der Gleichung drückt aus, daß der Wärmeübergang an der Wand allein durch Wärmeleitung erfolgt. Der Wärmeübergangskoeffizient hat die Dimension $J/(m^2s\ \mathrm{grad})$. Er ist selbstverständlich keine Stoffgröße, er hängt vom Temperatur- und vom Geschwindigkeitsfeld ab, seine Ermittlung ist das zentrale Problem dieses Kapitels.

Der Wärmeübergangskoeffizient kann in unterschiedlicher Weise dimensionslos gemacht werden. Gebräuchlich sind die folgenden drei Kennzahlen:

$$\boxed{\mathrm{Nu} = \frac{\alpha L}{\lambda} = \frac{q_w L}{\lambda\Delta T}} \qquad\qquad \textit{Nusselt-Zahl} \tag{3.37}$$

$$\boxed{\mathrm{St} = \frac{\alpha}{\rho c_p u_\delta} = \frac{q_w}{\rho c_p \Delta T u_\delta} = \frac{\mathrm{Nu}}{\mathrm{RePr}}} \qquad \textit{Stanton-Zahl} \tag{3.38}$$

$$\boxed{j_H = \frac{\alpha}{\rho c_p u_\delta}\left(\frac{\nu}{a}\right)^{2/3} = \mathrm{StPr}^{2/3}} \qquad \textit{Colburn j-Faktor} \tag{3.39}$$

Es ist lediglich eine Frage der Zweckmäßigkeit, welche dieser drei Kennzahlen verwendet wird. Bei veränderlichen Stoffwerten und veränderlicher Dichte muß der Bezugszustand (z.B. Wand oder Außenrand der Grenzschicht) beachtet werden.

Die drei Kennzahlen sind wie der Wärmeübergangskoeffizient örtliche Größen f(x). Die Nusselt-Zahl ist nichts anderes als der dimensionslose negative Temperaturgradient an der Wand, denn für $T^* = T/\Delta T$ und $y^* = y/L$ folgt aus der Definition (3.37) mit Gl. (3.36) die Aussage

$$Nu = -\left(\frac{\partial T^*}{\partial y^*}\right)_w.$$

(3.40)

Man kann die Nusselt-Zahl auch als Verhältnis zweier Längen deuten. Dazu schreiben wir

$$Nu = \frac{q_w L}{\lambda \Delta T} \sim \frac{q_w}{\lambda\left(\frac{\partial T}{\partial y}\right)_w} \cdot \frac{L}{\delta_T} \sim \frac{L}{\delta_T}.$$

(3.41)

Es ist $(\partial T/\partial y)_w \sim \Delta T/\delta_T$ gesetzt worden. Die Nusselt-Zahl ist das Verhältnis von charakteristischer Länge zu örtlicher Dicke der Temperaturgrenzschicht. Zusammen mit der Information (3.27) erwarten wir ein Resultat der Form

$$Nu \sim \sqrt{RePr}.$$

(3.42)

Im nächsten Abschnitt werden wir sehen, daß die Abhängigkeit $Nu \sim Pr^{1/2}$ nicht universeller Natur ist. Bei Beachtung der Kompressibilität tritt die Mach-Zahl als dritter Parameter hinzu.

Die Stanton-Zahl ist das Verhältnis von an der Wand übergehender Wärmestromdichte zur Enthalpiestromdichte (-differenz) der Außenströmung. Bei der Wahl der Temperaturdifferenz ΔT muß man bei hohen Strömungsgeschwindigkeiten ein wenig achtsam sein, da für $\Delta T = T_w - T_\delta = 0$ nicht $q_w = 0$ ist, wie wir später sehen werden.

Der Colburn j-Faktor (der Index H soll auf den Wärmeübergang, H = heat, hinweisen) wird aus rein praktischen Erwägungen verwendet. Bei vielen Vorgängen ist $St \sim Pr^{-2/3}$, dann ist die nach Gl. (3.39) definierte Größe nur von der Reynolds-Zahl abhängig. Treten dagegen andere Exponenten bei Pr auf, so wird mit entsprechend modifizierten j-Faktoren gearbeitet.

Abschließend geben wir die Randbedingungen des Gleichungssystems ohne Absaugen und Ausblasen an:

$$y = 0 \ (\text{Wand}): u = v = 0; \ T = T_w(x) \ \text{oder} \ q = q_w(x) = -\left(\lambda \frac{\partial T}{\partial y}\right)_w$$

(3.43)

$$y = \delta \ (\text{Außenrand}): u = u_\delta(x); \ T = T_\delta(x); \ \rho = \rho_\delta(x); \ p = p_\delta(x) \ldots$$

Als Besonderheit gegenüber der Randbedingung der Bewegungsgleichung kann an der Wand entweder die Wandtemperatur (bei gesuchter Wärmestromdichte) oder die Wärmestromdichte (bei gesuchter Wandtemperatur) vorgegeben werden.

3.2 Der Wärmeübergang an der ebenen Platte

Für $u_\delta(x) = u_\infty = $ konstant haben die Bewegungs- und die Energiegleichung bei inkompressiblen Fluiden die gleiche Form. Es ist

$$u \frac{\partial u}{\partial x} + v \frac{\partial u}{\partial y} = \nu \frac{\partial^2 u}{\partial y^2} \qquad (3.44)$$

$$u \frac{\partial T}{\partial x} + v \frac{\partial T}{\partial y} = a \frac{\partial^2 T}{\partial y^2} \; . \qquad (3.45)$$

Die Energiegleichung ist eine lineare partielle Differentialgleichung für das Temperaturprofil $T(x, y)$, die bei bekanntem Geschwindigkeitsprofil (Kapitel 2) und speziellen Randbedingungen gelöst werden kann. Wir besprechen zunächst eine exakte Lösung und anschließend Näherungslösungen auf der Basis einer Integralbedingung.

3.2.1 Exakte Lösung für Pr = 1 und konstante Wandtemperatur

Mit den Randbedingungen

$$y = 0 : u = v = 0; \quad T = T_w = \text{konstant} \qquad (3.46)$$
$$y = \delta : u = u_\delta = u_\infty ; \quad T = T_\delta = T_\infty$$

und der Annahme Pr = 1, d.h. $\nu = a$, ist durch die Blasius-Lösung nach Abschnitt 2.3 zugleich die Lösung der Energiegleichung gegeben. Man sieht das sofort, denn der Ansatz

$$\frac{T}{T_\infty} = A \frac{u}{u_\infty} + B, \quad \text{mit } A = \frac{T_\infty - T_w}{T_\infty} \quad \text{und } B = \frac{T_w}{T_\infty}$$

aufgrund der Randbedingungen, führt die Energiegleichung auf die Impulsgleichung zurück. Damit ist

$$\frac{T - T_w}{T_\infty - T_w} = \frac{u}{u_\infty} \quad \text{oder} \quad \frac{T}{T_\infty} = \frac{u}{u_\infty} + \frac{T_w}{T_\infty} \left(1 - \frac{u}{u_\infty} \right) \qquad (3.47)$$

die Lösung der Energiegleichung unter den getroffenen Voraussetzungen. Temperatur- und Strömungsgrenzschicht sind gleich dick, es ist $\delta_T = \delta_S$.

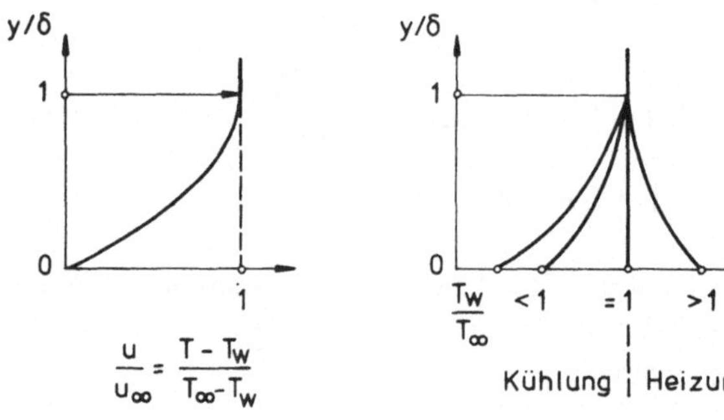

Bild 3.2 Temperaturprofil bei ebener Plattenströmung sowie Pr = 1 und T_w = konstant

In Bild 3.2 ist die Temperaturverteilung skizziert; durch die beliebig vorgebbare konstante Wandtemperatur wird der Wandwärmestrom reguliert. Da das Temperatur- und das Geschwindigkeitsprofil identisch sind, besteht eine direkte Proportionalität zwischen dem Wärmeübergang und der Wandschubspannung. Es ist

$$q_w = -\lambda\left(\frac{\partial T}{\partial y}\right)_w = -\frac{\lambda(T_\infty - T_w)}{u_\infty}\left(\frac{\partial u}{\partial y}\right)_w.$$

Führen wir die Stanton-Zahl nach Gl. (3.38)

$$St = \frac{q_w}{\rho c_p(T_w - T_\infty)\, u_\infty}$$

und den Reibungsbeiwert nach Gl. (2.45)

$$c_f = 2\,\frac{\tau_w}{\rho\, u_\infty^2}$$

ein, so folgt die als *Reynolds-Analogie* zwischen Impuls- und Wärmeaustausch bekannte Beziehung

$$\boxed{St = \frac{c_f}{2}}. \tag{3.48}$$

Es sei daran erinnert, daß die Reynolds-Analogie in dieser einfachen Form nur unter den Voraussetzungen $p_\delta(x) =$ konstant, $T_w(x) =$ konstant sowie $Pr = 1$ gilt. Setzen wir das Resultat (2.47) für den Reibungsbeiwert ein, so folgt als *exakte Lösung für den Wärmeübergang*

$$\boxed{St\sqrt{Re_x} = \frac{Nu_x}{\sqrt{Re_x}} = 0{,}332}. \tag{3.49}$$

Darin sind die Nusselt- und die Reynolds-Zahl mit der Ortskoordinate x gebildet:

$$Re_x = \frac{u_\infty x}{\nu}\,;\quad Nu_x = \frac{\alpha x}{\lambda}. \tag{3.50}$$

Es gelten die Proportionalitäten $c_f \sim \tau_w \sim St \sim q_w \sim \alpha \sim 1/\sqrt{x}$. Somit gilt Bild 2.7 (b) in analoger Weise auch hier (Bild 3.3).

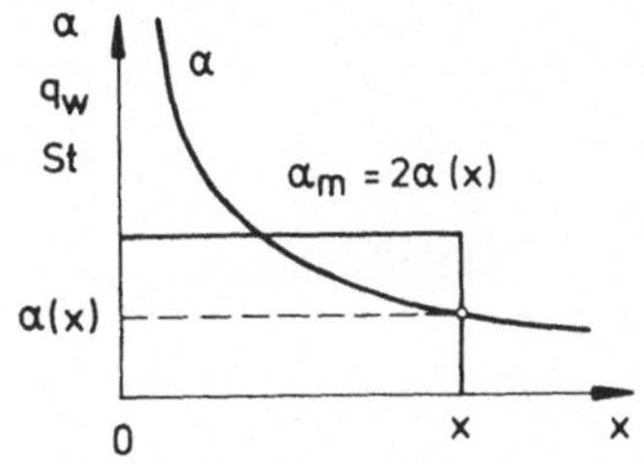

Bild 3.3 Verlauf des Wärmeübergangskoeffizienten $\alpha(x) \sim q_w(x)$ $\sim St(x)$ und mittlerer Wärmeübergangskoeffizient α_m

Bei technischen Problemen interessiert häufig nicht so sehr der örtliche Wärmeübergangskoeffizient sondern sein Mittelwert α_m vom Plattenanfang bis zur Stelle x. Es ist

$$\alpha_m = \frac{1}{x}\int_0^x \alpha(x)\,dx = \frac{C}{x}\int_0^x \frac{dx}{\sqrt{x}} = \frac{C}{x}\,2\sqrt{x} = 2\,\alpha(x). \tag{3.51}$$

In C sind alle von x unabhängigen Größen zusammengefaßt. Fazit: Der mittlere Wärmeübergangskoeffizient einer Platte mit der Länge x ist gerade doppelt so groß wie der örtliche Wärmeübergangskoeffizient an jener Stelle. Ausgedrückt durch die Nusselt-Zahl ist

$$\mathrm{Nu_m} = \frac{\alpha_m L}{\lambda} = 0{,}664\,\sqrt{\mathrm{Re_L}} = 2\,\mathrm{Nu_x}\ \text{bei}\ x = L. \tag{3.52}$$

$\mathrm{Nu_m}$ wird mittlere Nusselt-Zahl genannt. Dieser Begriff ist etwas irreführend, siehe hierzu Aufgabe 3.8 weiter unten.

3.2.2 Näherungslösungen mit Integralbedingung

Aus der Energiegleichung der Grenzschicht läßt sich eine Integralbedingung angeben. Wir formulieren diese zunächst für den inkompressiblen Fall, gehen also von der Energiegleichung (3.34) aus. Nach partieller Integration über y folgt nach vorheriger Elimination der Quergeschwindigkeit v die *Integralbedingung für die Energie,* auch Wärmestromgleichung der Temperaturgrenzschicht genannt:

$$\rho c_p\,\frac{\mathrm{d}}{\mathrm{dx}}\left[\int_0^{\delta_T} u(T - T_\delta)\,\mathrm{dy}\right] = q_w = -\lambda\left(\frac{\partial T}{\partial y}\right)_w \tag{3.53}$$

Die obere Integrationsgrenze ist die Dicke der Temperaturgrenzschicht, da für $y > \delta_T$ der Integrand verschwindet.

Aufgabe 3.3:   Man leite Gl. (3.53) her.

Die Integralbedingung für die Energie läßt sich auch in einfacher Weise durch eine Energiebilanz an dem in Bild 3.4 skizzierten Kontrollvolumen gewinnen. Dies geschieht in Anlehnung an die Aufgabe 2.6.

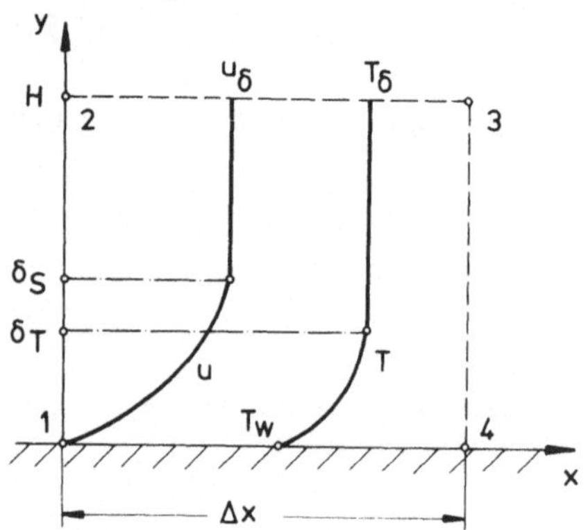

Bild 3.4 Kontrollvolumen zur Herleitung der Integralbedingung für die Energie

Es ist willkürlich $\delta_S > \delta_T$ eingezeichnet. Der durch die Kontrollflächen strömende resultierende Enthalpiestrom ist gleich der dem Kontrollvolumen zugeführten Wärme:

$$\frac{\mathrm{d}}{\mathrm{dx}}\left[\int_0^H \rho u c_p T\,\mathrm{dy}\right]\mathrm{dx} + \rho v_\delta c_p T_\delta\,\mathrm{dx} = -\lambda\left(\frac{\partial T}{\partial y}\right)_w \mathrm{dx}.$$

Der erste Term ist die Differenz zwischen dem durch 3,4 ausströmenden und dem durch 1,2 einströmenden Enthalpiestrom. Der zweite Term ist der durch 2,3 tretende Enthalpiestrom. Mit Hilfe der Kontinuitätsgleichung, siehe auch Aufgabe 2.6, ist

$$\rho v_\delta\, dx = -\frac{d}{dx}\left[\int_0^H \rho u\, dy\right] dx.$$

Oben eingesetzt erhält man Gl. (3.53).

Die Integralbedingung ist die Basis für Näherungslösungen nach Art des von Kármán-Pohlhausen-Verfahrens, Abschnitt 2.4. Wir werden zwei Lösungen besprechen, da wir unterscheiden müssen, ob die Prandtl-Zahl größer oder kleiner als Eins ist.

Das Temperaturprofil sei durch

$$\theta(x, y) = \frac{T(x, y) - T_w}{T_\infty - T_w} \tag{3.54}$$

dimensionslos gemacht; es werde durch ein P3-Polynom (siehe Aufgabe 2.7)

$$\theta(x, y) = a + by + cy^2 + dy^3 \tag{3.55}$$

dargestellt. Die vier Koeffizienten folgen aus den Randbedingungen

$$y = 0 : \theta = 0; \quad \frac{\partial^2 \theta}{\partial y^2} = 0 \tag{3.56}$$

$$y = \delta_T: \theta = 1; \quad \frac{\partial \theta}{\partial y} = 0.$$

Die Randbedingung $(\partial^2\theta/\partial y^2)_w = 0$ folgt direkt aus der Energiegleichung (3.34), wenn diese an der Wand ($u = v = 0$) angeschrieben wird. Damit wird

$$\theta(x, y) = \frac{3}{2}\left(\frac{y}{\delta_T}\right) - \frac{1}{2}\left(\frac{y}{\delta_T}\right)^3. \tag{3.57}$$

Für das Geschwindigkeitsprofil wird ebenfalls ein P3-Polynom gewählt; wir entnehmen der Aufgabe 2.7 die analoge Beziehung

$$\frac{u(x, y)}{u_\infty} = \frac{3}{2}\left(\frac{y}{\delta_S}\right) - \frac{1}{2}\left(\frac{y}{\delta_S}\right)^3. \tag{3.58}$$

Mit beiden Ansätzen kann die Integralbedingung (3.53), die mit θ anstelle von T geschrieben

$$\frac{d}{dx}\left[\int_0^H u(1 - \theta)\, dy\right] = a\left(\frac{\partial \theta}{\partial y}\right)_w \tag{3.59}$$

lautet, ausgewertet werden. Es folgt

$$\frac{d}{dx}\left[\delta_S\left(\frac{3}{20}\Delta^2 - \frac{3}{280}\Delta^4\right)\right] = \frac{3\,a}{2\,\delta_S \Delta u_\infty}. \tag{3.60}$$

Aufgabe 3.4:   Man bestätige Gl. (3.60).

Darin ist mit

$$\Delta(x) = \frac{\delta_T(x)}{\delta_S(x)} \tag{3.61}$$

als Verhältnis von Temperatur- zu Strömungsgrenzschichtdicke eine neue Variable eingeführt worden.

An dieser Stelle machen wir zur Vereinfachung die *Voraussetzung* $Pr > 1$, dafür ist $\delta_T < \delta_S$ und somit $\Delta < 1$ (wir wissen aus Abschnitt 3.2.1, daß für $Pr = 1$ gerade $\delta_T = \delta_S$ ist). Wegen $\Delta < 1$ ist $\Delta^4 \ll \Delta^2$ und Gl. (3.60) geht näherungsweise über in

$$\delta_S \Delta \frac{d}{dx} (\delta_S \Delta^2) = \frac{10\,a}{u_\infty} . \tag{3.62}$$

Ausdifferenziert folgt

$$2\,\delta_S^2 \Delta^2 \frac{d\Delta}{dx} + \Delta^3 \delta_S \frac{d\delta_S}{dx} = \frac{2}{3}\,\delta_S^2 \frac{d\Delta^3}{dx} + \Delta^3 \delta_S \frac{d\delta_S}{dx} = \frac{10\,a}{u_\infty} . \tag{3.63}$$

Mit dem Geschwindigkeitsansatz (3.58) ist

$$\delta_S^2 = \frac{280}{13} \frac{\nu x}{u_\infty} \quad \text{bzw.} \quad \delta_S \frac{d\delta_S}{dx} = \frac{140}{13} \frac{\nu}{u_\infty} , \tag{3.64}$$

vergleiche Aufgabe 2.7. Dies eingesetzt in Gl. (3.63) führt auf eine gewöhnliche Differentialgleichung erster Ordnung für Δ^3:

$$\frac{4}{3} x \frac{d\Delta^3}{dx} + \Delta^3 = \frac{13}{14\,Pr} . \tag{3.65}$$

Sie hat die allgemeine Lösung

$$\Delta^3(x) = C x^{-3/4} + \frac{13}{14\,Pr} . \tag{3.66}$$

Aufgabe 3.5:   Man zeige, daß Gl. (3.66) die Summe aus einer Partikulärlösung und der Lösung der zu Gl. (3.65) gehörenden homogenen Differentialgleichung ist.

Die Integrationskonstante C folgt aus der Bedingung $\delta_T = 0$ für $x = x_0$, was gleichbedeutend mit $\Delta(x = x_0) = 0$ ist. Mit $x = x_0$ ist diejenige Stelle gekennzeichnet, an der die Kühlung (oder Heizung) der Wand einsetzen soll (Bild 3.5).

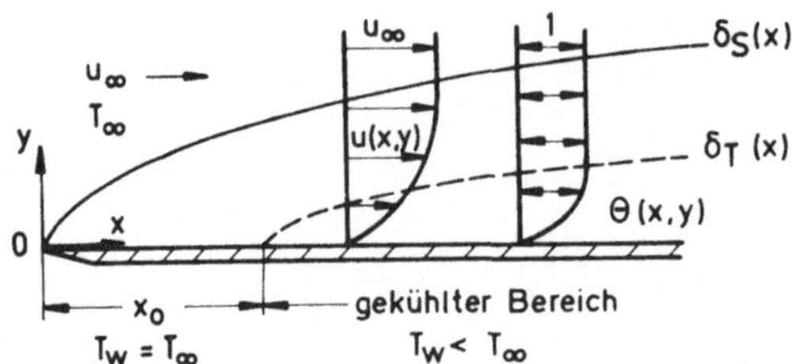

Bild 3.5 Ebene Plattenströmung mit Kühlung

Es folgt die Lösung

$$\Delta^3(x) = \frac{13}{14} \, Pr^{-1} \left[1 - \left(\frac{x_0}{x} \right)^{3/4} \right].$$

(3.67)

Wird mit der Kühlung (oder Heizung) an der Vorderkante begonnen, so folgt

$$\Delta(x) = \frac{\delta_T(x)}{\delta_S(x)} = \left(\frac{13}{14} \right)^{1/3} Pr^{-1/3} = \frac{0,975}{Pr^{1/3}} \; .$$

(3.68)

Dieses Ergebnis ist bemerkenswert; für Fluide mit Prandtl-Zahlen größer Eins ist das Verhältnis $\delta_T/\delta_S \sim Pr^{-1/3}$, während die Grenzschichtabschätzung die Proportionalität $\delta_T/\delta_S \sim Pr^{-1/2}$ ergab, Gl. (3.28). Letzteres ist bei kleinen Prandtl-Zahlen jedoch erfüllt, wie wir weiter unten sehen werden. Für $Pr = 1$ folgt aus Gl. (3.68) nicht exakt $\delta_T = \delta_S$, dies liegt an dem Fehler, der beim Übergang von Gl. (3.60) nach Gl. (3.62) gemacht wurde.

Setzen wir $\delta_S(x)$ nach Gl. (3.64) ein, so folgt

$$\frac{\delta_T(x)}{x} = \frac{4,51}{Re_x^{1/2} \, Pr^{1/3}} \; ; \qquad Re_x = \frac{u_\infty x}{\nu}.$$

(3.69)

Abschließend interessiert der *Wärmeübergang*

$$q_w = -\lambda \left(\frac{\partial T}{\partial y} \right)_w = \lambda (T_w - T_\infty) \left(\frac{\partial \theta}{\partial y} \right)_w .$$

Nach dem Ansatz (3.57) ist

$$\left(\frac{\partial \theta}{\partial y} \right)_w = \frac{3}{2 \, \delta_T}$$

und der Wärmeübergangskoeffizient α wird

$$\alpha(x) = \frac{q_w}{T_w - T_\infty} = \lambda \left(\frac{\partial \theta}{\partial y} \right)_w = \frac{3}{2} \frac{\lambda}{\delta_T(x)} \; .$$

(3.70)

Führen wir $\delta_T(x)$ nach Gl. (3.69) ein, so folgt letztlich für die örtliche *Nusselt-Zahl*

$$Nu_x = \frac{\alpha x}{\lambda} = 0,331 \; Re_x^{1/2} \, Pr^{1/3}.$$

(3.71)

Man vergleiche dies mit Gl. (3.49) für den Fall $Pr = 1$. Der Wert 0,331 ist freilich aufgrund der Lösungsansätze nicht exakt, der Fehler gegenüber dem genauen Wert 0,332 ist bemerkenswert gering. In Abschnitt 3.3 werden wir die exakte Lösung für beliebige Prandtl-Zahlen kennenlernen und die Beziehung (3.71) bestätigt sehen.

Es muß daran erinnert werden, daß zu Beginn der Herleitung die Voraussetzung $Pr > 1$ gemacht wurde. Die Beziehung (3.71) ist jedoch auch noch für $Pr \approx 0,7$ (Luft) gültig, wie Abschnitt 3.3 zeigen wird.

Für flüssige Metalle mit $Pr \ll 1$ müssen getrennte Überlegungen angestellt werden, denen wir uns nunmehr zuwenden. Bild 3.6 zeigt die veränderten Verhältnisse, es ist $\delta_T \gg \delta_S$.

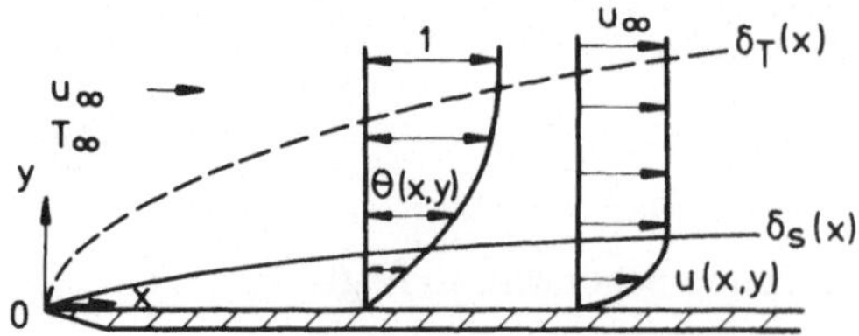

Bild 3.6 Ebene Plattenströmung mit Kühlung bei flüssigen Metallen ($\delta_S \ll \delta_T$)

Die Integralbedingung (3.59) kann für $\delta_S \ll \delta_T$ unter der Annahme $u(x, y) = u_\infty$ ausgewertet werden, da die Geschwindigkeit u über den größten Teil der Temperaturgrenzschicht konstant ist. Es wird der Ansatz (3.57) für das Temperaturprofil verwendet und Gl. (3.59) geht über in

$$\frac{d}{dx}\left\{ u_\infty \int_0^{\delta_T} \left[1 - \frac{3}{2}\frac{y}{\delta_T} + \frac{1}{2}\left(\frac{y}{\delta_T}\right)^3 \right] dy \right\} = \frac{3\,a}{2\,\delta_T}. \tag{3.72}$$

Nach Integration folgt eine gewöhnliche Differentialgleichung für $\delta_T(x)$

$$2\,\delta_T\, d\delta_T = d\delta_T{}^2 = \frac{8\,a}{u_\infty}\, dx. \tag{3.73}$$

Mit der Anfangsbedingung $\delta_T = 0$ für $x = 0$ folgt für die Dicke der Temperaturgrenzschicht die Lösung

$$\delta_T(x) = \sqrt{\frac{8\,ax}{u_\infty}} \qquad \text{bzw.} \qquad \frac{\delta_T(x)}{x} = \frac{2{,}81}{Re_x{}^{1/2}\,Pr^{1/2}} = \frac{2{,}81}{Pe_x{}^{1/2}}. \tag{3.74}$$

Man vergleiche dies mit Gl. (3.69), der Exponent der Prandtl-Zahl ist $-1/2$ an Stelle von $-1/3$ für Pr > 1. Dabei ist

$$Pe_x = Re_x\,Pr = \frac{u_\infty x}{a} = \frac{\rho\,c_p\,u_\infty x}{\lambda} \tag{3.75}$$

die mit der Lauflänge gebildete Peclet-Zahl, Gl. (3.35). Setzen wir $\delta_T(x)$ in den Wärmeübergangskoeffizienten (3.70)

$$\alpha(x) = \frac{q_w}{T_w - T_\infty} = \lambda\left(\frac{\partial\theta}{\partial y}\right)_w = \frac{3}{2}\frac{\lambda}{\delta_T(x)}$$

ein, so erhalten wir für die örtliche *Nusselt-Zahl*

$$Nu_x = \frac{\alpha x}{\lambda} = 0{,}530\,Re_x{}^{1/2}\,Pr^{1/2} = 0{,}530\,Pe_x{}^{1/2}. \tag{3.76}$$

Man vergleiche dies mit Gl. (3.71) für Pr > 1; der Exponent in der Prandtl-Zahl ist 1/2 an Stelle von 1/3, weiterhin hat die Konstante einen anderen Wert. Auch Gl. (3.76) wird durch die exakte Lösung, die wir im nächsten Abschnitt besprechen werden, bestätigt. Die Konstante hat für den Grenzfall Pr → 0 den exakten Wert 0,564 an Stelle von 0,530. Auch hier ist der Fehler bemerkenswert gering.

Für das Verhältnis der Grenzschichtdicken folgt mit Gl. (3.74) und Gl. (3.64)

$$\frac{\delta_T(x)}{\delta_S(x)} = \sqrt{\frac{26}{76}}\,Pr^{-1/2} = 0{,}58\,Pr^{-1/2}. \tag{3.77}$$

Die Proportionalität, die die Grenzschichtabschätzung mit Gl. (3.28) ergab, finden wir für $Pr \ll 1$ bestätigt.

Die Resultate für die erzwungene Konvektionsströmung an der ebenen Platte mit konstanter Wandtemperatur können wir wie folgt *zusammenfassen:*

— Es ist $\delta_T \sim x^{1/2}$ ebenso wie $\delta_S \sim x^{1/2}$ ist. Strömungs- und Temperaturgrenzschicht wachsen in gleicher Weise mit der Lauflänge x.

— Das Verhältnis δ_T/δ_S hängt von der Prandtl-Zahl ab. Es ist

$$\begin{aligned}
\delta_T/\delta_S &\sim Pr^{-1/3} && \text{für } Pr \gtrsim 1, \\
\delta_T/\delta_S &= 1 && \text{für } Pr = 1, \\
\delta_T/\delta_S &\sim Pr^{-1/2} && \text{für } Pr \ll 1.
\end{aligned}$$

— In dem Zusammenhang Nu(Pr) hängt der Exponent der Prandtl-Zahl selbst von letzterer ab. Es ist

$$\begin{aligned}
Nu &\sim Re^{1/2} \, Pr^{1/3} && \text{für } Pr \gtrsim 1, \\
Nu &\sim (Re\,Pr)^{1/2} && \text{für } Pr \ll 1.
\end{aligned}$$

— Unabhängig von der Prandtl-Zahl ist $\delta_T \sim x^{1/2}$ und $Nu_x \sim Re_x^{1/2}$, lediglich die Proportionalitätskonstante hängt von Pr ab.

Letztere Aussage hat folgende Konsequenz auf die Auslegung von Wärmeaustauschern. Man kann den Wärmeübergang nicht dadurch verdoppeln, daß man einen Wärmeaustauscher doppelt so lang macht. Wie in Bild 3.3 skizziert, findet der Hauptanteil des Wärmeübergangs im vorderen Bereich der Platte statt; die weiter stromabwärts liegenden Bereiche tragen immer weniger zum Wärmeübergang bei.

Wegen $Nu_m = 2 \, Nu_x(x = L)$ nach Gl. (3.52) bzw. $\alpha_m = 2 \, \alpha(x) \sim 1/\sqrt{x}$ (an der Stelle x = L) nach Gl. (3.51) läßt sich der resultierende Wärmeübergang durch Vervielfachung der Plattenlänge wie folgt erhöhen:

Verdoppelung von L: Erhöhung um 41% $(2/\sqrt{2} = \sqrt{2} = 1{,}41)$
Verdreifachung von L: Erhöhung um 73% $(3/\sqrt{3} = \sqrt{3} = 1{,}73)$
Vervierfachung von L: Erhöhung um 100% $(4/\sqrt{4} = 2)$.

Erst durch eine Vervierfachung der Plattenlänge läßt sich der Wärmeaustausch verdoppeln!

3.3 Ähnliche Lösungen

In Abschnitt 2.3 hatten wir besprochen, daß für Strömungen von Typ $u_\delta(x) = Cx^m$, den sog. Keilströmungen, ähnliche Lösungen der Strömungsgrenzschicht existieren. Der Exponent m bzw. der Keilwinkel β, Bild 2.8, ist ein Parameter der Lösungskurven für die Geschwindigkeitsprofile, Bild 2.9.

In analoger Weise gibt es ähnliche Lösungen der Energiegleichung

$$u \frac{\partial T}{\partial x} + v \frac{\partial T}{\partial y} = a \frac{\partial^2 T}{\partial y^2}, \tag{3.78}$$

wenn sich die Wandtemperatur in bestimmter Art mit der Lauflänge x ändert:

$$T_w(x) - T_\delta = Kx^\gamma. \tag{3.79}$$

Auch für variable Außengeschwindigkeiten $u_\delta(x)$ ist T_δ = konstant = T_∞, da in einer inkompressiblen Strömung (Ma $\to$ 0) die kinetische Energie nicht in innere Energie umgewandelt werden kann. Die Temperatur wird durch

$$\theta(x, y) = \frac{T(x, y) - T_\infty}{T_w(x) - T_\infty} \tag{3.80}$$

dimensionslos gemacht. Weiter führen wir die in Abschnitt 2.3 beschriebene Ähnlichkeitstransformation nach Gl. (2.50) ein:

$$\eta(x, y) = y \sqrt{\frac{u_\delta}{\nu x}}; \quad f(\eta) = \frac{\psi}{\sqrt{u_\delta \nu x}}. \tag{3.81}$$

Dabei ist $f(\eta) = \int_0^\eta (u/u_\delta) \, d\eta$ die dimensionslose Stromfunktion. Schreibt man die Energiegleichung (3.78) auf die Ähnlichkeitskoordinaten um, so folgt eine gewöhnliche Differentialgleichung zweiter Ordnung für das Temperaturprofil:

$$\theta'' + \frac{m+1}{2} \mathrm{Pr} f \theta' - \gamma \mathrm{Pr} f' \theta = 0; \quad ' = d/d\eta. \tag{3.82}$$

Die Variable x tritt explizit nicht mehr auf, die Transformation ist erfolgreich gewesen. Das Geschwindigkeitsprofil $f' = u/u_\delta$ sowie die dimensionslose Stromfunktion f sind durch die Hartree-Lösungen bekannt, Abschnitt 2.3. Die Randbedingungen lauten

$$\begin{aligned} \eta = 0&: \theta = 1 \\ \eta \to \infty&: \theta = 0. \end{aligned} \tag{3.83}$$

Das dimensionslose Temperaturprofil hängt von drei Parametern ab:
— der Prandtl-Zahl Pr,
— dem Parameter m bzw. β, der die Variation der Außengeschwindigkeit $u_\delta(x)$ beschreibt, und
— dem Parameter γ, der die Variation der Wandtemperatur $T_w(x)$ beschreibt.

Gl. (3.82) ist von verschiedenen Autoren für unterschiedliche Parameterkombinationen numerisch gelöst worden. Als erster hat Pohlhausen 1921 den Sonderfall der ebenen Platte (m = 0) mit konstanter Wandtemperatur (γ = 0) behandelt; Gl. (3.82) geht dafür über in

$$\theta'' + \frac{1}{2} \mathrm{Pr} f \theta' = 0. \tag{3.84}$$

Sie hat die Lösung

$$\theta = 1 - \frac{\int_0^\eta (f'')^{\mathrm{Pr}} \, d\eta}{\int_0^\infty (f'')^{\mathrm{Pr}} \, d\eta} = \theta(\eta, \mathrm{Pr}). \tag{3.85}$$

Aufgabe 3.6:   Man bestätige die Lösung, indem man zunächst $\theta' = \phi$ setzt und anschließend bei Beachtung der Randbedingungen (3.83) zweimal integriert.

Mit der aus der Lösung der Blasius-Gleichung (2.40) bekannten Funktion $f''(\eta)$ kann Gl. (3.85) numerisch integriert werden.

Die folgenden drei Bilder aus dem Buch von Eckert und Drake [3.5] zeigen das Temperaturprofil für die verschiedenen Fälle, wobei jeweils zwei Parameter konstant bleiben und der dritte variiert wird. Die Ähnlichkeitskoordinate η ist dabei mit $\sqrt{(m+1)/2}$ multipliziert worden.

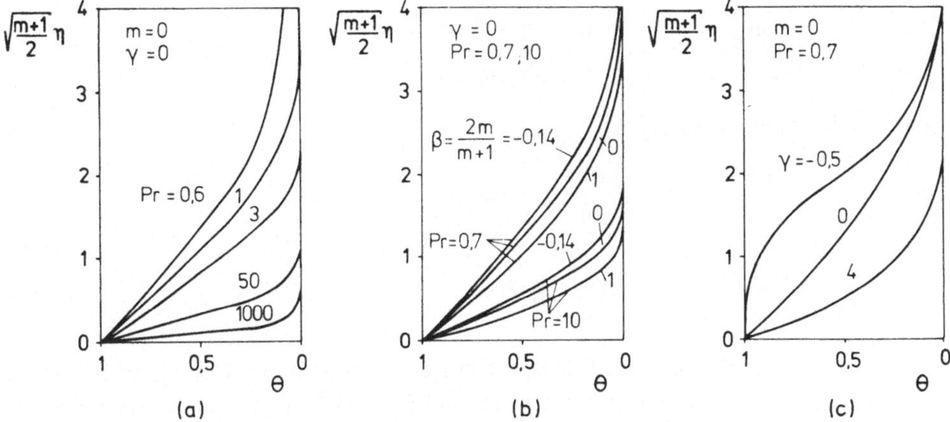

Bild 3.7 Ähnliche Lösungen der Energiegleichung der Grenzschicht

Bild 3.7 (a) zeigt den Einfluß der Prandtl-Zahl auf das Temperaturprofil für die ebene Platte mit konstanter Wandtemperatur, also die Lösung (3.85) nach Pohlhausen. Man sieht sehr deutlich den starken Einfluß der Prandtl-Zahl auf die Dicke der Temperaturgrenzschicht. Für Pr = 1 sind das Temperatur- und das Geschwindigkeitsprofil identisch, man vergleiche die entsprechenden Kurven in Bild 3.7 (a) und Bild 2.9 miteinander. Wir hatten diesen Tatbestand in Abschnitt 3.2.1 bereits festgestellt.

Bild 3.7 (b) zeigt für zwei verschiedene Prandtl-Zahlen sowie konstante Wandtemperatur, daß der Einfluß der veränderlichen Außengeschwindigkeit nicht sehr groß ist.

Bild 3.7 (c) zeigt für die Luftströmung (Pr = 0,7) entlang einer ebenen Platte, in welcher Weise sich das Temperaturprofil bei veränderlicher Wandtemperatur $T_w(x)$ verhält. Für $\gamma = -0{,}5$ werden der Temperaturgradient an der Wand und damit der Wandwärmestrom Null, obwohl eine Differenz zwischen Wand- und Außentemperatur vorliegt. Um dies diskutieren zu können, müssen wir zwei Fälle unterscheiden:

Heizung der Wand, $T_w > T_\delta$: Für $\gamma > 0$ nimmt T_w mit x zu, für $\gamma < 0$ nimmt T_w ab.

Kühlung der Wand, $T_w < T_\delta$: Für $\gamma > 0$ nimmt T_w mit x ab, für $\gamma < 0$ nimmt T_w zu.

Betrachten wir den Fall der Heizung, so nimmt für $\gamma < 0$ die Wandtemperatur in x-Richtung ab. In Wandnähe strömen die Fluidteilchen stets aus Gebieten höherer Temperatur in Bereiche niedrigerer Temperatur. Sie tragen daher eine größere Energie als deren Umgebung und schützen somit die Wand vor den kälteren Fluidteilchen der Außenbereiche. Für Werte $\gamma < -0,5$ hat das Temperaturprofil in Wandnähe ein Extremum, und Wärme fließt zur Wand hin, obwohl $T_w > T_\delta$ ist.

Der *Wärmeübergang* folgt aus

$$q_w = -\lambda\left(\frac{\partial T}{\partial y}\right)_w = -\lambda(T_w - T_\delta)\left(\frac{\partial\theta}{\partial y}\right)_w = -\lambda(T_w - T_\delta)\sqrt{\frac{u_\delta}{\nu x}}\left(\frac{d\theta}{d\eta}\right)_w,\ \text{d.h.}$$

$$\alpha = \frac{q_w}{(T_w - T_\delta)} = -\lambda\sqrt{\frac{u_\delta}{\nu x}}\left(\frac{d\theta}{d\eta}\right)_w$$

nach Einsetzen in die Nusselt-Zahl zu

$$Nu_x = \frac{\alpha x}{\lambda} = -\sqrt{Re_x}\left(\frac{d\theta}{d\eta}\right)_w \qquad \text{bzw.}$$

$$\frac{Nu_x}{Re_x{}^{1/2}} = -\left(\frac{d\theta}{d\eta}\right)_w = f(Pr, m, \gamma). \tag{3.86}$$

Die dimensionslose Wandtangente $(d\theta/d\eta)_w$ ist durch die numerische Lösung als Funktion von Pr, m und γ gegeben. Es lassen sich analog zu Bild 3.7 verschiedene Diagramme erstellen, siehe Eckert und Drake [3.5]. Hier sei mit Bild 3.8 nur das Resultat für die *ebene Platte* (m = 0) mit konstanter Wandtemperatur ($\gamma = 0$) korrespondierend zu Bild 3.7 (a) gezeigt.

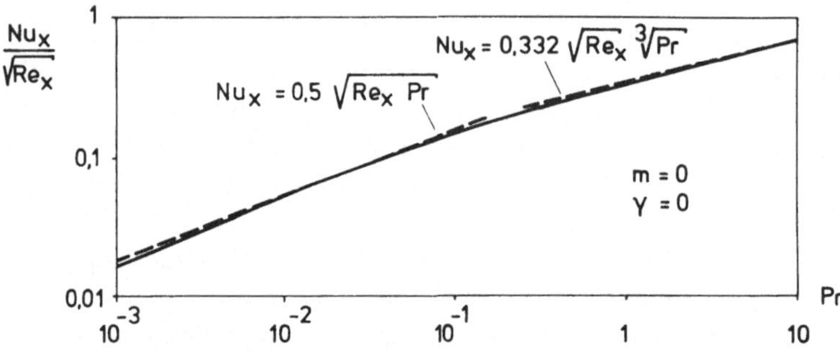

Bild 3.8 Die Nusselt-Zahl als Funktion der Prandtl-Zahl für die Strömung entlang einer ebenen Platte mit konstanter Wandtemperatur

Nach Aufgabe 3.6 lautet die dimensionslose Wandtangente

$$-\left(\frac{d\theta}{d\eta}\right)_w = \frac{0,332^{Pr}}{\displaystyle\int_0^\infty (f'')^{Pr}\,d\eta} = a_1(Pr) \quad \text{mit } f''(0) = 0,332. \tag{3.87}$$

Pohlhausen hat 1921 die Funktion $a_1(Pr)$ für verschiedene Prandtl-Zahlen numerisch integriert, einige Werte werden in Abschnitt 3.7.2 (Tabelle 3.3) angegeben.

Man sieht anhand Bild 3.8, daß die Steigung der Kurve ihrerseits von der Prandtl-Zahl abhängt. Man kann den Zusammenhang $a_1(Pr)$ folgendermaßen approximieren:

$$-\left(\frac{d\theta}{d\eta}\right)_w = a_1(Pr) = \begin{array}{ll} 0,564\,Pr^{1/2} & \text{für } Pr \to 0 \\ 0,500\,Pr^{1/2} & \text{für } 0,005 < Pr < 0,05 \\ 0,332\,Pr^{1/3} & \text{für } 0,6\ \ < Pr < 10 \\ 0,339\,Pr^{1/3} & \text{für } Pr \to \infty. \end{array} \qquad (3.88)$$

Für Prandtl-Zahlen um Eins ist

$$-\left(\frac{d\theta}{d\eta}\right)_w = a_1(Pr) = 0,332\,Pr^{0,343} \qquad (3.89)$$

eine genauere Approximation. Der Einfachheit halber wird 0,343 durch 1/3 ersetzt.

Die Abhängigkeit von der Prandtl-Zahl läßt sich für die Grenzfälle $Pr \to 0$ und $Pr \to \infty$ exakt angeben. Dazu wird bei der Integration die Information $\delta_T \gg \delta_S$ für $Pr \ll 1$ sowie $\delta_T \ll \delta_S$ für $Pr \gg 1$ verwendet.

Aufgabe 3.7:   Man bestätige die Abhängigkeiten $a_1(Pr)$ für
a) $Pr \to 0$; hierzu kann wegen $\delta_T \gg \delta_S$ die Geschwindigkeitsverteilung u(x, y) durch u_∞ ersetzt werden.
b) $Pr \to \infty$; hierzu kann wegen $\delta_T \ll \delta_S$ die Geschwindigkeitsverteilung innerhalb der Temperaturgrenzschicht durch einen linearen Ansatz $u \sim \eta$ ersetzt werden.
Es ist zweckmäßig, von der zweiten Schreibweise der Wandtangente nach Aufgabe 3.6 auszugehen.

Damit können folgende Beziehungen für den Wärmeübergang an der ebenen Platte mit konstanter Wandtemperatur angegeben werden:

$$\begin{array}{lll} Nu_x = 0,564\,Re_x^{1/2}\,Pr^{1/2} = 0,564\,Pe_x^{1/2} & \text{für } Pr \to 0 & \qquad (3.90) \\ Nu_x = 0,500\,Re_x^{1/2}\,Pr^{1/2} = 0,500\,Pe_x^{1/2} & \text{für } 0,005 < Pr < 0,05 \\ Nu_x = 0,332\,Re_x^{1/2}\,Pr^{1/3} & \text{für } 0,6\ \ < Pr < 10 \\ Nu_x = 0,339\,Re_x^{1/2}\,Pr^{1/3} & \text{für } Pr \to \infty. \end{array}$$

Die bei praktischen Anwendungen wichtigen (Näherungs-)Beziehungen für flüssige Metalle sowie für Gase und Flüssigkeiten sind in Bild 3.8 gestrichelt eingezeichnet.

Die exakten Lösungen bestätigen die mit der Integralbedingung gewonnenen Näherungsbeziehungen (3.71) für $Pr > 1$ sowie (3.76) für $Pr \ll 1$ in hervorragender Weise. Die Abhängigkeit der Nusselt-Zahl wird von der Integralmethode korrekt beschrieben, der Fehler in der Konstanten ist gering. Das ist gleichzeitig eine Bestätigung der Beziehungen (3.68) und (3.77), die für das Verhältnis $\delta_T/\delta_S \sim Pr^n$ den Exponenten $n = -1/3$ für $Pr > 1$ und $n = -1/2$ für $Pr \ll 1$ vorhersagen. Der Exponent $n = -1/3$ gilt näherungsweise auch bei allen Gasen, d.h. für $0,6 < Pr < 1$.

Aufgabe 3.8:   In welcher Weise hängt die mittlere Nusselt-Zahl $Nu_m = \alpha_m L/\lambda$ mit der örtlichen Nusselt-Zahl $Nu_x = \alpha(x)x/\lambda$ für die verschiedenen Prandtl-Zahlen zusammen?

Außer bei flüssigen Metallen ist der Wärmeübergang an der ebenen Platte mit konstanter Wandtemperatur proportional $Pr^{1/3}$. Aus diesem Grund wird mitunter der durch Gl. (3.39) definierte Colburn j-Faktor verwendet. Es folgt mit $c_f(x)$ nach Gl. (2.47)

$$\frac{Nu_x}{Re_x Pr^{1/3}} = St\,Pr^{2/3} = \frac{c_f}{2} \quad \text{für } Pr > 0{,}6 \tag{3.91}$$

die sog. Colburn-Analogie. Für $Pr = 1$ ist die Colburn-Analogie mit der Reynolds-Analogie (3.48) identisch.

3.4 Rohrströmung

Wir knüpfen an die Überlegungen des Abschnitts 2.1 an und betrachten die hydrodynamisch und thermisch ausgebildete Rohrströmung. In Bild 3.9 ist die Entwicklung der Geschwindigkeits- und Temperaturverteilung am Beispiel einer gekühlten Rohrwand skizziert.

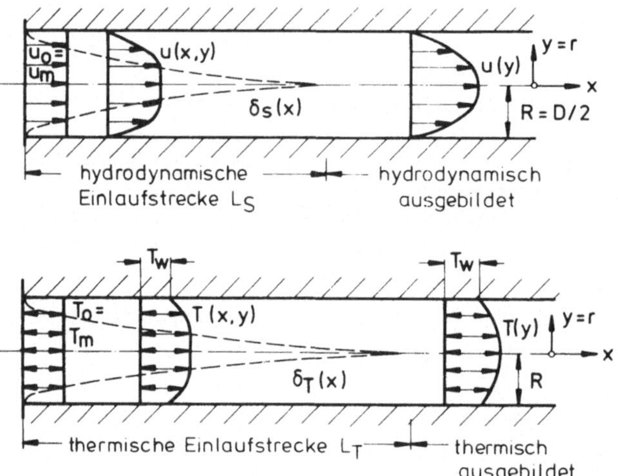

Bild 3.9 Entwicklung der Geschwindigkeits- und Temperaturverteilung bei gekühlter Rohrströmung

Im Einlaufbereich hängen die Geschwindigkeits- und Temperaturverteilung von r und x ab. Ausgebildet bedeutet, daß die x-Abhängigkeit entfällt; für die Temperaturverteilung ist dies jedoch erst bei geeignet gewählter dimensionsloser Schreibweise erfüllt (man spricht von örtlicher Ähnlichkeit). Die Länge der Einlaufstrecke ist von der Art der Zuströmung abhängig. Für den hydrodynamischen Einlauf kann bei gleichmäßiger Zuströmung

$$\frac{L_S}{D} \approx 0{,}05\,Re; \quad Re = \frac{u_m D}{\nu} \tag{3.92}$$

angenommen werden. Das Verhältnis L_T/L_S hängt von der Prandtl-Zahl ab, siehe Gl. (3.117) weiter unten. Bei flüssigen Metallen ist wegen $\delta_T \gg \delta_S$ der thermische Einlauf gegenüber dem hydrodynamischen Einlauf vernachlässigbar. Bei hochviskosen Ölen ist dies wegen $\delta_T \ll \delta_S$ umgekehrt, wir gehen hierauf in der Aufgabe 3.10 sowie am Ende dieses Abschnittes ein.

Für die hydrodynamisch voll ausgebildete Rohrströmung können die Ergebnisse aus Abschnitt 2.1 übernommen werden. Es ist

$$\frac{u}{u_{max}} = 1 - \left(\frac{r}{R}\right)^2; \quad u_{max} = \frac{\Delta p R^2}{4\,\mu L} = 2\,u_m. \tag{3.93}$$

Bei bekannter Geschwindigkeitsverteilung läßt sich die Energiegleichung integrieren; diese lautet wegen $v = 0$ in Gl. (3.34)

$$u\frac{\partial T}{\partial x} = a\,\frac{\partial^2 T}{\partial y^2} \tag{3.94}$$

für die ebene Kanalströmung und

$$u\frac{\partial T}{\partial x} = a\,\frac{1}{r}\frac{\partial}{\partial r}\left(r\frac{\partial T}{\partial r}\right) \tag{3.95}$$

für die Rohrströmung, vergleiche Abschnitt 7.2. Ist die Rohrströmung zusätzlich thermisch voll ausgebildet, so existiert ein von der Lauflänge x unabhängiges Temperaturprofil. Das ist unter zwei verschiedenen Randbedingungen möglich. Um dies zu zeigen, führen wir durch

$$T_m = \frac{1}{u_m \pi R^2}\int_0^R 2\,\pi r u T dr; \quad u_m = \frac{1}{\pi R^2}\int_0^R 2\,\pi r dr \tag{3.96}$$

eine mittlere Temperatur ein, u_m ist die mittlere Durchflußgeschwindigkeit. Thermisch ausgebildet bedeutet

$$\frac{T_w - T}{T_w - T_m} = f\left(\frac{r}{R}\right) \quad \text{bzw.} \quad \frac{\partial}{\partial x}\left(\frac{T_w - T}{T_w - T_m}\right) = 0. \tag{3.97}$$

An Stelle der mittleren Temperatur T_m kann auch die maximale Temperatur T_{max} gewählt werden. Auf der linken Seite der Energiegleichung steht die Größe $\partial T/\partial x$, diese ist mit Gl. (3.97)

$$\frac{\partial T}{\partial x} = \frac{dT_w}{dx} - \frac{T_w - T}{T_w - T_m}\frac{dT_w}{dx} + \frac{T_w - T}{T_w - T_m}\frac{dT_m}{dx}. \tag{3.98}$$

Setzen wir diesen Ausdruck in die Energiegleichung ein, so erkennen wir sofort, daß unter zwei Bedingungen die x-Abhängigkeit entfällt und sich somit eine gewöhnliche Differentialgleichung in r ergibt:

a) Konstanter Wärmeübergang

Wir schreiben dazu den Wandwärmestrom als

$$q_w = \alpha(T_w - T_m). \tag{3.99}$$

Der Wärmeübergangskoeffizient $\alpha(x)$ ist bei thermisch ausgebildeter Rohrströmung konstant, denn dies läßt sich umschreiben in

$$\alpha = \frac{q_w}{T_w - T_m} = \frac{\lambda}{R}\left[\frac{\partial}{\partial(y/R)}\left(\frac{T_w - T}{T_w - T_m}\right)\right]_w. \tag{3.100}$$

Wegen der Forderung (3.97) hat die Ableitung an der Wand einen von x unabhängigen Wert, damit muß $\alpha(x)$ konstant sein. Dazu ist $(T_w - T_m) =$ konstant, also

$$\frac{d}{dx}(T_w - T_m) = 0 \qquad \text{bzw.} \qquad \frac{dT_w}{dx} = \frac{dT_m}{dx}.$$

Dies eingesetzt in Gl. (3.98) ergibt

$$\frac{\partial T}{\partial x} = \frac{dT_w}{dx} = \frac{dT_m}{dx} \qquad\qquad (3.101)$$

und die Energiegleichung (3.95) geht über in

$$\frac{u}{a}\frac{dT_m}{dx} = \frac{1}{r}\frac{\partial}{\partial r}\left(r\frac{\partial T}{\partial r}\right) \qquad \text{für } q_w = \text{konstant.} \qquad (3.102)$$

Der Fall konstanter Wärmestromdichte liegt bei vielen technischen Anwendungen vor (z.B. elektrische Widerstandsheizung, Heizung durch Strahlung, nukleare Heizung, Gegenstromwärmeaustauscher bei näherungsweise gleichen Enthalpiestromdichten beider Fluide).

b) Konstante Wandtemperatur

Dies ist eine andere häufig anzutreffende Randbedingung bei Wärmeaustauschern (Verdampfern, Kondensatoren, Gegenstromwärmeaustauscher bei stark unterschiedlichen Enthalpiestromdichten beider Fluide). Wegen $dT_w/dx = 0$ folgt aus Gl. (3.98)

$$\frac{\partial T}{\partial x} = \frac{T_w - T}{T_w - T_m}\frac{dT_m}{dx} \qquad\qquad (3.103)$$

und die Energiegleichung (3.95) geht über in

$$\frac{u}{a}\left(\frac{T_w - T}{T_w - T_m}\right)\frac{dT_m}{dx} = \frac{1}{r}\frac{\partial}{\partial r}\left(r\frac{\partial T}{\partial r}\right) \qquad \text{für } T_w = \text{konstant.} \qquad (3.104)$$

Die zu beiden Fällen gehörenden Temperaturverläufe sind als Funktion der Rohrlänge in Bild 3.10 am Beispiel eines geheizten Rohres skizziert. Im Fall $q_w =$ konstant ist die Temperaturdifferenz $T_w(x) - T_m(x) =$ konstant, im Fall $T_w =$ konstant nimmt $T_w - T_m(x)$ mit der Rohrlänge ab, da $T_m(x)$ aufgrund der Energiezufuhr anwächst.

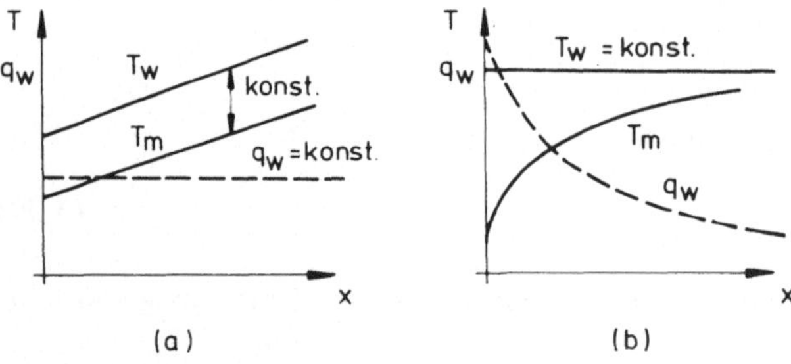

Bild 3.10 Verlauf der mittleren und der Wandtemperatur sowie des Wandwärmestromes bei beheizter Rohrwand für den Fall konstanten Wärmestromes (a) und den Fall konstanter Wandtemperatur (b)

zu a) Lösung für q_w = konstant

Die Geschwindigkeitsverteilung (3.93) wird in die Energiegleichung (3.102) eingesetzt:

$$\frac{1}{r}\frac{\partial}{\partial r}\left(r\frac{\partial T}{\partial r}\right)=\frac{2\,u_m}{a}\left[1-\left(\frac{r}{R}\right)^2\right]\frac{dT_m}{dx}. \tag{3.105}$$

Bei Beachtung der Randbedingungen

$$r=0:\ \frac{\partial T}{\partial r}=0 \tag{3.106}$$

$$r=R:\ T\ =T_w(x)$$

kann Gl. (3.105) zweimal integriert werden. Es folgt für die Temperaturverteilung

$$T(x,r)=T_w(x)-\frac{u_m}{8\,aR^2}\frac{dT_m}{dx}\,(3\,R^4-4\,r^2R^2+r^4) \tag{3.107}$$

eine Parabel vierter Ordnung.

Aufgabe 3.9:   Man bestätige die Lösung (3.107).

Damit sowie mit der Geschwindigkeitsverteilung (3.93) kann die mittlere Temperatur nach Gl. (3.96) bestimmt werden:

$$T_m(x)=T_w(x)-\frac{11}{48}\frac{u_m}{a}\frac{dT_m}{dx}\,R^2. \tag{3.108}$$

Der Wandwärmestrom (3.99) lautet

$$q_w=\alpha(T_w-T_m)=\alpha\frac{11}{48}\frac{u_m}{a}\frac{dT_m}{dx}\,R^2=\alpha\frac{11}{48}\frac{\rho c_p u_m}{\lambda}\frac{dT_m}{dx}\,R^2. \tag{3.109}$$

Um daraus endgültig den Wandwärmestrom bestimmen zu können, können zwei Wege eingeschlagen werden. Einmal kann die Temperaturverteilung (3.107) differenziert werden, um aus $q_w=\lambda(\partial T/\partial r)_w$ nach Elimination von dT_m/dx den Wandwärmestrom zu erhalten. Es ist jedoch einfacher, einen Zusammenhang zwischen q_w und dT_m/dx aus einer Energiebilanz an einem differentiellen Kontrollvolumen zu gewinnen, Bild 3.11.

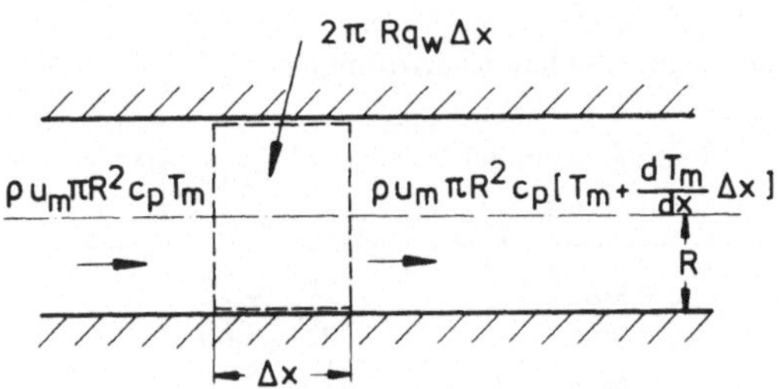

Bild 3.11 Energiebilanz an einem differentiellen Kontrollvolumen

Aus der Bilanz

$$2\,\pi Rq_w dx=\rho u_m\,\pi R^2 c_p\frac{dT_m}{dx}\,dx \tag{3.110}$$

folgt der Zusammenhang

$$q_w = \frac{1}{2}\, \rho\, u_m\, R c_p\, \frac{dT_m}{dx}\,. \tag{3.111}$$

Eine Kombination der Gln. (3.109) und (3.111) ergibt den Wärmeübergangskoeffizienten zu

$$\alpha = \frac{48}{11}\,\frac{\lambda}{2\,R} \tag{3.112}$$

und wir erhalten für die *Nusselt-Zahl*, definiert mit dem Rohrdurchmesser D = 2 R als charakteristischer Länge:

$$Nu = \frac{\alpha D}{\lambda} = \frac{48}{11} = 4{,}36. \tag{3.113}$$

zu b) Lösung für T_w = konstant

Mit der Geschwindigkeitsverteilung (3.93) geht die Energiegleichung (3.104) über in

$$\frac{1}{r}\,\frac{\partial}{\partial r}\left(r\,\frac{\partial T}{\partial r}\right) = \frac{2\,u_m}{a}\left[1 - \left(\frac{r}{R}\right)^2\right]\frac{T_w - T}{T_w - T_m}\,\frac{dT_m}{dx}\,. \tag{3.114}$$

Diese Differentialgleichung muß durch eine sukzessive Approximation gelöst werden, da die Ableitungen der Temperatur eine Funktion der Temperaturverteilung selbst sind. Eine Temperaturverteilung wird angenommen, z.B. jene nach Gl. (3.107) für q_w = konstant, und die Lösung der Differentialgleichung ergibt eine neue Temperaturverteilung. Dies wird solange wiederholt, bis sich die Temperaturverteilung nicht mehr ändert. Die mittlere Temperatur wird ermittelt und daraus analog zu dem Vorgehen in Fall a) die *Nusselt-Zahl:*

$$Nu = \frac{\alpha D}{\lambda} = 3{,}66. \tag{3.115}$$

Bei flüssigen Metallen ist die thermische Einlaufstrecke wegen $\delta_T \gg \delta_S(Pr \ll 1)$ extrem kurz, so daß man in der Nähe des Eintritts die Geschwindigkeitsverteilung näherungsweise durch u_m ersetzen kann; man spricht von einer „Kolbenströmung". Für diesen einfachen Fall läßt sich die Nusselt-Zahl gleichfalls exakt berechnen. Es folgen die in Tabelle 3.1 angegebenen Werte.

Tabelle 3.1: Nusselt-Zahl für die thermisch ausgebildete Rohrströmung

Geschwindigkeitsverteilung	Bedingung an der Wand	$Nu = \dfrac{\alpha D}{\lambda}$
parabolisch	q_w = konst.	4,36
parabolisch	T_w = konst.	3,66
Kolbenströmung	q_w = konst.	8
Kolbenströmung	T_w = konst.	5,75

Aufgabe 3.10:   Man bestätige das Ergebnis Nu = 8 für q_w = konstant und Kolbenströmung $u = u_m$.

Entsprechende Resultate für nichtkreisförmige Querschnitte sind in der Literatur zu finden, vgl. z.B. Kays [3.12], Knudsen und Katz [3.13] sowie Irvine u.a. [3.10]. Die Rotationssymmetrie geht verloren, es müssen die Bilanzgleichungen für den ebenen Fall numerisch integriert werden. Die Nusselt-Zahl wird mit dem hydraulischen Durchmesser (= 4 · Strömungsquerschnitt / benetzter Umfang) gebildet und hat einen von der jeweiligen Geometrie abhängigen Wert.

Den bisherigen Betrachtungen lag eine thermisch ausgebildete und mit Ausnahme der Aufgabe 3.10 hydrodynamisch ausgebildete Rohrströmung zu Grunde. Graetz hat 1885 eine analytische Lösung für den *thermischen Einlauf* unter der Voraussetzung angegeben, daß das Geschwindigkeitsprofil bereits ausgebildet und die Wandtemperatur konstant ist. Eine derartige Annahme ist in folgenden Situationen realistisch:

— Die Kühlung oder Heizung des Rohres beginnt erst nach der hydrodynamischen Einlaufstrecke.

— Das Rohr wird von einem Fluid mit $Pr \gg 1$ durchströmt, wegen $\delta_S \gg \delta_T$ ist die hydrodynamische Einlaufstrecke gegenüber dem thermischen Einlauf vernachlässigbar.

Letzterer Fall liegt bei hochviskosen Ölen vor. Die Rechnungen von Graetz sind mehrfach erweitert und modifiziert worden. So hat z.B. Kays neben dem thermischen Einlauf auch den hydrodynamischen Einlauf berücksichtigt. Das Ergebnis seiner numerischen Rechnungen ist in Bild 3.12 verglichen mit der klassischen Lösung von Graetz als Verlauf der örtlichen Nusselt-Zahl dargestellt.

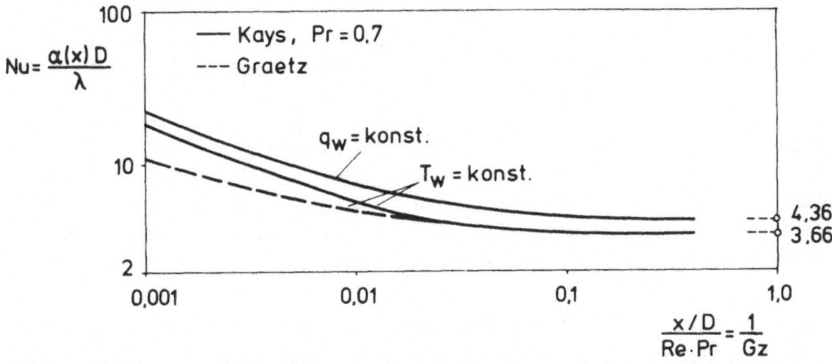

Bild 3.12 Örtliche Nusselt-Zahl bei gleichzeitiger Entwicklung der Geschwindigkeits- und Temperaturverteilung

Die Lösung von Graetz kann als Grenzfall für $Pr \to \infty$ betrachtet werden. Die Nusselt-Zahl hängt im Einlaufbereich nur von einer dimensionslosen Größe ab, diese wird als *Graetz-Zahl* bezeichnet:

$$Gz = Re\,Pr\,\frac{D}{x} = Pe\,\frac{D}{x}. \tag{3.116}$$

Teilweise wird in der Definition der Graetz-Zahl der Faktor $\pi/4$ eingeführt. Anhand Bild 3.12 erkennen wir:

— Die thermische Einlaufstrecke kann durch

$$\frac{L_T}{D} \approx 0{,}05\,Re\,Pr \tag{3.117}$$

beschrieben werden. Ein Vergleich mit Gl. (3.92) liefert für das Verhältnis der Einlauf-
strecken $L_T/L_S \approx Pr$. Hochviskose Öle haben beträchtliche thermische Einlaufstrecken.
— Die Nusselt-Zahl erreicht nach der thermischen Einlaufstrecke die Grenzwerte 4,36 nach
  Gl. (3.113) bzw. 3,66 nach Gl. (3.115).
— Der Wärmeübergangskoeffizient ist im Einlaufbereich größer als im ausgebildeten Bereich.
  Dies ist verständlich, da die Grenzschicht im Einlaufbereich anwächst und der örtliche
  Wärmeübergang somit abfällt.

Bei praktischen Anwendungen interessiert weniger die örtliche als die durch

$$Nu_m = \frac{\alpha_m D}{\lambda} = \frac{1}{L} \int_0^L Nu_x \, dx \qquad\qquad (3.118)$$

definierte mittlere Nusselt-Zahl, für die sich eine dem Bild 3.12 ähnliche Darstellung ergibt.
Eine Approximation der Graetz-Lösung ist von Hausen angegeben worden, spätere Erweiterungen z.B. von Kays bauen darauf auf:

$$Nu = Nu_\infty + \frac{K_1 Gz}{1 + K_2 Gz^n} . \qquad\qquad (3.119)$$

Die Tabelle 3.2 zeigt nach [3.19] die Konstanten für verschiedene Fälle.

Tabelle 3.2: Die Konstanten in der Approximation (3.119)

Geschwindigkeits-verteilung	Bedingung an der Wand	Pr	Nu	Nu_∞	K_1	K_2	n
parabolisch	T_w = konst.	bel.	mittl.	3,66	0,0668	0,04	2/3
Einlauf	T_w = konst.	0,7	mittl.	3,66	0,104	0,016	0,8
parabolisch	q_w = konst.	bel.	örtl.	4,36	0,023	0,0012	1,0
Einlauf	q_w = konst.	0,7	örtl.	4,36	0,036	0,0011	1,0

Ein Vergleich der Approximation (3.119) mit Experimenten ergibt bei größeren Tempera-
turdifferenzen nicht zu vernachlässigende Abweichungen. Das hat folgenden Grund: Die
Rechnungen von Graetz sowie spätere Erweiterungen wurden unter der Annahme konstanter
Stoffwerte gemacht. Bei beträchtlichen Temperaturdifferenzen können die Viskosität und
die Wärmeleitfähigkeit über den Rohrradius erheblich variieren. Anhand Bild 3.13 soll der
Einfluß veränderlicher Viskosität auf das Geschwindigkeitsprofil verdeutlicht werden.

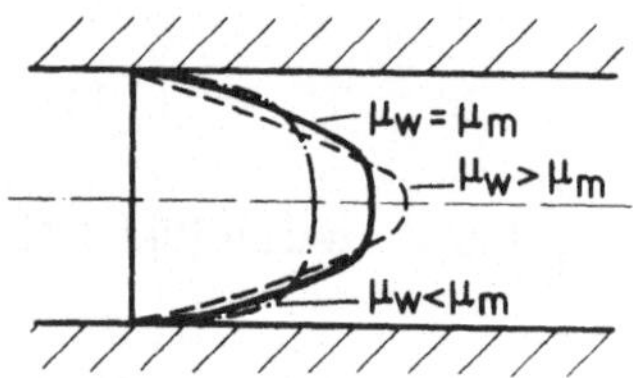

Bild 3.13 Veränderung der parabolischen Geschwindigkeitsverteilung (für $\mu_w = \mu_m$) durch Variation der Viskosität

Es sind folgende Fälle zu unterscheiden:

— $\mu_w > \mu_m$: Aufgrund des bei Flüssigkeiten und Gasen unterschiedlichen $\mu(T)$-Verlaufes bedeutet dies bei Flüssigkeiten eine Kühlung und bei Gasen eine Heizung der Wand. Durch die Zunahme der Viskosität in Wandnähe nimmt die hemmende Wirkung der Schubspannung zu und damit die Geschwindigkeit ab; das Geschwindigkeitsprofil wird schlanker.

— $\mu_w < \mu_m$: Bei Flüssigkeiten wird die Wand beheizt und bei Gasen gekühlt. Die hemmende Wirkung der Schubspannung ist in Wandnähe geringer, das Geschwindigkeitsprofil wird völliger.

Der Einfluß variabler Viskosität auf die Nusselt-Zahl wird in empirischer Weise z. B. durch einen Ansatz der Form

$$\frac{(Nu_m)_{korrig.}}{(Nu_m)_{isotherm}} = \left(\frac{\mu_m}{\mu_w}\right)^{0,14} \tag{3.120}$$

berücksichtigt. Darin ist μ_m die mit der mittleren Temperatur T_m gebildete Viskosität. Dies bedeutet:

— Für Flüssigkeiten wird die isotherm ermittelte Nusselt-Zahl bei Kühlung nach unten und bei Heizung nach oben korrigiert.

— Für Gase gilt das Umgekehrte.

Es werden in der Literatur auch andere Exponenten als 0,14 angegeben, wobei teilweise die Variation der Wärmeleitfähigkeit mitberücksichtigt wird; siehe hierzu z. B. White [3.24].

Es soll anschließend deutlich vermerkt werden, daß von der Vielzahl möglicher Randbedingungen (beliebige Verteilung des Wandwärmestromes oder der Wandtemperatur) die beiden Bedingungen q_w = konstant sowie T_w = konstant jeweils auf eine thermisch ausgebildete Strömung führen.

Ein Vergleich mit dem Impulsaustausch, Abschnitt 2.1, zeigt: Für das ausgebildete Geschwindigkeitsprofil ist τ_w = konstant, die Widerstandszahl ist λ = 64/Re, Gl. (2.21). Bei ausgebildetem Temperaturprofil ist entweder q_w = konstant oder T_w = konstant, in beiden Fällen folgt Nu = konstant. Wegen Nu = St Re Pr gilt damit auch hier die Reynolds-Analogie

$$St\,Pr = \frac{C}{Re} = \frac{C}{64}\,\lambda. \tag{3.121}$$

3.5 Die Grenzschicht-Gleichungen bei freier Konvektion

Bei der freien oder natürlichen Konvektion wird das Strömungsfeld durch Auftriebskräfte hervorgerufen. Diese haben ihre Ursache in Dichteunterschieden, die auf Temperaturunterschieden beruhen. In Bild 3.14 ist das verwendete Koordinatensystem am Beispiel einer senkrechten Platte dargestellt; die sich einstellenden Profile sind gleichfalls skizziert.

Die Volumenkraft ρg_j in der Impulsgleichung (3.2) stellt die Auftriebskraft dar. Bei mäßigen Temperaturen wird die Dichte in dem System der Bilanzgleichungen (3.1) bis (3.3) als konstant angenommen, eine Ausnahme bildet die Dichte in dem Auftriebsglied, man bezeichnet dies als Boussinesq-Approximation. Mit dieser Annahme kann das Gleichungssystem (3.32) bis (3.34) ergänzt durch das Auftriebsglied, wobei aufgrund der Wahl des Koordinatensystems bei der beheizten Wand $g_x = -g$ ist, übernommen werden. Es ist zu beachten, daß bei gekühlter Wand $g_x = +g$ einzusetzen ist, da die x-Koordinate umgekehrt orientiert ist.

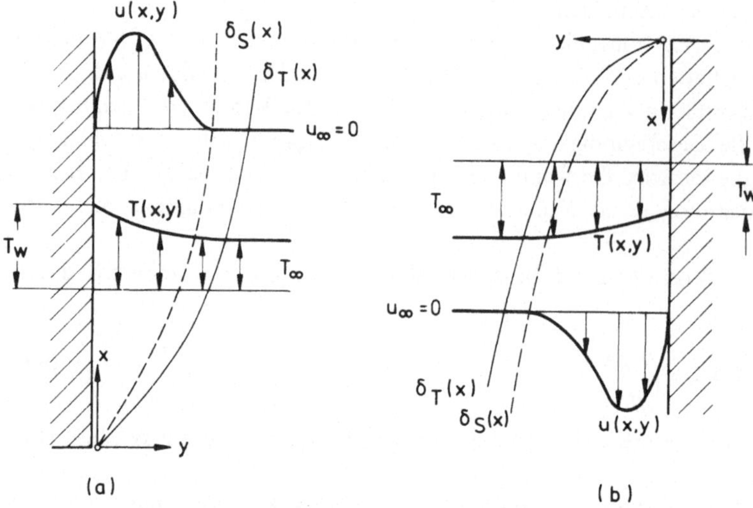

Bild 3.14 Koordinatensystem für die Grenzschicht-Gleichungen bei freier Konvektion an einer senkrechten Platte; (a) geheizte Wand, (b) gekühlte Wand

$$\frac{\partial u}{\partial x} + \frac{\partial v}{\partial y} = 0 \tag{3.122}$$

$$\rho\left(u\frac{\partial u}{\partial x} + v\frac{\partial u}{\partial y}\right) = -\rho g - \frac{dp}{dx} + \mu\frac{\partial^2 u}{\partial y^2} \tag{3.123}$$

$$\rho c_p\left(u\frac{\partial T}{\partial x} + v\frac{\partial T}{\partial y}\right) = \lambda\frac{\partial^2 T}{\partial y^2}. \tag{3.124}$$

Der Druckgradient in Strömungsrichtung ist nicht Null, obwohl am Außenrand der Grenzschicht $u_\infty = 0$ ist. Er hängt nicht wie bei erzwungener Konvektion mit dem Geschwindigkeitsgradienten der Außenströmung sondern mit der Volumenkraft am Außenrand der Grenzschicht zusammen. Schreiben wir Gl. (3.123) am Außenrand an, so folgt der Zusammenhang

$$\frac{dp}{dx} = -\rho_\infty g. \tag{3.125}$$

Das ist genau wie Gl. (2.32) eine Aussage der Euler-Gleichung. Damit ist

$$-\rho g - \frac{dp}{dx} = (\rho_\infty - \rho)\, g. \tag{3.126}$$

Die Dichteänderung infolge Temperaturänderungen wird durch den thermischen Ausdehnungskoeffizienten

$$\beta = -\frac{1}{\rho}\left(\frac{\partial \rho}{\partial T}\right)_p \tag{3.127}$$

beschrieben. Für ein ideales Gas ist $\beta = 1/T$, für reale Gase ist $\beta T = f(T, p) > 1$ und bei Flüssigkeiten < 1. Für endliche Differenzen kann näherungsweise

$$\Delta\rho = -\beta\rho\Delta T \text{ bzw. } \rho_\infty - \rho = -\beta\rho(T_\infty - T) \tag{3.128}$$

geschrieben werden. Damit geht Gl. (3.126) über in

$$-\rho g - \frac{dp}{dx} = -g\beta\rho(T_\infty - T). \tag{3.129}$$

Eingesetzt in die Impulsgleichung lauten die *Grenzschicht-Gleichungen für freie Konvektionsströmungen* an senkrechten, ebenen Wänden:

$$\frac{\partial u}{\partial x} + \frac{\partial v}{\partial y} = 0 \tag{3.130}$$

$$u\frac{\partial u}{\partial x} + v\frac{\partial u}{\partial y} = g\beta(T - T_\infty) + \nu\frac{\partial^2 u}{\partial y^2} \tag{3.131}$$

$$u\frac{\partial T}{\partial x} + v\frac{\partial T}{\partial y} = a\frac{\partial^2 T}{\partial y^2} \tag{3.132}$$

Ein charakteristischer Unterschied gegenüber inkompressiblen Strömungen bei erzwungener Konvektion liegt darin, daß die Energie- und die Impulsgleichung über die Temperatur im Auftriebsglied gekoppelt sind. Die Temperaturverteilung erzeugt die Geschwindigkeitsverteilung.

Aufgabe 3.11: Wie lautet die Impulsgleichung, wenn zusätzlich zur freien Konvektionsströmung eine Außenströmung $u_\delta(x)$ vorliegt?

Um die bei freier Konvektion entscheidende Kennzahl zu gewinnen, wird das Gleichungssystem durch Einführung der Variablen

$$u^* = \frac{u}{u_0}\ ;\quad v^* = \frac{v}{u_0};\quad x^* = \frac{x}{L};\quad y^* = \frac{y}{L};\quad \theta = \frac{T - T_\infty}{T_w - T_\infty} \tag{3.133}$$

dimensionslos gemacht. Dabei ist L z.B. die Plattenlänge; u_0 ist eine charakteristische Geschwindigkeit (es kann nicht u_∞ wegen $u_\infty = 0$ gewählt werden), die jedoch anschließend eliminiert werden kann. Das Gleichungssystem (3.130) bis (3.132) geht über in:

$$\frac{\partial u^*}{\partial x^*} + \frac{\partial v^*}{\partial y^*} = 0 \tag{3.134}$$

$$u^*\frac{\partial u^*}{\partial x^*} + v^*\frac{\partial u^*}{\partial y^*} = \frac{g\beta(T_w - T_\infty)L}{u_0^2}\ \theta + \frac{1}{Re}\frac{\partial^2 u^*}{\partial y^{*2}} \tag{3.135}$$

$$u^*\frac{\partial\theta}{\partial x^*} + v^*\frac{\partial\theta}{\partial y^*} = \frac{1}{Re\,Pr}\frac{\partial^2\theta}{\partial y^{*2}}. \tag{3.136}$$

Dabei sind die durch die Gln. (3.16) und (3.21) definierte Reynolds- und Prandtl-Zahl

$$Re = \frac{u_0 L}{\nu} ; \qquad Pr = \frac{\nu}{a} = \frac{\mu c_p}{\lambda} \tag{3.137}$$

eingeführt. Daneben gibt es einen weiteren dimensionslosen Ausdruck in der Impulsgleichung:

$$\frac{g\beta(T_w - T_\infty)L}{u_0^2} = \frac{g\beta L^3(T_w - T_\infty)}{\nu^2}\left(\frac{\nu}{u_0 L}\right)^2 = \frac{Gr}{Re^2} = Ar. \tag{3.138}$$

Dies ist die Definition der *Grashof-Zahl*

$$\boxed{Gr = \frac{g\beta L^3(T_w - T_\infty)}{\nu^2}} . \tag{3.139}$$

Die dimensionslose Gruppe nach Gl. (3.138) ist das Verhältnis von Auftriebskraft zu Trägheits-kraft und wird als *Archimedes-Zahl* bezeichnet. Wenn kein äußeres Strömungsfeld anliegt, dann sind die Auftriebskräfte der einzige Antrieb. Die Reynolds-Zahl kann kein unabhängiger Parameter sein, da keine Außenströmung existiert.

Die Grashof-Zahl stellt das Verhältnis von Auftriebskraft zu Reibungskraft dar. Sie tritt bei der freien Konvektion an die Stelle der Reynolds-Zahl. Mitunter wird statt der Grashof-Zahl die *Rayleigh-Zahl*

$$Ra = Gr\,Pr = \frac{g\beta L^3(T_w - T_\infty)}{\nu a} \tag{3.140}$$

verwendet. Sie hat bei der erzwungenen Konvektion ihr Analogon in der Peclet-Zahl $Pe = Re\,Pr$ und spielt bei Fragen der thermischen Stabilität eine bevorzugte Rolle.

Es gibt einige wenige Fälle, in denen die erzwungene und die freie Konvektion gleichzeitig von Bedeutung sind. Das ist für $Ar = Gr/Re^2 = 0(1)$ der Fall. Bei erzwungener Konvektion ist jedoch meist $Re \gg 1$ und die Auftriebskräfte sind vernachlässigbar ($Ar \ll 1$).

Im Gegensatz zur erzwungenen Konvektion hängt bei *freier Konvektion* das Strömungs- und Temperaturfeld nur von *zwei Kennzahlen* ab:
— Die *Grashof-Zahl* charakterisiert den Auftriebseffekt und damit den Impulsaustausch;
— die *Prandtl-Zahl* beschreibt das Verhältnis von Impuls- zu Wärmeaustausch.
Da es sich stets um Strömungen mit niedrigen Geschwindigkeiten handelt, spielt die Mach-Zahl keine Rolle. Der Wärmeübergang ausgedrückt durch die Nusselt-Zahl wird als $Nu(Gr, Pr)$ darstellbar sein; wir werden im nächsten Abschnitt Lösungen für die beheizte senkrechte Platte diskutieren.

Zu Beginn ist bei der Vorzeichenwahl das Koordinatensystem nach Bild 3.14 (a) und damit $g_x = -g$ zu Grunde gelegt worden. Gl. (3.131) gilt in gleicher Weise für eine gekühlte Wand, sofern das Koordinatensystem nach Bild 3.14 (b) gewählt wird. Im Fall $T_w > T_\infty$ wirkt g in negativer x-Richtung, das Produkt $g\beta(T - T_\infty)$ ist negativ; im Fall $T_w < T_\infty$ ist das Produkt gleichfalls negativ, da $(T - T_\infty) < 0$ ist und g in positiver x-Richtung wirkt.

3.6 Freie Konvektionsströmung an der senkrechten Platte

3.6.1 Exakte Lösung

Im Jahr 1930 haben Schmidt und Beckmann die Geschwindigkeits- und Temperaturverteilung an einer senkrechten beheizten Platte in Luft für verschiedene Lauflängen experimentell ermittelt. Sowohl die Geschwindigkeits- als auch die Temperaturprofile sind ähnlich, sie lassen sich durch eine geeignete Koordinatentransformation zur Deckung bringen. Darauf hat Pohlhausen schon 1921 hingewiesen. Das bedeutet, daß sich das Gleichungssystem (3.130) bis (3.132) in zwei gewöhnliche Differentialgleichungen für die Geschwindigkeits- und die Temperaturverteilung transformieren läßt. Das Vorgehen ähnelt dem in Abschnitt 2.3, wo wir anhand der Blasius-Lösung eine analoge Ähnlichkeitstransformation ausführlich diskutiert haben.

Zunächst wird durch Einführen der Stromfunktion ψ, d.h. $u = \partial\psi/\partial y$ und $v = -\partial\psi/\partial x$, die v-Komponente eliminiert. Mit der Transformation

$$\eta(x, y) = C\frac{y}{x^{1/4}} ; \quad f(\eta) = \frac{\psi}{4\,\nu C x^{3/4}} ; \quad C = \left[\frac{g\beta(T_w - T_\infty)}{4\,\nu^2}\right]^{1/4} \tag{3.141}$$

lassen sich die Impulsgleichung (3.131) und die Energiegleichung (3.132) in

$$f''' + 3\,ff'' - 2\,f' + \theta = 0; \quad {}' = d/d\eta \tag{3.142}$$

$$\theta'' + 3\,\mathrm{Pr}f\theta' = 0; \quad \theta = \frac{T - T_\infty}{T_w - T_\infty} \tag{3.143}$$

überführen. Die Längskoordinate x tritt darin nicht mehr auf, die Profile sind ähnlich.

Die Randbedingungen lauten für den Fall konstanter Wandtemperatur:

$$y = 0: u = v = 0; T = T_w \quad \text{bzw.} \quad \frac{df}{d\eta} = 0; \theta = 1 \text{ für } \eta = 0 \tag{3.144}$$

$$y \to \infty: u = v = 0; T = T_\infty \quad \text{bzw.} \quad \frac{df}{d\eta} = 0; \theta = 0 \text{ für } \eta \to \infty.$$

Die erste numerische Lösung ist von Pohlhausen für $\mathrm{Pr} = 0{,}733$ (Luft) durchgeführt worden. Die Rechnungen stimmen mit den Messungen von Schmidt und Beckmann sehr gut überein, siehe z.B. Schlichting [3.20]. Erst nach Einführung der Rechenmaschinen ist das Gleichungssystem (3.142) und (3.143) für verschiedene Prandtl-Zahlen numerisch integriert worden. Bild 3.15 zeigt die Lösung von Pohlhausen sowie jene von Ostrach für verschiedene Prandtl-Zahlen, vgl. [3.6, 3.19, 3.20].

Man sieht, daß $\delta_T \approx \delta_S$ für $\mathrm{Pr} \leqslant 1$ und $\delta_T < \delta_S$ für $\mathrm{Pr} > 1$ ist.

Der *Wärmeübergang* folgt aus

$$q_w = -\lambda\left(\frac{\partial T}{\partial y}\right)_w = -\lambda(T_w - T_\infty)\frac{C}{x^{1/4}}\left(\frac{d\theta}{d\eta}\right)_w$$

$$\alpha = \frac{q_w}{T_w - T_\infty} = -\frac{\lambda}{x}\left(\frac{\mathrm{Gr}_x}{4}\right)^{1/4}\left(\frac{d\theta}{d\eta}\right)_w.$$

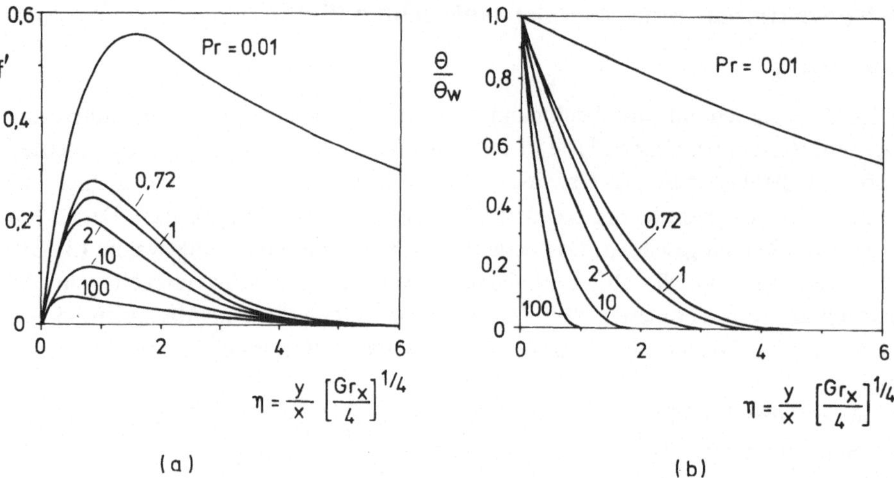

Bild 3.15 Geschwindigkeits- (a) und Temperaturverteilung (b) an einer senkrechten beheizten ebenen Platte nach Pohlhausen und Ostrach (T_w = konstant)

Darin ist

$$Gr_x = \frac{g\beta x^3(T_w - T_\infty)}{\nu^2} \tag{3.145}$$

die mit der Lauflänge gebildete örtliche Grashof-Zahl. Es folgt die örtliche Nusselt-Zahl zu

$$Nu_x = \frac{\alpha x}{\lambda} = -\left(\frac{Gr_x}{4}\right)^{1/4}\left(\frac{d\theta}{d\eta}\right)_w \quad \text{bzw.}$$

$$\frac{Nu_x}{(Gr_x/4)^{1/4}} = -\left(\frac{d\theta}{d\eta}\right)_w = f(Pr). \tag{3.146}$$

Die dimensionslose Wandtangente ist durch die numerische Lösung als Funktion der Prandtl-Zahl gegeben (Bild 3.16).

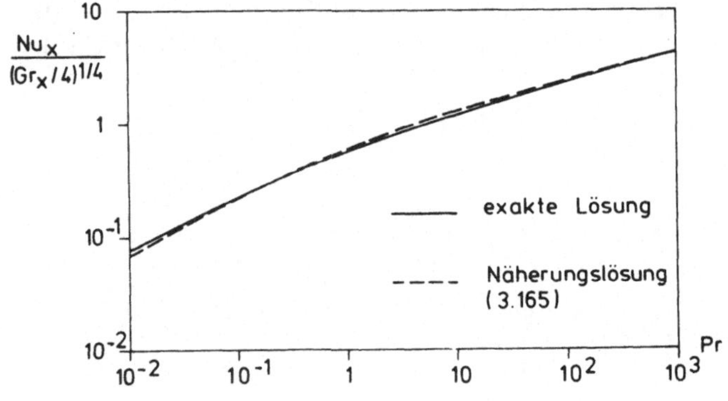

Bild 3.16 Örtliche Nusselt-Zahl an der senkrechten beheizten ebenen Platte nach Ostrach (T_w = konstant)

Die exakte Lösung kann durch die Beziehung

$$\frac{Nu_x}{(Gr_x/4)^{1/4}} = \frac{0{,}676\,Pr^{1/2}}{(0{,}861 + Pr)^{1/4}} \qquad (3.147)$$

approximiert werden, siehe Rohsenow und Choi [3.19]. Neben der örtlichen Nusselt-Zahl interessiert die mittlere Nusselt-Zahl. Es ist

$$\alpha_m = \frac{1}{x} \int\limits_0^x \alpha(x)\,dx = \frac{C}{x} \int\limits_0^x x^{-1/4}\,dx = \frac{4}{3}\,\alpha(x).$$

Damit wird

$$\frac{Nu_m}{(Gr/4)^{1/4}} = \frac{0{,}902\,Pr^{1/2}}{(0{,}861 + Pr)^{1/4}} \,. \qquad (3.148)$$

Für Pr = 0,733 hat die rechte Seite den Wert 0,685. Es ist

$$Nu_m = \frac{\alpha_m L}{\lambda} \; ; \quad Gr = \frac{g\beta(T_w - T_\infty)L^3}{\nu^2} \,. \qquad (3.149)$$

Die als mittlere Nusselt-Zahl bezeichnete Größe $\overset{\bullet}{Nu}_m$ ist nicht mit dem Mittelwert der örtlichen Nusselt-Zahl zu verwechseln. Für letztere gilt entsprechend Aufgabe 3.8:

$$Nu_{gem} = \frac{1}{x} \int\limits_0^x Nu_x\,dx = \frac{C}{x} \int\limits_0^x x^{3/4}\,dx = \frac{4}{7}Cx^{3/4} = \frac{4}{7}\,Nu_x.$$

Diese Größe wird im Gegensatz zu Nu_m nicht verwendet. Anhand der Approximation (3.148) lassen sich folgende Grenzfälle sofort angeben:

$$\frac{Nu_m}{(Gr\,Pr^2)^{1/4}} = K_1 \qquad \text{für } Pr \to 0 \qquad (3.150)$$

$$\frac{Nu_m}{(Gr\,Pr)^{1/4}} = K_2 \qquad \text{für } Pr \to \infty. \qquad (3.151)$$

Auf der Basis der Approximation ergeben sich die Werte $K_1 = 0{,}741$ (0,800) und $K_2 = 0{,}638$ (0,670); die Klammerwerte gelten für die exakte Lösung, siehe z. B. [3.20].

3.6.2 Näherungslösung mit Integralbedingung

Wird die Impulsgleichung (3.131) partiell über y von y = 0 bis y = δ integriert, so folgt die Integralbedingung für den Impuls

$$\frac{d}{dx} \int\limits_0^\delta u^2 dy = -\nu \left(\frac{\partial u}{\partial y}\right)_w + g\beta \int\limits_0^\delta (T - T_\infty)dy. \qquad (3.152)$$

Dabei ist wie in Abschnitt 2.4 bei der Herleitung der Integralbedingung nach von Kármán vorgegangen worden, die Quergeschwindigkeit v wurde durch die Kontinuitätsgleichung (3.130) eliminiert und die spezielle Randbedingung $u_\infty = 0$ beachtet.

Da die Energiegleichung bei freier und erzwungener Konvektion gleich lautet, kann die in Aufgabe 3.3 hergeleitete Integralbedingung für die Energie nach Gl. (3.53) direkt übernommen werden:

$$\frac{d}{dx}\left[\int_0^\delta u(T - T_\infty)\,dy\right] = -a\left(\frac{\partial T}{\partial y}\right)_w. \qquad (3.153)$$

Der Einfachheit halber wird im folgenden zwischen der Dicke der Strömungs- und der Temperaturgrenzschicht nicht unterschieden werden. Das ist für Prandtl-Zahlen > 1 oder < 1 nur näherungsweise gestattet; die grundsätzlich mögliche Einführung verschiedener Grenzschichtdicken würde die Rechnung erheblich verkomplizieren. Das Ergebnis wird auch so hinreichend genau sein, wie wir später sehen werden.

Für das Temperaturprofil wird der Ansatz

$$T(x, y) = a + by + cy^2 \qquad (3.154)$$

gewählt, wobei a, b und c aus den Randbedingungen

$$y = 0 : T = T_w \qquad (3.155)$$

$$y = \delta : T = T_\infty;\ \frac{\partial T}{\partial y} = 0$$

folgen. Man erhält

$$\frac{T(x, y) - T_\infty}{T_w - T_\infty} = \left(1 - \frac{y}{\delta}\right)^2. \qquad (3.156)$$

Für das Geschwindigkeitsprofil muß ein kubisches Polynom gewählt werden, um den Vorzeichenwechsel in der Steigung beschreiben zu können (das u-Profil hat ein Maximum):

$$\frac{u(x, y)}{U_0(x)} = A + By + Cy^2 + Dy^3. \qquad (3.157)$$

$U_0(x)$ ist eine fiktive Bezugsgeschwindigkeit. Die Randbedingungen lauten:

$$y = 0:\ u = 0;\ \frac{\partial^2 u}{\partial y^2} = -\frac{g\beta}{\nu}(T_w - T_\infty) \qquad (3.158)$$

$$y = \delta:\ u = 0;\ \frac{\partial u}{\partial y} = 0.$$

Die zweite Randbedingung für $y = 0$ folgt aus der Impulsgleichung (3.131), wenn diese an der Wand angeschrieben wird. In dieser „Wandbindungsgleichung" (man erinnere sich an die Wandbindungsgleichung (2.52) bei dem Integralverfahren nach von Kármán und Pohlhausen, mit der die Krümmung des Geschwindigkeitsprofils mit dem Druckgradienten verknüpft wird) kommt der Einfluß des Auftriebs auf das Geschwindigkeitsprofil zum Tragen. Es folgt

$$\frac{u(x, y)}{u_0(x)} = \frac{y}{\delta} \left(1 - \frac{y}{\delta}\right)^2. \tag{3.159}$$

Darin ist

$$u_0(x) = U_0(x)\, \delta(x)^2\, \frac{g\beta(T_w - T_\infty)}{4\, \nu} \tag{3.160}$$

eine offene Funktion von x mit der Dimension einer Geschwindigkeit. Sie ist der Steigung des u-Profils an der Wand porportional, denn es ist nach (3.159) $(\partial u/\partial y)_w = u_0/\delta$. Aufgrund des einparametrigen Ansatzes ist sie gleichfalls der maximalen Geschwindigkeit proportional. Es ist $u = u_{max}$ an der Stelle $y = \delta/3$ und damit $u_{max} = 4\,u_0/27$. In Bild 3.17 sind beide Profilansätze dargestellt.

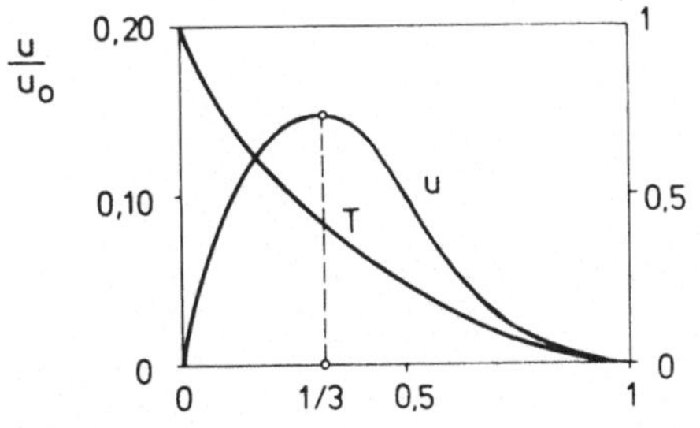

Bild 3.17 Temperatur- und Geschwindigkeitsprofil nach Gl. (3.156) und Gl. (3.159)

Die Ansätze (3.156) und (3.159) werden in die Integralbedingungen eingeführt, nach Integration folgen zwei gekoppelte gewöhnliche Differentialgleichungen für die beiden Unbekannten $\delta(x)$ und $u_0(x)$:

$$\frac{1}{105}\frac{d}{dx}(u_0^2\delta) = -\frac{\nu u_0}{\delta} + \frac{1}{3}\, g\beta(T_w - T_\infty)\delta \tag{3.161}$$

$$\frac{1}{30}\frac{d}{dx}(u_0\delta) = \frac{2\,a}{\delta}. \tag{3.162}$$

Es läßt sich eine analytische Lösung des Gleichungssystems angeben. Zunächst entnehmen wir der Gl. (3.160), daß $u_0(x) \sim \delta(x)^2$ ist. Mit dieser Information liefert Gl. (3.162) die Aussage $\delta(x) \sim x^{1/4}$. Daher nehmen wir folgende Lösungsansätze an:

$$u_0(x) = C_1 x^{1/2}; \quad \delta(x) = C_2 x^{1/4}. \tag{3.163}$$

Dies eingesetzt in die Integralbedingungen ergibt zwei Bestimmungsgleichungen für C_1 und C_2:

$$\frac{5}{420} C_1^2 C_2 = g\beta(T_w - T_\infty)\frac{1}{3} C_2 - \frac{C_1}{C_2}\nu$$

$$\frac{1}{40} C_1 C_2 = \frac{2\,a}{C_2}.$$

Die x-Abhängigkeit ist herausgefallen, die Lösungsansätze (3.163) sind sinnvoll und führen auf ähnliche Profile. Es folgt

$$C_1 = 5{,}17\, \nu \left(\frac{20}{21} + Pr\right)^{-1/2} \left(\frac{g\beta(T_w - T_\infty)}{\nu^2}\right)^{1/2}$$

$$C_2 = 3{,}93 \left(\frac{20}{21} + Pr\right)^{1/4} Pr^{-1/2} \left(\frac{g\beta(T_w - T_\infty)}{\nu^2}\right)^{-1/4}.$$

Darin ist schon $Pr = \nu/a$ eingeführt; setzen wir zusätzlich die örtliche Grashof-Zahl nach Gl. (3.145) ein, so folgt mit C_1 die gesuchte *Grenzschichtdicke* zu

$$\frac{\delta(x)}{x} = 3{,}93\, \frac{(0{,}952 + Pr)^{1/4}}{Pr^{1/2}\, Gr_x^{1/4}}\,. \tag{3.164}$$

Der *Wärmeübergang* folgt aus

$$q_w = -\lambda \left(\frac{\partial T}{\partial y}\right)_w = \alpha(T_w - T_\delta)$$

mit dem Ansatz (3.156) für das Temperaturprofil zu

$$\alpha(x) = \frac{2\lambda}{\delta(x)} \quad \text{bzw.} \quad Nu_x = \frac{\alpha(x)x}{\lambda} = 2\,\frac{x}{\delta(x)}$$

$$\frac{Nu_x}{Gr_x^{1/4}} = \frac{0{,}508\, Pr^{1/2}}{(0{,}952 + Pr)^{1/4}}\,. \tag{3.165}$$

Man vergleiche dies mit der Approximation (3.147) der exakten Lösung. Gl. (3.165) ist in Bild 3.16 ebenfalls eingezeichnet, die Abweichung liegt für $0{,}01 < Pr < 1000$ unter 10%. Dies ist erstaunlich, da die Näherungslösung unter der Voraussetzung $\delta_T = \delta_S$ gewonnen wurde. Die Abhängigkeit von der Grashof- und der Prandtl-Zahl wird von der Näherungslösung richtig vorhergesagt. Die mittlere Nusselt-Zahl folgt wegen $\alpha_m = (4/3)\alpha(x = L)$ zu

$$\frac{Nu_m}{Gr^{1/4}} = \frac{0{,}677\, Pr^{1/2}}{(0{,}952 + Pr)^{1/4}}\,. \tag{3.166}$$

Die Grenzfälle $Pr \to 0$ und $Pr \to \infty$ werden richtig vorhergesagt, es ist $K_1 = 0{,}711$ und $K_2 = 0{,}677$ nach der Nährungslösung, der Fehler gegenüber den exakten Werten $K_1 = 0{,}800$ und $K_2 = 0{,}670$ ist bemerkenswert gering.

Die Resultate für die freie Konvektionsströmung an einer senkrechten beheizten ebenen Platte seien kurz *zusammengefaßt:*

— Es ist $\delta \sim x^{1/4}$, im Vergleich dazu ist bei der erzwungenen Konvektion $\delta \sim x^{1/2}$. Die Grenzschicht wächst bei freier Konvektion langsamer an als bei erzwungener Konvektion.

— Die Abhängigkeit der Nusselt-Zahl von der Prandtl-Zahl hängt ihrerseits von der Prandtl-Zahl ab. Man vergleiche hierzu die erzwungene Konvektion an der ebenen Platte bei konstanter Wandtemperatur, Bild 3.8, mit Bild 3.16 bei der freien Konvektion. Es ist

$$Nu \sim (Gr\, Pr^2)^{1/4} \qquad \text{für } Pr \ll 1$$
$$Nu \sim (Gr\, Pr)^{1/2} \qquad \text{für } Pr \gg 1.$$

– Wegen $\delta(x) \sim x^{1/4}$ ist $Nu_x \sim Gr_x^{1/4}$. Bei der erzwungenen Konvektion ist $Nu_x \sim Re_x^{1/2}$ wegen $\delta(x) \sim x^{1/2}$.

Abschließend sei auf den Gültigkeitsbereich der ermittelten Beziehungen hingewiesen. Aus Experimenten weiß man, daß für $Ra_x = Gr_x Pr > 10^8 \div 10^9$ die Grenzschicht turbulent wird; für $Ra_x < 10^4$ treffen die Grenzschichtvoraussetzungen nicht mehr zu.

Aufgabe 3.12: Um wieviel Prozent erhöht sich der resultierende Wärmeübergang, wenn
    a) die Plattenlänge L
    b) die Temperaturdifferenz $(T_w - T_\infty)$
    verdoppelt, verdreifacht oder vervierfacht wird?
    Man vergleiche Fall a) mit dem entsprechenden Resultat bei erzwungener Konvektion.

In dem Buch von Gebhardt [3.6] werden die Probleme der freien Konvektion einschließlich der thermischen Stabilität und des Übergangs in die turbulente freie Konvektionsströmung recht ausführlich diskutiert, zum Weiterstudium sei speziell darauf verwiesen.

3.7 Wärmeübergang bei hohen Strömungsgeschwindigkeiten

3.7.1 Dissipation und Recovery-Faktor

Die zentrale Rolle dieses Kapitels spielt der *Dissipationsterm*

$$\Phi = \tau_{jk} \frac{\partial v_j}{\partial x_k},$$

von dem im Rahmen der Grenzschichttheorie nur der Anteil

$$\Phi = \tau \frac{\partial u}{\partial y} = \mu \left(\frac{\partial u}{\partial y}\right)^2 \tag{3.167}$$

verbleibt. Dieser Term ist für die irreversible Umwandlung von kinetischer Energie in thermische Energie verantwortlich, er nimmt an Bedeutung mit wachsender Eckert- bzw. Mach-Zahl zu.

Zur weiteren Diskussion schreiben wir die *Energiegleichung* (3.31) erneut an:

$$\rho c_p \left(u \frac{\partial T}{\partial x} + v \frac{\partial T}{\partial y}\right) = u \frac{dp}{dx} + \frac{\partial}{\partial y} \left(\lambda \frac{\partial T}{\partial y}\right) + \mu \left(\frac{\partial u}{\partial y}\right)^2. \tag{3.168}$$

Für den Fall einer adiabaten ebenen Platte ($q_w = 0$) ist das in Bild 3.18 skizzierte Temperaturprofil zu erwarten. Die Dissipation ist in Wandnähe am größten und nimmt zum Außenrand der Grenzschicht hin auf Null ab. Demzufolge wird die Temperatur an der Wand ein Maximum aufweisen, man bezeichnet die sich bei adiabater Wand einstellende Temperatur als *adiabate Wandtemperatur* T_{aw}, es sind auch die Bezeichnungen Eigentemperatur oder Recovery-Temperatur üblich.

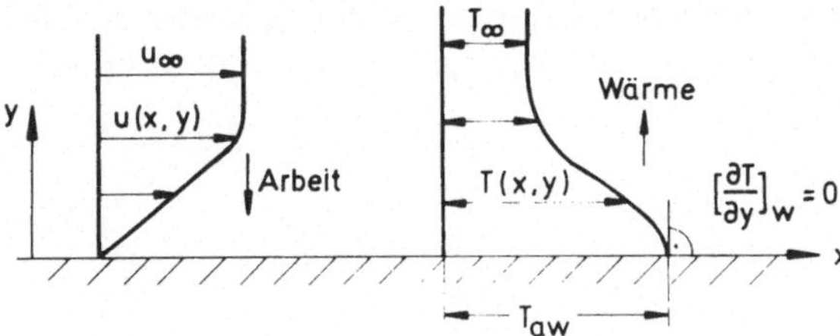

Bild 3.18 Temperaturprofil infolge Dissipation bei adiabater Wand

Da die Dissipation, man spricht auch von Reibungsaufheizung oder aerodynamischer Heizung, mit zunehmender Strömungsgeschwindigkeit wächst, wird das Verhältnis T_{aw}/T_∞ von der Mach-Zahl Ma_∞ abhängen. Es wird weiterhin von der Prandtl-Zahl abhängen, da das Verhältnis von Viskosität (verantwortlich für die Dissipation) zu Wärmeleitfähigkeit (verantwortlich für die Wärmeleitung vom Wandbereich zum kühleren Außenbereich) die adiabate Wandtemperatur derart beeinflußt, daß bei großer Prandtl-Zahl ein höherer Wert T_{aw} zu erwarten ist als bei kleiner Prandtl-Zahl.

Die Kenntnis der adiabaten Wandtemperatur ist bei Wärmeübergangsrechnungen von Bedeutung, da die Frage nach der Richtung des Wandwärmestromes davon abhängt, ob die Wandtemperatur T_w kleiner oder größer als die adiabate Wandtemperatur T_{aw} ist. Das wird später bei der Definition der Wärmeübergangszahl α zu beachten sein.

Es ist zweckmäßig, die innerhalb der Grenzschicht ablaufende irreversible Umwandlung von kinetischer in thermische Energie zu einer entsprechenden reversiblen Umwandlung ins Verhältnis zu setzen.

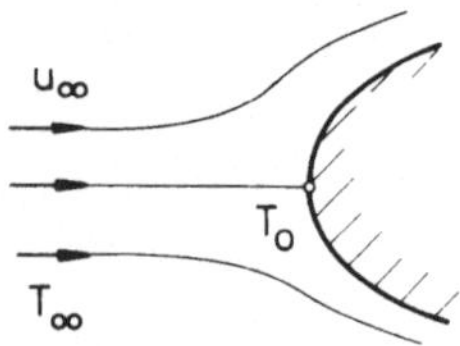

Bild 3.19 Zur Illustration der Stautemperatur T_0

Eine derartige reversible Umwandlung findet z.B. auf der Staustromlinie eines stumpfen Körpers statt (Bild 3.19). Die Abnahme der Geschwindigkeit von u_∞ auf $u = 0$ und die damit verbundene Temperatur-, Druck- und Dichtezunahme läuft außerhalb der Grenzschicht ab. Aus dem Energiesatz

$$h + \frac{1}{2} u^2 = h_0 = \text{konstant}, \tag{3.169}$$

gültig im Bereich der Potentialströmung, folgt angeschrieben für die Staustromlinie die *Stautemperatur* T_0 zu

$$T_0 - T_\infty = \frac{u_\infty^2}{2\,c_p} \quad \text{bzw.} \quad \frac{T_0}{T_\infty} = 1 + \frac{\kappa - 1}{2}\,Ma_\infty^2, \tag{3.170}$$

siehe hierzu auch Aufgabe 3.2. Die Beziehung (3.170) gilt nicht nur für den isentropen Aufstau in einer Unterschallströmung sondern auch bei einer Überschallströmung, obwohl im letzteren Fall der Aufstau nur über einen Verdichtungsstoß und damit irreversibel erfolgt. Der Grund liegt darin, daß die Energiegleichung in integraler Form (3.169) unabhängig davon ist, ob der Aufstau reversibel oder irreversibel erfolgt.

Das Verhältnis der Temperaturerhöhung gegenüber T_∞ durch Reibungsaufheizung bei adiabater Wand zu derjenigen bei reibungsfreiem Aufstau wird als *Recovery-Faktor* bezeichnet:

$$r = \frac{T_{aw} - T_\infty}{T_0 - T_\infty} = \frac{T_{aw} - T_\infty}{u_\infty^2/(2\,c_p)}. \tag{3.171}$$

Die Bezeichnung „Rückgewinnfaktor" ist auch in der deutschsprachigen Literatur weniger gebräuchlich. Der Recovery-Faktor läßt sich für bestimmte Strömungskonfigurationen berechnen, ansonsten muß er experimentell ermittelt werden. Bei bekanntem Recovery-Faktor ist die adiabate Wandtemperatur durch

$$T_{aw} - T_\infty = r\,\frac{u_\infty^2}{2\,c_p} \qquad \text{bzw.} \qquad \frac{T_{aw}}{T_\infty} = 1 + r\,\frac{\kappa - 1}{2}\,Ma_\infty^2 \qquad (3.172)$$

gegeben. Ein Vergleich mit $(T_0 - T_\infty) = u_\infty^2/(2\,c_p)$ nach Gl. (3.170) macht die Bezeichnung „Rückgewinnfaktor" deutlich. Im nächsten Abschnitt wird der Recovery-Faktor für ein einfaches Beispiel als Funktion der Prandtl-Zahl ermittelt werden.

Vorbereitend für spätere Überlegungen soll die Energiegleichung (3.168) durch Einführung der totalen Enthalpie h_0, auch Stauenthalpie genannt, definiert durch

$$h_0 = h + \frac{1}{2}\,(u^2 + v^2) \qquad (3.173)$$

umgeformt werden. Dabei ist zu beachten, daß innerhalb der Grenzschicht $v \ll u$ ist. Die Temperaturableitungen in der Energiegleichung werden wegen

$$dh_0 = c_p\,dT + u\,du \qquad (3.174)$$

durch Ableitungen von h_0 und u ersetzt, weiterhin wird zur Umformung die Impulsbilanz (3.30) verwendet. Es folgt die *Energiegleichung der Grenzschicht* angeschrieben für die *totale Enthalpie*:

$$\boxed{\rho\left(u\,\frac{\partial h_0}{\partial x} + v\,\frac{\partial h_0}{\partial y}\right) = \frac{\partial}{\partial y}\,(u\tau - q).} \qquad (3.175)$$

Aufgabe 3.13: Man bestätige Gl. (3.175).

Der Term

$$\frac{\partial}{\partial y}\,(u\tau) = u\,\frac{\partial\tau}{\partial y} + \tau\,\frac{\partial u}{\partial y} = u\mu\,\frac{\partial^2 u}{\partial y^2} + \mu\left(\frac{\partial u}{\partial y}\right)^2 \qquad \text{für } \mu = \text{konst.} \qquad (3.176)$$

beschreibt die Arbeit der Scherspannungen. Der erste Summand der rechten Seite kann das Vorzeichen wechseln; er stellt die der Strömung durch die Scherspannung entzogene oder zugeführte mechanische Energie dar. Der zweite Summand beschreibt den Anteil der Arbeit der Schubspannungen, der irreversibel mechanische Energie in innere Energie umwandelt. In der Enthalpie- bzw. Temperaturform der Energiegleichung steht nur der zweite Summand, die Dissipation.

Aus Gl. (3.175) läßt sich eine interessante *Integralbedingung für die totale Enthalpie* gewinnen:

$$\frac{d}{dx}\left[\int_0^{\delta_T} u\,(h_0 - h_{0\infty})\,dy\right] = q_w = -\left(\lambda\,\frac{\partial T}{\partial y}\right)_w. \qquad (3.177)$$

Man vergleiche dies mit der entsprechenden Integralbedingung (3.53) im inkompressiblen Fall. Der Unterschied liegt nur darin, daß h_0 anstelle von h in dem Integral erscheint. Die Herleitung erfolgt analog zu Aufgabe 3.3; das Integral über die Arbeit der Schubspannung verschwindet bei der Integration, da das Produkt $u\tau$ an der Wand und am Außenrand der Grenzschicht Null ist.

Die linke Seite der Integralbedingung beschreibt die Zunahme der totalen Enthalpie in Strömungsrichtung und die rechte Seite beschreibt die Wärmezu- oder -abfuhr an der Wand. Bei adiabater Wand ist das Integral auf der linken Seite konstant. Das bedeutet nicht, daß $h_0(x, y) = h_{0\delta}(x)$ sein muß. Das gilt nur für den Sonderfall $Pr = 1$, wie später deutlich wird. Interessant ist, daß bei adiabater Wand das Integral konstant und unabhängig von der Prandtl-Zahl ist.

Durch hohe Strömungsgeschwindigkeiten werden zwei Effekte hervorgerufen:
(a) Eine Temperaturerhöhung innerhalb der Grenzschicht durch die Reibungsaufheizung.
(b) Eine mit der Temperaturerhöhung verbundene Änderung der Fluideigenschaften (Dichte, Viskosität, Wärmeleitfähigkeit, ggf. Wärmekapazität).

Obwohl beide Effekte miteinander verbunden sind, ist es zweckmäßig, diese getrennt voneinander zu untersuchen. In diesem Abschnitt werden wir daher an einem Beispiel nur den Effekt (a) der Reibungsaufheizung diskutieren, die Fluideigenschaften werden als konstant angenommen werden. Im Abschnitt 3.8 wenden wir uns dem Einfluß variabler Fluideigenschaften zu und studieren die Effekte (a) und (b) gemeinsam.

3.7.2 Exakte Lösungen für die ebene Plattenströmung bei konstanten Fluideigenschaften

Unter den Voraussetzungen konstanter Dichte, Viskosität und Wärmeleitfähigkeit sowie $dp/dx = 0$ vereinfacht sich das Gleichungssystem (3.29) bis (3.31) zu

$$\frac{\partial u}{\partial x} + \frac{\partial v}{\partial y} = 0 \tag{3.178}$$

$$u \frac{\partial u}{\partial x} + v \frac{\partial u}{\partial y} = \nu \frac{\partial^2 u}{\partial y^2} \tag{3.179}$$

$$u \frac{\partial T}{\partial x} + v \frac{\partial T}{\partial y} = a \frac{\partial^2 T}{\partial y^2} + \frac{\nu}{c_p} \left(\frac{\partial u}{\partial y}\right)^2 . \tag{3.180}$$

Die Kontinuitäts- und die Impulsgleichung sind wie im echt inkompressiblen Fall (d.h. bei niedrigen Strömungsgeschwindigkeiten) von der Energiegleichung entkoppelt. Damit ist die in Abschnitt 2.3 behandelte Blasius-Lösung weiterhin gültig. Mit der von Blasius eingeführten Ähnlichkeitstransformation

$$\eta(x, y) = y \sqrt{\frac{u_\infty}{\nu x}} \; ; \quad f(\eta) = \frac{\psi}{\sqrt{\nu u_\infty x}} , \tag{3.181}$$

die ebenfalls in Abschnitt 3.3 verwendet wurde, sowie der dimensionslosen Temperatur

$$\theta(x, y) = \frac{T - T_\infty}{T_0 - T_\infty} = \frac{T - T_\infty}{u_\infty^2/(2\,c_p)} = r \frac{T - T_\infty}{T_{aw} - T_\infty} \tag{3.182}$$

geht die Energiegleichung (3.180) über in:

$$\theta'' + \frac{1}{2}\mathrm{Pr}\,f\theta' = -2\,\mathrm{Pr}\,f''^2; \qquad ' = \frac{\mathrm{d}}{\mathrm{d}\eta}\,. \tag{3.183}$$

Das ist eine lineare inhomogene Differentialgleichung. Die allgemeine Lösung ergibt sich aus einer Linearkombination der Lösung der homogenen Gleichung

$$\theta'' + \frac{1}{2}\mathrm{Pr}\,f\theta' = 0 \tag{3.184}$$

und einer Partikulärlösung. Die Lösung der homogenen Gleichung ist bekannt, denn Gl. (3.184) entspricht der in Abschnitt 3.3 behandelten Gl. (3.84). Die Lösung (3.85), die wir $\theta_1(\eta, \mathrm{Pr})$ nennen wollen, beschreibt das Kühlungs-/Heizungsproblem ohne Dissipation.

Wir benötigen eine Partikulärlösung der inhomogenen Gl. (3.183), diese läßt sich für den Sonderfall der adiabaten Wand gewinnen.

a) Partikulärlösung für die adiabate Wand

Mit den Randbedingungen

$$\begin{aligned}
\eta = 0 \quad &: \quad \theta' = 0 \\
\eta \to \infty \quad &: \quad \theta = 0
\end{aligned} \tag{3.185}$$

lautet die Lösung der Gl. (3.183):

$$\theta_a(\eta,\mathrm{Pr}) = 2\,\mathrm{Pr} \int\limits_\eta^\infty (f'')^{\mathrm{Pr}} \left[\int\limits_0^\eta (f'')^{2-\mathrm{Pr}}\,\mathrm{d}\eta \right] \mathrm{d}\eta. \tag{3.186}$$

Der Index a soll andeuten, daß es sich um die Lösung für den adiabaten Fall handelt.

Aufgabe 3.14: Man zeige mit der Methode der Parametervariation, daß Gl. (3.186) bei Beachtung der Randbedingungen (3.185) eine Lösung der inhomogenen Gl. (3.183) darstellt. Dabei ist die Aufgabe 3.6 zu verwenden.

Die Funktion $f'' = \partial(u/u_\infty)/\partial\eta$ ist durch die Blasius-Lösung bekannt, Gl. (3.186) kann nur numerisch integriert werden. Für den Sonderfall $\mathrm{Pr} = 1$ folgt

$$\theta_a(\eta) = 1 - (f')^2 = 1 - \left(\frac{u}{u_\infty}\right)^2. \tag{3.187}$$

Aufgabe 3.15: Man bestätige Gl. (3.187).

In Bild 3.20 ist das Temperaturprofil für verschiedene Prandtl-Zahlen gezeigt.

Man vergleiche Bild 3.20 mit der ähnlichen Lösung im Bild 3.7 (a) für konstante Wandtemperatur ohne Reibungsaufheizung. Durch die Reibungsaufheizung werden die Temperaturprofile völliger.

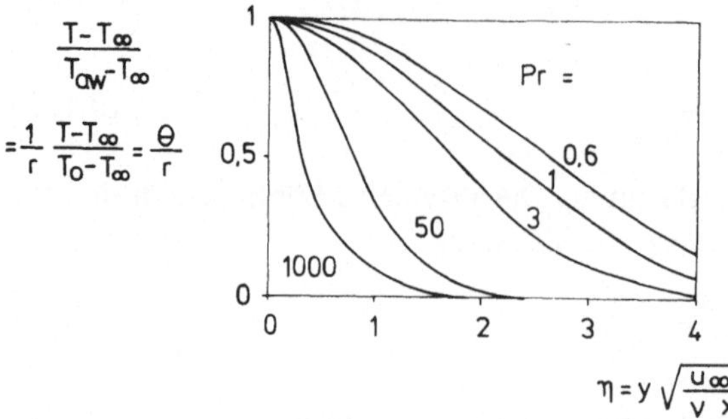

Bild 3.20 Temperaturprofile an der ebenen Platte bei adiabater Wand und konstanten Fluideigenschaften

Mit der Lösung ist auch der Recovery-Faktor bekannt. Aufgrund der Definition (3.171) ist

$$\theta_a(\eta = 0, \mathrm{Pr}) = \theta_{aw}(\mathrm{Pr}) = r(\mathrm{Pr}). \tag{3.188}$$

Der Recovery-Faktor hängt, wie in Abschnitt 3.7.1 vermutet, von der Prandtl-Zahl ab. Bild 3.21 zeigt das Resultat der numerischen Auswertung.

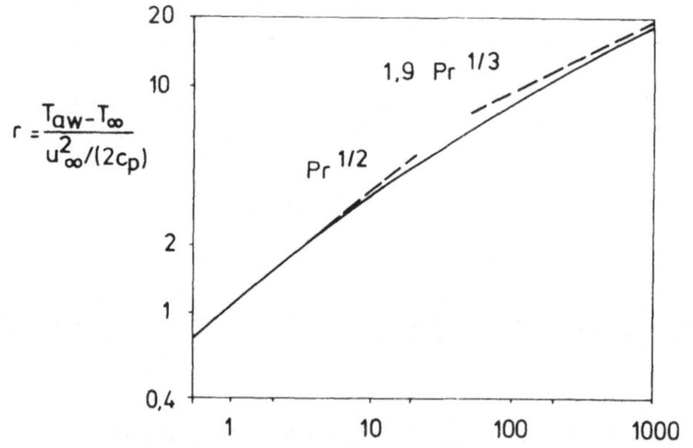

Bild 3.21 Recovery-Faktor bzw. adiabate Wandtemperatur an der ebenen Platte bei konstanten Fluideigenschaften

In Tabelle 3.3 sind einige der von Pohlhausen ermittelten Werte angegeben. Gleichfalls mit aufgenommen sind Werte, die sich für die dimensionslose Wandtangente $-(d\theta/d\eta)_w = a_1$ nach Gl. (3.88) für den Fall ohne Dissipation ergeben.

Tabelle 3.3:   Einige Werte für $\mathrm{Nu}_x/\mathrm{Re}_x^{1/2} = a_1$ an der ebenen Platte ohne Reibungsaufheizung sowie für den Recovery-Faktor r nach Pohlhausen, siehe z.B. [3.20].

Pr	0,6	0,7	0,8	0,9	1,0	1,1	7,0	10,0	15,0
a_1	0,276	0,293	0,307	0,320	0,322	0,344	0,645	0,730	0,835
r	0,770	0,835	0,895	0,955	1,000	1,050	2,515	2,965	3,535

Das Ergebnis ist bemerkenswert. Es ist

$$
\begin{aligned}
r &< 1, \quad \text{d.h. } T_{aw} < T_0 \quad \text{für } \mathrm{Pr} < 1, \\
r &= 1, \quad \text{d.h. } T_{aw} = T_0 \quad \text{für } \mathrm{Pr} = 1, \\
r &> 1, \quad \text{d.h. } T_{aw} > T_0 \quad \text{für } \mathrm{Pr} > 1.
\end{aligned}
\tag{3.189}
$$

Die Begründung für diesen Sachverhalt liegt in der Definition der Prandtl-Zahl als Verhältnis von kinematischer Viskosität ν zur Temperaturleitfähigkeit $a = \lambda/(\rho c_p)$. Bild 3.18 illustriert, daß die Differenz zwischen T_{aw} und T_∞ gerade so groß sein muß, daß ein Gleichgewicht zwischen dem Transport von (Reibungs-)Arbeit zur Wand hin und dem Wärmefluß von der Wand weg besteht. Für $\nu > a (Pr > 1)$ muß die Temperaturdifferenz größer sein als für $\nu < a(Pr < 1)$. Im ersteren Fall ist die die Dissipation beeinflussende Viskosität größer als die für den Energiefluß verantwortliche Temperaturleitfähigkeit, im zweiten Fall ist das umgekehrt. Für $\nu = a$ bewirkt das Gleichgewicht, daß die gesamte kinetische Energie „zurückgewonnen" wird. Die adiabate Wandtemperatur wird gleich der Stautemperatur.

Es ist etwas verblüffend, daß durch Reibungsaufheizung (im Fall $Pr > 1$) eine Temperatur T_{aw} erreicht wird, die oberhalb der adiabaten Stautemperatur liegt. Das ist nur durch die gleichzeitige Betrachtung von Dissipation und Wärmeleitung in Abhängigkeit von der Prandtl-Zahl zu verstehen.

Der Verlauf $r(Pr)$ kann durch

$$r \approx Pr^{1/2} \qquad \text{für } 0,6 < Pr < 15 \qquad (3.190)$$
$$r \approx 1,9\, Pr^{1/3} \text{ für} \qquad Pr \gg 1$$

recht gut approximiert werden, dies ist in Bild 3.21 mit eingezeichnet.

b) Allgemeine Lösung mit Wärmeübergang, T_w = konstant

Mit $\theta_1(\eta, Pr)$ nach Gl. (3.85) liegt die Lösung der homogenen Gl. (3.184) und mit $\theta_a(\eta, Pr)$ nach Gl. (3.186) eine Partikulärlösung für den Fall $q_w = 0$ vor. Die allgemeine Lösung der inhomogenen Differentialgleichung (3.183) besteht aus einer Linearkombination beider Lösungen, die so gewählt werden muß, daß sie die Randbedingungen

$$y = 0 \quad \text{bzw.} \quad \eta = 0 \quad : \quad T = T_w \qquad (3.191)$$
$$y \to \infty \quad \text{bzw.} \quad \eta \to \infty \quad : \quad T = T_\infty$$

erfüllt. Dieser Forderung entspricht der Ansatz

$$T - T_\infty = (T_1 - T_{aw}) + (T_a - T_\infty). \qquad (3.192)$$

Darin ist

$$T_a - T_\infty = \theta_a (T_0 - T_\infty) = \theta_a \frac{u_\infty^2}{2\,c_p} \qquad (3.193)$$

die Partikularlösung (3.186) und $(T_1 - T_{aw})$ die Lösung der homogenen Gleichung (Index 1). An die Stelle der für den Wärmeübergang maßgeblichen Temperaturdifferenz $(T_w - T_\infty)$ in Abschnitt 3.3 tritt hier die Temperaturdifferenz $(T_{w1} - T_{aw})$. Für $T_{w1} = T_{aw}$ ist $q_w = 0$, für $T_{w1} > T_{aw}$ wird die Wand geheizt und für $T_{w1} < T_{aw}$ gekühlt. Mit

$$\theta_1 = \frac{T_1 - T_{aw}}{T_w - T_{aw}} \qquad \text{analog zu Gl. (3.80) und}$$

$$\theta_a = \frac{T_a - T_\infty}{T_0 - T_\infty} \qquad \text{nach Gl. (3.182)}$$

geht Gl. (3.192) über in

$$T - T_\infty = \theta_1[(T_w - T_\infty) - (T_{aw} - T_\infty)] + \theta_a(T_0 - T_\infty). \qquad (3.194)$$

Mit der Definition (3.22) führen wir die Eckert-Zahl

$$Ec = \frac{u_\infty{}^2}{c_p(T_w - T_\infty)} = \frac{T_0 - T_\infty}{T_w - T_\infty} \qquad (3.195)$$

ein und erhalten mit Gl. (3.171) für den Recovery-Faktor das gesuchte *Temperaturprofil* zu

$$\frac{T - T_\infty}{T_w - T_\infty} = \left[1 - \frac{1}{2}\,r(Pr)\,Ec\right]\theta_1(\eta, Pr) + \frac{1}{2}\,Ec\,\theta_a(\eta, Pr). \qquad (3.196)$$

Das Temperaturprofil ist nunmehr zweiparametrig, es hängt von der Eckert- und der Prandtl-Zahl ab. Für den Sonderfall Ec = 0 folgt die in Abschnitt 3.3 behandelte Lösung θ_1. Mit den bekannten Lösungen $\theta_1(\eta, Pr)$ nach Bild 3.7 (a) sowie $\theta_a(\eta, Pr)$ nach Bild 3.20 kann die allgemeine Lösung angegeben werden. Bild 3.22 zeigt die Lösung für Pr = 0,7 (r = 0,835). (r = 0,835).

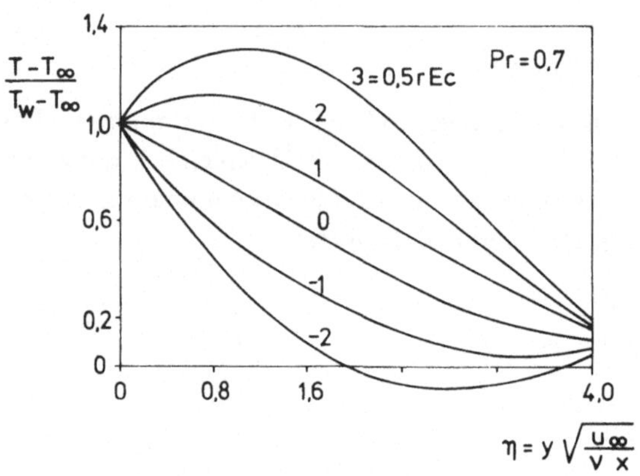

Bild 3.22 Temperaturprofile an der ebenen Platte bei konstanten Fluideigenschaften und Berücksichtigung der Reibungsaufheizung für Pr = 0,7

Die Lösungskurven tragen den Parameter

$$\frac{1}{2}\,r\,Ec = \frac{T_{aw} - T_\infty}{T_w - T_\infty}.$$

Ec > 0 bedeutet $T_w > T_\infty$ und umgekehrt. Die Frage, ob die Wand gekühlt oder geheizt wird, hängt bei Reibungsaufheizung jedoch nicht von $(T_w - T_\infty)$ sondern von $(T_w - T_{aw})$ ab. Es bedeuten

$$\frac{1}{2}\,r\,Ec$$

> 1: Kühlung der Wand; obwohl $T_w > T_\infty$ ist, fließt Wärme zur Wand hin, da $T_w < T_{aw}$ ist.

$= 1$: adiabate Wand, $T_w = T_{aw} > T_\infty$.

< 1: Heizung der Wand; $T_w > T_{aw}$.

$= 0$: ohne Reibungsaufheizung; $T_{aw} = T_\infty$.

Es ist deutlich geworden, daß die Temperaturdifferenz $(T_w - T_{aw})$ ein Kriterium dafür ist, ob das Fluid die Wand heizt oder kühlt. Das wird bei der Formulierung des *Wärmeübergangs* bestätigt. Es ist

$$q_w = -\lambda \left(\frac{\partial T}{\partial y}\right)_w = -\lambda \sqrt{\frac{u_\infty}{\nu x}}\left(\frac{\partial T}{\partial \eta}\right)_w.$$

Mit dem Ansatz (3.193) folgt

$$q_w = -\lambda \sqrt{\frac{u_\infty}{\nu x}}\,(T_w - T_{aw})\left(\frac{d\theta_1}{d\eta}\right)_w, \text{ da } \left(\frac{d\theta_a}{d\eta}\right)_w = 0 \text{ ist.}$$

Der Wärmeübergangskoeffizient wird sinnvollerweise mit der Temperaturdifferenz $(T_w - T_{aw})$ definiert:

$$\alpha = \frac{q_w}{T_w - T_{aw}} = -\lambda \sqrt{\frac{u_\infty}{\nu x}}\left(\frac{d\theta_1}{d\eta}\right)_w. \tag{3.197}$$

Damit folgt für die durch

$$Nu_x = \frac{\alpha x}{\lambda} = \frac{q_w x}{\lambda(T_w - T_{aw})} \tag{3.198}$$

definierte örtliche Nusselt-Zahl mit $Re_x = u_\infty x/\nu$

$$\frac{Nu_x}{Re_x^{1/2}} = -\left(\frac{d\theta_1}{d\eta}\right)_w = a_1(Pr). \tag{3.199}$$

Das ist formal das gleiche Resultat, das in Abschnitt 3.3 für die ebene Platte ohne Berücksichtigung der Reibungsaufheizung gewonnen wurde, siehe Gl. (3.86). Der Einfluß der Reibungsaufheizung kommt allein dadurch zum Ausdruck, daß in der Definition des Wärmeübergangskoeffizienten T_∞ durch T_{aw} ersetzt wird. Diese Aussage wurde an dieser Stelle nur für die ebene Platte gewonnen, sie ist jedoch allgemein gültig, solange konstante Fluideigenschaften angenommen werden können.

Die in Abschnitt 3.3 mitgeteilten Beziehungen für den Wärmeübergang an der ebenen Platte können übernommen werden, so z.B.

$$Nu_x = 0{,}332\, Re_x^{1/2}\, Pr^{1/3} \quad \text{für } 0{,}6 < Pr < 10. \tag{3.200}$$

Fazit: Die bei niedrigen Strömungsgeschwindigkeiten gewonnenen Resultate für den Wärmeübergang gelten auch bei Berücksichtigung der Reibungsaufheizung. In der Definition des Wärmeübergangskoeffizienten muß jedoch an Stelle von $(T_w - T_\infty)$ die Differenz $(T_w - T_{aw})$ gesetzt werden. Es verbleibt als Problem die Bestimmung der adiabaten Wandtemperatur bzw. des Recovery-Faktors.

Aufgabe 3.16: Ein Flugzeug fliegt in der Höhe H = 6 km $(T_\infty = 250$ K) mit $Ma_\infty = 0{,}5$. Für welche Wandtemperaturen fließt Wärme von der Strömung zur Wand hin und umgekehrt?

Es muß daran erinnert werden, daß die Betrachtungen und Resultate des Abschnitts 3.7 unter der Voraussetzung konstanter Fluideigenschaften gesehen werden müssen. Die Berücksichtigung variabler Fluideigenschaften kompliziert die Untersuchungen erheblich, wir werden darauf im folgenden Abschnitt eingehen.

Von Eckert stammt der Vorschlag, den Einfluß variabler Dichte und Transportkoeffizienten näherungsweise dadurch zu berücksichtigen, daß diese für eine geeignet gewählte empirische Referenztemperatur T^* bestimmt werden. Hierfür macht Eckert den Vorschlag, siehe [3.5]:

$$T^* = T_\infty + 0,5\,(T_w - T_\infty) + 0,22\,(T_{aw} - T_\infty). \tag{3.201}$$

Setzt man die mit der Referenztemperatur T^* ermittelten Werte für μ, λ und ρ in die Reynolds- und die Nusselt-Zahl ein, so lassen sich die für den Fall konstanter Fluideigenschaften gewonnenen Zusammenhänge in erster Näherung auch in Strömungen mit veränderlichen Fluideigenschaften anwenden.

3.8 Kompressible Grenzschichtströmungen

3.8.1 Einleitende Bemerkungen

Wir betrachten Gasströmungen bei hohen Strömungsgeschwindigkeiten mit und ohne Wärmeübergang, wobei im Gegensatz zu Abschnitt 3.7 die Dichte ρ, die Viskosität μ und die Wärmeleitfähigkeit λ veränderlich sind.

Ausgangspunkt ist das Gleichungssystem (3.29) bis (3.31):

$$\frac{\partial}{\partial x}(\rho u) + \frac{\partial}{\partial y}(\rho v) = 0 \tag{3.202}$$

$$\rho\left(u\,\frac{\partial u}{\partial x} + v\,\frac{\partial u}{\partial y}\right) = -\frac{dp}{dx} + \frac{\partial}{\partial y}\left(\mu\,\frac{\partial u}{\partial y}\right) \tag{3.203}$$

$$\rho c_p\left(u\,\frac{\partial T}{\partial x} + v\,\frac{\partial T}{\partial y}\right) = u\,\frac{dp}{dx} + \frac{\partial}{\partial y}\left(\lambda\,\frac{\partial T}{\partial y}\right) + \mu\left(\frac{\partial u}{\partial y}\right)^2. \tag{3.204}$$

Bei variablen Stoffwerten ρ, μ, λ sind die drei Gleichungen miteinander gekoppelt. Zusätzlich werden benötigt:
— Die thermische Zustandsgleichung $\rho(T, p)$,
— Ansätze für die Transportkoeffizienten μ, $\lambda = f(T, p)$.

Bevor wir darauf eingehen, sollen die innerhalb der Grenzschicht erreichbaren Temperaturen abgeschätzt werden. Nach den Ausführungen in Abschnitt 3.7.2 sind die adiabate Wandtemperatur T_{aw} und die Stautemperatur T_0 von etwa gleicher Größe. Wir können zur Abschätzung daher Gl. (3.170)

$$\frac{T_0}{T_\infty} = 1 + \frac{\kappa - 1}{2}\,Ma_\infty{}^2$$

verwenden. Mit $\kappa = 1,4$ für Luft sowie $T_\infty = 300$ K als Umgebungstemperatur erhalten wir für die Stautemperatur in Abhängigkeit von der Machzahl die in Tabelle 3.4 angegebenen Werte.

Tabelle 3.4: Stautemperatur für $\kappa = 1,4$ und $T_\infty = 300$ K

Ma_∞	0	1	2	3	4	5	10
T_0	300 K	360 K	540 K	840 K	1260 K	1800 K	6300 K

Da die Stautemperatur quadratisch mit der Mach-Zahl wächst, werden sehr rasch hohe Werte erreicht. Oberhalb etwa 2000 K beginnen die Sauerstoffmoleküle und oberhalb etwa 5000 K die Stickstoffmoleküle zu dissozieren. Bei noch höheren Temperaturen setzt die Ionisation der Atome ein. In der Strömung laufen chemische Reaktionen und Stoffaustauschprozesse ab. Der Wert von $T_0 = 6300$ K bei $Ma_\infty = 10$ ist bei Berücksichtigung der Hochtemperatureffekte bedeutend geringer, da durch die Dissoziation (und Ionisation) Energie gebunden wird. Wir werden darauf in Abschnitt 4.4 unter dem Stichwort Hyperschall-Grenzschichtströmungen zurückkommen.

In diesem Abschnitt beschränken wir uns auf die Behandlung thermisch und kalorisch idealer Gase, also auf einen Bereich bis $Ma \approx 5$.

Gehorcht ein Gas der thermischen Zustandsgleichung

$$\frac{p}{\rho} = RT = \frac{\mathfrak{R}}{M}\, T, \tag{3.205}$$

so bezeichnet man es als thermisch ideal. Wird darüber hinaus die Wärmekapazität c_p konstant gesetzt, so nennt man es zusätzlich kalorisch ideal.

Bei nicht zu hohen Drücken wird das thermische Verhalten von Luft bis ≈ 2000 K sehr gut durch die ideale Gasgleichung (3.205) beschrieben. Die Wärmekapazität c_p nimmt jedoch infolge der Schwingungsanregung bei zweiatomigen Gasen von $c_p/R = 3,5$ bis etwa 300 K auf den Wert 4,5 bei etwa 2000 K zu. Prinzipiell ist es möglich, die Abhängigkeit $c_p(T)$ in der Energiegleichung (3.204) zu berücksichtigen. Meist werden jedoch c_p und damit auch $\kappa = c_p/c_v$ konstant gesetzt.

Die Viskosität und die Wärmeleitfähigkeit von Fluiden sind allgemein von Temperatur und Druck abhängig. Die Druckabhängigkeit spielt in verdünnten Gasen (Luft bei mäßigen Drücken) keine Rolle. Die Abhängigkeit von der Temperatur und vom Druck läßt sich mit Hilfe der kinetischen Gastheorie beschreiben. Der einfachste Ansatz folgt für das Modell der Billardkugeln, bei dem Energie und Impuls nur beim Zusammenstoß der Moleküle ausgetauscht werden. Es wird $\mu \sim \rho l \bar{a}$, dabei ist l die mittlere freie Weglänge der Moleküle und $\bar{a}$ deren mittlere Molekülgeschwindigkeit. Wegen $l \sim 1/\rho$ und $\bar{a} \sim \sqrt{T}$ folgt $\mu \sim \sqrt{T}$. Diese Abhängigkeit ist näherungsweise richtig.

Bei der Berücksichtigung der intermolekularen Kräfte ist das Produkt ρl schwach von der Temperatur abhängig, so daß die Proportionalität $\mu \sim \sqrt{T}$ leicht modifiziert werden muß. Eine häufig verwendete Approximation der Ergebnisse der exakten kinetischen Theorie stammt von Sutherland aus dem Jahre 1893:

$$\frac{\mu(T)}{\mu_0} = \left(\frac{T}{T_0}\right)^{3/2} \frac{T_0 + S}{T + S}. \tag{3.206}$$

Darin ist μ_0 die Viskosität bei dem Bezugszustand T_0 und S ist eine von der Gasart abhängige Konstante. Für Luft ist $S = 110$ K; zu dem Bezugszustand von $T_0 = 280$ K gehört $\mu_0 = 1,75 \cdot 10^5$ kg/(ms).

Bei etwas geringeren Genauigkeitsansprüchen läßt sich die Viskosität durch einen Potenzansatz

$$\frac{\mu(T)}{\mu_0} = \left(\frac{T}{T_0}\right)^{\omega} \qquad \text{mit } 0{,}5 < \omega < 1 \tag{3.207}$$

annähern. Für 300 K $<$ T $<$ 1200 K ist $\omega = 0{,}7$ ein häufig verwendeter Mittelwert. Bild 3.23 zeigt beide Verläufe.

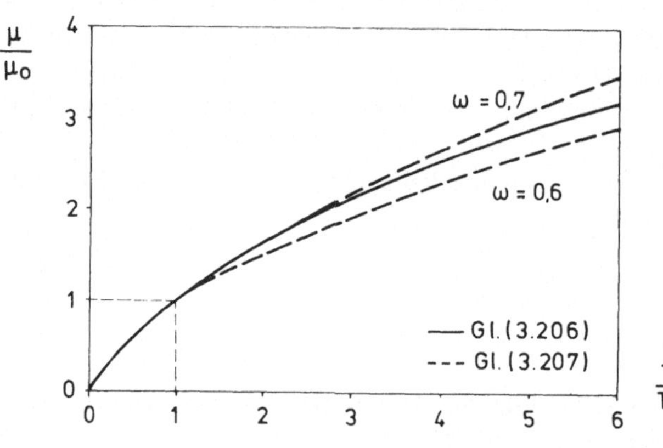

Bild 3.23 Viskosität der Luft als Funktion der Temperatur

In ähnlicher Weise läßt sich die Wärmeleitfähigkeit $\lambda = \lambda(T)$ entweder als Sutherland-Formel (mit einem anderen Wert für S) oder als Potenzansatz darstellen. Darauf kann verzichtet werden, wenn die an Stelle von λ eingeführte Prandtl-Zahl

$$\Pr = \frac{\mu c_p}{\lambda} \tag{3.208}$$

konstant gesetzt wird. Da μ und λ sich in etwa gleicher Weise mit der Temperatur ändern und $c_p \approx$ konstant ist, trifft dies in dem hier interessierenden Temperaturbereich näherungsweise zu. Tabelle 3.5 zeigt für Luft einige Werte.

Tabelle 3.5: Prandtl-Zahl für Luft nach [3.23]

T	280 K	300 K	400 K	500 K	700 K	1000 K
Pr	0,713	0,708	0,689	0,680	0,684	0,702

Die Aufgabe, das Gleichungssystem (3.202) bis (3.204) zusammen mit den Hilfsgleichungen zu lösen, ist ungleich schwieriger als im Fall konstanter Stoffwerte. Wir beginnen daher mit einer einfachen exakten Lösung, anhand derer der gemeinsame Einfluß der Kompressibilität und des Wärmeübergangs in übersichtlicher Weise deutlich wird.

3.8.2 Kompressible Couette-Strömung

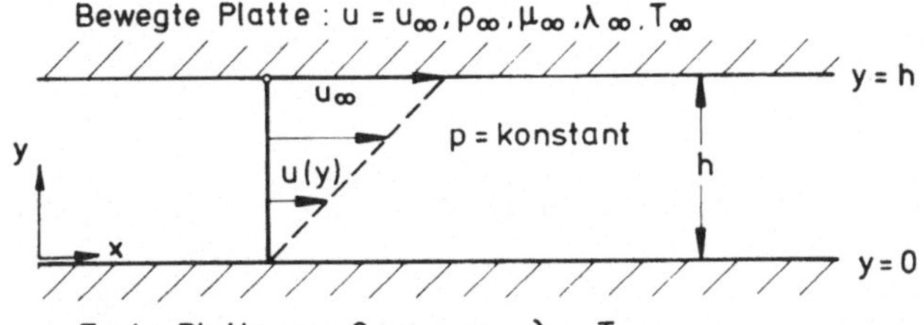

Bild 3.24 Bezeichnungen bei der kompressiblen Couette-Strömung

Die Couette-Strömung hat eine gewisse Verwandtschaft mit der Grenzschichtströmung entlang einer ebenen Platte. Aus diesem Grund wird die bewegte obere Platte mit dem Index ∞ bezeichnet, der gleichfalls die Außenströmung an einer ebenen Platte kennzeichnet. Bei der Interpretation der Ergebnisse muß man freilich beachten, daß die Dicke der Scherschicht hier konstant ist ($= h$), während sie bei der Grenzschichtströmung mit der Lauflänge anwächst.

Bei der Couette-Strömung hängen sämtliche Eigenschaften nur von der Querkoordinate ab, es ist $\partial/\partial x = 0$. Weiter ist $v = 0$, und $u = u(y)$ erfüllt die Kontinuitätsgleichung (3.202). Von der Kräftegleichung (3.203) verbleibt

$$\frac{d\tau}{dy} = 0 \quad \text{oder} \quad \tau = \tau_w = \tau_\infty = \mu \frac{du}{dy} = \text{konstant.} \tag{3.209}$$

Sowohl T_w als auch T_∞ seien konstant, so daß $T = T(y)$ ist. Die konvektiven Terme der Energiegleichung (3.204) verschwinden ebenfalls, es verbleibt

$$\frac{d}{dy}\left(\lambda \frac{dT}{dy}\right) + \mu\left(\frac{du}{dy}\right)^2 = \frac{d}{dy}(-q + u\tau) = 0. \tag{3.210}$$

Dabei ist die Aussage $\tau = $ konstant verwendet worden. Die Randbedingungen lauten nach Bild 3.24:

$$y = 0: u = 0; T = T_w \tag{3.211}$$
$$y = h: u = u_\infty; T = T_\infty.$$

Aus den beiden Bilanzgleichungen folgt nach Integration bei Beachtung der Randbedingungen:

$$u(y) = \tau_w \int_0^y \frac{dy}{\mu} \tag{3.212}$$

$$-q + u\tau = \lambda \frac{dT}{dy} + \mu u \frac{du}{dy} = -q_w = \text{konstant.} \tag{3.213}$$

Falls λ und μ komplizierte Funktionen der Temperatur sind, können beide Gleichungen nur numerisch integriert werden. Für den Sonderfall $\lambda/\mu = c_p/Pr = $ konstant läßt sich eine analytische Lösung angeben. Aus Gl. (3.213) wird mit der Voraussetzung $c_p/\mathrm{Pr} = \mathrm{konstant}$

$$\mu \frac{d}{dy}\left(\frac{c_p}{\mathrm{Pr}}\, T + \frac{1}{2}\, u^2\right) = -q_w$$

und es folgt das Integral der Energiegleichung zu

$$c_p(T - T_w) + \frac{1}{2}\,\mathrm{Pr}\, u^2 = -\mathrm{Pr}\, q_w \int_0^y \frac{dy}{\mu} = -\mathrm{Pr}\, \frac{q_w}{\tau_w}\, u. \qquad (3.214)$$

Wir setzen darin $y = h$ und lösen nach q_w auf:

$$q_w = \frac{\tau_w c_p}{\mathrm{Pr}\, u_\infty}\left(T_w - T_\infty - \mathrm{Pr}\, \frac{u_\infty^2}{2\, c_p}\right). \qquad (3.215)$$

Damit können wir sofort den Recovery-Faktor angeben. Für die adiabate Wand wird wegen $q_w = 0$ der Klammerausdruck zu Null und die Wandtemperatur T_w wird zur adiabaten Wandtemperatur T_{aw}. Es folgt

$$\frac{T_{aw}}{T_\infty} = 1 + \mathrm{Pr}\, \frac{u_\infty^2}{2\, c_p T_\infty} = 1 + \frac{1}{2}\,\mathrm{PrEc} = 1 + \mathrm{Pr}\, \frac{\kappa - 1}{2}\,\mathrm{Ma}_\infty^2, \qquad (3.216)$$

wobei hier die Eckert-Zahl durch $\mathrm{Ec} = u_\infty^2/(c_p T_\infty)$ anstelle von Gl. (3.195) definiert wird. Ein Vergleich mit der Stautemperatur nach Gl. (3.170) ergibt für den durch Gl. (3.171) oder (3.172) definierten Recovery-Faktor die Aussage

$$r = \mathrm{Pr}. \qquad (3.217)$$

Man vergleiche dies mit dem Resultat (3.190) für die ebene Platte bei konstanten Stoffwerten. Dort ergab die numerische Lösung für $r(\mathrm{Pr})$ eine Abhängigkeit, die durch $r = \mathrm{Pr}^n$ approximiert werden konnte, wobei der Exponent n von der Prandtl-Zahl abhing. Auch hier gilt das Ergebnis (3.189) und die im Anschluß daran geführte Diskussion.

Der Wärmeübergang folgt aus Gl. (3.215), wobei Gl. (3.216) eingesetzt wird, zu

$$q_w = \frac{\tau_w c_p}{\mathrm{Pr}\, u_\infty}\,(T_w - T_{aw}). \qquad (3.218)$$

Wie schon in Abschnitt 3.7.2 deutlich wurde, ist die für den Wärmeübergang charakteristische Temperaturdifferenz $(T_w - T_{aw})$. Es ist

$$q_w > 0 \text{ für } T_w > T_{aw}, \quad \text{geheizte untere Wand,}$$
$$q_w = 0 \text{ für } T_w = T_{aw}, \quad \text{adiabate untere Wand,}$$
$$q_w < 0 \text{ für } T_w < T_{aw}, \quad \text{gekühlte untere Wand.}$$

Es gilt auch hier die Reynolds-Analogie $q_w \sim \tau_w$. Definiert man den Reibungsbeiwert und die Stanton-Zahl durch

$$c_f = 2\,\frac{\tau_w}{\rho_\infty u_\infty^2}\ ; \qquad \mathrm{St} = \frac{q_w}{\rho_\infty u_\infty c_p(T_w - T_{aw})}, \qquad (3.219)$$

so lautet die *Reynolds-Analogie* bei der kompressiblen Couette-Strömung

$$St = \frac{c_f}{2\,Pr}\,. \tag{3.220}$$

Das entspricht dem Ergebnis der ebenen Plattenströmung insoweit, als dort der Exponent von Pr nicht Eins sondern 1/2 für $Pr \ll 1$ und 1/3 für $Pr \sim 1$ und $Pr \gg 1$ war.

Der Reibungsbeiwert selbst folgt nach einer Integration der Gl. (3.209) aus

$$\tau_w y = \int_0^u \mu\,du \quad \text{bzw.} \quad c_f = \frac{2}{Re} \int_0^1 \frac{\mu}{\mu_\infty}\,d\left(\frac{u}{u_\infty}\right); \; Re = \frac{\rho_\infty u_\infty h}{\mu_\infty}\,. \tag{3.221}$$

Die Integration kann nur bei einer einfachen $\mu(T)$-Abhängigkeit geschlossen durchgeführt werden. Wir verwenden den Ansatz $\mu \sim T^\omega$ nach Gl. (3.207) und schreiben zuvor die Temperaturverteilung (3.214) derart um, daß an Stelle der Grenze $y = 0$ die obere Grenze $y = h$ verwendet wird:

$$c_p(T - T_\infty) = Pr\,\frac{q_w}{\tau_w}\,(u_\infty - u) + \frac{1}{2}\,Pr(u_\infty^2 - u^2) \quad \text{oder}$$

$$\frac{T}{T_\infty} = 1 + Pr\,\frac{q_w}{\tau_w u_\infty}\,(\kappa - 1)\,Ma_\infty^2\left(1 - \frac{u}{u_\infty}\right) + Pr\,\frac{\kappa - 1}{2}\,Ma_\infty^2\left[1 - \left(\frac{u}{u_\infty}\right)^2\right]$$

$$= \frac{T_w}{T_\infty} + \frac{T_{aw} - T_w}{T_\infty}\,\frac{u}{u_\infty} - Pr\,\frac{\kappa - 1}{2}\,Ma_\infty^2\left(\frac{u}{u_\infty}\right)^2 \tag{3.222}$$

$$= \frac{T_w}{T_\infty} + \frac{T_\infty - T_w}{T_\infty}\,\frac{u}{u_\infty} + Pr\,\frac{\kappa - 1}{2}\,Ma_\infty^2\,\frac{u}{u_\infty}\left(1 - \frac{u}{u_\infty}\right).$$

Dies ist eine auch für kompressible Grenzschichtströmungen charakteristische Koppelungsbeziehung $T(u)$, die unabhängig voneinander Crocco (1932) und Busemann (1935) angegeben haben. Man erkennt an dieser Beziehung sehr schön den Einfluß der Kompressibilität im dritten Summanden und den Einfluß des Wärmeübergangs im zweiten Summanden. Die Größe $(T_{aw} - T_w)/T_\infty$ oder auch $(T_\infty - T_w)/T_\infty$ spielt die Rolle eines Wärmeübergangsparameters, wir kommen darauf in Abschnitt 3.8.3 zurück.

Wir schreiben wegen $\mu \sim T^\omega$

$$c_f = \frac{2}{Re} \int_0^1 \left(\frac{T}{T_\infty}\right)^\omega d\left(\frac{u}{u_\infty}\right)\,. \tag{3.223}$$

Diese Beziehung kann nach Einsetzen von T/T_∞ nach Gl. (3.222) für beliebige Werte ω numerisch integriert werden. Für den Sonderfall $\omega = 1$, d.h. $\mu \sim T$, ist eine geschlossene Integration möglich:

$$c_f = \frac{2}{Re}\left(\frac{T_\infty + T_w}{2\,T_\infty} + Pr\,\frac{\kappa - 1}{12}\,Ma_\infty^2\right) = \frac{2}{Re}\left(\frac{T_\infty + T_w}{2\,T_\infty} + \frac{1}{12}\,PrEc\right). \tag{3.224}$$

Für $Ma_\infty \to 0$ und $T_w = T_\infty$ folgt $c_f = 2/Re$.

Aufgabe 3.17:   Man bestätige Gl. (3.224).

Gl. (3.224) läßt sich für verschiedene Kühlungsverhältnisse als Funktion von $PrMa_\infty^2$ bzw. $PrEc$ darstellen. Bild 3.25 zeigt dies aus dem Buch von White [3.24] für die adiabate Wand ($T_w = T_{aw}$) sowie für den Fall starker Kühlung $T_w = T_\infty$.

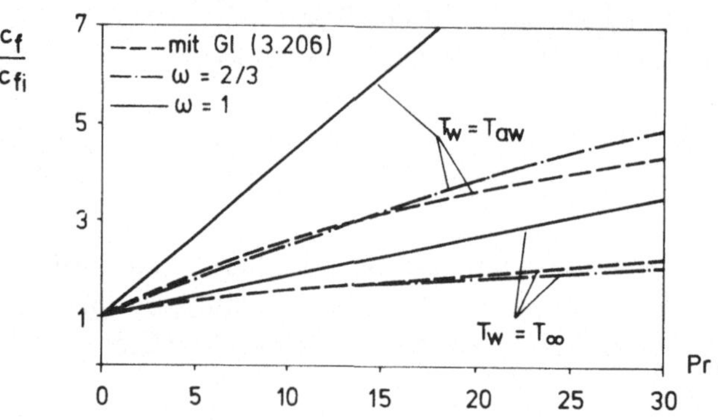

Bild 3.25 Reibungsbeiwert bei der kompressiblen Couette-Strömung

Es ist mit realistischeren Viskositätsansätzen verglichen, hierzu muß Gl. (3.221) numerisch integriert werden. Man sieht deutlich, daß das Resultat für $\omega = 1$ von dem genaueren Ergebnis nicht wenig abweicht. Das ist recht bedeutsam, da bei Grenzschichtrechnungen aus Gründen der Einfachheit gern $\omega = 1$ gesetzt wird. Die Vergleichsbasis in Bild 3.25 ist der sich für $Ec = 0$ ergebende c_f-Wert, der c_{fi} (i = inkompressibel) genannt wird.

Bei der Couette-Strömung nimmt c_f mit wachsender Mach-Zahl sowie Heizung der Wand zu. Dieses Verhalten ist bei Grenzschichtströmungen umgekehrt, da beide Effekte die Grenzschichtdicke $\delta(x)$ stark vergrößern (bei der Couette-Strömung ist h = konstant); siehe hierzu Bild 3.31.

Neben der Temperaturverteilung T(u) kann die Geschwindigkeitsverteilung für $\omega = 1$ analytisch angegeben werden. Dazu integrieren wir Gl. (3.221) und verwenden Gl. (3.224). Es folgt für den Sonderfall der adiabaten Wand

$$\frac{y}{h}\left(\frac{T_\infty + T_w}{2\,T_\infty} + Pr\,\frac{\kappa - 1}{12}\,Ma_\infty^2\right) = \frac{u}{u_\infty} + Pr\,\frac{\kappa - 1}{2}\,Ma_\infty^2\left[\frac{u}{u_\infty} - \frac{1}{3}\left(\frac{u}{u_\infty}\right)^3\right]. \qquad (3.225)$$

Aufgabe 3.18:   Man bestätige Gl. (3.225).

Die Geschwindigkeits- und die Temperaturverteilung sind in Bild 3.26 dargestellt, siehe hierzu Aufgabe 3.18.

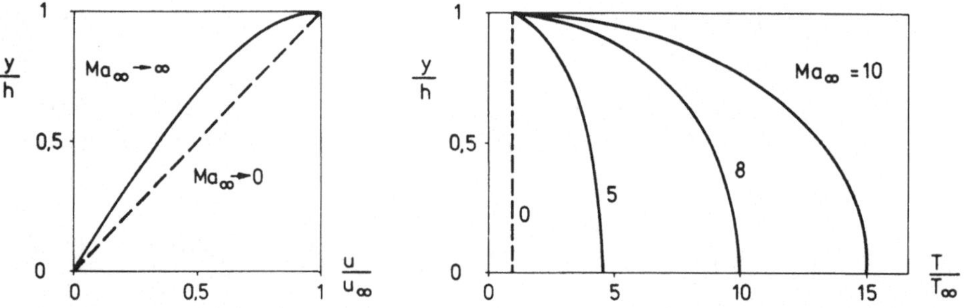

Bild 3.26 Geschwindigkeits- und Temperaturverteilung der kompressiblen Couette-Strömung bei adiabater unterer Wand und $\mu \sim T$

Die Profile zeigen in charakteristischer Weise den Einfluß der Kompressibilität. Das Temperaturprofil wird mit zunehmender Mach-Zahl wesentlich völliger und das Geschwindigkeitsprofil wird etwas flacher.

Das vorgestellte Beispiel, das im übrigen gleichfalls eine Lösung des vollständigen Navier-Stokesschen Gleichungssystems ist, erlaubte eine einfache und für $\omega = 1$ sogar analytische Lösung. Es ist bei der Übertragung der Resultate auf Grenzschichtströmungen jedoch einige Vorsicht geboten, da die Zunahme der Grenzschichtdicke beachtet werden muß. Wir diskutieren im nächsten Abschnitt zwei Partikulärlösungen der Energiegleichung, die bei Grenzschichtströmungen eine wesentliche Rolle spielen.

3.8.3 Partikulärlösungen der Energiegleichung

Ausgangspunkt ist die Energiegleichung in der Schreibweise (3.175) für die Gesamtenthalpie h_0:

$$\rho\left(u\,\frac{\partial h_0}{\partial x} + v\,\frac{\partial h_0}{\partial y}\right) = \frac{\partial}{\partial y}\,(u\tau - q). \tag{3.226}$$

Wir ersetzen den Wärmeleitungsterm durch

$$-\frac{\partial q}{\partial y} = \frac{\partial}{\partial y}\left(\lambda\,\frac{\partial T}{\partial y}\right) = \frac{\partial}{\partial y}\left(\frac{\mu}{Pr}\,\frac{\partial h}{\partial y}\right) = \frac{\partial}{\partial y}\left[\frac{\mu}{Pr}\left(\frac{\partial h_0}{\partial y} - \frac{1}{2}\,\frac{\partial u^2}{\partial y}\right)\right]$$

$$= \frac{1}{Pr}\left[\frac{\partial}{\partial y}\left(\mu\,\frac{\partial h_0}{\partial y}\right) - \frac{\partial(u\tau)}{\partial y}\right].$$

Dabei ist $Pr = $ konstant angenommen worden, und die Energiegleichung geht über in

$$\rho\left(u\,\frac{\partial h_0}{\partial x} + v\,\frac{\partial h_0}{\partial y}\right) = \frac{Pr-1}{Pr}\,\frac{\partial}{\partial y}\,(u\tau) + \frac{1}{Pr}\,\frac{\partial}{\partial y}\left(\mu\,\frac{\partial h_0}{\partial y}\right); \quad Pr = \text{konst.} \tag{3.227}$$

In dem wichtigen Sonderfall $Pr = 1$, der für Luft näherungsweise erfüllt ist, verschwindet der Term, der den Einfluß der Schubspannungsarbeit auf die Gesamtenergie ausdrückt. Der Faktor $(Pr - 1)/Pr$ ist positiv für $Pr > 1$ und negativ für $Pr < 1$. Das erinnert daran, daß $T_{aw} > T_0$ für $Pr > 1$, $T_{aw} = T_0$ für $Pr = 1$ und $T_{aw} < T_0$ für $Pr < 1$ ist, wie wir im inkompressiblen Fall festgestellt hatten, Gl. (3.189). Es folgt die Energiegleichung zu

$$\rho\left(u\,\frac{\partial h_0}{\partial x} + v\,\frac{\partial h_0}{\partial y}\right) = \frac{\partial}{\partial y}\left(\mu\,\frac{\partial h_0}{\partial y}\right) \qquad \text{für } Pr = 1. \tag{3.228}$$

Es lassen sich in einfacher Weise zwei interessante Partikulärlösungen dieser vereinfachten Energiegleichung angeben.

a) Partikulärlösung für $q_w = 0$

Offenbar ist $h_0 = h_{0\delta} = $ konstant eine Lösung der Gl. (3.228). Wegen $h_0 = $ konstant ist

$$\left(\frac{\partial h_0}{\partial y}\right)_w = \left(u\,\frac{\partial u}{\partial y} + c_p\,\frac{\partial T}{\partial y}\right)_w = c_p\left(\frac{\partial T}{\partial y}\right)_w = 0.$$

Die Partikulärlösung gilt somit nur für die adiabate Wand. Das Temperaturprofil folgt aus

$$c_p T + \frac{1}{2} u^2 = c_p T_\delta + \frac{1}{2} u_\delta^2 = \text{konstant zu}$$

$$\boxed{\frac{T}{T_\delta} = 1 + \frac{\kappa - 1}{2} \, Ma_\delta^2 \left[1 - \left(\frac{u}{u_\delta} \right)^2 \right]} \qquad \text{für } Pr = 1; \, q_w = 0. \qquad (3.229)$$

Das Temperaturprofil innerhalb der Grenzschicht ist unter den Voraussetzungen $Pr = 1$ und $q_w = 0$ eindeutig mit dem Geschwindigkeitsprofil gekoppelt. Diese Koppelungsbeziehung gilt unabhängig vom Druckgradienten! Sie ist von Busemann (1931) und unabhängig davon von Crocco (1932) angegeben worden und wird als *erstes Crocco-Busemann-Integral* bezeichnet.

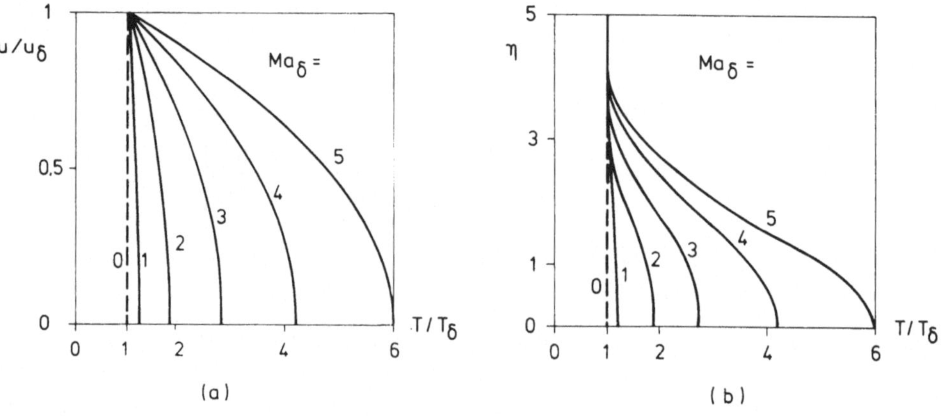

Bild 3.27 Temperaturprofil innerhalb der Grenzschicht für $Pr = 1$ und $q_w = 0$

Bild 3.27 zeigt das Temperaturprofil für einige Mach-Zahlen. Die Darstellung (a) ist korrekt; für die Darstellung (b) des Temperaturprofils als Funktion des Wandabstandes η nach Gl. (2.36) muß ein Geschwindigkeitsprofil angenommen werden. Wir hatten im vorangegangenen Abschnitt gesehen, daß bei der Couette-Strömung das Geschwindigkeitsprofil nur schwach von der Mach-Zahl abhängt (Bild 3.26). Das trifft auch für Grenzschichtströmungen zu, wie wir im nächsten Abschnitt sehen werden. Es ist für eine näherungsweise Darstellung zulässig, das im inkompressiblen Fall ermittelte Geschwindigkeitsprofil zugrundezulegen. In Bild 3.27 (b) wurde das Blasius-Profil der ebenen Plattenströmung eingesetzt. Es muß daher betont werden, daß Bild 3.27 (b) eine schematische Skizze darstellt.

Bei dem Vergleich mit der Temperaturverteilung der Couette-Strömung nach Bild 3.26 muß beachtet werden, daß am Außenrand der Grenzschicht keine Wärme übergeht, während an der bewegten oberen Wand der Couette-Strömung ein Wärmefluß abhängig von der Mach-Zahl vorhanden ist. Die durch Reibungsaufheizung produzierte thermische Energie bleibt innerhalb der mit der Lauflänge x wachsenden Grenzschicht. Im Gegensatz dazu ist bei der Couette-Strömung die Dicke der Scherschicht konstant, bei adiabater unterer Wand wird die durch Reibungsaufheizung erzeugte thermische Energie an der bewegten oberen Wand abgeführt.

Aus Gl. (3.229) folgt die adiabate Wandtemperatur zu

$$\frac{T_{aw}}{T_\delta} = 1 + \frac{\kappa - 1}{2}\, Ma_\delta^2 \qquad \text{für } Pr = 1. \tag{3.230}$$

Für den Fall der ebenen Platte ist dieses Ergebnis identisch mit dem Resultat (3.187) bei inkompressibler Strömung. Es liegt daher nahe, für $Pr \neq 1$ auch hier ausgehend von Gl. (3.172)

$$\frac{T_{aw}}{T_\delta} = 1 + r\, \frac{\kappa - 1}{2}\, Ma_\delta^2 \tag{3.231}$$

die in Abschnitt 3.7.2 ermittelte Abhängigkeit r(Pr) zu übernehmen, obwohl jene streng genommen nur für konstante Stoffwerte gilt. Experimente haben diese Annahme bestätigt, siehe hierzu [3.20].

b) Partikulärlösung für $dp/dx = 0$ und $T_w = $ konstant

Die Kräftegleichung (3.203) hat mit

$$\rho \left(u\, \frac{\partial u}{\partial x} + v\, \frac{\partial u}{\partial y} \right) = \frac{\partial}{\partial y} \left(\mu\, \frac{\partial u}{\partial y} \right) \qquad \text{für } \frac{dp}{dx} = 0 \tag{3.232}$$

genau die gleiche Form wie die Energiegleichung (3.228) für $Pr = 1$. Also existiert eine zweite Partikulärlösung

$$h_0 = Au + B, \tag{3.233}$$

denn dies eingesetzt in Gl. (3.228) ergibt die Kräftegleichung (3.232). A und B sind Konstanten. Diese folgen aus den Randbedingungen

$$y = 0 : h_0 = h_{0w} = h_w = c_p T_w = \text{konst.} \tag{3.234}$$
$$y = \delta : h_0 = h_{0\infty} = h_\infty + u_\infty^2/2 = c_p T_\infty + u_\infty^2/2 = \text{konst.}$$

zu $\quad B = c_p T_w$ und $A = (h_{0\infty} - h_w)/u_\infty$.

Damit wird

$$h_0 = h_w + \frac{u}{u_\infty}\, (h_{0\infty} - h_w) \tag{3.235}$$

und nach kurzer Umformung folgt das Temperaturprofil zu

$$\boxed{\frac{T}{T_\infty} = \frac{T_w}{T_\infty} + \frac{T_\infty - T_w}{T_\infty}\, \frac{u}{u_\infty} + \frac{\kappa - 1}{2}\, Ma_\infty^2\, \frac{u}{u_\infty} \left(1 - \frac{u}{u_\infty} \right)} \tag{3.236a}$$

für $Pr = 1$; $\dfrac{dp}{dx} = 0$; $T_w = $ konst.

Auch für Pr = 1, dp/dx = 0 sowie T_w = konstant ist das Temperaturprofil in eindeutiger Weise mit dem Geschwindigkeitsprofil verknüpft. Es ist interessant, daß diese Beziehung mit der entsprechenden Gl. (3.222) der Couette-Strömung für den Fall Pr = 1 vollständig übereinstimmt. Man bezeichnet Gl. (3.236 a) als *zweites Crocco-Busemann-Integral.* Für $Ma_\infty \to 0$ folgt daraus die bekannte Lösung (3.47). Gl. (3.236 a) wird in verschiedenen Formen geschrieben; vgl. Walz [3.22]:

$$\frac{T}{T_\infty} = 1 - b\left(1 - \frac{u}{u_\infty}\right) + \frac{\kappa - 1}{2} Ma_\infty^2 \left[1 - \left(\frac{u}{u_\infty}\right)^2\right] \qquad (3.236\,b)$$

$$\frac{T}{T_\infty} = 1 + \frac{\kappa - 1}{2} Ma_\infty^2 \left[1 - \theta\left(1 - \frac{u}{u_\infty}\right) - \left(\frac{u}{u_\infty}\right)^2\right]. \qquad (3.236\,c)$$

Darin sind

$$b = \frac{T_{aw} - T_w}{T_\infty} \qquad \text{bzw.} \qquad \theta = \frac{T_{aw} - T_w}{T_{aw} - T_\infty} \qquad (3.237)$$

zwei geeignet definierte *Wärmeübergangsparameter.* Es bedeuten

$$
\begin{aligned}
T_{aw} > T_w &: \theta > 0, b > 0, \quad \text{gekühlte Wand,} \\
T_{aw} = T_w &: \theta = 0, b = 0, \quad \text{adiabate Wand,} \\
T_{aw} < T_w &: \theta < 0, b < 0, \quad \text{geheizte Wand.}
\end{aligned}
$$

Der Wärmeübergangsparameter θ ist für den Grenzfall $Ma \to 0$ wegen $(T_{aw} - T_\infty) \to 0$ keine sinnvolle Größe.

In der Schreibweise (3.236 c) sehen wir sofort, daß bei adiabater Wand ($\theta = 0$) die Beziehungen (3.236 c) und (3.229) identisch sind. Das ist bemerkenswert, da Gl. (3.229) unabhängig von dp/dx ist, wohingegen Gl. (3.236) nur für dp/dx = 0 gilt. Von daher ist anzunehmen, daß das zweite Crocco-Busemann-Integral näherungsweise bei beliebigem Druckgradienten gültig ist. Der Einfluß des Druckgradienten auf das Temperaturprofil wird in erster Linie durch das vom Druckgradienten abhängige Geschwindigkeitsprofil berücksichtigt. Der Einfluß der Prandtl-Zahl wird durch Einführung des Recovery-Faktors berücksichtigt.

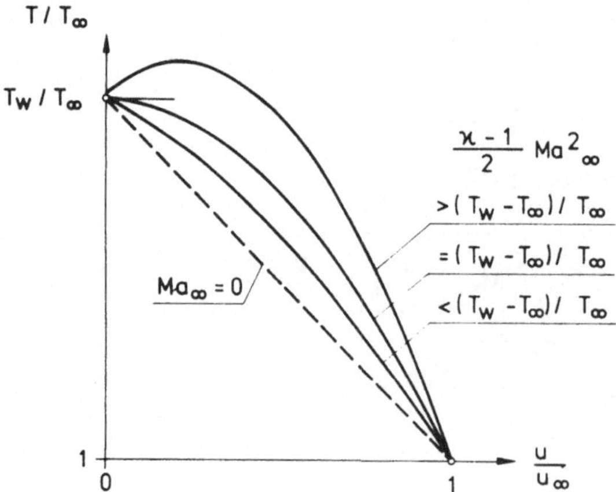

Bild 3.28 Zusammenhang zwischen Temperatur- und Geschwindigkeitsprofil nach Gl. (3.236)

In Bild 3.28 ist das Crocco-Busemann-Integral dargestellt. Die Richtung des Wandwärmestromes folgt wegen

$$\left(\frac{\partial T}{\partial y}\right)_w = \left(\frac{dT}{du}\frac{\partial u}{\partial y}\right)_w \qquad \text{und} \qquad \left(\frac{\partial u}{\partial y}\right)_w > 0$$

aus dem Vorzeichen von $(dT/du)_w$. Nach Gl. (3.236 a) ist

$$\frac{u_\infty}{T_\infty}\left(\frac{dT}{du}\right)_w = \frac{T_\infty - T_w}{T_\infty} + \frac{\kappa - 1}{2}\,Ma_\infty{}^2.$$

Somit bedeuten

$$\frac{\kappa - 1}{2}\,Ma_\infty{}^2 > \frac{T_w - T_\infty}{T_\infty} \qquad \text{Kühlung der Wand,}$$

$$\frac{\kappa - 1}{2}\,Ma_\infty{}^2 = \frac{T_w - T_\infty}{T_\infty} \qquad \text{adiabate Wand,}$$

$$\frac{\kappa - 1}{2}\,Ma_\infty{}^2 < \frac{T_w - T_\infty}{T_\infty} \qquad \text{Heizung der Wand.}$$

Im ersteren Fall fließt Wärme aufgrund der starken Reibungsaufheizung von der Strömung zur Wand hin, obwohl $T_w > T_\infty$ sein kann.

Um das Temperaturprofil als Funktion der Querkoordinate analog zu Bild 3.27 (b) darzustellen, muß erneut ein Geschwindigkeitsprofil angenommen werden. Bild 3.29 zeigt qualitativ das Temperatur- und das dazugehörige Dichteprofil (es ist $\rho/\rho_\infty = T_\infty/T$) für eine bestimmte Mach-Zahl bei Variation des Wärmeübergangsparameters.

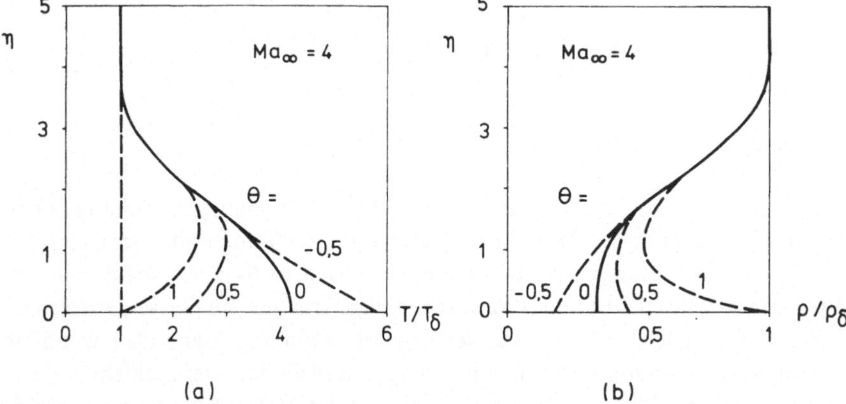

Bild 3.29 Temperatur- und Dichteprofil innerhalb der Grenzschicht für Pr = 1, dp/dx = 0 und T_w = konstant am Beispiel Ma_∞ = 4 für verschiedene Wärmeübergangsparameter in schematischer Darstellung

Das Temperaturprofil ist nunmehr zweiparametrig, es hängt von der Mach-Zahl und dem Wärmeübergangsparameter ab.

Aus Bild 3.29 (b) wird deutlich, daß für große Mach-Zahlen $Ma \gg 1$ im Bereich der Grenzschicht $\rho/\rho_\infty \ll 1$ wird. Der Massenstrom innerhalb der Grenzschicht wird stark reduziert, das führt zu einer beträchtlichen Zunahme der Verdrängungswirkung. Die durch Gl. (2.43) definierte Verdrängungsdicke lautet bei variabler Dichte

$$\delta_1 = \int\limits_0^\delta \left(1 - \frac{\rho u}{\rho_\delta u_\delta}\right) dy. \qquad (3.238)$$

Für $Ma \gg 1$ wird $\rho/\rho_\delta \ll 1$, und die Verdrängungsdicke stimmt mit der Grenzschichtdicke nahezu überein. Bei starker Kühlung der Wand ändert sich dieser Tatbestand, die Dichte steigt in Wandnähe an, und die Verdrängungswirkung nimmt mit zunehmender Kühlung ab.

Aus diesen Überlegungen geht hervor, daß bei kompressiblen Grenzschichtströmungen neben der Reynolds-Zahl die Mach-Zahl und ein geeignet definierter Wärmeübergangsparameter die Grenzschichtentwicklung beeinflussen (die Prandtl-Zahl ist für Luft praktisch konstant, andernfalls würde sie ein weiterer Parameter sein). Wir hatten mit Gl. (3.224) für die kompressible Couette-Strömung ein einfaches Ergebnis für den Reibungsbeiwert der Form $c_f(Re, Ma, Pr, (T_\infty + T_w)/T_\infty)$ gefunden. Bei Grenzschichtströmungen ist die Ermittlung einer derartigen Beziehung ungleich schwieriger, wir gehen darauf in den Abschnitten 3.8.4 und 3.8.5 ein.

Unter den Voraussetzungen der Partikulärlösung b ist die *Reynolds-Analogie* in der einfachen Form $St = c_f/2$, siehe Gl. (3.48) für die inkompressible Strömung an der ebenen Platte für $Pr = 1$ und T_w = konstant, auch im kompressiblen Fall gültig, sofern die Stanton-Zahl geeignet definiert wird. Mit den Definitionen (3.219), d.h.

$$c_f = 2\,\frac{\tau_w}{\rho_\delta u_\delta^2}\,; \qquad St = \frac{q_w}{\rho_\delta u_\delta c_p(T_w - T_{aw})}$$

folgt nach kurzer Umformung

$$St = \frac{c_f}{2\,Pr_w} \qquad \text{für } \frac{dp}{dx} = 0,\ T_w = \text{konstant.} \qquad (3.239)$$

Aufgabe 3.19:   Man bestätige Gl. (3.239).

Diese Reynolds-Analogie gilt nicht nur für $Pr = 1$, obwohl die Koppelungsbeziehung in der Form (3.236) nur für $Pr = 1$ gültig ist. Wie ein Vergleich mit dem Temperaturprofil (3.222) der kompressiblen Couette-Strömung zeigt, tritt die Prandtl-Zahl als Recovery-Faktor nur in dem Kompressibilitätsterm und nicht in dem Wärmeübergangsterm auf. Im übrigen entspricht Gl. (3.239) der Reynolds-Analogie (3.220) bei der Couette-Strömung. Der Index Wand ist von Bedeutung, wenn sich die Prandtl-Zahl nennenswert innerhalb der Grenzschicht ändert. Bei Luft ist $Pr \approx$ konstant, bei Flüssigkeiten wie Wasser und besonders Ölen ist die Prandtl-Zahl stark von der Temperatur abhängig.

3.8.4 Ähnliche Lösungen

In Abschnitt 3.3 haben wir ähnliche Lösungen der Temperaturgrenzschicht bei niedrigen Strömungsgeschwindigkeiten kennengelernt. Die Voraussetzungen dafür sind

$$u_\delta(x) = Cx^m \qquad\qquad\qquad\qquad\qquad\qquad (3.240)$$
$$T_w(x) - T_\delta = Kx^\gamma$$
$$\mu, \lambda, \rho, c_p = \text{konstant.}$$

Pr, m und γ sind Parameter des Temperaturprofils, und die Nusselt-Zahl hängt von den Größen Re, Pr, m und γ ab.

Auch im kompressiblen Fall existieren ähnliche Lösungen, wobei jedoch bezüglich der Abhängigkeit der Stoffwerte einige Einschränkungen gemacht werden müssen. Es gibt eine Reihe von frühen Arbeiten, in denen durch scharfsinnige Koordinatentransformationen die kompressiblen Grenzschicht-Gleichungen auf entsprechende inkompressible Gleichungen reduziert werden. Grundgedanke der ähnlichen Lösungen ist es, die Geschwindigkeitskomponente $u(x, y)$ durch $u(x, y) = u_\delta(x)\, f'(\eta)$ derart zu zerlegen, daß die Form des Profils allein als Funktion der transformierten Variablen $\eta(x, y)$ erscheint. Die Dichtevariation läßt sich durch eine geeignete Dichtetransformation in die Koordinate η hineinnehmen.

Die im weiteren geschilderte Transformation wird als Illingworth, als Illingworth-Stewartson, als Illingworth-Levy oder auch als Dorodnitsyn-Stewartson Transformation bezeichnet. Ausgangspunkt ist die Überlegung, daß aufgrund der Definition der Stromfunktion bei kompressiblen Strömungen

$$\frac{\partial \psi}{\partial y} = \rho u; \qquad\qquad \frac{\partial \psi}{\partial x} = -\rho v, \qquad\qquad\qquad (3.241)$$

wodurch die Kontinuitätsgleichung (3.202) identisch erfüllt wird, die Variable $\int \rho dy$ an die Stelle von y treten sollte. Es werden die Ähnlichkeitsvariablen

$$\eta(x, y) = \frac{\rho_\delta u_\delta}{\sqrt{2\,\xi}} \int_0^y \frac{\rho}{\rho_\delta}\, dy \qquad\qquad\qquad (3.242)$$

$$\xi(x) = \int_0^x \rho_\delta u_\delta \mu_\delta\, dx \qquad\qquad\qquad\qquad (3.243)$$

eingeführt, wodurch jeweils die Aufspaltung in ein Produkt „Größe mal Form" gelingt:

$$\psi(x, y) = \int \rho u\, dy = G(\xi)\, f(\eta) \qquad\qquad\qquad (3.244)$$

$$u(x, y) = u_\delta(\xi)\, f'(\eta)$$

$$h_0(x, y) = h_{0\delta}(\xi)\, g(\eta).$$

Darin ist f wie schon in Abschnitt 2.3 die dimensionslose Stromfunktion, f' ist das dimensionslose Geschwindigkeits- und g das dimensionslose Gesamtenthalpieprofil. Nach einer längeren Umformung von der Art, wie sie in Abschnitt 2.3 vorgeführt wurde, gehen die Impuls-

und die Energiegleichung (3.203), (3.226) über in

$$(Cf'')' + ff'' + \frac{2\,\xi}{u_\delta}\,\frac{du_\delta}{d\xi}\,\left(\frac{\rho_\delta}{\rho} - f'^2\right) = 0 \tag{3.245}$$

$$\left(\frac{C}{Pr}\,g'\right)' + fg' + \frac{u_\delta^2}{h_{0\delta}}\,\left[C\,\frac{Pr-1}{Pr}\,f'\,f''\right]' = 0; \quad ' = \frac{\partial}{\partial\eta}. \tag{3.246}$$

Dies sind immer noch partielle Differentialgleichungen, die Abhängigkeit von der Strömungsrichtung ξ entfällt unter gewissen Voraussetzungen, die wir weiter unten besprechen. Dazu ist es einfacher, von der Energiegleichung in der Schreibweise der Gesamtenthalpie auszugehen, da dann die Bedingungen für die Ähnlichkeit rascher zu formulieren sind. Prinzipiell ist es auch möglich, von der Enthalpieform (3.204) der Energiegleichung auszugehen und das Verhältnis h/h_δ als Ähnlichkeitsvariable einzuführen.

Man nennt

$$C = \frac{\rho\mu}{\rho_\delta\mu_\delta} \tag{3.247}$$

den Chapman-Rubesin Parameter. Weiter ist

$$\frac{u_\delta^2}{h_{0\delta}} = 2\,\left(1 + \frac{2}{(\kappa-1)\,Ma_\delta^2}\right)^{-1} \tag{3.248}$$

mit den Grenzen 0 (für Ma $\to$ 0) und 2 (für Ma $\to\infty$).

Die Randbedingungen des Gleichungssystems lauten, wobei bezüglich der Energiegleichung zwischen adiabater Wand und Wärmeübergang unterschieden wird:

$$\eta = 0 : f = f' = 0 \tag{3.249}$$
$$g' = 0 \quad \text{bei adiabater Wand}$$
$$g = g_w \quad \text{bei Wärmeübergang}$$
$$\eta \to \infty : f' = 1; \quad g = 1.$$

Es sei daran erinnert, daß bei adiabater Wand aus $g(0) = g_w$ die Wandtemperatur zu bestimmen ist, während bei Wärmeübergangsvorgängen der Wert $g'(0)$, also der Wärmeübergang, unbekannt ist.

Bevor wir auf die Bedingungen für die Existenz ähnlicher Lösungen eingehen, soll an bekannte Beziehungen angeknüpft werden. Bei geringen Strömungsgeschwindigkeiten sind μ und ρ konstant, es ist $C = 1$. Gl. (3.245) geht über in

$$f''' + ff'' = 0 \qquad \text{für die ebene Platte} \tag{3.250 a}$$

$$f''' + ff'' + \frac{2\,m}{m+1}\,(1 - f'^2) = 0 \qquad \text{für } u_\delta = Kx^m. \tag{3.250b}$$

Beide Beziehungen hatten wir in Abschnitt 2.3 kennengelernt. Bei dem Vergleich ist jedoch zu beachten, daß dort die Variable η etwas anders definiert wurde; eine Umrechnung ist leicht möglich. Ebenso erkennen wir, daß die transformierte Energiegleichung (3.246) bei niedrigen Strömungsgeschwindigkeiten (für Ma $\ll$ 1 geht $h_0 \to h$) sowie Pr und T_w = konstant übergeht in

$$g'' + Prfg' = 0. \tag{3.251}$$

Diese Beziehung ist für $\gamma = 0(T_w = \text{konstant})$ mit Gl. (3.82) identisch, wenn wir von der Variablen η nach Gl. (3.242) auf jene nach Gl. (3.81) übergehen.

Unter welchen *Bedingungen* existieren *ähnliche Lösungen* des Gleichungssystems (3.245), (3.246)? Die Koeffizienten müssen konstant oder Funktionen von η sein. Das bedeutet:

1. $C = $ konstant oder Funktion von f und g
2. $\dfrac{2\,\xi}{u_\delta}\,\dfrac{du_\delta}{d\xi} = $ konstant
3. $\rho_\delta/\rho = $ Funktion von f und g
4. Entweder $Pr = 1$
   oder $u_\delta^2/h_{0\delta} = $ konstant und $Pr = Pr(\eta)$
5. $g_w(\xi) = $ konstant.

Diese Einschränkungen sind nicht so drastisch, wie es zunächst den Anschein hat. Die Bedingung 2 ist für

$$u_\delta(x) \sim \xi^m \tag{3.252}$$

erfüllt. Das entspricht den sog. Keilströmungen, Bild 2.8, die die Platten- (m = 0) und die ebene Staupunktströmung (m = 1) als Spezialfälle enthalten. Die Bedingung 3 ist für thermisch und kalorisch ideale Gase erfüllt, es ist

$$\frac{\rho_\delta}{\rho} = \frac{T}{T_\delta} = \frac{h}{h_\delta} = F(\eta). \tag{3.253}$$

Da u/u_δ und $h_0/h_{0\delta}$ nur Funktionen von η sind, hängt auch h/h_δ nur von η ab. Bei Annahme des Potenzansatzes $\mu \sim T^\omega$ ist die Bedingung 1 gleichfalls erfüllt, es ist

$$C = \frac{\rho\mu}{\rho_\delta\mu_\delta} = \frac{h_\delta}{h}\,\frac{\mu}{\mu_\delta} = \left(\frac{h}{h_\delta}\right)^{\omega-1} = F(\eta)^{\omega-1}. \tag{3.254}$$

Bedingung 5 bedeutet konstante Wandtemperatur. Bedingung 4 beinhaltet entweder die starke Einschränkung $Pr = 1$, wobei der Verlauf der Mach-Zahl beliebig sein kann, oder $u_\delta^2/h_{0\delta}$ = konstant und gleichzeitig $Pr = Pr(\eta)$. Letzteres ist unproblematisch, die Prandtl-Zahl ist bei Gasen ohnehin nahezu konstant, wenn wir von sehr hohen Temperaturen absehen. Die Bedingung $u_\delta^2/h_{0\delta}$ = konstant ist erfüllt für
- die ebene Plattenströmung, Ma_δ = konstant,
- die ebene Staupunktströmung, $Ma_\delta \ll 1$,
- den Hyperschall-Limes $Ma_\delta \gg 1$, d.h. $u_\delta^2/h_{0\delta} \to 2$.

Bei Beachtung der angeführten Bedingungen insbesondere Pr = konstant geht das Gleichungssystem (3.245), (3.246) in ein System von gewöhnlichen Differentialgleichungen über:

$$(Cf'')' + ff'' + \beta\left(\frac{\rho_\delta}{\rho} - f'^2\right) = 0 \tag{3.255}$$

$$(Cg')' + Prfg' + (Pr - 1)\,\frac{u_\delta^2}{h_{0\delta}}\,(Cf'f'')' = 0. \tag{3.256}$$

Darin ist

$$\beta = \frac{2\,\xi}{u_\delta}\,\frac{du_\delta}{d\xi} = \frac{2\,m}{m+1}. \tag{3.257}$$

Das Gleichungssystem ist von verschiedenen Autoren für unterschiedliche Parameterkombinationen numerisch integriert worden.

Li und Nagamatsu sowie Cohen und Reshotko haben Lösungen für $C = 1$, $Pr = 1$, $-0{,}199 < \beta < 2{,}0$ mitgeteilt. Diese sind später von Levy auch für $Pr = 0{,}7$ angegeben worden.

Darüberhinaus gibt es numerische Lösungen für spezielle Geometrien, wobei genauere Viskositätsansätze verwendet wurden. Die Staupunktströmung ($\beta = 1$) wurde von Fay und Riddell für $Pr = 0{,}71$ und den Viskositätsansatz nach Sutherland sowie von Scala und Baulknight für variable Prandtl-Zahlen und einem auch für hocherhitzte Luft gültigen Viskositätsansatz gelöst. Die ebene Plattenströmung ($\beta = 0$) wurde von van Driest für $Pr = 0{,}75$ und das Sutherland-Gesetz behandelt.

Wir wollen darauf nicht weiter eingehen und verweisen z.B. auf die Bücher von Curle [3.4], Hayes und Probstein [3.7], Loitsianski [3.16], Schlichting [3.20], Stewartson [3.21] sowie White [3.24]. Es seien an dieser Stelle lediglich Ergebnisse für die ebene Plattenströmung mitgeteilt, die schon 1940 von Hantzsche und Wendt sowie 1941 von Crocco angegeben wurden, und an denen der Einfluß der Kompressibilität und des Wärmeübergangs deutlich wird.

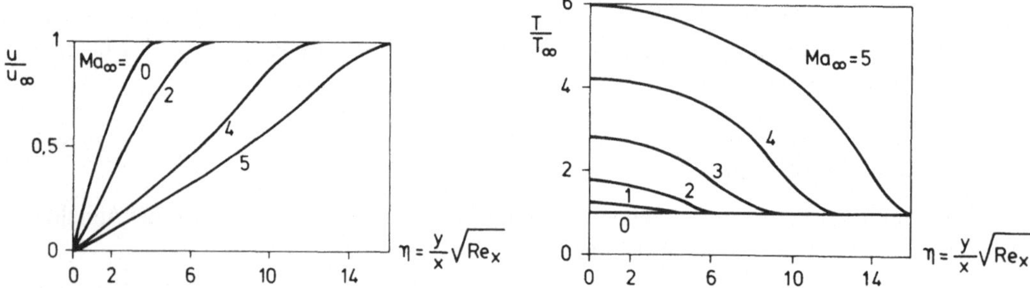

Bild 3.30 Geschwindigkeits- und Temperaturverteilung bei adiabater ebener Platte nach Crocco für $Pr = 1$, $\omega = 1$, $\kappa = 1{,}4$; $Re_x = u_\infty x / \nu_\infty$

Bild 3.30 zeigt deutlich, daß die Grenzschichtdicke mit zunehmender Mach-Zahl wächst und daß das Geschwindigkeitsprofil für hohe Mach-Zahlen einen nahezu linearen Verlauf aufweist. In Bild 3.31 ist der Verlauf des integralen Widerstandsbeiwertes c_w als Funktion der Mach-Zahl für verschiedene ω-Werte dargestellt.

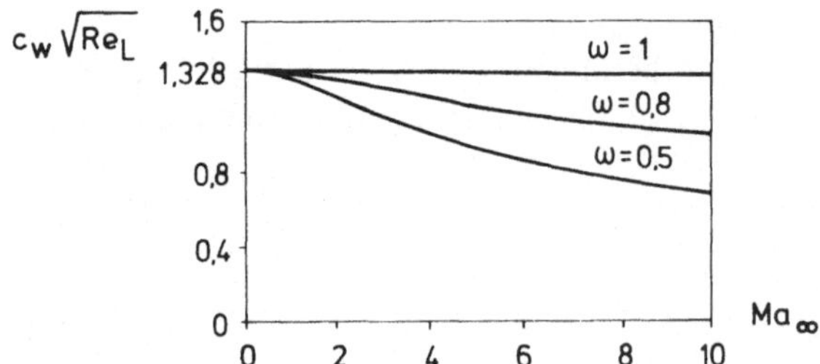

Bild 3.31 Resultierender Reibungsbeiwert bei adiabater ebener Platte nach Hantzsche und Wendt für $Pr = 1$, $\kappa = 1{,}4$ und verschiedene ω-Werte im Viskositätsansatz (3.207); $Re_L = u_\infty L / \nu_\infty$

Bild 3.31 zeigt den interessanten Sachverhalt, daß das Produkt $c_w \sqrt{Re_L}$, wie auch $c_f \sqrt{Re_x}$, für $\omega = 1$ (d.h. $\mu \sim T$ bzw. $C = 1$) unabhängig von der Mach-Zahl ist. Diese Aussage gilt, wie genauere Untersuchungen zeigen, unabhängig von der Prandtl-Zahl. Der Einfluß der Prandtl-Zahl auf den Reibungsbeiwert ist generell sehr viel schwächer als der Einfluß des Viskositäts-ansatzes. Für $\omega = 1$ wird offenbar die Abnahme des Geschwindigkeitsgradienten an der Wand mit zunehmender Mach-Zahl durch die temperaturabhängige Zunahme der Viskosität an der Wand genau kompensiert. Tatsächlich nimmt jedoch wegen $\omega < 1$ das Produkt $\mu\rho$ an der Wand mit wachsender Mach-Zahl ab, das gleiche gilt für den Ausdruck $c_w\sqrt{Re_L}$.

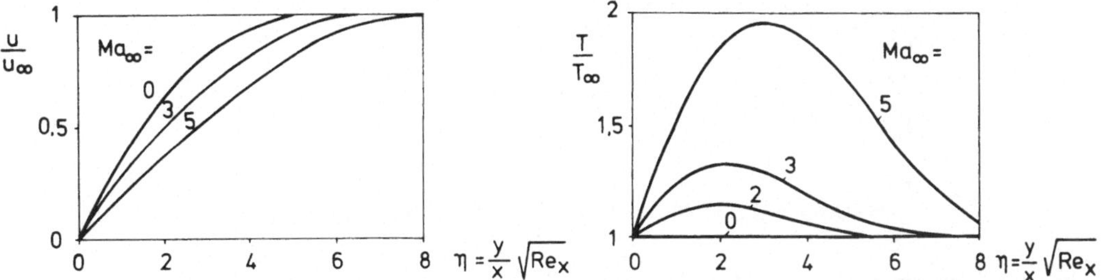

Bild 3.32 Geschwindigkeits- und Temperaturverteilung bei gekühlter ebener Platte nach Hantzsche und Wendt für $Pr = 0,7$, $\omega = 1$, $T_w = T_\infty$, $\kappa = 1,4$; $Re_x = u_\infty x / \nu_\infty$

Bild 3.32 zeigt Profile bei starker Wandkühlung $T_w = T_\infty$. Ein Vergleich mit dem adiabaten Fall in Bild 3.30 läßt erkennen, daß eine Kühlung die Dickenzunahme verringert und die Geschwindigkeitsprofile völliger werden läßt.

Den *Einfluß von Kompressibilität und Wärmeübergang* können wir folgendermaßen *zusammenfassen:*
Eine Erhöhung der Mach-Zahl bewirkt
— eine starke Zunahme der Grenzschichtdicke,
— eine starke Zunahme der Verdrängungswirkung und
— eine mäßige Abnahme des Reibungsbeiwertes.
Eine Erhöhung der Wandkühlung hat eine Abschwächung der aufgeführten Effekte zur Folge; eine Heizung der Wand ($T_w > T_{aw}$) würde diese Effekte verstärken.

Es ist naheliegend, Approximationsformeln für diese Abhängigkeiten anzugeben. Dies geschieht auf der Basis des *Referenztemperatur-Konzepts,* das schon am Ende des Abschnitts 3.7.2 erwähnt wurde. Hierbei geht man von der Annahme aus, daß die bei niedrigen Strömungsgeschwindigkeiten und konstanter Dichte ermittelten Zusammenhänge auch bei veränderlichen Stoffwerten gültig sind, sofern die Stoffwerte bei einer geeignet gebildeten Referenztemperatur T^* ermittelt werden. Dies erfolgt über den Chapman-Rubesin-Faktor C, in dem $C = C^* = f(Ma_\delta, T_w/T_\delta)$ gesetzt wird. Verwendet man das Potenzgesetz für die Viskosität, so ist über

$$C^* = \left(\frac{T^*}{T_\delta}\right)^{\omega - 1}$$

der Chapman-Rubesin-Faktor mit der Referenztemperatur verknüpft. Weiter setzt man

$$\frac{T_{aw}}{T_\delta} = 1 + \sqrt{Pr^*}\,\frac{\kappa - 1}{2}\,Ma_\delta^2 \qquad \text{mit } r = \sqrt{Pr^*} \text{ bei Gasen}$$

$$c_f = 2\,\frac{\tau_w}{\rho_\delta u_\delta^2} = \frac{0{,}664}{\sqrt{Re_x}}\,\sqrt{C^*}$$

$$St = \frac{c_f}{2\,Pr^{*2/3}} \qquad\qquad \text{für } Pr \approx 1 \text{ und } Pr > 1.$$

Es gibt eine Reihe von empirischen Beziehungen für die Referenztemperatur:

$$\frac{T^*}{T_\delta} = 0{,}42 + 0{,}032\,Ma_\delta^2 + 0{,}58\,\frac{T_w}{T_\delta} \qquad \text{nach Young and Janssen}$$

$$\frac{T^*}{T_\delta} = 0{,}5 + 0{,}039\,Ma_\delta^2 + 0{,}5\,\frac{T_w}{T_\delta} \qquad \text{nach Eckert}$$

$$\frac{T^*}{T_\delta} = 0{,}55 + 0{,}035\,Ma_\delta^2 + 0{,}45\,\frac{T_w}{T_\delta} \qquad \text{nach Sommer und Short.}$$

Hierzu sei auf das Buch von White [3.24] verwiesen.

Wir werden im nächsten Abschnitt Näherungsbeziehungen auf der Basis einer Integralbedingung diskutieren.

3.8.5 Näherungslösung für die ebene Platte mit Integralbedingung

Hierzu knüpfen wir an Abschnitt 2.4 an. Die zentrale Beziehung sämtlicher *Integralmethoden ist die Integralbedingung für den Impuls*, die bei Berücksichtigung variabler Stoffwerte lautet:

$$\frac{d\delta_2}{dx} + \frac{\delta_2}{u_\delta}\frac{du_\delta}{dx}\left(2 + \frac{\delta_1}{\delta_2} - Ma_\delta^2\right) = \frac{\tau_w}{\rho_\delta u_\delta^2} = \frac{c_f}{2}. \qquad (3.258)$$

Aufgabe 3.20: Man bestätige Gl. (3.258) durch Anwendung einer Impulsbilanz analog zur Aufgabe 2.6.

Der Einfluß variabler Dichte kommt durch den Term Ma_δ^2 zum Ausdruck, durch den sich Gl. (3.258) von der inkompressiblen Form (2.65) unterscheidet. Die variable Dichte tritt weiterhin in den Integralgrößen

$$\delta_1 = \int_0^\delta \left(1 - \frac{\rho u}{\rho_\delta u_\delta}\right) dy \qquad \text{Verdrängungsdicke} \qquad (3.259)$$

$$\delta_2 = \int_0^\delta \frac{\rho u}{\rho_\delta u_\delta}\left(1 - \frac{u}{u_\delta}\right) dy \qquad \text{Impulsverlustdicke} \qquad (3.260)$$

auf. Die Wandschubspannung wird mit der von der Wandtemperatur abhängigen Viskosität gebildet:

$$\tau_w = \mu_w\left(\frac{\partial u}{\partial y}\right)_w. \qquad (3.261)$$

Der Reibungsbeiwert c_f ist wie bisher definiert durch

$$c_f = 2\,\frac{\tau_w}{\rho_\delta u_\delta^{\,2}}\,. \tag{3.262}$$

Neben der Integralbedingung für den Impuls sind zwei weitere Integralbedingungen von Bedeutung. Die *Integralbedingung für die totale Enthalpie*

$$\frac{d}{dx}\left[\int_0^{\delta_T} u(h_0 - h_{0\delta})\,dy\right] = -\left(\lambda\,\frac{\partial T}{\partial y}\right)_w \tag{3.263}$$

hatten wir schon in Abschnitt 3.7.1, Gl. (3.177), kennengelernt. Bei kompressiblen Grenzschichten wird diese Integralbedingung jedoch nicht oft verwendet, da das Temperaturprofil über das Crocco-Busemann-Integral (3.236) zumindest näherungsweise (da jenes streng genommen nur für $Pr = 1$, $dp/dx = 0$ und $T_w = $ konstant gilt) mit dem Geschwindigkeitsprofil verknüpft werden kann. Neben der Integralbedingung für den Impuls ist dann eine weitere „Formparameter"-Gleichung erforderlich. Die bei inkompressiblen Grenzschichtströmungen verwendete Wandbindungsgleichung Gl. (2.52) ist bei kompressibler Strömung wenig schlagkräftig, da der Einfluß variabler Stoffwerte nur über den Zustand an der Wand zum Tragen kommt.

Man erhält eine weitere Integralbedingung dadurch, daß die zuvor mit u multiplizierte Impulsgleichung (3.203) partiell über y integriert wird. Diese wird als *Integralbedingung für die mechanische Energie* bezeichnet:

$$\frac{d\delta_3}{dx} + \frac{\delta_3}{u_\delta}\frac{du_\delta}{dx}\left(3 + 2\frac{\delta_4}{\delta_3} - Ma_\delta^{\,2}\right) = \frac{2}{\rho_\delta u_\delta^{\,3}}\int_0^\delta \tau\frac{\partial u}{\partial y}\,dy = c_D. \tag{3.264}$$

Darin sind δ_3 und δ_4 zusätzliche Integralgrößen:

$$\delta_3 = \int_0^\delta \frac{\rho u}{\rho_\delta u_\delta}\left[1 - \left(\frac{u}{u_\delta}\right)^2\right]dy \qquad \text{Energieverlustdicke} \tag{3.265 a}$$

$$\delta_4 = \int_0^\delta \frac{\rho u}{\rho_\delta u_\delta}\left(\frac{T}{T_\delta} - 1\right)dy \qquad \text{Dichteverlustdicke} \tag{3.265 b}$$

δ_3 wird auch Dissipationsdicke und δ_4 auch Enthalpiedicke genannt. Der Integralausdruck auf der rechten Seite beschreibt die Energiedissipation, man vergleiche hierzu die Diskussion anhand Gl. (3.176). Man nennt

$$c_D = \frac{2}{\rho_\delta u_\delta^{\,3}}\int_0^\delta \tau\frac{\partial u}{\partial y}\,dy = \frac{2}{\rho_\delta u_\delta^{\,3}}\int_0^\delta \mu\left(\frac{\partial u}{\partial y}\right)^2 dy \qquad \begin{array}{l}\text{Dissipations-}\\\text{integral.}\end{array} \tag{3.266}$$

Aufgabe 3.21: Man bestätige Gl. (3.264) analog zu dem in Abschnitt 2.4 beschriebenen Vorgehen.

Bevor wir ein bestimmtes Integralverfahren in Ansätzen skizzieren, wollen wir für die *ebene Plattenströmung* allein aus der Integralbedingung für den Impuls einige Aussagen über den Einfluß von Kompressibilität und Wärmeübergang gewinnen. Bei von x unabhängigen Randbedingungen ändert sich die Form des Geschwindigkeitsprofils nicht, das Geschwindigkeitsprofil hängt nur von der Querkoordinate, der Mach-Zahl und einem Wärmeübergangsparameter ab, man vergleiche die Bilder 3.30 und 3.32.

Für die ebene Plattenströmung geht die Integralbedingung für den Impuls über in

$$\frac{d\delta_2}{dx} = \frac{d}{dx} \int_0^\delta \frac{\rho u}{\rho_\infty u_\infty} \left(1 - \frac{u}{u_\infty}\right) dy = \frac{\tau_w}{\rho_\infty u_\infty^2} . \tag{3.267}$$

Der Einfluß variabler Stoffwerte kommt an drei Stellen zum Tragen,
— über das Dichteprofil in der Impulsverlustdicke (erheblich),
— über die Viskosität an der Wand (erheblich),
— über das Geschwindigkeitsprofil (schwach).

In Anlehnung an die Darstellungen [3.14, 3.26] führen wir eine Crocco-Transformation ein. Bei festem x geht man von dem Variablenpaar $(u/u_\infty, y/\delta)$ über zu $(\tau, u/u_\infty)$, wobei $u/u_\infty = t$ zur unabhängigen und τ zur abhängigen Variablen wird. Bei Beachtung von $\tau = \mu \, \partial u/\partial y$ kann man dy durch $\mu \, du/\tau$ ersetzen, da das Integral bei festem x ermittelt wird. So folgt

$$\frac{d}{dx} \left[\mu_\infty u_\infty \int_0^1 \frac{\rho\mu}{\rho_\infty\mu_\infty} t(1-t) \frac{dt}{\tau} \right] = \frac{\tau_w}{\rho_\infty u_\infty^2} . \tag{3.268}$$

Da die Geschwindigkeitsprofile an der ebenen Platte ähnlich sind, können wir

$$\frac{\tau}{\tau_w(x)} = f\left(\frac{y}{\delta}\right) = g\left(\frac{u}{u_\infty}\right) = g(t) \tag{3.269}$$

schreiben und erhalten nach Einsetzen in Gl. (3.268)

$$\frac{d}{dx} \left[\frac{\mu_\infty u_\infty}{\tau_w} \int_0^1 \frac{\rho\mu}{\rho_\infty\mu_\infty} \frac{t(1-t)}{g(t)} dt \right] = \frac{\tau_w}{\rho_\infty u_\infty^2} . \tag{3.270}$$

Bei konstanter Wandtemperatur hängt der Chapman-Rubesin-Faktor $\rho\mu/(\rho_\infty\mu_\infty)$ nicht von x ab und das Integral ist konstant, wir nennen es $k^2/2$. Es folgt eine gewöhnliche Differentialgleichung für $\tau_w(x)$

$$\frac{1}{\tau_w} \frac{d}{dx} \left(\frac{1}{\tau_w}\right) = \frac{2}{\mu_\infty \rho_\infty u_\infty^3 k^2}$$

mit der Lösung

$$c_f(x) = 2 \frac{\tau_w}{\rho_\infty u_\infty^2} = \frac{k}{\sqrt{Re_x}} ; \qquad Re_x = \frac{\rho_\infty u_\infty x}{\mu_\infty} . \tag{3.271}$$

Die Beziehung stimmt in Bezug auf die Abhängigkeit von der Reynolds-Zahl mit Gl. (2.47)
für die inkompressible Plattenströmung überein (k = 0,664). Es ist bemerkenswert, daß der
Einfluß variabler Stoffwerte nur über das Produkt $\rho\mu$ in der Größe k enthalten ist. Verwenden wir die Approximation (3.207) für die Viskosität, so folgt wie schon in Gl. (3.254)

$$C = \frac{\rho\mu}{\rho_\infty\mu_\infty} = \left(\frac{T}{T_\infty}\right)^{\omega-1}. \tag{3.272}$$

Zusammen mit Gl. (3.270) kann man daraus schließen, daß für $\omega < 1$ der Reibungsbeiwert
mit zunehmender Mach-Zahl abnimmt, da das Temperaturverhältnis T/T_∞ innerhalb der
Grenzschicht mit steigender Mach-Zahl wächst. Eine Kühlung der Wand verringert offenbar
die Abnahme von c_f, vergleiche hierzu die Bilder 3.27 (b) und 3.29 (b). Für den Sonderfall
$\omega = 1$, d.h. $\mu \sim T$, ist der Chapman-Rubesin-Faktor C konstant und der Reibungsbeiwert somit unabhängig von der Mach-Zahl und dem Wärmeübergang. In diesem Fall wird die Abnahme der Dichte durch die Zunahme der Viskosität gerade kompensiert. Wir hatten darauf
schon anhand des Bildes 3.31 hingewiesen.

In Anlehnung an [3.26] soll diskutiert werden, in welcher Weise der Verlauf der Grenzschichtdicke von der Mach-Zahl und dem Wärmeübergang abhängt. Ausgehend von

$$\tau_w = \mu_w \left(\frac{\partial u}{\partial y}\right)_w = \mu_\infty \left(\frac{T_w}{T_\infty}\right)^\omega \left(\frac{\partial u}{\partial y}\right)_w \tag{3.273}$$

sei zunächst das Geschwindigkeitsprofil durch eine Gerade angenähert, d.h. $(\partial u/\partial y)_w = u_\infty/\delta$
gesetzt. Dies ist für hohe Mach-Zahlen bei adiabater Wand nach Bild 3.30 eine gute und bei
gekühlter Wand nach Bild 3.32 eine noch brauchbare Näherung. Das Crocco-Busemann-Integral (3.236) liefert für das Temperaturverhältnis

$$\frac{T_w}{T_\infty} = 1 + \frac{\kappa-1}{2} Ma_\infty^2 (1-\theta), \tag{3.274}$$

wobei θ ein Wärmeübergangsparameter nach Gl. (3.237) ist. Eingesetzt in Gl. (3.273) folgt
mit Gl. (3.271):

$$2\frac{\tau_w}{\rho_\infty u_\infty^2} = \frac{k}{\sqrt{Re_x}} = 2\frac{\mu_\infty}{\rho_\infty u_\infty \delta} \left[1 + \frac{\kappa-1}{2}Ma_\infty^2(1-\theta)\right]^\omega. \tag{3.275}$$

Damit ist der Verlauf der Grenzschichtdicke durch

$$\frac{\delta(x)}{x} = \frac{2}{k\sqrt{Re_x}} \left[1 + \frac{\kappa-1}{2}Ma_\infty^2(1-\theta)\right]^\omega = f(Re_x, Ma_\infty, \theta) \tag{3.276}$$

gegeben. Die Abhängigkeit von der Reynolds-Zahl entspricht dem inkompressiblen Fall. Man
sieht, daß die Aufheizung der Wand die Ursache für die Verdickung der Grenzschicht ist.
Diese wächst beträchtlich mit der Mach-Zahl, eine Kühlung der Wand ($\theta > 0$) wirkt dem entgegen. Der Einfluß der Prandtl-Zahl kann durch Einführen des Recovery-Faktors r(Pr)
berücksichtigt werden, vgl. hierzu Gl. (3.231). Auch bei einer Änderung der getroffenen
Voraussetzungen läßt sich der Verlauf der Grenzschichtdicke durch folgenden Zusammenhang beschreiben:

$$\frac{\delta(x)}{x} = \frac{f(Ma_\infty, \theta, Pr)}{\sqrt{Re_x}}. \tag{3.277}$$

Die Aussagekraft der angegebenen Näherungsbeziehungen darf nicht überschätzt werden. Sie sollen i.w. dazu dienen, den Einfluß von Mach-Zahl und Wärmeübergang qualitativ deutlich zu machen.

Es gibt eine Reihe von *Integralverfahren* zur Berechnung kompressibler laminarer Grenzschichtströmungen. Mit ihnen kann das vorgestellte Beispiel in besserer Übereinstimmung mit exakten Lösungen behandelt werden, darüber hinaus können Strömungen mit beliebigem Druckgradienten untersucht werden. Hierzu sei z.B. auf die Bücher von Curle [3.4], Schlichting [3.20], Stewartson [3.21], Walz [3.22] sowie White [3.24] verwiesen, die eine Reihe von Verfahren mehr oder weniger ausführlich beschreiben.

Stellvertretend sei kurz ein von Walz entwickeltes und in seinem Buch [3.22] ausführlich beschriebenes Integralverfahren skizziert, das für laminare und turbulente, inkompressible sowie kompressible Grenzschichtströmungen ausgearbeitet wurde. Im Zusammenhang mit turbulenten Grenzschichten werden wir in den Abschnitten 5.13.4 und 6.9.6 darauf erneut eingehen.

Walz verwendet die Integralbedingungen für Impuls (3.258) und mechanische Energie (3.264). Aus rechentechnischen Gründen führt Walz an Stelle der Unbekannten δ_2 und δ_3 die Größen

$$Z = \delta_2 Re_2 = \delta_2 \frac{\rho_\delta u_\delta \delta_2}{\mu_w} \; ; \qquad H^* = H_{32}^* = \frac{\delta_3}{\delta_2} \qquad\qquad (3.278)$$

ein. Das Gleichungssystem (3.258) und (3.264) geht mit den neuen Unbekannten über in

$$Z' + Z \frac{u_\delta'}{u_\delta} F_1 - F_2 = 0 \qquad\qquad (3.279)$$

$$H^{*\prime} + H^* \frac{u_\delta'}{u_\delta} F_3 - \frac{F_4}{Z} = 0; \qquad ' = d/dx. \qquad\qquad (3.280)$$

Die Funktionen F_1 bis F_4 enthalten Größen wie δ_1/δ_2, c_f, c_D, Ma_δ sowie Z und H^* selbst. Um die Ausdrücke F_1 bis F_4 als Funktionen der Unbekannten Z und H^* sowie der Randbedingungen $Ma_\delta(x)$ und $\theta(x)$ angeben zu können, müssen Lösungsansätze für die gesuchten Profile gemacht werden:

— Das Geschwindigkeitsprofil wird durch einen Ansatz der Form

$$\frac{u(x, y)}{u_\delta(x)} = f\left[\frac{y}{\delta(x)}, \text{ Formparameter } (x)\right]$$

derart approximiert, daß die ähnlichen Lösungen nach Hartree, Abschnitt 2.3, möglichst genau beschrieben werden.

— Das Temperaturprofil (und damit das Dichteprofil) wird über das zweite Crocco-Busemann-Integral (3.236) mit dem Geschwindigkeitsprofil verknüpft. Dabei wird unterstellt, daß jenes auch für $dp/dx \neq 0$, $T_w \neq$ konstant sowie $Pr \neq 1$ näherungsweise gültig ist. Der Einfluß der Prandtl-Zahl wird durch Einführung des Recovery-Faktors berücksichtigt. Der Einfluß des Druckgradienten auf die Koppelungsbeziehung (3.236) ist schwach, wie Vergleiche mit exakten Rechnungen gezeigt haben. Indirekt wird das Dichteprofil freilich vom Druckgradienten beeinflußt, da dieser auf das Geschwindigkeitsprofil einwirkt.

— Als Viskositätsgesetz wird der Potenzansatz (3.207) gewählt.

Unter diesen Voraussetzungen können die Ausdrücke F_1 bis F_4 als Funktionen von Z, H* sowie Ma_δ und θ angegeben werden. Dies geschieht z.T. durch analytische Approximation von numerischen Integrationen. Die beiden gekoppelten Gleichungen (3.279), (3.280) können mit Standard-Verfahren numerisch integriert werden.

3.9 Zusammenfassung und Schlußbemerkungen

Die zentrale Aufgabe dieses Kapitels bestand in der Bestimmung des an einer festen Berandung übergehenden Wandwärmestromes in Abhängigkeit von der speziellen Geometrie (Randbedingungen) und von den Fluideigenschaften. Der *Wandwärmestrom* ist durch

$$-q_W = \left(\lambda \frac{\partial T}{\partial y}\right)_W$$

gegeben, er hängt ausschließlich von der molekularen Wärmeleitfähigkeit des Fluids (mit dem thermodynamischen Zustand an der Wand gebildet) sowie vom Temperaturgradienten an der Wand ab.

Obwohl dies ein rein molekularer Wärmeleitungsvorgang ist, spielt das Strömungsfeld dabei eine entscheidende Rolle. Die Strömung ist für den konvektiven Transport von innerer Energie bzw. Enthalpie verantwortlich und beeinflußt den Temperaturgradienten in entscheidender Weise. Es leuchtet unmittelbar ein, daß der Wärmeübergang durch Erhöhung der Strömungsgeschwindigkeit verbessert werden kann. Je rascher Energie konvektiv transportiert wird, desto mehr Wärme kann von der Strömung zur Wand hin (oder umgekehrt) übergehen. Das kann man an vielen Beispielen im täglichen Leben beobachten: Feuchte Wäsche trocknet bei kräftigem Wind sehr viel rascher als bei Windstille (es handelt sich hierbei freilich um ein Problem mit gleichzeitigem Stoffaustausch); der Abkühlvorgang einer heißen Tasse Kaffee wird durch Blasen und Rühren beschleunigt; für den luftgekühlten Motor eines Motorrades besteht bei Standlauf Überhitzungsgefahr.

Das Strömungsfeld wird bei nicht zu hohen Strömungsgeschwindigkeiten durch eine einzige Kennzahl charakterisiert. Hierbei ist zwischen erzwungener und freier Konvektion zu unterscheiden. Bei *erzwungener Konvektion* wird die Strömung durch einen äußeren Antrieb verursacht, als Kennzahl tritt die *Reynolds-Zahl* als Verhältnis von Trägheitskraft zu Reibungskraft auf. Bei *freier Konvektion* wird die Strömung durch Dichteunterschiede, die ihre Ursache in Temperaturunterschieden haben, hervorgerufen und die *Grashof-Zahl* als Verhältnis von Auftriebskraft zu Reibungskraft charakterisiert den Strömungszustand.

In beiden Kennzahlen tritt die für den Impulsaustausch verantwortliche molekulare Viskosität im Nenner auf. Für den Wärmeaustausch in einem strömenden Fluid ist das Verhältnis von molekularer Viskosität $\nu = \mu/\rho$ zu Temperaturleitfähigkeit $a = \lambda/(\rho c_p)$, die *Prandtl-Zahl*, von entscheidender Bedeutung. Je niedriger die Prandtl-Zahl desto größer ist der Wärmeübergang. Die Prandtl-Zahl ist im Gegensatz zur Reynolds- und Grashof-Zahl eine reine Stoffgröße, sie hängt ausschließlich von Fluideigenschaften ab.

Man bezieht den Wandwärmestrom auf eine geeignete Temperaturdifferenz und bezeichnet dies als *Wärmeübergangskoeffizienten* $\alpha = q_W/\Delta T$. Dieser kann in verschiedener Weise dimensionslos gemacht werden. Die *Stanton-Zahl* ist das Verhältnis von Wandwärmestrom zu Enthalpie(differenz)stromdichte, sie enthält die Wärmeleitfähigkeit nicht. Bei der *Nusselt-Zahl* hingegen ist der Wärmeübergangskoeffizient, multipliziert mit einer charakteristischen

Länge, auf die Wärmeleitfähigkeit bezogen. Die Resultate lassen sich bei *erzwungener Konvektion* in der Form

$$\frac{Nu_x}{\sqrt{Re_x}} = f_1(Pr^n) \quad \text{bzw.} \quad St \sqrt{Re_x} = f_2(Pr^{n-1}) \text{ mit } 0 < n < 1$$

darstellen. Der Ausdruck $Nu_x/\sqrt{Re_x}$ nimmt mit wachsender Prandtl-Zahl zu. Das bedeutet jedoch nicht, daß der Wärmeübergang oder der Wärmeübergangskoeffizient mit steigender Prandtl-Zahl wächst, da in der Nusselt-Zahl selbst die Wärmeleitfähigkeit im Nenner steht. Der Ausdruck $St \sqrt{Re_x}$, der die Wärmeleitfähigkeit als Bezugsgröße nicht enthält, nimmt wie der Wandwärmestrom mit wachsender Prandtl-Zahl ab. Öle sind gute Isolatoren, sie leiten die Wärme sehr schlecht; flüssige Metalle sind demgegenüber bevorzugte Fluide, wenn wie in der Reaktortechnik hohe Wärmeströme abgeführt werden müssen.

Bei der ausgebildeten *Rohr- und Kanalströmung* läßt sich der Wärmeübergang durch

$$Nu = \text{konst.} \quad \text{bzw.} \quad St \, Pr = \frac{\text{konst.}}{Re}$$

darstellen, wobei als charakteristische Länge der Rohrdurchmesser verwendet wird. Die Konstante hängt von der Art der Randbedingungen ab. Die Prandtl-Zahl beeinflußt den Wärmeübergang nur im thermischen Einlaufbereich. Bei flüssigen Metallen ist der thermische Einlauf vernachlässigbar, bei hochviskosen Ölen gilt das Umgekehrte. Die folgenden Bemerkungen gelten wiederum für Außenströmungen.

Bei *freier Konvektion* lassen sich die Resultate in der Form

$$\frac{Nu_x}{Gr_x^{1/4}} = f(Pr^m) \qquad \text{mit } 0 < m < 1$$

darstellen. Es gilt bezüglich der Abhängigkeit des Wärmeübergangskoeffizienten von der Prandtl-Zahl die bei erzwungener Konvektion angeführte Bemerkung. Die Stanton-Zahl ist bei der freien Konvektion keine sinnvolle Kennzahl, da keine charakteristische Strömungsgeschwindigkeit vorhanden ist.

Bei der freien Konvektion sind die auftretenden Strömungsgeschwindigkeiten hinreichend niedrig, so daß die Kompressibilität des Fluids vernachlässigt werden kann.

Dies ist bei der erzwungenen Konvektion, sofern *hohe Strömungsgeschwindigkeiten* vorliegen, anders. Die Dissipation bewirkt eine Temperaturerhöhung im Fluid, die in Abhängigkeit von dem Verhältnis kinetischer Energie zu Enthalpie, der *Eckert-Zahl,* beträchtlich sein kann. Anstelle der Eckert-Zahl wird häufig die *Mach-Zahl* verwendet, wobei $Ec \sim Ma^2$ ist. Nimmt man weiterhin konstante Fluideigenschaften an (was bestenfalls bei mäßig hohen Strömungsgeschwindigkeiten näherungsweise gestattet ist), so lassen sich die für niedrige Strömungsgeschwindigkeiten gewonnenen Resultate verwenden. Es muß lediglich die charakteristische Temperaturdifferenz in dem Wärmeübergangskoeffizienten bzw. der Nusselt- oder Stanton-Zahl als Differenz zwischen Wand- und adiabater Wandtemperatur gebildet werden. Die Differenz $(T_w - T_{aw})$ ist für die Richtung des Wärmeflusses verantwortlich, sie tritt an die Stelle der bei niedriger Strömungsgeschwindigkeit charakteristischen Differenz $(T_w - T_\infty)$. Es verbleibt als Problem die Ermittlung der adiabaten Wandtemperatur bzw. des Recovery-Faktors in Abhängigkeit von der Mach-Zahl.

Bei Beachtung der Variation der *Fluideigenschaften* Dichte, Viskosität und Wärmeleitfähigkeit (die spezifische Wärmekapazität kann außer bei sehr hohen Temperaturen näherungsweise konstant gesetzt werden) ist die Behandlung des Systems der Bilanzgleichungen ungleich komplizierter. Der Impulsaustausch ist vom Energieaustausch nicht mehr entkoppelt, die Bilanzgleichungen müssen simultan gelöst werden. Die Resultate lassen sich als

$$\frac{Nu_x}{\sqrt{Re_x}} = f_1(Pr, Ma_\delta, \theta) \quad \text{bzw.} \quad St. \sqrt{Re_x} = f_2(Pr, Ma_\delta, \theta)$$

darstellen. Dabei ist θ ein geeignet definierter Wärmeübergangsparameter und Ma_δ die MachZahl der Außenströmung.

Zur Ermittlung der entsprechenden *Wärmeübergangsrelationen* gibt es prinzipiell folgende Möglichkeiten:

— Analytische Lösungen der vollständigen Bilanzgleichungen. Das ist nur unter drastischen Vereinfachungen möglich, wir haben die ausgebildete Rohr- sowie die Couetteströmung behandelt.

— Numerische Lösung der vollständigen Bilanzgleichungen. Der außerordentlich hohe Aufwand an Rechenzeit und Speicherkapazität rechtfertigt ein derartiges Vorgehen nur in Ausnahmefällen.

— Exakte Lösungen der Grenzschicht-Gleichungen. Die ähnlichen Lösungen stellen die entscheidende Informationsquelle für die gesuchten Beziehungen dar, die entweder in Form von Tabellen, Diagrammen oder analytischen Approximationen vorliegen.

— Numerische Lösung der Grenzschicht-Gleichungen. Dieser Weg muß bei ausgefallenen Geometrien beschritten werden; der numerische Aufwand ist erheblich.

— Näherungslösung mit Integralverfahren. Bei weniger hohen Genauigkeitsanforderungen ist dies die geeignetste Methode für zahlreiche praktische Anwendungen, sofern diese mit den Ergebnissen der ähnlichen Lösungen nicht behandelt werden können. Die Genauigkeit dürfte in den meisten Fällen ausreichen, der numerische Aufwand ist gering. Wir haben dies anhand charakteristischer Fälle gezeigt.

— Analogien zwischen dem Wärme- und Impulsaustausch. Hierbei handelt es sich um Resultate exakter Lösungen.

— Empirische Beziehungen. Man muß darauf zurückgreifen, wenn komplizierte Geometrien keine andere Lösung zulassen. Darüber hinaus sind empirische Beziehungen (wie auch die ähnlichen Lösungen) eine willkommene Stütze bei der Entwicklung von Integralverfahren.

Literatur zu Kapitel 3

[3.1] *F. J. Bayley, J. M. Owen, A. B. Turner:* Heat Transfer; Nelson, London, 1972.

[3.2] *E. Becker:* Gasdynamik; B. G. Teubner Verlag, Stuttgart, 1966.

[3.3] *S. Chapman, T. G. Cowling:* Mathematical Theory of Non-Uniform Gases; Cambridge Univ. Press, London, 1959.

[3.4] *N. Curle:* The Laminar Boundary Layer Equations; Oxford Univ. Press, Oxford, 1962.

[3.5] *E. R. G. Eckert, R. M. Drake:* Analysis of Heat and Mass Transfer; McGraw-Hill Book Comp., New York, 1972.

[3.6] *B. Gebhardt:* Heat Transfer; McGraw-Hill Book Comp., New York, 2. Auflage, 1971.

[3.7] *W. D. Hayes, R. F. Probstein:* Hypersonic Flow Theory; Academic Press, New York, 1959.

[3.8] *J. O. Hirschfelder, C. F. Curtiss, R. B. Bird:* Molecular Theory of Gases and Liquids; J. Wiley & Sons, New York, 1967.

[3.9] *J.P. Holman:* Heat Transfer; McGraw-Hill Book Comp., New York, 4. Auflage, 1976.

[3.10] *W. Ibele (Ed.):* Modern Developments in Heat Transfer; Academic Press, New York, 1963.

[3.11] *J. Jäckle:* Einführung in die Transporttheorie; Vieweg, Braunschweig, 1978.

[3.12] *W.M. Kays:* Convective Heat and Mass Transfer; McGraw-Hill Book Comp., New York, 1966.

[3.13] *J.G. Knudsen, D.L. Katz:* Fluid Dynamics and Heat Transfer; McGraw-Hill Book Comp., New York, 1958.

[3.14] *H.W. Liepmann, A. Roshko:* Elements of Gasdynamics; J. Wiley & Sons, New York, 1957.

[3.15] *C.C. Lin (Ed.):* Turbulent Flows and Heat Transfer; High Speed Aerodynamics and Jet Propulsion, Vol. V, Princeton Univ. Press, London, 1959.

[3.16] *L.G. Loitsianski:* Laminare Grenzschichten; Akademie-Verlag, Berlin, 1967.

[3.17] *M.N. Özisik:* Basic Heat Transfer; McGraw-Hill Book Comp., New York, 1977.

[3.18] *R.C. Reid, T.K. Sherwood:* The Properties of Gases and Liquids; Mc-Graw-Hill Book Comp., New York, 1958.

[3.19] *W.M. Rohsenow, H. Choi:* Heat, Mass, and Momentum Transfer; Prentice-Hall, Englewood Cliffs, New Jersey, 1961.

[3.20] *H. Schlichting:* Grenzschichttheorie; G. Braun-Verlag, Karlsruhe, 5. Auflage, 1965.

[3.21] *K. Stewartson:* The Theory of Laminar Boundary Layers in Compressible Fluids; Clarendon Press, Oxford, 1964.

[3.22] *A. Walz:* Strömungs- und Temperaturgrenzschichten; G. Braun-Verlag, Karlsruhe, 1966.

[3.23] *J.R. Welty, T.E. Wilson, C.E. Wicks:* Fundamentals of Momentum, Heat, and Mass Transfer; J. Wiley & Sons, New York, 2. Auflage, 1976.

[3.24] *F.M. White:* Viscous Fluid Flow; McGraw-Hill Book Comp., New York, 1974.

[3.25] *J. Zierep:* Vorlesungen über theoretische Gasdynamik; G. Braun-Verlag, Karlsruhe, 1962.

[3.26] *J. Zierep:* Theorie der schallnahen und der Hyperschallströmungen; G. Braun-Verlag, Karlsruhe, 1966.

4 Laminarer Stoffaustausch

4.1 Einführung

Stoffaustauschvorgänge spielen in vielen Bereichen der Natur und Technik eine bevorzugte Rolle. Sie sind derart vielfältig und zahlreich, daß eine Auflistung nur exemplarischen Charakter haben kann. Beispiele für biologische Stoffaustauschvorgänge sind die Versorgung des Blutes mit Sauerstoff und die Nahrungsaufnahme im Körper. Bei technischen Anwendungen ist in erster Linie die Verfahrens- und Chemietechnik zu nennen. Hierbei steht das Verständnis und die Auslegung von Trennverfahren im Mittelpunkt des Interesses. Als charakteristische Trennprozesse seien genannt: z.B. Trocknung eines festen Körpers, Absorption, Adsorption, Desorption, Extraktion und Destillation.

Neben der Verfahrens- und Chemietechnik spielen Stoffaustauschvorgänge auch in anderen Bereichen der Technik eine wichtige Rolle. Wir nennen als Beispiele: Verschmutzung von Luft und Wasser, Kühlung von Turbinenschaufeln mittels Ausblasen eines Fremdgases, Ablationskühlung von Raumflugkörpern, Diffusionsvorgänge bei der Behandlung von Werkstoffen zur Erzielung gewünschter Eigenschaften, Diffusionsprozesse bei Verbrennungsvorgängen.

Wir können die Stoffaustauschvorgänge in verschiedener Weise klassifizieren. Eine zweckmäßige *Einteilung* lautet:
1. Molekulare Diffusion in ruhenden Systemen,
2. Molekulare Diffusion in laminaren Strömungen,
3. Turbulente Diffusion in turbulenten Strömungen,
4. Stoffaustauschvorgänge mit Phasenübergängen.

Weiter unterscheiden wir zwischen der Diffusion in Gasen, Flüssigkeiten oder Festkörpern. Die Diffusionsgeschwindigkeit nimmt in Richtung der Aufzählung ab, was wir uns anschaulich sofort klarmachen können. Der molekulare Aufbau der Materie wird von zwei Phänomenen beherrscht:
— Regellose Brownsche Molekularbewegung aufgrund der thermischen Energie;
— Intermolekulare Kräfte mit einem Wirkungsbereich von der Größenordnung einiger Moleküldurchmesser.

Das Zusammenwirken beider Phänomene bestimmt den Aggregatzustand. Bei Gasen herrscht die regellose Bewegung vor, während bei Festkörpern die intermolekularen Kräfte dominieren. In Flüssigkeiten sind beide Effekte von gleicher Größenordnung, es findet ein regelloser Platzwechsel der Moleküle statt. Dies hat Auswirkungen auf die Ermittlung der *Diffusionskoeffizienten*, die wir in Abschnitt 1.8 durch die Angabe der konstitutiven Gleichungen definiert haben.

Mit Hilfe der kinetischen Theorie kann der Diffusionskoeffizient in Gasgemischen als Funktion molekularer Eigenschaften angegeben werden, wir verweisen hierzu z.B. auf [4.2], [4.11], [4.18]. Ein typischer Ansatz lautet für verdünnte Gasgemische, siehe [4.2]:

$$D = 0{,}0018583 \, \frac{T^{3/2}}{p\sigma_{12}^2 \Omega_D} \left(\frac{1}{M_1} + \frac{1}{M_2} \right)^{1/2}. \tag{4.1}$$

Die Beziehung gibt D in cm^2/s an; T ist die absolute Temperatur; M_1 und M_2 sind die Molmassen der beiden Komponenten; p ist der Druck in atm; σ_{12} ist der Kollisionsdurchmesser, ein Potentialparameter, in 10^{-10} m; Ω_D ist das (dimensionslose) Kollisionsintegral, das in der Literatur als Funktion der Temperatur vertafelt ist. Wegen $p \sim \rho T$ für ideale Gase und mit $\Omega_D \approx$ konstant folgt für das Produkt $\rho D \sim \sqrt{T}$, d.h. näherungsweise die gleiche Temperaturabhängigkeit wie für die Viskosität und die Wärmeleitfähigkeit. Wegen $\Omega_D = f(T)$ ist der Exponent 1/2 nur eine grobe Näherung.

Die Diffusion in Flüssigkeiten läuft sehr viel langsamer ab als in Gasen. Eine strenge kinetische Theorie liegt bisher nicht vor. Die Schwierigkeiten sind wesentlich größer als bei verdünnten Gasen (bei dichten Gasen sind sie ähnlicher Art), da die freie Beweglichkeit der Moleküle durch die intermolekularen Kräfte stark eingeschränkt ist. Letzteres zu erfassen bereitet speziell bei komplizierten mehratomigen Molekülen große Schwierigkeiten. Bei verdünnten Lösungen wird oft ein halbempirischer Ansatz nach Wilke verwendet, siehe z.B. [4.2]:

$$D = 7{,}4 \cdot 10^{-8} \frac{(\psi_2 M_2)^{1/2} T}{\mu V_1^{0,6}} . \tag{4.2}$$

Die Beziehung gilt nur bei geringer Konzentration der Komponente 1 in 2. Sie gibt D in cm^2/s an. M_2 ist die Molmasse der Komponente 2 in g/mol, T ist die Temperatur in K, μ ist die Viskosität des Gemisches und damit näherungsweise die der Komponente 2 in Centipoise = 10^{-2} g/(cm s), V_1 ist das Molvolumen der Komponente 1 in cm^3/(g mol) und ψ_2 ist ein Assoziations-Parameter des Lösungsmittels 2. Da die Viskosität von Flüssigkeiten mit steigender Temperatur abnimmt, wächst der Diffusionskoeffizient mit T^n, wobei n > 1 ist.

Bei einigen chemischen Prozessen, wie der heterogenen Katalyse, ist die Diffusion von Gasen in poröse Festkörper von Interesse. Dies ist theoretisch nahezu unmöglich zu erfassen, neben Konzentrationsgradienten spielen Kapillarkräfte eine Rolle. Als Folge davon ist der Massenstrom dem Konzentrationsgradienten nicht mehr direkt proportional. Für eine gegebene Kombination Festkörper/Fluid lassen sich experimentell sog. effektive Diffusionskoeffizienten bestimmen. Es ist einleuchtend, daß speziell für weniger poröse Festkörper die Massendiffusion sehr viel geringer ist als bei Flüssigkeiten.

Da von den Gasen über die Flüssigkeiten zu den Festkörpern hin die freie Beweglichkeit der Moleküle immer stärker eingeschränkt wird, werden die Zahlenwerte der Diffusionskoeffizienten in der genannten Richtung stark abnehmen.

Typische Zahlenwerte des Diffusionskoeffizienten sind:

$$D \approx 5 \cdot 10^{-6} \quad \text{bis } 10^{-5} \quad m^2/s \qquad \text{bei Gasen}$$
$$D \approx 10^{-10} \quad \text{bis } 10^{-9} \quad m^2/s \qquad \text{bei Flüssigkeiten}$$
$$D \approx 10^{-14} \quad \text{bis } 10^{-10} \quad m^2/s \qquad \text{bei Festkörpern.}$$

Wir kommen zu der weiter vorn angeführten Einteilung zurück und wollen uns den Einfluß der Konvektion an einem Beispiel verdeutlichen. Geben wir einer Tasse Kaffee einen Schuß Milch hinzu, so wird sich ohne Rühren die Milch allein infolge molekularer Diffusion nach einiger Zeit gleichmäßig verteilt haben (Fall 1). Erfahrungsgemäß ist dies ein zeitraubender Vorgang; jedermann weiß, daß dieser Prozeß durch Rühren wesentlich beschleunigt werden kann. Rührt man langsam, so wird die Strömung laminar sein (Fall 2). Bei rascherem Rühren wird sich eine turbulente Strömung einstellen (Fall 3) und der Mischvorgang wird nochmals beschleunigt.

Stoffaustauschvorgänge mit Phasenübergängen (Fall 4) treten z.B. auf, wenn ein Gas über eine Flüssigkeitsoberfläche strömt. Der Stoffübergang an einer Phasengrenzfläche erfolgt in drei Schritten: In einer Phase zur Phasengrenzfläche hin, der Übergang über die Phasengrenzfläche zur zweiten Phase hin und schließlich der Transport in die zweite Phase hinein.

In diesem Kapitel beschäftigen wir uns ausschließlich mit dem zweiten Fall, der molekularen Diffusion in laminaren Strömungen. Der turbulente Stoffaustausch, Fall 3, ist Gegenstand des sechsten Kapitels. Stoffaustauschvorgänge mit Phasenübergängen werden nicht behandelt, außer daß dieser Fall uns in bezug auf veränderte Randbedingungen interessiert. Bevor wir darauf kurz eingehen, sollen einige *Begriffe aus der Mischphasenthermodynamik* ins Gedächtnis zurückgerufen werden.

Man nennt ein Fluid *homogen*, wenn es aus einer einzigen Komponente besteht, und man bezeichnet es als *heterogen*, wenn es zwei oder mehrere Komponenten beinhaltet. Hierzu sind einige Bemerkungen erforderlich. Obwohl z.B. Luft aus N_2- und O_2-Molekülen besteht, kann sie als ein homogenes Fluid angesehen werden. Beide Komponenten haben ähnliche Moleküleigenschaften wie etwa die Molmassen, und sie reagieren nicht miteinander. Nur in extremen Situationen wird der heterogene Charakter der Luft spürbar. Ein Beispiel dafür ist die Entmischung von N_2 und O_2 infolge Druckdiffusion durch die enormen Druckgradienten im Bereich des Verdichtungsstoßes. Ein zweiter und wichtigerer Fall tritt bei hohen Temperaturen auf, die Luftmoleküle beginnen zu dissozieren, und bei noch höheren Temperaturen beginnen die Sauerstoff- und die Stickstoffatome zu ionisieren. Die Luft ist ein Gemisch von N_2-, O_2- und NO-Molekülen, von N- und O-Atomen, sowie von positiv geladenen Ionen und negativ geladenen Elektronen. Es laufen chemische Reaktionen ab. Wir werden in Abschnitt 4.4 darauf zurückkommen.

Man nennt ein Fluid *einphasig*, wenn es aus nur einer Phase besteht. Diese kann flüssig oder gasförmig sein. Ein einphasiges Fluid kann homogen oder heterogen sein, im letzteren Fall müssen alle Komponenten gleichphasig sein.

Besteht ein Fluid aus zwei Phasen, so nennt man es *zweiphasig*. Es kann dabei homogen sein, wenn man an das Gemisch Wasser — Wasserdampf als Beispiel für flüssig-gasförmig denkt. Es kann gleichfalls heterogen sein. Als Beispiel für fest-flüssig sei der Transport von Kohleschlamm und als Beispiel für fest-gasförmig die Staubabscheidung in einem Zyklon genannt. Ein wichtiger Anwendungsbereich der Zweiphasenströmungen ist der Wärmeübergang bei Verdampfung und Kondensation. Allgemein spricht man von Mehrphasenströmungen, obwohl das gleichzeitige Auftreten aller drei Phasen recht selten ist. Zweiphasenströmungen spielen in der Verfahrenstechnik eine wichtige Rolle; wir gehen im Rahmen dieses Buches darauf nicht ein und beschränken uns auf die Behandlung einphasiger Fluide.

In Bild 4.1 sind einige Beispiele aufgeführt, an denen wir wesentliche Unterscheidungsmerkmale diskutieren wollen.

Bild 4.1 (a) zeigt die Dissoziation von Luft in einer Hyperschall-Grenzschicht entlang einer ebenen Platte infolge Reibungsaufheizung. Innerhalb der Grenzschicht liegt ein Gemisch aus Molekülen und Atomen vor.

In Bild 4.1 (b) ist ein stumpfer Hyperschall-Flugkörper dargestellt. Bei sehr großen Mach-Zahlen treten hinter dem Verdichtungsstoß derart hohe Temperaturen auf, daß es zur Ionisation kommt. Es liegt ein Gemisch aus Atomen, Ionen und Elektronen vor.

Bild 4.1 (c) zeigt die Verdampfung von Wasser, über dessen Oberfläche Luft strömt. Innerhalb der Grenzschicht liegt ein Gemisch aus Luft- und Wasserdampfmolekülen vor.

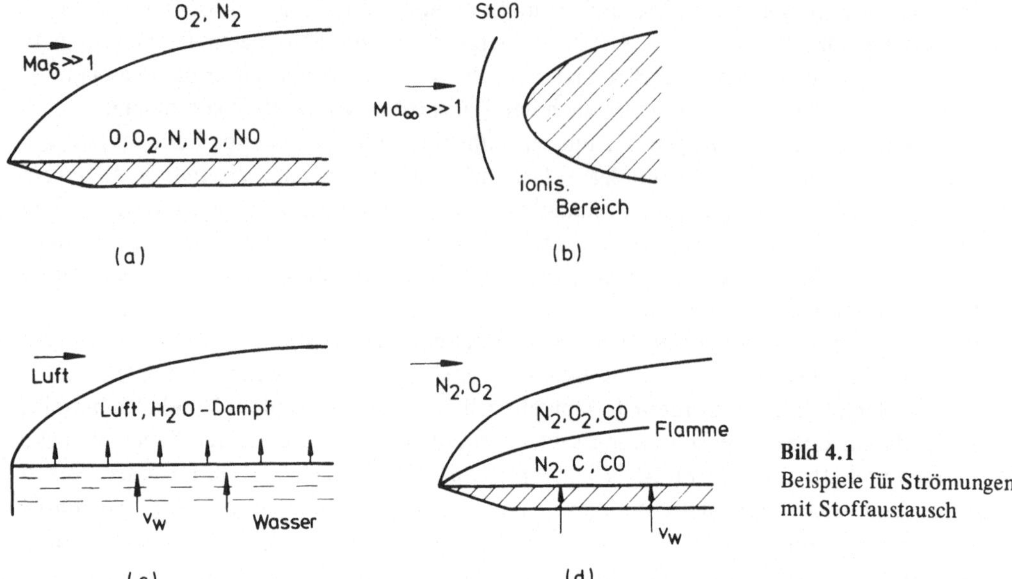

Bild 4.1
Beispiele für Strömungen
mit Stoffaustausch

Bild 4.1 (d) zeigt einen Verbrennungsvorgang. Die Wand sei aus Kohlenstoff, der bei hinreichend hoher Temperatur verbrennt.

Die gezeigten Beispiele lassen sich in zweierlei Hinsicht unterscheiden:

Bezüglich der *chemischen Reaktionen* sprechen wir von inerten Gemischen, wenn wie im Beispiel (c) keine Reaktionen ablaufen. Die chemischen Produktionsdichten σ_α der Komponenten α sind identisch Null. Im Gegensatz dazu liegen in den Beispielen (a), (b) und (d) reagierende Gemische vor. Neben Stoffaustauschvorgängen laufen chemische Reaktionen ab. Hierbei müssen wir zwischen homogenen Reaktionen, die in der Fluidphase ablaufen, und heterogenen Reaktionen, die an der Wand ablaufen, unterscheiden. Die *homogenen Reaktionen* werden über die chemischen Produktionsdichten σ_α in den partiellen Kontinuitätsgleichungen berücksichtigt, deren Bereitstellung eine Aufgabe der chemischen Reaktionskinetik ist. Die *heterogenen Reaktionen* werden über die Randbedingungen erfaßt, die Katalysatorwirkung der Wand spielt hierbei eine wichtige Rolle.

Bezüglich der *wandnormalen Geschwindigkeitskomponente* unterscheiden wir den Fall $v_w = 0$, dazu gehören die Beispiele (a) und (b), von dem Fall $v_w \neq 0$ in den Beispielen (c) und (d). Im Beispiel (c) ist die Wasseroberfläche als „Wand" durchlässig für Wasser, aber undurchlässig für Luft. Bei der Verdampfung ist $v_w > 0$, bei der Kondensation dagegen ist $v_w < 0$. Hierbei handelt es sich um den unangenehmen Tatbestand, daß die Randbedingung ihrerseits von der Lösung abhängt. Man spricht von einer nichtlinearen Randbedingung.

Die zentrale Beziehung dieses Kapitels ist die *Stoffaustauschgleichung*, auch *partielle Kontinuitätsgleichung* oder *Diffusionsgleichung* genannt, die wir im ersten Kapitel bereitgestellt hatten, vgl. Gl. (1.74):

$$\rho \frac{\partial c_\alpha}{\partial t} + \rho v_k \frac{\partial c_\alpha}{\partial x_k} = -\frac{\partial j_{k,\alpha}}{\partial x_k} + \sigma_\alpha. \tag{4.3}$$

Korrekterweise muß man von Gleichungen sprechen, da bei $\alpha = 1, 2, \ldots$ A Komponenten (A-1) unabhängige Stoffaustauschgleichungen existieren. Es sei daran erinnert, daß eine Summation über alle Stoffaustauschgleichungen von $\alpha = 1$ bis A die pauschale Kontinuitätsgleichung ergibt.

Gleichfalls sei an folgende Definitionen erinnert:

$$c_\alpha = \frac{\rho_\alpha}{\rho} \qquad \text{Massenkonzentration der Komponente } \alpha, \qquad (4.4)$$

$$j_{k,\alpha} = \rho_\alpha(v_{k,\alpha} - v_k) \qquad \text{Diffusionsstrom (-vektor) der Komponente } \alpha. \qquad (4.5)$$

Der Diffusionsstrom $j_{k,\alpha}$ ist auf die Schwerpunktsgeschwindigkeit v_k bezogen. Das bedeutet, daß ein sich mit der Schwerpunktsgeschwindigkeit bewegender Beobachter den Diffusionsstrom $j_{k,\alpha}$ nach Gl. (4.5) registriert. Der absolute Strom der Komponente α in Bezug auf einen festen Beobachter ist durch

$$\rho_\alpha v_{k,\alpha} = j_{k,\alpha} + \rho_\alpha v_k \qquad (4.6)$$

gegeben. Diese Unterscheidung ist nicht unwichtig. Gl. (4.6) ist anzuwenden, wenn der absolute Strom einer Komponente durch einen ortsfesten Querschnitt zu ermitteln ist.

In Abschnitt 1.2 wurden weiterhin folgende Schließbedingungen diskutiert, die allgemein sowie für den wichtigen Spezialfall eines Binärgemisches ($\alpha = 1, 2$ bzw. A = 2) wiederholt seien:

$$\sum_\alpha \sigma_\alpha = 0 \qquad \text{bzw.} \qquad \sigma_1 + \sigma_2 = 0 \qquad \text{für A = 2} \qquad (4.7)$$

$$\sum_\alpha c_\alpha = 1 \qquad \text{bzw.} \qquad c_1 + c_2 = 1 \qquad \text{für A = 2} \qquad (4.8)$$

$$\sum_\alpha j_{k,\alpha} = 0 \qquad \text{bzw.} \qquad j_{k,1} + j_{k,2} = 0 \qquad \text{für A = 2.} \qquad (4.9)$$

Bei einem *Binärgemisch* können wir den Index 1 weglassen und setzen $\sigma_1 = \sigma$, $c_1 = c$ sowie $j_{k,1} = j_k$. Gl. (4.3) wird damit

$$\rho \frac{\partial c}{\partial t} + \rho v_k \frac{\partial c}{\partial x_k} = - \frac{\partial j_k}{\partial x_k} + \sigma. \qquad (4.10)$$

Dies gilt für die Komponente 2 entsprechend.

Wir beschränken unsere Betrachtungen aus Gründen der Einfachheit auf Binärgemische. Des weiteren seien die in Abschnitt 1.8 kurz diskutierten Überlagerungseffekte wie die Thermodiffusion (und entsprechend die Diffusionsthermik in der Energiegleichung) und darüberhinaus die Druckdiffusion und die Diffusion durch äußere Kraftfelder mit Ausnahme des Abschnitts 4.5 vernachlässigt. Sie spielen bei den meisten Anwendungen keine Rolle. Bei speziellen Problemen können sie von Interesse sein, so wird u.a. die Thermodiffusion bei der Isotopentrennung ausgenutzt. Unter dieser Voraussetzung ist der Massendiffusionsstrom durch das *Ficksche Gesetz*, oft auch erstes Ficksches Gesetz genannt,

$$j_k = -\rho D \frac{\partial c}{\partial x_k} \qquad (4.11)$$

mit dem Konzentrationsgradienten verknüpft.

Mitunter werden anstelle der *Massenkonzentrationen* c_α als Verhältnis von Partialdichte der Komponente α zur Gesamtdichte die *Molkonzentrationen* verwendet. Dies ist allein eine Frage der Zweckmäßigkeit. Man definiert die Molkonzentrationen durch

$$\omega_\alpha = \frac{N_\alpha}{N} = \frac{n_\alpha}{n} \qquad \alpha = 1, 2, \dots A. \qquad (4.12)$$

Um eine Verwechslung mit der Ortskoordinate x zu vermeiden, wird das Symbol ω an Stelle der häufig verwendeten Bezeichnung x für die Molkonzentration eingeführt. Es bedeuten N_α die Molzahl der Komponente α, N die Gesamtzahl aller Mole, $n_\alpha = N_\alpha/V$ die Moldichte der Komponente α und $n = N/V$ die resultierende Moldichte. Es gelten die Schließbedingungen:

$$\sum_\alpha{}' \omega_\alpha = 1 \qquad \text{bzw.} \qquad \omega_1 + \omega_2 = 1 \qquad \text{für A = 2 wegen} \qquad (4.13)$$

$$\sum_\alpha{}' N_\alpha = N \qquad \text{bzw.} \qquad \sum_\alpha{}' n_\alpha = n. \qquad (4.14)$$

Definiert man eine mittlere Molmasse durch

$$\overline{M} = \sum_\alpha{}' \omega_\alpha M_\alpha, \qquad (4.15)$$

was für ein Binärgemisch (A = 2)

$$\overline{M} = \omega_1 M_1 + \omega_2 M_2 = \omega M_1 + (1 - \omega) M_2 \qquad \text{mit } \omega = \omega_1 \qquad (4.16)$$

bedeutet, so hängen Mol- und Massenkonzentration durch die Beziehung

$$\omega_\alpha = c_\alpha \frac{\overline{M}}{M_\alpha} \qquad \text{zusammen.} \qquad (4.17)$$

Aufgabe 4.1:   Man bestätige Gl. (4.17).

Führen wir die Molkonzentration anstelle der Massenkonzentration in das Ficksche Gesetz (4.11) ein, so folgt:

$$j_k = -\rho D \frac{M_1 M_2}{\overline{M}^2} \frac{\partial \omega}{\partial x_k}. \qquad (4.18)$$

Aufgabe 4.2:   Man bestätige Gl. (4.18).

Es muß darauf hingewiesen werden, daß bei Verwendung der Molkonzentration in bewegten Systemen an Stelle der durch Gl. (1.7) definierten Schwerpunktsgeschwindigkeit v_k

$$\rho v_k = \sum_\alpha{}' \rho_\alpha v_{k,\alpha} \qquad \text{bzw.} \qquad v_k = \sum_\alpha{}' c_\alpha v_{k,\alpha} \qquad (4.19)$$

häufig (aber nicht zwingend) als Bezugsgeschwindigkeit eine mittlere molare Geschwindigkeit v_k^* eingeführt wird:

$$n v_k^* = \sum_\alpha{}' n_\alpha v_{k,\alpha} \qquad \text{bzw.} \qquad v_k^* = \sum_\alpha{}' \omega_\alpha v_{k,\alpha}. \qquad (4.20)$$

Wenn das Gemisch ein ideales Gas ist, so können die Massen- und Molkonzentrationen mit den Partialdrücken p_α in Verbindung gebracht werden. Nach dem Daltonschen Gesetz ist

$$\sum_\alpha{}' p_\alpha = p \qquad \text{bzw.} \qquad p_1 + p_2 = p \qquad \text{für A = 2.} \qquad (4.21)$$

Das bedeutet

$$\left. \begin{aligned} p_\alpha &= \rho_\alpha R_\alpha T = \rho_\alpha \frac{\mathcal{R}}{M_\alpha} T = n_\alpha \mathcal{R} T && \text{wegen } n_\alpha M_\alpha = \rho_\alpha \\[2mm] p &= \rho \overline{R} T = \rho \frac{\mathcal{R}}{\overline{M}} T = n \mathcal{R} T && \text{wegen } n \overline{M} = \rho \end{aligned} \right\} \Lambda \qquad (4.22)$$

$$\omega_\alpha = \frac{n_\alpha}{n} = \frac{p_\alpha}{p}. \qquad (4.23)$$

Es folgt der Diffusionsstrom nach dem Fickschen Gesetz zu

$$j_k = -\frac{D}{R_1 T} \frac{\partial p_1}{\partial x_k}, \qquad (4.24)$$

wobei die Voraussetzung T = konstant gemacht werden muß. Wir schreiben die verschiedenen Formen des Fickschen Gesetzes im Zusammenhang an:

$$j_k = -\rho D \frac{\partial c_1}{\partial x_k} \qquad (4.25)$$

$$= -D \frac{\partial \rho_1}{\partial x_k} \qquad \text{für } \rho = \text{konstant}$$

$$= -\frac{D}{R_1 T} \frac{\partial p_1}{\partial x_k} \qquad \text{für ideale Gase und T = konst.}$$

$$= -\rho D \frac{M_1 M_2}{\overline{M}^2} \frac{\partial \omega_1}{\partial x_k}.$$

Bei konvektiven Stoffaustauschvorgängen ist es zweckmäßig, das Schwerpunktssystem zu Grunde zu legen, da die Änderung der Schwerpunktsgeschwindigkeit nach Gl. (4.19) durch die Impulsbilanz beschrieben wird und die konvektiven Terme der Bilanzgleichungen die Komponenten der Schwerpunktsgeschwindigkeit enthalten. In fluiden Systemen werden wir ausschließlich mit Massen- und nicht mit Molströmen rechnen. Auch dies bietet sich zwingend an, da die einzelnen Terme der Bilanzgleichungen auf das Volumen- bzw. Massenelement bezogen wurden; hierzu sei an das erste Kapitel erinnert.

Eine Umrechnung von Massen- auf Molströme ist, wie an einem Binärgemisch gezeigt wurde, leicht möglich. Ebenso lassen sich die Ströme von dem Bezugssystem der Schwerpunktsgeschwindigkeit auf andere Bezugssysteme (z.B. die mittlere molare Geschwindigkeit nach Gl. (4.20) oder ein festes Koordinatensystem) umrechnen. Dies ist mit Gl. (4.6) für den Massenstrom in Bezug auf ein festes Koordinatensystem angegeben. Des weiteren siehe hierzu z.B. [4.2].

In den Anwendungen werden wir ausschließlich Binärgemische betrachten. Dennoch sei das Ficksche Gesetz für polynäre Gemische erwähnt. Es lautet

$$j_{k,\alpha} = -\rho \sum_{\substack{\beta=1 \\ \beta \neq \alpha}}^{A} \frac{M_\alpha M_\beta}{\overline{M}^2} \, D_{\alpha\beta} \, \frac{\partial \omega_\beta}{\partial x_k}. \tag{4.26}$$

Der Massendiffusionsstrom der Komponente α hängt in komplizierter Weise von den Konzentrationsgradienten sämtlicher Komponenten ab. Die $D_{\alpha\beta}$ sind die polynären Diffusionskoeffizienten.

4.2 Die Grenzschicht-Gleichungen

Konvektive Stoffaustauschvorgänge werden durch das System der Bilanzgleichungen, bestehend aus der Kontinuitätsgleichung, der Kräftegleichung, der Energiegleichung sowie den Stoffaustauschgleichungen für die Komponenten $\alpha = 1, 2, \ldots (A - 1)$ beschrieben. Die Grenzschichtabschätzung der Kräfte- und der Energiegleichung hatten wir in den Abschnitten 2.2 und 3.1 bzw. 3.5 vorgenommen. Es verbleibt die Abschätzung der Stoffaustauschgleichungen.

Vereinfachend nehmen wir eine ebene, stationäre Strömung an. Das Fluid sei ein Binärgemisch. Wir betrachten nur die gewöhnliche Ficksche Diffusion und gehen somit von der Bilanzgleichung

$$\rho \left(u \frac{\partial c}{\partial x} + v \frac{\partial c}{\partial y} \right) = \frac{\partial}{\partial x} \left(\rho D \frac{\partial c}{\partial x} \right) + \frac{\partial}{\partial y} \left(\rho D \frac{\partial c}{\partial y} \right) + \sigma \tag{4.27}$$

aus. In Anlehnung an Abschnitt 3.1 führen wir als dimensionslose Variablen

$$x^* = \frac{x}{L} ; \, y^* = \frac{y}{L} ; \, u^* = \frac{u}{u_0} ; \, v^* = \frac{v}{u_0} ; \, \rho^* = \frac{\rho}{\rho_0} ; \, D^* = \frac{D}{D_0} ; \, c^* = \frac{c}{\Delta c_0} \tag{4.28}$$

ein. Dabei sind $x^*, u^*, \rho^*, D^*, c^* = 0(1)$. Gl. (4.27) geht über in

$$\rho^* \left(u^* \frac{\partial c^*}{\partial x^*} + v^* \frac{\partial c^*}{\partial y^*} \right) = \frac{1}{Re_0 Sc_0} \left[\frac{\partial}{\partial x^*} \left(\rho^* D^* \frac{\partial c^*}{\partial x^*} \right) + \frac{\partial}{\partial y^*} \left(\rho^* D^* \frac{\partial c^*}{\partial y^*} \right) \right] + \sigma.$$

$$1 \quad 1 \quad \frac{1}{1} \quad \delta_S^* \frac{1}{\delta_D^*} \qquad\qquad \frac{1}{1} \quad 1 \; 1 \quad \frac{1}{1} \quad \frac{1}{\delta_D^*} \; 1 \; 1 \; \frac{1}{\delta_D^*} \tag{4.29}$$

Es ist $\delta_D{}^* = \delta_D/L$ die dimensionslose Dicke der Diffusionsgrenzschicht und $\delta_S^* = \delta_S/L$ die der Strömungsgrenzschicht. In der Abschätzung der Energiegleichung (3.20) tritt vor dem Diffusionsstrom die Parameterkombination RePr auf, an ihre Stelle tritt bei Stoffaustauschvorgängen das Produkt ReSc. Die Reynolds-Zahl spielt immer dann eine Rolle, wenn es sich um konvektive Austauschvorgänge handelt. Die *Schmidt-Zahl*

$$\boxed{\; Sc = \frac{\mu}{\rho D} = \frac{\nu}{D} \;} \quad ; \nu = \frac{\mu}{\rho} \qquad\qquad (4.30)$$

beschreibt das Verhältnis von Impuls- zu Stoffaustausch. Sie ist wie die Prandtl-Zahl eine reine Stoffgröße und hängt von der Fluidpaarung sowie dem thermodynamischen Zustand ab. Sie ist von etwa gleicher Größenordnung wie die Prandtl-Zahl. Für die meisten Gaspaarungen liegt Sc zwischen 0,2 und 5,0. Zur Anschauung seien einige Schmidt-Zahlen von Gasen in Luft im Normalzustand angegeben, siehe [4.19]:

Ammoniak	$Sc = 0{,}61$
Butan	$= 1{,}77$
Kohlendioxyd	$= 0{,}96$
Wasserstoff	$= 0{,}22$
Sauerstoff	$= 0{,}74$
Stickstoff	$= 0{,}98$
Wasserdampf	$= 0{,}60$

Das Verhältnis von Wärme- zu Stoffaustausch wird als *Lewis-Zahl* bezeichnet:

$$Le = \frac{\lambda}{\rho c_p D} = \frac{a}{D} = \frac{Sc}{Pr}. \qquad\qquad (4.31)$$

Diese Definition ist nicht einheitlich, mitunter wird auch der Kehrwert Pr/Sc als Lewis-Zahl benannt.

Im Rahmen der Grenzschichttheorie ist $ReSc \gg 1$. Wir sehen anhand Gl. (4.29), daß Konvektions- und Diffusionsterm für $Re_0 Sc_0\, \delta_D{}^{*2} = 0(1)$ von gleicher Größenordnung sind. Es folgt

$$\delta_D{}^* = \frac{\delta_D}{L} \sim \frac{1}{\sqrt{ReSc}}. \qquad\qquad (4.32)$$

Zusammen mit der Aussage $\delta_S^* \sim 1/\sqrt{Re}$ nach Gl. (3.17) sowie der Aussage (3.27) für $\delta_T{}^*$ gilt für das Verhältnis der Dicken von Strömungs-, Temperatur- und Diffusionsgrenzschicht

$$\frac{\delta_D}{\delta_S} \sim \frac{1}{\sqrt{Sc}} \;;\; \frac{\delta_D}{\delta_T} \sim \sqrt{\frac{Pr}{Sc}}. \qquad\qquad (4.33)$$

Fazit: In Gasgemischen sind wegen $Pr \approx Sc \approx 1$ die Strömungs-, Temperatur- und Diffusionsgrenzschicht etwa gleich dick.

Wegen der Aussage (4.32) verbleibt für $ReSc \gg 1$ in Gl. (4.29) von dem Diffusionsterm nur der Anteil quer zur Strömungsrichtung, und es folgt die *Stoffaustauschgleichung der*

Grenzschicht für Binärgemische zu

$$\rho \left(u \frac{\partial c}{\partial x} + v \frac{\partial c}{\partial y} \right) = \frac{\partial}{\partial y} \left(\rho D \frac{\partial c}{\partial y} \right) + \sigma. \qquad (4.34)$$

Die Kontinuitäts-, Kräfte- und Energiegleichung können wir Abschnitt 3.1 entnehmen und erhalten damit als System der *Grenzschicht-Gleichungen für kompressible Binärgemische:*

$$\frac{\partial}{\partial x} (\rho u) + \frac{\partial}{\partial y} (\rho v) = 0 \qquad (4.35)$$

$$\rho \left(u \frac{\partial u}{\partial x} + v \frac{\partial u}{\partial y} \right) = - \frac{dp}{dx} + \frac{\partial \tau}{\partial y} \qquad (4.36)$$

$$\rho \left(u \frac{\partial h_0}{\partial x} + v \frac{\partial h_0}{\partial y} \right) = \frac{\partial}{\partial y} (u\tau - q) \qquad (4.37)$$

$$\rho \left(u \frac{\partial c}{\partial x} + v \frac{\partial c}{\partial y} \right) = - \frac{\partial j}{\partial y} + \sigma \qquad (4.38)$$

Dabei ist die Energiegleichung für die totale Enthalpie angeschrieben. Der einzige Unterschied gegenüber der Energiegleichung für Einkomponentenfluide liegt darin, daß der Energiestrom q neben dem Wärmeleitungsterm einen Enthalpiediffusionsstrom enthält, vgl. Gl. (1.34). Im einzelnen gilt für die Flüsse:

$$\tau = \mu \frac{\partial u}{\partial y} \qquad (4.39)$$

$$j = -\rho D \frac{\partial c}{\partial y} \qquad (4.40)$$

$$q = -\lambda \frac{\partial T}{\partial y} - \rho D (h_1 - h_2) \frac{\partial c}{\partial y}. \qquad (4.41)$$

Es sei erneut darauf hingewiesen, daß bei Berücksichtigung der Überlagerungseffekte die Ansätze für j und q entsprechend zu ergänzen sind, wir werden in Abschnitt 4.5 darauf zurückkommen. Der Enthalpiediffusionsstrom ist von Bedeutung, wenn die partiellen spezifischen Enthalpien h_1 und h_2 der Komponenten 1 und 2 verschieden sind. Das ist besonders bei chemischen Reaktionen in ausgeprägter Weise der Fall, die Differenz $(h_1 - h_2)$ ist dann näherungsweise gleich der Reaktionsenthalpie, siehe Abschnitt 4.4.

Das Gleichungssystem wird durch entsprechende Ansätze für die Transportkoeffizienten μ, λ und D sowie für die chemische Produktionsdichte vervollständigt und kann grundsätzlich gelöst werden. Wir hatten einige einfache Ansätze für die Transportkoeffizienten vorgestellt und diskutiert, daß deren genereller Aufbau aus der kinetischen Theorie der Atome und Moleküle folgt.

Es ist Aufgabe der chemischen Reaktionskinetik, die *Produktionsdichte* σ als Funktion des thermodynamischen Zustandes und der Konzentration bereitzustellen. Die Formulierung hängt von der betrachteten Reaktion ab. Es ist ein experimenteller Befund, daß sich die meisten (jedoch nicht alle) Reaktionen nach ihrer Reaktionsordnung klassifizieren lassen. Stellen wir uns eine homogene Reaktion $A + B \rightarrow C$ vor und bezeichnen die Massenkonzentration der Komponente A mit c und jene der Komponente B mit $(1 - c)$, so gibt es in bezug auf die Reaktionsordnung folgende Möglichkeiten:

$$
\begin{aligned}
\sigma &= k & &\text{Reaktion 0. Ordnung} \\
\sigma &= k\,c & &\text{Reaktion 1. Ordnung} \\
\sigma &= k\,c^2 \text{ oder } k_1 c(1-c) & &\text{Reaktion 2. Ordnung} \\
\sigma &= k\,c^n & &\text{Reaktion n. Ordnung.}
\end{aligned}
\tag{4.42}
$$

Man nennt k die Reaktionsgeschwindigkeitskonstante der homogenen Reaktion, sie hat in der Schreibweise (4.42) die Dimension Masse/(Volumen · Zeit). Die Reaktionsgeschwindigkeitskonstante k hängt im wesentlichen von der Temperatur ab, die meisten Reaktionen laufen bei hohen Temperaturen rascher ab als bei niedrigen Temperaturen. Diese Abhängigkeit wird in halbempirischer Weise durch die Arrhenius-Gleichung beschrieben, auf die wir in Abschnitt 4.4.3 bei der Formulierung der Produktionsdichte für eine spezielle Reaktion zu sprechen kommen werden.

Die meisten Reaktionen in Binärgemischen sind von erster oder zweiter Ordnung. Entweder ist die (positive oder negative) Produktionsdichte einer Komponente ihrer eigenen Konzentration direkt proportional wie im Beispiel der Gasabsorption, oder sie ist dem Produkt zweier Konzentrationen proportional. Wenn wir an die Reaktion $A + B \rightarrow C$ denken, so ist einleuchtend, daß die Produktion von C von der Wahrscheinlichkeit eines Zusammenstoßes zwischen einem Molekül A und einem Molekül B und damit von dem Produkt beider Konzentrationen abhängt.

Das Gleichungssystem (4.35) bis (4.38) gilt gleichermaßen für inerte $(\sigma \equiv 0)$ und reagierende Gemische $(\sigma \neq 0)$. Im letzteren Fall enthält die Enthalpie die Reaktionswärme.

Wir kommen zur Formulierung der *Randbedingungen*. Dabei ist zu beachten, daß sich die Massenstromdichte einer Komponente in einem ortsfesten Koordinatensystem gemäß Gl. (4.6) aus zwei Anteilen zusammensetzt, einem Diffusions- und einem Konvektionsterm. Allgemein gilt für die Komponente 1:

$$
\dot m_{k,1} = \rho_1 v_{k,1} = j_{k,1} + \rho_1 v_k.
\tag{4.43}
$$

An der Wand folgt damit die Komponente quer zur Strömungsrichtung zu

$$
\dot m_{1,w} = j_w + \rho_1 v_w = -\left(\rho D\,\frac{\partial c}{\partial y}\right)_w + \rho_w c_w v_w.
\tag{4.44}
$$

In vielen Fällen kann der konvektive Anteil vernachlässigt werden; entweder ist die Konzentration der übergehenden Komponente klein oder die wandnormale Geschwindigkeit ist im Vergleich zur Strömungsgeschwindigkeit gering. Dann wird der Wandstoffstrom näherungsweise allein durch den Diffusionsstrom bestimmt:

$$
\dot m_{1,w} = j_w = -\left(\rho D\,\frac{\partial c}{\partial y}\right)_w \quad \text{für kleine Werte } \rho_w c_w v_w.
\tag{4.45}
$$

Wir werden im folgenden diese Beziehung für geringe Stoffübergangsraten verwenden. Auf die damit verbundene Problematik gehen wir in Abschnitt 4.3, Aufgabe 4.3, ein. Die Randbedingungen der Stoffaustauschgleichung können vielfältiger Art sein. Man kann folgende Fälle unterscheiden:

a) Die Wandkonzentration ist vorgegeben, $c = c_w(x)$. An Stelle der Massenkonzentration kann dies auch jede andere Angabe über die Zusammensetzung wie Molkonzentration, Moldichte, Partialdruck usw. sein (Randbedingung erster Art).

b) Der Massenstrom ist vorgegeben, $j = j_w(x) = -(\rho D \partial c/\partial y)_w$ (Randbedingung zweiter Art). Spezialfälle hierbei sind

  ba) die undurchlässige Wand $j_w = 0$ bzw. $(\partial c/\partial y)_w = 0$,

  bb) die Verknüpfung eines Stoffaustauschvorgangs in der Fluidphase mit dem in dem umströmten Festkörper. Beide Vorgänge sind über die zunächst unbekannte Randbedingung $j_w(x)$ gekoppelt.

c) Die heterogene chemische Reaktion an der Wand ist vorgegeben und damit ein von der speziellen Reaktion abhängiger Zusammenhang zwischen der Wandkonzentration und dem Stoffstrom (gemischte Randbedingung).

Für sämtliche Fälle gibt es eine Vielzahl von Beispielen. Strömt trockene Luft über eine Wasseroberfläche, so verdampft Wasser und diffundiert in die Luft. Der Partialdruck des Wasserdampfes an der Wasseroberfläche und damit an der „Wand" liegt bei bekannter Temperatur fest, zu ermitteln ist die an die strömende Luft übergehende Stromdichte des Wasserdampfes (Fall a). Läuft in einem Fluid eine homogene chemische Reaktion ab, die von der Wand nicht unterstützt wird, so spricht man von einer nichtkatalytischen Wand, es ist $j_w = 0$ (Fall ba). Bei der Ablationskühlung einer Raumkapsel ist der Stoffaustausch in der Gasphase mit jenem in dem Ablationsmaterial über den Wandstoffstrom verknüpft (Fall bb). Wird ein fester Brennstoff in Luft verbrannt, so ist über die heterogene Wandreaktion der Wandstoffstrom mit der Wandkonzentration verknüpft (Fall c).

Im letzteren Fall unterscheidet man wie bei den homogenen Reaktionen nach der Reaktionsordnung. Häufig ist die *heterogene Wandreaktion* von erster Ordnung, und die Randbedingung kann im Fall c lauten:

$$j_w = -\left(\rho D \frac{\partial c}{\partial y}\right)_w = \pm K_w \rho_w (c_w - c_{w,e}). \tag{4.46}$$

K_w ist die Reaktionsgeschwindigkeitskonstante der heterogenen Wandreaktion, sie hängt im wesentlichen von der Paarung Fluid/Oberflächenmaterial ab und hat die Dimension einer Geschwindigkeit. Mit $c_{w,e}$ ist die Wandkonzentration im thermodynamischen Gleichgewicht (e = equilibrium) gemeint. Die Randbedingung beinhaltet die Fälle (a) und (ba), wie wir sofort einsehen. Die Größe K_w ist nicht allein dafür maßgebend, eine heterogene Reaktion als schnell oder langsam zu bezeichnen. Erst das Zusammenwirken von Reaktionsablauf, beschrieben durch K_w, und dem Diffusionsvermögen, beschrieben durch den Diffusionskoeffizienten D, erlaubt eine derartige Aussage. Dazu wird eine neue Kennzahl, die *Damköhler-Zahl* Da eingeführt

$$Da = \frac{\delta K_w}{D}, \tag{4.47}$$

wobei in Grenzschichtströmungen die Grenzschichtdicke δ das charakteristische Längenmaß ist. Die Damköhler-Zahl kann als Verhältnis zweier Geschwindigkeiten oder zweier Zeitmaße interpretiert werden:

$$Da = \frac{K_w}{D/\delta} = \frac{K_w/\delta}{D/\delta^2} = \frac{\tau_D}{\tau_R}. \tag{4.48}$$

Es bedeuten K_w eine charakteristische Reaktionsgeschwindigkeit, D/δ eine charakteristische Diffusionsgeschwindigkeit,

$$\tau_R = \frac{\delta}{K_w} \qquad \text{eine charakteristische Reaktionszeit,} \tag{4.49}$$

$$\tau_D = \frac{\delta^2}{D} \qquad \text{eine charakteristische Diffusionszeit.} \tag{4.50}$$

In ähnlicher Weise kann eine Damköhler-Zahl für homogene (d.h. in der Fluidphase ablaufende) Reaktionen definiert werden. Wir kommen darauf in Abschnitt 4.4.3 zurück. Die Damköhler-Zahl der heterogenen Wandreaktion erhält den Index w, sofern diese von der Damköhler-Zahl der homogenen Reaktion (Index F wie Fluid) unterschieden werden muß.

Wir führen die Damköhler-Zahl (4.47) in die Randbedingung (4.46) ein:

$$j_w = -\left(\rho D \frac{\partial c}{\partial y}\right)_w = Da_w \frac{(D\rho)_w}{\delta} (c_w - c_{w,e}). \tag{4.51}$$

Es existieren zwei Grenzfälle:

A: $Da \to \infty$, $\tau_R \ll \tau_D$, $K_w \gg D/\delta$: Die Wandreaktion läuft verglichen mit dem Diffusionsvorgang unendlich rasch ab, an der Wand stellt sich die Gleichgewichtskonzentration $c_{w,e}$ ein. Die Wandreaktion ist im *Gleichgewicht* (Index e). Es liegt Fall a einer vorgegebenen Wandkonzentration vor. Nach der Randbedingung (4.51) folgt für den Wandstoffstrom ein unbestimmter Ausdruck der Form $\infty \cdot 0$; der Wandstoffstrom ergibt sich aus der Lösung der Stoffaustauschgleichung. Die Diffusion ist der zeitlich bestimmende Vorgang, und man bezeichnet den Grenzfall $Da \to \infty$ als *diffusionskontrolliert*.

B: $Da \to 0$, $\tau_R \gg \tau_D$, $K_w \ll D/\delta$: Die Wandreaktion läuft verglichen mit dem Diffusionsvorgang unendlich langsam ab, die Reaktion ist *eingefroren* (Index f = frozen). Die Randbedingung (4.51) geht über in $j_w = 0$, es liegt Fall ba einer undurchlässigen Wand vor. Die unbekannte Wandkonzentration $c_w = c_{w,f}$ folgt aus der Lösung der Stoffaustauschgleichung.

In vielen Situationen ist einer der beiden Grenzfälle näherungsweise erfüllt, so ist etwa bei Verbrennungsvorgängen $Da \gg 1$. Ist jedoch das Zeitmaß der Diffusion vergleichbar mit dem der Reaktion ($Da \sim 1$), so ist über die Randbedingung (4.51) die gesuchte Wandkonzentration mit dem gleichfalls gesuchten Wandstoffstrom verknüpft.

Der wandnormale Stoffstrom nach Gl. (4.44) erscheint auch in der Randbedingung der Energiegleichung an der Wand. In der Beziehung (4.41)

$$q = -\lambda \frac{\partial T}{\partial y} + j(h_1 - h_2)$$

tritt neben dem Wärmeleitungsterm ein auf die Schwerpunktsgeschwindigkeit bezogener Energiediffusionsterm auf. Dieser ist an der Wand, also in einem festen Koordinatensystem, derart abzuändern, daß $\dot{m}_{1,w}$ nach Gl. (4.44) an die Stelle von j_w tritt. Es folgt an der Wand:

$$q_w = -\left(\lambda \frac{\partial T}{\partial y}\right)_w + \dot{m}_{1,w}(h_1 - h_2) \qquad\qquad (4.52\,a)$$

$$= -\left(\lambda \frac{\partial T}{\partial y}\right)_w - \left[\left(\rho D \frac{\partial c}{\partial y}\right)_w - \rho_w c_w v_w\right](h_1 - h_2).$$

Bei vernachlässigbarem wandnormalen Konvektionsstrom der Komponente 1 gilt

$$q_w = -\left(\lambda \frac{\partial T}{\partial y}\right)_w - \left(\rho D \frac{\partial c}{\partial y}\right)_w (h_1 - h_2). \qquad\qquad (4.52\,b)$$

Abschließend formulieren wir die Randbedingungen des Gleichungssystems (4.35) bis (4.38) im Zusammenhang:

$$
\begin{aligned}
y = 0 \text{ (Wand):} \quad & u = 0; \quad\quad v = v_w(x) \\
& T = T_w(x) \text{ oder } q = q_w(x) \\
& c = c_w(x) \text{ oder } \dot{m}_1 = \dot{m}_{1,w}(x) \quad \text{bzw.} \\
& j = j_w(x) \text{ oder } j_w(x) = f[c_w(x)]. \\[4pt]
y = \delta \text{ (Außenrand):} \quad & u = u_\delta(x); \quad T = T_\delta(x) \\
& p = p_\delta(x); \quad c = c_\delta(x) \quad \text{usw.}
\end{aligned}
\qquad (4.53)
$$

Falls ein wandnormaler Konvektionsstrom berücksichtigt werden muß, so erscheint dieser als Randbedingung der Impuls-, Energie- und Stoffaustauschgleichung. Das erschwert die Behandlung derartiger Vorgänge erheblich, da einerseits wegen $v_w \neq 0$ selbst bei konstanten Stoffwerten alle drei Austauschvorgänge gekoppelt sind und andererseits der Verlauf $v_w(x)$ häufig erst ein Ergebnis der Rechnung ist. Glücklicherweise kann in den meisten Fällen auf die Berücksichtigung des wandnormalen Konvektionsstroms verzichtet werden, ohne daß ein nennenswerter Fehler entsteht. Bei der Verdampfung leichtflüchtiger Komponenten kann dies problematisch sein.

Bei den meisten Stoffaustauschproblemen interessiert weniger der Verlauf des Konzentrationsprofils als vielmehr der an einer Berandung übergehende Stoffstrom. In völliger Analogie zum Wärmeübergangskoeffizienten α, Gl. (3.36), wird ein *Stoffübergangskoeffizient* definiert durch die Beziehung

$$j_w = \beta \rho_w \Delta c = -\left(\rho D \frac{\partial c}{\partial y}\right)_w. \qquad\qquad (4.54)$$

Es sei auch hier darauf hingewiesen, daß bei leicht flüchtigen Komponenten der Stoffübergangskoeffizient durch die Beziehung $\dot{m}_{1,w} = \beta \rho_w \Delta c$ definiert werden muß. Darin ist Δc eine geeignete Konzentrationsdifferenz, z.B. $\Delta c = c_w - c_\delta$. Der Stoffübergangskoeffizient ist keine Stoffgröße, er hängt u.a. vom Konzentrations-, Geschwindigkeits- und Temperaturfeld ab; seine Bestimmung steht im Zentrum dieses Kapitels. Er hat die Dimension einer Geschwindigkeit.

Folgende dimensionslose Darstellung ist üblich:

$$\boxed{\; Sh = \frac{\beta L}{D} = \frac{j_w L}{\rho D \Delta c} \;} \quad \textit{Sherwood-Zahl.} \qquad\qquad (4.55)$$

Die Analogie zur Nusselt-Zahl, Gl. (3.37), ist offensichtlich; aus diesem Grund wird die Sherwood-Zahl teilweise auch als Nusselt-Zahl für den Stoffübergang bezeichnet. L ist eine charakteristische Länge des jeweiligen Problems.

Die Deutung der Sherwood-Zahl entspricht derjenigen der Nusselt-Zahl. Analog zu den Gln. (3.40) und (3.41) können wir schreiben:

$$Sh = -\left(\frac{\partial c^*}{\partial y^*}\right)_w \qquad \text{mit } c^* = \frac{c}{\Delta c} \text{ und } y^* = \frac{y}{L} \tag{4.56}$$

$$Sh = \frac{j_w L}{\rho D \Delta c} \sim \frac{j_w}{\left(\rho D \frac{\partial c}{\partial y}\right)_w} \cdot \frac{L}{\delta_D} \sim \frac{L}{\delta_D}. \tag{4.57}$$

Damit ist die Sherwood-Zahl einerseits als dimensionsloser (bei geeigneter Wahl der Bezugsgrößen) negativer Konzentrationsgradient an der Wand und andererseits als Verhältnis von charakteristischer Länge zur Dicke der Diffusionsgrenzschicht deutbar.

Eine der Stanton-Zahl St, Gl. (3.38), entsprechende Größe kann bei Stoffübergangsproblemen gleichfalls definiert werden, sie trägt keinen eigenen Namen und wird durch einen Strich von der Stanton-Zahl für den Wärmeübergang unterschieden. Gleichfalls wird ein Colburn j-Faktor analog zu Gl. (3.39) definiert (Index M = mass):

$$St' = \frac{\beta}{u_\delta} = \frac{j_w}{\rho u_\delta \Delta c} = \frac{Sh}{Re\,Sc} \qquad \textit{Stanton-Zahl des Stoffübergangs,} \tag{4.58}$$

$$j_M = \frac{\beta}{u_\delta} \left(\frac{\nu}{D}\right)^{2/3} = St'Sc^{2/3} \qquad \text{Colburn j-Faktor.} \tag{4.59}$$

Wir haben festgestellt, daß beim konvektiven Stoffaustausch die Profile der Geschwindigkeit, Temperatur und Konzentration sowie die wichtigen Größen Wandreibung, Wärme- und Stoffübergang von folgenden Kenngrößen abhängen:

Parameter	charakterisiert
$Re \;\; = \dfrac{\rho u L}{\mu}$	Impulsaustausch
$Pr \;\; = \dfrac{\mu c_p}{\lambda} = \dfrac{\nu}{a}$	Verhältnis Impuls- zu Wärmeaustausch
$Sc \;\; = \dfrac{\mu}{\rho D} = \dfrac{\nu}{D}$	Verhältnis Impuls- zu Stoffaustausch
$Ec \;\; = \dfrac{u^2}{c_p T} \sim Ma^2 = \dfrac{u^2}{c^2}$	Kompressibilität
$Da_F \;\; = \left[\dfrac{\tau_D}{\tau_R}\right]_F$	Homogene Reaktion in der Fluidphase
$Da_w \;\; = \left[\dfrac{\tau_D}{\tau_R}\right]_w$	Heterogene Reaktion an der Wand
$\dfrac{v_w}{u_\delta}$	Wandnormale Geschwindigkeit

Die Reynolds-Zahl spielt bei erzwungener Konvektion eine Rolle, bei freier Konvektion tritt an ihre Stelle die Grashof-Zahl nach Gl. (3.139).

Der Stoffübergang und damit die Sherwood-Zahl hängen im allgemeinen von sämtlichen Parametern ab. Hinzu kommt die Abhängigkeit von den gegebenen Randbedingungen wie z.B. dem Wärmeübergangsparameter. Bei speziellen Anwendungen entfallen oft viele der Parameter:

Parameter	entfällt
Re	in ruhenden Systemen
Pr	in isothermen Systemen
$Ec \sim Ma^2$	bei niedrigen Strömungsgeschwindigkeiten
Da_F	sofern keine homogene Reaktion abläuft
Da_w	sofern keine heterogene Reaktion abläuft
v_w/u_δ	bei mäßigen Stoffübergangsraten.

4.3 Der Stoffaustausch an der ebenen Platte

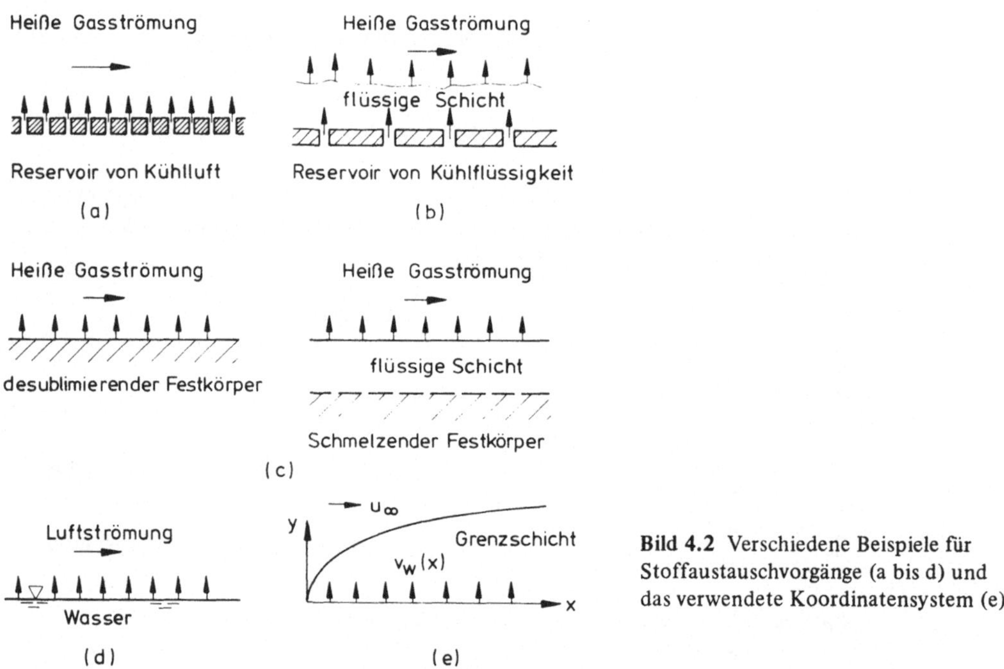

Bild 4.2 Verschiedene Beispiele für Stoffaustauschvorgänge (a bis d) und das verwendete Koordinatensystem (e)

Es gibt eine Reihe von Fällen, in denen Stoffaustauschvorgänge zur Kühlung verwendet werden (Raumfahrttechnik, Kühlung von Turbinenschaufeln und von Brennkammerwänden, ...). Bild 4.2 zeigt einige typische Beispiele. Einer heißen Gasströmung kann Kühlluft zugeführt werden (a); hier liegt nur dann ein Stoffaustauschvorgang vor, wenn das eingeblasene Gas von dem strömenden Gas verschieden ist. Andernfalls handelt es sich lediglich um eine

Grenzschichtströmung mit Ausblasen. Als Kühlmittel kann auch eine Flüssigkeit zugeführt werden, die verdampft und in die Gasströmung diffundiert (b). Man spricht von Ablation, wenn der umströmte Festkörper infolge hoher Temperatur entweder direkt oder über eine flüssige Phase in die Gasphase übergeht (c). Diese Art der Kühlung wird bei Raumkapseln beim Wiedereintritt in die Erdatmosphäre verwendet. Strömt trockene Luft über eine Wasseroberfläche, so diffundiert der Wasserdampf von der Wasseroberfläche in die Luft hinein (d). Bei sämtlichen Beispielen ist eine wandnormale Geschwindigkeitskomponente $v_w(x)$ vorhanden, die entweder vorgegeben werden kann oder gesucht ist. Bild 4.2 (e) zeigt das verwendete Koordinatensystem.

Vorgänge der geschilderten Art sind außerordentlich kompliziert. Nebeneinander laufen Impuls-, Wärme- und Stoffaustauschvorgänge ab; in den Fällen a, b, c muß mit veränderlichen Stoffwerten gerechnet werden, da infolge hoher Strömungsgeschwindigkeiten die Kompressibilität eine wichtige Rolle spielt.

Wir werden in diesem Abschnitt den einfachsten Fall einer stationären ebenen Strömung eines inkompressiblen inerten Binärgemisches behandeln. Darunter fallen das Beispiel d und ähnliche in der Verfahrenstechnik häufig auftretende Stoffaustauschvorgänge.

Wir legen das Koordinatensystem nach Bild 4.2 (e) zu Grunde und nehmen an, daß das Gas 1 mit der Massenkonzentration $c_1 = c$ durch die (porös gedachte) Oberfläche hindurch in das strömende Gas 2 mit der Massenkonzentration $c_2 = 1 - c$ diffundiert. Damit gilt ausgehend von den Gln. (4.35) bis (4.41) folgendes Gleichungssystem:

$$\frac{\partial u}{\partial x} + \frac{\partial v}{\partial y} = 0 \tag{4.60}$$

$$u\,\frac{\partial u}{\partial x} + v\,\frac{\partial u}{\partial y} = \nu\,\frac{\partial^2 u}{\partial y^2}; \qquad \nu = \frac{\mu}{\rho} \tag{4.61}$$

$$u\,\frac{\partial T}{\partial x} + v\,\frac{\partial T}{\partial y} = a\,\frac{\partial^2 T}{\partial y^2}; \qquad a = \frac{\lambda}{\rho c_p} \tag{4.62}$$

$$u\,\frac{\partial c}{\partial x} + v\,\frac{\partial c}{\partial y} = D\,\frac{\partial^2 c}{\partial y^2}. \tag{4.63}$$

Der Stoffaustauschvorgang beeinflußt das Geschwindigkeitsprofil nur über die Randbedingung $v_w(x)$, die Gln. (4.60) und (4.61) bleiben unverändert. In der Energiegleichung (4.62) ist gegenüber Gl. (4.41) die Annahme gemacht worden, daß der Enthalphiediffusionsterm gegenüber dem Wärmeleitungsterm vernachlässigbar ist. Das ist bei inerten Gemischen in der Regel der Fall, bei reagierenden Gemischen trifft dies jedoch nicht zu. Die Enthalpiedifferenz $(h_1 - h_2)$ in Gl. (4.41) ist dann näherungsweise gleich der Reaktionsenthalpie, die beträchtliche Werte annehmen kann.

Das Gleichungssystem besitzt die Randbedingungen:

$$\begin{aligned}
&y = 0 : u = 0; \quad v = v_w; \qquad T = T_w; \quad c = c_w \\
&y \to \infty : u = u_\infty; \qquad\qquad\quad\ T = T_\infty; \quad c = c_\infty.
\end{aligned} \tag{4.64}$$

4.3.1 Exakte Lösung

Unter bestimmten Voraussetzungen für den Verlauf von $v_w(x)$ existieren ähnliche Lösungen des Gleichungssystems. Dazu führen wir die Ähnlichkeitsvariable

$$\eta(x, y) = y \sqrt{\frac{u_\infty}{\nu x}} = \frac{y}{x} \sqrt{Re_x} \qquad \text{mit } Re_x = \frac{u_\infty x}{\nu} \tag{4.65}$$

nach Gl. (2.36) ein. Die Kontinuitätsgleichung (4.60) wird, wie in Abschnitt 2.3 ausführlich besprochen, durch die Einführung der Stromfunktion $\psi = f \sqrt{u_\infty \nu x}$ erfüllt. Dabei ist f die dimensionslose Stromfunktion und $f' = u/u_\infty$ das Geschwindigkeitsprofil. Die Temperatur- und Konzentrationsverteilung werden durch

$$\theta = \frac{T - T_w}{T_\infty - T_w} \; ; \qquad \phi = \frac{c - c_w}{c_\infty - c_w} \tag{4.66}$$

dargestellt. Damit gehen die Gln. (4.61) bis (4.63) analog zu dem in Abschnitt 2.3 beschriebenen Vorgehen über in

$$f''' + \frac{1}{2} \, f f'' = 0 \tag{4.67}$$

$$\theta'' + \frac{1}{2} Pr f \theta' = 0 \tag{4.68}$$

$$\phi'' + \frac{1}{2} Sc f \phi' = 0; \qquad ' = \frac{d}{d\eta} . \tag{4.69}$$

Die Randbedingungen lauten in den neuen Variablen:

$$\eta = 0: \quad f' = 0; \quad \theta = 0; \quad \phi = 0; \quad -\frac{f_w}{2} = \frac{v_w}{u_\infty} \sqrt{Re_x} = \text{konst.} \tag{4.70}$$

$$\eta \to \infty: \quad f' = 1; \quad \theta = 1; \quad \phi = 1.$$

Dabei ist

$$-\frac{f_w}{2} = \frac{v_w}{u_\infty} \sqrt{Re_x} \tag{4.71}$$

ein Absauge-/Ausblaseparameter, der aus

$$v = -\frac{\partial \psi}{\partial x} = -\frac{\partial}{\partial x} [f \sqrt{u_\infty \nu x}] = \frac{1}{2} \sqrt{\frac{u_\infty \nu}{x}} \, [\eta f' - f],$$

vergleiche hierzu Abschnitt 2.3, für $\eta = 0$ folgt. Ausblasen heißt $v_w > 0$, $f_w < 0$ und Absaugen bedeutet $v_w < 0$, $f_w > 0$. Die Größe f_w bzw. v_w ist ein Parameter der Lösungskurven. Man sieht sofort, daß für $Pr = Sc = 1$ sowie $v_w = 0$ die drei Profile identisch sind, es ist $f'(\eta) = \theta(\eta) = \phi(\eta)$, vergleiche Abschnitt 3.2.1.

Für beliebige jedoch konstante Werte Pr, Sc und f_w läßt sich das Gleichungssystem numerisch integrieren. Bild 4.3 zeigt einige Profile nach Rechnungen von Hartnett und Eckert, siehe auch z.B. [4.19], [4.22], [4.26], für zwei verschiedene Werte der Prandtl- und Schmidt-Zahl und verschiedene f_w-Werte.

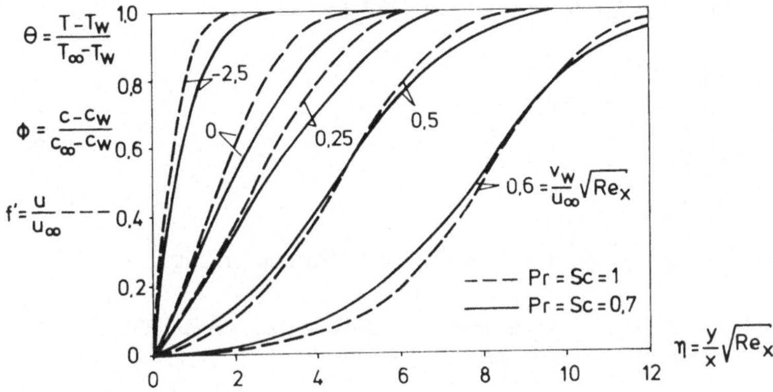

Bild 4.3 Konzentrations- und Temperaturverteilung mit Stoffübergang an der ebenen Platte; die Kurven für Pr = Sc = 1 stellen gleichzeitig die Geschwindigkeitsprofile dar.

Die Kurve für Pr = Sc = 1 sowie $f_w = 0$ entspricht dem Blasius-Profil. Der Parameter f_w beeinflußt die drei Profile erheblich. Durch einen Stoffaustausch zur Wand hin ($v_w < 0$) werden die Profile völliger. Dieser Effekt wird bei der Grenzschichtbeeinflussung ausgenutzt. Durch Absaugung werden die Geschwindigkeitsprofile völliger und damit stabiler, die Gefahr der Strömungsablösung wird verringert.

Ein Stofftransport von der Wand weg ($v_w > 0$) läßt die Profile flacher werden, die Strömungsablösung wird dadurch begünstigt. Für Werte $-f_w/2 \geqslant 0,619$ wird die Grenzschicht von der Wand weggeblasen.

Die ähnlichen Lösungen gelten unter der Voraussetzung f_w = konstant. Das bedeutet $v_w(x) \sim 1/\sqrt{x}$. Diese Randbedingung ist in vielen Fällen durchaus realistisch. Darüberhinaus haben numerische Lösungen für konstante v_w-Werte praktisch die gleichen Profilverläufe ergeben.

Bei der Formulierung des *Stoffübergangs* an der Wand müssen wir ein wenig achtsam sein. Der Wandstoffstrom der Komponente 1 besteht aus einem Diffusions- und einem Konvektionsstrom, vgl. Gl. (4.43), da der Wandstoffstrom auf ein festes Koordinatensystem bezogen ist. Für $v_w = 0$ verschwindet der zweite Term, er kann jedoch auch bei nicht allzu hohen v_w-Werten gegenüber dem Diffusionsterm vernachlässigt werden, da meist die Konzentration der Komponente 1 hinreichend klein ist. Damit lautet der Wandstoffstrom näherungsweise:

$$j_w = -\rho D \left(\frac{\partial c}{\partial y}\right)_w = -\rho D (c_\infty - c_w) \left(\frac{\partial \phi}{\partial y}\right)_w \tag{4.72}$$

$$= -\rho D (c_\infty - c_w) \sqrt{\frac{u_\infty}{\nu x}} \left(\frac{d\phi}{d\eta}\right)_w .$$

Der Stoffübergangskoeffizient β nach Gl. (4.54) wird dann

$$\beta = \frac{j_w}{\rho \Delta c} = -D \sqrt{\frac{u_\infty}{\nu x}} \left(\frac{d\phi}{d\eta}\right)_w \qquad \text{mit } \Delta c = c_\infty - c_w \tag{4.73}$$

und die örtliche Sherwood-Zahl nach Gl. (4.55) mit L = x folgt zu

$$\mathrm{Sh_x} = \frac{\beta x}{D} = -\sqrt{\frac{u_\infty x}{\nu}}\left(\frac{d\phi}{d\eta}\right)_w \qquad \text{bzw.}$$

$$\frac{\mathrm{Sh_x}}{\mathrm{Re_x}^{1/2}} = -\left(\frac{d\phi}{d\eta}\right)_w . \qquad (4.74)$$

Man vergleiche dies mit der analogen Beziehung (3.86) für den Wärmeübergang.

Aufgabe 4.3:   Wie sieht der Ausdruck für die örtliche Sherwood-Zahl aus, wenn der Anteil $\rho_1 v_w$ in dem Wandstoffstrom nicht vernachlässigt wird?

Die Steigung des Konzentrationsprofils an der Wand hängt nach Bild 4.3 von der Schmidt-Zahl sowie dem Absauge-/Ausblaseparameter f_w ab. Für Sc = 1 und f_w = 0 sind die drei Profile identisch. Damit ist $\phi_w{}' = f_w{}'' = 0{,}332$ aufgrund der Blasius-Lösung. Es folgt

$$\mathrm{Sh_x} = 0{,}332\,\mathrm{Re_x}^{1/2} \qquad \text{für Sc = 1}, f_w = 0 \qquad (4.75)$$

in völliger Analogie zum Wärmeübergang, Gl. (3.90). Gleichfalls in Analogie dazu kann der Einfluß von Sc $\neq$ 1 berücksichtigt werden. Die Überlegungen von Pohlhausen, die für Pr $\gtrsim$ 1 für das Dickenverhältnis von Strömungs- zu Temperaturgrenzschicht die Aussage $\delta_S/\delta_T \approx \mathrm{Pr}^{1/3}$, Gl. (3.68), ergaben, können in ähnlicher Weise für den Stoffaustausch angestellt werden. Es folgt

$$\frac{\delta_S(x)}{\delta_D(x)} \approx \mathrm{Sc}^{1/3} \qquad \text{für Sc} \gtrsim 1. \qquad (4.76)$$

Durch Multiplikation der η-Koordinate (4.65) mit $\mathrm{Sc}^{1/3}$ fallen die Konzentrationsprofile für alle Schmidt-Zahlen in eine einzige Kurve, Bild 4.4. Dies gilt wegen $\delta_S/\delta_D \sim \mathrm{Sc}^{1/2}$ analog zu Gl. (3.77) nicht für Sc $\ll$ 1.

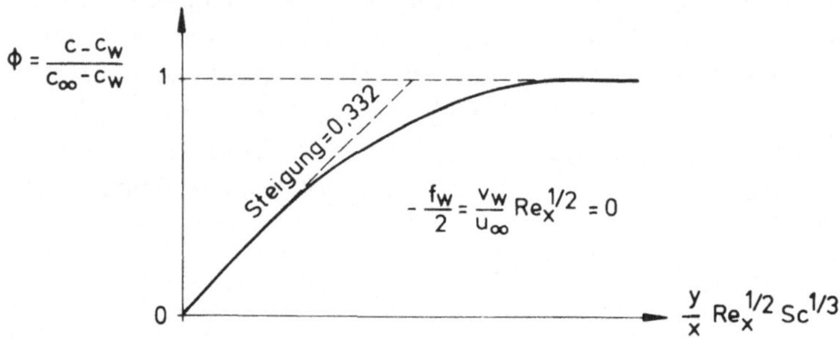

Bild 4.4 Konzentrationsprofil an der ebenen Platte bei vernachlässigbarem Stoffübergang

Die Voraussetzung f_w = 0 gilt nach wie vor, daher gilt Bild 4.4 nur bei verschwindenden oder geringen Stoffübergangsraten. Gl. (4.75) geht über in

$$\mathrm{Sh_x} = 0{,}332\,\mathrm{Re_x}^{1/2}\,\mathrm{Sc}^{1/3} \text{ für Sc} \gtrsim 1, f_w = 0. \qquad (4.77)$$

Bei der Verdampfung leicht flüchtiger Flüssigkeiten kann die Annahme $f_w \approx 0$ nicht mehr aufrechterhalten werden. Hierfür können für beliebige f_w-Werte ähnliche Kurven gezeichnet werden. Gl. (4.77) bleibt weiterhin gültig, wenn die Konstante 0,332 durch die von f_w abhängige Steigung ersetzt wird:

$$Sh_x = (Steigung)_w \, Re_x^{1/2} \, Sc^{1/3} \quad \text{für } Sc \geq 1. \tag{4.78}$$

Die numerische Lösung des Gleichungssystems (4.67) bis (4.69) liefert den Zusammenhang zwischen f_w und der Wandsteigung, siehe Bild 4.3. Nach [4.22] gelten folgende Wertepaarungen:

$-\dfrac{f_w}{2} = \dfrac{v_w}{u_\infty} \sqrt{Re_x}$	0,6	0,5	0,25	0	−2,5
$(Steigung)_w$	0,01	0,06	0,17	0,332	1,64

Den Einfluß des Absauge-/Ausblaseparameters f_w auf den Stoffübergang (und analog dazu auf den Wärmeübergang) zeigt Bild 4.5 nach Hartnett und Eckert, siehe z.B. [4.8], [4.19]. Es ist das Verhältnis der Stoff- bzw. Wärmeübergangskoeffizienten dargestellt, dabei bedeuten β_0 und α_0 die entsprechenden Koeffizienten für $f_w = 0$.

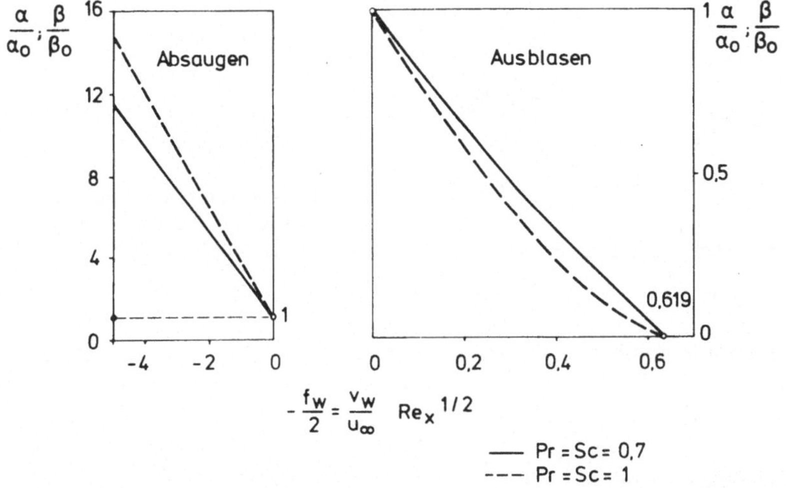

Bild 4.5 Stoffübergangs- bzw. Wärmeübergangskoeffizient als Funktion des Absauge-/Ausblaseparameters

Man sieht deutlich die Zunahme des Wärme- und Stoffübergangs beim Absaugen sowie eine entsprechende Abnahme beim Ausblasen. Für $-f_w/2 = 0,619$ verschwinden der Wärme- und Stoffübergang völlig, die Grenzschichtströmung wird von der Wand weggeblasen, vgl. hierzu Bild 4.3.

Der örtliche Stoffübergangskoeffizient $\beta(x)$ hängt in gleicher Weise von der Lauflänge x ab wie der örtliche Wärmeübergangskoeffizient $\alpha(x)$. Der mittlere Stoffübergangskoeffizient einer Platte mit der Länge L ist wie nach Gl. (3.51) somit doppelt so groß wie der lokale Wert an der Stelle x = L:

$$\beta_m = 2\,\beta(x) \tag{4.79}$$

$$Sh_m = 2\,Sh_x \quad \text{wobei } Sh_m = \frac{\beta_m L}{D} \text{ und } Sh_x = \frac{\beta(x)x}{D} \text{ bei } x = L. \tag{4.80}$$

4.3.2 Näherungslösung mit Integralbedingung

Durch partielle Integration der Stoffaustauschgleichung über y läßt sich eine Integralbedingung für den Stoffaustausch formulieren. Dies geschieht in ähnlicher Weise wie in Aufgabe 3.3 bei der Formulierung der Integralbedingung für die Energie. Als einziger Unterschied gegenüber den bisherigen Betrachtungen muß die wandnormale Geschwindigkeitskomponente v_w berücksichtigt werden. Aus der Kontinuitäts-Gleichung folgt

$$v = -\int_0^y \frac{\partial u}{\partial x}\,dy + v_w. \tag{4.81}$$

Die formale Herleitung analog zu Aufgabe 3.3 soll nicht wiederholt werden, statt dessen wird wie in Bild 3.4 die anschaulichere Art der Herleitung anhand des in Bild 4.6 dargestellten Kontrollvolumens nachvollzogen.

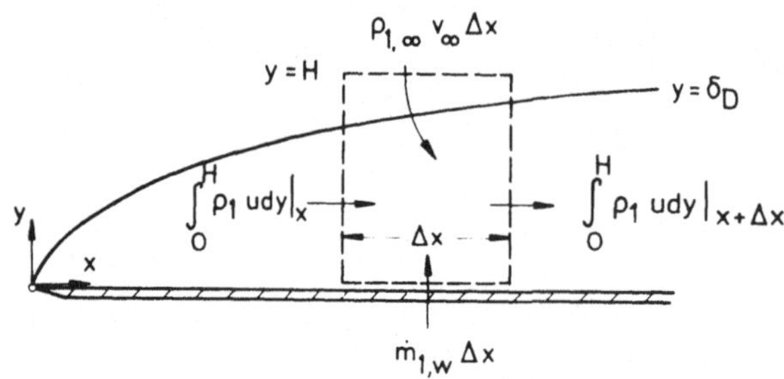

Bild 4.6 Kontrollvolumen zur Herleitung der Integralbedingung für den Stoffaustausch

Die einzelnen Massenströme sind in Bild 4.6 eingezeichnet, dazu folgt die integrale Massenbilanz mit $\rho_1 = \rho c$ zu

$$\frac{d}{dx}\left[\int_0^H \rho c\,udy\right] + \rho c_\infty v_\infty = \dot{m}_{1,w}.$$

Mit $v_\infty = -\dfrac{d}{dx}\displaystyle\int_0^H udy + v_w$ nach Gl. (4.81) und

$$\dot{m}_{1,w} = -\rho D\left(\frac{\partial c}{\partial y}\right)_w + \rho c_w v_w \quad \text{nach Gl. (4.44) folgt}$$

die *Integralbedingung für den Stoffaustausch* zu

$$\frac{d}{dx}\left[\int_0^{\delta_D} u(c_\infty - c)dy\right] = D\left(\frac{\partial c}{\partial y}\right)_w + v_w(c_\infty - c_w). \tag{4.82}$$

In völliger Analogie dazu lautet die Integralbedingung (3.53) für die Energie, wobei der Enthalpiediffusionsterm wie schon in Gl. (4.62) vernachlässigt wird,

$$\frac{d}{dx}\left[\int_0^{\delta_T} u(T_\infty - T)dy\right] = a\left(\frac{\partial T}{\partial y}\right)_w + v_w(T_\infty - T_w). \tag{4.83}$$

Um die Aufstellung vollzählig zu machen, geben wir noch die Integralbedingung für den Impuls (2.64) für die ebene Plattenströmung an:

$$\frac{d}{dx}\left[\int_0^{\delta_S} u(u_\infty - u)dy\right] = \nu\left(\frac{\partial u}{\partial y}\right)_w + v_w u_\infty. \tag{4.84}$$

Die völlige Übereinstimmung in den Integralbedingungen wird deutlich. Die obere Integrationsgrenze ist jeweils die Dicke der betreffenden Grenzschicht, da oberhalb dieser der entsprechende Integrand verschwindet. Die Beziehungen (4.82) und (4.83) gelten auch für Strömungen mit Druckgradient, da in den dazugehörigen partiellen Differentialgleichungen der Druckgradient nicht auftritt. Es ist lediglich der Index δ an die Stelle von ∞ zu setzen. In der Integralbedingung (4.84) für den Impuls muß dagegen der Druckgradient berücksichtigt werden. Es folgt bei Verwendung der Schreibweise (2.64)

$$\frac{d}{dx}(u_\delta^2 \delta_2) + \delta_1 u_\delta \frac{du_\delta}{dx} = \frac{\tau_w}{\rho} + v_w u_\delta. \tag{4.85}$$

In sämtlichen Integralbedingungen tritt als zusätzliche Größe die wandnormale Geschwindigkeitskomponente v_w auf.

Die aufgeführten Integralbedingungen bilden die Grundlage für Näherungslösungen nach Art des von Kármán-Pohlhausen-Verfahrens. In Abschnitt 3.2.2 hatten wir dies anhand einer Näherungslösung der Integralbedingung für die Energie ausführlich besprochen. Darauf werden wir an dieser Stelle zurückgreifen können, zumal die Integralbedingung für die Energie (4.83) und jene für den Stoffaustausch (4.82) formal identisch sind. Für das Geschwindigkeitsprofil wird

$$\frac{u(x,y)}{u_\infty} = \frac{3}{2}\left(\frac{y}{\delta_S}\right) - \frac{1}{2}\left(\frac{y}{\delta_S}\right)^3 \tag{4.86}$$

entsprechend Gl. (3.58) gewählt. Mit den Randbedingungen

$$y = 0 : c - c_w = 0; \qquad \frac{\partial^2}{\partial y^2}(c - c_w) = 0 \tag{4.87}$$

$$y = \delta_D : c - c_w = c_\infty - c_w; \qquad \frac{\partial}{\partial y}(c - c_w) = 0$$

entsprechend den Randbedingungen (3.56) des Temperaturprofils folgt das Konzentrationsprofil analog Gl. (3.57) zu

$$\frac{c(x, y) - c_W}{c_\infty - c_W} = \frac{3}{2}\left(\frac{y}{\delta_D}\right) - \frac{1}{2}\left(\frac{y}{\delta_D}\right)^3. \tag{4.88}$$

Dies wird in die Integralbedingung (4.82), die in dimensionsloser Form

$$\frac{d}{dx}\left[\int_0^H \frac{u}{u_\infty}\left(1 - \frac{c - c_W}{c_\infty - c_W}\right) dy\right] = \frac{D}{u_\infty}\frac{\partial}{\partial y}\left(\frac{c - c_W}{c_\infty - c_W}\right)_W + \frac{v_W}{u_\infty} \tag{4.89}$$

lautet, eingesetzt. Zur Vereinfachung vernachlässigen wir den wandnormalen Stoffstrom. Das
weitere Vorgehen ist mit dem in Abschnitt 3.3.2 völlig identisch, so daß wir die dortigen
Ergebnisse übernehmen können. Anstelle der Beziehung (3.68), (3.69) und (3.71) folgt für
$Sc \gtrsim 1$

$$\frac{\delta_D(x)}{\delta_S(x)} \sim Sc^{-1/3} \tag{4.90}$$

$$\frac{\delta_D(x)}{x} = \frac{4{,}51}{Re_x^{1/2}Sc^{1/3}}; \qquad Re_x = \frac{u_\infty x}{\nu} \tag{4.91}$$

$$Sh_x = \frac{\beta x}{D} = 0{,}331\, Re_x^{1/2}\, Sc^{1/3}. \tag{4.92}$$

Speziell letztere Beziehung für den Stoffübergang ist in bemerkenswert guter Übereinstimmung mit der exakten Lösung (4.77).

Die Berücksichtigung eines wandnormalen Stoffstroms, z.B. bei dem Verdampfen von
Wasser an der Wasseroberfläche in Bild 4.2 (d), ist über eine entsprechende Randbedingung
$v_W(x)$ leicht möglich.

4.4 Hyperschall-Grenzschichtströmungen

In diesem Abschnitt werden wir einen Fall behandeln, bei dem gleichzeitig Impuls-,
Wärme- und Stoffaustauschvorgänge ablaufen. Wir stellen uns dazu die Hyperschallströmung
entlang einer festen Berandung vor (Bild 4.1 (a)). Infolge der Reibungsaufheizung innerhalb
der Grenzschicht können die Temperaturen so hoch werden, daß die 2-atomigen N_2- und O_2-
Moleküle dissoziieren. Bevor wir ein charakteristisches Beispiel besprechen, sind einige Vor-
bemerkungen und Vorbereitungen erforderlich.

4.4.1 Gültigkeitsbereich der Kontinuumstheorie

Die Vorstellung eines Kontinuums läßt sich nur aufrechterhalten, wenn die Dichte des
Fluids nicht zu gering wird. Die Dichte ist der mittleren freien Weglänge l umgekehrt proportional. Je niedriger die Dichte ist, desto größer wird die Entfernung, die ein Molekül im

Mittel zwischen zwei Zusammenstößen zurücklegt. Da die Moleküle Energie und Impuls nur beim Zusammenstoß übertragen, bedeutet dies, daß bei sehr geringer Dichte die Temperatur und die Geschwindigkeit eines Gases in unmittelbarer Nähe einer festen Berandung nicht mehr mit den Wandwerten übereinstimmen. Bild 4.7 zeigt drei charakteristische Strömungsbereiche, die durch das Verhältnis von mittlerer freier Weglänge l zu einer charakteristischen Körperabmessung L (z. B. der Plattenlänge) gekennzeichnet sind. Dies Verhältnis wird als

$$\text{Kn} = \frac{l}{L} \qquad \textit{Knudsen-Zahl} \qquad\qquad (4.93)$$

bezeichnet.

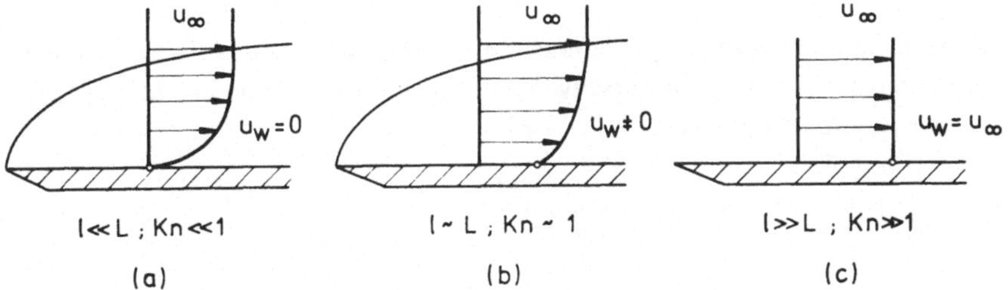

Bild 4.7 Verschiedene Strömungstypen entlang einer ebenen Platte
a) Kontinuumsströmung
b) Gleitströmung (Slip-Strömung)
c) Freie Molekularströmung

Auch im Bereich der Gleitströmungen kann das Fluid näherungsweise als Kontinuum angesehen werden. Der Gleiteffekt wird über entsprechende Randbedingungen der Impuls- und Energiegleichung berücksichtigt, in denen ein sog. tangentialer Akkomodationskoeffizient (TAK) auftritt. Letzterer ist in entscheidender Weise von der Art und der Güte der umströmten Oberfläche abhängig. Die Behandlung von Oberflächen ist z. B. durch Aufdampfen von Edelmetallen soweit fortgeschritten, daß auch bei Werten Kn < 0,1 ein Gleiten möglich geworden ist. Von daher ist es zweckmäßig, zwischen einem „Dichte-Gleiten" und einem „TAK-Gleiten" zu unterscheiden.[1] Der erste Effekt beruht auf einer Dichteabnahme und der zweite Effekt auf einer Verringerung des TAK-Wertes durch entsprechende Oberflächenbehandlung. Die durch das TAK-Gleiten hervorgerufene Verringerung des Reibungswiderstandes kann bei praktischen Problemen von Interesse sein.[1]

Die freie Molekularströmung wird auch als Knudsen-Strömung bezeichnet. Intermolekulare Zusammenstöße sind hierbei von untergeordneter Bedeutung.

Die Knudsen-Zahl läßt sich mit der Reynolds- und der Mach-Zahl in Zusammenhang bringen. Dazu sei an deren Definitionen

$$\text{Ma} = \frac{u}{c} \; ; \quad \text{Re} = \frac{\rho u L}{\mu} = \frac{u L}{\nu} \qquad\qquad (4.94)$$

---

1   B. Gampert: Inlet flow with slip; Progress in Astronautics and Aeronautics, Vol. 51, Part 1, pp. 225–235, 1977.

erinnert. Aus der kinetischen Gastheorie ist die Proportionalität $\mu \sim \rho l \bar{a}$ bekannt, darin ist $\bar{a}$ die mittlere Molekülgeschwindigkeit. Letztere ist von der Größenordnung der Schallgeschwindigkeit c, so daß $\nu \sim lc$ ist. Damit wird

$$\frac{Ma}{Re} \sim \frac{l}{L} = Kn. \tag{4.95}$$

In Grenzschicht-Strömungen tritt an die Stelle der Körperabmessung L die Grenzschichtdicke δ als charakteristisches Längenmaß. Wegen $\delta/L \sim 1/\sqrt{Re}$ gilt für die Knudsen-Zahl in Grenzschicht-Strömungen

$$Kn \sim \frac{Ma}{\sqrt{Re}}. \tag{4.96}$$

Generell ist die Kontinuumsvorstellung offenbar nur zulässig, wenn Ma $\ll$ Re ist. Bild 4.8 zeigt nach einem Vorschlag von Tsien die verschiedenen Strömungsbereiche in Abhängigkeit von der Mach- und der Reynolds-Zahl, siehe z.B. [4.8].

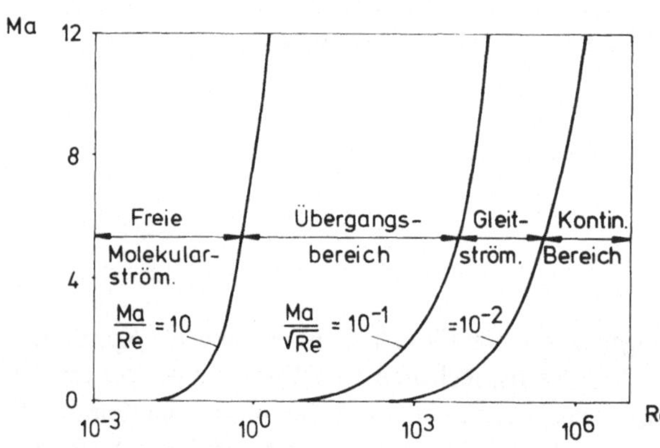

Bild 4.8 Strömungsbereiche in Abhängigkeit von der Mach- und der Reynolds-Zahl

In Bild 4.8 sind vier Bereiche gekennzeichnet. In dem Übergangsbereich zwischen der Gleitströmung und der freien Molekularströmung sind die intermolekularen Zusammenstöße und die Stöße der Moleküle an die feste Berandung von etwa gleicher Bedeutung.

Die folgenden Überlegungen beschränken sich auf den Kontinuumsbereich.

4.4.2 Die Zustandsgleichungen der hocherhitzten Luft

Luft besteht i.w. aus Sauerstoff und Stickstoff, die im Normalzustand molekular als O_2 bzw. N_2 vorliegen. Die 2-atomigen Moleküle können die innere Energie u* in verschiedener Weise speichern (Bild 4.9).

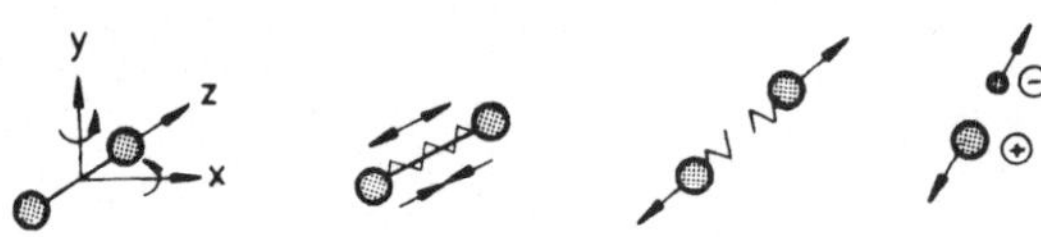

Bild 4.9 Möglichkeiten eines 2-atomigen Moleküls zur Energieaufnahme

a) Bei etwa T < 500 K sind nur die Freiheitsgrade der Translation (f_T = 3) und der Rotation (f_R = 2) angeregt. Ein 2-atomiges Molekül (Hantelmodell) hat um eine der drei Achsen (z) ein wesentlich kleineres Trägheitsmoment als um die x- und y-Achse und kann daher bezüglich der z-Achse praktisch keine Energie aufnehmen. Die Luft ist thermisch und kalorisch ideal, es ist p = ρ R T und c_p, c_v sind konstant.

b) Bei etwa 500 K < T < 2000 K werden die Moleküle zum Schwingen angeregt und können weitere Energie durch den Vibrations-Freiheitsgrad (f_v = 1) aufnehmen. Die Luft ist weiterhin thermisch ideal aber kalorisch real, es ist p = ρ R T, und c_p sowie c_v hängen von der Temperatur ab.

c) Bei etwa 2000 K < T < 5000 K (für Sauerstoff) bzw. etwa 5000 K < T < 10000 K (für Stickstoff) sind die Moleküle derart energiereich, daß sie auseinanderbrechen. Man bezeichnet dies als *Dissoziation*. Die Luft verhält sich thermisch und kalorisch real; es ist p = Z ρ RT; Z(T, p) = Realgasfaktor, und c_p und c_v hängen von Temperatur und Druck ab.

d) Bei etwa T > 10000 K kann das vollständig dissoziierte Gas (es liegen nur noch Atome vor) eine Erhöhung der Energie nur dadurch verkraften, daß ein (negativ geladenes) Elektron abgetrennt wird und ein positiv geladenes Ion verbleibt. Man bezeichnet dies als *Ionisation*. Ein ionisiertes Gas nennt man Plasma, es ist elektrisch leitend. Es verhält sich thermisch und kalorisch real, siehe c.

Die verschiedenen Bereiche hängen nicht nur von der Temperatur sondern auch vom Druck ab. Dies zeigt Bild 4.10 nach Hansen, siehe z.B. [4.7], bezüglich der Bereiche c und d.

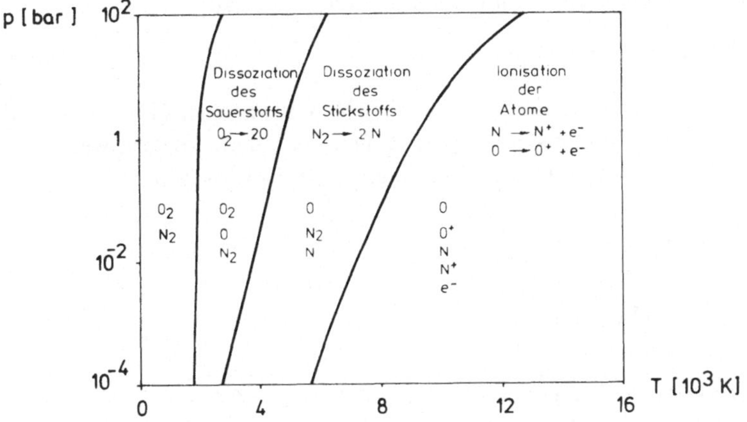

Bild 4.10 Temperatur- und Druckbereiche der wesentlichen chemischen Reaktionen in Luft und deren Zusammensetzung

Zu dem *Bereich* b sei nur vermerkt, daß sich bei einem zweiatomigen Molekül (wie O_2 und N_2) der Wert für c_p/R von 3,5 bei nichtangeregter nach 4,5 bei vollangeregter Schwingung verschiebt. Dieser Übergang kann mit Hilfe der Quantenmechanik beschrieben werden, siehe z.B. [4.25]. Der *Bereich* c wird im folgenden ausführlicher diskutiert.

Wir betrachten zunächst entweder reinen Sauerstoff oder reinen Stickstoff; im dissoziierten Fall liegen dann Moleküle A_2 (O_2 oder N_2) und Atome A (O oder N) vor. Die Massenkonzentration der Atome wird als *Dissoziationsgrad* α bezeichnet:

$$\alpha = \frac{\rho_A}{\rho} \;;\; 1 - \alpha = \frac{\rho_M}{\rho} \qquad \text{wegen } \rho_A + \rho_M = \rho \tag{4.97}$$

(Index A = Atom, Index M = Molekül A_2). $\alpha = 0$ bedeutet reines Molekülgas und $\alpha = 1$ reines Atomgas. Es wird vorausgesetzt, daß sich beide Komponenten des Gemisches wie ideale Gase verhalten, d.h.

$$p_A = \rho_A R_A T = \rho_A \frac{\Re}{M_A} T \tag{4.98}$$

$$p_M = \rho_M R_M T = \rho_M \frac{\Re}{M_M} T; \quad M_M = 2 M_A;$$

$$\Re = 8,315 \; \frac{J}{\text{mol K}} = \text{universelle Gaskonstante.}$$

Da beide Komponenten die gleiche Temperatur besitzen, liefert das Daltonsche Gesetz für den Gesamtdruck

$$p = p_A + p_M = \frac{\Re}{2 M_A} T (2 \rho_A + \rho_M) = (1 + \alpha) \frac{\Re}{2 M_A} \rho T$$

und damit die *thermische Zustandsgleichung* des dissoziierenden Gases zu

$$p = (1 + \alpha) R_M \rho T. \tag{4.99}$$

Darin ist R_M die Gaskonstante des molekularen Anteils. Man kann auch $(1 + \alpha)R_M = \overline{R}$ setzen, wobei jedoch die mittlere Gaskonstante $\overline{R}$ nicht mehr konstant, sondern wegen der sich ändernden mittleren Molmasse $\overline{M}$ konzentrationsabhängig ist. Es ist wegen

$$\overline{R} = \frac{\Re}{\overline{M}} = (1 + \alpha) R_M = (1 + \alpha) \frac{\Re}{M_M} = \overline{R}(\alpha)$$

$$\overline{M} = \frac{M_M}{1 + \alpha} = \frac{2 M_A}{1 + \alpha} = \overline{M}(\alpha). \tag{4.100}$$

Der Realgasfaktor in Gl. (4.99) ist $Z = 1 + \alpha$, wegen $0 \leqslant \alpha \leqslant 1$ ist $1 \leqslant Z \leqslant 2$.

Der der Dissoziationsreaktion $A_2 \rightarrow 2\,A$ entgegen gerichtete Vorgang heißt Rekombination ($2\,A \rightarrow A_2$). Das Gleichgewicht dieser Reaktion wird durch das Massenwirkungsgesetz beschrieben. Die Gleichgewichtskonstante der Reaktion $A_2 \rightarrow 2\,A$ lautet ausgedrückt durch die Partialdrücke

$$K_p(T) = \frac{p_A^2}{p_M}. \tag{4.101}$$

Gehen wir von 1 Mol A_2 bei dem Druck p aus, so sind nach Zerfall des Bruchteils α gerade $(1 - \alpha)$ Mole A_2 und $2\,\alpha$ Mole A vorhanden, zusammen also $(1 + \alpha)$ Mole. Also lauten die Partialdrücke

$$p_A = \frac{2\,\alpha}{1 + \alpha} p; \quad p_M = \frac{1 - \alpha}{1 + \alpha} p, \quad \text{wobei } p_A + p_M = p \text{ ist.}$$

Damit geht Gl. (4.101) über in

$$K_p(T) = \frac{4\,\alpha^2}{1-\alpha^2}\,p \tag{4.102}$$

und für den Dissoziationsgrad α folgt

$$\alpha(T, p) = \left[\frac{K_p/(4\,p)}{1 + K_p/(4\,p)}\right]^{1/2}. \tag{4.103}$$

Mit Kenntnis von $K_p(T)$ läßt sich daraus $\alpha(T, p)$ bestimmen. Lighthill hat gezeigt, daß unter gewissen Annahmen folgt, siehe z. B. [4.25]:

$$\frac{\alpha^2}{1-\alpha^2} = \frac{K_p(T)}{4\,p} = \frac{p_D}{p}\,\frac{T}{T_D}\,\exp\left(-\frac{T_D}{T}\right). \tag{4.104}$$

Darin sind p_D und T_D für das jeweilige Gas charakteristische Konstanten; man spricht vom ideal dissoziierenden „Lighthill-Gas":

Sauerstoff	*Stickstoff*
$p_D = 2{,}31 \cdot 10^7\,\text{bar}$	$p_D = 4{,}38 \cdot 10^7\,\text{bar}$
$T_D = 59\,000\,\text{K}$	$T_D = 113\,000\,\text{K}$

Die charakteristische Dissoziationstemperatur T_D hängt mit der Reaktionsenthalpie $h_A{}^0$ der Reaktion zusammen, es ist

$$T_D = \frac{h_A{}^0}{R_M}. \tag{4.105}$$

Aus Gl. (4.104) folgt für niedrige Temperaturen $\alpha \to 0$ und für hohe Temperaturen $\alpha \to 1$, mit wachsendem Druck nimmt α ab.

Nach der thermischen Zustandsgleichung soll kurz die kalorische Zustandsgleichung diskutiert werden. Die Enthalpie ergibt sich anteilmäßig zu

$$h = \alpha h_A + (1 - \alpha)h_M \qquad \text{mit}$$

$$h_A = \int c_{pA}(T)\,dT + h_A{}^0; \quad h_M = \int c_{pM}(T)\,dT. \tag{4.106}$$

Die Annahme eines konstanten Wertes für p_D in Gl. (4.104) hat bezüglich des Schwingungsverhaltens die Aussage $c_{pM} = 4\,R_M$ zur Folge (die Schwingung der Moleküle ist halb angeregt). Dies ist gegenüber dem Dissoziationseinfluß von untergeordneter Bedeutung. Mit $c_{pM} - c_{pA} = R_M$ geht Gl. (4.106) über in die *kalorische Zustandsgleichung* des ideal dissoziierenden Lighthill-Gases:

$$h(T, p) = (4 + \alpha)\,R_M T + \alpha R_M\,T_D = \left[4 + \alpha\left(1 + \frac{T_D}{T}\right)\right]R_M T. \tag{4.107}$$

Bei der Behandlung der Dissoziation der Luft ist zu beachten, daß die Luftmoleküle aus einem Gemisch von O_2 und N_2 und die Luftatome aus einem Gemisch von O und N bestehen.

Nimmt man eine Modelluft an, die aus 20 Mol-% Sauerstoff und 80 Mol-% Stickstoff besteht, so folgt nach Hansen, siehe z.B. [4.15], für die Dissoziationsgrade des Sauerstoffs und Stickstoffs:

$$\alpha_O(T, p) = \frac{-0{,}40 + \sqrt{0{,}16 + 0{,}20\,(1 + 4\,p/K_{pO})}}{1 + 4\,p/K_{pO}}$$

$$\alpha_N(T, p) = \frac{-0{,}20 + \sqrt{0{,}04 + 0{,}96\,(1 + 4\,p/K_{pN})}}{1 + 4\,p/K_{pN}} \; . \tag{4.108}$$

Aufgabe 4.4:   Man bestätige die Gln. (4.108). Dabei wird die Annahme $M_N = M_O$ gemacht, was näherungsweise zutrifft.

Es ist $0 \leqslant \alpha_O \leqslant 0{,}20$ und $0 \leqslant \alpha_N \leqslant 0{,}80$. Der Kompressibilitätsfaktor Z lautet an Stelle von $Z = 1 + \alpha$ nunmehr

$$Z = 1 + \alpha_O + \alpha_N , \tag{4.109}$$

wobei $1 \leqslant Z \leqslant 2$ ist. Für die betrachtete Modelluft läßt sich die kalorische Zustandsgleichung durch

$$h(T, p) = \left[4 + \alpha_O \left(1 + \frac{T_{DO}}{T} \right) + \alpha_N \left(1 + \frac{T_{DN}}{T} \right) \right] R_M T \tag{4.110}$$

ausdrücken, wobei die Molmassen des Stickstoffs und des Sauerstoffs gleich der mittleren Molmasse gesetzt wurden; dies ist näherungsweise zulässig.

Wir kommen damit zur Diskussion des *Bereiches* d, der Ionisation. Der *Ionisationsgrad* β einer Ionisationsreaktion $A \rightleftharpoons A^+ + e^-$ ist das Verhältnis der Teildichte ρ_+ der Ionen zur Gesamtdichte:

$$\beta = \frac{\rho_+}{\rho}; \quad 1 - \beta = \frac{\rho_A}{\rho} \qquad \text{wegen } \rho = \rho_A + \rho_+ . \tag{4.111}$$

Die Partialdichte der Elektronen ist wegen ihrer geringen Masse vernachlässigbar. In dem Massenwirkungsgesetz der Ionisationsreaktion haben Duclos u.a., siehe z.B. [4.4], gewisse Vereinfachungen vorgenommen. Damit gilt nach Einführung eines charakteristischen Ionisationsdruckes p_J sowie mit $T_J = h_J/k$ als charakteristischer Ionisationstemperatur, wobei h_J die Ionisationsenergie darstellt, für die Ionisation der Stickstoffatome[1]:

$$\frac{\beta^2}{1 - \beta^2} = \frac{K_p(T)}{p} = \frac{p_J}{p} \left(\frac{T}{T_J} \right)^{9/4} \exp\left(-\frac{T_J}{T} \right) . \tag{4.112}$$

Dabei sind $T_J = 169\,000$ K und $p_J = 6{,}88 \cdot 10^6$ bar die charakteristischen Werte für Stickstoff. Daraus folgen die Gleichgewichtskonstante $K_p(T)$ sowie der Ionisationsgrad zu

$$\beta(T, p) = \frac{1}{\sqrt{1 + p/K_p}} . \tag{4.113}$$

---

1 *M. Jischa:* Thermodynamische Zustandsgleichungen in geschlossener Form für die dissoziierende und ionisierende Luft im Gleichgewichtszustand; DLR FB 69–81 (1969).

Die Ionisation der Sauerstoffatome erfolgt in dem gleichen Temperaturbereich bei praktisch gleichem Energieaustausch wie die Ionisation der Stickstoffatome. Daher kann die Ionisation der Luftatome näherungsweise durch die eine Reaktion $N \rightleftharpoons N^+ + e^-$ beschrieben werden. Die drei in Bild 4.10 dargestellten Reaktionen laufen nicht nebeneinander sondern nacheinander ab, so daß sie einzeln behandelt werden können. Damit lauten durch Zusammensetzen der drei Bereiche die thermische und die kalorische Zustandsgleichung folgendermaßen, was ohne weitere Herleitung angegeben werden soll:

$$\rho(T, p) = \frac{p}{Z(T, p)\, R_M T} \; ; \quad Z = 1 + \alpha_O + \alpha_N + 2\beta \tag{4.114}$$

$$\frac{h(T, p)}{R_M T} = 4 + \alpha_O \left(1 + \frac{T_{DO}}{T}\right) + \alpha_N \left(1 + \frac{T_{DN}}{T}\right) + \beta \left(5 + 2\frac{T_J}{T}\right). \tag{4.115}$$

Zusammen mit den Gln. (4.104), (4.108), (4.112) und (4.113) liegen die thermische und die kalorische Zustandsgleichung der hocherhitzten Luft in analytischer Form vor. Sie sind in Bild 4.11 dargestellt.[1] Der Faktor 2 steht bei dem Ionisationsgrad, da auf die Gaskonstante R_M des molekularen Anteils und nicht auf die des atomaren Anteils $R_A = 2\, R_M$ bezogen wird. Der Summand 5 im Ionisationsterm der Gl. (4.115) ist einleuchtend, da die kalorische Zustandsgleichung (4.107) des Lighthill-Gases für $\alpha = 1$ den Faktor 5 vor dem Term $R_M T$ ergibt. Diese kurzen Bemerkungen mögen genügen.

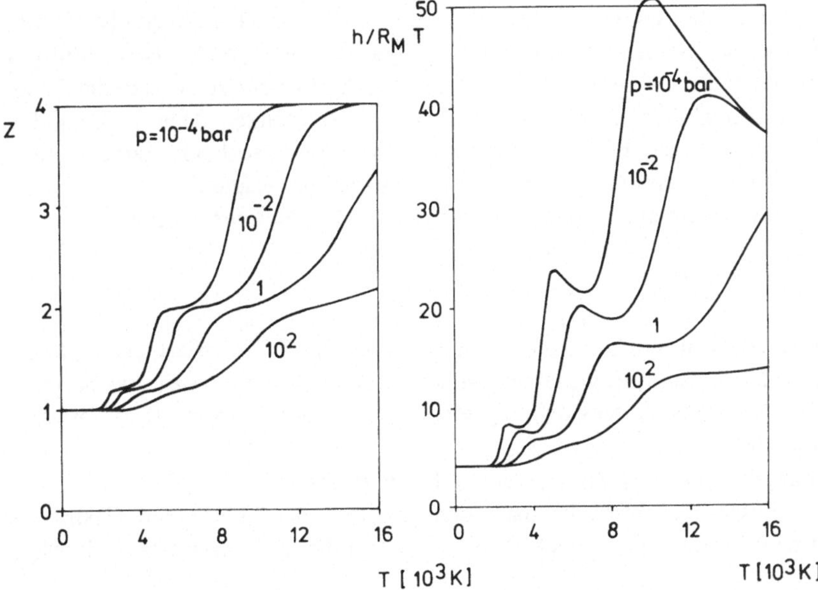

Bild 4.11 Kompressibilitätsfaktor und Enthalpie der hocherhitzten Luft als Funktion von Temperatur und Druck

1   siehe Fußnote Seite 166.

Die Übereinstimmung mit tabellierten Resultaten von Hilsenrath und Klein, die 28 Komponenten und 22 Reaktionen betrachteten, sowie von Hansen, der gewisse Näherungen für die Zustandssummen verwendete, ist recht gut.[1] Der Vorteil der analytischen Darstellung ist offenkundig. Zum einen können eine Reihe von Zustandsgrößen, die aus partiellen Ableitungen der thermischen und kalorischen Zustandsgleichung folgen, gleichfalls analytisch angegeben werden. Dies trifft für die Wärmekapazitäten c_p und c_v sowie für den Adiabatenexponenten und die Schallgeschwindigkeit zu. Darüberhinaus wird die Behandlung von Hochtemperatureffekten bei hohen Strömungsgeschwindigkeiten entscheidend vereinfacht, wenn die Zustandsgleichungen in analytischer Form vorliegen.

In Bild 4.11 sind die drei charakteristischen Bereiche O_2-Dissoziation ($1 \leqslant Z \leqslant 1{,}2$), N_2-Dissoziation ($1{,}2 \leqslant Z \leqslant 2$) und Ionisation ($2 \leqslant Z \leqslant 4$) deutlich zu erkennen. Bei der Darstellung der Enthalpie ist zu beachten, daß diese auf die Temperatur bezogen ist und daher bereichsweise mit wachsender Temperatur abfällt. In einer Auftragung $h = f(T, p)$ an Stelle von $h/T = f(T, p)$ wäre die Steigung immer positiv.

4.4.3 Die chemische Produktionsdichte

Die chemische Thermodynamik beschreibt den Gleichgewichtszustand eines Systems („wohin läuft eine chemische Reaktion?"). Über die Kinetik einer Reaktion kann sie nichts aussagen. Die Frage nach dem Reaktionsablauf („wie rasch verläuft eine chemische Reaktion?") beantwortet die *chemische Reaktionskinetik.* Mit ihrer Hilfe lassen sich die Produktionsdichten σ_α der Komponenten α als Funktion des thermodynamischen Zustands (Dichte, Temperatur und Zusammensetzung) formulieren. Wir legen für die folgenden Betrachtungen ein Binärgemisch bestehend aus Atomen A und Molekülen A_2 zu Grunde, in dem die Dissoziations-/Rekombinationsreaktion $A_2 \rightleftharpoons 2\,A$ ablaufen soll. Wir denken dabei z.B. an eine Hyperschallströmung, bei der das Fluid entweder aus reinem Sauerstoff oder reinem Stickstoff besteht. Dies geschieht auch hier vorbereitend für das spätere Beispiel.

Dazu wird zunächst in einem abgeschlossenen System die Dissoziationsreaktion

$$A_2 + X \xrightarrow{k_f} 2\,A + X \tag{4.116}$$

betrachtet. Aufgrund eines Stoßes mit einem zweiten Teilchen X dissoziiert ein A_2-Molekül. Dieses zweite Teilchen kann entweder ein Moldekül A_2 oder ein dissoziiertes Atom A sein. Man nennt k_f die Reaktionsgeschwindigkeitskonstante der Vorwärts-(f = forward) bzw. Dissoziationsreaktion.

Die Zahl der Stöße, die zu einer Reaktion führen, hängt ab von
a) der Zahl der Zusammenstöße, die nach den Gesetzen der kinetischen Gastheorie proportional dem Produkt $[A_2] \cdot [X]$ ist; dabei ist [...] die Molkonzentration in Mol/Volumen;
b) dem Anteil der Zusammenstöße, die über eine genügend hohe Energie verfügen (ausgedrückt durch den sog. Aktivierungsfaktor);

---

[1] siehe Fußnote Seite 166.

c) dem Anteil der Zusammenstöße mit genügend hoher Energie, die tatsächlich zu einer Reaktion führen (ausgedrückt durch den sog. sterischen Faktor). Dieser Einfluß ist theoretisch schwer abzuschätzen, er muß empirisch ermittelt werden.

Aufgrund letzterer Schwierigkeit wird für die zeitliche Änderung der Molkonzentration der Komponente A der einfache Ansatz

$$\left(\frac{d[A]}{dt}\right)_f = 2\,k_f[A_2]\,[X] \tag{4.117}$$

gemacht. Man setzt in Anlehnung an die bekannte Arrhenius-Gleichung

$$k_f(T) = C_f T^{n_f} \exp\left(-\frac{T_D}{T}\right). \tag{4.118}$$

Darin sind C_f und n_f empirische Konstanten, siehe hierzu z.B. [4.25]. Analog zu Gl. (4.117) lautet die zeitliche Änderung der Molkonzentration der Komponente A_2

$$\left(\frac{d[A_2]}{dt}\right)_f = -k_f[A_2]\,[X]. \tag{4.119}$$

Der Dissoziationsreaktion entgegengesetzt ist die Rekombinationsreaktion

$$A_2 + X \underset{k_b}{\leftarrow} 2\,A + X \tag{4.120}$$

mit k_b als Reaktionsgeschwindigkeitskonstante (b = backward). Die Reaktionen (4.116) und (4.120) laufen gleichzeitig ab. Somit lautet die Änderung der Molkonzentration der Komponente A allgemein

$$\frac{d[A]}{dt} = \left(\frac{d[A]}{dt}\right)_f + \left(\frac{d[A]}{dt}\right)_b = 2\,k_f[A_2]\,[X] + \left(\frac{d[A]}{dt}\right)_b. \tag{4.121}$$

Der Gleichgewichtszustand [...]* in einem abgeschlossenen System ist charakterisiert durch $d[A]/dt = 0$. Dann ist

$$\left(\frac{d[A]}{dt}\right)_b^* = -\,2\,k_f[A_2]^*\,[X]^*. \tag{4.122}$$

Das Massenwirkungsgesetz, gültig für den Gleichgewichtszustand, lautet mit K_c als Gleichgewichtskonstante

$$K_c(T) = \frac{[A]^{*2}}{[A_2]^*}. \tag{4.123}$$

Dies eingesetzt in Gl. (4.122) liefert

$$\left(\frac{d[A]^*}{dt}\right)_b = -\,2\,\frac{k_f}{K_c}\,[A]^{*2}\,[X]^*. \tag{4.124}$$

Man nimmt nun an, daß dies auch im Nichtgleichgewicht näherungsweise gültig sei und schreibt dafür

$$\left(\frac{d[A]}{dt}\right)_b = -2\,k_b[A]^2\,[X]. \tag{4.125}$$

Die Gleichgewichtskonstante K_c ist das Verhältnis der Reaktionsgeschwindigkeitskonstanten von Vor- und Rückwärtsreaktion

$$K_c = \frac{k_f}{k_b}. \tag{4.126}$$

Sie läßt sich allgemein schreiben als

$$K_c(T) = C_c T^{n_c} \exp\left(-\frac{T_D}{T}\right). \tag{4.127}$$

Im speziellen Fall des ideal dissoziierenden Lighthill-Gases ist, siehe z.B. [4.25],

$$n_c = 0 \quad \text{und} \quad C_c = \frac{2\,\rho_D}{M_A}. \tag{4.128}$$

Damit gilt für die Reaktionsgeschwindigkeitskonstante der Rückwärtsreaktion

$$k_b = \frac{C_f}{C_c}\, T^{n_f - n_c} = C_b T^{n_b}. \tag{4.129}$$

Der in k_f und K_c enthaltene Exponentialfaktor entfällt für k_b, da die Aktivierungsenergie für die Rekombinationsreaktion Null ist.

Für die kombinierte Dissoziations-Rekombinationsreaktion

$$A_2 + X \underset{k_b}{\overset{k_f}{\rightleftharpoons}} 2\,A + X \tag{4.130}$$

läßt sich Gl. (4.121) somit auf drei verschiedene Arten schreiben:

$$\begin{aligned}
\frac{d[A]}{dt} &= 2\,k_f[A_2]\,[X] \qquad\quad - 2\,k_b\,[A]^2\,[X] \\[2mm]
&= 2\,k_f[X]\big\{[A_2] \qquad - \frac{1}{K_c}\,[A]^2\big\} \\[2mm]
&= 2\,k_b[X]\big\{K_c[A_2] \quad - [A]^2\big\}.
\end{aligned} \tag{4.131}$$

In der Reaktion (4.130) wurde nicht berücksichtigt, daß der katalytische Stoßpartner X entweder ein Atom A oder ein Molekül A_2 sein kann. Bei genauer Betrachtung hängen die Reaktionsgeschwindigkeitskonstanten $k_f(T)$ und $k_b(T)$ von der Art des Stoßpartners ab. Wir gehen darauf nicht weiter ein sondern verweisen auf die Literatur, z.B. [4.25]. Für unsere Betrachtungen ist es sinnvoll, anstelle der Molkonzentrationen den Dissoziationsgrad α einzuführen. Mit

$$[A] = \frac{\rho_A}{M_A} = \frac{\rho\alpha}{M_A}; \quad [A_2] = \frac{\rho_M}{M_M} = \frac{\rho(1-\alpha)}{2\,M_A} \tag{4.132}$$

geht Gl. (4.131) über in (es wird nur die erste Form angegeben):

$$\frac{d\alpha}{dt} = \frac{\rho}{M_A}\,(1+\alpha)\left[k_f\,\frac{1-\alpha}{2} - k_b\,\frac{\rho}{M_A}\,\alpha^2\right]. \tag{4.133}$$

Dies gilt zunächst für ein abgeschlossenes System. Man nimmt nun an, siehe z.B. [4.25], daß der Reaktionsablauf in einem strömenden Fluid bei örtlich veränderlichem Zustand derselbe ist wie, bei gleichem Zustand, in einem abgeschlossenen System. Damit ist die Produktionsdichte der Atome A

$$\sigma_A = \rho \, \frac{d\alpha}{dt} \tag{4.134}$$

durch die Beziehung

$$\sigma_A = \frac{\rho^2}{M_A} \, (1 + \alpha) \left[k_f \, \frac{1 - \alpha}{2} - k_b \, \frac{\rho}{M_A} \, \alpha^2 \right] \tag{4.135}$$

als $\sigma_A(T, \rho, \alpha)$ gegeben. Sie hängt von den lokalen Werten Temperatur, Dichte sowie dem Dissoziationsgrad ab. Die Temperaturabhängigkeit kommt über die Reaktionsgeschwindigkeitskonstanten $k_f(T)$ und $k_b(T)$ zum Ausdruck.

Abschließend sollen zwei Grenzfälle der homogenen Reaktion diskutiert werden. Dazu schreiben wir mit $k_b = k_f/K_c$

$$\sigma_A = \frac{\rho^2(1 + \alpha)}{M_A} \, k_f \left\{ \frac{1 - \alpha}{2} - \frac{1}{K_c} \, \frac{\rho\alpha^2}{M_A} \right\} = \frac{\rho(1 + \alpha) \left\{ \dfrac{1 - \alpha}{2} - \dfrac{1}{K_c} \, \dfrac{\rho\alpha^2}{M_A} \right\}}{M_A/(\rho \, k_f)}. \tag{4.136}$$

Die Produktionsdichte hat die Dimension Masse pro Volumen und Zeit. Der Nenner in obiger Gleichung hat die Dimension der Zeit, wir nennen ihn Relaxationszeit τ und schreiben allgemein anstelle von Gl. (4.136)

$$\sigma_A = \frac{\chi(\rho, T, \alpha)}{\tau(\rho, T, \alpha)}. \tag{4.137}$$

Die Relaxationszeit τ ist charakteristisch für den Ablauf einer Reaktion, sie ist der reziproken Reaktionsgeschwindigkeitskonstanten der Dissoziationsreaktion proportional. Folgende *Grenzfälle* sind denkbar:

a) $\tau \to 0$, d.h. $k_f \to \infty$: Die Reaktion läuft unendlich rasch ab, sie befindet sich im *Gleichgewicht*. Im Gleichgewicht wird jedoch die Konzentration über die Gleichgewichtskonstante (4.123) festgelegt. Es gilt mit Gl. (4.132)

$$K_c(T) = \frac{[A]^{*2}}{[A_2]} = \frac{2\rho}{M_A} \, \frac{\alpha^{*2}}{(1 - \alpha^*)}. \tag{4.138}$$

Die geschweifte Klammer in Gl. (4.136) wird Null, für die Produktionsdichte existiert ein unbestimmter Ausdruck 0/0. Die Produktionsdichte σ_A in einer Gleichgewichtsströmung kann dann über die partielle Kontinuitätsgleichung bestimmt werden. Letztere wird durch das Massenwirkungsgesetz, aus dem $\alpha = \alpha^*(T, \rho)$ nach Gl. (4.138) folgt, ersetzt. Das bedeutet eine starke Vereinfachung des Problems.

Es soll noch auf einen wesentlichen Unterschied zwischen einem abgeschlossenen und einem offenen System hingewiesen werden. In einem abgeschlossenen System spielt die Koordinate „Zeit" keine Rolle. Unabhängig davon, wie rasch eine Reaktion abläuft, ist im Gleichgewichtszustand $\sigma_A^* \equiv 0$. In einem offenen System ist dagegen $\sigma_A^* \neq 0$ im Gleichgewichtszustand, da der thermodynamische Zustand vom Ort abhängt und somit α^* variabel ist. Es sei betont, daß ein strömendes Fluid sich nur bei unendlich rasch ablaufender Reaktion $(k_f \to \infty, \tau \to 0)$ im Gleichgewicht befinden kann.

b) $\tau \to \infty$, d.h. $k_f \to 0$: Die Reaktion läuft unendlich langsam ab, sie ist *eingefroren*. Die Produktionsdichte verschwindet, es ist $\sigma_A \equiv 0$. Ein einmal aufgeprägtes Konzentrationsprofil wird dann nur durch die Wandreaktion sowie die Diffusion in der Grenzschicht verändert.

Zur realen physikalischen Bedeutung der Grenzfälle a und b ist zu bedenken, daß es weder Gleichgewichts- noch eingefrorene Strömungen gibt. Es gibt nur Strömungen, die sich entweder

a) in der Nähe des Gleichgewichtszustandes befinden, sofern die Relaxationszeit τ sehr viel kleiner ist als eine charakteristische Strömungszeit (vorstellbar durch eine rasche Reaktion in einer langsamen Strömung);

oder

b) in der Nähe des eingefrorenen Zustands befinden, sofern die Relaxationszeit τ sehr viel größer ist als eine charakteristische Strömungszeit (vorstellbar durch eine langsame Reaktion in einer raschen Strömung).

Ergänzend sei bemerkt, daß analog zu Gl. (4.47) eine Damköhler-Zahl auch für homogene Reaktionen als Verhältnis von Reaktionsgeschwindigkeit zu einer charakteristischen Strömungsgeschwindigkeit definiert werden kann.

4.4.4 Ebene Plattenströmung mit Dissoziations-Rekombinationsreaktion

Wir haben nunmehr alles bereitgestellt, um ein charakteristisches Beispiel einer Hyperschall-Grenzschichtströmung behandeln zu können. Wir stellen uns dazu eine in Bild 4.1 a skizzierte ebene Platte vor, die mit hypersonischer Geschwindigkeit $Ma_\delta \gg 1$ angeströmt wird. Das Fluid sei der Einfachheit halber ein Binärgemisch bestehend aus Molekülen A_2 und Atomen A. Aufgrund der starken Reibungsaufheizung läuft innerhalb der Grenzschicht die Dissoziationsreaktion $A_2 \to 2\,A$ und demzufolge auch die Rekombinationsreaktion $2\,A \to A_2$ ab. Wir können dabei entweder an das Gemisch N_2/N oder O_2/O denken. Die Beschränkung auf ein Binärgemisch wird vorgenommen, um den einfachsten möglichen Fall behandeln zu können. Die wesentlichen Eigenschaften von Nichtgleichgewichts-Grenzschichten können daran in anschaulicher Weise diskutiert werden.

Das zu lösende Gleichungssystem besteht aus der globalen und einer partiellen Kontinuitätsgleichung, der Bewegungs- sowie der Energiegleichung. Letztere wird in der Schreibweise (3.175) für die totale Enthalpie angegeben:

$$\frac{\partial}{\partial x}\,(\rho u) + \frac{\partial}{\partial y}\,(\rho v) = 0 \tag{4.139}$$

$$\rho u\,\frac{\partial \alpha}{\partial x} + \rho v\,\frac{\partial \alpha}{\partial y} = -\frac{\partial j_A}{\partial y} + \sigma_A \tag{4.140}$$

$$\rho u\,\frac{\partial u}{\partial x} + \rho v\,\frac{\partial u}{\partial y} = -\frac{dp_\delta}{dx} + \frac{\partial}{\partial y}\left(\mu\,\frac{\partial u}{\partial y}\right) \tag{4.141}$$

$$\rho u\,\frac{\partial h_0}{\partial x} + \rho v\,\frac{\partial h_0}{\partial y} = \frac{\partial}{\partial y}\,(u\tau - q'). \tag{4.142}$$

Aufgrund der Schließbedingung wird nur eine partielle Kontinuitätsgleichung benötigt. Die Unbekannten des Gleichungssystems sind die Geschwindigkeitskomponenten u und v, die Nichtgleichgewichtsgröße α sowie eine thermodynamische Zustandsgröße, z.B. die Dichte ρ oder die Enthalpie h. Die zur Festlegung des thermodynamischen Zustands erforderliche zweite Zustandsgröße ist der als Randbedingung vorgegebene Außendruck $p_\delta(x)$. Für das später zu behandelnde Beispiel der Plattenströmung ist $dp_\delta/dx = 0$.

Zu dem System der vier gekoppelten nichtlinearen Differentialgleichungen kommen eine Reihe von Hilfsgleichungen hinzu:

— Die thermische und die kalorische Zustandsgleichung. Diese hatten wir in Abschnitt 4.4.2 mit

$$p = (1 + \alpha) R_M \rho T \qquad \text{mit } R_M = \frac{\mathcal{R}}{2 M_A} \qquad (4.143)$$

$$h = \left[4 + \alpha \left(1 + \frac{T_D}{T} \right) \right] R_M T \qquad \text{mit } T_D = \frac{h_A^{\,0}}{R_M} \qquad (4.144)$$

bereitgestellt.

— Ein Ansatz für die Produktionsdichte σ_A der Atome, den wir in Abschnitt 4.4.3 mit Gl. (4.135) angegeben hatten.

— Ansätze für den Massendiffusionsstrom j_A der Atome sowie den Energiestrom q. Der Schubspannungsansatz $\tau = \mu \partial u/\partial y$ ist bereits in Gl. (4.141) eingesetzt. Für ein Binärgemisch gelten die Gln. (1.77) und (1.78):

$$j_A = -\rho D \frac{\partial \alpha}{\partial y} \qquad (4.145)$$

$$q' = -\lambda \frac{\partial T}{\partial y} + j_A (h_A - h_M), \qquad (4.146)$$

wobei die Aussage $j_M = -j_A$ aufgrund der Schließbedingung verwendet wurde. Für die Enthalpiedifferenz zwischen Atomen und Molekülen gilt nach Gl. (4.106):

$$h_A - h_M = \int \; [c_{pA}(T) - c_{pM}(T)]dT + h_A^{\,0}. \qquad (4.147)$$

Näherungsweise ist $(h_A - h_M) \approx h_A^0$, d.h. gleich der Reaktionsenthalpie h_A^0, die in unserem Fall die Dissoziationsenthalpie ist. Das Integral über die Differenz der spezifischen Wärmen ist klein im Vergleich zu h_A^0. Diese Dissoziationsenthalpie der Atome wird bei der Rekombinationsreaktion $2\,A \to A_2$ als Wärme frei.

— Ansätze für die Transportkoeffizienten μ, λ, $D = f(T, \rho, \alpha)$. Die Prandtl- und die Schmidt-Zahl werden in Gemischen mit der mittleren Wärmekapazität $\overline{c_p}$, definiert durch

$$\overline{c}_p = \sum_\alpha{}' c_\alpha c_{p\alpha}, \qquad (4.148)$$

gebildet. Bei dem betrachteten binären Gemisch ist

$$\overline{c}_p = \alpha c_{pA} + (1 - \alpha) c_{pM}. \qquad (4.149)$$

Die Prandtl- und Schmidt-Zahl

$$\mathrm{Pr} = \frac{\mu \, \bar{c}_p}{\lambda}; \qquad \mathrm{Sc} = \frac{\mu}{\rho \, D} \tag{4.150}$$

sind bei praktisch allen wichtigen Gasen näherungsweise konstant und etwa gleich Eins. Machen wir die vereinfachende Annahme $\mathrm{Pr} = \mathrm{Sc} = 1$, so wird nur noch ein Transportansatz, z.B. für die Zähigkeit, benötigt. Hierfür bietet sich der Potenzansatz (3.207) an, der auch hier verwendet werden soll:

$$\frac{\mu}{\mu_0} = \left(\frac{T}{T_0}\right)^\omega. \tag{4.151}$$

Damit sind alle Beziehungen bereitgestellt, um das Gleichungssystem (4.139) bis (4.142) lösen zu können. Es verbleibt die Diskussion der Randbedingungen, dazu sind in Bild 4.12 die drei gesuchten Profile dargestellt.

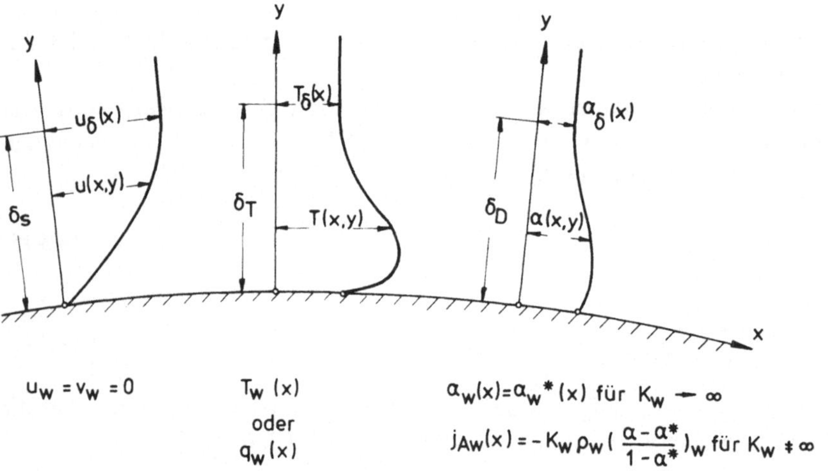

Bild 4.12 Zur Erläuterung der Randbedingungen

An der Wand ($y = 0$) gilt:

$$u(x,0) = v(x, 0) = 0 \tag{4.152}$$

$$T(x, 0) = T_w(x) \quad \text{bzw.} \tag{4.153a}$$

$$q(x, 0) = q_w(x) = -\left[\lambda \frac{\partial T}{\partial y} - j_A(h_A - h_M)\right]_w \tag{4.153b}$$

$$j_A(x, 0) = j_{Aw}(x) = -\left[\rho D \frac{\partial \alpha}{\partial y}\right]_w \tag{4.154a}$$

$$= -K_w \rho_w \left(\frac{\alpha - \alpha^*}{1 - \alpha^*}\right)_w \quad \text{bzw.}$$

$$\alpha(x, 0) = \alpha_w(x) = \alpha_w{}^*(x). \tag{4.154b}$$

Die Randbedingungen für das Geschwindigkeits- und das Temperaturprofil wurden schon in den Kapiteln 2 bzw. 3 diskutiert. Es sei daran erinnert, daß bezüglich der Energiegleichung (4.142) entweder die Wandtemperatur $T_w(x)$ (4.153a) oder alternativ die Wärmestromdichte $q_w(x)$ an der Wand (4.153b) vorgegeben sein muß, wobei im letzten Fall praktisch nur die adiabate Wand ($q_w = 0$) von Interesse ist.

Ebenso tritt eine Fallunterscheidung bei der Randbedingung der partiellen Kontinuitätsgleichung ein. Gl. (4.154a) beschreibt eine Verknüpfung zwischen dem Diffusionsstrom der Atome j_{Aw} zur Wand hin und der Produktion von Molekülen aufgrund der heterogenen Rekombinationsreaktion an der Wand. Diese ist proportional der Reaktionsgeschwindigkeitskonstanten K_w der heterogenen Wandreaktion und der Teildichte $\rho_{Aw} = \rho_w \alpha_w$ der Atome an der Wand. Dies sieht man besonders deutlich für den wichtigen Fall einer stark gekühlten Wand, bei dem die Gleichgewichtskonzentration α_w^* Null wird. Dann geht (4.154a) über in $j_{Aw}(x) = -K_w \rho_w \alpha_w$. Gl. (4.154a) beinhaltet die Annahme, daß es sich um eine Reaktion erster Ordnung handelt. Die Reaktionsgeschwindigkeitskonstante K_w der heterogenen Wandreaktion hängt im wesentlichen vom Wandmaterial ab. Realistische Werte von K_w liegen zwischen etwa 0,05 m/s für Pyrex und etwa 50 m/s für Silber. Beide Werte entsprechen in etwa den theoretischen Grenzfällen:

a) $K_w = 0$; es liegt eine *nichtkatalytische* Wand vor, die heterogene Wandreaktion ist *eingefroren*. Damit wird $j_{Aw} = 0$.

b) $K_w \to \infty$; es liegt eine *vollkatalytische* Wand vor, die heterogene Wandreaktion ist im *Gleichgewicht*. Damit wird $\alpha_w = \alpha_w^*$, und die Randbedingung (4.154b) tritt anstelle von Gl. (4.154a). Letztere Beziehung liefert für j_{Aw} einen unbestimmten Ausdruck der Form $\infty \cdot 0$.

Bei nicht- und teilkatalytischer Wand ($K_w \neq \infty$) ist somit über Gl. (4.154a) die unbekannte Konzentration an der Wand α_w mit dem ebenfalls unbekannten Wandgradienten $(\partial \alpha / \partial y)_w$ verknüpft. Derartige Randbedingungen sind numerisch recht unangenehm. Aus diesem Grund werden bezüglich der heterogenen Wandreaktion oft nur die Grenzfälle $K_w = 0$ und $K_w \to \infty$ betrachtet.

Bei der Diskussion der Randbedingung (4.154a) haben wir nur von einer Rekombinationsreaktion $2\,A \to A_2$ an der Wand gesprochen. Es kann natürlich auch eine Dissoziationsreaktion $A_2 \to 2\,A$ an der Wand ablaufen. Dies tritt ein, wenn $\alpha_w > \alpha_w^*$ ist. Dann ist $j_{Aw} > 0$, der Diffusionsstrom der Atome A ist von der Wand weg gerichtet. Zur Wand hin diffundieren dann Moleküle $A_2(j_{Mw} < 0)$, die dort dissoziieren.

Am Außenrand der Grenzschicht ($y = \delta$) gilt:

$$u(x, \delta) = u_\delta(x) \qquad\qquad\qquad\qquad\qquad (4.155)$$
$$T(x, \delta) = T_\delta(x)$$
$$\alpha(x, \delta) = \alpha_\delta(x).$$

Bei den in Bild 4.12 skizzierten Profilen haben wir angenommen, daß die Dicken δ_S der Strömungs-, δ_T der Temperatur- und δ_D der Diffusionsgrenzschicht von gleicher Größenordnung sind. Das gilt für den wichtigen Sonderfall $Pr = Sc = 1$, der bei vielen Gasen näherungsweise vorliegt.

Das Gleichungssystem (4.139) bis (4.142) läßt sich nur numerisch lösen. Wir skizzieren im folgenden ein Integralverfahren, mit dem die ebene Plattenströmung behandelt werden kann[1]:

1. Die Energiegleichung hat für den Sonderfall Pr = Sc = 1 eine zu Gl. (3.236) analoge Partikulärlösung.

2. Das Geschwindigkeitsprofil wird durch den Pohlhausen-Ansatz (2.60) beschrieben, es ist $\Lambda = 0$.

3. Für das unbekannte Konzentrationsprofil wird als Lösungsansatz ein Polynom 5. Grades angesetzt. Die Koeffizienten des Polynoms folgen aus den Randbedingungen der partiellen Kontinuitätsgleichung (4.140), dabei bleibt ein Koeffizient als Formparameter des Konzentrationsprofils frei. Dies ist die unbekannte Wandkonzentration $\alpha_w(x)$, sofern $K_w \neq \infty$ ist. Bei vollkatalytischer Wand ($K_w \to \infty$) ist $\alpha_w = \alpha_w{}^*$ gegeben, dann übernimmt der Konzentrationsgradient an der Wand die Rolle des Formparameters.

4. Als Unbekannte verbleiben die Grenzschichtdicke und der Formparameter des Konzentrationsprofils. Sie werden aus den Integralbedingungen für Impuls und Stoffaustausch ermittelt.

Die folgenden Bilder zeigen ausgeführte Rechnungen für das Beispiel[1]:

$$\text{Sauerstoff (Gemisch } O_2 - O)$$
$$Ma_\delta = 23{,}8$$
$$\left.\begin{array}{l} T_\delta = 218\ K \\ p_\delta = 1{,}12 \cdot 10^{-2}\ bar \end{array}\right\} \quad \text{entspricht 30,5 km Höhe}$$
$$T_w = 3\ T_\delta = \text{konstant}$$

Bild 4.13 zeigt die Entwicklung der Konzentrations- und Temperaturprofile bei teilkatalytischer Wand (K_w = 0,5 m/s). Am Plattenanfang dominiert die Dissoziations- gegenüber der Rekombinationsreaktion, die α-Profile wachsen anfangs rasch und später schwächer. Analog dazu verschieben sich die Temperaturprofile zu kleineren Werten hin, da die erforderliche Reaktionsenergie der thermischen Energie entzogen wird.

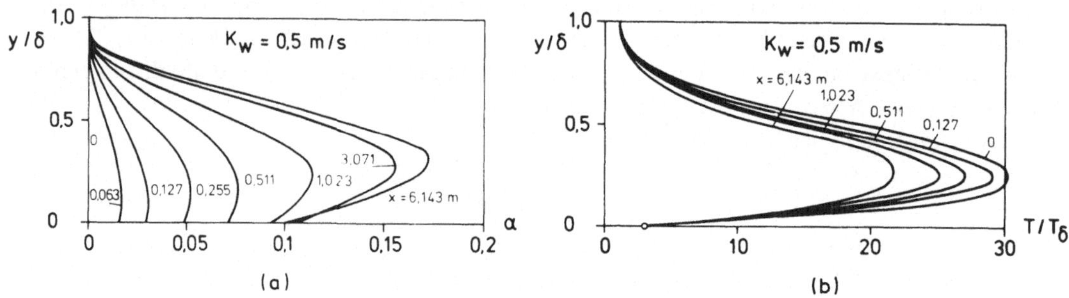

Bild 4.13 Konzentrations- (a) und Temperaturprofile (b) bei teilkatalytischer Wand

1 M. Jischa: An integral method for the nonequilibrium dissociating laminar flat plate boundary layer; Int. J. Heat Mass Transfer, Vol. 15, pp. 1125–1136, 1972.

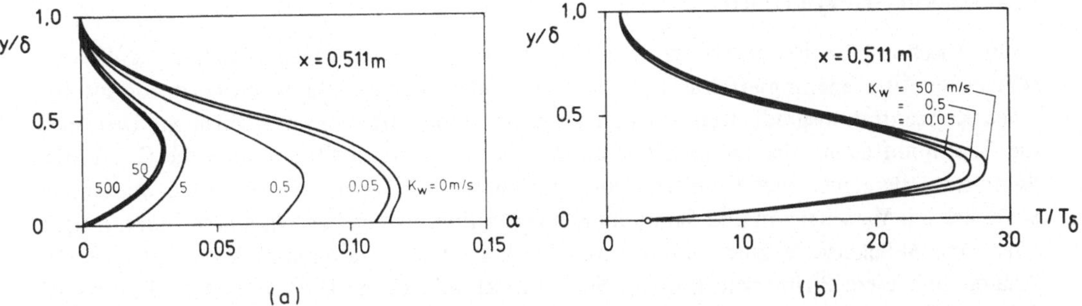

Bild 4.14 Konzentrations- (a) und Temperaturprofile (b) an einer Stelle x = konstant für verschiedene Katalysatorwirkungen der Wand

Bild 4.14 zeigt an einer Stelle x = konstant die α- und T-Profile für verschiedene K_w-Werte. Große K_w-Werte bedeuten eine starke Unterstützung der Rekombinationsreaktion in Wandnähe, für $K_w \gg 1$ geht α_w in den Gleichgewichtswert α_w^* (hier = 0 aufgrund der starken Kühlung) über. Für die nichtkatalytische Wand wird α_w maximal, die Rekombination wird von der Wand nicht unterstützt. Für $K_w = 0$ hat das Konzentrationsprofil eine verschwindende Wandtangente. Man sieht ferner, daß Werte $K_w \geq 50$ m/s praktisch vollkatalytische Wand bedeuten.

Anhand der Bilder wird der starke Einfluß der heterogenen Wandreaktion, dargestellt durch dessen Reaktionsgeschwindigkeitskonstante, deutlich. Mit den bekannten Profilen ist auch der Wandwärmestrom gegeben. Dieser ist in Bild 4.15 für eine nahezu nichtkatalytische ($K_w = 0{,}05$ m/s), eine teilkatalytische ($K_w = 0{,}5$ m/s) sowie eine nahezu vollkatalytische Wand ($K_w = 50$ m/s) dargestellt.

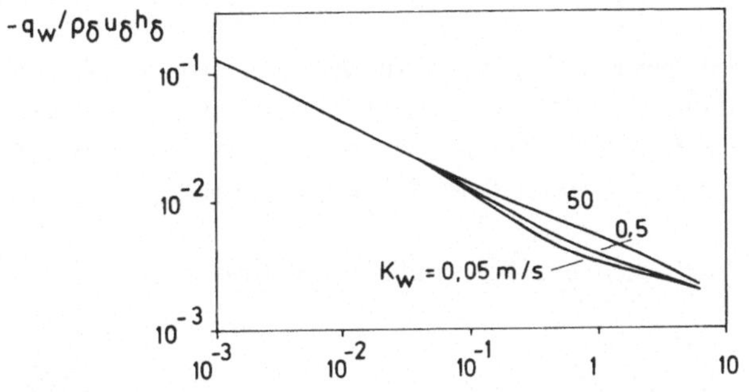

Bild 4.15 Wandwärmestrom für verschiedene Katalysatorwirkungen der Wand

Die Wärmestromdichte an der Wand setzt sich aus zwei Anteilen zusammen, einem Leitungsanteil, der dem Temperaturgradienten proportional ist, und einem Diffusionsanteil, der dem Konzentrationsgradienten proportional ist. In der Nähe der Plattenvorderkante ist q_w unabhängig von K_w, da der Diffusionsanteil dort vernachlässigbar ist. Für große Lauflängen strebt die Grenzschicht dem Gleichgewichtszustand zu, dann verschwindet der K_w-Einfluß ebenfalls. Man sieht, daß der Wärmeübergang reduziert werden kann, wenn ein Oberflächenmaterial mit geringer Katalysatorwirkung gewählt wird.

4.5 Überlagerungseffekte

In Abschnitt 1.8 hatten wir bei der Diskussion der konstitutiven Gleichungen die verschiedenen Überlagerungseffekte angesprochen. Neben der gewöhnlichen Diffusion infolge eines Konzentrationsgradienten existieren drei weitere Diffusionsmechanismen. Dies sind die Thermodiffusion, die Druckdiffusion und die Volumenkraftdiffusion, siehe Gl. (1.70). Wenn zwei Bereiche eines Gemisches auf verschiedenen Temperaturen gehalten werden, so stellt sich ein Massenstrom und damit ein Konzentrationsgradient ein. In einem Binärgemisch wird eine Molekülsorte zum warmen und die andere zum kälteren Bereich diffundieren. Analog zu diesem Phänomen, genannt Soret-Effekt, gibt es die Diffusionsthermik, genannt Dufour-Effekt. Infolge eines Konzentrationsgradienten (oder Druckgradienten oder Volumenkräften) stellt sich ein Wärmestrom und damit ein Temperaturgradient ein.

Die Druckdiffusion kann bei starken Druckgradienten von Bedeutung sein. Technisch wird dieses Prinzip bei der Isotopentrennung in Ultrazentrifugen angewendet. Die leichtere Komponente tendiert in Gebiete niederen Druckes, d.h. zur Achse hin.

Diffusion verursacht durch Volumenkräfte existiert nicht in einem Schwere- oder Zentrifugalfeld. Die äußeren Kräfte müssen auf die einzelnen Komponenten des Gemisches unterschiedlich wirken. Ein Beispiel dafür ist die Diffusion von Ionen in einem elektrischen Feld oder einem Elektrolyten.

Wir besprechen im folgenden die Thermodiffusion anhand eines Beispiels.

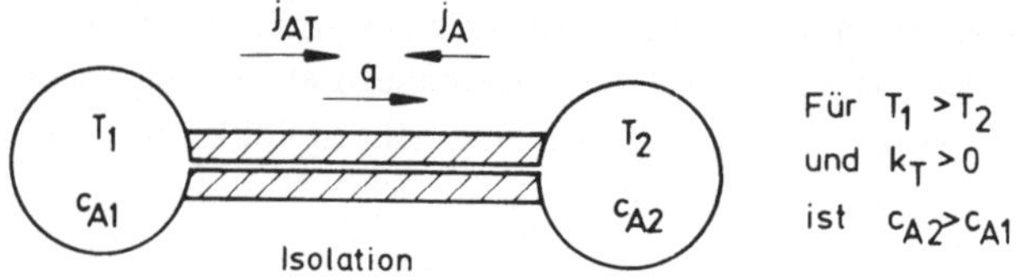

Bild 4.16
Stationäre Thermodiffusion
in einem Binärgemisch

Dazu betrachten wir zwei in Bild 4.16 dargestellte Kessel, die auf verschiedenen Temperaturen T_1 und T_2 gehalten werden. Sie sind durch eine wärmeisolierte Kapillare miteinander verbunden. Diese sei so dünn, daß die Konvektionsströmung unterdrückt wird. Beide Kessel sind mit einem Gemisch zweier idealer Gase A und B gefüllt, deren Konzentrationen $c_{A1} = 1 - c_{B1}$ und $c_{A2} = 1 - c_{B2}$ sein sollen.

Infolge des Temperaturgradienten stellt sich ein Thermodiffusionsstrom ein, der nach Gl. (1.70) durch

$$j_{AT} = -\rho D c_A c_B \frac{\alpha}{T} \frac{dT}{dx} \tag{4.156}$$

gegeben ist. Darin ist D der Koeffizient der gewöhnlichen Fickschen Diffusion und α der Thermodiffusionskoeffizient, auch Thermodiffusionsfaktor genannt. Dieser Thermodiffusionsstrom führt zu einem Konzentrationsunterschied zwischen den Kesseln 1 und 2. Dadurch wird ein gewöhnlicher Diffusionsstrom

$$j_A = -\rho D \frac{dc_A}{dx} \tag{4.157}$$

hervorgerufen. Es wird sich ein stationärer Zustand derart einstellen, daß der resultierende Diffusionsstrom zu Null wird:

$$j_A + j_{AT} = 0, \quad \text{d.h.} \quad \frac{dc_A}{dx} = -c_A c_B \frac{\alpha}{T} \frac{dT}{dx}. \tag{4.158}$$

Wenn wir von den Massenkonzentrationen c_α auf die Molkonzentrationen ω_α übergehen, so folgt mit Beachtung der Gln. (4.17) und (4.18)

$$\frac{d\omega_A}{dx} = -\omega_A \omega_B \frac{\alpha}{T} \frac{dT}{dx} = -\frac{k_T}{T} \frac{dT}{dx}. \tag{4.159}$$

Man nennt $k_T = \omega_A \omega_B \alpha$ den Thermodiffusionskoeffizienten im Gegensatz zum Thermodiffusionsfaktor α (die Bezeichnungen sind uneinheitlich, auch α wird als Thermodiffusionskoeffizient bezeichnet). Die Größe α ist meist von der Konzentration unabhängig, die Größe k_T jedoch nicht. Typische Zahlenwerte liegen bei flüssigen Gemischen in der Größenordnung 10^{-1} bis 1, bei Gasgemischen bei 10^{-2} bis 10^{-1}, siehe hierzu z.B. [4.11].

Bei kleinen Konzentrations- und Temperaturunterschieden kann k_T als konstant angenommen werden und Gl. (4.159) lautet nach Integration:

$$\omega_{A2} - \omega_{A1} = -k_T \ln \frac{T_2}{T_1}. \tag{4.160}$$

Wenn $k_T > 0$ ist (bei einigen wenigen Gemischen ist k_T negativ), so bedeutet dies, daß sich die Komponente A im kälteren Kessel anlagert, siehe Bild 4.16. Auf diese Weise kann durch Anlegen einer Temperaturdifferenz ein Trenneffekt erzielt werden.

4.6 Zusammenfassung und Schlußbemerkungen

Mit diesem Kapitel schließen wir die Behandlung der molekularen Austauschvorgänge ab. Der Stoffaustausch hat vieles mit dem Wärmeaustausch gemeinsam. In beiden Fällen handelt es sich um den Austausch einer skalaren Größe (Masse, Energie), wohingegen beim Impulsaustausch eine vektorielle Größe (Impuls) ausgetauscht wird. Das hat eine Reihe nützlicher Analogien zwischen dem Stoff- und dem Wärmeaustausch zur Folge, von denen wir einige in Abschnitt 4.3 besprochen haben. An Stelle des Wärmeübergangskoeffizienten $\alpha = q_w/\Delta T$ wird ein *Stoffübergangskoeffizient* $\beta = j_w/(\rho_w \Delta c)$ definiert, und an die Stelle der Nusselt-Zahl $Nu = \alpha L/\lambda$ tritt die *Sherwood-Zahl* $Sh = \beta L/D$. Die Prandtl-Zahl $Pr = \mu c_p/\lambda$ als Verhältnis von Impuls- zu Wärmeaustausch hat ihr Analogon in der *Schmidt-Zahl* $Sc = \mu/(\rho D)$ als Verhältnis von Impuls- zu Stoffaustausch.

Die Ähnlichkeit zwischen dem Wärme- und dem Stoffaustausch hat jedoch ihre Grenzen. So gibt es beim Stoffaustausch kein Analogon zur Wärmestrahlung. Weiterhin wird der Stoffaustausch in reagierenden Gemischen durch chemische Reaktionen beeinflußt. Hierbei ist zwischen homogenen (in der Fluidphase) ablaufenden Reaktionen und heterogenen (an Phasengrenzflächen ablaufenden) Reaktionen zu unterscheiden. Das Zusammenwirken von charakteristischer Reaktionszeit und charakteristischer Strömungszeit ist dafür entscheidend, ob eine Reaktion diffusionskontrolliert oder reaktionskontrolliert abläuft.

Bei gleichzeitig ablaufenden Impuls-, Wärme- und Stoffaustauschvorgängen hängen die gesuchten Größen von einer Vielzahl von Parametern ab. Diese hatten wir in Abschnitt 4.2

aufgelistet. Aufgrund der Koppelung des Systems von Bilanzgleichungen wird nicht nur der Stoffaustausch durch die chemischen Reaktionen, dargestellt durch die *Damköhler-Zahlen* Da_F (für homogene Reaktionen) und Da_w (für heterogene Wandreaktionen), beeinflußt, sondern gleichzeitig der Wärmeübergang (stärker) und auch die Wandreibung (schwächer). Somit existiert allgemein folgende Abhängigkeit:

$$Sh, Nu, c_f = f(Re, Pr, Sc, Ec \sim Ma^2, \theta_w, Da_F, Da_w, v_w/u_\delta),$$

wobei θ_w einen Wärmeübergangsparameter darstellt. In Abschnitt 4.2 hatten wir diskutiert, daß bei den meisten Anwendungen eine Reihe von Parametern entfallen.

Gleichzeitig ablaufende Impuls-, Wärme- und Stoffaustauschvorgänge sind recht komplex und entsprechend schwierig zu behandeln. In Abschnitt 4.3 hatten wir zunächst die ebene Plattenströmung eines inerten inkompressiblen Binärgemisches diskutiert, bei dem nur Impuls- und Stoffaustauschvorgänge jedoch keine chemischen Reaktionen ablaufen. Dies führte zu einer exakten Analogie zum Wärmeübergang an einer ebenen Platte (Abschnitt 3.2). In Abschnitt 4.4 hatten wir ein Beispiel skizziert, bei dem unter Beachtung variabler Dichte und variabler Stoffwerte sowie einer homogenen und einer heterogenen Reaktion gleichzeitig Impuls, Energie und Materie ausgetauscht werden.

Sämtlichen Betrachtungen dieses Kapitels lag ein Binärgemisch zugrunde, mit Ausnahme des Abschnitts 4.5 wurde ausschließlich die gewöhnliche Ficksche Diffusion behandelt. Stoffaustauschvorgänge sind derart vielfältig und unterschiedlich, daß die behandelten Fälle nur exemplarischen Charakter haben können. Für ein Weiterstudium seien eine Reihe von Büchern, die sich ausschließlich mit dem Stoffaustausch beschäftigen, genannt [4.3, 4.6, 4.12, 4.21, 4.23, 4.24].

Literatur zur Kapitel 4

[4.1] *C.O. Bennet, J.E. Myers:* Momentum, Heat, and Mass Transfer; McGraw-Hill Book Comp., New York, 1962.

[4.2] *R.B. Bird, W.E. Stewart, E.N. Lightfoot:* Transport Phenomena; J. Wiley & Sons, New York, 1960.

[4.3] *H. Brauer:* Stoffaustausch einschließlich chemischer Reaktionen; Verlag Sauerländer, Aarau, 1971.

[4.4] *A.B. Cambel, D.P. Duclos, P.A. Anderson:* Real Gases; Academic Press, New York, 1963.

[4.5] *H.S. Carslaw, J.C. Jäger:* Conduction of Heat in Solids; Oxford Univ. Press, London, 2. Auflage, 1959.

[4.6] *J. Crank:* The Mathematics of Diffusion; Oxford Univ. Press, London, 1957.

[4.7] *W.H. Dorrance:* Viscous Hypersonic Flow; McGraw-Hill Book Comp., New York, 1962.

[4.8] *E.R.G. Eckert, R.M. Drake:* Analysis of Heat and Mass Transfer; McGraw-Hill Book Comp., New York, 1972.

[4.9] *R. Günther:* Verbrennung und Feuerungen; Springer-Verlag, Berlin, 1974.

[4.10] *W.D. Hayes, D.F. Probstein:* Hypersonic Flow Theory; Academic Press, New York, 1959.

[4.11] *J.O. Hirschfelder, C.F. Curtiss, R.B. Bird:* Molecular Theory of Gases and Liquids; J. Wiley & Sons, New York, 1959.

[4.12] *W. Jost:* Diffusion in Solids, Liquids and Gases; Academic Press, New York, 1952.

[4.13] *W.M. Kays:* Convective Heat and Mass Transfer; McGraw-Hill Book Comp., New York, 1966.

[4.14] *L.G. Loitsianski:* Laminare Grenzschichten; Akademie-Verlag, Berlin, 1967.

[4.15] *H. Oertel:* Stoßrohre; Springer-Verlag, Wien, 1966.

[4.16] *M.N. Özisik:* Basic Heat Transfer; McGraw-Hill Book Comp., New York, 1977.

[4.17] *J.D. Parker, J.H. Boggs, E.F. Blick:* Introduction to Fluid Mechanics and Heat Transfer; Addison-Wesley Publ. Comp., Reading, Massachussets, 1969.

[4.18] *R. S. Reid, T. K. Sherwood:* The Properties of Gases and Liquids; McGraw-Hill Book Comp., New York, 1958.

[4.19] *W. M. Rohsenow, H. Choi:* Heat, Mass, and Momentum Transfer; Prentice Hall, Englewood Cliffs, New York, 1961.

[4.20] *H. Schlichting:* Grenzschichttheorie; G. Braun-Verlag, Karlsruhe, 5. Auflage, 1965.

[4.21] *Th. K. Sherwood, R. L. Pigford, Ch. R. Wilke:* Mass Transfer; McGraw-Hill Book Comp., New York, 1975.

[4.22] *L. E. Sissom, D. R. Pitts:* Elements of Transport Phenomena; McGraw-Hill Book Comp., New York, 1972.

[4.23] *A. H. P. Skelland:* Diffusional Mass Transfer; J. Wiley & Sons, New York, 1974.

[4.24] *R. E. Treybal:* Mass-Transfer Operations; McGraw-Hill Book Comp., New York, 2. Auflage, 1968.

[4.25] *W. G. Vincenti, Ch. H. Kruger:* Introduction to Physical Gas Dynamics; J. Wiley & Sons, New York, 1965.

[4.26] *J. R. Welty, R. E. Wilson, C. E. Wicks:* Fundamentals of Momentum, Heat, and Mass Transfer; J. Wiley & Sons, New York, 2. Auflage, 1976.

[4.27] *J. Zierep:* Theorie der schallnahen und der Hyperschallströmungen, G. Braun-Verlag, Karlsruhe, 1966.

5 Turbulenter Impulsaustausch

„The flows of fluids with which one has to deal in engineering, and which one meets in nature, are turbulent in the overwhelming majority of cases, and their description demands a statistical approach. Laminar flows, which are quite accessible to individual descriptions, occur with exotic infrequency. We are persuaded that fluid mechanics cannot be limited to the study of these seldom encountered special cases, and that the classical description of ... laminar flows ... must be considered only as an introductory chapter to the theory of real turbulent flows, ...".

Mit diesem Zitat aus dem Buch von Monin and Yaglom [5.24], dem Vorwort der Autoren für die englische Ausgabe, soll deutlich gemacht werden, daß die meisten in Natur und Technik vorkommenden Strömungen turbulent sind. Schlägt man jedoch gängige Lehrbücher auf, so wird man feststellen, daß den laminaren Austauschvorgängen in der Regel ein breiterer Raum gewidmet ist als den turbulenten Austauschvorgängen. Eine ähnliche Erfahrung macht man bei dem Studium von Veröffentlichungen in Fachzeitschriften. Zur Erklärung für diesen offenkundigen Widerspruch können folgende Gründe genannt werden:

— Laminare Strömungen sind einfacher zu behandeln und zu verstehen. Das Gleichungssystem ist bekannt, und es kann für nahezu alle auftretenden Probleme numerisch (in wenigen Fällen analytisch) gelöst werden, wenn wir einmal die Frage nach dem Rechenaufwand außer acht lassen.

— Bei der Vorausberechnung turbulenter Strömungen wird der Bereich „gesicherter Gleichungen" verlassen, wir begeben uns auf das Gebiet rein empirischer oder halbempirischer Ansätze; hinzu kommen Erfahrung und Intuition.

— Es steht außer Frage, daß man in der Lehre zunächst die laminaren Austauschprozesse behandelt, da an ihnen sehr viel einfacher grundlegende Eigenschaften erläutert werden können. Für die turbulenten Strömungen bleibt oft kaum Zeit.

— Häufig hört man folgenden Vorwurf: Was soll die Beschäftigung mit der statistischen Turbulenztheorie oder komplizierten und ungesicherten Schließungsannahmen, wenn man für praktische Zwecke weitgehend rein empirische Beziehungen verwendet? Dieser Vorwurf ist richtig (weil er leider oft zutrifft) und falsch zugleich. Er ist falsch, weil nur eine gute Kenntnis turbulenter Vorgänge den Benutzer vor einer falschen Anwendung einer (oft ungesicherten!) empirischen Beziehung schützt, und weil wir uns mit diesem unbefriedigenden Zustand nicht abfinden sollen.

Es ist eines der Anliegen dieses Buches, die turbulenten Austauschvorgänge nicht als Anhängsel zu betrachten, sondern ihnen den gebührenden Raum zu geben.

5.1 Einführung

Im Jahre 1883 hat Osborne Reynolds mit seinem berühmten Farbfadenversuch gezeigt, daß die laminare Rohrströmung oberhalb einer kritischen Grenze in eine turbulente Rohrströmung umschlägt. Diese kritische Grenze wird durch die nach ihm benannte *Reynolds-Zahl*

$$Re = \frac{u_m D}{\nu} \qquad \begin{aligned} D &= \text{Rohrdurchmesser} \\ u_m &= \text{mittlere Durchflußgeschwindigkeit} \end{aligned} \qquad (5.1)$$

bezeichnet. Er ermittelte aus Experimenten den Umschlag bei $Re_{krit} \approx 2300$.

Schon Reynolds äußerte die Vermutung, daß es sich bei der Turbulenz um ein Stabilitätsproblem handelt. Das bedeutet, daß die Lösungen der Navier-Stokesschen Gleichungen (z. B. die Hagen-Poiseuille-Strömung, Abschnitt 2.1) nur unterhalb der kritischen Grenze Re_{krit} vom Experiment bestätigt werden. Für $Re > Re_{krit}$ wird die laminare Strömung instabil und schlägt in die turbulente Strömung um.

Aufgabe 5.1:   Man ermittle den Wert für u_m, für den eine Rohrströmung gerade noch laminar ist. Das Medium sei Wasser oder Luft, es sei d = 1, 5, 10, 50, 100 mm.

Für die Entstehung der Turbulenz sind zwei Fragen von zentraler Bedeutung:
— Wie entsteht die Turbulenz aus einer anfänglich laminaren Strömung? Dies ist das angesprochene Stabilitätsproblem, der laminar-turbulente Übergang, den wir im folgenden Abschnitt diskutieren werden.
— Wie entsteht die Turbulenz in einer bereits turbulenten Strömung? Warum bleibt eine turbulente Strömung turbulent? Hierbei wird die Frage der Produktion von Turbulenz angesprochen. Die Behandlung dieses Problems ist das Kernstück bei der Vorausberechnung vollturbulenter Strömungen. Wir werden darauf intensiv eingehen.

Turbulente Strömungen sind stets instationär, dreidimensional, wirbelbehaftet und rein zufällig (stochastisch). Aus dem Experiment wissen wir, daß der Übergang von der laminaren zur turbulenten Strömungsform verbunden ist
— mit einer Zunahme des Druckverlustes bzw. des Reibungswiderstandes und
— mit einer Zunahme der Grenzschichtdicke.
Ursache dafür ist die turbulente Diffusion. Durch intensive makroskopische Schwankungsbewegungen wird das turbulente Geschwindigkeitsprofil völliger und die turbulente Grenzschicht dicker als im laminaren Fall.

Sämtliche Variablen in einer turbulenten Strömung sind vom Ort x, y, z und der Zeit t abhängig. In diesem Kapitel beschränken wir uns wie in Kapitel 2 auf inkompressible Einkomponentenfluide, die Unbekannten sind dann u, v, w, p = f(x, y, z, t). Wir stellen uns nun vor, mit einem sehr empfindlichen Meßgerät (Hitzdraht-Anemometer, Laser-Doppler-Anemometer) sei z. B. die Geschwindigkeitskomponente u in einer vollturbulenten Strömung an einem festen Punkt als Funktion der Zeit gemessen (Bild 5.1).

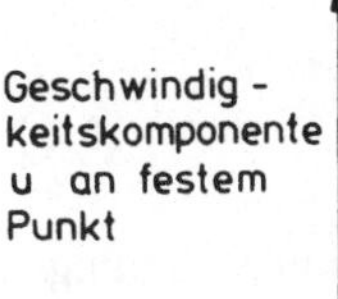

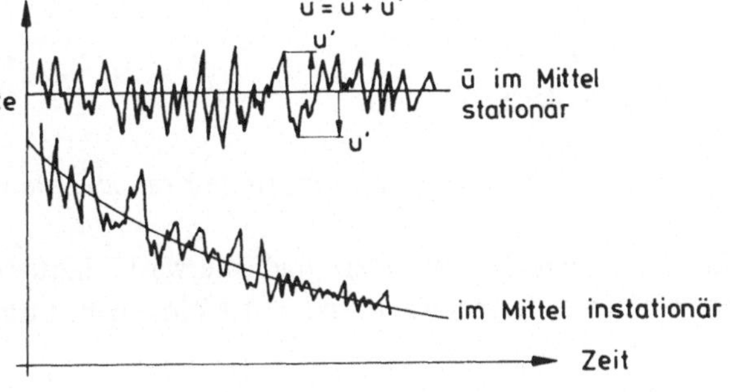

Bild 5.1
Geschwindigkeitsschrieb
(der Komponente u)
an einem festen Punkt

Wir unterscheiden hierbei zwei Fälle:
- Die Strömung ist im Mittel stationär (statistisch stationär),
- die Strömung ist im Mittel instationär (statistisch instationär).
  Nach Reynolds ist folgende Aufspaltung üblich, die sich als sinnvoll erwiesen hat:

$$u(x, y, z, t) = \bar{u}(x, y, z) + u'(x, y, z, t). \qquad (5.2)$$

$$\text{Momentan-} = \text{zeitlicher} + \text{Schwankungswert}$$
$$\text{wert} \qquad \text{Mittelwert}$$

Dabei ist der zeitliche Mittelwert definiert durch

$$\bar{u}(x, y, z) = \frac{1}{\Delta t} \int_{t}^{t+\Delta t} u(x, y, z, t)\,dt. \qquad (5.3)$$

Hierbei muß das Zeitintervall Δt, über das integriert wird, hinreichend groß sein. Es darf jedoch wiederum nicht so groß sein, daß langzeitige Veränderungen mit erfaßt werden, z.B. in der Meterologie.

Die Aufspaltung (5.2) mit der Definition (5.3) ist nur bei im Mittel stationären Strömungen sinnvoll, auf die wir uns jedoch beschränken wollen. Bei im Mittel instationären turbulenten Strömungen muß eine andere Mittelwertbildung vorgenommen werden. So bildet man dort einen Ensemble-Mittelwert, das ist eine Mittelung über eine Reihe von Experimenten, siehe z.B. [5.4, 5.31].

Aufgrund der Definition (5.3) ist der zeitliche Mittelwert einer Schwankungsgröße stets Null, d.h.

$$\bar{u}' = 0; \quad \bar{v}' = 0; \quad \bar{w}' = 0; \quad \bar{p}' = 0. \qquad (5.4)$$

Von Null verschieden sind jedoch Mittelwerte der Quadrate von Schwankungsgrößen oder auch (i.a.) der Produkte verschiedener Schwankungsgrößen. Man bezeichnet:

$$\sqrt{\overline{v_j' v_j'}} = \sqrt{\overline{v_j'^2}} = \sqrt{\overline{u'^2} + \overline{v'^2} + \overline{w'^2}} = \text{Intensität oder RMS-Wert} \qquad (5.5)$$

$$k = \frac{1}{2}\overline{v_j'^2} = \frac{1}{2}(\overline{u'^2} + \overline{v'^2} + \overline{w'^2}) \qquad = \text{kinetische Energie}$$
$$\text{der Turbulenz oder kurz } \textit{Turbulenzenergie.}$$

RMS bedeutet root-mean-square = quadratischer Mittelwert. Weiter nennt man die relative Intensität

$$Tu = \frac{\sqrt{\dfrac{1}{3}\overline{v_j'^2}}}{|\overline{v_j}|} = \text{Turbulenzgrad.} \qquad (5.6)$$

Vereinfachend setzt man oft $Tu = \sqrt{\overline{u'^2}}/\bar{u}$, wobei $\bar{u}$ die gemittelte Komponente in Strömungsrichtung darstellt.

Als grober Anhaltspunkt kann gelten: Der Turbulenzgrad ist etwa 1% hinter einem Turbulenzgitter, etwa 10% in der Nähe einer festen Wand und > 10% in einem turbulenten Freistrahl oder Nachlauf.

Folgende Einteilung turbulenter Strömungsformen ist üblich:

Isotrope Turbulenz: Alle statistischen Eigenschaften sind im gesamten Strömungsfeld gleich und richtungsunabhängig ($\overline{u'^2} = \overline{v'^2} = \overline{w'^2}$), sie sind invariant gegen eine Translation und Rotation des Koordinatensystems. Bei dieser einfachsten Turbulenzform liegt eine ideale Unordnung vor; es ist naheliegend, daß hierfür die meisten Ergebnisse aus der statistischen Turbulenztheorie existieren. Die turbulente Strömung hinter einem Turbulenzgitter ist nahezu isotrop.

Homogene Turbulenz: Alle statistischen Eigenschaften hängen nur von der Richtung, jedoch nicht vom Ort ab, sie sind translationsinvariant.

Anisotrope oder Scherturbulenz: Für die praktische Anwendung ist nur dieser Normalfall einer turbulenten Strömung von Interesse. Er liegt bei allen Grenzschicht-, Freistrahl-, Nachlauf-, Rohrströmungen usw. vor. Mit der statistischen Turbulenztheorie allein können keine nennenswerten Resultate erzielt werden. Unglücklicherweise ist dieser für die Anwendung wichtigste Fall mit Abstand am schwierigsten theoretisch zu behandeln. Man ist weitgehend auf halbempirische Ansätze angewiesen, siehe hierzu die Abschnitte 5.9 und 5.10.

Es ist in dieser Klassifizierung schon angeklungen, daß auf zwei Wegen die Erfassung und Behandlung turbulenter Strömungen versucht wird.

— *Statistische Turbulenztheorie*

Diese wurde im wesentlichen durch Arbeiten von Sir G.I. Taylor in den Jahren 1935 bis 1938 begründet. Ihr Ziel ist die Untersuchung der turbulenten Nebenbewegung in allen statistisch erfaßbaren Eigenschaften, um daraus die zeitlichen Mittelwerte der Strömung angeben zu können.

— *Halbempirische Turbulenztheorien*

Mit Hilfe hypothetischer Ansätze, z.B. für die scheinbare turbulente Schubspannung in Abhängigkeit von der zeitlich gemittelten Geschwindigkeit, wird jene direkt bestimmt. Als Ausgangspunkt dieser „Schließungsannahmen" ist der Mischungswegansatz von L. Prandtl aus dem Jahre 1925 anzusehen. Ziel dieser Überlegungen ist es, möglichst allgemeingültige Ansätze zu formulieren.

Die statistische Turbulenztheorie hat große Erfolge bei der Behandlung isotroper und teilweise auch homogener Turbulenz aufzuweisen, sie ist jedoch bisher wenig erfolgreich bei der Behandlung der Scherturbulenz. Wir werden uns in Abschnitt 5.5 mit einigen zentralen Begriffen aus diesem interessanten Gebiet kurz beschäftigen, weil dadurch das Verstehen turbulenter Vorgänge wesentlich gefördert wird.

Die halbempirischen Theorien stellen nach dem derzeitigen Wissensstand die einzig brauchbare Möglichkeit dar, für Ingenieurzwecke turbulente Strömungen einschließlich des Wärme- und Stoffaustausches zu berechnen. Wir werden darauf ausführlicher eingehen.

5.2 Hydrodynamische Stabilität und laminar turbulenter Umschlag

Vor etwa 100 Jahren sprach Reynolds die Vermutung aus, daß es sich bei der Turbulenz um ein Stabilitätsproblem handelt. Es dauerte bis zum Jahre 1929, in dem Tollmien die erste erfolgreich durchgeführte Stabilitätsrechnung vorlegte. Er untersuchte die ebene Plattenströmung, also die Stabilität des Blasius-Profils (Abschnitt 2.3). Dabei führte er eine zweidimensionale Störungsrechnung durch. Wir wollen das Vorgehen kurz skizzieren.

Der stationären Grundlösung v_j, p wird eine instationäre Störung v_j', p' überlagert. Die gestörte Strömung $v_j + v_j'$, $p + p'$ befriedigt wieder die Kontinuitäts-Gleichung, die Navier-Stokessche Gleichung sowie die Randbedingungen. Die Störung wird als klein angenommen, die Störungsdifferentialgleichung, die Orr-Sommerfeld-Gleichung, kann dann linearisiert werden. Wachsen die Störungen mit der Zeit an, so ist die Grundlösung instabil. Klingen dagegen die aufgebrachten Störungen mit der Zeit ab, so ist die Grundlösung stabil. Physikalisch bedeutet dies, daß die dämpfende Wirkung der Viskosität groß genug (oder zu gering) ist, um das Anwachsen der Störungen (nicht) zu verhindern. Bild 5.2 zeigt in einer Stabilitätskarte das Ergebnis der Rechnungen von Tollmien.

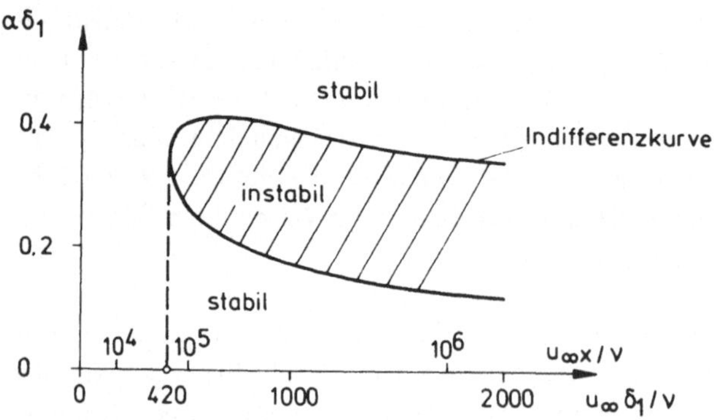

Bild 5.2 Stabilitätskarte nach Tollmien für die ebene Plattengrenzschicht

Dabei bedeuten δ_1 = Verdrängungsdicke, $\alpha = 2\,\pi/\lambda$ = Wellenzahl und λ = Wellenlänge der Störung. Ein merkwürdiges Resultat der Rechnung ist, daß nur ein schmaler Bereich von Störungswellenlängen für die Laminarströmung gefährlich ist. Wellen zu langer oder zu kurzer Wellenlänge werden gedämpft. In der Praxis ist jedoch immer ein Spektrum von Störungswellenlängen (Geräusche, Vibrationen) vorhanden. Unterhalb einer bestimmten Grenze, Indifferenzpunkt genannt, ist die Strömung immer laminar. Die Rechnungen von Tollmien ergaben:

$$(\mathrm{Re}_{\delta_1})_{\text{indiff.}} \approx 420 \quad \text{bzw. wegen } \delta_1 \sim \sqrt{x} \text{ (s. Abschnitt 2.3)} \qquad (5.7)$$
$$(\mathrm{Re}_x)_{\text{indiff.}} \approx 6 \cdot 10^4.$$

Im Experiment wird der laminar-turbulente Umschlag der ebenen Plattenströmung zu $\mathrm{Re}_x \approx 3 \div 5 \cdot 10^5$ ermittelt. Dieser Unterschied liegt darin, daß man zwischen der möglichen Anfachung (dem Indifferenzpunkt) und dem tatsächlichen Umschlag unterscheiden muß. Man spricht von einem Übergangsbereich, vgl. hierzu Bild 5.3 weiter unten. Bei besonders störungsfreien Bedingungen kann eine Laminarströmung bis zu Re-Zahlen von etwa 10^6 aufrecht erhalten werden. Derartige metastabile Zustände sind auch aus anderen Bereichen der Physik bekannt. So kann man besonders keimfreies Wasser unter $0\,^\circ\mathrm{C}$ abkühlen, ohne daß es gefriert. Die geringste Störung (Keim) läßt es jedoch plötzlich erstarren.

Aufgabe 5.2:   Nach welcher Lauflänge x wird eine Plattengrenzschicht umschlagen? Es sei $(\mathrm{Re}_x)_{\text{krit}} = 5 \cdot 10^5$, das Medium sei Luft oder Wasser, es sei $u_\infty = 1, 5, 10, 50$ m/s.

Die theoretischen Ergebnisse von Tollmien konnten erst 1943 von Schubauer und Skramstad experimentell bestätigt werden. Durch ein dünnes Metallband wurden dabei in der Plattengrenzschicht (elektromagnetisch angeregte) Schwingungen unterschiedlicher Wellenzahlen erzeugt. Deren Auswirkungen wurden mit dem Hitzdraht gemessen.

Squire hat 1933 gezeigt, daß die Beschränkung auf ebene Störungen zulässig ist, da in einer ebenen inkompressiblen Strömung dreidimensionale Störungen erst bei höheren Re-Zahlen zur Instabilität führen.

Die Rechnungen von Tollmien wurden von Schlichting in den Jahren 1932 bis 1935 auf Grenzschichtströmungen mit Druckgradient erweitert. Dabei legte Schlichting die ähnlichen Lösungen von Hartree, Abschnitt 2.3, zugrunde. Als Fazit ergab sich, daß beschleunigte Strömungen stabiler sind als verzögerte Strömungen. Dies ist einleuchtend, da die Geschwindigkeitsprofile in beschleunigten Strömungen völliger sind als in verzögerten Strömungen, siehe hierzu Bild 2.9.

Auch in einer vollturbulenten Strömung werden in unmittelbarer Nähe fester Berandungen die turbulenten Schwankungsbewegungen durch die Wirkung der Viskosität gedämpft. Dieser Bereich wird laminare oder besser viskose Unterschicht genannt, in dieser Schicht überwiegt die Wirkung der molekularen Viskosität gegenüber der scheinbaren turbulenten Viskosität, die wir mit Gl. (5.69) definieren werden. Bild 5.3 soll dies verdeutlichen.

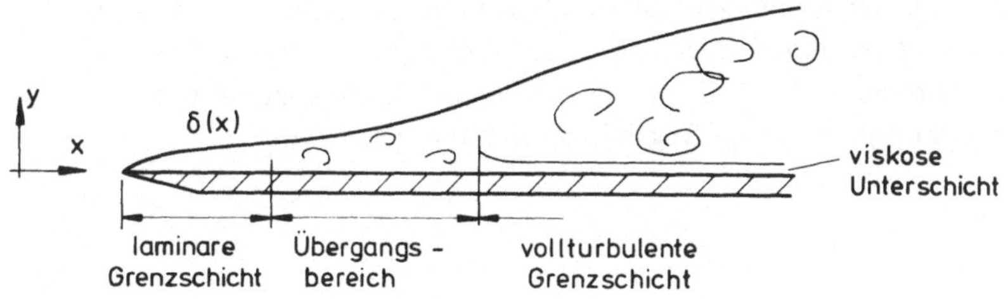

Bild 5.3 Zum laminar-turbulenten Umschlag

Es ist zu beachten, daß der Rand der turbulenten Grenzschicht nur statistisch festzulegen ist, vgl. Bild 5.12 in Abschnitt 5.8.

Die bisher diskutierte zweidimensionale Instabilität wird als Tollmien-Schlichting-Instabilität bezeichnet. Im Gegensatz dazu wird bei Grenzschichtströmungen an gekrümmten Wänden die dreidimensionale Taylor-Görtler-Instabilität wirksam. Diese Bezeichnung geht auf Untersuchungen von Taylor im Jahre 1923 und von Görtler im Jahre 1940 zurück. Taylorwirbel stellen sich in einem Ringspalt zwischen zwei konzentrischen mit unterschiedlicher Winkelgeschwindigkeit rotierenden Zylindern ein, sobald eine kritische Grenze überschritten wird. Damit verwandt sind die Görtlerwirbel, die in einer laminaren Grenzschicht entlang einer konkav gekrümmten Wand auftreten können.

Zu diesem Abschnitt seien speziell die Bücher von Schlichting [5.32], Lin [5.21], Betchov und Criminale [5.3] sowie White [5.37] empfohlen. Wir wenden uns von nun an den vollturbulenten Strömungen zu.

5.3 Die Reynoldsschen Gleichungen

Zu Beginn wollen wir kurz die Frage diskutieren, ob in turbulenten Strömungen möglicherweise die Voraussetzungen der Kontinuumstheorie verletzt sind. Man kann sich die Turbulenz als eine Überlagerung von Wirbeln („eddies") unterschiedlicher Größe und Frequenz vorstellen. In realen viskosen Fluiden gibt es aufgrund der Dissipation eine untere Wirbelgröße. Zu dieser statistisch unteren Grenze für die Wirbelgröße gehört ein minimaler Längenmaßstab und korrespondierend dazu eine maximale Frequenz der Schwankungen.

Experimente zeigen, daß der kleinste Längenmaßstab bzw. die untere Wirbelgröße in der Größenordnung von 0,1 bis 1 mm liegen. Demgegenüber ist die mittlere freie Weglänge von Luft mit ca. 10^{-4} mm bei Normalbedingungen um Größenordnungen kleiner. Die turbulenten Schwankungsgeschwindigkeiten liegen bei etwa 10% der mittleren Geschwindigkeit, sagen wir, um Werte zu nennen, bei etwa 1 bis 10 m/s. Die mittlere Geschwindigkeit der Moleküle liegt mit ca. 500 m/s für Luft bei Normalbedingungen um Größenordnungen darüber. Die turbulenten Frequenzen variieren zwischen etwa 1 und 10000 s^{-1}, während die Frequenzen der Molekülzusammenstöße für Luft bei etwa $5 \cdot 10^9$ s^{-1} liegen. Der Größenbereich der Turbulenz liegt also genügend weit oberhalb molekularer Größenordnungen. Damit ist deutlich, daß die Bilanzgleichungen der Kontinuumstheorie auch die Basis für die Beschreibung turbulenter Austauschvorgänge darstellen.

Freilich müssen diese Bilanzgleichungen aufgrund des dreidimensionalen und instationären Charakters turbulenter Bewegungen für eben diesen Fall angeschrieben werden. Wir betrachten in diesem Kapitel ausschließlich inkompressible Einkomponentenfluide und vernachlässigen die Volumenkräfte. Also liegt folgendes Gleichungssystem vor:

$$\frac{\partial v_k}{\partial x_k} = 0 \tag{5.8}$$

$$\rho \left(\frac{\partial v_j}{\partial t} + v_k \frac{\partial v_j}{\partial x_k} \right) = - \frac{\partial p}{\partial x_j} + \mu \frac{\partial^2 v_j}{\partial x_k^2}. \tag{5.9}$$

Diese beiden Gleichungen unterscheiden sich nur durch den instationären Term $\partial v_j / \partial t$ von dem Gleichungssystem (2.1), (2.2). Sie gelten für laminare und turbulente Strömungen gleichermaßen. In kartesischen Koordinaten folgt ausgeschrieben:

$$\frac{\partial u}{\partial x} + \frac{\partial v}{\partial y} + \frac{\partial w}{\partial z} = 0 \tag{5.10}$$

$$\rho \left(\frac{\partial u}{\partial t} + u \frac{\partial u}{\partial x} + v \frac{\partial u}{\partial y} + w \frac{\partial u}{\partial z} \right) = - \frac{\partial p}{\partial x} + \mu \left(\frac{\partial^2 u}{\partial x^2} + \frac{\partial^2 u}{\partial y^2} + \frac{\partial^2 u}{\partial z^2} \right). \tag{5.11}$$

Dabei ist die Navier-Stokessche Gleichung nur für die x-Komponente $v_j = v_1 = u$ angegeben, die Gleichungen für die y- ($v_j = v_2 = v$) und die z-Komponente ($v_j = v_3 = w$) lauten entsprechend. Es liegen vier Gleichungen für die vier Unbekannten u, v, w, p = f(x, y, z, t) vor. Diese *Bilanzgleichungen für die Momentanwerte* sind prinzipiell lösbar. Bei einer numerischen Lösung müßte jedoch das Gitternetz extrem feinmaschig angelegt sein, damit auch die kleinsten turbulenten Schwankungen erfaßt werden. Es gibt Abschätzungen über den dadurch zu erwartenden Speicher- und Rechenzeitbedarf, siehe z.B. [5.18]. Auch ohne eine solche

Abschätzung ist es einleuchtend, daß eine numerische Lösung des Gleichungssystems für die zeitabhängigen Momentanwerte bestenfalls von akademischem Interesse sein kann und keinerlei Bedeutung für die Ingenieurpraxis hat.

Von Ausnahmefällen abgesehen (z. B. Strömungsakustik, Auswirkungen von Druckschwankungen auf Bauteile) interessiert sich der Ingenieur in der Regel nur für die zeitlichen Mittelwerte turbulenter Strömungen, da aus ihnen die für die Praxis wichtigen Fragen nach dem Druckverlust bzw. dem Reibungswiderstand (sowie dem Wärme- und Stoffübergang) beantwortet werden können.

Die *Bilanzgleichungen für die zeitlichen Mittelwerte* werden als *Reynoldssche Gleichungen* bezeichnet. Wir gewinnen sie aus den Bilanzgleichungen für die Momentanwerte, indem wir die Momentanwerte dem Vorschlag von Reynolds folgend gemäß Gl. (5.2) in Mittel- und Schwankungswerte zerlegen und anschließend zeitlich mitteln. Wir setzen also in die Gln. (5.8) und (5.9) ein:

$$v_k(x_k, t) = \bar{v}_k(x_k) + v_k'(x_k, t) \tag{5.12}$$
$$p(x_k, t) = \bar{p}(x_k) + p'(x_k, t).$$

Es folgt aus Gl. (5.8)

$$\frac{\partial}{\partial x_k}(\bar{v}_k + v_k') = \frac{\partial \bar{v}_k}{\partial x_k} + \frac{\partial v_k'}{\partial x_k} = 0.$$

Nach zeitlicher Mittelung verbleibt

$$\boxed{\frac{\partial \bar{v}_k}{\partial x_k} = 0}, \qquad \text{d.h.} \quad \frac{\partial \bar{u}}{\partial x} + \frac{\partial \bar{v}}{\partial y} + \frac{\partial \bar{w}}{\partial z} = 0. \tag{5.13}$$

Die Kontinuitätsgleichung (5.8) gilt somit in gleicher Weise für die Momentanwerte wie für die zeitlichen Mittelwerte. Damit gilt sie auch für die Schwankungswerte:

$$\frac{\partial v_k'}{\partial x_k} = 0, \qquad \text{d.h.} \quad \frac{\partial u'}{\partial x} + \frac{\partial v'}{\partial y} + \frac{\partial w'}{\partial z} = 0. \tag{5.14}$$

Dies ist grundsätzlich anders bei der Navier-Stokesschen Gleichung, hier sind aufgrund der nichtlinearen konvektiven Terme turbulente Zusatzglieder zu erwarten. Der konvektive Term in Gl. (5.9) lautet

$$v_k \frac{\partial v_j}{\partial x_k} = \frac{\partial}{\partial x_k}(v_k v_j) \qquad \text{wegen Gl. (5.8)}$$

$$= \frac{\partial}{\partial x_k}[(\bar{v}_k + v_k')(\bar{v}_j + v_j')]$$

$$= \frac{\partial}{\partial x_k}(\bar{v}_k \bar{v}_j + \bar{v}_k v_j' + v_k' \bar{v}_j + v_k' v_j').$$

Nach zeitlicher Mittelung verbleibt

$$\overline{v_k \frac{\partial v_j}{\partial x_k}} = \frac{\partial}{\partial x_k}(\bar{v}_k \bar{v}_j) + \frac{\partial}{\partial x_k}(\overline{v_k' v_j'}). \tag{5.15}$$

Dies ist von entscheidender Bedeutung: Nur die in den Unbekannten nichtlinearen Terme der Bilanzgleichungen liefern turbulente Zusatzglieder. Damit geht Gl. (5.9) nach zeitlicher Mittelung über in

$$\rho \frac{\partial}{\partial x_k}(\overline{v}_k\overline{v}_j) = -\frac{\partial \overline{p}}{\partial x_j} + \mu \frac{\partial^2 \overline{v}_j}{\partial x_k^2} - \rho \frac{\partial}{\partial x_k}(\overline{v_k' v_j'}).$$

Hierbei haben wir eine im Mittel stationäre Strömung angenommen. Das von dem konvektiven Term herrührende Zusatzglied wird üblicherweise auf die rechte Seite der Gleichung geschrieben, mit dessen Deutung befassen wir uns weiter unten. Obige Beziehung schreiben wir bei Beachtung von Gl. (5.13) in der Form

$$\boxed{\rho\overline{v}_k \frac{\partial \overline{v}_j}{\partial x_k} = -\frac{\partial \overline{p}}{\partial x_j} + \frac{\partial}{\partial x_k}\left(\mu \frac{\partial \overline{v}_j}{\partial x_k} - \rho\overline{v_k' v_j'}\right).} \qquad (5.16)$$

Das ist die Bewegungsgleichung für den zeitlichen Mittelwert der Geschwindigkeit. Man nennt

$$\boxed{(\tau_{jk})_{\text{tur}} = -\rho\overline{v_k' v_j'}} \qquad (5.17)$$

den turbulenten oder scheinbaren oder *Reynoldsschen Spannungstensor.* Zur Unterscheidung dazu ist

$$(\tau_{jk})_{\text{mol}} = \mu\left(\frac{\partial \overline{v}_j}{\partial x_k} + \frac{\partial \overline{v}_k}{\partial x_j}\right) \qquad (5.18)$$

der molekulare Spannungstensor. Man beachte, daß bei der Differentiation $\partial/\partial x_k$ der zweite Summand entfällt.

Für den resultierenden Spannungstensor T_{jk} nach Gl. (1.26) gilt damit

$$\begin{aligned} T_{jk} &= -\overline{p}\delta_{jk} + \mu\left(\frac{\partial \overline{v}_j}{\partial x_k} + \frac{\partial \overline{v}_k}{\partial x_j}\right) - \rho\overline{v_k' v_j'} \\ &= -\overline{p}\delta_{jk} + (\tau_{jk})_{\text{mol}} \qquad\quad + (\tau_{jk})_{\text{tur}}. \end{aligned} \qquad (5.19)$$

Wir schreiben den Reynoldsschen Spannungstensor in der Matrixform aus:

$$(\tau_{jk})_{\text{tur}} = -\rho\begin{bmatrix} \overline{v_1'^2} & \overline{v_1'v_2'} & \overline{v_1'v_3'} \\ \overline{v_2'v_1'} & \overline{v_2'^2} & \overline{v_2'v_3'} \\ \overline{v_3'v_1'} & \overline{v_3'v_2'} & \overline{v_3'^2} \end{bmatrix}. \qquad (5.20)$$

Die Elemente der Hauptdiagonalen ($j = k$) stellen turbulente Normalspannungen dar, die Elemente $j \neq k$ lassen sich als turbulente Tangentialspannungen deuten (Bild 5.4).

Legen wir ein Flächenelement dA in die y, z-Ebene (Bild 5.4 (a)), so tritt durch dA der Massenstrom $\rho u\,dA$ und damit der Impulsstrom $\rho u^2 dA$. Davon bilden wir den zeitlichen Mittelwert:

$$\rho\overline{u^2}dA = \rho\overline{(\overline{u} + u')^2}dA = \rho(\overline{u}^2 + \overline{u'^2})dA.$$

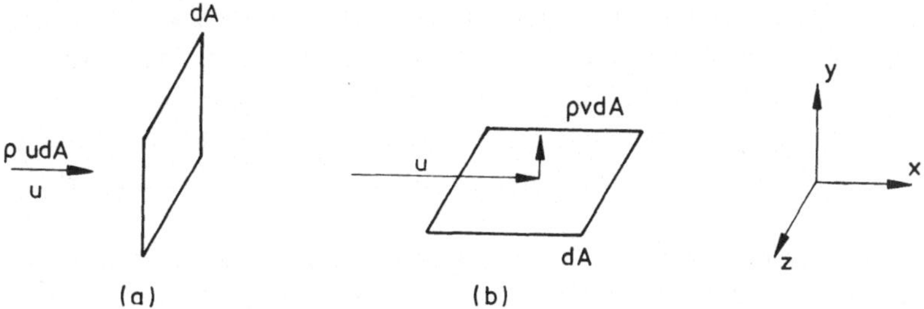

Bild 5.4 Zur Deutung der Reynoldsschen Normal- (a) und Tangentialspannungen (b)

Der erste Anteil ist ein Impulsstrom aus der zeitlich gemittelten Bewegung und der zweite Anteil ein Impulsstrom aus der Schwankungsbewegung. Bezogen auf die Fläche dA läßt dieser sich als scheinbare Normalspannung $\rho \overline{u'^2}$ deuten.

Durch die in der x, z-Ebene (Bild 5.4 (b)) liegenden Fläche dA tritt der Massenstrom $\rho v\,dA$. Die x-Komponente der Geschwindigkeit ist u, so daß der durch dA transportierte x-Impulsstrom $\rho u v\,dA$ ist. Nach zeitlicher Mittelung folgt:

$$\rho\,\overline{uv}\,dA = \rho\,\overline{(\overline{u} + u')\,(\overline{v} + v')}\,dA = \rho(\overline{u}\,\overline{v} + \overline{u'v'})dA.$$

Lassen wir die Strömungsrichtung mit der x-Achse zusammenfallen ($\overline{v} = 0$), so verbleibt mit $\rho\overline{u'v'}\,dA$ nur der Impulsstrom aus den Schwankungsbewegungen. Bezogen auf die Fläche dA ist dies eine Reynoldssche Tangentialspannung $\rho\overline{u'v'}$.

Es ist wichtig zu vermerken, daß die zusätzlichen Reynoldsschen Spannungen nur in Bezug auf die zeitlich gemittelte Bewegung registriert werden! Die Bewegungsgleichung (5.9) für die Momentanwerte enthält selbstverständlich keinen turbulenten Zusatzterm.

Mit dem Vorzeichen des Reynoldsschen Spannungstensors werden wir uns in Abschnitt 5.9 beschäftigen. Wir werden dort sehen, daß der Reynoldssche Spannungstensor positiv ist. Von den 9 Komponenten sind wegen $\overline{u'v'} = \overline{v'u'}$ usw. nur 6 Komponenten voneinander unabhängig. In zweidimensionalen Grenzschichtströmungen verbleibt von diesen 6 Komponenten nur $\overline{u'v'}$, siehe Abschnitt 5.6.

In diesem Abschnitt ist das *Turbulenzproblem* deutlich geworden. Für den Übergang vom (praktisch unlösbaren) Gleichungssystem für die Momentanwerte zu dem Gleichungssystem für die zeitlichen Mittelwerte, den Reynoldsschen Gleichungen, muß ein hoher Preis gezahlt werden. Dieser Preis ist die Einführung des unbekannten Reynoldsschen Spannungstensors. Ursache dafür sind die nichtlinearen konvektiven Terme der Navier-Stokesschen Gleichung. Das Turbulenzproblem besteht darin, diesen Reynoldsschen Spannungstensor mit Hilfe geeigneter *Turbulenzmodelle* mit dem zeitlich gemittelten Geschwindigkeitsfeld zu verknüpfen. Dies ist bislang nur auf der Basis halbempirischer Ansätze möglich, derartige *Schließungsannahmen* werden uns ausführlich beschäftigen (Abschnitte 5.9 und 5.10).

Wir haben bisher die Frage unterdrückt, warum die Reynoldsschen Tangentialspannungen von Null verschieden sind. Einleuchtend ist, daß die Reynoldsschen Normalspannungen $\overline{u'^2}$, $\overline{v'^2}$, $\overline{w'^2} \neq 0$ sind, da durch die Quadrierung die negativen Äste „nach oben" geklappt werden (Bild 5.1). Aber warum ist eigentlich $\overline{u'v'} \neq 0$? Tatsächlich verschwinden bei isotroper Turbulenz die Reynoldsschen Tangentialspannungen, sämtliche Schwankungskomponenten sind statistisch gesehen gleich und somit unabhängig voneinander. Bei der anisotropen Scherturbulenz besteht jedoch ein mehr oder weniger starker (räumlicher und zeitlicher) Zusammenhang zwischen den verschiedenen Schwankungsgrößen. Man spricht von Korrelationen, dieser Begriff spielt für das Verständnis der Turbulenz eine sehr wichtige Rolle (Abschnitt 5.5).

Zuvor wenden wir uns dem Problem zu, für den unbekannten Reynoldsschen Spannungstensor eine Bilanzgleichung zu formulieren. Wie jede andere transportable Größe muß auch diese einer Bilanzgleichung der allgemeinen Form (1.42) gehorchen. Derartige Bilanzgleichungen, die Transportgleichungen genannt werden, bilden die Grundlage für neuere Schließungsannahmen (Abschnitt 5.10).

5.4 Transportgleichungen

Ausgangspunkt der Herleitung ist die Navier-Stokessche Gleichung (5.9) für die Momentanwerte, wobei wir die Aufspaltung (5.2) einführen:

$$\frac{\partial}{\partial t}(\bar{v}_j + v_j') + \frac{\partial}{\partial x_k}(\bar{v}_k + v_k')(\bar{v}_j + v_j') = -\frac{1}{\rho}\frac{\partial}{\partial x_j}(\bar{p} + p') \qquad (5.21)$$

$$+ \nu\,\frac{\partial^2}{\partial x_k^2}(\bar{v}_j + v_j').$$

Wir multiplizieren diese Beziehung mit v_i' und erhalten nach zeitlicher Mittelung unter Beachtung der Kontinuitätsgleichung

$$\overline{v_i'\frac{\partial v_j'}{\partial t}} + \overline{\bar{v}_k v_i'\frac{\partial v_j'}{\partial x_k}} + \overline{v_i'v_k'\frac{\partial \bar{v}_j}{\partial x_k}} + \overline{v_i'v_k'\frac{\partial v_j'}{\partial x_k}}$$

$$= -\frac{1}{\rho}\overline{v_i'\frac{\partial p'}{\partial x_j}} + \nu\,\overline{v_i'\frac{\partial^2 v_j'}{\partial x_k^2}}.$$

Analog dazu schreiben wir die Navier-Stokessche Gleichung (5.21) für die i-Richtung an und multiplizieren diese mit v_j', danach wird zeitlich gemittelt. Dies entspricht einem Vertauschen der Indizes i und j in obiger Beziehung. Es folgt:

$$\overline{v_j'\frac{\partial v_i'}{\partial t}} + \overline{\bar{v}_k v_j'\frac{\partial v_i'}{\partial x_k}} + \overline{v_j'v_k'\frac{\partial \bar{v}_i}{\partial x_k}} + \overline{v_j'v_k'\frac{\partial v_i'}{\partial x_k}}$$

$$= -\frac{1}{\rho}\overline{v_j'\frac{\partial p'}{\partial x_i}} + \nu\,\overline{v_j'\frac{\partial^2 v_i'}{\partial x_k^2}}.$$

Die beiden letzten Beziehungen werden unter Beachtung von $\partial v_k'/\partial x_k = 0$ addiert:

$$\frac{\partial}{\partial t}\overline{(v_i'v_j')} + \bar{v}_k\frac{\partial}{\partial x_k}\overline{(v_i'v_j')} + \overline{v_i'v_k'}\frac{\partial \bar{v}_j}{\partial x_k} + \overline{v_j'v_k'}\frac{\partial \bar{v}_i}{\partial x_k} \qquad (5.22)$$

$$+ \frac{\partial}{\partial x_k}\overline{(v_i'v_j'v_k')} + \frac{1}{\rho}\left[\overline{v_i'\frac{\partial p'}{\partial x_j}} + \overline{v_j'\frac{\partial p'}{\partial x_i}}\right] - \nu\left[\overline{v_i'\frac{\partial^2 v_j'}{\partial x_k^2}} + \overline{v_j'\frac{\partial^2 v_i'}{\partial x_k^2}}\right] = 0.$$

Dies ist eine Bilanzgleichung für den Reynoldsschen Spannungstensor $\overline{v_i'v_j'}$. Bevor die einzelnen Terme gedeutet werden, soll eine übliche Umformung vorgenommen werden:

$$v_i'\,\frac{\partial^2 v_j'}{\partial x_k^2} + v_j'\,\frac{\partial^2 v_i'}{\partial x_k^2}$$

$$= \frac{\partial}{\partial x_k}\left(v_i'\,\frac{\partial v_j'}{\partial x_k}\right) - 2\,\frac{\partial v_i'}{\partial x_k}\,\frac{\partial v_j'}{\partial x_k} + \frac{\partial}{\partial x_k}\left(v_j'\,\frac{\partial v_i'}{\partial x_k}\right)$$

$$= \frac{\partial^2}{\partial x_k^2}(v_i'v_j') - 2\,\frac{\partial v_i'}{\partial x_k}\,\frac{\partial v_j'}{\partial x_k};$$

$$v_i'\,\frac{\partial p'}{\partial x_j} + v_j'\,\frac{\partial p'}{\partial x_i}$$

$$= \frac{\partial}{\partial x_j}(v_i'p') - p'\,\frac{\partial v_i'}{\partial x_j} + \frac{\partial}{\partial x_i}(v_j'p') - p'\,\frac{\partial v_j'}{\partial x_i}$$

$$= -p'\left(\frac{\partial v_i'}{\partial x_j} + \frac{\partial v_j'}{\partial x_i}\right) + \frac{\partial}{\partial x_k}[p'(\delta_{kj}v_i' + \delta_{ki}v_j')].$$

Dabei ist die in Aufgabe 1.2 angegebene Identität verwendet worden. Nach Einsetzen geht Gl. (5.22) über in

$$
\underbrace{\frac{\partial}{\partial t}\overline{(v_i'v_j')} + \overline{v}_k\,\frac{\partial}{\partial x_k}\overline{(v_i'v_j')}}_{}\; \underbrace{+ \overline{v_i'v_k'}\,\frac{\partial \overline{v}_j}{\partial x_k} + \overline{v_j'v_k'}\,\frac{\partial \overline{v}_i}{\partial x_k}}_{}
$$

$$
\underbrace{+\,2\,\nu\,\overline{\frac{\partial v_i'}{\partial x_k}\,\frac{\partial v_j'}{\partial x_k}}}_{DS}\; \underbrace{-\,\overline{\frac{p'}{\rho}\left(\frac{\partial v_i'}{\partial x_j} + \frac{\partial v_j'}{\partial x_i}\right)}}_{DSK}
$$

$$
\underbrace{+\,\frac{\partial}{\partial x_k}\left[\overline{v_i'v_j'v_k'} - \nu\,\frac{\partial}{\partial x_k}\overline{(v_i'v_j')} + \overline{\frac{p'}{\rho}(\delta_{kj}v_i' + \delta_{ki}v_j')}\right]}_{DF} = 0
$$

wobei L, K, P die ersten drei Klammern bezeichnen. (5.23)

In dieser *Bilanzgleichung (Transportgleichung) für den Reynoldsschen Spannungstensor* $\overline{v_i'v_j'}$ können die einzelnen Terme folgendermaßen gedeutet werden, vgl. z.B. [5.16, 5.31, 5.35]:

L = *lokale Änderung* (= 0 für statistisch stationäre Strömungen);

K = *konvektive Änderung;*

P = *Produktion*, gebildet als Produkt aus dem Reynoldsschen Spannungstensor und dem Gradienten der zeitlich gemittelten Geschwindigkeit;

DS = *Dissipation*, diese Bezeichnung sollte in Klammern gesetzt werden; die eigentliche turbulente Dissipation werden wir in der Transportgleichung (5.25) für die Turbulenzenergie kennenlernen; die Dissipation ist eine negative Produktion;

DSK = *Druck-Scher-Korrelation* (den Begriff Korrelation erläutern wir im folgenden Abschnitt); diese trägt ähnlich wie die Diffusion zur Umverteilung bei;

DF = *Diffusion;* darin werden die Terme erfaßt, die sich unter ein Divergenzzeichen schreiben lassen.

Der Produktionsterm spielt eine entscheidende Rolle. Er ist für das Erzeugen der Turbulenz verantwortlich. Offenbar kann nur in Strömungen mit Gradienten der zeitlich gemittelten Geschwindigkeit, also in Scherströmungen, die Turbulenz aufrecht erhalten werden. Der Geschwindigkeitsgradient ist der Motor, der Generator der Turbulenz. Die dafür erforderliche Energie wird der Hauptbewegung entzogen. Dies kann man anhand einer Bilanzgleichung für die kinetische Energie der zeitlich gemittelten Bewegung, also $\overline{v}_j^2$, sehr schön diskutieren, siehe z.B. Rotta [5.31]. Wir werden im nächsten Abschnitt unter dem Stichwort Energiekaskade in anschaulicher Weise darauf zurückkommen.

Die Tensorgleichung steht für 9 Komponentengleichungen, davon entfallen jedoch 3 aufgrund $\overline{u'v'} = \overline{v'u'}$ usw. Es ist sicher ratsam, die Herleitung der Transportgleichung noch einmal komponentenweise zu skizzieren:

$$\text{(Navier-Stokessche Gl. in x-Richtung)} \cdot u' \ \wedge \ \text{Transportgleichung für } \overline{u'^2},$$
$$\left. \begin{array}{l} \text{(Navier-Stokessche Gl. in x-Richtung)} \cdot v' \\ \text{(Navier-Stokessche Gl. in y-Richtung)} \cdot u' \end{array} \right\} \wedge \ \begin{array}{l} \text{Transportgleichung für } \overline{u'v'} \\ \text{nach Addition.} \end{array}$$

Derart wird für alle Komponenten des Tensors $\overline{v_i'v_j'}$ verfahren. Wir werden in Abschnitt 5.6 sehen, daß in Strömungen mit Grenzschichtcharakter von dem Tensor nur die Komponente $\overline{u'v'}$ verbleibt; die entsprechende Transportgleichung wird gegenüber Gl. (5.23) wesentlich anschaulicher sein, siehe Gl. (5.56).

Einen wichtigen Sonderfall der Transportgleichung (5.23) gewinnt man formal durch Kontraktion, d.h. i = j setzen. Aus $\overline{v_i'v_j'}$ folgt für i = j der Ausdruck $\overline{v_j'v_j'} = \overline{v_j'^2}$, den wir in Gl. (5.5) als Turbulenzenergie kennengelernt haben:

$$k = \frac{1}{2}\overline{v_j'^2} = \frac{1}{2}(\overline{u'^2} + \overline{v'^2} + \overline{w'^2}). \tag{5.24}$$

Für i = j geht Gl. (5.23) in eine *Transportgleichung für die Turbulenzenergie* k über:

$$\boxed{\begin{array}{l} \underbrace{\frac{\partial k}{\partial t}}_{L} + \underbrace{\overline{v}_k \frac{\partial k}{\partial x_k}}_{K} + \underbrace{\overline{v_j'v_k'}\,\frac{\partial \overline{v}_j}{\partial x_k}}_{P} + \underbrace{\epsilon}_{DS} \\[4mm] \underbrace{+ \frac{\partial}{\partial x_k}\left[\overline{\left(k + \frac{p'}{\rho}\right)v_k'} - \nu\frac{\partial k}{\partial x_k} - \nu\frac{\partial}{\partial x_j}(\overline{v_j'v_k'})\right]}_{DF} = 0 \end{array}} \tag{5.25}$$

Die Turbulenzenergie k trägt per definitionem keinen Mittelungsstrich; mit $\overline{k\,v_k'}$ ist $\overline{v_j'^2 v_k'}/2$ gemeint. Es ist von der Umformung

$$\overline{\frac{\partial v_j'}{\partial x_k}\frac{\partial v_j'}{\partial x_k}} = \overline{\frac{\partial v_j'}{\partial x_k}\left(\frac{\partial v_j'}{\partial x_k}+\frac{\partial v_k'}{\partial x_j}\right)} - \frac{\partial^2}{\partial x_j\,\partial x_k}\,\overline{(v_j' v_k')}$$

Gebrauch gemacht worden. Dadurch wird deutlich, daß man die Größe

$$\epsilon = \nu\,\overline{\frac{\partial v_j'}{\partial x_k}\left(\frac{\partial v_j'}{\partial x_k}+\frac{\partial v_k'}{\partial x_j}\right)} \tag{5.26}$$

als *turbulente Dissipation* bezeichnen kann. Zur Begründung dafür muß die Entropieproduktion σ_s, die verallgemeinerte Dissipationsfunktion nach Gl. (1.57) oder Gl. (1.60), herangezogen werden. Davon verbleibt mit den Voraussetzungen dieses Kapitels nur der Term

$$\tau_{jk}\frac{\partial v_j}{\partial x_k} = \mu\,\frac{\partial v_j}{\partial x_k}\left(\frac{\partial v_j}{\partial x_k}+\frac{\partial v_k}{\partial x_j}\right)$$

mit τ_{jk} nach Gl. (1.79). Nach zeitlicher Mittelung folgt

$$\overline{\tau_{jk}\frac{\partial v_j}{\partial x_k}} = \mu\,\frac{\partial \bar{v}_j}{\partial x_k}\left(\frac{\partial \bar{v}_j}{\partial x_k}+\frac{\partial \bar{v}_k}{\partial x_j}\right)+\mu\,\overline{\frac{\partial v_j'}{\partial x_k}\left(\frac{\partial v_j'}{\partial x_k}+\frac{\partial v_k'}{\partial x_j}\right)}. \tag{5.27}$$

Der erste Anteil der Dissipationsfunktion wird als direkte Dissipation bezeichnet; in dem zweiten Anteil erkennen wir die durch Gl. (5.26) definierte turbulente Dissipation $\rho\epsilon$, auch indirekte Dissipation genannt. Letzterer Anteil wird erst über den Umweg durch Produktion von Turbulenzenergie und anschließender Dissipation aufgrund der Gradienten der Schwankungskomponente erklärbar. Es ist ein experimenteller Befund, daß die indirekte (turbulente) Dissipation die direkte Dissipation zumindest im vollturbulenten Bereich bei weitem übersteigt, vgl. z.B. [5.31]. In unmittelbarer Wandnähe steigt die direkte Dissipation jedoch stark an, während die turbulente Dissipation mit Annäherung an die Wand gegen Null geht.

Die Transportgleichung (5.25) für die Turbulenzenergie wird in ähnlicher Weise gedeutet wie die Transportgleichung (5.23): Die lokale und konvektive Änderung von k ist gleich der Produktion + Dissipation (negative Produktion) + Diffusion von k. Die vom experimentellen Standpunkt aus unangenehme Druckscherkorrelation in Gl. (5.23) tritt in Gl. (5.25) nicht auf.

Transportgleichungen der hier besprochenen Art spielen bei der Entwicklung moderner halbempirischer Berechnungsmethoden eine zentrale Rolle. So beschreibt Gl. (5.23) die lokale und konvektive Änderung des unbekannten Reynoldsschen Spannungstensors. Das *Schließungsproblem* läßt sich auf diesem Weg jedoch nicht lösen, da die Transportgleichungen ihrerseits neue unbekannte Korrelationsfunktionen enthalten. Für jede dieser unbekannten Korrelationsfunktionen läßt sich wiederum eine Transportgleichung herleiten, die jedoch erneut neue unbekannte Korrelationen enthält. Die Ordnung dieser Tensoren wird jeweils um Eins erhöht. So enthält die Transportgleichung (5.23) eine Tripelkorrelation $\overline{v_i' v_j' v_k'}$, also einen Tensor dritter Stufe. Eine Bilanzgleichung dafür würde einen Tensor vierter Stufe enthalten.

Fazit: Das Schließungsproblem läßt sich derart nicht lösen. Es existieren immer mehr Unbekannte als Gleichungen zur Verfügung stehen. Der einzig gangbare Weg führt über *halb-*

empirische Schließungsannahmen. Derartige Schließungsannahmen können direkt in der Reynoldsschen Gleichung vorgenommen werden. Man spricht von *halbempirischen Methoden erster Ordnung* (z.B. Prandtlscher Mischungswegansatz, siehe Abschnitt 5.9). Schließungsannahmen in den Transportgleichungen sind aufwendiger; man verspricht sich von diesen *halbempirischen Methoden höherer Ordnung* jedoch bessere Ergebnisse, da die Transportgleichungen die Änderungen unbekannter Korrelationsfunktionen beschreiben. Wir gehen darauf in dem Abschnitt 5.10 ein.

5.5 Korrelationen und Energiespektrum

Der Begriff Korrelation ist mehrfach gefallen. Nicht zuletzt deshalb soll in diesem Abschnitt ein kurzer Ausflug in die *statistische Turbulenztheorie* unternommen werden, um deren zentrale Begriffe Korrelation und Energiespektrum zu verdeutlichen.

Die turbulente Bewegung ist in ihren Einzelheiten derart kompliziert, daß sie nur mit Methoden der statistischen Mechanik beschrieben werden kann. Die statistische Mechanik hat sich in der kinetischen Gastheorie speziell bei verdünnten Gasen als sehr erfolgreich erwiesen. Es war daher naheliegend, mit den Methoden der statistischen Mechanik auch die Behandlung turbulenter Bewegungen anzugehen. Leider ist dieser Weg bisher nur bei isotroper und (teilweise) bei homogener Turbulenz erfolgreich gewesen, die technisch wichtige Scherturbulenz hat davon (vom besseren Verständnis abgesehen) wenig profitieren können.

Ein Grund dafür mag sein, daß die mikroskopische Bewegung einzelner Gasmoleküle sehr viel einfacher zu beschreiben ist als die makroskopischen turbulenten Schwankungsbewegungen. Speziell bei verdünnten Gasen erfolgt die Energie- und Impulsübertragung und damit der Austausch von Informationen nur bei direktem Zusammenstoß der Moleküle; die durch die Kraftfelder bedingte Fernwirkung ist vernachlässigbar. Demgegenüber liegt bei der makroskopischen turbulenten Bewegung eine wesentlich stärkere gegenseitige Beeinflussung benachbarter Gebiete vor, turbulente Bewegungen sind stärker organisiert als molekulare Bewegungen.

Den Begriff *Korrelation* (was wir mit gegenseitiger Beeinflussung übersetzen können) führte 1935 Sir G.I. Taylor in die Turbulenztheorie ein. Wir wollen diesen Begriff zunächst anschaulich verdeutlichen. Zwei Sinussignale lassen sich in eindeutiger Weise miteinander (mathematisch) verknüpfen, sie sind vollständig korreliert. Zwei Rauschsignale haben nichts miteinander gemein, sie sind nicht korreliert. Ebenso besteht zwischen einem Sinussignal und einem Rauschsignal keine Korrelation.

Es sei g' eine beliebige Schwankungsgröße, z.B. u', v', w', p' (sowie T', c', ..., siehe Kapitel 6). Man definiert:

$$Q = \overline{\prod_{K=I}^{N} g'_K} = \text{Korrelationsfunktion} \tag{5.28}$$

$$R = \frac{Q}{\prod_{K=I}^{N} \sqrt{\overline{{g'_K}^2}}} = \text{Korrelationskoeffizient} \tag{5.29}$$

Dabei sind i.w. die Doppelkorrelationen (N = II) wichtig, mit Tripelkorrelationen (N = III) wollen wir uns nicht beschäftigen.

$$R = \frac{\overline{g_I'\, g_{II}'}}{\sqrt{\overline{g_I'^2}}\ \sqrt{\overline{g_{II}'^2}}} \qquad = Doppelkorrelation \text{ (-skoeffizient)} \qquad (5.30)$$

Folgende Fälle sind denkbar:

a) Trivaler Fall: Es werden 2 gleiche Größen am gleichen Ort zur gleichen Zeit betrachtet. Ein Beispiel hierfür sind die Reynoldsschen Normalspannungen $\overline{u'^2}$, $\overline{v'^2}$, $\overline{w'^2}$, es ist $R = 1$.

b) *Punktkorrelation:* Es werden 2 verschiedene Größen am gleichen Ort zur gleichen Zeit betrachtet. Ein Beispiel sind die Reynoldsschen Tangentialspannungen $\overline{u'v'}$, $\overline{u'w'}$ usw. Aus Kontinuitätsgründen ist $u' \sim v' \sim w'$, da das Kontinuum kein „Loch" aufweisen darf. Es ist $R \leqslant 1$; $R < 1$ heißt, daß z.B. eine Fluktuation in x-Richtung nicht von einer gleich starken Fluktuation in y-Richtung begleitet wird.

c) *Auto-* oder *Zeitkorrelation:* Es werden 2 gleiche Größen am gleichen Ort zu verschiedenen Zeiten betrachtet. Dies werde am Beispiel der Längsschwankung u' erläutert, siehe Bild 5.5 (a):

$$R(x_j, t, \tau) = \frac{\overline{u'(x_j, t)\, u'(x_j, t + \tau)}}{\sqrt{\overline{u'(x_j, t)^2}}\ \sqrt{\overline{u'(x_j, t + \tau)^2}}} \leqslant 1. \qquad (5.31)$$

Für $\tau = 0$ ist $R = 1$, dies entspricht Fall a. Für $\tau > 0$ ist $R < 1$. Die Zeitkorrelation liefert eine Aussage über den zeitlichen Grad des Zusammenhangs eines Turbulenzbereiches.

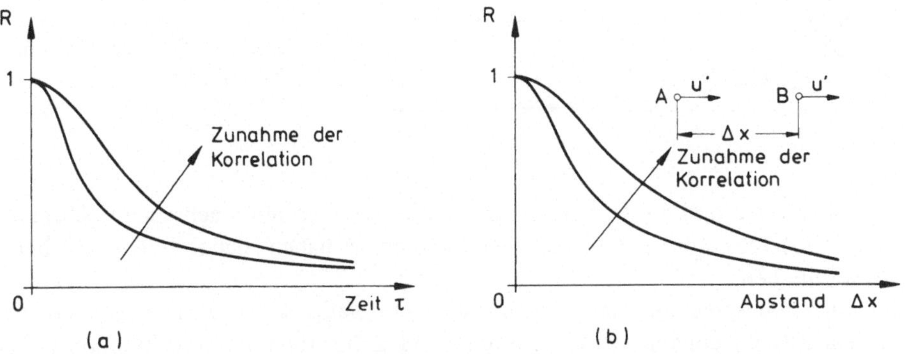

Bild 5.5 Typischer Verlauf einer Zeitkorrelation (a) und einer Raumkorrelation (b)

d) *Raumkorrelation:* Es werden 2 gleiche Größen an verschiedenen Orten zur gleichen Zeit betrachtet. Die Erläuterung erfolgt wieder für die Längsschwankung u', siehe Bild 5.5 (b):

$$R(x_j, \Delta x_j, t) = \frac{\overline{u'(x_j, t)\, u'(x_j + \Delta x_j, t)}}{\sqrt{\overline{u'(x_j, t)^2}}\ \sqrt{\overline{u'(x_j + \Delta x_j, t)^2}}} \leqslant 1. \qquad (5.32)$$

Mit x_j ist x, y, z und mit $x_j + \Delta x_j$ ist x + Δx, y, z gemeint. Für Δx = 0 ist wieder $R = 1$, Fall a. Für $\Delta x > 0$ ist $R < 1$. Die Raumkorrelation sagt etwas über den räumlichen Grad der Zusammenhänge eines Turbulenzbereiches aus. Raum- und Zeitkorrelation haben einen ähnlichen Verlauf. Daher liegt die Frage nahe, ob es einen Zusammenhang zwischen ihnen gibt. Dies wäre für die Meßtechnik bedeutsam, da dann aus einer Frequenzanalyse an einem festen

Punkt auf die räumliche Struktur der Turbulenz geschlossen werden könnte. Eine Meßsonde registriert dann die räumliche Wellenstruktur der Strömung als zeitliche Schwankungen. Man kann sich das so vorstellen, daß z.B. ein Motorbootfahrer die Wasserwellen als Stöße empfindet. Wir können diese Frage nach Diskussion des letzten Falles beantworten.

Es soll noch erwähnt werden, daß die Raumkorrelation von Querschwankungen bereichsweise negativ sein kann.

e) *Kreuz-* oder *Raum-Zeit-Korrelation* (auch Zweipunktkorrelation mit zeitverzögerter Messung am Zweitpunkt genannt): Es werden 2 gleiche Größen an verschiedenen Orten zu verschiedenen Zeiten betrachtet. Im Fall von Längsschwankungen gilt dann; siehe Bild 5.6:

$$R(x_j, \Delta x_j, t, \tau) = \frac{\overline{u'(x_j, t)u'(x_j + \Delta x_j, t + \tau)}}{\sqrt{\overline{u'(x_j, t)^2}}\ \sqrt{\overline{u'(x_j + \Delta x_j, t + \tau)^2}}} \leqslant 1. \tag{5.33}$$

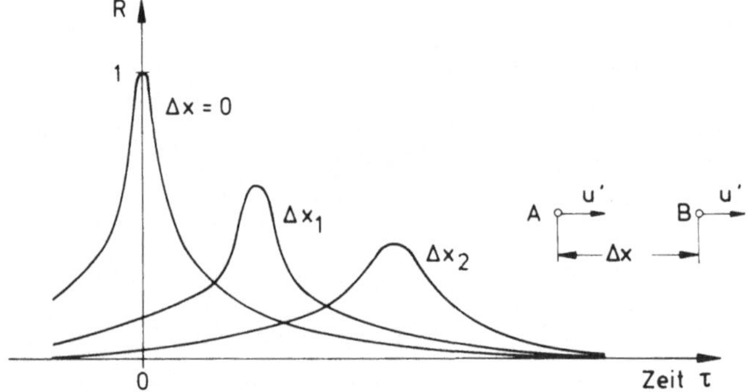

Bild 5.6 Typisches Bild einer Kreuzkorrelation

Es ist R = 1 für Δx = 0 und τ = 0, Fall a. Die Maxima nehmen mit wachsendem Abstand $\Delta x(\Delta x_2 > \Delta x_1 > 0)$ ab, da die Turbulenzballen die Tendenz haben, sich mit dem umgebenden Fluid zu vermischen.

Nach der kurzen Besprechung dieser wichtigsten Korrelationsarten können wir auf die Frage nach dem Zusammenhang zwischen Raum- und Zeitkorrelation zurückkommen. Im Normalfall ist z.B. $u'/\bar{u} \ll 1$, dann bewegen sich die Wirbelballen über Wege, für die eine Korrelation feststellbar ist, nahezu unverändert mit der Geschwindigkeit $\bar{u}$ fort. Damit liegt am Zweitpunkt B zur Zeit t näherungsweise die gleiche Geschwindigkeit vor wie am Punkt A zur Zeit $t - \Delta x/\bar{u}$. Dies wird durch die *Taylor-Hypothese*

$$\frac{\partial}{\partial t} = -\bar{u}\frac{\partial}{\partial x} \tag{5.34}$$

formuliert. Die Zeitkorrelation entspricht der Raumkorrelation, wenn man dem Abstand Δx eine Verzugszeit $\Delta t = -\Delta x/\bar{u}$ zuordnet. Daher kann tatsächlich aus einer (meßtechnisch einfacheren) Frequenzanalyse an einem festen Punkt auf die räumliche Struktur der Turbulenz geschlossen werden. Die Taylor-Hypothese gilt bei der technisch bedeutsamen Scherturbulenz nur näherungsweise.

Anhand der Raumkorrelation kann man zwei *charakteristische Längenmaße* der Turbulenzstruktur definieren, die einer anschaulichen Deutung zugänglich sind (Bild 5.7).

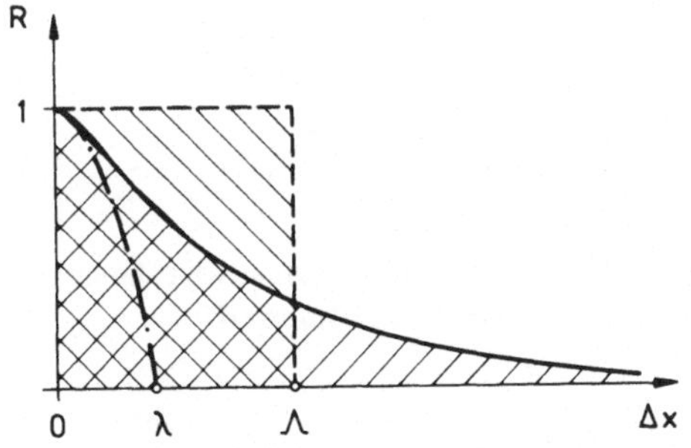

Bild 5.7 Charakteristische Längenmaße der Turbulenzstruktur

Man definiert eine *integrale Korrelationslänge*

$$\Lambda = \int\limits_{0}^{\infty} R\, d(\Delta x), \tag{5.35}$$

auch integrale Strukturlänge oder Makromaß genannt, sowie eine *Dissipationslänge,* auch untere Strukturlänge oder Mikromaß genannt:

$$\lambda = \left[-\frac{2}{(\partial^2 R/\partial \Delta x^2)_0} \right]^{1/2}. \tag{5.36}$$

Zur Interpretation dieser Längen knüpfen wir an die zu Beginn des Abschnitts 5.3 geäußerte Vorstellung an, sich eine turbulente Bewegung als Überlagerung von Wirbeln unterschiedlicher Größe und Frequenz vorzustellen. Die großräumigen niederfrequenten Wirbel zerfallen mehr oder weniger rasch in immer kleinere Wirbel mit wachsender Frequenz. Damit nimmt aufgrund wachsender Geschwindigkeitsgradienten die Dissipation zu und demzufolge ist die Wirbelgröße nach unten hin begrenzt. Daraus läßt sich erklären, daß die Korrelationsfunktion $R(\Delta x)$ für $\Delta x = 0$ eine waagerechte Tangente aufweist. Die Änderung der Steigung im Bereich kleiner Δx-Werte ist ein Maß für die Dissipation; je stärker die turbulente Dissipation ist, desto rascher fällt die Korrelationsfunktion ab. Von daher liegt es nahe, die 2. Ableitung bei $\Delta x = 0$ mit der Dissipation in Verbindung zu bringen. In Bild 5.7 ist die in den Scheitelpunkt von $R(\Delta x)$ passende Parabel eingezeichnet; durch deren Schnittpunkt mit der Δx-Achse wird die Dissipationslänge definiert. Zur Herleitung der Definition (5.36) entwickelt man $R(\Delta x)$ in eine McLaurinsche Reihe

$$R(\Delta x) = 1 + \left(\frac{\partial R}{\partial \Delta x}\right)_0 \Delta x + \frac{1}{2}\left(\frac{\partial^2 R}{\partial \Delta x^2}\right)_0 \Delta x^2 + \dots .$$

Die Parabel wird durch die Gleichung

$$R(\Delta x) = 1 - \left(\frac{\Delta x}{\lambda}\right)^2$$

beschrieben. Für $\Delta x = 0$ ist $(\partial R/\partial \Delta x)_0 = 0$, damit folgt nach Gleichsetzen beider $R(\Delta x)$-Ausdrücke Gl. (5.36). Während die Dissipationslänge λ ein Maß für den hochfrequenten Teil der Wirbel darstellt, ist das Makromaß Λ repräsentativ für die niederfrequenten großen Wirbel. Λ ist ein Maß für die Wegstrecke, die ein Wirbel zurücklegt, bis er seine Individualität aufgibt. Bild 5.8 zeigt zur Erläuterung drei hypothetische Grenzfälle.

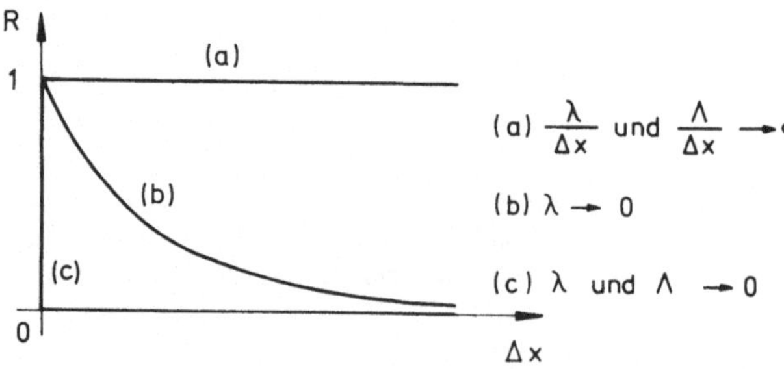

Bild 5.8 Hypothetische Grenzfälle von Korrelationsverläufen

(a) Keine Dissipation, nur Konvektion und Diffusion, $R = 1$: Es liegt eine vollständige Korrelation vor.

(b) So würde $R(\Delta x)$ aussehen, wenn es unendlich kleine Wirbel gäbe. In der Realität beginnt $R(\Delta x)$ bei $\Delta x = 0$ mit einer waagerechten Tangente.

(c) Keine Konvektion und Diffusion, nur Dissipation, $R = 0$: Es liegt keinerlei Korrelation vor.

Das Bild 5.8 zeigt, daß das Verhältnis von turbulenter Dissipation zu Konvektion und Diffusion den Verlauf der Korrelationsfunktion bestimmt.

Ergänzend seien zwei Bemerkungen hinzugefügt. Wir haben in Bild 5.5 (b) eine longitudinale Korrelation (Abstand Δx in der Hauptströmungsrichtung) skizziert. Analog dazu gibt es quer zur Hauptströmungsrichtung transversale (oder laterale) Korrelationen, wobei an Stelle von Δx die Abstände Δy oder Δz treten. Demzufolge lassen sich auf der Basis der x-Schwankungen u' drei Makro- und drei Mikromaße definieren. Hinzu kommen Längenmaße aus den Korrelationen $\overline{v'^2}$, $\overline{u'v'}$ usw.

Den charakteristischen Längenmaßen bei den Raumkorrelationen entsprechen *charakteristische Zeitmaße* der Turbulenz bei der Zeitkorrelation nach Bild 5.5 (a). Analog zur Definition (5.35) für Λ gibt es einen integralen Zeitmaßstab, der ein Maß für die Lebensdauer eines Turbulenzballens ist. Analog zu λ nach Gl. (5.36) gibt es einen Mikro-Zeitmaßstab, der wiederum die Dissipation charakterisiert.

Wir kommen auf die Vorstellung zurück, daß die Turbulenz als eine Überlagerung von Wirbeln unterschiedlicher Frequenz bzw. Größe gedeutet werden kann. Aus dieser Vorstellung ergibt sich folgende Fragestellung: Wie verteilt sich eine bestimmte statistische Eigenschaft (z.B. die Turbulenzenergie) auf die verschiedenen Frequenzen?

Als Beispiel sei die Komponente $\overline{u'^2}$ der Turbulenzenergie betrachtet. Es ist einleuchtend, daß für sehr kleine Frequenzen $\overline{u'^2}$ ebenfalls klein wird, da $\overline{u'^2}$ ($f = 0$) $= 0$ sein muß. Weiter muß die Bedingung $\overline{u'^2}(f \to \infty) = 0$ erfüllt sein, da anderenfalls die Turbulenzenergie unendlich groß wäre. Daraus ergibt sich zwangsläufig der in Bild 5.9 skizzierte typische (experimentelle) Verlauf des (eindimensionalen) *Energiespektrums,* dieser Begriff stammt von Sir G. I. Taylor. Damit haben wir den zweiten Begriff der statistischen Turbulenztheorie kennengelernt.

$E_1(f)$ ist der Anteil von $\overline{u'^2}$, der im Frequenzbereich zwischen f und $f + df$ liegt. Man nennt $E_1(f)$ Verteilungsfunktion oder (eindimensionales) Energiespektrum. Diese muß der Normierungsbedingung

$$\int_0^\infty E_1(f)\,df = \overline{u'^2} \tag{5.37}$$

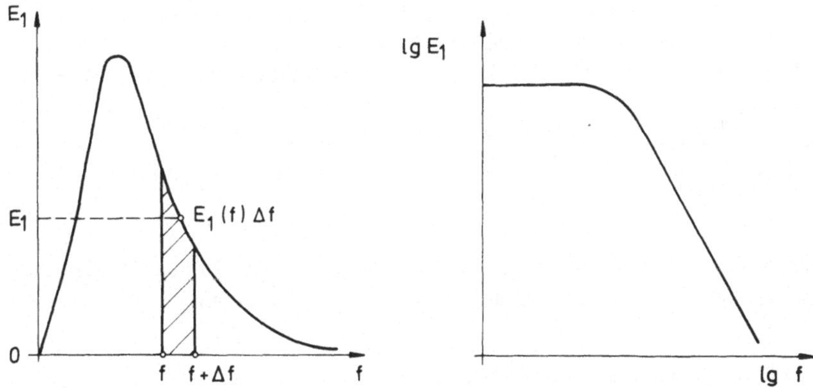

Bild 5.9 Typischer Verlauf des eindimensionalen Energiespektrums

genügen, da das Integral über $E_1(f)$ gleich der (x-Komponente) der Turbulenzenergie ist. Der Verlauf $E_1(f)$ wird gern doppelt logarithmisch dargestellt. $E_1(f)$ ist nur ein eindimensionaler Ausschnitt einer in der Realität dreidimensionalen Spektralfunktion. Bild 5.9 deutet an, daß die Turbulenzenergie i.w. in den niederfrequenten großen Wirbeln konzentriert ist.

Korrespondierend zu einer großen Anzahl möglicher Doppelkorrelationen (neben den diversen Geschwindigkeitskorrelationen auch $\overline{p'u'}$ usw.) gibt es ebensoviele verschiedene *Spektralfunktionen.* Dabei unterscheidet man i.w. zwischen Frequenzspektren, die den Zeitkorrelationen entsprechen, und den Wellenzahlspektren, die den Raumkorrelationen entsprechen.

Zwischen Korrelations- und Spektralfunktionen besteht ein eindeutiger Zusammenhang. Beide Darstellungsweisen sind lediglich verschiedene Aspekte zur Beschreibung des gleichen Phänomens der turbulenten Bewegung:

Korrelationsfunktion $\longleftrightarrow$	Energiespektrum
Viele große niederfrequente Wirbel $\curvearrowright \Lambda$ groß	$E_1(f)$ liegt i.w. im niederfrequenten Bereich
Mehr kleine hochfrequente Wirbel $\curvearrowright \Lambda$ klein	$E_1(f)$ liegt i.w. im höherfrequenten Bereich

Selbstverständlich läßt sich dieser Zusammenhang mathematisch formulieren. Ausgangspunkt einer solchen Herleitung ist die Darstellung von z.B. $u'(t)$ durch ein Fourier-Integral. Als Resultat folgt nach einiger Rechnung, siehe z.B. [5.16, 5.31], daß Korrelations- und Spektralfunktionen über Fouriertransformationen verknüpft sind. Ein solcher Zusammenhang ist ebenso wie die Taylor-Hypothese, die Raum- und Zeitkorrelationen miteinander verknüpft, für die Meßtechnik von außerordentlicher Bedeutung. Die wechselseitigen Zusammenhänge seien in folgender Darstellung zusammengefaßt:

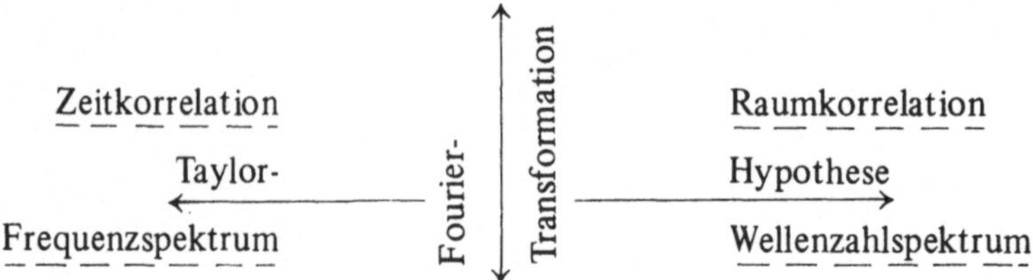

Zum Abschluß dieses Abschnitts wenden wir uns dem Energietransfer von den großen auf die kleinen Wirbel zu, den wir in folgendem Schaubild verdeutlichen können.

Energiekaskade (Hierarchie der Wirbel)[1]

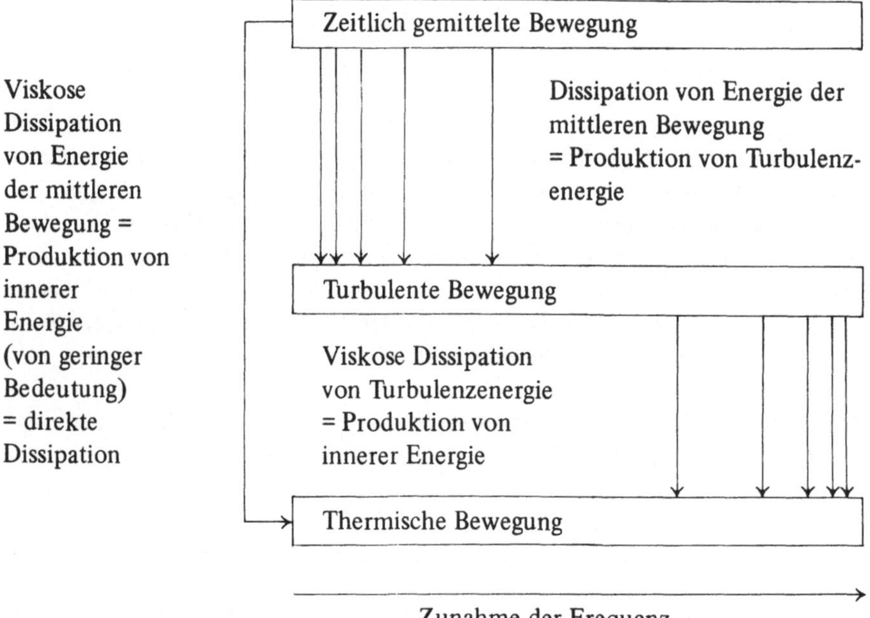

Dieses Schaubild bedarf kaum einer Erläuterung. Es ist angedeutet, daß die Produktion von Turbulenzenergie im niederfrequenten Bereich (große Wirbel) und die Produktion von innerer Energie im hochfrequenten Bereich (kleine Wirbel) konzentriert ist. Daneben gibt es einen Anteil von direkter Dissipation, der nur in unmittelbarer Wandnähe von Bedeutung ist.

Dieser Prozeß wird in anschaulicher Weise durch das schon 1922 formulierte, gern zitierte Gedicht von Richardson[2] beschrieben:

„Big whirls have little whirls that feed on their velocity;
Little whirls have lesser whirls, and so on to viscosity."

1   entnommen aus *H. Fiedler:* Turbulente Strömungen, Vorlesungsmanuskript, TU Berlin.
2   *E. G. Richardson:* Weather Prediction by Numerical Methods; Cambridge Univ. Press, 1922.

5.6 Grenzschichtabschätzung der Reynoldsschen Gleichung und der Transportgleichungen

Wie schon in Kapitel 2, so beschränken wir uns auch hier im weiteren auf Strömungen mit Grenzschichtcharakter und verwenden dabei die Informationen aus Abschnitt 2.2.

Es wäre nicht richtig, wollte man von den für laminare Grenzschichtströmungen hergeleiteten Bewegungsgleichungen ausgehen, um daraus die Reynoldsschen und die Transportgleichungen zu gewinnen. Das hat folgenden Grund: Die Schwankungsgeschwindigkeiten v_k' sind rasch bezüglich Zeit und Raum, so daß deren Ableitungen gegenüber anderen Termen nicht als klein vernachlässigt werden können, obwohl v_k' um etwa eine Größenordnung kleiner ist als $\bar{v}_k$. Die Grenzschichtabschätzungen müssen direkt in den Reynoldsschen und den Transportgleichungen vorgenommen werden. Dies soll hier für eine im Mittel zweidimensionale und stationäre Strömung erfolgen. Das bedeutet neben $\bar{w} = 0$ weiter, daß alle statistischen Mittelwerte nur von zwei Koordinaten (x und y) abhängen. Die Ableitungen $\partial/\partial t$ und $\partial/\partial z$ von statistischen Größen verschwinden; es wird nicht nur über die Zeit sondern auch über die Querkoordinate z gemittelt. Die Vorgehensweise lehnt sich an die Darstellung von Rotta [5.31] an.

Aus Abschnitt 2.2 ist bekannt, daß Strömungen mit Grenzschichtcharakter durch

$$\frac{d\delta}{dx} = \epsilon \ll 1 \tag{5.38}$$

gekennzeichnet sind. Dabei ist δ die Schichtdicke und x die Koordinate in Strömungsrichtung. Mit $\bar{u} = 0(u_0)$ und $x = 0(L)$, wobei u_0 und L Bezugsgrößen sind, folgt

$$\frac{\delta}{L} = 0(\epsilon) \quad \text{und} \quad \text{Re}_L = 0(\epsilon^{-2}) \quad \text{sowie} \quad \text{Re}_\delta = 0(\epsilon^{-1}) \tag{5.39}$$

wegen Gl. (2.26). Es bedeuten

$$\text{Re}_L = \frac{u_0 L}{\nu}; \qquad \text{Re}_\delta = \frac{u_0 \delta}{\nu}. \tag{5.40}$$

Bezüglich der Ableitungen gelten:

$$\frac{\partial}{\partial x} \sim \frac{1}{L} \sim \frac{\epsilon}{\delta}; \qquad \frac{\partial^2}{\partial x^2} \sim \frac{\epsilon^2}{\delta^2}; \qquad \frac{\partial}{\partial y} \sim \frac{1}{\delta}; \qquad \frac{\partial^2}{\partial y^2} \sim \frac{1}{\delta^2}. \tag{5.41}$$

Damit können die Abschätzungen vorgenommen werden. Die Kontinuitätsgleichung lautet

$$\frac{\partial \bar{u}}{\partial x} + \frac{\partial \bar{v}}{\partial y} = 0. \tag{5.42}$$

$$\frac{u_0 \epsilon}{\delta} \qquad \frac{\bar{v}}{\delta}$$

Es folgt wie in Abschnitt 2.2 die Aussage

$$\frac{\bar{v}}{u_0} = 0(\epsilon). \tag{5.43}$$

Die Schwankungsgeschwindigkeiten werden durch eine charakteristische Turbulenzgeschwindigkeit u_t gekennzeichnet:

$$\overline{u'^2} \sim \overline{v'^2} \sim \overline{u'v'} = 0(u_t^2). \tag{5.44}$$

Die Impulsgleichung (5.16) in x-Richtung lautet

$$\frac{\partial}{\partial x}(\bar{u}^2) + \frac{\partial}{\partial y}(\bar{u}\,\bar{v}) = -\frac{1}{\rho}\frac{\partial \bar{p}}{\partial x} + \nu\left(\frac{\partial^2 \bar{u}}{\partial x^2} + \frac{\partial^2 \bar{u}}{\partial y^2}\right) - \frac{\partial}{\partial x}(\overline{u'^2}) - \frac{\partial}{\partial y}(\overline{u'v'}). \tag{5.45}$$

$$\frac{u_0^2 \epsilon}{\delta} \quad\bigg|\quad \frac{u_0^2 \epsilon}{\delta} \qquad\qquad \frac{\nu u_0}{\delta^2}(\epsilon^2 + 1) \quad\bigg|\quad \frac{u_t^2}{\delta}(\epsilon + 1)$$

$$\qquad\qquad\qquad\qquad \hat{=}\ \frac{u_0^2}{\delta}\epsilon(\epsilon^2 + 1) \quad\bigg|\quad \hat{=}\ \frac{u_0^2}{\delta}\epsilon(\epsilon + 1)$$

$$\text{mit Gl. (5.39)} \quad\bigg|\quad \text{mit Gl. (5.46)}$$

Ein Vergleich zwischen den konvektiven Gliedern und dem zweiten Reynoldsschen Term (beide sollen von gleicher Größenordnung sein!) liefert die Aussage

$$\frac{u_t}{u_0} = 0(\epsilon^{1/2}), \tag{5.46}$$

die im weiteren verwendet wird. Bei Vernachlässigung des Gliedes $0(\epsilon^3)$ geht Gl. (5.45) über in

$$\bar{u}\frac{\partial \bar{u}}{\partial x} + \bar{v}\frac{\partial \bar{u}}{\partial y} = -\frac{1}{\rho}\frac{\partial \bar{p}}{\partial x} + \nu\frac{\partial^2 \bar{u}}{\partial y^2} - \frac{\partial}{\partial x}(\overline{u'^2}) - \frac{\partial}{\partial y}(\overline{u'v'}). \tag{5.47}$$

$$\epsilon \qquad\quad \epsilon \qquad\qquad\quad \epsilon \qquad\quad \epsilon^2 \qquad\quad \epsilon$$

Oft wird schon hier der Term $0(\epsilon^2)$ vernachlässigt. Die Impulsgleichung in y-Richtung lautet

$$\frac{\partial}{\partial x}(\bar{u}\,\bar{v}) + \frac{\partial}{\partial y}(\bar{v}^2) = -\frac{1}{\rho}\frac{\partial \bar{p}}{\partial y} + \nu\left(\frac{\partial^2 \bar{v}}{\partial x^2} + \frac{\partial^2 \bar{v}}{\partial y^2}\right) - \frac{\partial}{\partial x}(\overline{u'v'}) - \frac{\partial}{\partial y}(\overline{v'^2}).$$

$$\frac{(u_0\epsilon)^2}{\delta} \quad\bigg|\quad \frac{(u_0\epsilon)^2}{\delta} \qquad\qquad \frac{\nu u_0}{\delta^2}\epsilon(\epsilon^2 + 1) \quad\bigg|\quad \frac{u_t^2}{\delta}(\epsilon + 1) \tag{5.48}$$

$$\qquad\qquad\qquad\qquad \hat{=}\ \frac{(u_0\epsilon)^2}{\delta}(\epsilon^2 + 1) \quad\bigg|\quad \hat{=}\ \frac{u_0^2}{\delta}\epsilon(\epsilon + 1)$$

Nach Vernachlässigung der Glieder $0(\epsilon^2)$ folgt

$$0 = \frac{1}{\rho}\frac{\partial \bar{p}}{\partial y} + \frac{\partial}{\partial y}(\overline{v'^2}). \tag{5.49}$$

Die Integration ergibt $\rho\overline{v'^2} = -\bar{p} + f(x)$. Die Integrationskonstante folgt aus der Festlegung, daß außerhalb der Grenzschicht ($y \geqslant \delta$) alle Schwankungen verschwinden und der mittlere Druck $\bar{p}$ gleich dem Druck $p_\delta(x)$ der Außenströmung sein soll. Es folgt

$$\bar{p} = p_\delta - \rho\overline{v'^2}. \tag{5.50}$$

Der zeitliche Mittelwert des Druckes ist quer zur Grenzschicht nicht konstant (wie im laminaren Fall); es ist jedoch auch hier $p_w = p_\delta$, da an der Wand wie am Außenrand die Schwankungen verschwinden. Mit der Information (5.50) wird $\bar{p}$ in Gl. (5.47) ersetzt, und es folgt

$$\bar{u}\,\frac{\partial\bar{u}}{\partial x} + \bar{v}\,\frac{\partial\bar{u}}{\partial y} = -\frac{1}{\rho}\,\frac{dp_\delta}{dx} + \nu\,\frac{\partial^2\bar{u}}{\partial y^2} - \left[\frac{\partial}{\partial x}(\overline{u'^2} - \overline{v'^2}) + \frac{\partial}{\partial y}(\overline{u'v'})\right]. \tag{5.51}$$

Der vorletzte Anteil stellt eine Reynoldssche Normalspannung(-sdifferenz) dar, diese wird gegenüber der Reynoldsschen Tangentialspannung meist vernachlässigt. In Ablösenähe kann dies problematisch sein. Wir fassen zusammen: Turbulente Strömungen mit Grenzschichtcharakter werden durch das System der *Reynoldsschen Gleichungen*

$$\frac{\partial\bar{u}}{\partial x} + \frac{\partial\bar{v}}{\partial y} = 0 \tag{5.52}$$

$$\rho\left(\bar{u}\,\frac{\partial\bar{u}}{\partial x} + \bar{v}\,\frac{\partial\bar{u}}{\partial y}\right) = -\frac{dp_\delta}{dx} + \frac{\partial}{\partial y}\left(\mu\,\frac{\partial\bar{u}}{\partial y} - \rho\,\overline{u'v'}\right) \tag{5.53}$$

beschrieben. Von dem unbekannten Reynoldsschen Spannungstensor (5.17) ist nur die Koordinate $\overline{u'v'}$ verblieben. Schreibt man

$$\tau_{res} = \mu\,\frac{\partial\bar{u}}{\partial y} - \rho\,\overline{u'v'} = \tau_{mol} + \tau_{tur}, \tag{5.54}$$

$$\tau_{mol} = \mu\,\frac{\partial\bar{u}}{\partial y}; \quad \boxed{\tau_{tur} = -\rho\,\overline{u'v'}}\,,$$

so besteht formal kein Unterschied zwischen der Prandtlschen Grenzschichtgleichung für laminare und für turbulente Strömungen. Zur Deutung der Reynoldsschen Tangentialspannung siehe Bild 5.4 (b) in Abschnitt 5.3. Abgesehen von Bereichen in der Nähe fester Wände ist der turbulente Anteil der Schubspannung i. a. wesentlich größer als der molekulare Anteil.

Wir kommen nun zur Grenzschichtabschätzung der beiden Transportgleichungen (5.23) und (5.25). Von der Tensorgleichung (5.23) für $\overline{v_i'v_j'}$ benötigen wir in Grenzschichtströmungen nur jene für die Komponente $\overline{u'v'}$, diese lautet:

$$\bar{u}\,\frac{\partial}{\partial x}(\overline{u'v'}) + \bar{v}\,\frac{\partial}{\partial y}(\overline{u'v'}) + \overline{u'^2}\,\frac{\partial\bar{v}}{\partial x} + \overline{v'^2}\,\frac{\partial\bar{u}}{\partial y}$$

$$\frac{u_0^3\epsilon^2}{\delta} \qquad \frac{u_0^3\epsilon^2}{\delta} \qquad \left| \quad \frac{u_0^3\epsilon^2}{\delta} \qquad \frac{u_0^3\epsilon}{\delta} \right.$$

$$+ 2\nu\left[\overline{\frac{\partial u'}{\partial x}\frac{\partial v'}{\partial x}} + \overline{\frac{\partial u'}{\partial y}\frac{\partial v'}{\partial y}} + \overline{\frac{\partial v'}{\partial z}\frac{\partial v'}{\partial z}}\right] - \overline{\frac{p'}{\rho}\left(\frac{\partial u'}{\partial y} + \frac{\partial v'}{\partial x}\right)}$$

$$+ \frac{\partial}{\partial x}\left[\overline{u'^2v'} - \nu\frac{\partial}{\partial x}(\overline{u'v'}) + \overline{\frac{p'v'}{\rho}}\right] + \frac{\partial}{\partial y}\left[\overline{u'v'^2} - \nu\frac{\partial}{\partial y}(\overline{u'v'}) + \overline{\frac{p'u'}{\rho}}\right] = 0. \tag{5.55}$$

$$\frac{u_0^3}{\delta}\,\epsilon^2[\epsilon^{1/2} + \epsilon^2 \qquad\qquad] \quad \frac{u_0^3}{\delta}\,\epsilon[\epsilon^{1/2} + \epsilon \qquad\qquad]$$

Zur Abschätzung wurde bereits die Aussage (5.46) verwendet. Es ist zu beachten, daß die Abschätzungen nicht für Ableitungen von Schwankungsgrößen vorgenommen werden können, dies betrifft die Terme Dissipation und Druck-Scher-Korrelation.

Eine Abschätzung wird innerhalb der einzelnen Ausdrücke vorgenommen. So verbleibt von dem Produktionsglied der zweite Summand und von dem Diffusionsglied der Anteil, der die Diffusion quer zur Strömungsrichtung beschreibt.

Damit folgt die *Transportgleichung für die Reynoldssche Tangentialspannung* in Strömungen mit Grenzschichtcharakter zu

$$
\underbrace{\bar{u}\,\frac{\partial}{\partial x}(\overline{u'v'}) + \bar{v}\,\frac{\partial}{\partial y}(\overline{u'v'})}_{K} + \underbrace{\overline{v'^2}\,\frac{\partial u}{\partial y}}_{P} + \underbrace{2\,\nu\left[\overline{\frac{\partial u'}{\partial x}\frac{\partial v'}{\partial x}} + \overline{\frac{\partial u'}{\partial y}\frac{\partial v'}{\partial y}} + \overline{\frac{\partial u'}{\partial z}\frac{\partial v'}{\partial z}}\right]}_{DS}
$$

$$
\underbrace{-\,\overline{\frac{p'}{\rho}\left(\frac{\partial u'}{\partial y}+\frac{\partial v'}{\partial x}\right)}}_{DSK} + \underbrace{\frac{\partial}{\partial y}\left[\overline{u'v'^2} - \nu\,\frac{\partial}{\partial y}(\overline{u'v'}) + \frac{\overline{p'u'}}{\rho}\right]}_{DF} = 0. \tag{5.56}
$$

Zur Deutung der einzelnen Terme sind die unterhalb der Gl. (5.23) angegebenen Bezeichnungen wieder aufgeführt.

In völlig analoger Weise kann die *Transportgleichung* (5.25) für die *Turbulenzenergie* abgeschätzt werden. Wir wollen hier gleich das Ergebnis mitteilen, ansonsten sei z.B. auf Rotta [5.31] verwiesen:

$$
\underbrace{\bar{u}\,\frac{\partial k}{\partial x} + \bar{v}\,\frac{\partial k}{\partial y}}_{K} + \underbrace{\overline{u'v'}\,\frac{\partial \bar{u}}{\partial y}}_{P} + \underbrace{\epsilon}_{DS}
$$

$$
+ \underbrace{\frac{\partial}{\partial y}\left[\overline{\left(k+\frac{p'}{\rho}\right)v'} - \nu\,\frac{\partial k}{\partial y} - \nu\,\frac{\partial \overline{v'^2}}{\partial y}\right]}_{DF} = 0 \tag{5.57}
$$

Die beiden die molekulare Viskosität enthaltenden Ausdrücke im Diffusionsterm sind bei hohen Reynoldszahlen vernachlässigbar gegenüber dem ersten Ausdruck in der eckigen Klammer, siehe z.B. [5.31].

Die meisten Glieder in den beiden Transportgleichungen lassen sich experimentell bestimmen. Eine Ausnahme bilden die Terme, die Druckschwankungen enthalten. Es gibt bisher keine zuverlässige Methode, Druckschwankungen im Feld direkt zu messen. Glücklicherweise entfallen in Gl. (5.57) die unangenehmen Druck-Scher-Korrelationen, die in der Transportgleichung für $\overline{u'v'}$ auftreten. Nicht meßbare Terme können nur indirekt als Differenzen aus gemessenen Korrelationen ermittelt werden. Wir gehen auf die experimentellen Probleme nicht näher ein. Im Bild 5.10 sind typische experimentell ermittelte Daten bezüglich der einzelnen Glieder der Gl. (5.57) skizziert.

Im linken Bild ist jeweils die Geschwindigkeits- und die Schubspannungsverteilung dargestellt. Die Abhängigkeit von der Reynolds-Zahl ist dabei unterdrückt worden. Die resultierende

Schubspannung τ ist mit dem turbulenten Anteil τ_{tur} bis auf wandnahe Bereiche praktisch identisch. In Wandnähe ist τ_{tur} gestrichelt eingezeichnet.

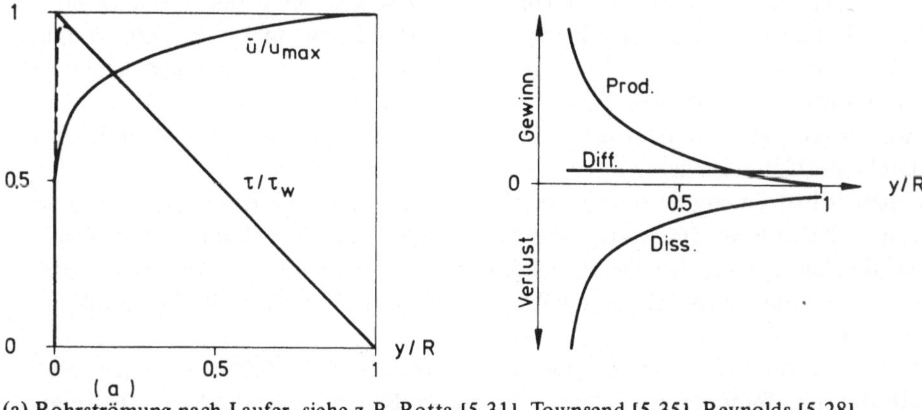

(a) Rohrströmung nach Laufer, siehe z.B. Rotta [5.31], Townsend [5.35], Reynolds [5.28]

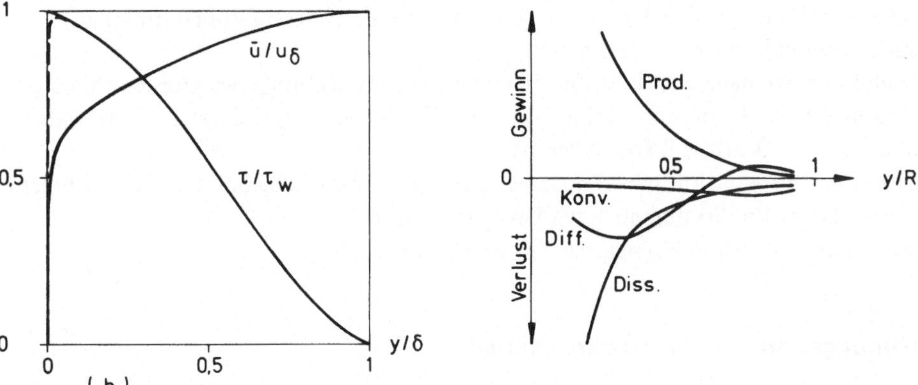

(b) Grenzschichtströmung an einer ebenen Platte; nach Townsend [5.35], siehe auch Reynolds [5.28]

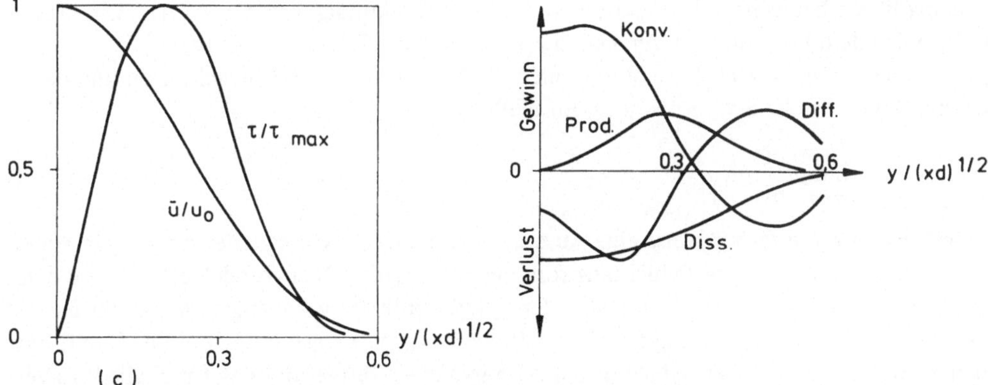

(c) Ebener Freistrahl; nach Townsend [5.35], siehe auch Reynolds [5.28]

Bild 5.10 Typische experimentell ermittelte Verläufe bezüglich der Bilanz der Turbulenzenergie nach Gl. (5.57)

(a) Rohrströmung: Bei ausgebildeter Rohrströmung verschwinden die konvektiven Terme. Man sieht, daß die Diffusion von k in Wandnähe unbedeutend ist, während sie jedoch im Kernbereich gegenüber Produktion und Dissipation von gleicher Größenordnung ist. Die beiden die Viskosität ν enthaltenden Glieder des Diffusionsterms sind in der Regel vernachlässigbar gegenüber dem verbleibenden Term. Die Gewinn/Verlust-Achse trägt keine Maßzahlen, da ansonsten die einzelnen Terme, die oft in unterschiedlicher Weise dimensionslos gemacht werden, angegeben werden müßten. Die Skizzen sollen in erster Linie einen Eindruck von den Größenverhältnissen geben.

(b) Grenzschichtströmung an einer ebenen Platte: Das Bild ähnelt dem der Rohrströmung, Konvektion und Diffusion sind von geringerer Bedeutung als Produktion und Dissipation. Die Konvektion kann jedoch bei Nichtgleichgewichts-Grenzschichten (dieser Begriff wird in Abschnitt 5.13 erläutert werden) von erheblicher Bedeutung sein, vgl. z.B. Townsend [5.35] oder Rotta [5.31].

(c) Ebener Freistrahl: Die Verhältnisse sind bei freier Turbulenz offenbar anders als bei der Wandturbulenz. Während bei letzterer in grober Näherung Produktion = Dissipation gesetzt werden kann, trifft dies bei Freistrahlen (und Nachlaufströmungen) nicht zu. Hier sind offenbar sämtliche vier Glieder der Gl. (5.57) von vergleichbarer Größenordnung.

Zusammenfassend können wir feststellen:

— Die Produktion ist nahe der Position maximaler Schubspannung am größten. Sie steigt im Fall a und b zur Wand hin stark an, um nach Erreichen eines (hier nicht dargestellten) Maximums für y = 0 auf Null abzufallen.

— Dissipation und Produktion haben entgegengesetztes Vorzeichen. Bei der Wandturbulenz ist an Orten hoher Produktion auch die Dissipation groß.

— Konvektion und Diffusion können das Vorzeichen wechseln.

5.7 Strömungen in der Nähe fester Wände

Turbulente Strömungsfelder sind entweder von festen Wänden (Kanal- und Rohrströmung) oder von nichtturbulenten Strömungsfeldern (Freistrahl) begrenzt. Bei einer Grenzschichtströmung liegen beide Begrenzungsarten vor. Es ist offenkundig, daß die Art der Begrenzung das Turbulenzfeld beeinflußt; wir haben dies schon anhand Bild 5.10 diskutiert.

Mit Annäherung an eine feste Wand fallen die Geschwindigkeitsschwankungen und damit auch die Reynoldssche Schubspannung auf Null ab, d.h.

$$\lim_{y \to 0} \mu \frac{\partial \overline{u}}{\partial y} = \tau_\mathrm{w} . \tag{5.58}$$

Wir können in einfacher Weise eine Aussage über die Geschwindigkeitsverteilung in Wandnähe erhalten, wenn wir eine Schichtenströmung mit $dp_\delta/dx = 0$ zugrundelegen. Es sind dann alle statistischen Eigenschaften nur von der Querkoordinate y abhängig. Wegen $\partial \overline{u}/\partial x = 0$ liefert die Kontinuitätsgleichung (5.52) $\overline{v} = 0$, wenn $v_\mathrm{w} = 0$ angenommen wird. Damit entfallen in der Reynoldsschen Gleichung die konvektiven Terme und das Druckglied; es verbleibt

$$0 = \frac{\partial}{\partial y}\left(\mu \frac{\partial \overline{u}}{\partial y} - \rho \,\overline{u'v'} \right). \tag{5.59}$$

Mit der Randbedingung (5.58) für y = 0 folgt nach Integration

$$\nu \frac{\partial \overline{u}}{\partial y} - \overline{u'v'} = \frac{\tau_w}{\rho}. \tag{5.60}$$

Offensichtlich treten nur die beiden Parameter ν sowie τ_w/ρ auf. Man bezeichnet

$$u_\tau = \sqrt{\frac{\tau_w}{\rho}} \quad \text{als Schubspannungsgeschwindigkeit.} \tag{5.61}$$

Die Geschwindigkeitsverteilung $\overline{u}$ wird nur von den Größen u_τ, ν und y abhängen. Wir können daher eine Verteilung der Form

$$u^+ = f(y^+) \tag{5.62}$$

erwarten, da mit den auftretenden Variablen nur die beiden folgenden dimensionslosen Größen gebildet werden können:

$$u^+ = \frac{\overline{u}}{u_\tau}; \qquad y^+ = \frac{yu_\tau}{\nu}. \tag{5.63}$$

In unmittelbarer Wandnähe läßt sich $f(y^+)$ sofort angeben. Wegen $\overline{u'v'} = 0$ an der Wand liefert Gl. (5.60) nach Integration und Beachtung der Haftbedingung $u(y = 0) = 0$:

$$u^+ = y^+. \tag{5.64}$$

Dies ist die universelle Geschwindigkeitsverteilung innerhalb der *viskosen Unterschicht;* damit wird jene Schicht bezeichnet, in der die molekulare Schubspannung die Reynoldssche Schubspannung bei weitem übersteigt. Mit wachsendem Wandabstand y^+ nimmt der Anteil von $-\overline{u'v'}$ an der Schubspannung rasch zu, während gleichzeitig der molekulare Anteil vernachlässigbar wird. Es liegt der Grenzfall

$$-\overline{u'v'} = \frac{\tau_w}{\rho} = u_\tau^2 \tag{5.65}$$

vor. Die unabhängigen Größen des Problems sind u_τ und y. Die einzig mögliche dimensionsrichtige Gleichung für $d\overline{u}/dy$ lautet

$$\frac{d\overline{u}}{dy} = \text{konst.} \frac{u_\tau}{y} = \frac{1}{\kappa} \frac{u_\tau}{y}.$$

Nach Integration folgt

$$\overline{u} = u_\tau \left(\frac{1}{\kappa} \ln y + c \right)$$

und nach Einführung der dimensionslosen Variablen

$$\boxed{u^+ = \frac{1}{\kappa} \ln y^+ + C} \; . \tag{5.66}$$

Auch für den vollturbulenten Bereich liegt somit eine universelle Geschwindigkeitsverteilung der Form (5.62) vor. Dieses *logarithmische Wandgesetz* wurde zuerst 1932 von Prandtl angegeben; es ist in Bild 5.11 dargestellt. Die Konstanten wurden experimentell zu $\kappa \approx 0{,}40$ und $C \approx 5{,}5$ ermittelt.

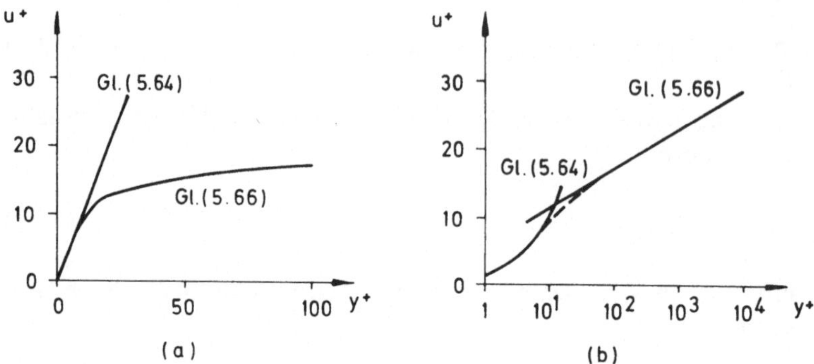

Bild 5.11 Universelle Geschwindigkeitsverteilung

Um die Vorgänge in der viskosen Unterschicht deutlicher hervorzuheben, wird die halblogarithmische Darstellung (b) bevorzugt.

Das universelle Wandgesetz wird in nahezu allen Strömungen entlang fester Wände experimentell bestätigt (der Übergang zwischen beiden Gesetzen folgt dem gestrichelten Verlauf), auch wenn die getroffenen Voraussetzungen nicht alle erfüllt sind. So ist in einer Kanalströmung $dp/dx \neq 0$, und in einer Plattenströmung sind die konvektiven Terme vorhanden.

Die dargestellte Geschwindigkeitsverteilung ist universell, der Einfluß der Reynoldszahl wird über die Bezugsgröße u_τ berücksichtigt. Wir werden dies in Abschnitt 5.11 näher diskutieren.

Die Geschwindigkeitsverteilung läßt sich in drei Bereiche einteilen, deren Übergänge fließend sind:

$$0 < y^+ < 5 : \text{Viskose Unterschicht, } \tau_{mol} \gg \tau_{tur};$$
$$5 < y^+ < 60 : \text{Übergangsschicht, } \tau_{mol} \sim \tau_{tur};$$
$$y^+ > 60 : \text{Vollturbulente Schicht, } \tau_{mol} \ll \tau_{tur}.$$

Für die Beschreibung der Übergangsschicht existieren halbempirische Ansätze, siehe z.B. [5.37] sowie Gl. (5.133) in Abschnitt 5.13.

Die bisherigen Betrachtungen galten nur für glatte Oberflächen; für rauhe Oberflächen hängt die Konstante C von der Rauhigkeit ab. Das bedeutet eine Parallelverschiebung der Geraden in Bild 5.11 (b). Hierzu sei auf die angegebene Literatur, z.B. [5.31, 5.37], verwiesen. Wir kommen in Abschnitt 5.11 kurz darauf zurück.

5.8 Freie Grenzen der Turbulenzfelder

In Bild 5.12 ist die Momentaufnahme eines Längsschnitts durch eine turbulente Grenzschicht skizziert.

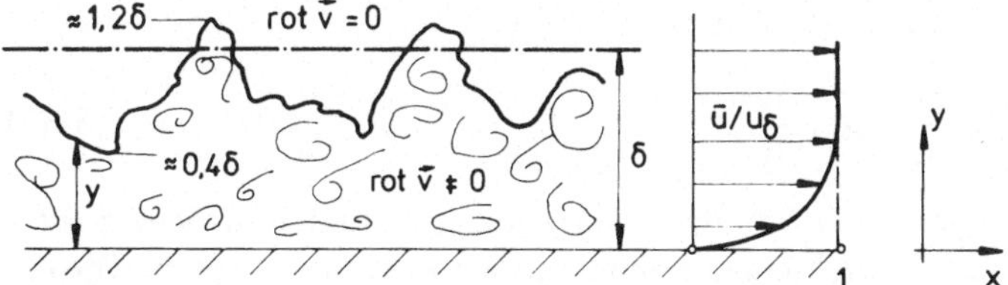

Bild 5.12 Momentaufnahme einer turbulenten Grenzschicht

Wie unterscheiden sich turbulente und nichtturbulente Bereiche in einer Strömung voneinander? Turbulente Strömungen sind stets wirbelbehaftet (rot $\vec{v} \neq 0$), nichtturbulente reibungsfreie Bereiche sind i.a. wirbelfrei (rot $\vec{v} = 0$). Am Außenrand einer Grenzschicht bildet sich eine ausgeprägte Grenzfläche aus, die beide Bereiche voneinander trennt. Für einen Schnitt z = konstant ist die Grenze darstellbar als y(x, t), die Skizze stellt eine Momentaufnahme dar.

Fahren wir mit einem geeigneten Meßgerät von der Wand her kommend in y-Richtung, so werden wir irgendwann feststellen, daß zeitweise nichtturbulente Bereiche vorliegen. Man definiert einen *Intermittenzfaktor* γ, der anschaulich als Verhältnis zweier charakteristischer Zeiten gedeutet werden kann:

$$\gamma(x, y, z = \text{konst}) = \frac{t_{tur}}{t_{ges}}. \tag{5.67}$$

Dabei ist t_{tur} die Zeit, in der eine turbulente Strömung registriert wird und t_{ges} die Gesamtzeit. Der Intermittenzfaktor gibt die Wahrscheinlichkeit für das Vorhandensein einer turbulenten Strömung am Meßpunkt an.

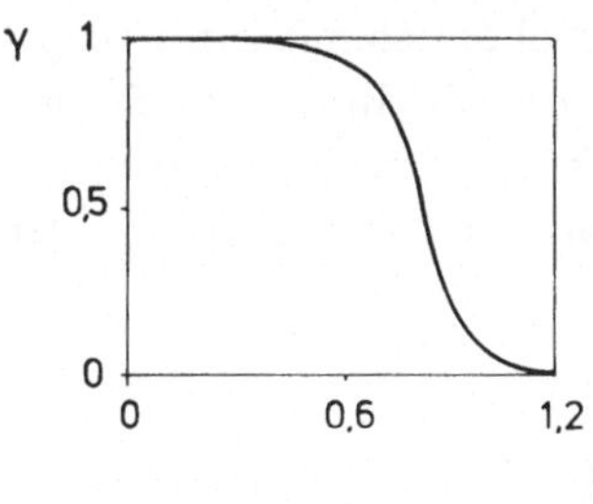

Bild 5.13 Typischer experimentell ermittelter Verlauf des Intermittenzfaktors an einer ebenen Platte

Man sieht anhand Bild 5.13, daß die rotationsfreie Außenströmung zeitweise bis in Bereiche $y/\delta \approx 0{,}4$ hineinreicht. Bild 5.13 verlangt eine Definition der Grenzschichtdicke δ, es ist $\delta = y$ für $\bar{u}/u_\delta = 0{,}99$ gewählt.

5.9 Halbempirische Berechnungsmethoden auf der Basis des Austauschansatzes

Wir knüpfen an das Problem an, Ansätze für die turbulente Schubspannung $-\rho\overline{u'v'}$ zu finden. In Analogie zum Newtonschen Ansatz, der in Strömungen mit Grenzschichtcharakter

$$\tau_{mol} = \mu\,\frac{\partial\bar{u}}{\partial y} = \rho\nu\,\frac{\partial\bar{u}}{\partial y} \tag{5.68}$$

lautet, definierte Boussinesq 1877 durch den Ansatz

$$\tau_{\text{tur}} = -\rho\,\overline{u'v'} = A_\tau\,\frac{\partial \bar{u}}{\partial y} = \rho\epsilon_\tau\,\frac{\partial \bar{u}}{\partial y} \tag{5.69}$$

eine scheinbare Zähigkeit $A_\tau = \rho\epsilon_\tau$, auch *turbulente Austauschgröße* oder *Wirbelviskosität* oder scheinbare Zähigkeit genannt. Korrekterweise muß angemerkt werden, daß die Überlegungen von Boussinesq für eine Parallelströmung $\bar{u}(y)$ gemacht wurden, die dann auf Grenzschichtströmungen übertragen wurden. Im Gegensatz zur molekularen Viskosität $\mu = \rho\nu$ ist $A_\tau = \rho\epsilon_\tau$ kein Stoffwert sondern eine Ortsfunktion, die sich im Strömungsfeld ändert.

Um auf dem von Boussinesq vorgeschlagenen Weg weiter zu kommen, muß ein Zusammenhang zwischen der Wirbelviskosität und dem Feld der gemittelten Geschwindigkeit gefunden werden. Ein erster erfolgreicher Versuch dieser Art wurde 1925 von Prandtl mit dem *Mischungswegkonzept* unternommen (Bild 5.14).

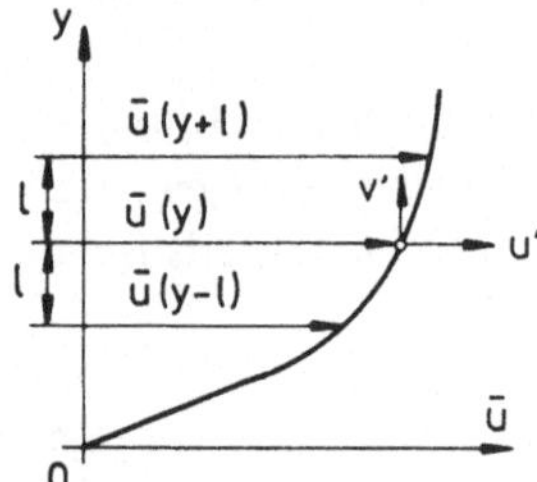

Bild 5.14 Mischungswegkonzept von Prandtl

Prandtl machte sich dabei folgendes Bild: In einer turbulenten Strömung entstehen „Fluidballen", die eine Eigenbewegung aufweisen und die sich auf einer gewissen Strecke in Längs- und Querrichtung als zusammengehörige Gebilde unter Beibehaltung ihres x-Impulses bewegen. Ein solcher Fluidballen legt relativ zum umgebenden Fluid einen seinem Durchmesser proportionalen Weg l, genannt *Mischungsweg*, zurück, bevor er sich mit seiner Umgebung vermischt und seine Individualität verliert. Wird ein solcher Fluidballen durch eine Querbewegung v' von der Stelle y in einen Nachbarbereich $y \pm l$ befördert, so besitzt er gegenüber seiner neuen Umgebung einen Geschwindigkeitsunterschuß oder -überschuß von der Größenordnung

$$\Delta u \sim u' \sim \mp l\,\frac{\partial \bar{u}}{\partial y}.$$

Durch die Verdrängungswirkung der Turbulenzballen werden Schwankungen v' in y-Richtung hervorgerufen, die aus Kontinuitätsgründen von gleicher Größenordnung sind. Dies führt zu dem *Prandtlschen Mischungswegansatz*

$$\tau_{\text{tur}} = -\rho\,\overline{u'v'} = \rho l^2 \left|\frac{\partial \bar{u}}{\partial y}\right|\frac{\partial \bar{u}}{\partial y}. \tag{5.70}$$

Alle Proportionalitätskonstanten sind in dem ohnehin unbekannten Mischungsweg l enthalten. Die Betragsstriche werden gesetzt, damit τ_{tur} und $\partial\bar{u}/\partial y$ das gleiche Vorzeichen besitzen.

Man sieht anhand Bild 5.14, daß für $\partial\bar{u}/\partial y > 0$ ein positives v' ein negatives u' induziert und umgekehrt. Für $\partial\bar{u}/\partial y < 0$ wird analog argumentiert. Die Reynoldssche Schubspannung $-\rho\overline{u'v'}$ ist also (meist) positiv!

Ein Vergleich von Gl. (5.70) mit Gl. (5.69) liefert für die Wirbelviskosität

$$\epsilon_T = l^2 \left| \frac{\partial \overline{u}}{\partial y} \right| . \qquad (5.71)$$

Nicht nur die Schubspannung sondern auch die Wirbelviskosität selbst hängt vom Geschwindigkeitsgradienten ab.

Prandtls Überlegungen lag die Annahme zu Grunde, daß die turbulenten „Fluidballen" bei ihrer zufälligen Querbewegung Impuls austauschen. Im Gegensatz dazu ging Taylor 1932 von der Vorstellung aus, daß bei der turbulenten Mischungsbewegung die Wirbelstärke der „Fluidballen" die übertragbare Größe ist. Man spricht von einer Wirbeltransporttheorie im Gegensatz zur Impulsaustauschtheorie von Prandtl. Unter gewissen Voraussetzungen führt die Taylorsche Vorstellung zu dem gleichen Ergebnis (5.70), siehe z.B. Rotta [5.31].

Der Prandtlsche Mischungsweg l steht in einer gewissen Analogie zur mittleren freien Weglänge der Moleküle. Die elementare kinetische Gastheorie liefert für die Viskosität verdünnter Gase die Beziehung $\mu = \rho v \sim \rho l^* \overline{a}$. Darin ist l^* die mittlere freie Weglänge und $\overline{a}$ die mittlere Molekülgeschwindigkeit. Für verdünnte Gase ist das Produkt ρl^* konstant, so daß wegen $\overline{a} \sim \sqrt{T}$ die Aussage $\mu \sim \sqrt{T}$ folgt. Ein Vergleich zeigt:

$$\text{Kinetische Theorie:} \qquad \mu = \rho v \sim \rho l^* \overline{a}$$

$$\text{Mischungswegansatz:} \qquad A_T = \rho \epsilon_T = \rho l^2 \left| \frac{\partial \overline{u}}{\partial y} \right| = \rho l \sqrt{\overline{u'v'}} .$$

Die implizierte Analogie kann nur mit großem Vorbehalt akzeptiert werden, da die molekularen Transportvorgänge und die turbulenten Transporterscheinungen wenig miteinander zu tun haben. Im mikroskopischen Bereich findet ein Austausch von Impuls und Energie nur bei Molekülzusammenstößen statt, die Fernwirkung aufgrund der intermolekularen Kräfte ist zumindest bei verdünnten Gasen vernachlässigbar. Demgegenüber gibt es bei turbulenten Bewegungen eine starke gegenseitige (makroskopische) Beeinflussung benachbarter Bereiche.

Die integrale Korrelationslänge Λ, die wir in Gl. (5.35) für die Raumkorrelation definiert haben, besitzt offensichtlich eine gewisse Verwandtschaft mit dem Mischungsweg l.

Wir kommen zu den Gln. (5.70), (5.71) zurück und schreiben für die resultierende Schubspannung, Gl. (5.54):

$$\tau_{\text{res}} = \mu \frac{\partial \overline{u}}{\partial y} - \rho \, \overline{u'v'} \qquad (5.72)$$

$$= \left(\mu + \rho l^2 \left| \frac{\partial \overline{u}}{\partial y} \right| \right) \frac{\partial \overline{u}}{\partial y} = (\mu + \rho \epsilon_T) \frac{\partial \overline{u}}{\partial y} .$$

Das Gleichungssystem (5.52), (5.53) ist damit auch für turbulente Strömungen lösbar, sofern ein sinnvoller Ansatz für den Mischungsweg l oder die Wirbelviskosität ϵ_T vorliegt.

1930 hat von Kármán für den Mischungsweg die Beziehung

$$l = \kappa \left| \frac{\partial \overline{u}/\partial y}{\partial^2 \overline{u}/\partial y^2} \right| \qquad (5.73)$$

vorgeschlagen, darin ist $\kappa \approx 0{,}4$ die von Kármánsche Konstante. Er ging dabei von der Voraussetzung aus, daß die turbulente Nebenbewegung in allen Punkten des Strömungsfeldes ähnlich ist, zur Herleitung siehe z. B. [5.32]. Diese Beziehung ist nur beschränkt gültig; sie versagt, wenn die $\bar{u}$-Verteilung einen Wendepunkt besitzt.

Zur weiteren Diskussion sind in Bild 5.15 typische experimentell ermittelte Daten für ϵ_τ bzw. l skizziert. Dies geschieht in ähnlicher Weise wie in Bild 5.10; es sind wiederum jeweils links die Geschwindigkeits- und Schubspannungsverteilungen (τ_{tur} in Wandnähe ist gestrichelt) dargestellt. Aus ihnen lassen sich die l- und ϵ_τ-Verteilungen bestimmen.

(a) Rohrströmung: Die Wirbelviskosität steigt in Wandnähe steil an und fällt nach Erreichen eines Maximums mehr oder weniger stark ab. Die Rohr- und Kanalströmung ist dadurch ausgezeichnet, daß die Verteilung der resultierenden Schubspannung bekannt ist, vgl. Abschnitt 5.11. Allein aus einer Messung der Geschwindigkeitsverteilung lassen sich dann die l- und ϵ_τ-Profile ermitteln. Der unterschiedliche ϵ_τ-Verlauf liegt vermutlich am Einfluß der Re-Zahl auf das $\bar{u}$-Profil. Folgende Approximationen werden verwendet:

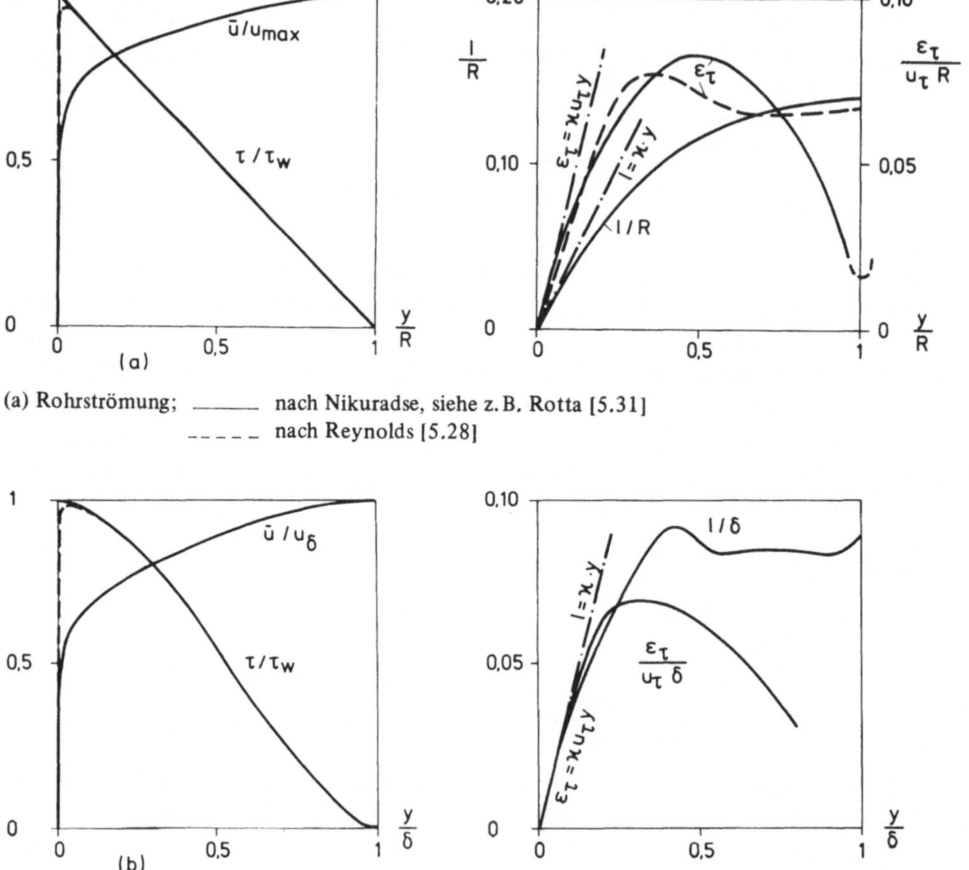

(a) Rohrströmung; ———— nach Nikuradse, siehe z. B. Rotta [5.31]
                    – – – – nach Reynolds [5.28]

(b) Grenzschichtströmung an einer ebenen Platte, nach Klebanoff; siehe z. B. Cebeci und Bradshaw [5.7], Rotta [5.31]

Bild 5.15 Typische Verläufe des Mischungsweges l und der Wirbelviskosität ϵ_τ nach Experimenten

$$\frac{l}{R} = 0,14 - 0,08 \left(1 - \frac{y}{R}\right)^2 - 0,06 \left(1 - \frac{y}{R}\right)^4. \tag{5.74}$$

Siehe hierzu z.B. [5.31, 5.32]. Eine Reihenentwicklung für l lautet

$$l = 0,4\, y - 0,44\, \frac{y^2}{R} + \ldots \tag{5.75}$$

Für wandnahe Bereiche geht dieser Ansatz in die zuerst von Prandtl angegebene einfache Relation

$$l = \kappa\, y; \quad (\kappa = 0,4) \tag{5.76}$$

über. Dies ist gleichbedeutend mit

$$\epsilon_\tau = \kappa\, u_\tau y. \tag{5.77}$$

Aufgabe 5.3:   Man zeige, daß die Gln. (5.76) und (5.77) identische Aussagen darstellen.

(b) Grenzschichtströmung an einer ebenen Platte: Auch hier ähneln sich wie schon in Bild 5.10 die Fälle a und b. Als einfachste Approximation werden oft $l = \kappa y$ im wandnahen Bereich und $l/\delta = $ konstant (0,075 bis 0,09) für entferntere Bereiche gesetzt.

Es gibt eine Reihe von halbempirischen Ansätzen, die sowohl bei der Rohr-/Kanalströmung als auch bei Grenzschichtströmungen im Bereich der Gültigkeit des universellen Wandgesetzes, Abschnitt 5.7, mit Erfolg angewendet werden. Hiervon seien nur jene von Deissler

$$\frac{\epsilon_\tau}{\nu} = n^2 u^+ y^+ [1 - \exp{(-n^2 u^+ y^+)}] \tag{5.78}$$

mit n = 0,125 bzw. $n^2 = 0,0154$ sowie von van Driest

$$\frac{\epsilon_\tau}{\nu} = \kappa^2 y^{+2} \left[1 - \exp\left(-\frac{y^+}{A}\right)^2\right]^2 \left|\frac{\partial \bar{u}}{\partial y}\right| \tag{5.79}$$

mit $\kappa = 0,4$ und A = 26 erwähnt, siehe hierzu z.B. [5.22], [5.37].

Bei Nichtgleichgewichts-Grenzschichten verschieben sich die ϵ_τ- bzw. l-Verteilungen recht stark, siehe z.B. [5.31]. Wir werden darauf noch eingehen.

Bei Freistrahlströmungen werden Approximationen der Form

$$l \sim b; \quad \epsilon_\tau \sim u_0 b \tag{5.80}$$

verwendet, b ist eine die Strahlbreite charakterisierende Größe und u_0 die Maximalgeschwindigkeit auf der Strahlachse. Die Konstanten unterscheiden sich im ebenen und rotationssymmetrischen Fall voneinander, siehe z.B. [5.31, 5.32].

Aufgabe 5.4:   Man zeige, daß für eine ebene Schichtenströmung vom Typ der Couette-Strömung bei Verwendung des Ansatzes $l = \kappa y$ die logarithmische Geschwindigkeitsverteilung (5.66) folgt.

Dieser Abschnitt soll mit einigen kritischen Bemerkungen abgeschlossen werden. Der entscheidende Nachteil der hier angegebenen Ansätze liegt darin, daß die Reynoldssche Schubspannung nur zu dem örtlichen Geschwindigkeitsgradienten in Beziehung gesetzt wird. Tatsächlich beeinflussen benachbarte i.w. stromaufwärts liegende Gebiete die Größe $-\rho\overline{u'v'}$ in entscheidender Weise.

Bei praktischen Vorausberechnungen geht man von zweckmäßig erscheinenden Ansätzen für l oder ϵ_τ aus und variiert diese so lange, bis die Rechenergebnisse mit Versuchsdaten möglichst gut übereinstimmen. Trotz der genannten Mängel werden die Mischungswegansätze auch weiterhin häufig verwendet, da sie außerordentlich einfach sind und darüberhinaus erlauben, daß für laminare Grenzschichten entwickelte Rechenverfahren auch auf turbulente Grenzschichten angewendet werden können.

In vielen einfachen Fällen sind die vorausberechneten Ergebnisse für die Praxis ausreichend genau. Es besteht jedoch das Bedürfnis nach verbesserten Rechenverfahren, die die Physik des Turbulenzmechanismus besser erfassen. Damit kommen wir zur Besprechung halbempirischer Methoden höherer Ordnung.

5.10 Halbempirische Berechnungsmethoden auf der Basis der Transportgleichungen

Bei den halbempirischen Methoden erster Ordnung werden die Schließungsannahmen direkt in der Reynoldsschen Gleichung (5.53) vorgenommen. Die halbempirischen Methoden höherer Ordnung bedienen sich der Transportgleichungen (5.56), (5.57) oder ähnlicher Beziehungen, in denen die Schließungsannahmen vorgenommen werden.

Ausgangspunkt dieser Methoden sind die Arbeiten von Kolmogorov (1942) und Prandtl (1945). Kolmogorov schlug eine Transportgleichung für $\sqrt{k}/L$, eine „Frequenz", vor, während Prandtl die Transportgleichung für k modellierte. Die Arbeit von Prandtl ist der Ausgangspunkt sämtlicher moderner Schließungsansätze, wir gehen daher in Anlehnung an die Originalarbeit [5.27] ausführlicher darauf ein.

Zu Anfang sei die Transportgleichung für k nach Gl. (5.57) noch einmal angeschrieben:

$$\overline{u}\,\frac{\partial k}{\partial x} + \overline{v}\,\frac{\partial k}{\partial y} = -\overline{u'v'}\,\frac{\partial \overline{u}}{\partial y} - \epsilon - \frac{\partial}{\partial y}\left[\overline{\left(k + \frac{p'}{\rho}\right)v'} - \nu\,\frac{\partial k}{\partial y} - \nu\,\frac{\partial \overline{v'^2}}{\partial y}\right]. \qquad (5.81)$$

Die Produktion von Turbulenzenergie wird durch den Term $-\overline{u'v'}\,\partial\overline{u}/\partial y$ beschrieben. Wir hatten festgestellt, daß $-\overline{u'v'}$ i.a. positiv ist. Prandtl setzt in Anlehnung an den Vorschlag (5.69) von Boussinesq

$$-\overline{u'v'} = \epsilon_\tau\,\frac{\partial \overline{u}}{\partial y}, \quad \text{d.h. } -\overline{u'v'}\,\frac{\partial \overline{u}}{\partial y} = \epsilon_\tau\left(\frac{\partial \overline{u}}{\partial y}\right)^2.$$

Die Austauschgröße ϵ_τ für den Impulstransport kann im Hinblick auf ihre Dimension (Länge · Geschwindigkeit) als

$$\epsilon_\tau = C_\tau\,\sqrt{k}\,L \qquad (5.82)$$

geschrieben werden. Es folgt für die *Produktion*

$$-\overline{u'v'}\,\frac{\partial \overline{u}}{\partial y} = C_\tau\,\sqrt{k}\,L\left(\frac{\partial \overline{u}}{\partial y}\right)^2. \qquad (5.83)$$

Darin ist C_τ eine experimentell zu bestimmende Zahl, von der man (wie Prandtl schreibt) hoffen kann, daß sie konstant ist. Unter dem Längenmaß L kann man sich eine dem Mischungsweg l oder der integralen Korrelationslänge Λ proportionale Größe vorstellen.

Die Dissipation ϵ beschreibt das Erlahmen der Turbulenz. Dies erfolgt durch die Widerstände, die sich der Weiterbewegung der einzelnen Fluidballen entgegenstellen. Bei hinreichend großen Reynolds-Zahlen wird der Dissipationsvorgang durch die Energieübertragung von den großen auf die kleineren Wirbel bestimmt, so daß die Dissipation ϵ von der molekularen Viskosität ν unabhängig ist, siehe z.B. [5.31]. Dies ist kein Widerspruch zu dem Tatbestand, daß in der Definitionsgleichung (5.26) für die turbulente Dissipation ϵ die Viskosität ν erscheint. Es interessiert hier ja nicht die Produktion von innerer Energie aufgrund turbulenter Dissipation sondern allein das Erlahmen der turbulenten Bewegung. Die molekulare Viskosität ist dafür verantwortlich, daß es keine unendlich kleinen Wirbel gibt.

Der Widerstand, den ein Fluidballen erfährt, ist proportional dem Quadrat seiner Relativgeschwindigkeit zum umgebenden Fluid, also $\sim \overline{u'^2}$ bzw. $\overline{v'^2}$, $\overline{w'^2}$. Er ist weiter dem Querschnitt des Fluidballens proportional, also $\sim L^2$, wenn der Durchmesser des Ballens $\sim L$ ist. Der Widerstand ist damit $\sim L^2\overline{u'^2}$ und die Widerstandsleistung $\sim L^2\overline{u'^3}$. Das Volumen des Ballens ist $\sim L^3$, somit ist die Widerstandsleistung pro Volumen, die Dissipation,

$$\sim \frac{L^2\overline{u'^3}}{L^3} \sim \frac{\overline{u'^3}}{L} \sim \frac{k^{3/2}}{L} \, .$$

Dabei wurde $\overline{u'^2} \sim k$ gesetzt. Es folgt für die *Dissipation*

$$\epsilon = C_D \frac{k^{3/2}}{L} \, . \tag{5.84}$$

Sämtliche Proportionalitäten sind in der (konstanten?) Zahl C_D enthalten. Dieser Zusammenhang ist bemerkenswert, wir können leicht eine Verbindung zu den Überlegungen in Abschnitt 5.5 herstellen. In Bild 5.8 hatten wir charakteristische Grenzfälle von Korrelationsverläufen diskutiert und gesehen, daß die integrale Korrelationslänge Λ der turbulenten Dissipation umgekehrt proportional ist. Das ist eine Bestätigung der obigen Modellierung, denn das Längenmaß L sowie der Mischungsweg l aus dem vorangegangenen Abschnitt sind der integralen Korrelationslänge Λ offenbar proportional. Es sei daran erinnert, daß allein die über die Korrelationsfunktionen definierten Längenmaße Λ (Makromaß) und λ (Mikromaß) exakt definierte Längenmaße sind. Weiterhin ist nach dem Ansatz (5.84) die Dissipation von k der Größe k selbst proportional, das leuchtet unmittelbar ein.

Die Diffusion, der letzte Term auf der rechten Seite der Gl. (5.81), beschreibt die Ausbreitung der Turbulenzenergie in Richtung ihres Gefälles. In Analogie zu molekularen Transportvorgängen (der Wärmestrom ist dem negativen Temperaturgradienten proportional usw.) setzt Prandtl die Diffusion von k proportional $-\epsilon_D \, \partial k/\partial y$. Darin ist ϵ_D eine Austauschgröße, für die dem Ansatz (5.82) entsprechend aus Dimensionsgründen $\epsilon_D = C\sqrt{k}L$ gesetzt wird. Es folgt für die *Diffusion*

$$\left[\overline{\left(k + \frac{p'}{\rho}\right)v'} - \dots\right] = -C\sqrt{k}\,L\,\frac{\partial k}{\partial y} \quad \text{bzw.} \tag{5.85}$$

$$\frac{\partial}{\partial y}\left[\overline{\left(k + \frac{p'}{\rho}\right)v'} - \dots\right] = -C\frac{\partial}{\partial y}\left(\sqrt{k}\,L\,\frac{\partial k}{\partial y}\right) \, .$$

Damit ist alles bereitgestellt, um die nach Prandtl modellierte Transportgleichung für die Turbulenzenergie k anschreiben zu können. Prandtl hat in seiner Originalarbeit [5.27] die Gl. (5.81) nicht angegeben, er hat in intuitiver Weise direkt die Modellierung vorgenommen. Es folgt

$$\bar{u}\,\frac{\partial k}{\partial x} + \bar{v}\,\frac{\partial k}{\partial y} = C_\tau \sqrt{k}\,L\left(\frac{\partial \bar{u}}{\partial y}\right)^2 - C_D\,\frac{k^{3/2}}{L} + C\frac{\partial}{\partial y}\left(\sqrt{k}\,L\,\frac{\partial k}{\partial y}\right). \qquad (5.86)$$

Hinzu kommt der Zusammenhang zwischen Turbulenzenergie und Reynoldsscher Spannung

$$\frac{1}{\rho}\,\tau_{\text{tur}} = -\,\overline{u'v'} = C_\tau \sqrt{k}\,L\,\frac{\partial \bar{u}}{\partial y}. \qquad (5.87)$$

Mit der Prandtlschen Modellierung ist die Ermittlung der Reynoldsschen Scherspannung auf die Bestimmung der Turbulenzenergie zurückgeführt. Zusammen mit der Kontinuitäts- und der Reynoldsschen Gleichung, (5.52) und (5.53), liegt ein geschlossenes Gleichungssystem zur Ermittlung der Unbekannten $\bar{u}, \bar{v}, k, \overline{u'v'}$ vor. Offen ist noch die Frage der Modellierungskonstanten. Wieghardt ermittelte aus Experimenten $C_\tau \approx 0{,}56$, $C_D \approx 0{,}18$ und $C \approx 0{,}38$, siehe [5.27]. Weiterhin ist ein Ansatz für $L(y)$ erforderlich.

Ein interessanter Sonderfall folgt aus der Annahme Produktion = Dissipation, d.h.

$$C_\tau \sqrt{k}\,L\left(\frac{\partial \bar{u}}{\partial y}\right)^2 = C_D\,\frac{k^{3/2}}{L}$$

$$\curvearrowright\ k = \frac{C_\tau}{C_D}\,L^2\left(\frac{\partial \bar{u}}{\partial y}\right)^2.$$

Eingesetzt in Gl. (5.87) ist

$$\tau_{\text{tur}} = C_\tau\,\sqrt{\frac{C_\tau}{C_D}}\,\rho\,L^2\left(\frac{\partial \bar{u}}{\partial y}\right)^2.$$

Das ist identisch mit dem Prandtlschen Mischungswegansatz (5.70), wenn $C_\tau\sqrt{C_\tau/C_D}\,L^2 = l^2$ gesetzt wird.

<table>
<tr><td>Aufgabe 5.5:</td><td>Da die Annahme Produktion = Dissipation auf den Mischungswegansatz führt, gilt dafür auch die logarithmische Geschwindigkeitsverteilung (5.66), siehe Aufgabe 5.4. Mit der zusätzlichen Annahme $L = \kappa y$ kann man zeigen, daß $C_D = C_\tau^3$ ist.</td></tr>
</table>

Anhand Bild 5.10 wurde gezeigt, daß die Annahme Produktion = Dissipation bei Rohr- und Kanalströmungen eine recht gute und bei Grenzschichtströmungen oft eine brauchbare Näherung darstellt. Das ist ein ganz wesentlicher Grund für den Erfolg des Mischungswegansatzes. Wir sehen auch hier unmittelbar ein, wann Mischungswegansätze offenbar versagen. Dies ist der Fall, wenn die Konvektion und/oder die Diffusion in der Transportgleichung eine nicht zu vernachlässigende Rolle spielen (bei Grenzschichtströmungen mit starken Druckänderungen oder plötzlichen Konturänderungen). In der Theorie turbulenter Grenzschichten spielt der Begriff Equilibriums-Grenzschichten eine wichtige Rolle (siehe Abschnitt 5.13). Man kann diese durch Produktion = Dissipation charakterisieren. Dies liegt näherungsweise vor, wenn sich die Zustände in Strömungsrichtung nicht (Rohr- und Kanalströmung) oder nur unwesentlich (Grenzschichtströmung mit $dp_\delta/dx = 0$ oder schwachen Druckgradienten) ändern. Obwohl die an einer bestimmten Stelle in der Strömung produzierte Turbulenzenergie entlang einer gewissen Wegstrecke dissipiert wird, ist die lokale Aussage Produktion = Dissipation dann eine sinnvolle Annahme. Bei Freistrahlen ist diese Annahme sehr problematisch, wie Bild 5.10 (c) zeigt.

Das von Prandtl 1945 vorgeschlagene Modell konnte seinerzeit für Grenzschichtrechnungen noch nicht eingesetzt werden. Erst die elektronischen Rechenmaschinen eröffneten die Möglichkeit, ein System von nichtlinearen partiellen Differentialgleichungen numerisch zu integrieren.

Eine Modifikation des Prandtlschen Modells ist von Bradshaw, Ferriss und Atwell vorgeschlagen worden, siehe z.B. [5.31, 5.37]. Anstelle des Ansatzes von Boussinesq verwenden die Autoren für den Zusammenhang zwischen $\overline{u'v'}$ und k die Beziehung

$$\frac{1}{\rho}\,\tau_{\text{tur}} = -\,\overline{u'v'} = 2\,a_1 k. \tag{5.88}$$

Diese Proportionalität wurde zuerst von Townsend [5.35] aufgrund von Experimenten vorgeschlagen, es wurde $a_1 = 0{,}15$ gefunden. In weiten Bereichen innerhalb der Grenzschicht ist diese direkte Proportionalität näherungsweise erfüllt, wesentliche Abweichungen davon ergeben sich in Wandnähe und am Grenzschichtrand.

Für den Diffusionsterm in Gl. (5.81) wird von den Autoren der Ansatz

$$\overline{\left(k + \frac{p'}{\rho}\right) v'} = \left(\frac{\tau_{\max}}{\rho}\right)^{1/2} \frac{\tau}{\rho}\, G \tag{5.89}$$

vorgeschlagen. Die die Viskosität enthaltenden Terme in dem Diffusionsterm sind i.a. vernachlässigbar. Es ist $\tau_{\max}$ die maximale Schubspannung und G ist eine empirisch ermittelte Funktion. Mit diesen Ansätzen geht die Transportgleichung (5.81) für k über in eine modellierte Transportgleichung für die Reynoldssche Scherspannung (abkürzend sei hier $\tau_{\text{tur}} = \tau$ genannt):

$$\frac{1}{2\,a_1}\left(\overline{u}\,\frac{\partial \tau}{\partial x} + \overline{v}\,\frac{\partial \tau}{\partial y}\right) = \tau\,\frac{\partial \overline{u}}{\partial y} - \rho\,\frac{(\tau/\rho)^{3/2}}{L} - \left(\frac{\tau_{\max}}{\rho}\right)^{1/2} \frac{\partial}{\partial y}\,(G\tau). \tag{5.90}$$

Die Dissipation wurde in der von Prandtl vorgeschlagenen Weise modelliert; wobei die Modellierungskonstante in L bzw. a_1 enthalten ist. Ein Vergleich beider vorgestellter Modellierungsvorschläge ergibt:
— In der von Prandtl angegebenen Form werden drei empirische Konstanten (bzw. nur zwei mit den in Aufgabe 5.5 getroffenen Annahmen) und eine empirische Funktion L benötigt.
— In der von Bradshaw u.a. vorgeschlagenen Form werden eine empirische Konstante und zwei empirische Funktionen, L und G, benötigt.

Der Erfolg derartiger Methoden hängt weitgehend von der Güte der empirischen Funktionen ab. In Bild 5.16 sind die von Bradshaw u.a. vorgeschlagenen empirischen Funktionen dargestellt; für Rechenzwecke werden analytische Approximationen angegeben.

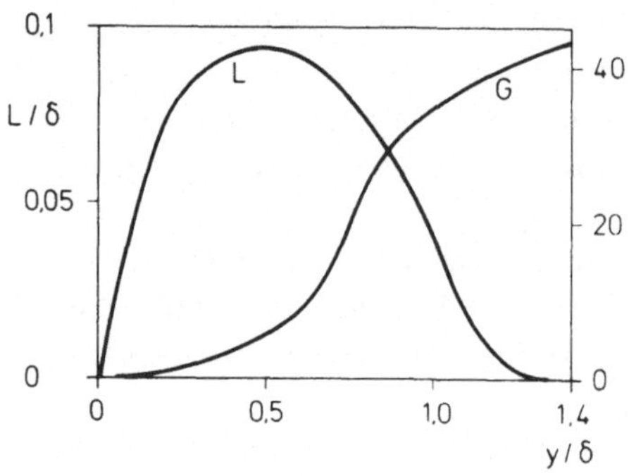

Bild 5.16 Empirische Funktionen für das Rechenverfahren nach Bradshaw u.a.

Aufgrund der Modellierung des Diffusionsterms ist die Gl. (5.90) vom hyperbolischen Typ, die Autoren haben ein Charakteristiken-Verfahren zur Lösung ausgearbeitet. Die von Prandtl vorgeschlagene Gl. (5.86) ist wie die Grenzschicht-Gleichung vom parabolischen Typ.

Gegenüber den halbempirischen Methoden erster Ordnung, den Austauschansätzen, haben die beiden vorgestellten Verfahren den entscheidenden Vorteil, daß für die gesuchte Reynoldssche Scherspannung oder eine ihr proportionale Größe eine Differentialgleichung gelöst wird. Damit können Einflüsse aus der Vorgeschichte der Strömung erfaßt werden, was mit lokalen Zusammenhängen wie den Austauschansätzen nicht möglich ist.

Ein Nachteil der vorgestellten Methoden ist, daß neben (unvermeidlichen) empirischen Konstanten zusätzlich empirische Funktionen, für L bzw. für L und G, benötigt werden. Unschön ist weiterhin, daß ein Zusammenhang zwischen $\overline{u'v'}$ und k sowie zwischen k und ϵ formuliert werden muß. In konsequenter Weiterentwicklung haben eine große Anzahl von Autoren versucht, diese Nachteile zu beheben. Wir verweisen dazu auf zusammenfassende Darstellungen z.B. von Launder und Spalding [5.18] sowie von Reynolds [5.29], wollen jedoch kurz die Zielrichtung derartiger Arbeiten skizzieren. Man klassifiziert diese nach der Anzahl der verwendeten Transportgleichungen.

Eingleichungsverfahren: Hierunter fallen das k-Modell von Prandtl sowie das $\tau_{tur} \sim$ k-Modell von Bradshaw u.a., die hier vorgestellt wurden.

Zweigleichungsverfahren: Für die Berechnung von Wandgrenzschichten wird das k,ϵ-Modell von Jones und Launder oft verwendet. Neben einer Transportgleichung für k modellieren die Autoren eine (ebenfalls aus der Navier-Stokesschen Gleichung herleitbare) Transportgleichung für die turbulente Dissipation ϵ. Diese kann wegen $\epsilon \sim 1/L$ auch als Transportgleichung für das Längenmaß L angesehen werden.

Dreigleichungsverfahren: Hier sollen das k, ϵ, $\overline{u'v'}$-Modell von Hanjalić und Launder sowie das k, $\overline{u'v'}$, L-Modell von Rotta erwähnt werden. Der Unterschied zwischen beiden Verfahren liegt weniger in der Modellierung der beiden Transportgleichungen für k und $\overline{u'v'}$ als vielmehr in der Wahl der dritten Transportgleichung. Anstelle einer Transportgleichung für die turbulente Dissipation ϵ entwickelt Rotta aus der Navier-Stokes-Gleichung eine Bewegungsgleichung für ein Integral-Längenmaß, dem eine exakte Definition über eine Korrelationsfunktion zu Grunde liegt. Aus der Vielzahl möglicher Makro-Längenmaße trifft Rotta eine wohlbegründete Auswahl, näheres siehe [5.31]. Mit der Anzahl der verwendeten Transportgleichungen steigt zwangsläufig die Anzahl der erforderlichen Modellierungskonstanten.

Ziel sämtlicher Arbeiten dieser Art ist die Formulierung eines Gleichungssystems mit festen Koeffizienten, um turbulente Scherströmungen vorausberechnen zu können. Die Minimalforderung an einen Modellierungsvorschlag ist, daß die verwendeten Koeffizienten zumindest für eine Problemklasse (mit der Grobeinteilung freie Turbulenz einerseits und Wandturbulenz andererseits) konstant sind. Obwohl teilweise recht gute Ergebnisse erzielt wurden, von denen wir einige in den beiden nächsten Abschnitten besprechen werden, befindet sich die Entwicklung auf diesem Gebiet der Modellierung noch stark im Fluß.

Wir wenden uns nun der Anwendung der Schließungsansätze erster und höherer Ordnung zu, wobei wir zunächst die Rohrströmung als Beispiel wählen.

5.11 Rohrströmung

Wir betrachten die ausgebildete Rohrströmung und schließen an die Überlegungen des Abschnitts 2.1 an. Die Schubspannungsverteilung ist im turbulenten Fall ebenso linear wie im laminaren Fall, da die Kräftegleichung formal identisch ist. Im turbulenten Fall ist mit der Schubspannung τ jedoch die resultierende Schubspannung bestehend aus molekularem und turbulentem Anteil gemeint. Nach den Gln. (2.13) bis (2.15) gilt auch hier

$$\tau(r) = -\frac{dp}{dx}\frac{r}{2}; \quad \tau_w = -\frac{dp}{dx}\frac{R}{2} = \frac{\Delta p}{L}\frac{R}{2}; \quad \frac{\tau(r)}{\tau_w} = \frac{r}{R}. \tag{5.91}$$

Dabei ist das in Bild 2.1 angegebene Koordinatensystem verwendet; $r = 0$ bedeutet die Rohrachse und $r = R$ ist die Rohrwand, $\Delta p/L = -dp/dx$ ist der auf die Rohrlänge bezogene Druckabfall. Die resultierende Schubspannung $\tau_{res} = \tau$ ist

$$\tau(r) = -\mu \frac{d\bar{u}}{dr} + \rho \, \overline{u'v'}. \tag{5.92}$$

Wie in Abschnitt 2.1 diskutiert hat wegen $y = R - r$, d.h. $dy = -dr$, eine Vorzeichenumkehr stattgefunden. Die Schubspannung τ bleibt damit positiv. Aufgrund der Orientierung der r-Achse ist im Gegensatz zu Bild 5.14 und der daran anschließenden Diskussion bezüglich des Vorzeichens von $\overline{u'v'}$ diese Größe hier positiv.

Wir verwenden zunächst das in Abschnitt 5.9 besprochene Mischungswegkonzept und setzen

$$\tau(r) = -\mu \frac{d\bar{u}}{dr} + \rho \, l^2 \left(\frac{d\bar{u}}{dr}\right)^2 \tag{5.93}$$

gemäß Gl. (5.72). Bis auf Bereiche in unmittelbarer Wandnähe ist $\tau_{tur} \gg \tau_{mol}$, so daß näherungsweise mit Gl. (5.91)

$$\tau(r) = \tau_w \frac{r}{R} = \rho \, l^2 \left(\frac{d\bar{u}}{dr}\right)^2$$

gesetzt werden kann. Für den Mischungsweg l wird der einfache Ansatz (5.76) $l = \kappa y = \kappa (R - r)$ gewählt; dabei ist $y = R - r$ der Abstand von der Wand, vgl. Bild 2.1. Es folgt

$$\frac{\tau_w}{\rho} = \kappa^2 \frac{(1 - r/R)^2}{r/R} \left(\frac{d\bar{u}}{dr/R}\right)^2 = u_\tau^2.$$

u_τ ist die durch $u_\tau = \sqrt{\tau_w/\rho}$ definierte Schubspannungsgeschwindigkeit, die wir schon in Abschnitt 5.7 kennengelernt haben. Nach Trennung der Variablen (wegen $d\bar{u}/dr < 0$ muß die negative Wurzel gezogen werden)

$$\frac{d\bar{u}}{u_\tau} = -\frac{1}{\kappa}\frac{\sqrt{r/R}}{(1 - r/R)}\, d\left(\frac{r}{R}\right)$$

kann die Beziehung geschlossen integriert werden:

$$\frac{\bar{u}(r)}{u_\tau} = \frac{1}{\kappa}\left[2\sqrt{\frac{r}{R}} - \ln\frac{1 + \sqrt{r/R}}{1 - \sqrt{r/R}}\right] + c.$$

Die Integrationskonstante c folgt aus der Bedingung

$$\bar{u}\left(\frac{r}{R} = 0\right) = u_{max} \qquad \text{zu } c = \frac{u_{max}}{u_\tau}.$$

Es ist üblich, die Geschwindigkeitsverteilung in der Form eines sog. Außengesetzes als

$$\frac{u_{max} - \bar{u}(r)}{u_\tau} = \frac{1}{\kappa}\left[\ln\frac{1 + \sqrt{r/R}}{1 - \sqrt{r/R}} - 2\sqrt{\frac{r}{R}}\right] = F_1\left(\frac{r}{R}\right) \tag{5.94}$$

darzustellen. Dies ist universell, der Einfluß der Reynolds-Zahl auf das Geschwindigkeitsprofil ist über τ_w in der Bezugsgröße u_τ enthalten.

Die Übereinstimmung mit Messungen ist recht gut. An der Wand ($r/R \to 1$) geht die Verteilung gegen den unsinnigen Wert ∞, der Grund liegt in der Vernachlässigung der dort wesentlichen molekularen Schubspannung. Die Beziehung gilt nur bis zu einem endlichen Wandabstand δ_v, wenn δ_v die Dicke der viskosen Unterschicht darstellt.

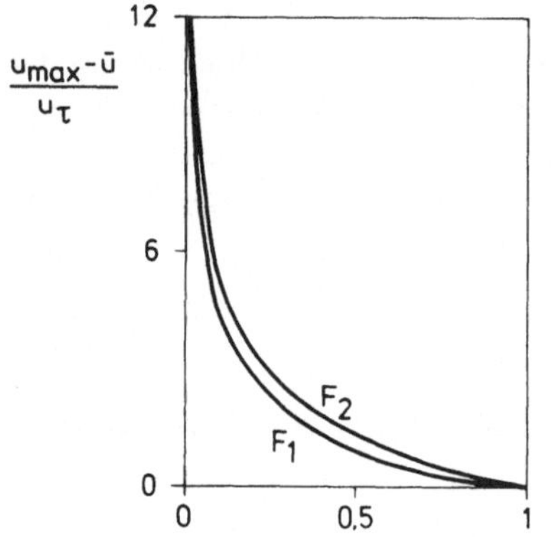

Bild 5.17 Universelle Geschwindigkeitsverteilung der turbulenten Rohrströmung aus Mischungswegansätzen nach Gl. (5.94) und Aufgabe 5.6

Eine geschlossene Integration der Gl. (5.93) ist bei Vernachlässigung von τ_{mol} auch für die Mischungswegformel (5.73) nach von Kármán möglich; Bild 5.17 zeigt den dazugehörigen Geschwindigkeitsverlauf $F_2(r/R)$.

Aufgabe 5.6:   Man ermittle $F_2(r/R)$.

Man kann die Geschwindigkeitsverteilung dadurch verbessern, daß man die molekulare Schubspannung mitberücksichtigt sowie genauere Ansätze für l bzw. ϵ_τ einsetzt, z.B. die Gl. (5.74) für l oder eine der Gln. (5.78), (5.79) für ϵ_τ. Eine geschlossene Integration ist nicht mehr möglich, die gewöhnliche Differentialgleichung für $\bar{u}(r)$ muß numerisch integriert werden; wir kommen am Schluß dieses Abschnittes darauf zurück.

Um die Geschwindigkeitsverteilung in der Form $\bar{u}/u_{max}$ darstellen zu können, muß eine Aussage über u_τ gemacht werden. Es ist mit der Definition der Widerstandszahl λ nach Gl. (2.20)

$$u_\tau{}^2 = \frac{\tau_w}{\rho} = \frac{\Delta p}{2\rho}\frac{R}{L} = \frac{\lambda}{8}u_m{}^2 \quad \text{wegen } \Delta p = \lambda\frac{L}{D}\frac{\rho}{2}u_m{}^2. \tag{5.95}$$

Eine Aussage über die Widerstandszahl λ kann im turbulenten Fall nur das Experiment geben. Häufig verwendet werden die Beziehungen

$$\boxed{\frac{1}{\sqrt{\lambda}} = 2{,}0\,\log\,(Re\sqrt{\lambda}) - 0{,}8} \qquad \text{nach Prandtl,} \tag{5.96}$$

$$\boxed{\lambda = 0{,}3164\,Re^{-1/4}} \qquad \text{nach Blasius für } Re < 10^6. \tag{5.97}$$

Darin ist die Reynoldszahl $Re = u_m D/\nu$, $D = 2\,R$ ist der Rohrdurchmesser und $u_m = \dot{V}/(\pi R^2)$ ist die mittlere Durchflußgeschwindigkeit. Benutzt man eine der Beziehungen für $\lambda(Re)$, so läßt sich aus Gl. (5.94) mit Hilfe von Gl. (5.95) die Geschwindigkeitsverteilung der turbulenten Rohrströmung als $\bar{u}/u_{max} = f(y/R,\,Re)$ darstellen.

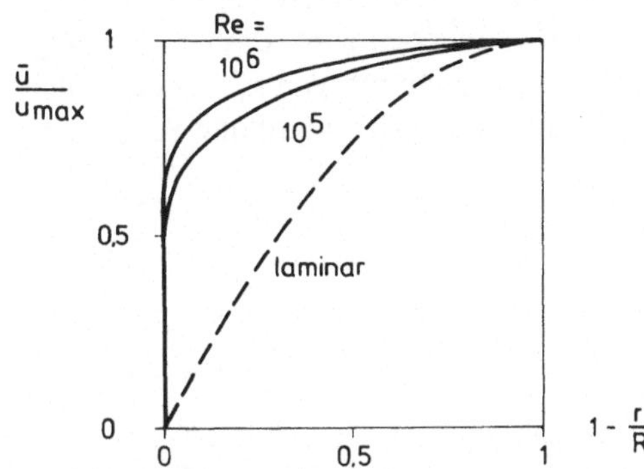

Bild 5.18 Geschwindigkeitsverteilung der turbulenten Rohrströmung

Bild 5.18 ist eine qualitative Darstellung, die parabolische Geschwindigkeitsverteilung (2.17) der laminaren Rohrströmung ist zum Vergleich eingezeichnet. Das turbulente Geschwindigkeitsprofil ist energiereicher als das laminare Geschwindigkeitsprofil, es wird mit wachsender Reynolds-Zahl völliger. Es kann durch den einfachen Ansatz

$$\frac{\bar{u}}{u_{max}} = \left(1 - \frac{r}{R}\right)^{1/n} = \left(\frac{y}{R}\right)^{1/n} \tag{5.98}$$

recht gut approximiert werden. Der Exponent n ist eine Funktion der Reynolds-Zahl, ein gängiger Wert ist n = 7 (1/7-Potenz-Profil). Mit wachsender Reynolds-Zahl wird 1/n kleiner, siehe hierzu Aufgabe 5.8.

Aufgabe 5.7: Der Aufbau des Widerstandsgesetzes (5.96) nach Prandtl folgt aus dem logarithmischen Wandgesetz $u^+ = (1/\kappa) \ln y^+ + C$. Man zeige dies unter Verwendung der Gl. (5.95), indem die Geschwindigkeitsverteilung in $\dot{V} = u_m \pi R^2$ eingesetzt, integriert und entsprechend umgeformt wird.

Aufgabe 5.8: Man bestimme $u_m/u_{max} = f(n)$ auf der Basis des Näherungsansatzes (5.98) und gebe einige Wertepaarungen an.

Aufgabe 5.9: Man zeige, daß der Exponent $1/n$ in dem Ansatz (5.98) den Wert $1/7$ hat, wenn die Reibungsformel (5.97) nach Blasius mit dem Exponenten $-1/4$ für die Re-Zahl zugrunde gelegt wird.

Die Reibungsbeziehungen der Form $\lambda(Re)$ gelten nur für glatte Rohre. Der Einfluß der Oberflächenrauhigkeit ist in laminaren Strömungen vernachlässigbar, da der viskose Bereich die gesamte Grenzschicht ausmacht. Bei turbulenten Strömungen ist der viskose Bereich, die viskose Unterschicht, außerordentlich dünn. Schon kleine Rauhigkeiten können die viskose Unterschicht aufbrechen und das Geschwindigkeitsprofil stark verändern. Liegen die Rauhigkeiten in ihren Abmessungen über denen der viskosen Unterschicht, dann verschwindet der Einfluß der molekularen Viskosität auf den Wandbereich. Der Reibungswiderstand hängt nicht mehr von der Reynolds-Zahl sondern nur noch von der Rauhigkeit ab. Das logarithmische Wandgesetz (5.66) enthält die Rauhigkeit als Parameter. Man setzt anstelle von Gl. (5.66)

$$u^+ = \frac{1}{\kappa} \ln y^+ + C - \Delta C(k_s^+) \tag{5.99}$$

in Anlehnung an Experimente. Die Konstante hängt von der Rauhigkeitserhebung k_s, in dimensionsloser Form als $k_s^+ = k_s u_\tau/\nu$ geschrieben, derart ab, daß die Gerade in Bild 5.11 (b) in Abschnitt 5.7 mit zunehmender Rauhigkeit nach unten verschoben wird. Das Geschwindigkeitsprofil wird weniger völlig. Unglücklicherweise hängt ΔC nicht nur von k_s^+ sondern auch von der Art der Rauhigkeit ab. Für die klassische Sandrauhigkeit nach Prandtl und Schlichting wird die Approximation

$$\Delta C = \frac{1}{\kappa} \ln k_s^+ - 3{,}0 \tag{5.100}$$

verwendet. Man unterscheidet die Bereiche:

$k_s^+ < 5$: hydraulisch glatt, $\lambda = \lambda(Re)$.
Die Rauhigkeiten sind völlig in die viskose Unterschicht eingebettet. Impuls wird nur durch Scherspannungen an die Wand übertragen.

$5 < k_s^+ < 70$: Übergangsbereich, $\lambda = \lambda(Re, k_s/D)$.
Die Rauhigkeiten beginnen aus der viskosen Unterschicht herauszuragen. Der Impuls wird teils durch Scherspannungen und teils durch Druckkräfte an die Wand übertragen.

$k_s^+ > 70$: Ausgebildete Rauhigkeitsströmung $\lambda = \lambda(k_s/D)$.
Die viskose Unterschicht ist in die Rauhigkeitserhebungen eingebettet. Die Impulsübertragung zur Wand hin wird nur durch Druckkräfte bewirkt.

Analog zu dem in Aufgabe 5.7 beschriebenen Vorgehen hat Prandtl unter Verwendung des Ansatzes (5.99) die Beziehung (5.96) erweitert zu

$$\frac{1}{\sqrt{\lambda}} = 2,0 \log \frac{Re\sqrt{\lambda}}{1 + 0,1 \, (k_s/D) \, Re\sqrt{\lambda}} - 0,8. \tag{5.101}$$

Anstelle von k_s^+ ist k_s/D als relative Rauhigkeit verwendet. Von Colebrook ist die Beziehung

$$\frac{1}{\sqrt{\lambda}} = 1,74 - 2,0 \log \left(2 \frac{k_s}{D} + \frac{18,7}{Re\sqrt{\lambda}} \right) \tag{5.102}$$

angegeben worden. Für vollständig rauhe Rohre verschwindet der Einfluß der Reynolds-Zahl, von Kármán hat dafür die Beziehung

$$\lambda = \left(2 \log \frac{k_s}{D} + 1,2 \right)^{-2} \tag{5.103}$$

angegeben.

Aufgabe 5.10:   In welcher Weise hängt der Druckabfall Δp von der mittleren Geschwindigkeit u_m ab?
   a) laminare Rohrströmung;
   b) turbulente Rohrströmung, hydraulisch glatt, Gl. (5.97) verwenden;
   c) turbulente Rohrströmung, vollständig rauh.

Für praktische Rechnungen sind die impliziten λ-Beziehungen, z.B. Gl. (5.101), unhandlich. Es werden Diagramme bevorzugt, Bild 5.19. Dabei ist die für die laminare Rohrströmung geltende Beziehung $\lambda = 64/Re$ ebenfalls eingezeichnet. Darstellungen dieser Art werden als Nikuradse-Diagramme bezeichnet, da erstmals von Nikuradse umfangreiche Rohrexperimente durchgeführt wurden.

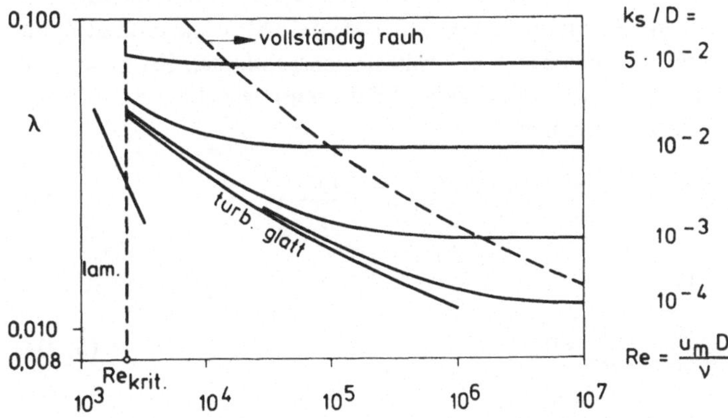

Bild 5.19 Widerstandszahl der laminaren und turbulenten Rohrströmung für glatte und rauhe Oberflächen

Wir kehren noch einmal zum Ausgangspunkt dieses Abschnitts, zur Integration der Kräftebilanz (5.91), zurück. Die Einführung des Mischungswegansatzes erlaubte eine geschlossene Integration, sofern der molekulare Anteil der Schubspannung vernachlässigt wurde. Das

Resultat hat in Bezug auf die Geschwindigkeitsverteilung einen charakteristischen Mangel, siehe hierzu die Diskussion anhand Bild 5.17: Eine Polstelle an der Wand aufgrund der Vernachlässigung der molekularen Reibung.

Dieser Nachteil läßt sich natürlich vermeiden, jedoch muß bei Berücksichtigung der molekularen Reibung numerisch integriert werden. Dies ist von Deissler, siehe [5.10], vorgenommen worden. Er integrierte die Beziehung

$$\tau(r) = (\mu + \rho \epsilon_\tau) \frac{d\bar{u}}{dy}$$

unter der vereinfachenden Annahme τ = konstant (also nicht für $\tau \sim y$) bei Verwendung des ϵ_τ-Ansatzes (5.78). Wir kommen in Abschnitt 6.6 bei der Besprechung des turbulenten Wärmeübergangs erneut darauf zurück, da Deissler dies im Rahmen von Wärmeübergangsrechnungen vorgenommen hat.

Da Deissler ohnehin numerisch integrieren muß, ist es naheliegend, anstelle des Mischungswegansatzes eine Modellierung auf der Basis der Transportgleichung zu verwenden und von der Annahme τ = konstant abzugehen. Legen wir das Prandtlsche k-Modell, Gl. (5.86) mit Gl. (5.87), zu Grunde, so ist das hier in Zylinderkoordinaten mit dy = −dr angeschriebene Gleichungssystem

$$\tau(r) = -\mu \frac{d\bar{u}}{dr} + \rho \overline{u'v'} = -(\mu + \rho C_\tau \sqrt{k} L) \frac{d\bar{u}}{dr} = \tau_w \frac{r}{R} \tag{5.104}$$

$$C_\tau \sqrt{k} L \left(\frac{d\bar{u}}{dr}\right)^2 - C_D \frac{k^{3/2}}{L} + \frac{C}{r} \frac{d}{dr} \left(r \sqrt{k} L \frac{dk}{dr}\right) = 0 \tag{5.105}$$

numerisch zu integrieren. Gl. (5.104) ist die Kräftebilanz (5.91) unter Verwendung der Modellierung (5.87) und Gl. (5.105) ist die von Prandtl modellierte Transportgleichung (5.86) für die Turbulenzenergie, wobei die konvektiven Terme entfallen. Dabei ist zu beachten, daß im Gegensatz zu Gl. (5.86) für ebene Strömungen in Gl. (5.105) der Diffusionsterm in Zylinderkoordinaten eine andere Form hat. Für den Sonderfall der ausgebildeten Rohrströmung ist ein System von gewöhnlichen (anstatt von partiellen) Differentialgleichungen zu lösen. Nach Einführung der dimensionslosen Variablen

$$u^+ = \frac{\bar{u}}{u_\tau}; \quad r^+ = \frac{r u_\tau}{\nu}; \quad R^+ = \frac{R u_\tau}{\nu}; \quad k^+ = \frac{k}{u_\tau^2}; \quad L^+ = \frac{L u_\tau}{\nu} \tag{5.106}$$

geht das Gleichungssystem über in

$$(1 + C_\tau \sqrt{k^+} L^+) \frac{du^+}{dr^+} + \frac{r^+}{R^+} = 0 \tag{5.107}$$

$$C_\tau \sqrt{k^+} L^+ \left(\frac{du^+}{dr^+}\right)^2 - C_D \frac{k^{+3/2}}{L^+} + \frac{C}{r^+} \frac{d}{dr^+} \left(r^+ \sqrt{k^+} L^+ \frac{dk^+}{dr^+}\right) = 0. \tag{5.108}$$

Wegen

$$\left(\frac{u_\tau}{u_m}\right)^2 = \frac{\lambda}{8} = \left(\frac{2 R^+}{Re}\right)^2,$$

vgl. Gl. (5.95), ist $R^+ = Re/(2\,u_m^+)$. Andererseits ist $u_m^+ = u_m^+(R^+)$ nach Integration über das Geschwindigkeitsprofil, vgl. Aufgabe 5.9. Dann ist wegen $R^+ = R^+(Re)$ die Reynolds-Zahl der Parameter des Gleichungssystem (5.107), (5.108) zur Ermittlung des k^+- und u^+-Profils.

Jischa und Rieke[1] haben das Gleichungssystem numerisch integriert und die entsprechenden Profile angegeben. Wir wollen nicht darauf sondern auf eine verbesserte Version eingehen, die Rieke[2] kürzlich vorgestellt hat. Ausgangspunkt war die Überlegung, daß die modellierte Transportgleichung (5.108) nur für den vollturbulenten Bereich gilt. Der Übergang zwischen der viskosen Unterschicht und dem logarithmischen Wandgesetz kann damit nicht beschrieben werden. Rieke unterteilt daher die Strömung in zwei Bereiche. In der viskosen Unterschicht wird $\overline{u'v'} = 0$ bzw. $k = 0$ gesetzt und Gl. (5.107) kann integriert werden. Jenseits der viskosen Unterschicht wird das Gleichungssystem (5.107), (5.108) integriert. Die Grenze zwischen beiden Bereichen ist durch die Dicke der viskosen Unterschicht y^+_{vis} festgelegt. Diese hat Rieke so bestimmt, daß das Prandtlsche Rohrreibungsgesetz (5.96) möglichst gut erfüllt wird. Daraus ergibt sich eine empirische Approximation der Form $y^+_{vis} = a + b/Re^n$. Diese geht als Randbedingung bei der Integration des Gleichungssystems (5.107), (5.108) ein.

Als Modellierungskonstanten sind die von Prandtl angegebenen Werte $C_\tau = 0{,}56$, $C_D = 0{,}18$ und $C = 0{,}38$ und für das Längenmaß L ist der Ansatz (5.74) verwendet worden. Obwohl letzterer nicht für das Prandtlsche k-Modell aufgestellt wurde, liefert er sehr gute Ergebnisse.

Bild 5.20 zeigt die verschiedenen Profile für zwei unterschiedliche Re-Zahlen als Resultat der numerischen Rechnungen. Sie sind in der Arbeit von Rieke mit einer Reihe von Experimenten verglichen worden.

Der Einfluß der Re-Zahl wird an den Bildern deutlich. Das k-Profil steigt in Wandnähe steil an, um nach Erreichen eines Maximums wieder abzunehmen; im Gegensatz zu $\overline{u'v'}$ verschwindet k in der Rohrmitte nicht. Bei der Darstellung ist zu beachten, daß k und $\overline{u'v'}$ auf u_τ^2 und damit auf eine Re-abhängige Größe bezogen sind. Wegen $u_\tau^2 \sim \tau_w \sim Re$ wird das k-Profil mit wachsender Re-Zahl völliger.

Wird die Wirbelviskosität ϵ_τ auf Ru_τ bezogen, so verschwindet die Abhängigkeit von der Reynolds-Zahl (die freilich in u_τ enthalten ist). Das Geschwindigkeitsprofil wird mit wachsender Re-Zahl völliger, wie die lineare Darstellung zeigt. In der halblogarithmischen Auftragung ist eine leichte Abhängigkeit von der Reynolds-Zahl vorhanden; das logarithmische Wandgesetz (5.66) ist somit bei genauerer Betrachtung nur näherungsweise universell. Dies wird im übrigen auch durch Experimente bestätigt.

Bild 5.20 ist zum einen dargestellt, um ein Beispiel für die Anwendung einer halbempirischen Schließungsannahme höherer Ordnung zu zeigen und zum zweiten, da diese Informationen bei der Behandlung des Wärmeübergangs bei turbulenter Rohrströmung in Abschnitt 6.6 benötigt werden. Abschließend sei vermerkt, daß die für die Rohrströmung dargestellten Ergebnisse in ähnlicher Weise für die Kanalströmung gelten, hierzu wird auf Abschnitt 2.1 verwiesen.

---

1 *M. Jischa* u. *H.B. Rieke:* Turbulent Heat Transfer in Duct Flow; Proc. of the 6th Intern. Heat Transfer Conf., Vol. II, FC(a)-10, Toronto, 1978.

2 *H.B. Rieke:* Bestimmung des Wärmeübergangs bei turbulenter Rohrströmung mit Hilfe von Transportgleichungen; Diss. Univ. Essen-GH, 1981.

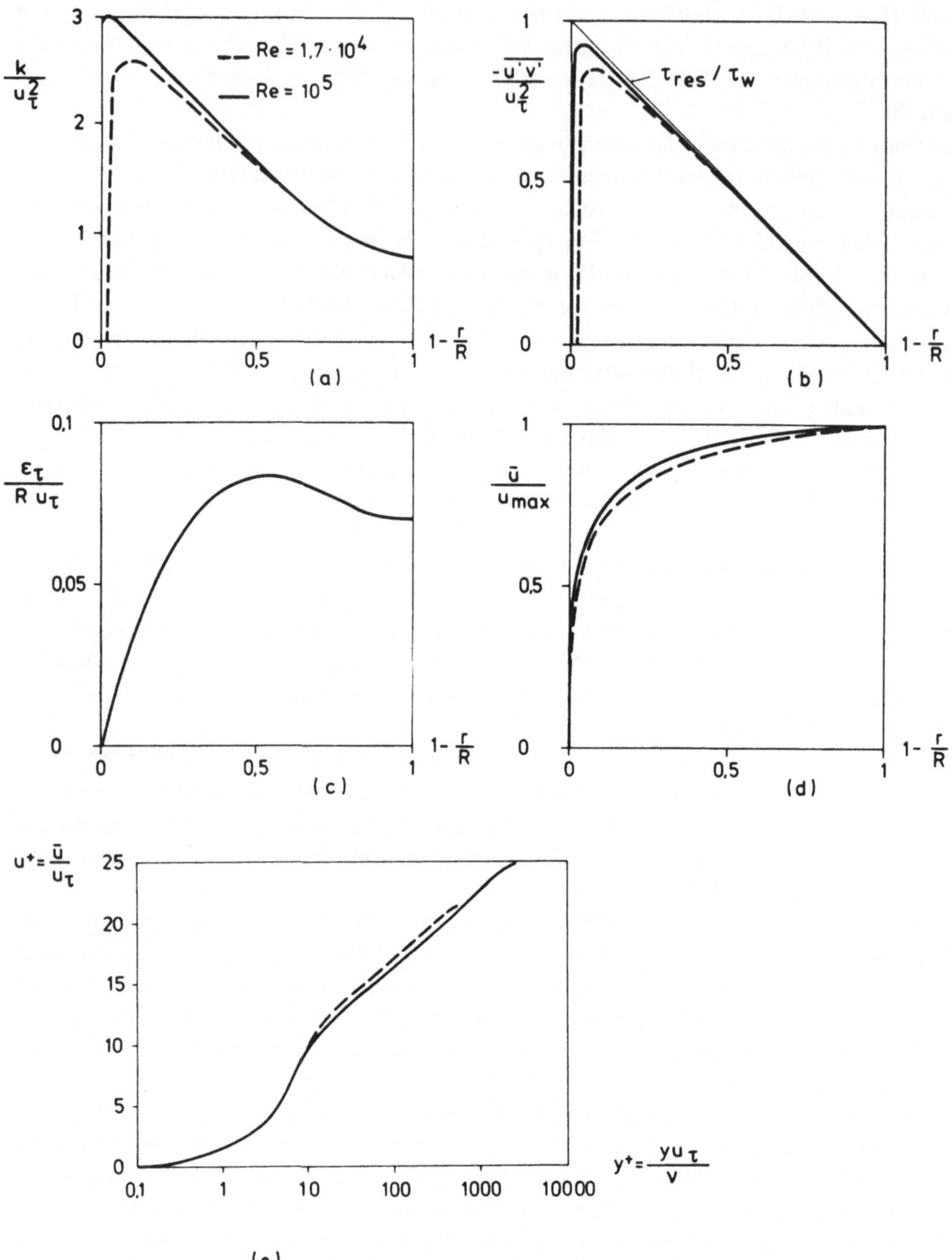

Bild 5.20 Turbulenzenergie (a), Reynoldssche Schubspannung (b), Wirbelviskosität (c) und Geschwindigkeitsverteilung (d und e) bei ausgebildeter Rohrströmung nach Rechnungen von Rieke mit einem modifizierten Prandtlschen k-Modell

5.12 Näherungslösung für die Plattenströmung

Hierbei gehen wir von der Integralbedingung für den Impuls (2.69) aus, die wir in Abschnitt 2.4 kennengelernt haben. Diese gilt für laminare wie für turbulente Grenzschichtströmungen gleichermaßen, solange die Wandschubspannung nicht näher spezifiziert wird. Für die ebene Plattenströmung geht Gl. (2.69) über in

$$\tau_{\mathrm{w}} = \rho\, u_\infty^2\, \frac{d\delta_2}{dx}. \tag{5.109}$$

Die Geschwindigkeitsverteilung in der Grenzschicht an der ebenen Platte ähnelt stark derjenigen der Rohrströmung. Daher ist für Integrationszwecke der Potenzansatz

$$\frac{\bar{u}}{u_\infty} = \left(\frac{y}{\delta}\right)^{1/n}; \qquad n \approx 7 \tag{5.110}$$

genügend genau; an die Stelle des Rohrradius R in Gl. (5.98) tritt hier die Grenzschichtdicke δ. Die durch Gl. (2.63) definierte Impulsverlustdicke wird

$$\delta_2 = \int\limits_0^\delta \frac{\bar{u}}{u_\delta}\left(1 - \frac{\bar{u}}{u_\delta}\right) dy = \frac{7}{72}\,\delta. \tag{5.111}$$

Weiterhin wird eine Beziehung für die Wandschubspannung benötigt. Aufgrund von Experimenten gab Blasius für den Reibungsbeiwert die Approximation

$$\frac{c_f}{2} = \frac{\tau_{\mathrm{w}}}{\rho\, u_\infty^2} = 0{,}0225\, \mathrm{Re}_\delta^{-1/4} \qquad \text{mit } \mathrm{Re}_\delta = \frac{u_\infty \delta}{\nu} \tag{5.112}$$

an, die der entsprechenden Beziehung (5.97) für die Rohrströmung identisch ist.

Aufgabe 5.11:   Man zeige, daß die Beziehungen (5.97) und (5.112) identisch sind, wenn R durch δ und $u_{\max}$ durch u_δ ersetzt wird, sowie der Zusammenhang $u_m/u_{\max} = f(n)$ nach Aufgabe 5.8 verwendet wird.

Mit der empirischen Information (5.112) sowie mit der Aussage (5.111) kann der Impulssatz der Grenzschicht integriert werden. Es folgt

$$\frac{7}{72}\frac{d\delta}{dx} = 0{,}0225 \left(\frac{\nu}{u_\infty \delta}\right)^{1/4}.$$

Nach Integration wird mit $\delta(x = 0) = 0$

$$\left.\begin{aligned} \delta(x) &= 0{,}37 \left(\frac{\nu}{u_\infty}\right)^{1/5} x^{4/5} \quad \text{bzw.}\\[2ex] \frac{\delta(x)}{x} &= \frac{0{,}37}{\mathrm{Re}_x^{1/5}} \quad \text{oder} \quad \frac{\delta(x)}{L} = \frac{0{,}37}{\mathrm{Re}_L^{1/5}}\left(\frac{x}{L}\right)^{4/5}. \end{aligned}\right\} \tag{5.113}$$

Man vergleiche dies mit der Lösung (2.41) für die laminare Plattengrenzschicht. Die Grenzschichtdicke wächst im laminaren Fall mit $x^{1/2}$, im turbulenten Fall mit $x^{4/5}$. Wir sehen, daß die turbulente Grenzschicht rascher zunimmt als die laminare, dies ist ebenso wie die erhöhte Wandreibung auf den makroskopischen Impulsaustausch infolge der Schwankungsbewegungen zurückzuführen.

Die turbulente Grenzschicht beginnt i.a. nicht an der Plattenvorderkante sondern erst nach einer laminaren Anlaufstrecke. Letztere ist verschiedenen Einflüssen unterworfen. Es ist üblich, eine idealisierte turbulente Grenzschicht zu betrachten, die von einem geeignet gewählten virtuellen Anfangspunkt ausgeht.

Mit bekanntem $\delta(x)$ lautet der Reibungsbeiwert

$$c_f(x) = 2\,\frac{\tau_w}{\rho u_\infty^2} = \frac{0{,}0577}{\mathrm{Re}_x^{1/5}} \sim \frac{1}{x^{1/5}}\,. \tag{5.114}$$

Nach einer Integration über die Plattenlänge analog zum Vorgehen in Abschnitt 2.3 lautet der resultierende Widerstandsbeiwert

$$c_w = \frac{F_w}{\dfrac{1}{2}\,\rho u_\infty^2 A} = \frac{0{,}072}{\mathrm{Re}_L^{1/5}}. \tag{5.115}$$

Die verschiedenen Reynolds-Zahlen sind wie in Gl. (2.42) definiert durch

$$\mathrm{Re}_x = \frac{u_\infty x}{\nu}; \qquad \mathrm{Re}_L = \frac{u_\infty L}{\nu}\,.$$

Aufgabe 5.12:   Man bestätige die Gln. (5.114) und (5.115).

Man vergleiche die Resultate für $c_f(x)$ und c_w mit den entsprechenden Ausdrücken für die laminare Plattengrenzschicht. Bild 5.21 zeigt den resultierenden Widerstandsbeiwert $c_w(\mathrm{Re}_L)$ für eine einseitig benetzte hydraulisch glatte Platte.

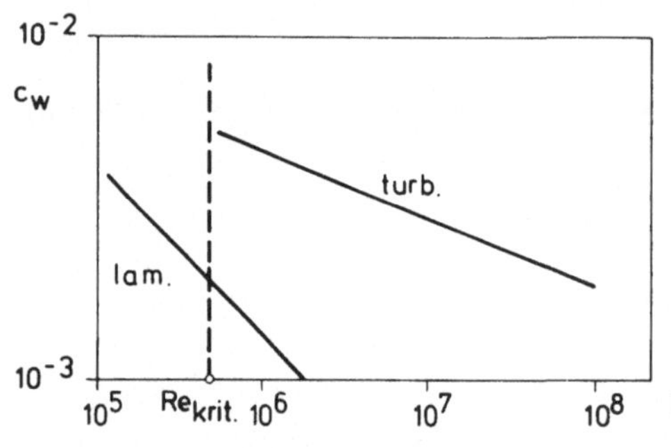

Bild 5.21 Resultierender Widerstandsbeiwert für eine hydraulisch glatte Platte nach Gl. (2.48), laminar, und Gl. (5.115), turbulent

Ähnlich wie bei der turbulenten Rohrströmung gibt es eine Reihe verschiedener empirischer Beziehungen für $c_f(\mathrm{Re}_x)$ sowie $c_w(\mathrm{Re}_L)$. Neben Gl. (5.114) bzw. Gl. (5.115) seien hier erwähnt:

$$\left.\begin{aligned} c_f(x) &= (2{,}0\log\mathrm{Re}_x - 0{,}65)^{-2/3} \\ c_w &= 0{,}455\,(\log\mathrm{Re}_L)^{-2{,}58} \end{aligned}\right\} \quad \begin{aligned} &\text{nach}\\ &\text{Prandtl/Schlichting} \end{aligned} \tag{5.116a}$$

$$c_f(x) = 0,37 \log (Re_x)^{-2,584}$$
$$c_w = 0,427 (\log Re_L - 0,407)^{-2,64}$$

nach Schultz-Grunow   (5.116b)

$$\frac{1}{\sqrt{c_f(x)}} = 4,15 \log (Re_x\, c_f) + 1,7$$
$$\frac{1}{\sqrt{c_w}} = 4,13 \log (Re_L\, c_w)$$

nach von Kármán/Schoenherr   (5.116c)

Hierzu sei auf die Literatur, z.B. [5.32, 5.37], verwiesen. Dort wird auch über den Einfluß der Wandrauhigkeit berichtet, der in ähnlicher Weise wie in Abschnitt 5.11 berücksichtigt werden kann.

5.13 Grenzschichtströmungen

Es besteht die Aufgabe, das Gleichungssystem

$$\frac{\partial \bar{u}}{\partial x} + \frac{\partial \bar{v}}{\partial y} = 0 \tag{5.117}$$

$$\rho \left(\bar{u}\, \frac{\partial \bar{u}}{\partial x} + \bar{v}\, \frac{\partial \bar{u}}{\partial y} \right) = - \frac{dp_\delta}{dx} + \frac{\partial \tau}{\partial y} \tag{5.118}$$

bei beliebiger Druckverteilung $p_\delta(x)$ zu lösen. Das ist formal das gleiche Problem wie bei laminaren Grenzschichtströmungen. Der entscheidende Unterschied liegt in der Schubspannung τ, die im turbulenten Fall mit

$$\tau = \tau_{res} = \mu\, \frac{\partial \bar{u}}{\partial y} - \rho \overline{u'v'} \tag{5.119}$$

neben dem molekularen Anteil die dominierende turbulente Schubspannung enthält.

Eine Lösung dieses Gleichungssystems ist nur auf der Basis halbempirischer Schließungs-annahmen möglich. Als Lösungsverfahren unterscheidet man *Feldmethoden* und *Integral-methoden*. Erstere lösen die Grenzschichtgleichungen als partielle Differentialgleichungen und letztere als Integralbedingungen, also als gewöhnliche Differentialgleichungen. Wir werden speziell die für die Praxis wichtigen Integralmethoden besprechen. Zuvor sollen wesentliche Eigenschaften turbulenter Grenzschichten diskutiert werden.

5.13.1 Zum Begriff der Vorgeschichte

Turbulente Grenzschichten haben ein Gedächtnis. Dies unterscheidet sie in charakteristischer Weise von laminaren Grenzschichten, sofern wir Newtonsche Fluide betrachten (Nicht-Newtonsche Fluide können ein Gedächtnis besitzen). In Abschnitt 5.5 hatten wir den Kaskadenprozeß besprochen und die Hierarchie der Wirbel kennengelernt. Der Energie-fluß verläuft von den großen zu den kleinen und immer kleineren Wirbeln. Im äußeren Teil der Grenzschicht bleiben große Wirbel über längere Strecken erhalten. Sie entziehen ihre kinetische Energie der Hauptbewegung und geben sie an immer kleinere Wirbel weiter, bis diese schließlich dissipieren. Die Turbulenzenergie wird letztlich in thermische Energie umgewandelt. Die Dissipation ist wesentlich durch die ersten Stufen des Kaskadenprozesses gekennzeichnet, so daß die Viskosität die turbulente Dissipation nicht beeinflußt, siehe hierzu z.B. [5.31]. Die Viskosität begrenzt lediglich die untere Wirbelgröße. Modellierungsansätze für die turbulente Dissipation, wie Gl. (5.84), berücksichtigen diese Überlegungen.

Die längere Lebensdauer der großen Wirbel ist Ursache für den *Gedächtniseffekt*, auch *Vorgeschichteeinfluß* genannt. Einzelne Turbulenzballen transportieren die gespeicherte Information stromabwärts. Änderungen der äußeren Bedingungen (Druckgradient, Stufe, Rauhigkeit, ...) wirken sich daher nicht nur lokal sondern ganz wesentlich erst mit einer gewissen Verzögerung (*Relaxation*) aus. Man kann Relaxationslängen als Wegstrecken definieren, über die ein Einfluß der Vorgeschichte spürbar ist. Die Relaxationslängen nehmen vom Außenrand zur Wand hin bis auf Null ab. Sie haben die Größenordnung mehrerer Grenzschichtdicken.

Turbulente Strömungen sind relaxierende Strömungen. Das hat entscheidende Konsequenzen auf die formelmäßige Erfassung der turbulenten Schubspannung. Diese hängt nicht nur von lokalen Größen, sondern auch von den Verhältnissen stromaufwärts ab. Mit den halbempirischen Methoden erster Ordnung (Wirbelviskosität- bzw. Mischungswegkonzept) können die Relaxationseffekte nicht erfaßt werden, dies ist erst mit den halbempirischen Methoden höherer Ordnung möglich. Die Transportgleichungen enthalten neben der Produktion und Dissipation auch die Konvektion, die in diesem Zusammenhang besonders wichtig ist. Die Diffusion ist bei dieser Betrachtung unwesentlich, sie bewirkt in Grenzschichtströmungen nur einen Austausch quer zur Strömungsrichtung.

Unter welchen Voraussetzungen spielen die Relaxationseffekte keine Rolle? Wenn die konvektiven Terme in den Transportgleichungen verschwinden. Das ist z.B. bei der ausgebildeten Rohrströmung der Fall. Bei der Diskussion des Prandtlschen k-Modells hatten wir festgestellt, daß unter der Voraussetzung Produktion = Dissipation (also Konvektion und Diffusion Null) die modellierte Transportgleichung die gleiche Aussage wie das Mischungswegkonzept liefert. Von daher verstehen wir nun, daß das Mischungswegkonzept nur dann gute Ergebnisse liefern kann, wenn die Relaxationseffekte eine untergeordnete Rolle spielen.

5.13.2 Gleichgewichtsgrenzschichten

Auf Grenzschichtströmungen übertragen spricht man von Gleichgewichtsgrenzschichten (oder Equilibriumsgrenzschichten), wenn die Relaxationseffekte vernachlässigbar sind. Das ist für eine bestimmte Klasse von Strömungen der Fall, die den ähnlichen Lösungen der Grenzschichtgleichungen für den laminaren Fall entsprechen. Clauser hat als erster derartige Grenzschichten experimentell beobachtet und gefunden, daß die Gleichgewichtsbedingung erfüllt ist, wenn der Druckgradientenparameter

$$\beta(x) = \frac{\delta_1}{\tau_w} \frac{dp_\delta}{dx} \tag{5.120}$$

konstant ist. Man nennt β auch den Clauser-Parameter, er ist eine dimensionslose Form der Wandbindungsgleichung $dp_\delta/dx = (\partial\tau/\partial y)_w$, siehe Gl. (2.52):

$$\beta = \left[\frac{\partial\tau/\tau_w}{\partial y/\delta_1}\right]_w. \tag{5.121}$$

Die Geschwindigkeitsprofile lassen sich für β = konstant in universeller Weise in Form eines Außengesetzes angeben:

$$\frac{u_\delta - \bar{u}}{u_\tau} = f\left(\frac{y}{\delta}\right) = f(\eta). \tag{5.122}$$

Aus Ähnlichkeitsüberlegungen läßt sich die Existenz einer solchen Beziehung begründen, siehe z.B. [5.31]. Eine spezielle Form hatten wir mit Gl. (5.94) kennengelernt.

Analog zur Verdrängungsdicke (2.62) und Impulsverlustdicke (2.63) werden auf der Basis des Außengesetzes Dickenparameter (Defektdicken genannt) definiert:

$$\Delta_1 = \int\limits_0^\infty \frac{u_\delta - \bar{u}}{u_\tau}\, dy; \quad \Delta_2 = \int\limits_0^\infty \left(\frac{u_\delta - \bar{u}}{u_\tau}\right)^2 dy. \tag{5.123}$$

Clauser hat als Formparameter

$$G = \frac{\Delta_2}{\Delta_1} \tag{5.124}$$

eingeführt. Für Gleichgewichtsgrenzschichten ist wegen β = konstant auch G = konstant, somit existiert ein eindeutiger Zusammenhang $G(\beta)$. Es gibt eine Reihe von empirischen Zusammenhängen, die sich nur unwesentlich unterscheiden, z.B.

$$G(\beta) = 6{,}1\sqrt{\beta + 1{,}81} - 1{,}7 \qquad \text{nach Nash,} \tag{5.125}$$
$$G(\beta) = 6\ \sqrt{\beta + 1{,}8}\ - 1{,}5 \qquad \text{nach Felsch,}$$

siehe z.B. [5.17, 5.31, 5.36].

Auch die ebene Plattengrenzschicht ist wegen β = 0 eine Gleichgewichtsgrenzschicht. Die Form des Geschwindigkeitsprofils, dargestellt durch die äußeren Dickenparameter (5.123), ändert sich nicht. Es muß jedoch beachtet werden, daß G über u_τ die Reynolds-Zahl enthält. Definiert man den Formparameter H_{12}, der bei Integralverfahren eine wichtige Rolle spielt,

$$H_{12} = \frac{\delta_1}{\delta_2} \tag{5.126}$$

durch das Verhältnis von Verdrängungsdicke zu Impulsverlustdicke, siehe später Gl. (5.139) und Gl. (5.140), so erhält man

$$H_{12} = \left(1 - G\sqrt{\frac{c_f}{2}}\right)^{-1}. \tag{5.127}$$

Aufgabe 5.13:   Man zeige, daß $\Delta_1 = \delta_1\sqrt{2/c_f}$ und $\Delta_2 = (\delta_1 - \delta_2)\,2/c_f$ ist und verifiziere Gl. (5.127).

Da sich der Reibungsbeiwert an der ebenen Platte mit x ändert, ist der Formparameter $H_{12} \neq$ konstant. H_{12} kann an der ebenen Platte experimentell nur konstant gehalten werden, wenn die Wandreibung (z.B. durch veränderliche Wandrauhigkeit) konstant bleibt. Hierauf weist Rotta [5.31] hin, der im übrigen die Existenz der Gleichgewichtsgrenzschichten sowie die kennzeichnende Bedeutung des Parameters β theoretisch begründet hat.

Ändert sich β nur schwach mit x, so ist der Zusammenhang $G(\beta)$ weiterhin gültig. Grenzschichten mit schwachen Druckgradienten verhalten sich näherungsweise wie Gleichgewichtsgrenzschichten (es ist nach wie vor in etwa Produktion = Dissipation in den Transportgleichungen).

Unter extremen Bedingungen (starke Druckgradienten, alternierendes Vorzeichen des Druckgradienten, Strömung über eine Stufe, ...) befindet sich die turbulente Grenzschicht im Nichtgleichgewicht. Die Konvektion muß in den Transportgleichungen berücksichtigt werden, die Anwendung von Mischungswegmodellen wird sehr problematisch.

5.13.3 Geschwindigkeitsverteilung in der Grenzschicht

Die Darstellung des Geschwindigkeitsprofils ist für Integralmethoden von zentraler Bedeutung. Gestützt auf Ähnlichkeitsbetrachtungen und zahlreiche Experimente läßt sich die Geschwindigkeitsverteilung in Wandnähe durch eine universelle Beziehung $u^+ = f(y^+)$ darstellen, wobei $u^+ = \bar{u}/u_\tau$ und $y^+ = yu_\tau/\nu$ ist, siehe Gl. (5.63). Im Abschnitt 5.7 hatten wir die Geschwindigkeitsverteilungen

$$u^+ = y^+ \qquad\qquad \text{viskose Unterschicht} \qquad\qquad (5.128)$$

$$u^+ = \frac{1}{\kappa}\,\ln y^+ + C \qquad\qquad \text{vollturbulente wandnahe Schicht} \qquad\qquad (5.129)$$

kennengelernt. Die viskose Unterschicht ist, abhängig von der Reynolds-Zahl, außerordentlich dünn. Das (logarithmische) Wandgesetz (5.129) reicht nahezu bis an die Wand und beschreibt einen mehr oder weniger großen Teil der Geschwindigkeitsverteilung innerhalb der Grenzschicht. Im Außenbereich wird das Geschwindigkeitsprofil entscheidend von den Gesetzmäßigkeiten der freien Turbulenz beherrscht, es ähnelt einem Freistrahl- oder Nachlaufprofil. Coles hat das universelle Wandgesetz (5.129) durch Einführung einer „Nachlauf-Funktion" (wake function) $w(\eta)$ auf den äußeren Teil der Grenzschicht erweitert, siehe z.B. [5.31]:

$$u^+ = f(y^+) + \frac{B(x)}{\kappa}\,w(\eta) = \frac{1}{\kappa}\,\ln y^+ + C + \frac{B(x)}{\kappa}\,w(\eta). \qquad\qquad (5.130)$$

Darin ist $B(x)$ eine freie Größe, Nachlauf- oder Wake-Parameter genannt. Er gibt die Abweichungen vom logarithmischen Wandgesetz an. Der Ansatz ist so gewählt, daß $w(\eta)$ die Bedingungen

$$w(\eta = 0) = 0;\, w(\eta = 1) = 2;\, \int\limits_0^1 w(\eta)\,d\eta = 1;\, \eta = \frac{y}{\delta}$$

erfüllt. Es gibt eine Reihe von empirischen Approximationen

$$w(\eta) = 2\sin^2\left(\frac{\pi}{2}\,\eta\right) \qquad\qquad \text{nach Coles, siehe z.B. [5.31],} \qquad\qquad (5.131)$$

$$w(\eta) = 1 - \cos \pi\,\eta \qquad\qquad \text{nach Hinze, siehe [5.16],}$$

$$w(\eta) = 2\,(3\,\eta^2 - 2\,\eta^3) \qquad\qquad \text{nach Moses, siehe z.B. [5.17],}$$

für die Nachlauffunktion, die von Coles rein empirisch ermittelt und ursprünglich tabellarisch angegeben wurde. Bild 5.22 zeigt die Geschwindigkeitsverteilung schematisch.

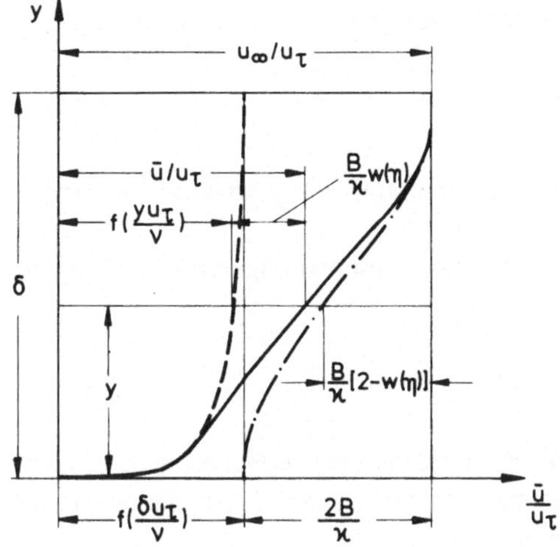

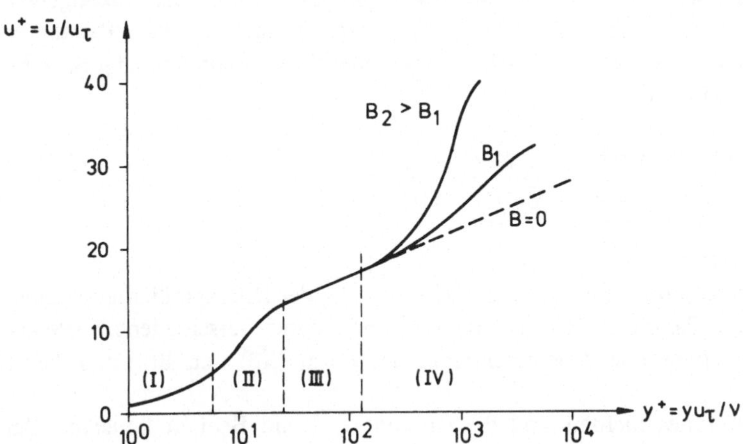

Bild 5.22 (a) Geschwindigkeitsverteilung in der linearen Darstellung $\bar{u}\,(y)$ nach Rotta [5.31]
———— Resultierendes Profil, Gl. (5.130)
– – – – – Wandgesetz, Gl. (5.129)
– · – · – · – Geschwindigkeitsverteilung im Nachlauf

Bild 5.22 (b) Geschwindigkeitsverteilung in der halblogarithmischen Darstellung $u^+\,(y^+)$
(I)   viskose Unterschicht
(II)   Übergangsbereich
(III) Wandgesetz
(IV) Nachlaufgesetz (Wake-Gesetz)

Gl. (5.130) wird häufig in Form des Außengesetzes geschrieben

$$\frac{u_\delta - \bar{u}}{u_\tau} = -\frac{1}{\kappa}\ln\eta + \frac{B(x)}{\kappa}\,[2 - w(\eta)] = f(\eta,\,B). \qquad (5.132)$$

Damit ist eine auch für rauhe Oberflächen gültige einparametrige Darstellung möglich; die Rauhigkeit beeinflußt nur die Konstante C in Gl. (5.130). Im Gültigkeitsbereich des Wandgesetzes ist $f(\eta,\,B) = f(\eta)$.

In der Darstellung (5.130) wird die viskose Unterschicht nicht mit erfaßt. Für Integrationszwecke ist das hinreichend genau. Dennoch besteht oft der Wunsch nach einer Geschwindigkeitsverteilung, die sämtliche Bereiche (I) bis (IV) nach Bild 5.22(a) berücksichtigt, zumal Gl. (5.130) einige Randbedingungen an der Wand nicht erfüllt. Walz hat die Erweiterung

$$u^+ = \left\{ \left(1 - \frac{1}{\kappa} - Ca \right) y^+ - C \right\} \exp\left(- ay^+ \right) + \frac{1}{\kappa} \ln\left(1 + y^+ \right) + C + \frac{B}{\kappa} w(\eta) \qquad (5.133)$$

vorgeschlagen, die an der Wand sinnvolle Randbedingungen ergibt (a = 0,30 wurde empirisch ermittelt), siehe [5.36, englische Ausgabe].

Besteht dagegen der Wunsch nach einer sehr einfachen Geschwindigkeitsverteilung, so wird der Potenz-Ansatz

$$\frac{\bar{u}}{u_\delta} = \left(\frac{y}{\delta} \right)^{1/n} \qquad (5.134)$$

verwendet. Dieser wurde zunächst experimentell für Rohrströmungen als Näherung gefunden, vgl. Abschnitt 5.11. Auch in Grenzschichtströmungen mit Druckgradient ist dieser Ansatz brauchbar, dabei ist n vom Druckgradienten abhängig.

Für Gleichgewichtsgrenzschichten ist die Geschwindigkeitsverteilung, als Außengesetz geschrieben, von der Lauflänge unabhängig, Gl. (5.122). Damit ist auch der Wake-Parameter B(x) konstant, und es existiert wegen β = konstant ein eindeutiger Zusammenhang B(β). Es wird die empirische Approximation

$$B(\beta) = 0,8\, (\beta + 0,5)^{0,75} \qquad (5.135)$$

verwendet, siehe [5.37].

Wir fassen kurz zusammen:

— In Gleichgewichtsgrenzschichten sind der Formparameter G, der Druckgradientenparameter β sowie der Nachlauf-Parameter B konstant, sie können jedoch verschiedene Werte annehmen. Es existieren eindeutige Zusammenhänge der Form G(β) und B(β) und damit auch B(G).

— In Nichtgleichgewichtsgrenzschichten sind die Größen G, β und B nicht konstant. Bei schwachen Abweichungen vom Gleichgewichtszustand sind die Gleichgewichtsbeziehungen G(β) und B(β) näherungsweise gültig, bei starken Abweichungen jedoch nicht. Sie müssen durch andere Relationen ersetzt werden. Der Formparameter G, oder ein anderer Formparameter, muß aus einer geeigneten Formparametergleichung ermittelt werden. Er ist neben einem Dickenparameter die zweite Unbekannte bei den Integralverfahren.

5.13.4 Integralmethoden

Wir kommen zur Besprechung verschiedener Typen von Integralmethoden. Sämtliche Methoden verwenden die *Integralbedingung für den Impuls*, die wir in Abschnitt 2.4 kennengelernt haben:

$$\frac{d\delta_2}{dx} + \frac{\delta_2}{u_\delta} \frac{du_\delta}{dx} (2 + H_{12}) = \frac{c_f}{2}. \qquad (5.136)$$

Diese ist gleichermaßen für laminare wie für turbulente Grenzschichten gültig. Es bedeuten

$$H_{12} = \frac{\delta_1}{\delta_2} \qquad \text{Formparameter des Geschwindigkeitsprofils} \qquad (5.137)$$

$$c_f = 2 \frac{\tau_w}{\rho u_\delta^2} \qquad \text{Reibungsbeiwert} \qquad (5.138)$$

$$\delta_1 = \int_0^\delta \left(1 - \frac{\bar{u}}{u_\delta}\right) dy \qquad \text{Verdrängungsdicke} \qquad (5.139)$$

$$\delta_2 = \int_0^\delta \frac{\bar{u}}{u_\delta} \left(1 - \frac{\bar{u}}{u_\delta}\right) dy \qquad \text{Impulsverlustdicke} \qquad (5.140)$$

Wie bei dem klassischen Integralverfahren, dem Kármán-Pohlhausen-Verfahren, benötigt man neben Gl. (5.136) für den Dickenparameter δ_2 eine zweite Beziehung für einen geeignet definierten Formparameter. Die Wandbindungsgleichung hat bei turbulenten Grenzschichten eine wesentlich geringere Aussagekraft als bei laminaren Grenzschichten. Wir brauchen eine Beziehung, in die Informationen über die Reynoldsche Spannung eingehen. Das kann eine weitere Integralbedingung sein, zumal in der Integralbedingung für den Impuls nur die Wandschubspannung auftritt. Entsprechende Versuche, analog zum Kármán-Pohlhausen-Verfahren zur Berechnung laminarer Grenzschichten die Wandbindungsgleichung zu verwenden, sind nicht weiterverfolgt worden.

Nach Art der zweiten Integralbedingung für den Formparameter unterscheidet man drei wichtige Gruppen von Integralmethoden:
— Dissipationsintegral-Verfahren (auch Mechanische Energie-Verfahren genannt)
— Entrainment-Verfahren
— Impulsmomenten-Verfahren.

A Dissipationsintegral-Verfahren

Multipliziert man die Grenzschichtgleichung (5.53) mit der mittleren Geschwindigkeit $\bar{u}$ und eliminiert die Quergeschwindigkeit v mit Hilfe der Kontinuitätsgleichung (5.52), so folgt nach partieller Integration über y die *Integralbedingung für die mechanische Energie:*

$$\frac{d\delta_3}{dx} + 3 \frac{\delta_3}{u_\delta} \frac{du_\delta}{dx} = c_D. \qquad (5.141)$$

Diese ist 1935 von Leibenson und unabhängig davon 1946 von Wieghardt angegeben worden, siehe [5.36, 5.37]. Es bedeuten:

$$\delta_3 = \int_0^\delta \frac{\bar{u}}{u_\delta} \left[1 - \left(\frac{\bar{u}}{u_\delta}\right)^2\right] dy \qquad \text{Energieverlustdicke} \qquad (5.142)$$

$$c_D = \frac{2}{\rho u_\delta^3} \int_0^\delta \tau \frac{\partial \bar{u}}{\partial y} dy \qquad \textit{Dissipationsintegral} \qquad (5.143)$$

Darin ist τ die resultierende Schubspannung, c_D ist das Integral über die Arbeit der Schubspannungen. Die Bezeichnung Dissipationsintegral wird später deutlich werden. Mit der Definition

$$H_{32} = \frac{\delta_3}{\delta_2} \qquad \text{Formparameter} \qquad\qquad (5.144)$$

läßt sich aus Gl. (5.141) zusammen mit der Integralbedingung für den Impuls eine Differentialgleichung für den Formparameter gewinnen:

$$\frac{dH_{32}}{dx} - \frac{H_{32}}{u_\delta} \frac{du_\delta}{dx} (H_{12} - 1) = \frac{1}{\delta_2} \left(c_D - \frac{1}{2} c_f H_{32} \right). \qquad (5.145)$$

Aufgabe 5.14:   Man leite die Gln. (5.141) und (5.145) her.

Durch Multiplikation der Grenzschichtgleichung (5.53) mit $\bar{u}^n$ und anschließender partieller Integration lassen sich beliebig viele Integralbedingungen formulieren. Für n = 0 folgt die Integralbedingung für den Impuls und für n = 1 die Integralbedingung für die mechanische Energie. Für andere (nicht notwendigerweise ganzzahlige) n-Werte lassen sich die Integralbedingungen nicht anschaulich deuten. Sie können jedoch gleichfalls für Integralmethoden verwendet werden, dies ist bislang nur für laminare Grenzschichten erfolgt, siehe z.B. [5.36, 5.37].

B Entrainment-Verfahren

Eine partielle Integration der Kontinuitätsgleichung (5.52) ergibt die *Entrainment-Gleichung:*

$$\frac{1}{u_\delta} \frac{d}{dx} [u_\delta(\delta - \delta_1)] = c_E. \qquad\qquad (5.146)$$

Diese ist 1958 von Head angegeben worden, siehe [5.36, 5.37]. Es ist

$$c_E = \frac{d\delta}{dx} - \frac{v_\delta}{u_\delta} \qquad \text{die *Entrainment-Funktion.*} \qquad (5.147)$$

Sie beschreibt den unterschiedlichen Anstieg der Grenzschichtdicke und der Stromlinien am Außenrand der Grenzschicht, also das Mitreißen („entrainment") von nichtturbulentem Fluid der Außenströmung in die turbulente Grenzschicht. Dieser Vorgang wird wesentlich durch die Turbulenzstruktur im Außenbereich der Grenzschicht beeinflußt, vgl. hierzu Bild 5.23 weiter unten. Mit der Definition

$$H_1 = \frac{\delta - \delta_1}{\delta_2} \qquad \text{Formparameter} \qquad\qquad (5.148)$$

folgt aus Gl. (5.146) zusammen mit Gl. (5.136) gleichfalls eine Differentialgleichung für den Formparameter:

$$\frac{dH_1}{dx} + \frac{H_1}{u_\delta} \frac{du_\delta}{dx} (H_{12} - 1) = \frac{1}{\delta_2} \left(c_E - \frac{1}{2} c_f H_1 \right). \qquad (5.149)$$

Aufgabe 5.15:   Man leite die Gln. (5.146) und (5.147) her.

C Impulsmomenten-Verfahren

Multipliziert man die Grenzschichtgleichung (5.53) mit dem Wandabstand y, so folgt nach Elimination von $\overline{v}$ und partieller Integration die *Integralbedingung für das Impulsmoment:*

$$\frac{d}{dx}\left[u_\delta^2 \int_0^\delta y\,\frac{\overline{u}}{u_\delta}\left(1 - \frac{\overline{u}}{u_\delta}\right)dy\right] + u_\delta \int_0^\delta \left[\left(1 - \frac{\overline{u}}{u_\delta}\right)\frac{\partial}{\partial x}\left(u_\delta\, y + \int_0^y \overline{u}\,dy\right)\right]dy = c_\tau u_\delta^2. \qquad (5.150)$$

Diese Beziehung beschreibt das Moment des Impulses in Bezug auf die Wand. Es ist

$$c_\tau = \frac{1}{\rho\, u_\delta^2} \int_0^\delta \tau\,dy \qquad\qquad \textit{Schubspannungsintegral.} \qquad (5.151)$$

Auch hier läßt sich durch Multiplikation der Grenzschichtgleichung mit y^n und anschließender partieller Integration eine Familie von Integralbedingungen gewinnen. Für $n = 0$ erhält man die Integralbedingung für den Impuls und für $n = 1$ die Gl. (5.150). Eine Formparametergleichung wird offenbar nicht verwendet. Wir verzichten hier auf die (etwas mühsame) Herleitung der Beziehung (5.150), die im folgenden nicht mehr benötigt wird und nur der Vollständigkeit halber aufgeführt wurde.

Allen drei Methoden ist gemeinsam, daß zwei gewöhnliche gekoppelte Differentialgleichungen gelöst werden müssen, eine für den Dickenparameter δ_2 und eine zweite für einen Formparameter (H_{32} bei Methode A, H_1 bei Methode B) oder einen weiteren Dickenparameter (δ_3 bei Methode A, δ_1 oder δ bei Methode B). Darüberhinaus sind *zusätzliche Beziehungen* erforderlich:

α) Reibungsbeiwert c_f,

β) Zusammenhänge zwischen verschiedenen Formparametern,

γ) Dissipationsintegral c_D bzw. Entrainment-Funktion c_E bzw. Schubspannungsintegral c_τ.

Es läßt sich zeigen, daß die *Beziehungen* α und β allein aus dem Ansatz (5.130) für die Geschwindigkeitsverteilung, wenn auch implizit, folgen. Als Variable treten nur ein Form- und ein Dickenparameter auf. Als letzteren wählt man zweckmäßigerweise die mit der Impulsverlustdicke gebildete Reynolds-Zahl

$$\mathrm{Re}_2 = \frac{u_\delta\,\delta_2}{\nu}, \qquad (5.152)$$

die damit als dimensionsloser Dickenparameter betrachtet werden kann. Das Vorgehen soll kurz skizziert werden, wir beginnen dabei mit Zusammenhängen zwischen Formparametern. Für die Verdrängungsdicke (5.139) folgt

$$\frac{\delta_1}{\delta} = \int_0^1 \left(1 - \frac{\overline{u}}{u_\delta}\right)d\eta = \frac{u_\tau}{u_\delta}\int_0^1 \frac{u_\delta - \overline{u}}{u_\tau}\,d\eta \quad \text{mit } \eta = \frac{y}{\delta}.$$

Wir setzen das Außengesetz (5.132) ein und beachten, daß $u_\tau/u_\delta = \sqrt{c_f/2}$ ist (Aufgabe 5.13):

$$\frac{\delta_1}{\delta} = \frac{1}{\kappa}\sqrt{\frac{c_f}{2}}\left\{ -\int\limits_0^1 \ln\eta\, d\eta + B\int\limits_0^1 (2-w)d\eta\right\}.$$

Nach Integration folgt bei Berücksichtigung der Normierungsbedingung für die Nachlauf-funktion

$$\frac{\delta_1}{\delta} = \frac{1}{\kappa}\sqrt{\frac{c_f}{2}}\,(1+B) = \frac{\delta_1}{\delta}\,(c_f, B). \tag{5.153}$$

In analoger Weise lassen sich mit etwas mehr Schreibarbeit Beziehungen für

$$\frac{\delta_2}{\delta} = \frac{\delta_2}{\delta}(c_f, B); \quad \frac{\delta_3}{\delta} = \frac{\delta_3}{\delta}(c_f, B)$$

gewinnen und daraus

$$H_{12} = H_{12}(c_f, B); \quad H_{32} = H_{32}(c_f, B): \quad H_1 = H_1(c_f, B).$$

Aufgabe 5.16:   Man leite diese Beziehungen her.

Einen Ausdruck für den Reibungsbeiwert c_f erhält man durch Anschreiben des Geschwin-digkeitsansatzes (5.130) am Außenrand der Grenzschicht:

$$\frac{u_\delta}{u_\tau} = \frac{1}{\kappa}\ln\left(\frac{\delta}{\delta_2}\sqrt{\frac{c_f}{2}}\,Re_2\right) + C + 2\frac{B}{\kappa} = \sqrt{\frac{2}{c_f}}.$$

Wegen $\delta_2/\delta = f(c_f, B)$ stellt diese Gleichung ein implizites Reibungsgesetz für $c_f(Re_2, B)$ dar. Durch Elimination von B erhalten wir schließlich Beziehungen der Form

$$c_f = c_f(H_{12}, Re_2); \; H_{32} = H_{32}(H_{12}, Re_2); \; H_1 = H_1(H_{12}, Re_2).$$

Diese Zusammenhänge lassen sich nur numerisch ermitteln. Aufgrund der impliziten Beziehungen ist das recht aufwendig und zeitraubend und daher für praktische Rechnungen wenig geeignet. Allein das ist der Grund dafür, daß statt dessen lieber rein empirische Zusammenhänge für c_f, H_{32} und H_1 als $f(H_{12}, Re_2)$ verwendet werden. Die Konsistenz der Beziehungen geht dadurch jedoch verloren.

Ludwieg und Tillmann haben 1949 als erste ein empirisches Reibungsgesetz dieser Form angegeben:

$$c_f(H_{12}, Re_2) = 0,246 \cdot 10^{-0,678\,H_{12}}\,Re_2^{-0,268}. \tag{5.154}$$

Siehe hierzu [5.36, 5.37]. Gl. (5.154) wird sehr viel verwendet; eine noch bessere Anpassung an Experimente wird offenbar durch einen H_{12}-abhängigen Exponenten in der Reynolds-Zahl Re_2 erreicht, siehe [5.37].

Als empirische Beziehungen für $H_{32}(H_{12}, Re_2)$ werden verwendet:

$$H_{12} = \frac{0,04855 + \sqrt{0,775\, H_{32} - 1,1067}}{H_{32} - 1,431} \qquad (5.155)$$

nach Nicoll und Escudier,

$$H_{12} = 1 + 1,48\,(2 - H_{32}) + 104\,(2 - H_{32})^{6,7} \qquad (5.156)$$

nach Fernholz,

siehe hierzu [5.31, 5.36]. Der Einfluß der Reynolds-Zahl wird in diesen Beziehungen vernachlässigt, er läßt sich aus den Experimenten offenbar quantitativ nicht erfassen. Analoge Beziehungen werden für $H_1 = H_1(H_{12}, Re_2)$ als $H_1(H_{12})$ angegeben, siehe hierzu [5.7].

Es ist interessant, darauf hinzuweisen, daß für mäßige Genauigkeitsansprüche das einfache Potenzgesetz (5.134) verwendet werden kann. Es liefert die einfachen Zusammenhänge

$$H_{12} = \frac{H_{32}}{3\,H_{32} - 4}; \quad H_1 = \frac{2\,H_{12}}{H_{12} - 1}, \qquad (5.157)$$

die überraschend gut mit genaueren Beziehungen übereinstimmen.

Aufgabe 5.17:   Man verifiziere die Beziehungen (5.157).

Zur Veranschaulichung seien gängige Wertepaare der Formparameter mitgeteilt:
Beschleunigte Strömung: $H_{12} < \;\approx 1,4$; $H_{32} > \;\approx 1,7$
Ebene Plattenströmung: $H_{12} \;\;\approx 1,4$; $H_{32} \;\;\approx 1,7$
Verzögerte Strömung: $H_{12} > \;\approx 1,4$; $H_{32} < \;\approx 1,7$
Ablösebereich: $H_{12} \;\;\approx 3$ $H_{32} \;\;\approx 1,50 \div 1,57.$
Eine präzise Angabe des Formparameters bei der turbulenten Strömungsablösung ist im Gegensatz zur laminaren Ablösung ($H_{12} = 4,030$; $H_{32} = 1,515$) nicht möglich, da in Ablösenähe die Zweiparametrigkeit des Geschwindigkeitsprofils spürbar wird. Es ist etwa $H_{32} = 1,50$ für $Re_2 = 10^5$ und $H_{32} = 1,57$ für $Re_2 = 10^3$, siehe [5.36].

Wir kommen zur Besprechung der entscheidenden *Beziehung* γ für das Dissipationsintegral c_D, die Entrainment-Funktion c_E bzw. das Schubspannungsintegral c_τ. Für die Güte eines Integralverfahrens sind die diskutierten Zusammenhänge α und β von nicht zu unterschätzender Bedeutung. Sie enthalten jedoch nur Informationen aus dem Geschwindigkeitsprofil. In die Beziehungen γ geht ganz entscheidend der Turbulenzmechanismus entweder über das Schubspannungsprofil (Methode A und C) oder über den Mitreißeffekt („entrainment", Methode B) ein. Daher kommt diesen Zusammenhängen eine zentrale Bedeutung zu, sie allein entscheiden letztlich über die Güte und Anwendbarkeit eines Integralverfahrens.

Bei Integralverfahren für laminare Grenzschichten sind die Beziehungen γ völlig unproblematisch, da das Schubspannungsprofil (Methode A und C) in eindeutiger Weise mit dem Geschwindigkeitsprofil verknüpft ist. Das ist bei turbulenten Grenzschichten nur im Sonderfall der Equilibriumsgrenzschichten ähnlich, ansonsten existiert kein eindeutiger Zusammenhang zwischen dem τ- und dem $\bar{u}$-Profil. Die Frage, ob und in welcher Weise der Einfluß der Vorgeschichte berücksichtigt werden kann, entscheidet sich an dieser Stelle. Entsprechend zahlreich sind auch die Versuche und Bemühungen in dieser Richtung. Bevor wir anhand der

Tabelle 5.1 im einzelnen darauf eingehen, wollen wir die Bedeutung der einzelnen Funktionen ein wenig erläutern und die Problematik für ihre formelmäßige Erfassung schildern.

Zu A

Das *Dissipationsintegral* (5.143)

$$c_D = \frac{2}{\rho u_\delta^3} \int_0^\delta \tau \frac{\partial \bar{u}}{\partial y}\, dy = \frac{2}{\rho u_\delta^3} \int_0^\delta \left(\mu \frac{\partial \bar{u}}{\partial y} - \rho \overline{u'v'}\right)\frac{\partial \bar{u}}{\partial y}\, dy \qquad (5.158)$$

enthält zwei Anteile. Der erste Term berücksichtigt die direkte Dissipation infolge molekularer Viskosität; er ist in der Regel merklich kleiner als der zweite Term, vergleiche hierzu die Ausführungen am Ende des Abschnitts 5.5. Bei laminaren Grenzschichten ist nur der erste Term vorhanden und die Bezeichnung „Dissipationsintegral" ist zutreffend. Bei turbulenten Grenzschichten gilt näherungsweise

$$c_D = \frac{2}{u_\delta^3} \int_0^\delta (-\overline{u'v'}) \frac{\partial \bar{u}}{\partial y}\, dy. \qquad (5.159)$$

In dem Integranden erkennen wir den Produktionsterm der Transportgleichung (5.57) für die Turbulenzenergie k. Von daher wäre die Bezeichnung „Produktionsintegral" zutreffender. Nur im Sonderfall Produktion = Dissipation, also für Equilibriumsgrenzschichten, ist es richtig, c_D als Dissipationsintegral zu bezeichnen. Dennoch wird c_D generell so genannt.

In c_D gehen Informationen über das $\bar{u}$- *und* das $\overline{u'v'}$-Profil ein. Der Einfluß der Vorgeschichte spielt hierbei eine entscheidende Rolle.

Zu B

Die *Entrainment-Funktion* (5.147)

$$c_E = \frac{d\delta}{dx} - \frac{v_\delta}{u_\delta} \quad \text{bzw.} \quad u_\delta c_E = u_\delta \frac{d\delta}{dx} - v_\delta \qquad (5.160)$$

soll anhand Bild 5.23 verdeutlicht werden.

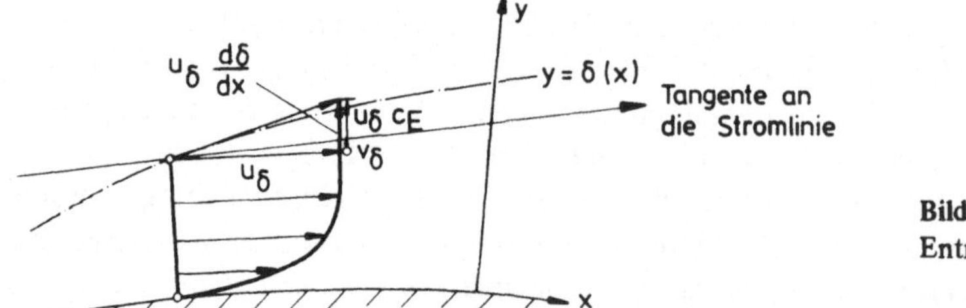

Bild 5.23 Zur Erläuterung der Entrainment-Funktion c_E

Der Mitreißeffekt, dargestellt durch c_E, wird durch den Turbulenzmechanismus im Außenbereich der Grenzschicht bestimmt. Es ist jedoch nicht recht deutlich zu machen, in welcher

Weise eine quantitative Verknüpfung der Entrainment-Funktion mit den Größen des Turbulenzfeldes erreicht werden kann. Entsprechende Zusammenhänge sind rein empirisch. Das ist zweifellos ein Nachteil gegenüber Methoden vom Typ A und C.

Zu C

Das *Schubspannungsintegral* (5.151)

$$c_\tau = \frac{1}{\rho u_\delta^2} \int\limits_0^\delta \tau \, dy = \frac{1}{\rho u_\delta^2} \int\limits_0^\delta \left(\mu \frac{\partial \bar{u}}{\partial y} - \overline{\rho u' v'} \right) dy \tag{5.161}$$

enthält wie c_D zwei Anteile, wobei näherungsweise

$$c_\tau = \frac{1}{u_\delta^2} \int\limits_0^\delta (- \overline{u'v'}) dy \tag{5.162}$$

ist. Auch hier ist ähnlich wie bei dem Dissipationsintegral c_D der Einfluß der Vorgeschichte erfaßbar.

In der Tabelle 5.1 sind die wichtigsten Vorschläge zur Beschreibung der Funktionen c_D, c_E und c_τ gegenübergestellt.

Die Beziehungen der *Spalte 1* enthalten explizit oder implizit einen Zusammenhang zwischen dem Schubspannungs- und dem Geschwindigkeitsprofil, da nur die Parameter H_{12} und Re_2 des Geschwindigkeitsprofils eingehen.

Rotta hat auf der Basis der integrierten Turbulenzenergiegleichung, auf die wir weiter unten noch eingehen werden, in Verbindung mit einem einfachen τ-Ansatz sowie der Integralbedingung für die mechanische Energie die Beziehung

$$c_D = c_f \left[1 + \sqrt{\frac{c_f}{2}} \, F(G) \right]$$

gewonnen. Wegen $G = G(H_{12}, Re_2)$ ist das gleichbedeutend mit $c_D = c_D(H_{12}, Re_2)$. Truckenbrodt hat aufgrund der geringen H_{12}-Abhängigkeit die Vereinfachung

$$c_D = \frac{0{,}0112}{Re_2^{1/6}} \tag{5.163}$$

vorgeschlagen; dies wird als Ansatz von Rotta/Truckenbrodt bezeichnet, siehe [5.32, 5.36].

Aus den Integralbedingungen für Impuls und mechanische Energie läßt sich, worauf offenbar Clauser zuerst hingewiesen hat, der Zusammenhang

$$c_D = \frac{c_f}{2} \left[\frac{d\,H_{32}}{d \ln Re_2} \left(1 + \frac{H_{12}+1}{H_{12}} \beta \right) + H_{32} \left(1 + \frac{H_{32}-1}{H_{12}} \beta \right) \right] \tag{5.164}$$

gewinnen, aus dem Walz mit einer vereinfachten Equilibriumsbeziehung $\beta = \beta(G)$ ähnlich der Gleichung (5.125) einen Dissipationsansatz $c_D = c_D(H_{12}, Re_2)$ ermittelt hat, siehe [5.36].

Escudier und Nicoll sowie Zwarts haben das Schubspannungsprofil durch halbempirische Ansätze erster Ordnung mit dem Geschwindigkeitsprofil verknüpft, siehe [5.17].

Head hat bei der Vorstellung des Entrainment-Verfahrens einen rein empirischen Zusammenhang $c_E(H_1)$ formuliert, siehe [5.17]. Moses hat das Schubspannungsintegral c_τ über einen Wirbelviskositätsansatz erfaßt, siehe [5.17].

Tabelle 5.1: Verschiedene Ansätze zur Beschreibung von c_D, c_E und c_τ

Methode	1. *Ohne* Berücksichtigung der Vorgeschichte	2. *Mit* Berücksichtigung der Vorgeschichte		
	Empirische Beziehungen	2.1 Empirische Beziehungen	2.2 Empirische Differentialgleichungen	2.3 Differentialgleichungen aus Transportgleichungen
A	$c_D(H_{32}, Re_2)$ nach Rotta/Truckenbrodt sowie Clauser/Walz; Mischungswegansatz nach Escudier/Nicoll; Wirbelviskositätsansatz nach Zwarts;	$c_D(H_{32}, Re_2, \beta)$ nach Felsch; c_D durch $\beta(G)$ von β entkoppelt, nach Alber; c_D aus Gleichgewichtsbed. bei $x + \Delta x$ wirksam, nach Rotta;	Relaxationsgleichung nach Goldberg;	Modellierte Integralbedingung für k, nach Jischa/Homann;
B	$c_E(H_1)$ nach Head;	$c_E(H_1, F)$ nach Head/Patel; $c_E(H_1, \beta)$ nach Michel;		Modellierte Integralbedingung für k, nach Hirst/Reynolds; Aus Integralbedingung für k eine Dgl. für τ_{max}, nach Green u. a.
C	Wirbelviskositätsansatz nach Moses;		Relaxationsgleichung nach Nash/Hicks;	Modellierte Integralbedingung für k, nach McDonald/Camarata.

In *Spalte 2.1* sind empirische Beziehungen zur Erfassung der Vorgeschichte aufgeführt. Felsch führt in Gl. (5.164) eine Beziehung $H_{12}(H_{32})$ sowie den Formparameter G ein und erhält eine Formparametergleichung

$$\frac{dG}{d \ln Re_2} = F(G, \beta).$$

Felsch hat $F(G, \beta)$ durch Auswertung zahlreicher Experimente und Überlegungen zum Stabilitätsverhalten gestörter Grenzschichten angegeben und dadurch das Dissipationsintegral als

$$c_D = c_D(H_{12}, Re_2, \beta) \tag{5.165}$$

dargestellt; darin berücksichtigt der Druckgradientenparameter β die Vorgeschichte, siehe [5.17, 5.36].

Alber schlägt vor, durch eine formale Entkopplung vom örtlichen Druckgradienten mit einer Beziehung $\beta = \beta(G)$ die Vorgeschichte zu erfassen, siehe [5.17]. White [5.37] beschreibt diese Methode ausführlich.

Rotta geht von der Vorstellung aus, daß der Gleichgewichtswert von c_D aufgrund der Relaxation erst am Ort $x + \Delta x$ anstelle von x wirksam wird. Dabei entspricht Δx etwa dem Weg, den ein Turbulenzballen in Strömungsrichtung zurücklegt, bevor er seine Individualität aufgibt. Rotta hat aufgrund von Erfahrungen $\Delta x = 4\,\delta$ (bzw. $5\,\delta$) gewählt, siehe [5.17, 5.31].

Der empirische Ansatz $c_E(H_1)$ nach Head ist von Head und Patel erweitert worden zu $c_E(H_1, F)$, dabei berücksichtigt die empirische Korrekturfunktion F die Vorgeschichte.[1] Michel verwendet einen Zusammenhang $c_E(H_1, \beta)$, siehe [5.17].

Die *Spalte 2.2* gibt Vorschläge an, den Relaxationseffekt durch eine empirische Differentialgleichung vom Typ einer Relaxationsgleichung zu erfassen:

$$\delta_2 \frac{dc_D}{dx} = \kappa\,(c_{D,E} - c_D) \qquad \text{nach Goldberg}[2], \tag{5.166a}$$

$$\delta \frac{dc_T}{dx} = \lambda\,(c_{T,E} - c_T) \qquad \text{nach Nash und Hicks, siehe [5.17].} \tag{5.166b}$$

Die Gleichgewichtsfunktionen $c_{D,E}$ bzw. $c_{T,E}$ werden aus empirischen Beziehungen ermittelt; die Proportionalitätsfaktoren werden als konstant angenommen ($\kappa = 0{,}009$; $\lambda = 0{,}15$).

Als logische Weiterentwicklung werden in *Spalte 2.3* Vorschläge angegeben, eine Differentialgleichung aus einer geeignet modellierten Transportgleichung zu formulieren. Es handelt sich hierbei wie auch schon in Spalte 2.2 um Integralmethoden dritter Ordnung, da nunmehr drei anstelle von zwei gewöhnlichen Differentialgleichungen numerisch gelöst werden müssen. Hierzu muß eine dritte Anfangsbedingung festgelegt werden.

Hirst und Reynolds verknüpfen die Entrainment-Funktion mit einem charakteristischen Geschwindigkeitsmaß V, wobei V^2 als mittlere gewichtete Turbulenzenergie gedeutet werden kann. Letztere wird aus der integrierten Turbulenzenergiegleichung bestimmt, die wir weiter unten angeben werden, Gl. (5.167). In der Modellierung werden sowohl Produktions- als auch Dissipationsterm proportional $u_\tau V^2$ gesetzt, siehe [5.17].

McDonald und Camarata modellierten gleichfalls die integrierte Transportgleichung für die Turbulenzenergie, um c_T zu ermitteln. Sie verwenden dazu einen Mischungswegansatz für das Schubspannungsprofil mit einem freien Parameter, der die Größe des Mischungsweges im Außenteil festlegt, siehe [5.17].

Bevor wir auf die letzten beiden Vorschläge eingehen, sollen einige Worte zu der berühmten „Stanford-Konferenz", die im Jahr 1968 stattfand, gesagt werden. Auf dieser denkwürdigen Konferenz wetteiferten 29 Rechenverfahren (20 Integral- und 9 Feldverfahren) miteinander. Als Aufgabe waren 33 Experimente „nachzurechnen", deren Schwierigkeitsgrad von „nahezu Gleichgewicht" bis hin zu „stark relaxierenden Strömungen" sowie Ablösung,

---

1 *M.R. Head* und *V.C. Patel:* Improved Entrainment Method for Calculating Turbulent Boundary Layer Development; R & M, No. 3643 Aeronautical Research Council; 1968.

2 *P. Goldberg:* Upstream History and Apparent Stress in Turbulent Boundary Layers; Rep. No. 85, Gas Turbine Lab., Massachusetts Inst. of Techn., 1966.

Wiederanlegen und dreidimensionalen Effekten reichte. Von den in Tabelle 5.1 angegebenen Integralverfahren war das von Goldberg (Typ 2.2 A) nicht vertreten, jene von Head and Patel (Typ 2.1 B), Green u.a. (Typ 2.2 B) sowie Jischa und Homann (Typ 2.3 A) lagen noch nicht vor.

Von den 20 in Stanford vertretenen Integral-Verfahren erreichten 4 die Note „Gut":

Alber (Typ 2.1 A),
Felsch, Geropp, Walz (Typ 2.1 A),
Moses (Typ 1 C),
Nash, Hicks (Typ 2.2 C).

Es überrascht dabei, daß kein Entrainment-Verfahren und kein Verfahren mit einer modellierten Transportgleichung die Note „Gut" erreichten.

Das soll nicht gegen entsprechende Methoden sprechen, wie spätere Versuche zeigten. So haben Head und Patel in das Verfahren von Head den Vorgeschichteeinfluß über eine Korrekturfunktion eingebaut und in Vergleichsrechnungen die Verbesserungen nachgewiesen.

Das mäßige Abschneiden der beiden Methoden von Hirst und Reynolds sowie McDonald und Camarata ist vermutlich auf eine zu einfache Modellierung der einzelnen Terme der integrierten Transportgleichung zurückzuführen, es ist jeweils ein Zusammenhang zwischen Schubspannungs- und Geschwindigkeitsprofil impliziert.

Green u.a.[1] haben Heads Methode erweitert, indem sie aus der Integralbedingung für die Turbulenzenergie eine Differentialgleichung für die maximale Schubspannung formulierten. Die eigentliche Problematik liegt in der Verknüpfung dieser Größe mit der Entrainment-Funktion. Dazu benutzen die Autoren Gleichgewichtszusammenhänge, wie auch zur Erfassung des Produktionsterms.

Ein letzter Vorschlag dieser Art stammt von Jischa und Homann[2,3], wir wollen darauf kurz eingehen. Ausgangspunkt ist die Transportgleichung (5.57) für k, die nach partieller Integration über y in eine *Integralbedingung für die Turbulenzenergie* übergeht:

$$\frac{d}{dx} \int_0^\delta \bar{u}\, k\, dy + \int_0^\delta \overline{u'v'} \frac{\partial \bar{u}}{\partial y}\, dy + \int_0^\delta \epsilon\, dy = 0. \tag{5.167}$$

Aufgabe 5.18:   Man leite Gl. (5.167) her.

Die einzelnen Terme bedeuten Konvektion, Produktion und Dissipation der Turbulenzenergie k. Die Diffusion von k verschwindet bei der partiellen Integration, sofern die Schwankungsgrößen am Außenrand der Grenzschicht Null gesetzt werden. Diese Integralbedingung bietet sich bei Dissipationsintegralverfahren geradezu an, da der Produktionsterm mit dem Dissipationsintegral (5.159) identisch ist. Auf die Problematik der Bezeichnung Dissipationsintegral sind wir dort bereits eingegangen.

1 *J.E. Green, D.J. Weeks, J.W.F. Brooman:* Prediction of Turbulent Boundary Layers and Wakes in Compressible Flow by a Lag-Entrainment Method; RAE TR 72231, 1973.
2 siehe [5.40].
3 *K. Homann:* Die Berechnung turbulenter Grenzschichten durch ein Integralverfahren mit Transportgleichung; Diss. Univ. Essen-GH, 1978.

Um die Integralbedingung (5.167) gewinnbringend verwenden zu können, muß eine geeignete Modellierung vorgenommen werden. Jischa und Homann haben das in Abschnitt 5.10 besprochene $\tau \sim$ k-Modell von Bradshaw u.a. gewählt, da dieses Verfahren zu den „guten" Feldmethoden (nach der Beurteilung der Stanford-Konferenz) gehört. Gemäß Abschnitt 5.10 werden die Ansätze

$$-\overline{u'v'} = 2\,a_1 k;\ \epsilon = \frac{1}{L}\left(\frac{\tau}{\rho}\right)^{3/2}$$

eingeführt. Es sei daran erinnert, daß mit τ der (dominierende) turbulente Anteil der Schubspannung gemeint ist. Damit geht Gl. (5.167) über in eine modellierte Integralbedingung für die Reynoldssche Schubspannung:

$$\frac{1}{2\,a_1}\frac{d}{dx}\int_0^\delta \overline{u}\,\tau\,dy - \int_0^\delta \tau\,\frac{\partial \overline{u}}{\partial y}\,dy + \rho \int_0^\delta \frac{(\tau/\rho)^{3/2}}{L}\,dy = 0. \tag{5.168}$$

Zur weiteren Auswertung werden benötigt:
— Ein Ansatz für das Längenmaß L; hierfür wird der von Bradshaw u.a. angegebene Verlauf L(y), siehe Bild 5.16, gewählt.
— Ein Ansatz für das Geschwindigkeitsprofil $\overline{u}$; hierfür wird die universelle Geschwindigkeitsverteilung (5.130) zugrunde gelegt.
— Ein Ansatz für das turbulente Schubspannungsprofil.

Letzterer ist von zentraler Bedeutung. Der Vorgeschichteeinfluß kann nur dann berücksichtigt werden, wenn das Schubspannungsprofil unabhängig vom Geschwindigkeitsprofil angesetzt wird. Hierzu wird zunächst ein einfacher Polynomansatz

$$\frac{\tau}{\rho u_\delta^2} = \sum_{i=0}^{5} a_i \eta^i;\quad \eta = \frac{y}{\delta} \tag{5.169}$$

gewählt. Die Ordnung fünf ergibt sich aus den zu erfüllenden Randbedingungen

$$\eta = 0 : \tau = 0;\quad \frac{\partial^2 \tau}{\partial \eta^2} = 0 \tag{5.170}$$

$$\eta = 1 : \tau = 0;\quad \frac{\partial \tau}{\partial \eta} = 0;\quad \frac{\partial^2 \tau}{\partial \eta^2} = 0$$

und der Forderung, daß ein Koeffizient als freier Parameter verbleibt. Es folgt

$$\frac{\tau}{\rho u_\delta^2} = \Gamma\,\eta\,(1 - \eta)^3\,(3\,\eta + 1) = f(\eta, \Gamma). \tag{5.171}$$

Darin ist Γ die unbekannte Steigung des τ-Profils an der Wand, er ist der Formparameter, Gl. (5.173). Anstelle eines empirischen Dissipationsgesetzes tritt nunmehr die Integralbedingung (5.168), die in eine Differentialgleichung für den Formparameter Γ des τ-Profils umgeschrieben werden kann. Das Dissipationsintegral folgt als

$$c_D = c_D(H_{32}, Re_2, \Gamma), \tag{5.172}$$

wobei Γ die Rolle eines Vorgeschichteparameters spielt. Speziell bei beschleunigten Strömungen ergaben Vergleichsrechnungen kleine, jedoch systematische Abweichungen von den Daten der Stanford-Konferenz. Die Begründung ist folgende: Der einfache Ansatz (5.171) fixiert den Ort maximaler Schubspannung an der Stelle $\eta_{max} = 1/3$, womit sich der Formparameter übrigens auch als dimensionslose maximale Schubspannung deuten läßt. Es ist

$$\Gamma = \frac{1}{\rho u_\delta^2}\left(\frac{\partial \tau}{\partial \eta}\right)_w = \frac{\tau_{max}}{\rho u_\delta^2}; \qquad \tau = \tau_{tur}. \tag{5.173}$$

Es ist daher naheliegend, den Ort maximaler Schubspannung nicht zu fixieren, sondern als Funktion des Druckgradienten zu variieren. Dies läßt sich auch aus der Wandbindungsgleichung

$$\left(\frac{\partial \tau_{res}}{\partial y}\right)_w = \frac{dp_\delta}{dx}$$

begründen. Aus Experimenten ist der Zusammenhang zwischen η_{max} und dem Druckgradientenparameter β, Gl. (5.120), gut bekannt, er wird als empirische Information in das Verfahren eingebaut. Damit folgt ein 2-parametriges τ-Profil

$$\frac{\tau}{\rho u_\delta^2} = f(\eta, \Gamma, \eta_{max}) = f(\eta, \Gamma, \beta) \tag{5.174}$$

anstelle von Gl. (5.171) und die Abhängigkeit (5.172) geht über in

$$\begin{aligned} c_D &= c_D(H_{32}, Re_2, \Gamma, \eta_{max}) \\ &= c_D(H_{32}, Re_2, \Gamma, \beta). \end{aligned} \tag{5.175}$$

Der Parameter Γ bleibt weiterhin die maßgebliche Relaxationsgröße. Bei dem vorgestellten Verfahren müssen drei gewöhnliche Differentialgleichungen gelöst werden:
— Für den Dickenparameter δ_2,
— für den Formparameter H_{32} des Geschwindigkeitsprofils,
— für den Formparameter Γ des (turbulenten) Schubspannungsprofils.
Benötigt werden als Hilfsbeziehungen die Gln. (5.154) und (5.155) für die Zusammenhänge $H_{12}(H_{32})$; $c_f(H_{12}, Re_2)$ sowie eine Beziehung für $\eta_{max}(\beta)$. Hinzu kommen die Modellierungsannahmen von Bradshaw u. a.
Vergleichsrechnungen zeigen die Leistungsfähigkeit des Verfahrens; hierzu sei auf die zitierten Arbeiten verwiesen. Wir schließen damit die Besprechung der Integralmethoden ab und wenden uns kurz den Feldmethoden zu.

5.13.5 Feldmethoden

Diese unterscheiden sich untereinander i.w.
— durch die Wahl des Koordinatensystems und
— durch die Art der Modellierung.
Die *Wahl des Koordinatensystems* beeinflußt die möglichen Schrittweiten in beiden Richtungen und damit die Rechenzeit ganz entscheidend. Ohne Anspruch auf Vollständigkeit lassen sich i.w. drei Gruppen von gebräuchlichen Transformationen angeben:

a) Direkte Koordinaten x, y, $\bar{u}$ (die Komponente $\bar{v}$ kann über die Kontinuitätsgleichung eliminiert werden).

b) Ähnlichkeitskoordinaten x, η, $\bar{u}$; dabei entspricht η (x, y) der bei den ähnlichen Lösungen der laminaren Grenzschicht-Gleichungen verwendeten Ähnlichkeitsvariablen nach Gl. (2.36) bzw. Gl. (2.50).

c) Stromlinienkoordinaten x, ω, $\bar{u}$; dabei ist ω eine geeignet gewählte Stromlinien-Koordinate.

Es sei in diesem Zusammenhang speziell auf die Bücher von Cebeci und Smith [5.6] und Cebeci und Bradshaw [5.7], in denen die Transformation (b) bevorzugt wird, sowie von Patankar und Spalding [5.26] hingewiesen. Letztere Autoren haben die häufig verwendeten Stromlinien-Koordinaten (c) eingeführt. Dadurch gelingt in einfacher Weise eine Minimierung der Maschenweite in y-Richtung, dies muß jedoch durch zusätzliche Informationen über die Zunahme der Grenzschichtdicke in der Art einer Entrainment-Beziehung erkauft werden.

Bezüglich der *Art der Modellierung* unterscheiden wir auch hier:

α) Mischungsweg- bzw. Wirbelviskositäts-Ansätze,

β) Modellierte Transportgleichungen.

Bei den halbempirischen Ansätzen erster Ordnung (α) werden Funktionen der Form $l(y)$ bzw. $\epsilon_\tau(y)$ angesetzt, wobei bereichsweise die y-Abhängigkeit variiert. Beginnend an der Wand steigt ϵ_τ mit y mehr oder weniger stark an und wird im Nachlaufbereich meist konstant gesetzt ($\epsilon_\tau = \kappa u_\delta \delta_1$ mit $0{,}016 \leqslant \kappa \leqslant 0{,}020$). Auf die Problematik derartiger Ansätze haben wir mehrfach hingewiesen. Bei den halbempirischen Ansätzen höherer Ordnung (β) werden, wie in Abschnitt 5.10 besprochen, eine oder mehrere modellierte Transportgleichungen simultan mit der Kontinuitäts- und der Grenzschichtgleichung gelöst.

Auf der Stanford-Konferenz 1968 waren neben 20 Integralmethoden 9 Feldmethoden vertreten. Von diesen haben (neben 4 erwähnten Integralmethoden) 3 die Note „Gut" erhalten:

$$\left.\begin{array}{l} \text{Mellor/Herring} \\ \text{Cebeci/Smith} \end{array}\right\} \quad \text{Wirbelviskositätskonzept,}$$

Bradshaw/Ferriss: Modellierte Transportgleichung für die Turbulenzenergie.

Die Entwicklung auf diesem Gebiet ist stark im Fluß, dennoch dürfte auch heute noch das in Abschnitt 5.10 kurz diskutierte Modell von Bradshaw u.a. zu den besten verfügbaren Feldmethoden gehören.

5.14 Zusammenfassung und Schlußbemerkungen

Die Vorausberechnung turbulenter Grenzschichten ist bislang nur auf der Basis halbempirischer Schließungsannahmen möglich. Diese werden entweder direkt in den Reynoldsschen Gleichungen oder in den Transportgleichungen vorgenommen. Die Anwendbarkeit der Schließungsannahmen erster Ordnung ist begrenzt, bei starken Abweichungen vom Gleichgewicht ist den Schließungsannahmen höherer Ordnung der Vorzug zu geben.

Bei der Formulierung der halbempirischen Ansätze ist man in der glücklichen Lage, auf zahlreiche experimentelle Befunde zurückgreifen zu können. Das ist bei dem turbulenten Wärme- und Stoffaustausch wesentlich ungünstiger, da dort neben Geschwindigkeiten auch Temperaturen und Konzentrationen ermittelt werden müssen. Die Hitzdraht-Anemometrie und die Laser-Doppler-Anemometrie sind bei aller noch vorhandenen Problematik recht weit entwickelt, sie gestatten Messungen von zeitlichen Mittelwerten, von Schwankungswerten sowie von Korrelationen der Geschwindigkeit. Somit steht eine beruhigende empirische Basis für die Formulierung der „Turbulenzmodelle" zur Verfügung.

Die Berechnung zweidimensionaler turbulenter inkompressibler Grenzschichten ist heute mit einer Reihe von Verfahren bei guter Genauigkeit möglich, das hat die Stanford-Konferenz deutlich gezeigt. Es sind bei komplizierteren Strömungen jedoch noch viele Probleme zu behandeln.

Zunächst sind die dreidimensionalen turbulenten Grenzschichten zu nennen. Hier hat es im Jahr 1975 mit einer Konferenz in Trondheim eine ähnliche Bestandsaufnahme gegeben. Die Ergebnisse sind bisher wenig befriedigend, hierzu sei auf zwei Tagungsberichte verwiesen[1,2]. Die Schwierigkeiten sind ungleich größer als im zweidimensionalen Fall: Die Zahl der Variablen und der Parameter nimmt zu (es sind mindestens 2 Komponenten des Reynoldsschen Spannungstensors zu berücksichtigen) und die vorhandenen Experimente sind weniger zahlreich. Gewisse Erfolge gibt es bei einfachen dreidimensionalen Grenzschichtströmungen zu verzeichnen, bei denen die Gradienten in Primär- und Sekundärströmungsrichtung klein sind und die gewöhnlichen Grenzschichtapproximationen gelten. Es sei an dieser Stelle weiter auf Artikel von Eichelbrenner[3], von Patankar [5.19], sowie auf das Buch von White [5.37] verwiesen.

Ähnlich problematisch ist die Behandlung von Strömungen mit Rezirkulation. Hierbei geht der parabolische Charakter der Bilanzgleichungen verloren, es müssen die vollen Bilanzgleichungen, die vom elliptischen Typ sind, gelöst werden. Auch hier sind stets mehrere Komponenten des Reynoldsschen Spannungstensors von Bedeutung. Wir verweisen hierzu auf die Darstellung von Gosman u. a.[4].

Die Veranstalter der Stanford-Konferenz haben einen Katalog von Problemen aufgestellt, die intensiver Forschungsarbeiten bedürfen. Eine große Anzahl davon betrifft den turbulenten Impulsaustausch:
— Dreidimensionale Grenzschichten,
— Grenzschichtströmungen an rauhen Wänden,
— Ablösen und Wiederanlegen,
— Vorhersage des Umschlags,
— Relaminarisierung,
— Einfluß von Volumenkräften,
— Strömungen mit Polymer-Zusätzen (zur Beeinflussung der Turbulenzstruktur),
— Wandstrahlen,
— Strömungen sehr hoher Reynolds-Zahlen.

1 *T.K. Fannelöp, P.A. Krogstad:* Three-dimensional turbulent boundary layers in external flows: a report on Euromech 60; JFM (1975), Vol. 71, 815–826.

2 *L.F. East:* Computation of three-dimensional boundary layers; Euromech 60, Trondheim 1975; FFA TN AE-1211 (1975).

3 *E.A. Eichelbrenner:* Three-Dimensional Boundary Layers; in Annual Reviews of Fluid Mechanics, Vol. 5, 1973.

4 *A.D. Gosman, W.M. Pun, A.K. Runchal, D.B. Spalding, M.Wolfshtein:* Heat and Mass Transfer in Recirculating Flows, Academic Press, New York, 1969.

Hinzu kommen Probleme, denen wir uns im letzten Kapitel teilweise widmen werden:
— Wärme- und Stoffaustausch,
— Kompressible Grenzschichten,
— Strömungen mit chemischen Reaktionen.

Wir wollen dieses Kapitel mit zwei Bemerkungen abschließen, die ihre Ursache in einem gewissen Unbehagen haben. Ein Unbehagen darüber, daß z. Z. nur halbempirische Schließungsannahmen die Vorausberechnung turbulenter Strömungen ermöglichen.

Ein interessanter Vorschlag, die erforderlichen empirischen Informationen zu verringern, stellt das als „sub grid scale modelling" bezeichnete Vorgehen dar. Dabei handelt es sich um einen Mittelweg zwischen der (für Ingenieurzwecke praktisch unbrauchbaren) numerischen Lösung der Bilanzgleichungen für die Momentanwerte und der numerischen Lösung der Reynoldsschen Gleichungen unter Zuhilfenahme von „Turbulenzmodellen". Es werden die partiellen Differentialgleichungen mit einem Differenzen-Verfahren numerisch integriert. Das Maschennetz wird jedoch nicht so fein gewählt, daß die turbulenten Schwankungen aufgelöst werden. Es wird nur so fein gewählt, daß in einer Masche lokale Isotropie angenommen werden kann. Bekanntlich weist auch bei stark anisotroper Turbulenz die Feinstruktur Isotropieeigenschaften auf. Für die Feinstruktur innerhalb einer solchen Masche werden empirische Informationen benötigt, die Grobstruktur folgt aus der Lösung der Differentialgleichungen. Aufgrund der Lokalisotropie innerhalb einer Masche ist weniger Empirie erforderlich, die zudem auch (durch die Statistische Turbulenztheorie) besser abgesichert ist. Eine typische bei dem Verfahren verwendete empirische Information ist die Frequenzabhängigkeit des Energiespektrums bei hohen Frequenzen (d.h. kleinen Wirbeln). Der in Bild 5.9 skizzierte lineare Verlauf in der doppelt-logarithmischen Darstellung läßt sich durch die Kolmogorovsche Konstante beschreiben: Der Exponent in der E(f)-Abhängigkeit ist $-5/3$, d.h. es ist $E \sim f^{-5/3}$ bei hohen Frequenzen, siehe z.B. [5.2, 5.16, 5.31, 5.34, 5.35]. Im Vergleich zur Lösung der Reynoldsschen Gleichungen sind Rechnungen auf der Basis des „sub grid scale modelling' sehr aufwendig. Es ist daher zu bezweifeln, ob sie für praktische Anwendungen jemals eine größere Bedeutung erlangen. Ihr eigentlicher Wert dürfte darin liegen, „Turbulenzmodelle' für die Reynoldsschen Gleichungen zu testen und möglicherweise zu verbessern. Es sei hierzu als Beispiel auf eine Arbeit von Grötzbach und Schumann sowie auf einen Übersichtsartikel von Herring, beide in [5.41], verwiesen.

Eine zweite Bemerkung betrifft die zunehmende Kritik an dem von Reynolds vorgeschlagenen Weg, den zeitlichen Momentanwert einer turbulenten Variablen in Mittelwert und Schwankungswert zu zerlegen, um anschließend die Reynoldsschen Gleichungen für die Mittelwerte zu behandeln. Mögliche Strukturen in einer turbulenten Strömung werden dadurch zugedeckt, weil der Mittelungsprozeß ein zu grobes Instrument darstellt. Die Kritik ist von experimenteller Seite gekommen und gründet sich auf die Beobachtung quasi-geordneter Strukturen in einer scheinbar ungeordneten turbulenten Bewegung (im Englischen spricht man von „coherent structures" oder „quasi-ordered structures"). Es sei hierzu auf einen Artikel von Laufer verwiesen.[1] Die Frage nach der Umsetzung einer solchen Information in praktische Rechenmodelle bzw. -verfahren ist bisher unbeantwortet. Es ist aber anzunehmen, daß aus dieser Richtung entscheidende Impulse für die Turbulenzforschung kommen werden.

---

1 *J. Laufer:* New Trends in Experimental Turbulence Research; in Annual Review of Fluid Mechanics, Vol. 7, 1975.

Literatur zu Kapitel 5

[5.1] *G. N. Abramovitz:* The Theory of Turbulent Jets; M. I. T. Press, Cambridge Mass., 1963.

[5.2] *G. K. Batchelor:* The Theory of Homogeneous Turbulence; Cambridge Univ. Press, 1965.

[5.3] *R. Betchov, W. O. Criminale:* Stability of Parallel Flows; Academic Press, New York, 1967.

[5.4] *P. Bradshaw:* An Introduction to Turbulence and its Measurement; Pergamon Press, Oxford, 1971.

[5.5] *P. Bradshaw (Ed.):* Turbulence; Topics in Applied Physics, Vol. 12, Springer-Verlag, Berlin, 1976.

[5.6] *T. Cebeci, A. M. O. Smith:* Analysis of Turbulent Boundary Layers; Academic Press, New York, 1974.

[5.7] *T. Cebeci, P. Bradshaw:* Momentum Transfer in Boundary Layers; Hemisphere Publ., Washington, 1977.

[5.8] *S. Corrsin:* Turbulence: Experimental Methods; Handbuch der Physik, Band VIII/2, S.524–590, Springer-Verlag, Berlin, 1963.

[5.9] *J. T. Davies:* Turbulence Phenomena; Academic Press, New York, 1972.

[5.10] *E. R. G. Eckert, R. M. Drake:* Analysis of Heat and Mass Transfer; McGraw-Hill Book Comp., New York, 1972.

[5.11] *A. Favre (Ed.):* Mécanique de la Turbulence; Editions du Centre National de la Recherche Scientifique, Paris, 1962; siehe auch: The Mechanics of Turbulence; Gordon and Breach, New York, 1964.

[5.12] *H. Fiedler (Ed.):* Structure and Mechanisms of Turbulence I and II; Proceedings Berlin 1977, Lecture Notes in Physics, Vol. 75 and 76, Springer-Verlag, Berlin, 1978.

[5.13] *S. K. Friedlander, L. Topper (Eds.):* Turbulence, Classic Papers on Statistical Theory; Interscience Publ., New York, 1961.

[5.14] *W. Frost, T. H. Mouldon (Eds.):* Handbook of Turbulence; Vol. 1, Fundamentals and Application, Plenum Press, New York, 1977.

[5.15] *W. Frost, T. H. Mouldon, J. Bitte (Eds.):* Handbook of Turbulence; Vol. 2, Modelling and Measurement, Plenum Press, New York, angekündigt.

[5.16] *J. O. Hinze:* Turbulence; McGraw-Hill Book Comp., New York, 2. Auflage 1975.

[5.17] *S. J. Kline, M. V. Morkovin, G. Sovran, D. J. Cockrell (Eds.):* Proceedings Computation of Turbulent Boundary Layers; AFOSR-IFP-Stanford Conference, Vol. I;
D. E. Coles, E. A. Hirst (Eds.): Gleicher Titel, Vol. II, Stanford, 1968.

[5.18] *B. E. Launder, D. B. Spalding:* Lectures in Mathematical Models of Turbulence; Academic Press, New York, 1972.

[5.19] *B. E. Launder (Ed.):* Studies in Convection; Theory, Measurement and Applications; Academic Press, London, Vol. I, 1975.

[5.20] *D. C. Leslie:* Developments in the Theory of Turbulence; Clarendon Press, Oxford, 1973.

[5.21] *C. C. Lin:* The Theory of Hydrodynamic Stability; Cambridge Univ. Press, 1961.

[5.22] *C. C. Lin (Ed.):* Turbulent Flows and Heat Transfer; High Speed Aerodynamics and Jet Propulsion, Vol. V, Princeton Univ. Press, London, 1959.

[5.23] *J. L. Lumley:* Stochastic Tools in Turbulence; Academic Press, New York, 1970.

[5.24] *A. S. Monin, A. M. Yaglom:* Statistical Fluid Mechanics: Mechanics of Turbulence; The MIT Press, Cambridge Mass., Vol. 1, 1971 and Vol. 2, 1978.

[5.25] *S. Panchew:* Random Functions and Turbulence; Pergamon Press, New York, 1971.

[5.26] *S. V. Patankar, D. B. Spalding:* Heat and Mass Transfer in Boundary Layers; a General Calculation Procedure; Intertext Books, London, 2. Auflage, 1970.

[5.27] *L. Prandtl:* Gesammelte Abhandlungen; Ed. W. Tollmien, H. Schlichting, H. Görtler, Band 2, Springer-Verlag, Berlin, 1961.

[5.28] *J. A. Reynolds:* Turbulent Flows in Engineering; J. Wiley & Sons, New York, 1974.

[5.29] *W. C. Reynolds:* Recent Advances in the Computation of Turbulent Flows; Advances in Chemical Engineering, Vol. 9, S.193–246. Academic Press, New York, 1974.

[5.30] *J. C. Rotta:* Turbulent Boundary Layers in Incompressible Flow; Progress in Aeronautical Science, Vol. 2, S.1–219, Pergamon Press, New York, 1962.

[5.31] *J. C. Rotta:* Turbulente Strömungen; B. G. Teubner, Stuttgart, 1972.

[5.32] *H. Schlichting:* Grenzschichttheorie; G. Braun-Verlag, Karlsruhe, 5. Auflage, 1965.

[5.33] *G. I. Taylor:* Scientific Papers; Ed. G. K. Batchelor, Vol. II: Meteorology, Oceanography and Turbulent Flow; Cambridge Univ. Press, 1960.

[5.34] *H. Tennekes, J. L. Lumley:* A First Course in Turbulence; The MIT Press, Cambridge Mass., 1973.

[5.35] *A. A. Townsend:* The Structure of Turbulent Shear Flow; Cambridge Univ. Press, 2. Auflage, 1976.

[5.36] *A. Walz:* Strömungs- und Temperaturgrenzschichten; G. Braun-Verlag, Karlsruhe, 1966.
Englische Ausgabe: Boundary Layers of Flow and Temperature; MIT Press, Cambridge, USA, 1969.

[5.37] *F. M. White:* Viscous Fluid Flow; McGraw-Hill Book Comp., New York, 1974.

[5.38] AGARD Conference Preprint No. 93–71 on Turbulent Shear Flows, 1971.

[5.39] Symposia Mathematica, Vol. IX; Academic Press, London, 1972.

[5.40] Symposium on Turbulent Shear Flows; Vol. I. Pennsylvania State Univ., 1977.

[5.41] *F. Durst, B. E. Launder, F. W. Schmidt, J. H. Whitelaw (Eds.):* Turbulent Shear Flows I; Springer-Verlag, Berlin, 1979 (enthält ausgewählte Artikel aus [5.40]).

[5.42] 2nd Symposium on Turbulent Shear Flows; Imperial College London, 1979.

[5.43] *L. J. S. Bradbury, F. Durst, B. E. Launder, F. W. Schmidt, J. H. Whitelaw (Eds.):* Turbulent Shear Flows II; Springer-Verlag, Berlin, 1980 (enthält ausgewählte Artikel aus [5.42]).

6 Turbulenter Wärme- und Stoffaustausch

In diesem Kapitel werden wir viele Überlegungen und Vorgehensweisen verwenden, die wir bei der Behandlung des turbulenten Impulsaustausches kennengelernt haben. Auf der anderen Seite befinden wir uns in der unglücklichen Situation, weitaus weniger experimentelle Informationen zur Verfügung zu haben. Um die entscheidenden Betrachtungen nicht zu komplizieren, nehmen wir vereinfachend ein inkompressibles, inertes Binärgemisch mit konstanten Stoffwerten an. Auf den Einfluß der Kompressibilität gehen wir in Abschnitt 6.9 ein.

Mit den Informationen aus Abschnitt 3.1 lautet die *Energiegleichung* für ein inkompressibles Fluid in der Temperaturform:

$$\rho c_p \left(\frac{\partial T}{\partial t} + v_k \frac{\partial T}{\partial x_k} \right) = \frac{\partial p}{\partial t} + \lambda \frac{\partial^2 T}{\partial x_k^2}. \tag{6.1}$$

Es sei daran erinnert, daß für ρ = konstant die Arbeit des Druckes und der Dissipationsterm verschwinden. Ein Vergleich mit der vollständigen Energiegleichung (1.40) macht deutlich, daß die Beziehung (6.1) nur für ein Einkomponentenfluid gilt. Wir wollen gleichzeitig ablaufende turbulente Wärme- und Stoffaustauschvorgänge zunächst außer acht lassen.

Aufgabe 6.1:   Wie sieht die Energiegleichung für ein reagierendes und für ein inertes inkompressibles Binärgemisch aus? Die partiellen Enthalpien der Komponenten seien $h_1 = c_{p_1} T + h^0$ und $h_2 = c_{p_2} T$; die Reaktionsenthalpie h^0 ist willkürlich der Komponente 1 zugeschlagen worden.

Die *Stoffaustauschgleichung* oder partielle Kontinuitätsgleichung (1.74) lautet mit Gl. (1.77)

$$\rho \left(\frac{\partial c}{\partial t} + v_k \frac{\partial c}{\partial x_k} \right) = \rho D \frac{\partial^2 c}{\partial x_k^2} + \sigma. \tag{6.2}$$

Darin ist

$$c = c_1 = \frac{\rho_1}{\rho} \tag{6.3}$$

die Massenkonzentration der Komponente 1. Aufgrund der Schließbedingung (1.5) ist $c_2 = 1 - c_1$ und Gl. (6.2) lautet entsprechend. Die Produktionsdichte σ ist Null für das zunächst betrachtete inerte Binärgemisch.

Die Gln. (6.1) und (6.2) sind die *Bilanzgleichungen für die Momentanwerte* $T(x_k, t)$ und $c(x_k, t)$, hinzu kommen die Beziehungen (5.8) und (5.9) für das Geschwindigkeits- und Druckfeld.

Gehen wir von der Tensornotation auf die Koordinatenschreibweise über, so erhalten wir mit den eingeführten Bezeichnungen sowie mit $\sigma = 0$:

$$\rho c_p \left(\frac{\partial T}{\partial t} + u \frac{\partial T}{\partial x} + v \frac{\partial T}{\partial y} + w \frac{\partial T}{\partial z} \right) = \frac{\partial p}{\partial t} + \lambda \left(\frac{\partial^2 T}{\partial x^2} + \frac{\partial^2 T}{\partial y^2} + \frac{\partial^2 T}{\partial z^2} \right) \tag{6.4}$$

$$\rho\left(\frac{\partial c}{\partial t} + u\,\frac{\partial c}{\partial x} + v\,\frac{\partial c}{\partial y} + w\,\frac{\partial c}{\partial z}\right) = \rho D\left(\frac{\partial^2 c}{\partial x^2} + \frac{\partial^2 c}{\partial y^2} + \frac{\partial^2 c}{\partial z^2}\right). \tag{6.5}$$

6.1 Die Reynoldsschen Gleichungen

Unter den getroffenen Voraussetzungen sind auch hier nur die konvektiven Terme der beiden Bilanzgleichungen nichtlinear. Nach dem Reynoldsschen Vorschlag (5.2) setzt man (für statistisch stationäre Strömungen)

$$T(x_k, t) = \overline{T}(x_k) + T'(x_k, t) \tag{6.6}$$
$$c\,(x_k, t) = \overline{c}\,(x_k) + c'\,(x_k, t)$$

in die Bilanzgleichungen für die Momentanwerte ein. Nach zeitlicher Mittelung entfallen alle in den Schwankungen linearen Terme. Es verbleibt nur jeweils ein Zusatzglied aus dem nichtlinearen konvektiven Term:

$$\overline{v_k\,\frac{\partial T}{\partial x_k}} = \frac{\partial}{\partial x_k}\,(\overline{v_k T}) = \frac{\partial}{\partial x_k}\,(\overline{v}_k \overline{T}) + \frac{\partial}{\partial x_k}\,(\overline{v_k' T'}).$$

Entsprechendes gilt für $v_k\,\partial c/\partial x_k$ nach zeitlicher Mittelung.

Für im Mittel stationäre Strömungen folgt:

$$\rho c_p \overline{v}_k\,\frac{\partial \overline{T}}{\partial x_k} = \lambda\,\frac{\partial^2 \overline{T}}{\partial x_k^2} - \rho c_p\,\frac{\partial}{\partial x_k}\,(\overline{T' v_k'}) = -\frac{\partial}{\partial x_k}\left(-\lambda\,\frac{\partial \overline{T}}{\partial x_k} + \rho c_p\,\overline{T' v_k'}\right) \tag{6.7}$$

$$\rho \overline{v}_k\,\frac{\partial \overline{c}}{\partial x_k} = \rho D\,\frac{\partial^2 \overline{c}}{\partial x_k^2} - \rho\,\frac{\partial}{\partial x_k}\,(\overline{c' v_k'}) = -\frac{\partial}{\partial x_k}\left(-\rho D\,\frac{\partial \overline{c}}{\partial x_k} + \rho\,\overline{c' v_k'}\right) \tag{6.8}$$

Analog zu Abschnitt 5.3 bezeichnet man:

$$\boxed{(q_k)_{\text{tur}} = \rho c_p\,\overline{T' v_k'}} \qquad \textit{Reynoldsscher Wärmestrom} \tag{6.9}$$

$$(q_k)_{\text{mol}} = -\lambda\,\frac{\partial \overline{T}}{\partial x_k} \qquad \text{molekularer Wärmestrom} \tag{6.10}$$

$$q_k = -\lambda\,\frac{\partial \overline{T}}{\partial x_k} + \rho c_p\,\overline{T' v_k'} \qquad \text{resultierender Wärmestrom} \tag{6.11}$$

$$\boxed{(j_k)_{\text{tur}} = \rho\,\overline{c' v_k'}} \qquad \textit{Reynoldsscher Stoffstrom} \tag{6.12}$$

$$(j_k)_{\text{mol}} = -\rho D\,\frac{\partial \overline{c}}{\partial x_k} \qquad \text{molekularer Stoffstrom} \tag{6.13}$$

$$j_k = -\rho D\,\frac{\partial \overline{c}}{\partial x_k} + \rho\,\overline{c' v_k'} \qquad \text{resultierender Stoffstrom.} \tag{6.14}$$

Es sei daran erinnert, daß die Reynoldsschen (oder scheinbaren oder turbulenten) Ströme nur in bezug auf die zeitlich gemittelte Bewegung existieren. Sie beschreiben einen makroskopischen Austausch, der von den Schwankungsgrößen herrührt. Beide Korrelationen sind ein Produkt aus der Schwankung der transportierten Eigenschaft (Partialmasse pro Volumen bzw. spezifische Enthalpie) und aus der Schwankungsgeschwindigkeit quer zur Strömungsrichtung als der für den Transport verantwortlichen Größe.

Im Gegensatz zum Reynoldsschen Spannungstensor (5.17) sind der Reynoldssche Wärme- und Stoffstrom Vektoren, da die transportierte Eigenschaft jeweils eine skalare Größe (Energie, Masse) im Vergleich zum vektoriellen Impuls ist. Stellvertretend seien die drei Koordinaten des Reynoldsschen Stoffstromes angegeben:

$$j_x = \rho \overline{c'u'}; \quad j_y = \rho \overline{c'v'}; \quad j_z = \rho \overline{c'w'}. \tag{6.15}$$

Auch hier lassen sich für die unbekannten Korrelationen Transportgleichungen formulieren, darauf gehen wir später ein.

Im Gegensatz zum turbulenten Impulsaustausch werden der turbulente Energie- und Materieaustausch als *passive Transportprozesse* bezeichnet. Damit soll ausgedrückt werden, daß sie anders als der turbulente Impulsaustausch die Bewegung des Fluids nicht beeinflussen. Dies gilt freilich nur unter einschränkenden Voraussetzungen. Eine rückwärtige Beeinflussung des Strömungsfeldes durch Wärme- und Stoffaustauschvorgänge erfolgt
— bei variablen Stoffwerten,
— bei veränderlicher Dichte, also durch Kompressibilitätseffekte,
— bei erheblichen Stoffübergängen an der Wand.
Letztere beeinflussen über die Randbedingung $v_w \neq 0$ das Geschwindigkeitsprofil, siehe hierzu Abschnitt 4.3.

6.2 Die Grenzschicht-Gleichungen

Wir beschränken uns wiederum auf ebene Strömungen; die Ableitungen $\partial/\partial z$ von statistischen Größen sind Null, ebenso ist $\overline{w} = 0$. Eine ausführliche Grenzschichtabschätzung wie in Abschnitt 5.6 brauchen wir hier nicht mehr vorzunehmen. Wir erkennen sofort, daß in Strömungen mit Grenzschichtcharakter analog zu den Abschnitten 3.1, 4.1 sowie 5.6 folgende Ungleichungen gelten:

$$\frac{\partial^2 \overline{T}}{\partial x^2} \ll \frac{\partial^2 \overline{T}}{\partial y^2}; \quad \frac{\partial}{\partial x}(\overline{T'u'}) \ll \frac{\partial}{\partial y}(\overline{T'v'}).$$

Entsprechendes gilt für die Terme in Gl. (6.8). Gl. (6.7) geht in die *Reynoldssche Energiegleichung* für Strömungen mit Grenzschichtcharakter über:

$$\rho\, c_p \left(\overline{u}\, \frac{\partial \overline{T}}{\partial x} + \overline{v}\, \frac{\partial \overline{T}}{\partial y} \right) = -\frac{\partial}{\partial y} \left(-\lambda\, \frac{\partial \overline{T}}{\partial y} + \rho\, c_p\, \overline{T'v'} \right). \tag{6.16}$$

Von dem Reynoldsschen Wärmestromvektor verbleibt nur die Koordinate $\rho c_p \overline{T'v'}$. Man schreibt

$$q_{res} = -\lambda \frac{\partial \overline{T}}{\partial y} + \rho c_p \overline{T'v'} = q_{mol} + q_{tur} \tag{6.17}$$

$$q_{mol} = -\lambda \frac{\partial \overline{T}}{\partial y}; \qquad \boxed{q_{tur} = \rho c_p \overline{T'v'}}.$$

Entsprechend geht Gl. (6.8) in die *Reynoldssche Stoffaustauschgleichung* für Strömungen mit Grenzschichtcharakter über:

$$\boxed{\rho \left(\overline{u} \frac{\partial \overline{c}}{\partial x} + \overline{v} \frac{\partial \overline{c}}{\partial y} \right) = -\frac{\partial}{\partial y} \left(-\rho D \frac{\partial \overline{c}}{\partial y} + \rho \overline{c'v'} \right)} \tag{6.18}$$

$$j_{res} = -\rho D \frac{\partial \overline{c}}{\partial y} + \rho \overline{c'v'} = j_{mol} + j_{tur} \tag{6.19}$$

$$j_{mol} = -\rho D \frac{\partial \overline{c}}{\partial y}; \qquad \boxed{j_{tur} = \rho \overline{c'v'}}.$$

Ein Vergleich mit $\tau_{tur} = -\rho \overline{u'v'}$ nach Gl. (5.54) zeigt den ähnlichen Aufbau der Reynoldsschen Terme.

Mit Ausnahme der unmittelbaren Wandnähe sind die turbulenten Ströme sehr viel größer als die molekularen Anteile (in flüssigen Metallen gilt diese Aussage wegen $Pr \ll 1$ nur bedingt, wie später diskutiert wird).

Der in Abschnitt 5.9 besprochene Vorschlag von Boussinesq, turbulente Austauschgrößen zu definieren, wird auch hier angewendet. Analog zu dem Ansatz

$$\tau_{tur} = -\rho \overline{u'v'} = \rho \epsilon_\tau \frac{\partial \overline{u}}{\partial y} \tag{6.20}$$

definiert man durch

$$q_{tur} = \rho c_p \overline{T'v'} = -\rho c_p \epsilon_q \frac{\partial \overline{T}}{\partial y} \tag{6.21}$$

$$j_{tur} = \rho \overline{c'v'} = -\rho \epsilon_D \frac{\partial \overline{c}}{\partial y} \tag{6.22}$$

die *turbulenten Austauschgrößen* ϵ_q und ϵ_D für den Wärme- und Stoffaustausch. Es ist naheliegend, in Anlehnung an die molekulare Prandtl- und Schmidt-Zahl Verhältnisse der turbulenten Austauschgrößen als „turbulente Kennzahlen" zu bezeichnen:

$$\boxed{Pr_{tur} = \frac{\epsilon_\tau}{\epsilon_q} = \frac{\overline{u'v'}}{\overline{T'v'}} \frac{\partial \overline{T}/\partial y}{\partial \overline{u}/\partial y}} \qquad \text{\textit{turbulente Prandtl-Zahl}} \tag{6.23}$$

$$\boxed{Sc_{tur} = \frac{\epsilon_\tau}{\epsilon_D} = \frac{\overline{u'v'}}{\overline{c'v'}} \frac{\partial \bar{c}/\partial y}{\partial \bar{u}/\partial y}} \qquad \text{\textit{turbulente Schmidt-Zahl.}} \qquad (6.24)$$

Es muß deutlich hervorgehoben werden, daß diese „turbulenten Kennzahlen" im Gegensatz zur molekularen Prandtl- und Schmidt-Zahl keine Kennzahlen im Sinne der Dimensionsanalyse darstellen. Es sind lediglich (dimensionslose) Verhältnisse turbulenter Austauschgrößen. Ihre Einführung geschieht weitgehend in der Hoffnung, durch einfache Analogieschlüsse die Erfassung des turbulenten Wärme- und Stoffaustausches auf den turbulenten Impulsaustausch zurückzuführen.

Weiterhin definiert man in Anlehnung an die molekulare Lewis-Zahl mit

$$Le_{tur} = \frac{Sc_{tur}}{Pr_{tur}} = \frac{\epsilon_q}{\epsilon_D} = \frac{\overline{T'v'}}{\overline{c'v'}} \frac{\partial \bar{c}/\partial y}{\partial \bar{T}/\partial y} \qquad (6.25)$$

eine *turbulente Lewis-Zahl.* Sie ist das Verhältnis der beiden passiven Transportprozesse.

Die Einführung der turbulenten Austauschgrößen erlaubt formal folgende Schreibweise für die resultierenden Ströme:

$$q_{res} = -(\lambda + \rho c_p \epsilon_q) \frac{\partial \bar{T}}{\partial y} \qquad (6.26)$$

$$j_{res} = -\rho (D + \epsilon_D) \frac{\partial \bar{c}}{\partial y}. \qquad (6.27)$$

Das zentrale Problem dieses Kapitels ist die Formulierung von Turbulenzmodellen zur Beschreibung des turbulenten Wärme- und Stoffaustausches. Dieser wird vorzugsweise in Form der turbulenten Prandtl- bzw. Schmidt-Zahl dargestellt, also in bezug zum turbulenten Impulsaustausch.

Dazu werden wir im folgenden Abschnitt zunächst einige experimentelle Informationen diskutieren. Diese liegen aufgrund der experimentellen Probleme sehr spärlich vor. Dem Autor sind ohnehin nur experimentelle Bestimmungen der turbulenten Prandtl-Zahl bekannt. Es wird allgemein angenommen, daß die turbulente Prandtl- und Schmidt-Zahl in gleicher Weise von den Strömungsbedingungen, den molekularen Eigenschaften des Fluids sowie der Position im Strömungsfeld abhängen. Eine Begründung für diese Annahme liegt in der Ähnlichkeit der Transportgleichungen für $\overline{T'v'}$ und $\overline{c'v'}$, wie wir in Abschnitt 6.6 sehen werden. Die Transportgleichung für $\overline{u'v'}$ hat dagegen eine etwas andere Form. Es sei daran erinnert, daß es sich bei dem turbulenten Wärme- und Stoffaustausch um den passiven Transport einer skalaren Größe, hingegen beim turbulenten Impulsaustausch um den aktiven Transport einer vektoriellen Größe handelt. Wir halten fest, daß die Aussage $Le_{tur} = 1$ allgemein akzeptiert wird.

6.3 Experimentelle Informationen zur turbulenten Prandtl- und Schmidt-Zahl

Aus Messungen in glatten Rohren (und Kanälen) ist bekannt, daß die turbulente Prandtl-Zahl von der Reynolds-Zahl

$$Re = \frac{D u_m}{\nu}, \qquad (6.28)$$

mit $u_m = \dot{V}/(\pi R^2)$ als mittlerer Durchflußgeschwindigkeit und $D = 2\,R$ als Rohrdurchmesser, von der molekularen Prandtl-Zahl $Pr = \mu c_p/\lambda$ sowie vom Wandabstand y/R abhängt. Es wird ein Zusammenhang

$$Pr_{tur} = f\left(Pr, Re, \frac{y}{R}\right) \qquad \text{bzw.} \qquad Sc_{tur} = f\left(Sc, Re, \frac{y}{R}\right) \tag{6.29}$$

erwartet. Bei dem turbulenten Stoffaustausch tritt die molekulare Schmidt-Zahl als Einflußgröße an die Stelle der molekularen Prandtl-Zahl. Teilweise wird ein Zusammenhang der Form

$$Pr_{tur} = f\left(Pr, Re, \frac{\epsilon_\tau}{\nu}\right) \qquad \text{bzw.} \qquad Sc_{tur} = f\left(Sc, Re, \frac{\epsilon_\tau}{\nu}\right) \tag{6.30}$$

angegeben. Das ist möglich, da die Wirbelviskosität ϵ_τ dividiert durch die kinematische Viskosität ν als Funktion von Re und y/R darstellbar ist, siehe Abschnitt 5.11.

Eckert und Drake [6.6] haben einige Messungen der turbulenten Prandtl-Zahl für Luft und Quecksilber bei ausgebildeter Rohrströmung zusammengetragen. Sie schreiben (S.384): „Die experimentellen Schwierigkeiten sind offensichtlich so groß, daß keine befriedigende Übereinstimmung zwischen den Resultaten verschiedener Untersuchungen erreicht werden kann." Fuchs[1] beschreibt die experimentellen Probleme detaillierter. Sie sind von der Definition der turbulenten Prandtl-Zahl her verständlich. Fehlerquellen sind
— die Ermittlung des Temperatur- und Geschwindigkeitsgradienten aus einer gemessenen Temperatur- und Geschwindigkeitsverteilung;
— die Ermittlung der Korrelation $\overline{T'v'}$. Diese wird i.a. aus der Reynoldsschen Gleichung (6.16) gewonnen, indem die gemessene Temperatur- und Geschwindigkeitsverteilung eingesetzt wird. Eine direkte Messung von $\overline{T'v'}$ ist für Luft auch mit der Hitzdrahtanemometrie möglich. Sie scheidet jedoch bei dem interessanteren Bereich der flüssigen Metalle aus.

Trotz der großen experimentellen Schwierigkeiten können folgende Aussagen als gesichert gelten:

$$Pr_{tur} < 1 \text{ für } Pr \gtrsim 1 \text{ (Gase und Flüssigkeiten)},$$
$$Pr_{tur} > 1 \text{ für } Pr \ll 1 \text{ (flüssige Metalle)}.$$

Diese Abhängigkeit leuchtet unmittelbar ein. Flüssige Metalle besitzen eine sehr große molekulare Wärmeleitfähigkeit in bezug zur molekularen Viskosität. Ein Turbulenzballen wird daher für $Pr \ll 1$ wesentlich leichter Wärme als Impuls an das umgebende Fluid abgeben, die turbulente Prandtl-Zahl wird mit abnehmender molekularer Prandtl-Zahl wachsen.

Der Einfluß des Wandabstandes scheint nicht groß zu sein. Darüber hinaus ist es offenbar umstritten, ob die turbulente Prandtl-Zahl mit zunehmendem Wandabstand zur Rohrmitte (bzw. zum Außenrand der Grenzschicht) hin abnimmt oder zunimmt, siehe [6.6]. Nach der Mehrzahl der Untersuchungen scheint Pr_{tur} mit wachsendem Wandabstand leicht abzuneh-

---

1 *H. Fuchs:* Wärmeübergang an strömendes Natrium – Theoretische und experimentelle Untersuchungen über Temperaturprofile und turbulente Temperaturschwankungen bei Rohrgeometrie; Eidgenössisches Inst. f. Reaktorforschung, Schweiz, Report Nr. 241 (1973).

men, man vergleiche hierzu die empirische Beziehung (6.38) nach Rotta [6.21] sowie Angaben von Reynolds [6.19].

Der Einfluß der molekularen Prandtl-Zahl ist offensichtlich größer. Bild 6.1 zeigt eine Reihe von Messungen bei ausgebildeter Rohrströmung, die von Fuchs zusammengetragen wurden.[1]

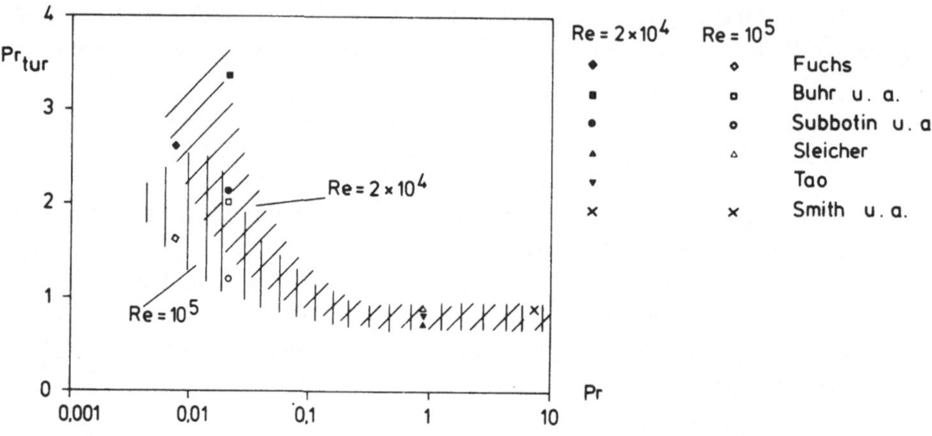

Bild 6.1 Experimentelle Resultate Pr_{tur} (Pr, Re) bei ausgebildeter Rohrströmung

Die Messungen sind teilweise bei zwei verschiedenen Reynolds-Zahlen gemacht worden, sie überstreichen einen Prandtl-Zahl-Bereich von 0,007 (Natrium), über 0,02 (Quecksilber), 0,71 (Luft) bis hin zu 6,2 (Wasser). Die Messungen in flüssigen Metallen von Fuchs sowie von Subbotin u.a. passen gut zueinander, jene von Buhr u.a. liegen etwas darüber.

Die Experimente legen die Markierung zweier Bereiche für die beiden Reynolds-Zahlen nahe. Die weiter oben gemachten Aussagen über die turbulente Prandtl-Zahl können damit präzisiert werden:
— Für $Pr \gtrsim 1$ (Luft, Wasser, andere Flüssigkeiten wie Öle, ...) scheint die turbulente Prandtl-Zahl konstant und damit unabhängig von Pr und Re zu sein.
— Der Einfluß der Prandtl- und Reynolds-Zahl nimmt mit abnehmender Prandtl- und abnehmender Reynolds-Zahl zu.
— Die turbulente Prandtl-Zahl wächst mit abnehmender Prandtl- und abnehmender Reynolds-Zahl.
Eine anschauliche Deutung dieser Abhängigkeiten wird am Ende des Abschnitts 6.6 diskutiert werden.

Aufgrund der diskutierten Annahme $Le_{tur} = 1$ gelten die Informationen und Überlegungen dieses Abschnittes in gleicher Weise für den turbulenten Stoffaustausch. Die Abhängigkeit Pr_{tur} (Pr, Re) ist damit gleichbedeutend mit der Aussage Sc_{tur} (Sc, Re).

Die meisten flüssigen Metalle liegen in einem Prandtl-Zahl-Bereich von 0,005 bis 0,03. Für Werte zwischen 0,05 und 0,5 sind keine Fluide bekannt. Zwischen 0,5 und 1 liegen die

1   siehe Fußnote Seite 259.

Prandtl-Zahlen für Gase. Nach oben hin ist die Prandtl-Zahl nahezu unbegrenzt. Öle können bei niedrigen Temperaturen Prandtl-Zahlen in der Größenordnung von 10^4 haben, siehe hierzu auch Abschnitt 3.1.

6.4 Halbempirische Schließungsannahmen erster Ordnung

O. Reynolds hat vor etwa 100 Jahren angenommen, daß der gleiche Mechanismus dem turbulenten Austausch von Impuls und Wärme zu Grunde liegt. Das führte zu der Aussage $\epsilon_\tau = \epsilon_q$ bzw. $\mathrm{Pr}_{tur} = 1$.

Zu dem gleichen Ergebnis kommt man bei Anwendung des Prandtlschen Mischungswegkonzepts auf die Temperaturschwankung. Analog zu den Überlegungen anhand Bild 5.14 setzt man

$$T' = \pm\, l\, \frac{\partial \overline{T}}{\partial y} \qquad \text{und } v' = \pm\, l\, \frac{\partial \overline{u}}{\partial y}.$$

Damit folgt wegen

$$-\overline{u'v'} = l^2 \left|\frac{\partial \overline{u}}{\partial y}\right| \frac{\partial \overline{u}}{\partial y} \qquad \text{und } -\overline{T'v'} = l^2 \left|\frac{\partial \overline{u}}{\partial y}\right| \frac{\partial \overline{T}}{\partial y}$$

die Aussage $\mathrm{Pr}_{tur} = 1$. Aber warum sind beide Mischungswege identisch? In der Wirbeltransporttheorie von Taylor unterscheiden sich im Gegensatz dazu die Mischungswege; Taylor gibt $\mathrm{Pr}_{tur} = \mathrm{Sc}_{tur} = 0{,}5$ an, siehe hierzu [6.19]. Dieser Wert ist recht gut für Freistrahl- und Nachlaufströmungen, während der Wert 1 in Rohr- und Grenzschichtströmungen eine brauchbare Näherung ist (von flüssigen Metallen abgesehen).

In der Vergangenheit sind viele Versuche unternommen worden, diese offenbar zu einfachen Modelle zu verbessern. Einen umfassenden Überblick gibt Reynolds[1], weitere Bemerkungen dazu sind Artikeln von Launder in [6.2] sowie Sideman und Pinczewski in [6.10] und der zitierten Arbeit von Fuchs zu entnehmen.

Wir geben im folgenden eine kurze Zusammenfassung der Arbeit von Reynolds, in der mehr als 30 verschiedene Ansätze diskutiert werden. Reynolds teilt diese in 7 Gruppen ein. Die ersten 3 Gruppen basieren auf dem Mischungswegkonzept von Prandtl.

a) Jenkins Vorschlag und nachfolgende Modifikationen

Jenkins betrachtete die Bewegung eines kugelförmigen Fluidelementes durch ein Feld mit konstantem Geschwindigkeits- und Temperaturgradienten. Der Radius wird dem Mischungsweg l und die Flugzeit l/v' proportional gesetzt. Jenkins verwendete eine Beziehung für die molekulare Diffusion in einer Kugel, um die mittlere Temperatur am Ende der Flugzeit zu bestimmen. Ähnlich ermittelte er den Impulsaustausch. Sein Modell führt auf zu hohe Werte für Pr_{tur}. Durch eine Modifikation seiner Überlegungen haben Rohsenow und Cohen, siehe auch [6.20], die Beziehung

$$\mathrm{Pr}_{tur}^{-1} = 416\,\mathrm{Pr}\left[\frac{1}{15} - \frac{6}{\pi^4}\sum_{n=1}^{\infty} n^{-4}\exp\left(\frac{-0{,}0024\,\pi^2 n^2}{\mathrm{Pr}}\right)\right] \qquad (6.31)$$

---

1 *A.J. Reynolds:* The Prediction of Turbulent Prandtl and Schmidt Numbers; Int. J. Heat Mass Transfer **18**, 1055–1069 (1975).

angegeben. Sie gibt für flüssige Metalle recht zuverlässige Werte, für Luft ($Pr = 0,7$) liegt sie mit $Pr_{tur} = 1,15$ zu hoch.

b) Deisslers Vorschlag und nachfolgende Erweiterungen

Im Gegensatz zu Jenkins betrachtete Deissler ausschließlich kleine molekulare Prandtl-Zahlen. Er berücksichtigte nur den Wärmetransport eines kugelförmigen Elements zum umgebenden Fluid. Der Radius wird dem Mischungsweg proportional gewählt, und es wird wie bei Jenkins molekulare Diffusion angesetzt. Die Integration der Energiebilanz für die Kugel führt auf die Beziehung

$$Pr_{tur}^{-1} = b\ Pe\ [1 - \exp\ (-1/(b\ Pe))]. \tag{6.32}$$

$Pe = Re\ Pr$ ist die Péclet-Zahl und $b = 0,000153$ ist eine empirische Konstante.

Lykoudis und Touloukian sowie Aoki und andere Autoren haben Deisslers Überlegungen modifiziert. Aoki gibt die Formel

$$Pr_{tur}^{-1} = K\ Re^{0,45}Pr^{0,2}\ (1 - \exp\ [-1/(K\ Re^{0,45}Pr^{0,2})]) \tag{6.33}$$

an, $K = 0,014$ ist eine empirische Konstante.

c) Verschiedenartige Mischungswegmodelle

Im Gegensatz zu den Vorschlägen a und b gibt es eine Reihe von Modellen, die keinen unveränderlichen Mischungsweg benutzen. Statt dessen wird ein diskretes Element eingeführt, das bei seiner Relativbewegung durch das Fluid Impuls und Energie aufnimmt oder abgibt. Typisch für diese Gruppe ist die Arbeit von Azer und Chao. Ihr vollständiger Ausdruck ist sehr kompliziert, sie geben folgende Näherungsbeziehung an:

$$Pr_{tur} = \frac{1 + 57\ f(y/R)/(Re^{0,46}Pr^{0,58})}{1 + 135\ f(y/R)/Re^{0,45}} \quad \text{für}\ 0,6 \leqslant Pr \leqslant 15 \tag{6.34}$$

$$Pr_{tur} = \frac{1 + 380\ f(y/R)/Pe^{0,58}}{1 + 135\ f(y/R)/Re^{0,45}} \qquad \text{für flüssige Metalle.} \tag{6.35}$$

In beiden Fällen wird die Variation über den Rohrquerschnitt durch $f(y/R) = \exp\ [-(y/R)^{1/4}]$ beschrieben.

Die folgenden Modelle basieren nicht auf dem Mischungswegkonzept, sie sind recht verschiedenartiger Natur. Sie reichen von statistischen Überlegungen bis hin zu rein empirischen Ansätzen.

d) Statistische Modelle

Eine strenge mathematische Analyse mit Hilfe der statistischen Turbulenztheorie ist nur unter stark vereinfachenden Annahmen über die Turbulenzstruktur möglich. So haben Dunn und Reid isotrope Turbulenz in der Endphase des Zerfalls angenommen; weiter haben sie eine lineare Temperaturverteilung zu Grunde gelegt und erhalten

$$Pr_{tur}^{-1} = 2,05\ \frac{Pr}{1 - Pr}\ \left[1 - \left(\frac{2\ Pr}{1 + Pr}\right)^{3/2}\right]. \tag{6.36}$$

e) Diffusionsmodelle

Hierbei wird davon ausgegangen, die turbulenten Austauschgrößen integralen Korrelations-längen bzw. Zeitmaßstäben, entsprechend der Definition (5.35), proportional zu setzen. Die Zeitkonstanten für die Korrelationen $\overline{u'v'}$ und $\overline{T'v'}$ werden geeignet modelliert; werden beide gleich angenommen, so folgt $Pr_{tur} = 1$. Ein typisches Resultat dieser Gruppe wird von Reynolds, siehe auch [6.19], angegeben:

$$Pr_{tur} = \frac{1 + C_1/Pe^{1/2}}{1 + C_2/Re^{1/2}}.$$

(6.37)

$C_1 = 86$ und $C_2 = 200$ sind empirische Konstanten.

f) Wandschichtmodelle

Ein Beispiel für Modelle dieser Art ist die Übertragung des Mischungswegansatzes mit einem Dämpfungsglied nach van Driest, Gl. (5.79), auf einen entsprechenden Mischungsweg für den Wärmeaustausch. Desweiteren gibt es Vorschläge, die Wandschicht in Bereiche mit unterschiedlichen Ansätzen aufzuteilen.

g) Empirische Beziehungen

Hier existieren Approximationen für die Abhängigkeit von der Prandtl-Zahl und auch vom Wandabstand. Ein Beispiel ist die Beziehung

$$Pr_{tur} = 0,9 - 0,4 \left(\frac{y}{\delta}\right)^2$$

(6.38)

von Rotta, die nach Experimenten in Grenzschichtströmungen (für Luft) aufgestellt wurde, siehe auch [6.21]. Nach Rotta nimmt Pr_{tur} von der Wand zum Außenrand der Grenzschicht (oder zur Rohrmitte) hin ab. Es gibt vereinzelte Messungen, die einen entgegengesetzten Verlauf zeigen.

Gräber betrachtete nur die Abhängigkeit von der Prandtl-Zahl, er schlägt den Ansatz

$$Pr_{tur}^{-1} = 0,91 + 0,13\, Pr^{0,545}$$

(6.39)

gültig für $0,7 < Pr < 100$ vor.

Damit beschließen wir den kurzen Überblick über die Zusammenstellung von Reynolds. Die Vorschläge lassen sich grob in zwei Gruppen einteilen:
- Die Modelle a, b, c, f, g sind für praktische Rechnungen recht gut geeignet. Sie geben jedoch wenig oder gar keine Auskunft über den Turbulenzmechanismus.
- Die Modelle d, e versuchen, den Turbulenzmechanismus besser zu berücksichtigen; sie sind für praktische Rechnungen jedoch nur begrenzt verwendbar.

Letzteres soll Bild 6.2 zeigen, in dem einige der hier aufgeführten Beziehungen mit den Experimenten aus Bild 6.1 (bzw. den markierten Bereichen) verglichen werden. Es ist nur eine qualitative Übereinstimmung der verschiedenen Vorschläge untereinander wie auch in bezug auf die Experimente vorhanden.

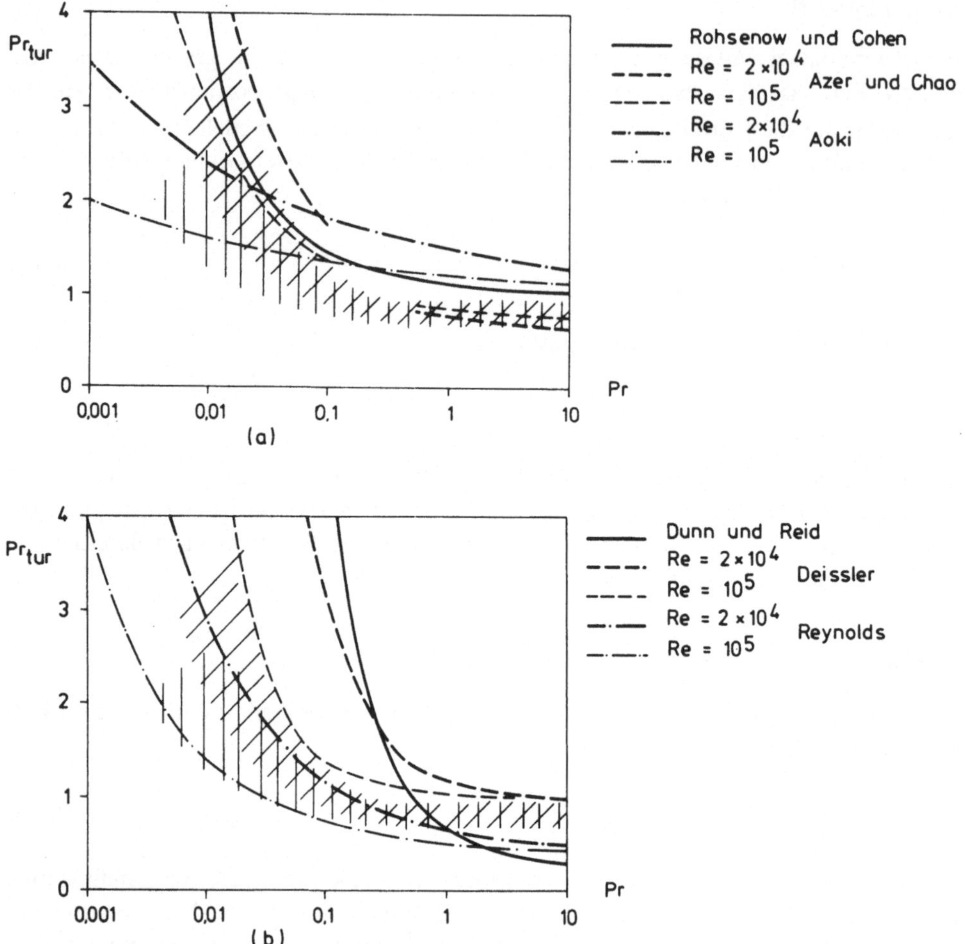

Bild 6.2 Vergleiche einiger Beziehungen für die turbulente Prandtl-Zahl mit den Experimenten aus Bild 6.1

In Abschnitt 6.6 wird eine Beziehung vorgestellt werden, die auf einer Modellierung von entsprechenden Transportgleichungen beruht und die bei sehr einfachem Aufbau mit den Experimenten wesentlich besser übereinstimmt.

Aufgrund der diskutierten Annahme $Le_{tur} = 1$ werden die hier vorgestellten Beziehungen in analoger Weise auf den turbulenten Stoffaustausch angewendet. Dabei ist Pr durch Sc und Pr_{tur} durch Sc_{tur} zu ersetzen.

6.5 Analogien zwischen dem Wärme-/Stoffaustausch und dem Impulsaustausch

Es existieren eine Reihe sehr nützlicher Analogien zwischen dem passiven Transport von Energie und Materie einerseits und dem Impulstransport. Die Analogiebetrachtungen gelten für spezielle Anordnungen; wir besprechen i.w. die ausgebildete *Kanal- bzw. Rohrströmung*, wobei wir zunächst nur den *Wärmeaustausch* betrachten.

Ausgangspunkt der Überlegungen für die Rohrströmung ist die Darstellung der resultierenden Schubspannungs- und Energiestromverteilung. Die resultierende Schubspannungsverteilung ist linear, siehe Abschnitt 5.11:

$$\frac{\tau(r)}{\tau_w} = \frac{r}{R}, \qquad \text{mit } \tau_w = -\frac{dp}{dx}\frac{R}{2} \qquad \text{für die Rohrströmung,} \tag{6.40}$$

$$\frac{\tau(y)}{\tau_w} = 1 - \frac{y}{H}, \text{ mit } \tau_w = -\frac{dp}{dx} H \qquad \text{für die Kanalströmung.}$$

Mit τ ist die resultierende Schubspannung gemeint. Das verwendete Koordinatensystem ist in Bild 2.1 dargestellt. Es ist $y = R - r$, mit $y = 0$ bzw. $r = R$ wird die Wand und mit $y = H$ bzw. $r = 0$ die Achse bezeichnet. Wir führen die Überlegungen der Einfachheit halber für die Kanalströmung weiter, die Energiegleichung (6.16) geht über in

$$\rho\, c_p \bar{u}\, \frac{\partial \bar{T}}{\partial x} = -\frac{\partial q}{\partial y}. \tag{6.41}$$

Es ist $q = q_{res}$. Die Ableitung der Temperatur ist über die globale Energiebilanz

$$q_w\, 2\, b dx = 2\, bH\, \rho u_m c_p dT_m \qquad (b = \text{Kanaltiefe})$$

mit dem Wandwärmestrom verknüpft, siehe auch Gl. (3.110). Es folgt

$$\rho u_m c_p\, \frac{dT_m}{dx} = \frac{q_w}{H}. \tag{6.42}$$

Darin ist u_m die mittlere Durchflußgeschwindigkeit und die Energiegleichung (6.41) geht über in

$$\rho\, c_p \bar{u}\, \frac{dT_m}{dx} = \frac{q_w}{H}\frac{\bar{u}}{u_m} = -\frac{dq}{dy},$$

wobei wir konstanten Wandwärmestrom annehmen wollen. Die Verteilung der Energiestromdichte folgt damit aus

$$\int\limits_0^{q(y)} \frac{dq}{q_w} = -\frac{1}{H} \int\limits_0^{y} \frac{\bar{u}}{u_m}\, dy$$

nach Integration zu

$$\frac{q(y)}{q_w} = 1 - \int\limits_0^{y/H} \frac{\bar{u}}{u_m}\, d\frac{y}{H}. \tag{6.43}$$

Erst bei bekanntem Geschwindigkeitsprofil läßt sich das Energiestromdichteprofil angeben. Setzen wir, was für Näherungszwecke gestattet ist, das Potenzprofil (5.98) ein, so folgt die in Bild 6.3 dargestellte Verteilung. Für $n \to \infty$ (Rechteckprofil) ist $q/q_w = \tau/\tau_w = 1 - y/H$.

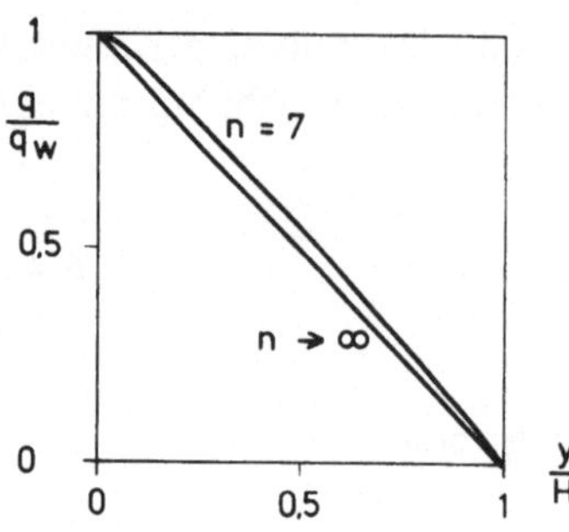

Bild 6.3 Verteilung der Energiestromdichte in einer Kanalströmung bei Verwendung des Potenzprofils (5.98) nach Aufgabe 6.2

Aufgabe 6.2:   Man ermittle die Verteilung der Energiestromdichte aus Gl. (6.43) unter Verwendung des Potenzprofils (5.98).

Man sieht, daß aufgrund des bei turbulenter Strömung sehr völligen Geschwindigkeitsprofils in etwa

$$\frac{q(y)}{q_w} \approx 1 - \frac{y}{H} \tag{6.44}$$

gilt und somit

$$\frac{\tau/\tau_w}{q/q_w} \approx \text{konstant bzw.} \ \frac{\tau(y)}{q(y)} \approx \frac{\tau_w}{q_w} = \text{konstant} \tag{6.45}$$

ist. Diese Information wird im weiteren verwendet; sie ist ebenso für die ausgebildete Rohrströmung in etwa erfüllt, wovon man sich leicht überzeugen kann.

Desweiteren werden die Definitionen der turbulenten Austauschgrößen verwendet; die Gln. (5.72) und (6.26) lauten, wobei wir $\partial/\partial y$ durch d/dy ersetzen:

$$\tau = \tau_{res} = (\mu + \rho\epsilon_\tau)\frac{d\overline{u}}{dy} \quad \text{bzw.} \quad \frac{\tau}{\rho} = (\nu + \epsilon_\tau)\frac{d\overline{u}}{dy} \tag{6.46}$$

$$q = q_{res} = -(\lambda + \rho c_p \epsilon_q)\frac{d\overline{T}}{dy} \quad \text{bzw.} \quad \frac{q}{\rho c_p} = -(a + \epsilon_q)\frac{d\overline{T}}{dy}. \tag{6.47}$$

Damit sind die Grundlagen für die verschiedenen Analogien bereitgestellt, die jeweils von unterschiedlichen Voraussetzungen ausgehen.

Reynolds-Analogie

Bei vollturbulenten Strömungen ist mit Ausnahme unmittelbarer Wandnähe $\nu \ll \epsilon_\tau$ und $a \ll \epsilon_q$. Wird weiter $\epsilon_\tau = \epsilon_q$, d.h. $Pr_{tur} = 1$ gesetzt, so folgt aus den Gln. (6.46) und (6.47)

$$\frac{\tau}{\rho} = \epsilon_\tau \frac{d\overline{u}}{dy}; \quad \frac{q}{\rho c_p} = -\epsilon_q \frac{d\overline{T}}{dy}$$

$$c_p d\overline{T} = -Pr_{tur}\frac{q}{\tau}d\overline{u} = -\frac{q}{\tau}d\overline{u} \ \text{für } Pr_{tur} = 1.$$

Diese Beziehung kann sofort integriert werden. Als Integrationsgrenzen werden die Wand ($\bar{u} = 0$, $\bar{T} = T_w$) sowie die Stelle gewählt, an der $\bar{u} = u_m$ und $\bar{T} = T_m$ ist (da die $\bar{u}$- und $\bar{T}$-Verteilung unter den getroffenen Voraussetzungen identisch sind, ist $\bar{u} = u_m$ und $\bar{T} = T_m$ an der gleichen Position y). Die mittlere Geschwindigkeit u_m und die mittlere Temperatur T_m sind durch die Gl. (3.96) definiert. Es folgt

$$c_p \int_{T_w}^{T_m} d\bar{T} = -\frac{q}{\tau} \int_0^{u_m} d\bar{u}$$

$$c_p(T_w - T_m) = \frac{q}{\tau} u_m = \frac{q_w}{\tau_w} u_m. \tag{6.48}$$

Es werden die Definitionen (3.38) und (2.20) bzw. (5.95) eingeführt, um die Wärmestromdichte und die Schubspannung an der Wand dimensionslos zu machen:

$$St = \frac{q_w}{\rho u_m c_p (T_w - T_m)} = \frac{\alpha}{\rho u_m c_p} \qquad \text{Stanton-Zahl} \tag{6.49}$$

$$\text{mit } \alpha = \frac{q_w}{T_w - T_m} \qquad \text{Wärmeübergangskoeffizient}$$

$$\lambda = 8 \, \frac{\tau_w}{\rho u_m^2} \qquad \text{Widerstandszahl } \lambda. \tag{6.50}$$

Dies eingesetzt in Gl. (6.48) ergibt die als Reynolds-Analogie bekannte Beziehung

$$\boxed{St = \frac{\lambda}{8}} \qquad \text{bzw. } St = \frac{Nu}{RePr} = \frac{\lambda}{8}. \tag{6.51}$$

Dabei sind

$$Nu = \frac{\alpha D}{\lambda} \, ; \qquad Re = \frac{u_m D}{\nu} \, ; \qquad Pr = \frac{\nu}{a} = \frac{\mu c_p}{\lambda}.$$

$D = 2 R$ ist der Rohrdurchmesser, bei Kanalströmungen ist 2 H an Stelle von D einzusetzen. Unglücklicherweise tritt hier das Symbol λ in zweifacher Bedeutung auf, als Wärmeleitfähigkeit in Nu und Pr sowie als dimensionslose Widerstandszahl der Rohrströmung, Gl. (6.50). Es ist aber jeweils deutlich, welche Größe gemeint ist.

Die Reynolds-Analogie gibt für Prandtl-Zahlen von etwa Eins (also für Gase) gute Ergebnisse. Dies ist nach den Ausführungen in Abschnitt 6.3 verständlich, da für $Pr \approx 1$ die Annahme $Pr_{tur} = 1$ eine gute Näherung darstellt.

Prandtl-Analogie

Hierbei wird das Strömungsfeld in zwei Bereiche eingeteilt, in die viskose Unterschicht und in den vollturbulenten Bereich.

In der viskosen Unterschicht können $\epsilon_\tau \ll \nu$ und $\epsilon_q \ll a$ gesetzt werden. Dafür folgt

$$\frac{\tau}{\rho} = \nu \frac{d\bar{u}}{dy}; \qquad \frac{q}{\rho c_p} = -a \frac{d\bar{T}}{dy}$$

$$c_p d\bar{T} = -Pr \frac{q}{\tau} d\bar{u}.$$

Nach Integration zwischen den Grenzen $\bar{u} = 0$, $\bar{T} = T_w$ (Wand) und dem Rand der viskosen Unterschicht, der durch $\bar{u} = u_1$, $\bar{T} = T_1$ gekennzeichnet wird, folgt für $Pr = $ konstant

$$c_p(T_w - T_1) = Pr \frac{q}{\tau} u_1. \tag{6.52}$$

In dem vollturbulenten Kern wird wie bei der Reynolds-Analogie $\nu \ll \epsilon_\tau$, $a \ll \epsilon_q$ sowie $Pr_{tur} = 1$ gesetzt. Es folgt nach Integration zwischen den Grenzen $\bar{u} = u_1$, $\bar{T} = T_1$ und $\bar{u} = u_m$, $\bar{T} = T_m$ anstelle von Gl. (6.48) die Beziehung

$$c_p(T_1 - T_m) = \frac{q}{\tau}(u_m - u_1). \tag{6.53}$$

Die Temperatur T_1 kann aus den Gln. (6.52) und (6.53) eliminiert werden, es ist

$$c_p(T_w - T_m) = \frac{q}{\tau} u_m \left[1 + \frac{u_1}{u_m}(Pr - 1)\right]. \tag{6.54}$$

Mit den Definitionen (6.49) und (6.50) folgt die Aussage

$$St = \frac{\lambda/8}{1 + (u_1/u_m)(Pr - 1)}. \tag{6.55}$$

Die Geschwindigkeit u_1 am Außenrand der viskosen Unterschicht wird aus der Geschwindigkeitsverteilung $u^+ = y^+$, Gl. (5.64), bestimmt, indem $y^+ = 5$ gesetzt wird:

$$u_1^+ = \frac{u_1}{u_\tau} = \frac{u_1}{\sqrt{\tau_w/\rho}} = \frac{u_1}{u_m\sqrt{\lambda/8}} = 5.$$

Dies eingesetzt in Gl. (6.55) ergibt die als Prandtl-Analogie bekannte Beziehung

$$\boxed{St = \frac{\lambda/8}{1 + 5\sqrt{\lambda/8}\,(Pr - 1)}.} \tag{6.56}$$

Für $Pr = 1$ ist die Prandtl-Analogie mit der Reynolds-Analogie (6.51) identisch. Der Einfluß der molekularen Prandtl-Zahl wird über die viskose Unterschicht berücksichtigt. Der Faktor 5 als Außenrand der viskosen Unterschicht ist freilich ein wenig willkürlich und könnte modifiziert werden.

Aufgrund der Zunahme von Pr_{tur} mit abnehmender molekularer Prandtl-Zahl, vgl. Bild 6.1, wird die Prandtl-Analogie aufgrund der Voraussetzung $Pr_{tur} = 1$ für flüssige Metalle nur bedingt gültig sein. Die gleiche Bemerkung gilt für die von Kármán-Analogie, die eine Erweiterung der Prandtl-Analogie darstellt.

Von Kármán-Analogie

Den Überlegungen von Prandtl folgend teilte von Kármán das Strömungsfeld in drei statt in zwei Bereiche ein. Zwischen der viskosen Unterschicht und dem vollturbulenten Bereich berücksichtigt er eine Übergangsschicht ($5 < y^+ < 30$), in der die molekularen und die turbulenten Austauschgrößen von gleicher Größenordnung sind. Die Herleitung läßt sich z.B. in dem Buch von Gebhardt [6.9] nachlesen, es wird

$$St = \frac{\lambda/8}{1 + 5\sqrt{\lambda/8}\left\{Pr - 1 + \ln\left[(5\,Pr + 1)/6\right]\right\}} \tag{6.57}$$

Für $Pr = 1$ folgt wieder die Reynolds-Analogie (6.51).

Weitere Analogien

Martinelli hat das Dreischichtenmodell nach von Kármán dahingehend erweitert, daß er die molekulare Wärmeleitfähigkeit gegenüber der Austauschgröße ϵ_q für den turbulenten Wärmeaustausch auch in dem vollturbulenten Bereich nicht vernachlässigte. Damit ist seine Analogie auch für flüssige Metalle, die eine sehr hohe molekulare Wärmeleitfähigkeit besitzen, anwendbar. Die Überlegungen von Martinelli sind z.B. in den Büchern von Rohsenow und Choi [6.20] sowie Knudsen und Katz [6.13] beschrieben; sie führen auf eine Beziehung, in der tabellarisch angegebene Funktionen verwendet werden müssen. Martinelli hat diese unter der Annahme $Pr_{tur} = 1$ numerisch ermittelt.

Letztere Annahme haben Rohsenow und Cohen zu einer Modifikation der Betrachtungen von Martinelli veranlaßt, da gerade für flüssige Metalle trotz Berücksichtigung der molekularen Wärmeleitfähigkeit die Übereinstimmung mit Experimenten nicht recht befriedigte. Rohsenow und Cohen haben unter Verwendung ihrer Beziehung $Pr_{tur}(Pr)$, Gl. (6.31), die Nusselt-Zahl als Funktion von Re und Pr numerisch ermittelt, siehe [6.20]. Man kann eigentlich nicht mehr von einer Analogie sprechen, wir werden auf ähnliche Rechnungen in Abschnitt 6.6 getrennt eingehen.

Die bisherigen Betrachtungen galten für die ausgebildete Rohr- bzw. Kanalströmung. Bei der ebenen *Plattenströmung* (bzw. generell bei Grenzschichtströmungen) wird die Wandschubspannung in dimensionsloser Form als Reibungsbeiwert

$$c_f(x) = 2\,\frac{\tau_w}{\rho\,u_\delta^{\,2}} \tag{6.58}$$

geschrieben (es ist $u_\delta(x) = u_\infty$ bei der ebenen Platte). Ein Vergleich mit der Widerstandszahl λ, Gl. (6.50), legt die Vermutung nahe, daß die für die Rohr-/Kanalströmung geltenden Analogien auf die Plattenströmung übertragen werden können, wenn $\lambda/8$ durch $c_f/2$ und u_m durch u_δ ersetzt werden. So folgt mit

$$St = \frac{\alpha}{\rho c_p u_\delta} = \frac{c_f}{2} \tag{6.59}$$

die Reynolds-Analogie für die Plattenströmung. In ähnlicher Weise lassen sich die Prandtl- und die von Kármán-Analogie umschreiben. Die implizierte Annahme q/τ = konstant, Gl. (6.45), ist bei der ebenen Plattenströmung ebenfalls näherungsweise gültig, daher ist die

Übertragung von der Rohr-/Kanalgeometrie auf den Fall der ebenen Platte näherungsweise zulässig. In Abschnitt 6.7 gehen wir auf die Plattenströmung getrennt ein.

Wir schließen diesen Abschnitt mit einigen Bemerkungen zum *Stoffaustausch* ab. Dieser kann in völliger Analogie zum Wärmeaustausch behandelt werden.

Die Stoffaustauschgleichung (6.18) lautet für die ausgebildete Kanalströmung

$$\rho \bar{u} \frac{\partial \bar{c}}{\partial x} = - \frac{\partial j}{\partial y} \tag{6.60}$$

entsprechend Gl. (6.41). Es ist $j = j_{res}$. Die Änderung der Konzentration ist über die Massenbilanz

$$j_w \, 2 \, b \, dx = 2 \, bH \, \rho u_m \, dc_m \qquad (b = \text{Kanaltiefe})$$

entsprechend Gl. (3.110) sowie Bild 3.11 mit dem Wandstoffstrom verknüpft. Es folgt entsprechend Gl. (6.42)

$$\rho u_m \frac{dc_m}{dx} = \frac{j_w}{H}. \tag{6.61}$$

Darin ist c_m eine analog zu T_m definierte mittlere Konzentration über den Kanalquerschnitt. Das weitere Vorgehen entspricht völlig dem bisher für den Wärmeübergang geschilderten. Es folgt entsprechend den Gln. (6.44) und (6.45)

$$\frac{j(y)}{j_w} \approx 1 - \frac{y}{H} \quad \text{und} \quad \frac{\tau(y)}{j(y)} \approx \frac{\tau_w}{j_w} = \text{konstant.}$$

Die besprochenen Analogien gelten somit in gleicher Weise für den Stoffaustausch, es sind lediglich Pr durch Sc und St durch St′ zu ersetzen. Es war, siehe Gl. (4.58),

$$St' = \frac{\beta}{u_\delta} = \frac{j_w}{\rho u_\delta \Delta c} = \frac{Sh}{Re \, Sc}. \tag{6.62}$$

Wir verwenden die Sherwood-Zahl Sh anstelle von St′ und erhalten für die Reynolds-Analogie entsprechend Gl. (6.51)

$$Sh = Re \, Sc \, \frac{\lambda}{8}, \tag{6.63a}$$

für die Prandtl-Analogie entsprechend Gl. (6.56)

$$Sh = \frac{Re \, Sc \, \lambda/8}{1 + 5 \sqrt{\lambda/8} \, (Pr - 1)} \tag{6.63b}$$

und für die von Kármán-Analogie entsprechend Gl. (6.57)

$$Sh = \frac{Re \, Sc \, \lambda/8}{1 + 5 \sqrt{\lambda/8} \left\{ Pr - 1 + \ln \left[(5 \, Pr + 1)/6 \right] \right\}}. \tag{6.63c}$$

Bei der Anwendung auf die ebene Plattenströmung ist wie weiter oben geschildert $\lambda/8$ durch $c_f/2$ zu ersetzen. Aufgrund der weitgehenden Analogie zwischen dem turbulenten Wärme- und dem turbulenten Stoffaustausch werden wir uns im folgenden fast ausschließlich mit dem turbulenten Wärmeaustausch beschäftigen.

6.6 Rohrströmung

In diesem Abschnitt werden Vorschläge geschildert, den Wärmeübergang bei turbulenter Rohr- bzw. Kanalströmung ohne Verwendung von Analogievorstellungen durch Lösen der Reynoldsschen Gleichungen zu ermitteln. Hierzu knüpfen wir an die Abschnitte 2.1, 3.4 sowie 5.11 an. Bei ausgebildeter Rohrströmung gehen die Kräfte- und Energiegleichung über in, vgl. Gl. (2.12) und Gl. (3.95):

$$\frac{dp}{dx} = -\frac{1}{r}\frac{\partial(\tau r)}{\partial r} \tag{6.64}$$

$$\rho c_p \bar{u}\frac{\partial T}{\partial x} = \frac{1}{r}\frac{\partial(qr)}{\partial r}. \tag{6.65}$$

Darin sind τ und q die resultierenden Flüsse:

$$\tau = -\mu\frac{\partial\bar{u}}{\partial r} + \rho\overline{u'v'} = -(\mu + \rho\epsilon_\tau)\frac{\partial\bar{u}}{\partial r} \tag{6.66}$$

$$q = \lambda\frac{\partial\bar{T}}{\partial r} - \rho c_p\overline{T'v'} = (\lambda + \rho c_p\epsilon_q)\frac{\partial\bar{T}}{\partial r}. \tag{6.67}$$

Man beachte die in den Abschnitten 2.1 und 5.11 diskutierte Vorzeichenumkehr wegen $y = R - r$ nach Bild 2.1. Damit werden τ bzw. $\tau_w > 0$ sowie q bzw. $q_w > 0$ bei Heizung und < 0 bei Kühlung der Wand.

Die Integration der Kräftegleichung (6.64) ergibt wie in Abschnitt 5.11 die resultierende Schubspannungsverteilung zu

$$\tau(r) = \tau_w\frac{r}{R} = -\mu\frac{\partial\bar{u}}{\partial r} + \rho\overline{u'v'} \tag{6.68}$$

$$\text{mit } \tau_w = -\frac{dp}{dx}\frac{R}{2}.$$

Zur Integration der Energiegleichung (6.65) muß in Anlehnung an Abschnitt 3.4 eine Randbedingung vorgegeben werden. Wir beschränken uns auf den Fall konstanten Wärmeübergangs; entsprechend Gl. (3.101) und Gl. (3.111) bedeutet dies

$$\frac{\partial\bar{T}}{\partial x} = \frac{dT_m}{dx} \quad \text{sowie } q_w = \frac{1}{2}\,\rho u_m R c_p\frac{dT_m}{dx} = \text{konst.} \tag{6.69}$$

Damit folgt aus der integrierten Energiegleichung (6.65) die resultierende Energiestromdichteverteilung zu

$$q(r) = \frac{2q_w}{u_m rR}\int_0^r \bar{u}\,r\,dr = \lambda\frac{\partial\bar{T}}{\partial r} - \rho c_p\overline{T'v'}. \tag{6.70}$$

Im folgenden werden drei Lösungsvorschläge diskutiert, die sich i.w. in den Ansätzen für die turbulenten Austauschgrößen ϵ_τ und ϵ_q unterscheiden.

Vorschlag von Deissler, siehe z. B. [6.6, 6.17]:

Deissler macht die Annahme $q = q_w$ = konstant. Diese recht ungenaue Annahme kann nur getroffen werden, weil die Temperaturgradienten im Bereich um die Rohrachse nahezu vernachlässigbar sind. Die Annahme $q = q_w$ beinhaltet, daß der konvektive Term in der Energiegleichung (6.65) vernachlässigt wird. Daher benötigt Deissler keine Information über das Geschwindigkeitsprofil. Es verbleibt die Lösung der vereinfachten Energiegleichung (6.70)

$$q = q_w = -(\lambda + \rho\, c_p \epsilon_q)\frac{d\overline{T}}{dy} = -\mu c_p \left(\frac{1}{Pr} + \frac{\epsilon_T}{\nu Pr_{tur}}\right)\frac{d\overline{T}}{dy}. \tag{6.71}$$

Hier ist zweckmäßigerweise dr in Gl. (6.70) durch $-$ dy ersetzt worden, um mit der Integration an der Wand beginnen zu können. Nach Einführung der dimensionslosen Variablen

$$y^+ = \frac{y u_\tau}{\nu}; \quad T^+ = \frac{(T_w - \overline{T})\rho c_p u_\tau}{q_w} \quad \text{mit } u_\tau = \sqrt{\tau_w/\rho} \tag{6.72}$$

analog zu Gl. (5.106) geht Gl. (6.71) über in

$$\left(\frac{1}{Pr} + \frac{\epsilon_T}{\nu Pr_{tur}}\right)\frac{dT^+}{dy^+} = 1. \tag{6.73}$$

Nach Integration folgt mit

$$T^+(y^+) = \int_0^{y^+} \left[\frac{1}{Pr} + \frac{\epsilon_T}{\nu Pr_{tur}}\right]^{-1} dy^+ \tag{6.74}$$

ein universelles Temperaturprofil. Zur Ausführung der Integration werden Informationen über die Wirbelviskosität $\epsilon_T/\nu = f(y^+)$ sowie die turbulente Prandtl-Zahl benötigt; die molekulare Prandtl-Zahl ist dann ein Parameter der Temperaturverteilung.

Deissler setzt $Pr_{tur} = 1$ und verwendet für ϵ_T/ν den Ansatz (5.78), der in Wandnähe gute Ergebnisse liefert. Er verwendet diesen Wirbelviskositätsansatz nur bis $y^+ = 26$, wobei dies die Grenze zwischen dem Übergangsbereich und dem vollturbulenten Kern darstellt. Es folgt

$$T^+(y^+, Pr) = \int_0^{y^+} \left\{\frac{1}{Pr} + n^2 u^+ y^+ [1 - \exp(-n^2 u^+ y^+)]\right\}^{-1} dy^+ \tag{6.75}$$

für $y^+ \leqslant 26$, die Beziehung kann numerisch integriert werden.

Im vollturbulenten Kern vernachlässigt Deissler den molekularen Anteil der Schubspannung und verwendet den Prandtlschen Mischungsweg $l = \kappa y$. Es folgt

$$q_w = -\rho c_p \kappa^2 y^2 \frac{d\overline{u}}{dy}\frac{d\overline{T}}{dy}. \tag{6.76}$$

Dividiert durch den korrespondierenden Schubspannungsansatz

$$\tau_w = \rho \kappa^2 y^2 \left(\frac{d\overline{u}}{dy}\right)^2 \tag{6.77}$$

folgt

$$\frac{q_w}{\tau_w} = -c_p \frac{d\overline{T}}{d\overline{u}}. \tag{6.78}$$

Damit ist in Gl. (6.77) die zusätzliche Annahme $\tau(y) = \tau_w$ gemacht worden. Nach Einführung der dimensionslosen Variablen (6.72) sowie $u^+ = \bar{u}/u_\tau$ folgt

$$T^+ - T_1^+ = u^+ - u_1^+ \qquad \text{für } y^+ \geqslant y_1^+ = 26. \tag{6.79}$$

Die Temperaturverteilung im Kernbereich ist damit auf die Geschwindigkeitsverteilung zurückgeführt. Letztere entspricht dem logarithmischen Wandgesetz (5.66), so daß

$$T^+(y^+) - T_1^+ = \frac{1}{\kappa} \ln \frac{y^+}{y_1^+} \qquad \text{für } y^+ \geqslant 26 \tag{6.80}$$

folgt. Dabei sind u_1^+ und T_1^+ die entsprechenden Werte zwischen Übergangsbereich und vollturbulentem Kern, der mit $y_1^+ = 26$ festgelegt wird.

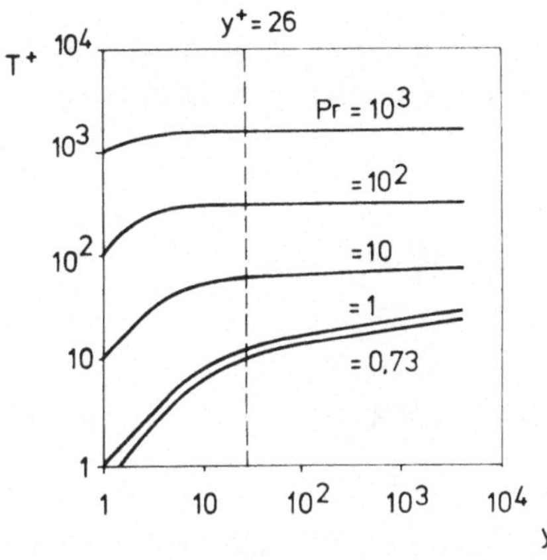

Bild 6.4 Universelle Temperaturprofile $T^+(y^+, Pr)$ bei vollausgebildeter Rohrströmung nach Deissler für q_w = konstant

Bild 6.4 zeigt die ausgeführte numerische Integration der Gl. (6.75) zusammen mit Gl. (6.80). Für Pr = 1 ist das universelle Temperaturprofil mit dem universellen Geschwindigkeitsprofil identisch. In dem linearen Bereich ist der molekulare Austausch gegenüber dem turbulenten Austausch vernachlässigbar. Dieser Bereich rückt mit wachsender Prandtl-Zahl immer stärker an die Wand heran. Die viskose Unterschicht wird dünner, damit erhöht sich der Widerstand gegenüber der Wärmeleitung und die Temperaturprofile werden völliger.

Mit bekanntem Temperaturprofil kann der Wärmeübergang ermittelt werden. Der Wärmeübergangskoeffizient sei durch

$$q_w = \alpha(T_w - T_m) \tag{6.81}$$

definiert. Damit lautet die Nusselt-Zahl

$$Nu = \frac{\alpha D}{\lambda} = \frac{q_w D}{\lambda(T_w - T_m)}. \tag{6.82}$$

Analog zu Gl. (6.72) werden die dimensionslosen Größen

$$R^+ = \frac{R u_\tau}{\nu}; \qquad T_m^+ = \frac{(T_w - T_m)\rho c_p u_\tau}{q_w}; \qquad u_m^+ = \frac{u_m}{u_\tau} \tag{6.83}$$

eingeführt und die Nusselt-Zahl geht über in

$$Nu = \frac{2\,R^+Pr}{T_m^{\ +}} = \frac{RePr}{u_m^{\ +}T_m^{\ +}}\,. \tag{6.84}$$

Das Produkt $u_m^{\ +}T_m^{\ +}$ stellt eine reziproke Stanton-Zahl dar. Gemäß Gl. (3.96) sind die mittlere Temperatur bzw. Temperaturdifferenz und die mittlere Geschwindigkeit durch

$$T_w - T_m = \frac{2}{R^2 u_m} \int\limits_0^R \bar{u}\,r(T_w - \overline{T})\,dr \tag{6.85}$$

$$u_m = \frac{2}{R^2} \int\limits_0^{R^+} \bar{u}\,r\,dr \tag{6.86}$$

gegeben. Da wir hier mit der Integration an der Wand beginnen, setzen wir in Anlehnung an Bild 2.1 $r = R - y$ sowie $dr = -dy$ und vertauschen die Integrationsgrenzen. Damit folgt in dimensionsloser Schreibweise

$$T_m^{\ +} = \frac{2}{R^{+2}u_m^{\ +}} \int\limits_0^{R^+} u^+ T^+ (R^+ - y^+)\,dy^+ = T_m^{\ +}(R^+, Pr) = T_m^{\ +}(Re, Pr) \tag{6.87}$$

$$u_m^{\ +} = \frac{2}{R^{+2}} \int\limits_0^{R^+} u^+ (R^+ - y^+)\,dy^+ = u_m^{\ +}(R^+) = u_m^{\ +}(Re). \tag{6.88}$$

Mit bekanntem Temperatur- und Geschwindigkeitsprofil lassen sich beide Größen numerisch ermitteln. Wegen $Re = 2\,R^+ u_m^{\ +}$ und $u_m^{\ +} = f(R^+)$ kann R^+ durch Re ersetzt werden. Mit dieser Information folgt aus Gl. (6.84) die Nusselt-Zahl als $Nu = Nu(Re, Pr)$, dies ist in Bild 6.5 dargestellt.

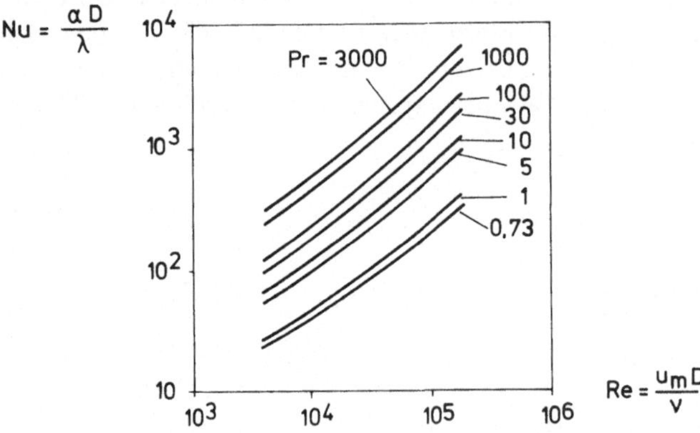

Bild 6.5 Nusselt-Zahl Nu (Re, Pr) bei vollausgebildeter Rohrströmung nach Deissler für q_w = konstant

Die Rechnungen von Deissler sind nur für Prandtl-Zahlen $Pr \geqslant 0{,}73$ ausgeführt worden. Dafür ist nach Abschnitt 6.3 die Annahme $Pr_{tur} = 1$ gerechtfertigt.

Vorschlag von Martinelli, siehe z.B. [6.20], sowie Modifikationen davon:

Schon im vorangegangenen Abschnitt sind wir bei der Besprechung der Analogien auf die Rechnungen von Martinelli kurz eingegangen. Martinelli hat das Dreischichtenmodell der von Kármánschen Analogie verwendet, er hat jedoch auch im vollturbulenten Bereich die molekulare gegenüber der turbulenten Wärmeleitung nicht vernachlässigt, wie dies für flüssige Metalle ($Pr \ll 1$) zutrifft. Er nahm eine lineare Wärmeflußverteilung über den Rohrradius an, was nach Bild 6.3 näherungsweise gilt, und löste das Gleichungssystem

$$\frac{\tau_w}{\rho}\left(1 - \frac{y}{R}\right) = (\nu + \epsilon_\tau)\frac{d\bar{u}}{dy} \tag{6.89}$$

$$\frac{q_w}{\rho\,c_p}\left(1 - \frac{y}{R}\right) = -(a + \epsilon_q)\frac{d\bar{T}}{dy} \tag{6.90}$$

mit entsprechenden Annahmen über ϵ_τ bzw. ϵ_q in den drei Schichten. Als Ergebnis seiner numerischen Rechnungen ist in Bild 6.6 die Temperaturverteilung als $f(Re, Pr)$ für $Pr_{tur} = 1$ dargestellt, siehe z.B. [6.20].

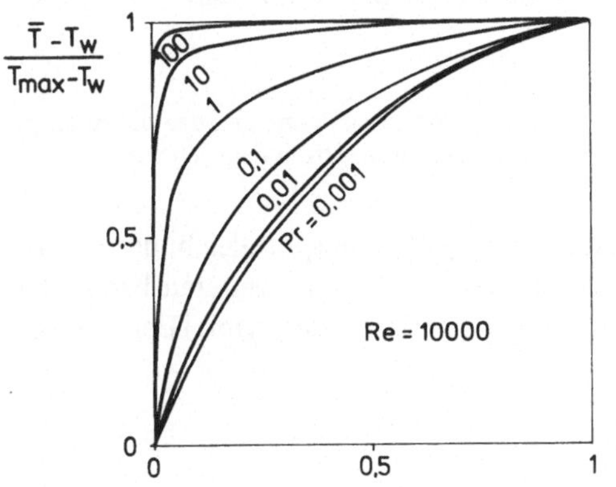

Bild 6.6 Temperaturprofile bei vollausgebildeter Rohrströmung nach Martinelli für Re = 10 000

Für $Pr = 1$ sind Temperatur- und Geschwindigkeitsprofil identisch. Man sieht genau wie in Bild 6.4, daß das Temperaturprofil mit wachsender Prandtl-Zahl völliger wird und der Wärmeübergang demzufolge zunimmt.

Obwohl Martinelli die molekulare Wärmeleitung auch im turbulenten Kern nicht vernachlässigt hat, stimmt der von ihm ermittelte Wärmeübergang auf der Basis der dargestellten Temperaturprofile nur für Prandtl-Zahlen $Pr > 0{,}5$ gut mit Experimenten überein. Das ist zweifellos darauf zurückzuführen, daß die Annahme $Pr_{tur} = 1$ bei sehr kleinen Prandtl-Zahlen versagt. Hierzu sei an Bild 6.1 erinnert. Dies hat Rohsenow und Cohen veranlaßt, die Rechnungen von Martinelli mit der von ihnen vorgestellten Beziehung Pr_{tur} (Pr), siehe Gl. (6.31), entsprechend zu modifizieren. In Bild 6.7 ist der von ihnen ermittelte Verlauf der Nusselt-Zahl $Nu(Re, Pr)$ dargestellt, siehe z.B. [6.20].

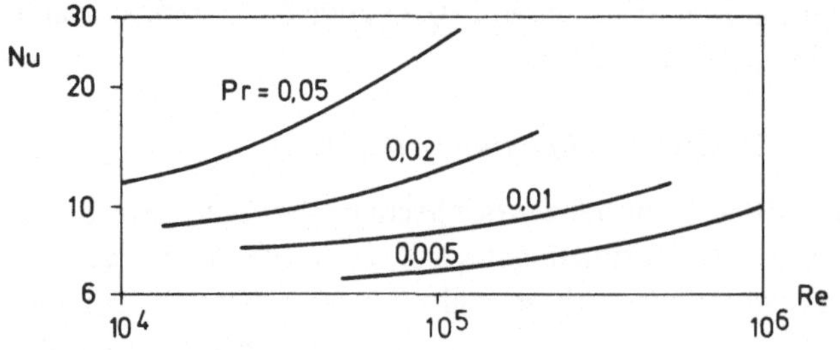

Bild 6.7 Nusselt-Zahl Nu (Re, Pr) bei vollausgebildeter Rohrströmung und kleinen Prandtl-Zahlen nach Rohsenow und Cohen

Vorschlag von Jischa und Rieke[1,2]:

Die bisher geschilderten Vorschläge gehören zu den halbempirischen Methoden erster Ordnung, da sie auf Mischungsweg- bzw. Wirbelviskositätsansätzen basieren. Im folgenden sei ein Vorschlag vorgestellt, der in den Bereich der halbempirischen Methoden höherer Ordnung gehört. Ausgangspunkt ist die Transportgleichung für die Reynoldssche Wärmestromdichte $\overline{T'v'_j}$. Dazu knüpfen wir unmittelbar an die Abschnitte 5.4, 5.6, 5.10 sowie 5.11 an.

In Abschnitt 5.4 sind die Transportgleichungen für den Reynoldsschen Spannungstensor $\overline{v'_i v'_j}$ sowie die Turbulenzenergie k hergeleitet und diskutiert worden. Analog dazu läßt sich die Transportgleichung für $\overline{T'v'_j}$ gewinnen. Dazu wird die Energiegleichung angeschrieben für den Momentanwert $(\overline{T} + T')$ mit der Geschwindigkeitsschwankung v'_j multipliziert, diese wird zu der mit T' multiplizierten Navier-Stokes-Gleichung für den Momentanwert $(\overline{v}_j + v'_j)$ addiert. Anschließend wird zeitlich gemittelt.

Aufgabe 6.3: Man leite die Transportgleichung für $\overline{T'v'_j}$ her und forme sie derart um, daß die Analogie zur Transportgleichung (5.23) für den Reynoldsschen Impulsstrom deutlich wird.

In Abschnitt 5.6 hatten wir die Grenzschichtabschätzung der Transportgleichungen vorgenommen. Eine entsprechende Vorgehensweise führt letztlich zu der im weiteren benötigten *Transportgleichung für den Reynoldsschen Wärmestrom* $\overline{T'v'}$ in Strömungen mit Grenzschichtcharakter:

$$\underbrace{\overline{u}\,\frac{\partial}{\partial x}\,(\overline{T'v'}) + \overline{v}\,\frac{\partial}{\partial y}\,(\overline{T'v'})}_{\text{Konvektion}} + \underbrace{\overline{v'^2}\,\frac{\partial \overline{T}}{\partial y}}_{\text{Produktion}}$$

$$-\underbrace{\frac{1}{\rho c_p}\,\overline{v'\Phi'}}_{\text{Dissipation}} + \nu\,\frac{Pr+1}{Pr}\,\overline{\frac{\partial v'}{\partial x_j}\frac{\partial T'}{\partial x_j}} - \underbrace{\overline{\frac{p'}{\rho}\,\frac{\partial T'}{\partial y}} + ...}_{\text{Umverteilung}} + \underbrace{\frac{\partial}{\partial y}\,[\overline{T'v'^2}\,...]}_{\text{Diffusion}} = 0. \qquad (6.91)$$

1 *M. Jischa* u. *H.B. Rieke:* About the Prediction of Turbulent Prandtl and Schmidt Numbers from Modelled Transport Equations; Int. J. Heat Mass Transfer, Vol. **22**, 1547–1555 (1979).
2 *H.B. Rieke:* Bestimmung des Wärmeübergangs bei turbulenter Rohrströmung mit Hilfe von Transportgleichungen; Diss. Univ. Essen-GH, 1981.

Aufgabe 6.4: Man führe in Anlehnung an Abschnitt 5.6 die Grenzschichtabschätzung der Transportgleichung für $\overline{T'v'_j}$ (Aufgabe 6.3) durch, die zu Gl. (6.91) führt.

Wir vergleichen die Transportgleichungen für $\overline{T'v'}$ und jene für die Reynoldssche Tangentialspannung $\overline{u'v'}$, Gl. (5.56), miteinander. Die konvektiven Terme sind identisch. In dem Produktionsterm erscheint wieder ein typisches Produkt Korrelationsfunktion mal Gradient einer zeitlich gemittelten Größe. Hier ist nicht (wie bei k und $\overline{u'v'}$) der Geschwindigkeitsgradient sondern der Temperaturgradient der Antrieb, der für die Aufrechterhaltung des Schwankungsprodukts $\overline{T'v'}$ sorgt.

Der dissipative Term in Gl. (6.91) besteht aus zwei Anteilen. Der erste Ausdruck enthält den Schwankungsanteil Φ' der Dissipation, siehe hierzu Aufgabe 6.3. Der zweite Ausdruck rührt von dem Wärmeleitungsterm in der Energiegleichung und dem Schwankungsanteil des Reibungsterms in der Impulsgleichung her; auch hierzu sei auf die Herleitung in Aufgabe 6.3 verwiesen. An die Stelle der Druckscherkorrelation in Gl. (5.56) tritt hier ein Term, der als Umverteilung bezeichnet wird. Der Diffusionsterm ist in beiden Beziehungen wiederum ähnlich.

Die Transportgleichung (6.91) ist der Ausgangspunkt der folgenden Überlegungen, die unmittelbar an den Schluß des Abschnitts 5.11, in dem die turbulente Rohrströmung besprochen wurde, anschließen. Bei ausgebildeter Rohrströmung verschwinden die konvektiven Terme in Gl. (6.91). Der Diffusionsterm wird vernachlässigt, dies ist nach den experimentell vorliegenden Informationen, vgl. Bild 5.10(a) für die Turbulenzenergie, besonders bei der Rohrströmung eine unproblematische Annahme. Der Einfachheit halber wird auch für die hier betrachtete Rohrströmung die Transportgleichung (6.91) in den x-, y-Koordinaten modelliert. Dies ist zulässig, da nur der hier vernachlässigte Diffusionsterm in Zylinderkoordinaten eine andere Form hat als in kartesischen Koordinaten. Beim Übergang von kartesischen auf Zylinderkoordinaten findet lediglich eine Vorzeichenumkehr statt, hierzu sei auf die entsprechenden Bemerkungen in den Abschnitten 2.1 und 5.11 verwiesen. Die verbleibenden Terme in Gl. (6.91) werden wie folgt modelliert:

$$\overline{v'^2}\,\frac{\partial \overline{T}}{\partial y} = C_p\,k\,\frac{\partial \overline{T}}{\partial y} \tag{6.92}$$

$$-\frac{1}{\rho c_p}\,\overline{v'\Phi'} - \overline{\frac{p'}{\rho}\frac{\partial T'}{\partial y}} + \ldots = C_U\,\frac{\sqrt{k}}{L}\,\overline{T'v'} \tag{6.93}$$

$$\frac{\nu}{Pr}\,\overline{\frac{\partial v'}{\partial x_j}\frac{\partial T'}{\partial x_j}} = C_D\,\frac{\nu}{Pr}\,\frac{\overline{T'v'}}{L^2}\,. \tag{6.94}$$

Der Ansatz für den Produktionsterm beinhaltet die Annahme $\overline{v'^2} \sim k$. Zu der Modellierung der dissipativen Terme sind einige Erläuterungen erforderlich. Der Ansatz (6.93) entspricht der Prandtlschen Modellierung $\epsilon \sim k^{3/2}/L$ für die Dissipation der Turbulenzenergie k. Es ist anzunehmen, daß die Dissipation von $\overline{T'v'}$ dieser Größe selbst proportional ist. Der zweite dissipative Term in Gl. (6.91) besteht aus einem ν-proportionalen und einem $\nu/Pr = \lambda/(\rho c_p)$-proportionalen Anteil. Wie bei $\overline{u'v'}$-Modellen, siehe z.B. [6.21], ist der ν-proportionale Anteil des dissipativen Terms vernachlässigbar gegenüber dem Anteil (6.93); der ν/Pr-proportionale Anteil kann jedoch speziell bei flüssigen Metallen wegen $Pr \ll 1$ gegenüber dem Anteil (6.93) nicht vernachlässigt werden. Der Ausdruck $\overline{T'v'}/L^2$ in der Modellierung (6.94) liegt aus Dimensionsgründen nahe. Wir führen weiter eine durch

$$Re_{tur} = \frac{\sqrt{k}\,L}{\nu} \qquad\qquad (6.95)$$

definierte turbulente Reynolds-Zahl ein und können damit Gl. (6.94) durch

$$C_D \frac{\nu}{Pr} \frac{\overline{T'v'}}{L^2} = C_D \frac{1}{Pr\,Re_{tur}} \frac{\sqrt{k}}{L} \overline{T'v'} \qquad\qquad (6.96)$$

ausdrücken. Die so vereinfachte und modellierte Transportgleichung lautet damit

$$C_p\,k\frac{\partial \overline{T}}{\partial y} + \left(C_D \frac{1}{Pr\,Re_{tur}} + C_U\right) \frac{\sqrt{k}}{L} \overline{T'v'} = 0. \qquad\qquad (6.97)$$

Die Modellierung (6.97) liefert eine Aussage über die Verteilung des turbulenten Wärmestromes

$$-\overline{T'v'} = \frac{C_p}{C_D\dfrac{1}{Pr\,Re_{tur}} + C_U}\,\sqrt{k}\,L\,\frac{\partial \overline{T}}{\partial y}. \qquad\qquad (6.98)$$

Ein Vergleich mit der Prandtlschen Modellierung für $\overline{u'v'}$

$$-\overline{u'v'} = C_\tau\,\sqrt{k}\,L\,\frac{\partial \overline{u}}{\partial y} \qquad\qquad (6.99)$$

zeigt, daß der Nenner in der Gl. (6.98) offenbar beschreibt, in welcher Weise der Mischungsweg für den turbulenten Wärmeaustausch von der Prandtl- und der Reynolds-Zahl abhängt.

Schließlich folgt für die nach Gl. (6.23) definierte turbulente Prandtl-Zahl

$$Pr_{tur} = \frac{\overline{u'v'}}{\overline{T'v'}}\,\frac{\partial \overline{T}/\partial y}{\partial \overline{u}/\partial y} \qquad\qquad (6.100)$$

die Aussage

$$Pr_{tur} = \frac{C_\tau}{C_p}\left(C_D \frac{1}{Pr\,Re_{tur}} + C_U\right). \qquad\qquad (6.101)$$

Die turbulente Reynolds-Zahl ist mit dem Prandtlschen k-Modell als Funktion der Re-Zahl und des Wandabstandes bekannt. Wir verweisen hierzu auf Bild 5.20 und die an dieser Stelle angeführten Betrachtungen. Um jedoch für die turbulente Prandtl-Zahl letztlich eine analytische Beziehung angeben zu können, wird der Zusammenhang zwischen

$$Re_{tur} = \frac{\sqrt{k}\,L}{\nu} = \frac{\epsilon_\tau}{C_\tau\nu} \qquad\qquad \text{mit Gl. (5.82)}$$

und der Re-Zahl sowie dem Wandabstand untersucht. Durch die Vernachlässigung des Diffusionsterms in der Transportgleichung (6.91) kann bei der hier vorgestellten Modellierung die Abhängigkeit vom Wandabstand nicht untersucht werden. Dafür liegen ohnehin in dem Bereich $Pr \ll 1$ keine gesicherten Experimente vor. Es ist nach Rieke daher zulässig, als analytische Approximation $Re_{tur} = a\,Re^m$ zu verwenden und damit auch hier konsequenterweise die Abhängigkeit vom Wandabstand zu vernachlässigen. Wir führen dies in Gl. (6.101) ein und erhalten nach Zusammenfassung der Konstanten die turbulente Prandtl-Zahl als Funktion der molekularen Prandtl-Zahl und der Reynolds-Zahl:

$$Pr_{tur} = K_1 + K_2 \frac{1}{Pr\,Re^m}.$$

(6.102)

Dabei entstammen die Konstanten K_1 und K_2 der geschilderten Modellierung und der Exponent m der besprochenen Approximation. Die Konstanten K_1 und K_2 können an die in Bild 6.1 gezeigten Experimente bezüglich der turbulenten Prandtl-Zahl oder an gemessene Nusselt-Zahlen angepaßt werden. Letzteres ist vorzuziehen, da die Experimente bezüglich der Nusselt-Zahl wesentlich genauer sind als die Messungen der turbulenten Prandtl-Zahl (siehe Abschnitt 6.3). Die rechnerische Bestimmung der Nusselt-Zahl erfolgt aus Gl. (6.84) und entspricht im Prinzip dem geschilderten Vorgehen von Deissler, wenn wir von der komplizierteren Modellierung absehen. Rieke schlägt folgende Werte vor:

$$m = 0{,}888; \quad K_1 = 0{,}9; \quad K_2 = 182{,}4.$$

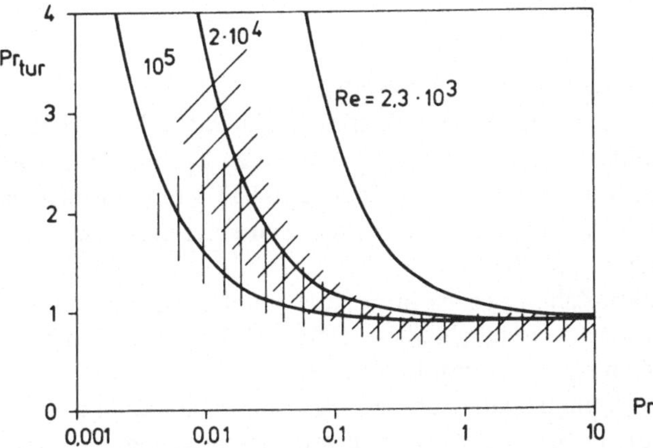

Bild 6.8 Turbulente Prandtl-Zahl Pr_{tur} (Pr, Re) nach Gl. (6.102)

Bild 6.8 zeigt die turbulente Prandtl-Zahl nach Gl. (6.102) verglichen mit den Experimenten aus Bild 6.1; die Übereinstimmung ist sehr gut. Hinzu kommt, daß Gl. (6.102) verglichen mit vielen in Abschnitt 6.4 geschilderten Beziehungen sehr einfach aufgebaut ist, obwohl nicht nur der Einfluß der Prandtl-Zahl sondern auch der der Reynolds-Zahl erfaßt wird.

Der Gültigkeitsbereich der vorgestellten Beziehung (6.102) ist auf Grund der Grenzschichtabschätzung $RePr \gg 1$ eingeschränkt. Bei flüssigen Metallen ist die molekulare Prandtl-Zahl von der Größenordnung 10^{-2} bis 10^{-3}. Ist die Voraussetzung $RePr \gg 1$ nicht erfüllt, so muß die axiale Wärmeleitung berücksichtigt werden. Dies muß bei der Anwendung der Beziehung (6.102) beachtet werden.

In Übereinstimmung mit Experimenten gibt die Beziehung (6.102) an, daß für Prandtl-Zahlen > 1 die turbulente Prandtl-Zahl unabhängig von der Re-Zahl gegen einen konstanten Wert (= K_1 = 0,9) geht. Das bedeutet, daß für Pr > 1 die Abhängigkeit von der Pr- und Re-Zahl an Bedeutung stark abnimmt. Statt dessen wird für Pr > 1 die Abhängigkeit vom Wandabstand bedeutsam. Bei flüssigen Metallen (Pr ≪ 1) ist letzterer Einfluß gegenüber der Pr- und Re-Abhängigkeit vernachlässigbar.

Die Abhängigkeit der turbulenten Prandtl-Zahl von der Pr- und Re-Zahl läßt sich anschaulich begründen. Für Pr ≪ 1 besitzt ein turbulenter Fluidballen eine sehr hohe molekulare Wärmeleitfähigkeit. Er wird daher rascher Wärme mit seiner Umgebung austauschen als Impuls, die turbulente Prandtl-Zahl nimmt mit abnehmender Pr-Zahl zu. Dieser Zusammenhang wird jedoch zusätzlich durch die Re-Zahl beeinflußt. Mit zunehmender Re-Zahl wächst die Intensität der turbulenten Schwankungsbewegungen, die erhöhte turbulente Vermischung verringert den Einfluß der raschen molekularen Wärmeleitung. Auf der anderen Seite wird für Pr-Zahlen ≳ 1 die molekulare Wärmeleitung unbedeutend. Der turbulente Austausch von Impuls und Wärme wird dann allein von den turbulenten Schwankungen beherrscht, die beide Austauschvorgänge in gleicher Weise beeinflussen. Die turbulente Prandtl-Zahl wird dann von der Pr- und Re-Zahl unabhängig sein. Zusammenfassend können wir folgende Abhängigkeiten in Grenzfällen erwarten:

$$\begin{aligned} Pr_{tur} &\to \infty && \text{für } Pr \to 0 \text{ und } Re \neq \infty, \\ Pr_{tur} &\to \text{konst.} && \text{für } Re \to \infty \text{ und } Pr \neq 0, \\ &&& \text{sowie für } Pr \gtrsim 1. \end{aligned}$$

Diese Abhängigkeiten werden von der Beziehung (6.102) bestätigt.

Jischa und Rieke haben an anderer Stelle[1] die Abhängigkeit der turbulenten Prandtl-Zahl vom Wandabstand bei der Rohrströmung für Luft (Pr = 0,7) untersucht. Es zeigte sich, daß dafür in erster Linie der Diffusionsterm in der Transportgleichung (6.91) verantwortlich ist und daher mitberücksichtigt werden muß. Dies führt jedoch nicht zu einer analytisch darstellbaren Beziehung für die turbulente Prandtl-Zahl.

Die Kenntnis der turbulenten Prandtl-Zahl mag zwar informativ sein, letztlich interessiert jedoch die an der Wand übergehende Wärmestromdichte Nu = f(Re, Pr). Diese läßt sich nach Gl. (6.84) numerisch ermitteln, nachdem sämtliche Profile vorliegen.

Zur Erinnerung gehen wir dazu noch einmal kurz auf die Ausführungen am Ende des Abschnitts 5.11 ein. In Bild 5.20 sind die $\bar{u}$-, k-, $\overline{u'v'}$- sowie ϵ_τ-Profile bei ausgebildeter Rohrströmung dargestellt, die aus einer numerischen Lösung der Bewegungsgleichung (5.104) zusammen mit der modellierten Transportgleichung (5.105) folgen. Diese Profile werden benötigt, um aus der Energiegleichung (6.70) zusammen mit der modellierten Transportgleichung (6.97) die $\overline{T}$-, $\overline{T'v'}$ und ϵ_q-Profile numerisch zu ermitteln. An Stelle der modellierten Transportgleichung (6.97) kann bei praktisch gleicher Genauigkeit die vorgestellte Beziehung (6.102) für die turbulente Prandtl-Zahl verwendet werden. Abschließend wird aus Gl. (6.84) die Nusselt-Zahl ermittelt. Dazu müssen die Größen u_m^+ und T_m^+ entsprechend Gl. (6.87) und (6.88) aus einer numerischen Integration gewonnen werden. Bild 6.9 zeigt die von Rieke derart ermittelte Nusselt-Zahl verglichen mit empirischen Beziehungen und Experimenten.

---

1   siehe Fußnote Seite 227.

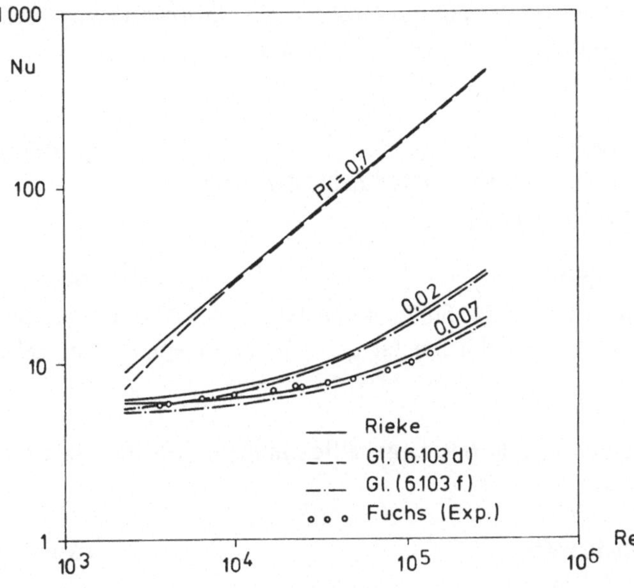

Bild 6.9 Nusselt-Zahl Nu (Re, Pr) bei vollausgebildeter Rohrströmung nach Rechnungen von Rieke für q_w = konstant

Es gibt eine Reihe von empirischen Beziehungen, die sowohl für q_w = konstant als auch T_w = konstant verwendet werden. Für Gase und Flüssigkeiten werden vorgeschlagen, vgl. z.B. [6.28]:

$$Nu = 0,023\ Re^{0,8}\ Pr^n \tag{6.103a}$$

nach Dittus und Boelter (1930); n = 0,3 bei Kühlung und n = 0,4 bei Heizung, teilweise wird auch n = n (Pr) angegeben, siehe z.B. [6.27].

$$Nu = 0,037\ (Re^{0,75} - 180)\ Pr^{0,42} \left[1 + \left(\frac{d}{1}\right)^{2/3}\right] \tag{6.103b}$$

nach Hausen (1959).

$$Nu = \frac{Re\ Pr\ \lambda/8}{k_1(\lambda) + k_2(Pr)\ \sqrt{\lambda/8}\ (Pr^{2/3} - 1)} \tag{6.103c}$$

nach Petukhov und Popov (1963) in Anlehnung an die Prandtl-Analogie; es bedeuten:

$k_1(\lambda) = 1 + 3,4\ \lambda$

$k_2(Pr) = 11,7 + 1,8\ Pr^{-1/3}$

$\lambda = (1,82 \log Re - 1,64)^{-2}$ nach Filonenko.

Teilweise werden in Anlehnung an eine frühere Beziehung von Petukhov und Kirillov (1958) vereinfachend $k_1 = 1,07$ und $k_2 = 12,7$ gesetzt.

$$Nu = \frac{(Re - 1000)\ Pr\ \lambda/8}{1 + 12,7\ \sqrt{\lambda/8}\ (Pr^{2/3} - 1)} \left[1 + \left(\frac{d}{1}\right)^{2/3}\right] \tag{6.103d}$$

nach Gnielinksi (1975) durch Modifikation der Gl. (6.103c) mit λ nach Filonenko.

Bei größeren Temperaturdifferenzen wird der Einfluß veränderlicher Stoffwerte empirisch über Faktoren der Form $(\mu/\mu_w)^a$ oder $(T/T_w)^b$ oder $(Pr/Pr_w)^c$ erfaßt.

Für flüssige Metalle werden vorgeschlagen:

$$Nu = A + 0{,}025 \,(Re\ Pr)^{0{,}815} \tag{6.103e}$$

nach Lyons (1951) bekannt als Lyons-Martinelli-Gleichung

für q_w = konstant, siehe z.B. [6.6].

$$Nu = 5 + 0{,}025 \,(Re\ Pr)^{0{,}8} \tag{6.103f}$$

nach Seban und Shimazaki (1951) für T_w = konstant, von Subbotin u.a. auch zur Approximation ihrer Experimente für q_w = konstant empfohlen, siehe Fuchs.[1]

Rieke gibt als Approximation seiner in Bild 6.9 dargestellten numerischen Resultate folgende Beziehung für q_w = konstant an:

$$Nu = A + 0{,}0214 \,(Re\ Pr)^{0{,}815} \tag{6.103g}$$
$$A = 0 \qquad \text{für } 0{,}5 \leqslant Pr \leqslant 1$$
$$A = 5{,}6 \qquad \text{für} \qquad Pr < 0{,}5 \text{ und } Re < 3 \cdot 10^5.$$

Durch die verfügbaren Experimente sind die numerischen Resultate und die Approximation im Bereich $Pr < 0{,}5$ nur bis etwa $Re = 3 \cdot 10^5$ gesichert. Die Approximation weicht von den numerischen Ergebnissen um maximal 5% ab.

In Bild 6.9 ist vergleichsweise für $Pr = 0{,}7$ (Luft) die Gl. (6.103d) nach Gnielinski für $d/1 = 0$ eingezeichnet worden, für kleine Re-Zahlen gibt es leichte Abweichungen. Die Gl. (6.103c) nach Petukhov und Popov fällt im Rahmen der Zeichengenauigkeit mit den Rechnungen von Rieke zusammen. Für $Pr \ll 1$ ist mit Experimenten von Fuchs[1] sowie der Approximation (6.103f) verglichen worden. Die Beziehung von Lyons und Martinelli gibt verglichen hiermit zu große Werte für die Nusselt-Zahl, darauf weist auch Fuchs hin. Die Übereinstimmung mit den Ergebnissen der hier vorgestellten Modellierung ist bemerkenswert gut.

Freilich sind die empirischen Beziehungen und Experimente aus Bild 6.9 dazu verwendet worden, die Konstanten K_1 und K_2 in Gl. (6.102) anzupassen; der Exponent m folgte aus der Impulsbetrachtung. Es soll hervorgehoben werden, daß mit der vorgestellten Modellierung

— nur 3 Konstanten an Experimente angepaßt werden,

— die Beziehung für Pr_{tur} (Re, Pr) sehr gut mit Messungen übereinstimmt,

— die damit ermittelte Nusselt-Zahl ebenfalls sehr gut mit Messungen übereinstimmt und

— schließlich die gleiche Aussage für die Profile gilt, die in Bild 6.10 dargestellt sind.

In die Bilder 6.10 (a) bis (d) sind keine Experimente eingezeichnet worden, hierzu sei ebenso wie bei den entsprechenden Bildern 5.20 (a) bis (e) auf die Originalarbeit von Rieke verwiesen.

---

1   siehe Fußnote Seite 259.

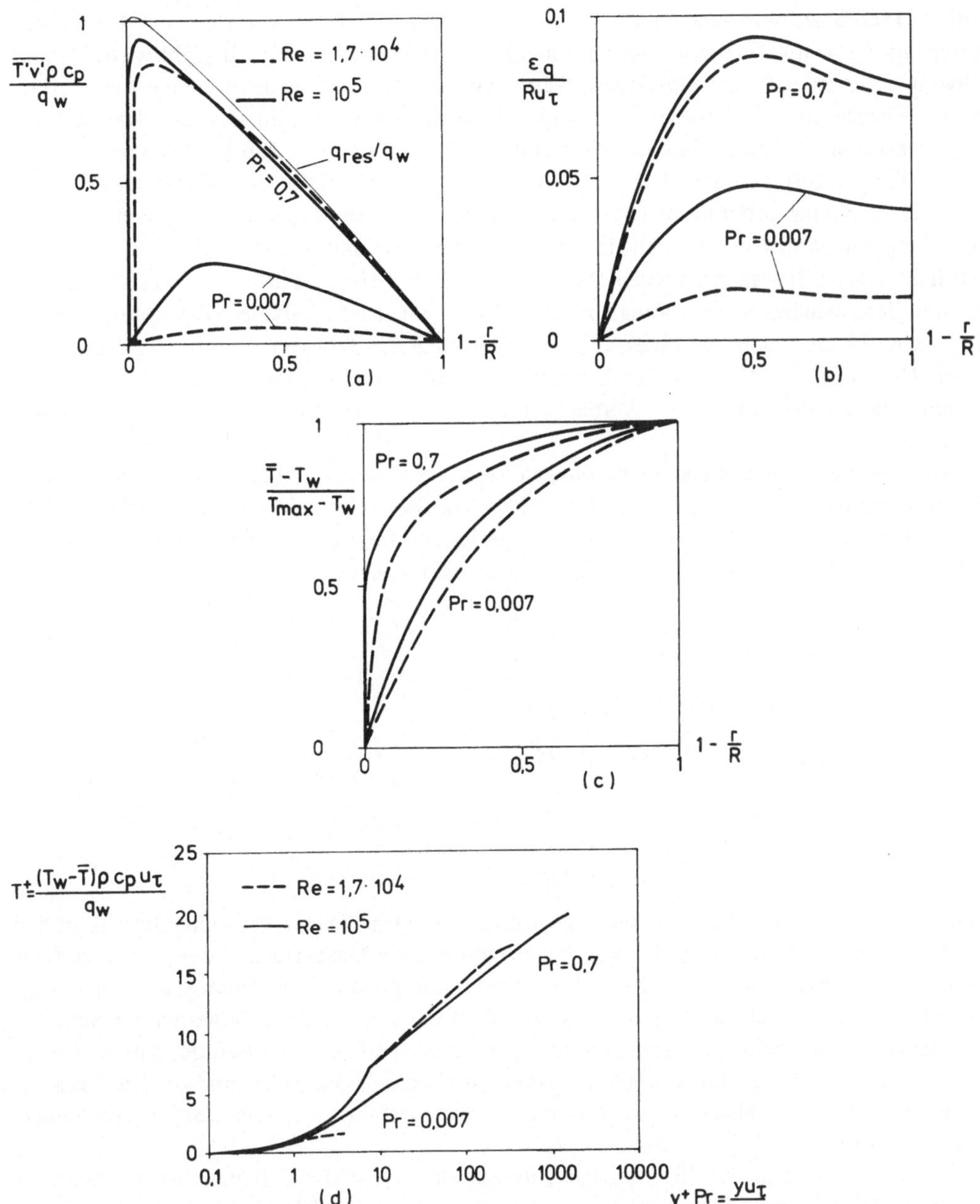

Bild 6.10 Reynoldsscher Wärmestrom (a), turbulente Austauschgröße für den Wärmeaustausch (b) und Temperaturverteilung (c und d) bei ausgebildeter Rohrströmung nach Rechnungen von Rieke

In den Bildern 5.20 (a) bis (e) trat nur die Reynolds-Zahl als Parameter auf, hier kommt der Einfluß der Prandtl-Zahl hinzu. Wir hatten schon bei der Diskussion der Beziehung Pr_{tur} (Re, Pr) festgestellt, daß der Einfluß der Re-Zahl mit abnehmender Prandtl-Zahl zunimmt. Dies sehen wir auch in Bild 6.10 (a) bei dem $\overline{T'v'}$-Profil bestätigt. Der turbulente Anteil am Gesamtwärmestrom wird umso kleiner, je kleiner die Prandtl-Zahl wird. Er verschwindet für $Pr \to 0$, die molekulare Wärmeleitung dominiert dann gegenüber dem turbulenten Wärmeaustausch. Dieser Effekt wird mit abnehmender Re-Zahl verstärkt. Die gleichen Aussagen gelten für die turbulente Wärmeaustauschgröße ϵ_q nach Bild 6.10 (b) und ebenso für das Temperaturprofil nach Bild 6.10 (c). Für $Pr \to 0$ (verstärkt mit abnehmender Re-Zahl) wird die Strömung „thermisch laminar", während sie „hydrodynamisch turbulent" bleibt. Das Temperaturprofil nähert sich dem der laminaren Strömung. Man sieht dies besonders deutlich in der halblogarithmischen Darstellung in Bild 6.10 (d). Für $Pr \sim 1$ erkennt man wie bei der Geschwindigkeitsverteilung in Bild 5.20 (e) ein logarithmisches Wandgesetz, das an die viskose Unterschicht anschließt. Für $Pr \ll 1$ besteht das Temperaturprofil nur aus der viskosen Unterschicht. Mit „viskoser Unterschicht" ist im thermischen Fall diejenige Schicht gemeint, in der die molekulare Wärmeleitung gegenüber dem turbulenten Wärmeaustausch dominiert.

Abschließend sollen einige Bemerkungen zum *turbulenten Stoffaustausch* gemacht werden. Die Transportgleichung für den Reynoldsschen Stoffstrom $\overline{c'v'}$ entspricht nahezu völlig der Transportgleichung (6.91) für $\overline{T'v'}$. Die Herleitung folgt dem in den Aufgaben 6.3 und 6.4 beschriebenen Vorgehen. Es folgt für ein inertes Binärgemisch:

$$\underbrace{\bar{u}\frac{\partial}{\partial x}(\overline{c'v'}) + \bar{v}\frac{\partial}{\partial y}(\overline{c'v'})}_{\text{Konvektion}} + \underbrace{\overline{v'^2}\frac{\partial\bar{c}}{\partial y}}_{\text{Produktion}} \qquad (6.104)$$

$$+ \underbrace{\nu\frac{Sc+1}{Sc}\overline{\frac{\partial v'}{\partial x_j}\frac{\partial c'}{\partial x_j}}}_{\text{Dissipation}} - \underbrace{\overline{\frac{p'}{\rho}\frac{\partial c'}{\partial y}}}_{\substack{\text{Umver-}\\\text{teilung}}} + \underbrace{\frac{\partial}{\partial y}[\overline{c'v'^2} - ...]}_{\text{Diffusion}} = 0.$$

Verglichen mit Gl. (6.91) fehlt der erste Dissipationsterm. Dieser hat seine Ursache in der Dissipation Φ in der Energiegleichung, hierzu gibt es kein Gegenstück in der partiellen Kontinuitätsgleichung. Obwohl die Dissipation Φ bei inkompressiblen Strömungen vernachlässigbar ist, kann deren Schwankungsanteil von Bedeutung sein, da die Gradienten der Schwankungsbewegungen recht groß sein können. Es ist ein experimenteller Befund, daß die turbulente (indirekte) Dissipation wesentlich größer ist als die (direkte) Dissipation. Dies ist auch in der Skizze „Energiekaskade" in Abschnitt 5.5 dargestellt; man vergleiche hierzu Bemerkungen von Rotta [6.21].

Der Unterschied in den Transportgleichungen für $\overline{T'v'}$ und $\overline{c'v'}$ berührt die eingangs geschilderte Modellierung jedoch nicht, so daß die zur Gl. (6.102) führenden Überlegungen völlig analog übernommen werden können. In der Beziehung (6.102) ist lediglich Pr durch Sc und Pr_{tur} durch Sc_{tur} zu ersetzen. Es folgt

$$Sc_{tur} = K_1 + K_2\frac{1}{Sc\,Re^m}. \qquad (6.105)$$

Es kann nicht zuletzt aufgrund der Annahme $Le_{tur} = 1$ vermutet werden, daß die Konstanten in den Beziehungen (6.102) und (6.105) identisch sind. Eine experimentelle Bestätigung steht jedoch noch aus.

6.7 Ebene Plattenströmung

In diesem Abschnitt werden keine wesentlichen neuen Informationen mitgeteilt. Wir beschränken uns darauf, die in den beiden vorangegangenen Abschnitten zusammengetragenen Resultate für den Wärmeübergang an der ebenen Platte zusammenzufassen.

Zunächst knüpfen wir an die in Abschnitt 6.5 besprochenen Analogien zwischen dem Wärme- und dem Impulsaustausch an. Dort hatten wir diskutiert, daß die für die ausgebildete Rohrströmung gewonnenen Analogien näherungsweise bei der ebenen Plattenströmung gelten, da die zentrale Voraussetzung q/τ = konstant auch innerhalb der Plattengrenzschicht angenähert erfüllt ist. Die drei besprochenen *Analogien* seien für die Plattenströmung zusammengestellt:

$$St = \frac{c_f}{2} \qquad\qquad \begin{array}{l}\text{Reynolds-Analogie}\\ \text{für Pr} = 1,\end{array} \qquad (6.106)$$

$$St = \frac{c_f/2}{1 + 5\,\sqrt{c_f/2}\,(Pr - 1)} \qquad\qquad \text{Prandtl-Analogie,} \qquad (6.107)$$

$$St = \frac{c_f/2}{1 + 5\,\sqrt{c_f/2}\{Pr - 1 + \ln\left[(5\,Pr + 1)/6\right]\}} \qquad \text{v. Kármán-Analogie.} \qquad (6.108)$$

Dabei ist

$$St = \frac{\alpha}{\rho\,c_p\,u_\delta} = \frac{Nu_x}{Re_x\,Pr} \qquad (6.109)$$

die Stanton-Zahl. Aus Abschnitt 5.12, Gl. (5.114), ist der örtliche Reibungsbeiwert der ebenen Platte mit

$$c_f(x) = \text{konst. } Re_x^{-1/5} \qquad (6.110)$$

bekannt. Mit dieser Information sind in Bild 6.11 die drei Analogien in der Form $Nu_x(Re_x, Pr)$ dargestellt, wobei für die Konstante im Reibungsgesetz der Wert 0,0592 an Stelle von 0,0577 nach Gl. (5.114) gewählt wurde, der besser mit Experimenten übereinstimmt, siehe z.B.[6.22].

Es sei daran erinnert, daß sämtliche Analogien die Voraussetzung $Pr_{tur} = 1$ verwenden. Dies ist nach den Informationen aus den Abschnitten 6.3 und 6.6 für sehr kleine molekulare Prandtl-Zahlen nicht mehr zulässig, so daß die Kurven für $Pr = 0{,}01$ nicht verwendet werden sollten. Ansonsten sind die Analogien von großer praktischer Bedeutung, da sie, wie Messungen belegen, auch bei Grenzschichtströmungen mit Druckgradient näherungsweise gültig sind.

Abschließend knüpfen wir an die Abschnitte 5.7 und 5.13.3 an, in denen die universelle Geschwindigkeitsverteilung diskutiert wurde. In analoger Weise läßt sich unter gewissen Voraussetzungen eine *universelle Temperaturverteilung* innerhalb der Grenzschicht angeben.

In Abschnitt 6.5 wurde diskutiert, daß bei ausgebildeter turbulenter Rohrströmung das Verhältnis von Wärmestromdichte zu Schubspannung angenähert konstant über den Rohrquerschnitt ist. Auch bei der Plattenströmung ist dies angenähert erfüllt, so daß entsprechend Gl. (6.45)

$$\frac{-q}{\tau} = \frac{\lambda + \rho\,c_p\,\epsilon_q}{\mu + \rho\,\epsilon_\tau}\,\frac{d\overline{T}}{d\overline{u}} \approx \frac{-q_w}{\tau_w} \qquad (6.111)$$

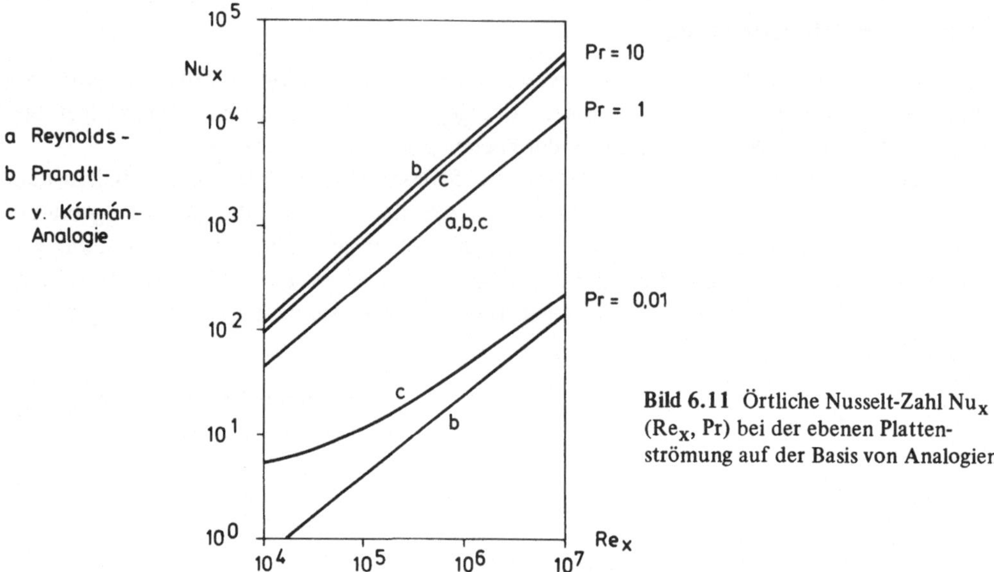

Bild 6.11 Örtliche Nusselt-Zahl Nu_x (Re_x, Pr) bei der ebenen Plattenströmung auf der Basis von Analogien

geschrieben werden kann. Nach Einführung der dimensionslosen Größen $u^+ = \bar{u}/u_\tau$ mit $u_\tau = \sqrt{\tau_w/\rho}$ sowie T^+ nach Gl. (6.72) folgt nach Trennung der Variablen und anschließender Integration

$$T^+ = \frac{(T_w - \bar{T})\,\rho\,c_p u_\tau}{q_w} = \int\limits_0^{u^+} \frac{1 + \epsilon_\tau/\nu}{\dfrac{1}{Pr} + \dfrac{\epsilon_\tau}{\nu Pr_{tur}}}\,du^+. \tag{6.112}$$

Dabei ist die turbulente Prandtl-Zahl $Pr_{tur} = \epsilon_\tau/\epsilon_q$ eingeführt worden. Im Gegensatz zu den Ausführungen in Abschnitt 6.5 wird die Grenzschicht nicht in zwei Bereiche unterteilt, in denen jeweils der molekulare bzw. der turbulente Anteil der Flüsse vernachlässigt wird. Mit einem geeigneten Ansatz für $\epsilon_\tau/\nu = f(u^+)$ kann Gl. (6.112) numerisch integriert werden. Dies zeigt Bild 6.12 für $Pr_{tur} = 1$ sowie

$$\frac{\epsilon_\tau}{\nu} = \kappa \exp(-\kappa C)\left[\exp(\kappa u^+) - 1 + \kappa u^+ - \frac{(\kappa u^+)^2}{2}\right]. \tag{6.113}$$

Dieser Ansatz ist von Spalding vorgeschlagen worden, siehe z.B. [6.26]. Er erfaßt die viskose Unterschicht und gleichzeitig den vollturbulenten Bereich. In Abschnitt 5.9 hatten wir zwei ähnliche Ansätze vorgestellt, siehe die Gln. (5.78) und (5.79). Die Konstanten $\kappa = 0{,}40$ und $C = 5{,}5$ sind jene des logarithmischen Wandgesetzes (5.66).

Die molekulare Prandtl-Zahl ist ein Parameter der Temperaturverteilung. Für $Pr = 1$ sind die universelle Geschwindigkeitsverteilung (5.66), die in Bild 5.11 dargestellt ist, und die universelle Temperaturverteilung identisch. Die Integration (6.112) läßt sich nicht geschlossen ausführen. Man erkennt jedoch sofort, daß innerhalb der viskosen Unterschicht aus Gl. (6.112) die Aussage $T^+ = Pr\, u^+$ folgt. Wegen $u^+ = y^+$ nach Gl. (5.64) ist $T^+ = Pr\, y^+$. Für den logarithmischen Bereich gibt White [6.26] folgende Approximation an:

$$T^+ \approx \frac{1}{\kappa}\ln y^+ + A\,(Pr). \tag{6.114}$$

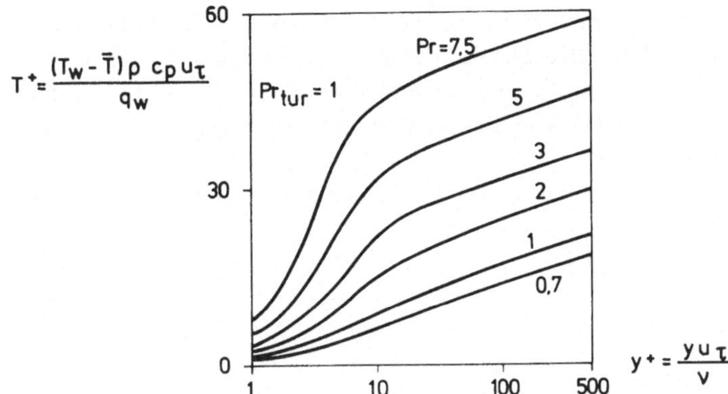

Bild 6.12 Das Wandgesetz der Temperaturgrenzschicht nach White [6.26]

Der Zusammenhang A (Pr) folgt aus der numerischen Integration und kann nach White durch

$$A(Pr) \approx 12{,}8 \, Pr^{0,68} - 7{,}3 \qquad (6.115)$$

approximiert werden. Für Pr = 1 ist A = 5,5, für Pr > 1 ist A > 5,5 und für Pr < 1 ist A < 5,5. Die universelle Temperaturverteilung ist nicht im Bereich niedriger Prandtl-Zahlen zu verwenden.

Ein Vergleich der Bilder 6.12 und 6.10 (d) zeigt, daß bei genauerer Analyse die Temperaturverteilung nicht nur die Prandtl-Zahl sondern auch die Reynolds-Zahl als Parameter enthält. Die Bezeichnung universelle Temperaturverteilung kann daher bestenfalls mit Einschränkungen akzeptiert werden.

6.8 Freie Konvektionsströmung an der senkrechten Platte

In Abschnitt 3.6 hatten wir die freie Konvektionsströmung an der ebenen Platte bei laminarer Strömung diskutiert. Dabei hatten wir eine exakte Lösung auf der Basis einer Ähnlichkeitstransformation sowie eine Näherungslösung auf der Basis von Integralbedingungen besprochen. Wir knüpfen an dieser Stelle an letzteres Vorgehen an und übernehmen zunächst die Integralbedingungen für Impuls (3.152) und Energie (3.153) aus Abschnitt 3.6.2:

$$\frac{d}{dx} \int_0^\delta \bar{u}^2 \, dy = -\frac{\tau_w}{\rho} + g\beta \int_0^\delta (\bar{T} - T_\infty) \, dy \qquad (6.116)$$

$$\frac{d}{dx} \left[\int_0^\delta \bar{u}(\bar{T} - T_\infty) \, dy \right] = \frac{q_w}{\rho c_p} . \qquad (6.117)$$

Dabei ist $\mu(\partial u/\partial y)_w$ durch τ_w und $-\lambda(\partial T/\partial y)_w$ durch q_w ersetzt worden, da τ_w und q_w experimentellen Informationen entnommen werden müssen.

Auch hier werden wie in Abschnitt 3.6.2 die Dicken der Strömungs- und Temperaturgrenz-schicht gleichgesetzt, was für $Pr \sim 1$ zutrifft. Es wird das in Bild 3.14 dargestellte Koordinatensystem verwendet, die Wandtemperatur T_w und die Außentemperatur T_∞ seien konstant. Die hier vorgestellte Lösung wurde 1950 von Eckert und Jackson angegeben, siehe z.B. [6.20].

Experimentell ermittelte Temperatur- und Geschwindigkeitsverteilungen lassen sich gut durch folgende Ansätze approximieren:

$$\frac{\overline{T}(x, y) - T_\infty}{T_w - T_\infty} = 1 - \left(\frac{y}{\delta}\right)^{1/7} \tag{6.118}$$

$$\frac{\overline{u}(x, y)}{u_0(x)} = \left(\frac{y}{\delta}\right)^{1/7} \left(1 - \frac{y}{\delta}\right)^4. \tag{6.119}$$

Darin ist u_0 eine offene Funktion von x mit der Dimension einer Geschwindigkeit, sie ist der maximalen Geschwindigkeit u_{max} proportional. Nach dem Ansatz (6.119) ist $u_{max} = 0,54\, u_0$ an der Stelle $y/\delta = 1/29$. In Bild 6.13 sind beide Profilverläufe dargestellt. Man vergleiche dies mit Bild 3.17 für den laminaren Fall.

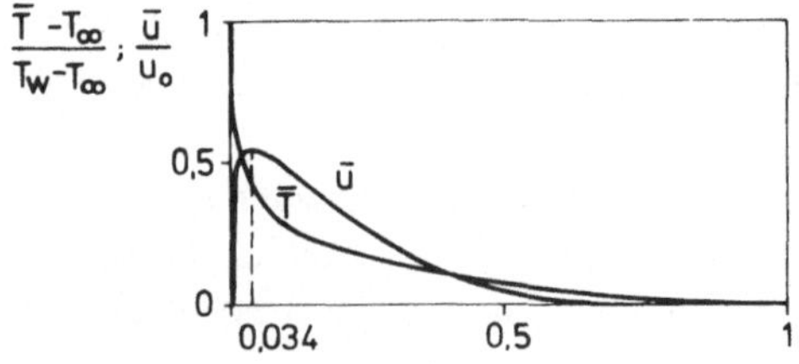

Bild 6.13 Temperatur- und Geschwindigkeits-profil nach Gl. (6.118) und Gl. (6.119)

Die Ansätze erinnern an das 1/7-Potenzprofil, das in Abschnitt 5.12 bei der Näherungslösung der turbulenten Plattengrenzschicht verwendet wurde. Genau wie dort kann auch hier die Wandschubspannung τ_w nicht aus dem Geschwindigkeitsansatz (6.119) ermittelt werden, entsprechendes gilt für q_w und den Ansatz (6.118) für das Temperaturprofil.

Es wird angenommen, daß die bei erzwungener Konvektion gewonnenen empirischen Ansätze für τ_w und q_w auch bei freier Konvektion verwendet werden können. Für τ_w benutzen wir Gl. (5.112):

$$\tau_w = 0,0225\, \rho u_\infty^2 \left(\frac{\nu}{u_\infty \delta}\right)^{1/4}. \tag{6.120}$$

Der Wandwärmestrom kann über eine Analogiebeziehung ausgedrückt werden. Um den Einfluß der Prandtl-Zahl erfassen zu können, wird nicht die einfache Reynolds-Analogie $St = c_f/2$ gewählt. Es wäre möglich, die Prandtl- oder die von Kármán-Analogie, Gl. (6.56) bzw. (6.57), mit $c_f/2$ an Stelle von $\lambda/8$, zu verwenden. Eckert und Jackson haben statt dessen die experimentell gewonnene Colburn-Analogie

$$St\, Pr^{2/3} = \frac{c_f}{2} = \frac{\tau_w}{\rho u_\infty^2} \tag{6.121}$$

benutzt. Mit τ_w nach Gl. (6.120) folgt

$$\frac{q_w}{\rho\, c_p} = 0{,}0225\,(T_w - T_\infty)\,u_\infty \left(\frac{\nu}{u_\infty \delta}\right)^{1/4} Pr^{-2/3}. \tag{6.122}$$

Ein Vergleich der Geschwindigkeitsverteilung bei erzwungener Konvektion

$$\frac{\bar{u}}{u_\infty} = \left(\frac{y}{\delta}\right)^{1/7} \qquad \text{nach Gl. (5.110)}$$

mit derjenigen nach Gl. (6.119) zeigt, daß für kleine Werte y/δ die Größe u_0 mit u_∞ identisch ist. Wir können daher u_∞ in den Gln. (6.121) und (6.122) durch die Bezugsgröße u_0 ersetzen.

Führen wir die Lösungsansätze (6.118) und (6.119) sowie die Beziehungen für τ_w und q_w in die Integralbedingungen (6.116) und (6.117) ein, so folgt

$$0{,}0523\,\frac{d}{dx}\,(u_0^2\delta) = -0{,}0225\,u_0^2\left(\frac{\nu}{u_0\delta}\right)^{1/4} + 0{,}125\ g\beta(T_w - T_\infty)\delta \tag{6.123}$$

$$0{,}0366\,\frac{d}{dx}\,(u_0\delta) = 0{,}0225\,u_0\left(\frac{\nu}{u_0\delta}\right)^{1/4} Pr^{-2/3}. \tag{6.124}$$

Aufgabe 6.5:   Man bestätige beide Beziehungen.

Ein Vergleich mit den Integralbedingungen (3.161) und (3.162) für den laminaren Fall zeigt eine entsprechende Übereinstimmung. Auch hier läßt sich das Gleichungssystem geschlossen lösen. Dazu werden Lösungsansätze der Form $u_0 = Ax^m$ und $\delta = Bx^n$ gemacht. Diese werden in die Integralbedingungen eingesetzt, nach einem Vergleich der Koeffizienten und Exponenten folgen die Größen A, B, m und n zu:

$$\begin{aligned}
&m = 1/2; \quad n = 7/10 \\
&A = 0{,}0689\ \nu B^{-5}\,Pr^{-8/3} \\
&B^{10} = 0{,}00338\ \frac{\nu^2}{g\beta(T_w - T_\infty)}\,[1 + 0{,}494\,Pr^{2/3}]\,Pr^{-16/3}.
\end{aligned} \tag{6.125}$$

Wir führen die mit der Lauflänge x gebildete örtliche Grashof-Zahl

$$Gr_x = \frac{g\beta x^3(T_w - T_\infty)}{\nu^2}, \tag{6.126}$$

vgl. Gl. (3.145), ein und erhalten aus $u_0 = Ax^m$

$$u_0 = 1{,}185\,\frac{\nu}{x}\,Gr_x^{1/2}\,[1 + 0{,}494\,Pr^{2/3}]^{-1/2} \tag{6.127}$$

sowie aus $\delta = Bx^n$

$$\frac{\delta}{x} = 0{,}566\,Gr_x^{-0{,}1}\,Pr^{-8/15}\,[1 + 0{,}494\,Pr^{2/3}]^{0{,}1}. \tag{6.128}$$

Mit diesen Ergebnissen für $u_\delta(x)$ sowie $\delta(x)$ ist der Wandwärmestrom $q_w(x)$ nach Gl. (6.122) bekannt und die örtliche Nusselt-Zahl läßt sich angeben:

$$Nu_x = \frac{\alpha x}{\lambda} = 0{,}0295\ Gr_x^{2/5}\ Pr^{7/15}\ [1 + 0{,}494\ Pr^{2/3}]^{-2/5}. \qquad (6.129)$$

Aufgabe 6.6:   Man bestätige die Beziehungen (6.125) sowie das Resultat (6.129) für Nu_x.

Danach ist $\alpha(x) \sim x^{1/5}$ und der mittlere Wärmeübergangskoeffizient α_m wird

$$\alpha_m = \frac{1}{L} \int\limits_0^L \alpha(x)\ dx = \frac{5}{6}\ \alpha(x)\bigg|_{x=L}. \qquad (6.130)$$

Die mittlere Nusselt-Zahl lautet damit

$$Nu_m = \frac{\alpha_m L}{\lambda} = 0{,}0246\ Gr^{2/5}\ Pr^{7/15}\ [1 + 0{,}494\ Pr^{2/3}]^{-2/5}. \qquad (6.131)$$

Darin ist Gr die mit der Länge L definierte Grashof-Zahl nach Gl. (3.149). Zum Vergleich hierzu wird die mit Gl. (3.148) angegebene Beziehung für den laminaren Fall gegenübergestellt:

$$Nu_m = 0{,}902\ (Gr/4)^{1/4}\ Pr^{1/2}\ [0{,}861 + Pr^{1/4}]^{-1}. \qquad (6.132)$$

Im Bereich von $1 < Pr < 10$ kann diese Beziehung durch

$$Nu_m = 0{,}56\ (GrPr)^{1/4} \qquad (6.133)$$

approximiert werden. Der laminare Bereich liegt bei $10^4 < Ra = GrPr < 10^9$. Für $Ra = GrPr > 10^9$ ist die freie Konvektionsströmung turbulent. Für Luft und Wasser ist die Beziehung (6.131) experimentell bestätigt worden. Sie kann durch

$$Nu_m = K_T\ (GrPr)^{2/5} \qquad (6.134)$$

approximiert werden, wobei K_T eine Funktion der Prandtl-Zahl ist, siehe z. B. [6.20]:

Pr	1	5	10	100
K_T	0,0210	0,0192	0,0178	0,013

In Bild 6.14 sind die Beziehungen (6.133) und (6.134) für den laminaren sowie für den turbulenten Fall und $Pr = 1$ dargestellt, die Übereinstimmung mit Experimenten ist gut, vgl. [6.20].

Abschließend seien die unterschiedlichen Abhängigkeiten bei laminarer und turbulenter freier Konvektionsströmung an einer senkrechten Platte zusammengestellt.

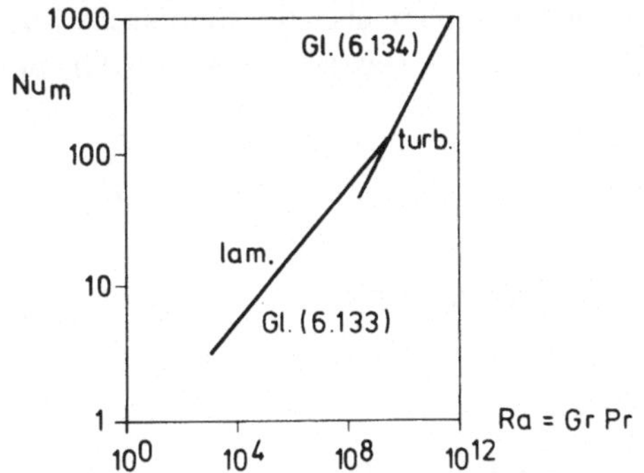

Bild 6.14 Wärmeübergang bei freier Konvektionsströmung an einer senkrechten Platte für Pr = 1

		laminar	turbulent
δ	$\sim$	$x^{1/4}$	$x^{7/10}$
u_0	$\sim$	$x^{1/2}$	$x^{1/2}$
α	$\sim$	$x^{-1/4}$	$x^{1/5}$
Nu_x	$\sim$	$x^{3/4}$	$x^{6/5}$
Nu_m	$\sim$	$Gr^{1/4}$	$Gr^{2/5}$

Die turbulente Grenzschicht wächst wie bei erzwungener Konvektion rascher als die laminare.

6.9 Kompressible Grenzschichtströmungen

6.9.1 Einleitende Bemerkungen

In einer inkompressiblen Strömungsgrenzschicht sind der Druck und der Geschwindigkeitsvektor die abhängigen Variablen, demzufolge existieren nur Druck- und Geschwindigkeitsschwankungen. Diese sind über die Kräftegleichung miteinander verknüpft. Bei gleichzeitigem Wärmeaustausch kommt die Temperatur als neue Unbekannte hinzu, es treten zusätzlich Temperaturschwankungen auf. Zwischen den Geschwindigkeits- und Temperaturschwankungen gibt es eine starke Korrelation, bewirkt durch das gleichzeitige Auftreten von Geschwindigkeits- und Temperaturgradienten. Dies gilt für den inkompressiblen wie den kompressiblen Fall. Nach Messungen von Kistler, siehe z.B. [6.22], erreicht der Korrelationskoeffizient

$$\frac{\overline{u'T'}}{\sqrt{\overline{u'^2}}\,\sqrt{\overline{T'^2}}}$$

in einer kompressiblen Grenzschicht Werte von 0,6 bis 0,8.

Im inkompressiblen Fall hängen die Druck- und Temperaturschwankungen nur über die Geschwindigkeitsschwankungen zusammen. Dies ist bei kompressiblen Strömungen grundsätzlich anders. Die Dichte ist variabel und entsprechend den Aufspaltungen (5.2) sowie (6.6) ist

$$\rho = \bar{\rho} + \rho'. \tag{6.135}$$

Die Druck-, Temperatur- und Dichteschwankungen sind nunmehr über die thermische Zustandsgleichung miteinander verknüpft. Wir nehmen ein ideales Gas an. Damit gilt für die Momentanwerte $p = \rho RT$, d.h.

$$\bar{p} + p' = R\bar{\rho}\bar{T} + R\bar{\rho}T' + R\bar{T}\rho' + R\rho'T'. \tag{6.136}$$

Nach zeitlicher Mittelung wird daraus wegen $\overline{\rho'T'} \ll \bar{\rho}\bar{T}$ näherungsweise

$$\bar{p} = \bar{\rho}R\bar{T} \tag{6.137}$$

und aus Gl. (6.136) folgt für den Zusammenhang zwischen Druck-, Temperatur- und Dichteschwankungen

$$\frac{p'}{\bar{p}} = \frac{T'}{\bar{T}} + \frac{\rho'}{\bar{\rho}}. \tag{6.138}$$

An dieser Stelle seien zwei experimentelle Informationen mitgeteilt, die für Ma < 5 (also mit Ausnahme von Hyperschallströmungen) allgemein akzeptiert werden, siehe z.B. [6.4]:
— Temperatur- und Dichteschwankungen verlaufen näherungsweise isobar.
— Die totale Enthalpie h_0 bzw. totale Temperatur T_0 ist in adiabater Strömung näherungsweise konstant.

Daraus folgen als Bestandteil der *Morkovin-Hypothese,* siehe [6.7], die Annahmen:

$$\frac{p'}{\bar{p}} \ll 1 \quad \wedge \quad \frac{\rho'}{\bar{\rho}} \approx -\frac{T'}{\bar{T}} \tag{6.139}$$

$$\frac{T_0'}{\bar{T}_0} \ll 1 \quad \wedge \quad \frac{\rho'}{\bar{\rho}} \approx -\frac{T'}{\bar{T}} \approx (\kappa - 1)\,Ma^2\frac{u'}{\bar{u}}. \tag{6.140}$$

Aufgabe 6.7:   Man bestätige den Zusammenhang zwischen der Temperatur- bzw. Dichteschwankung und der Geschwindigkeitsschwankung.

Da die relative Geschwindigkeitsschwankung $u'/\bar{u}$ klein gegenüber Eins ist, gilt das gleiche für die relative Dichteschwankung $\rho'/\bar{\rho}$, solange der Ausdruck $(\kappa - 1)\,Ma^2$ nicht groß gegenüber Eins wird. Dies ist mit Ausnahme von Hyperschallströmungen erfüllt.

Aufgrund der Temperaturschwankungen beinhalten auch die Transportkoeffizienten $\mu(T)$ und $\lambda(T)$ sowie die Wärmekapazität $c_p(T)$ einen Schwankungsanteil:

$$\mu = \bar{\mu} + \mu'; \quad \lambda = \bar{\lambda} + \lambda'; \quad c_p = \bar{c}_p + c_p'. \tag{6.141}$$

Die Berücksichtigung auch dieser Schwankungsanteile würde die weitere Diskussion außerordentlich erschweren. Glücklicherweise ist es zulässig, diese Schwankungen in erster Näherung zu vernachlässigen.

6.9.2 Die Grenzschicht-Gleichungen

In diesem Abschnitt soll keine ausführliche Grenzschichtabschätzung der Reynoldsschen Gleichung vorgenommen werden, wie dies in Abschnitt 5.6 für inkompressible Strömungen vorgeführt wurde. Wir werden an diese Ergebnisse anknüpfen und uns die Erweiterung auf den kompressiblen Fall plausibel machen.

Wegen $\rho = \bar{\rho} + \rho'$ gilt für die Reynoldssche Tangentialspannung, die im inkompressiblen Fall nach Gl. (5.54) $\tau_{\text{tur}} = -\overline{\rho u'v'}$ lautet, nunmehr

$$\tau_{\text{tur}} = -(\bar{\rho}\,\overline{u'v'} + \bar{u}\,\overline{\rho'v'} + \bar{v}\,\overline{\rho'u'} + \overline{\rho'u'v'}). \tag{6.142}$$

Darin bedeuten $\overline{\rho'v'}$ und $\overline{\rho'u'}$ turbulente Massenströme in y- und x-Richtung, die auch in der Kontinuitätsgleichung auftreten. Diese lautet für im Mittel stationäre und zweidimensionale Strömungen

$$\frac{\partial}{\partial x}(\bar{\rho}\bar{u}) + \frac{\partial}{\partial y}(\bar{\rho}\bar{v}) + \frac{\partial}{\partial x}(\overline{\rho'u'}) + \frac{\partial}{\partial y}(\overline{\rho'v'}) = 0. \tag{6.143}$$

An dieser Stelle führen wir die Grenzschichtannahmen

$$\bar{v} \ll \bar{u} \quad \text{und} \quad \frac{\partial}{\partial x} \ll \frac{\partial}{\partial y}$$

ein. Wegen $\overline{\rho'u'} \sim \overline{\rho'v'}$ entfallen damit der dritte gegenüber dem zweiten Term in Gl. (6.142) sowie der dritte gegenüber dem vierten Term in Gl. (6.143). Außerdem ist die Tripelkorrelation in τ_{tur} klein im Vergleich zu den Doppelkorrelationen und kann daher vernachlässigt werden.

Damit geht Gl. (6.143) über in

$$\frac{\partial}{\partial x}(\bar{\rho}\bar{u}) + \frac{\partial}{\partial y}(\bar{\rho}\bar{v} + \overline{\rho'v'}) = 0. \tag{6.144}$$

Führt man die Momentanwerte ein, so läßt sich der zweite Term verkürzt schreiben:

$$\frac{\partial}{\partial x}(\bar{\rho}\bar{u}) + \frac{\partial}{\partial y}(\overline{\rho v}) = 0. \tag{6.145}$$

Dies ist die Kontinuitätsgleichung für im Mittel stationäre und zweidimensionale turbulente kompressible Strömungen.

Von der Reynoldsschen Tangentialspannung (6.142) verbleibt nach der Grenzschichtabschätzung

$$\tau_{\text{tur}} = -(\bar{\rho}\,\overline{u'v'} + \bar{u}\overline{\rho'v'}). \tag{6.146}$$

Der zweite Summand wird analog zu dem Vorgehen bei der Kontinuitätsgleichung mit in den konvektiven Term der Impulsgleichung aufgenommen. Diese lautet hier, man vergleiche dies mit Gl. (5.53) im inkompressiblen Fall:

$$\bar{\rho}\bar{u}\,\frac{\partial\bar{u}}{\partial x} + \underbrace{(\bar{\rho}\bar{v} + \overline{\rho'v'})}_{\overline{\rho v}}\frac{\partial\bar{u}}{\partial y} = -\frac{dp_\delta}{dx} + \frac{\partial}{\partial y}\left(\mu\frac{\partial\bar{u}}{\partial y} - \overline{\rho u'v'}\right). \tag{6.147}$$

Die turbulente Tangentialspannung ist damit endgültig durch

$$\tau_{tur} = -\overline{\rho u'v'} \tag{6.148}$$

definiert. Das gleiche Vorgehen wird bei der Energiegleichung angewendet. Definiert man den Reynoldsschen Energiestrom durch

$$q_{tur} = c_p \overline{\rho} \, \overline{T'v'} \tag{6.149}$$

so lautet die Energiegleichung der Grenzschicht

$$c_p \left[\overline{\rho} \overline{u} \frac{\partial \overline{T}}{\partial x} + \underbrace{(\overline{\rho} \overline{v} + \overline{\rho'v'})}_{\overline{\rho v}} \frac{\partial \overline{T}}{\partial y} \right] = \overline{u} \frac{dp_\delta}{dx} - \frac{\partial q}{\partial y} + \tau \frac{\partial \overline{u}}{\partial y}. \tag{6.150}$$

Man vergleiche mit Gl. (3.31) für den laminaren kompressiblen Fall sowie mit Gl. (6.16) für den turbulenten inkompressiblen Fall. Mit q und τ sind die unten angegebenen resultierenden Flüsse gemeint.

Wir fassen das Gleichungssystem für ebene, im Mittel stationäre turbulente kompressible Grenzschichtströmungen zusammen:

$$\frac{\partial}{\partial x}(\overline{\rho}\overline{u}) + \frac{\partial}{\partial y}(\overline{\rho v}) = 0 \tag{6.151}$$

$$\overline{\rho}\overline{u} \frac{\partial \overline{u}}{\partial x} + \overline{\rho v} \frac{\partial \overline{u}}{\partial y} = -\frac{dp_\delta}{dx} + \frac{\partial \tau}{\partial y} \tag{6.152}$$

$$c_p \left(\overline{\rho}\overline{u} \frac{\partial \overline{T}}{\partial x} + \overline{\rho v} \frac{\partial \overline{T}}{\partial y} \right) = \overline{u} \frac{dp_\delta}{dx} - \frac{\partial q}{\partial y} + \tau \frac{\partial \overline{u}}{\partial y} \tag{6.153}$$

Es bedeuten

$$\tau = \mu \frac{\partial \overline{u}}{\partial y} - \overline{\rho u'v'} \tag{6.154}$$

$$q = -\lambda \frac{\partial \overline{T}}{\partial y} + \overline{\rho} c_p \overline{T'v'}. \tag{6.155}$$

Mit μ und λ sind die zeitlichen Mittelwerte $\mu(\overline{T})$ und $\lambda(\overline{T})$ gemeint, der Mittelungsstrich wird aufgrund der Vernachlässigung der Schwankungsanteile weggelassen.

Das Gleichungssystem (6.151) bis (6.155) wird durch die thermische Zustandsgleichung (6.137) ergänzt. Es ist damit lösbar, sofern geeignete Modellierungsansätze zur Erfassung der Reynoldsschen Terme τ_{tur} und q_{tur} vorliegen.

Normalerweise gelten folgende Randbedingungen:

$$\begin{aligned} y = 0 \text{ (Wand)} &: \overline{u} = \overline{\rho v} = 0;\ \overline{T} = T_w(x) \quad \text{oder } q = q_w(x); \\ y = \delta \text{ (Außenrand)} &: \overline{u} = u_\delta(x);\ \overline{T} = T_\delta(x);\ \overline{\rho} = \rho_\delta(x). \end{aligned} \tag{6.156}$$

Die in diesem Abschnitt verwendete Mittelwertbildung wird als *konventionelle Mittelung* bezeichnet. Sie erfolgt völlig analog den bisher verwendeten Mittelungen. Im kompressiblen Fall erwies es sich als zweckmäßig, die gemittelte Geschwindigkeitskomponente $\bar{v}$ nicht von der gemittelten Dichte $\bar{\rho}$ zu trennen, da v in den Grenzschichtgleichungen ausschließlich in der Kombination ρv auftritt. Die Komponente u ist dagegen von der Dichte entkoppelt worden, da u auch in Termen ohne ρ auftritt. Dies ist hingegen bei v nicht der Fall. Bei der Lösung des Gleichungssystems wird man zunächst $\bar{\rho v}$ aus der Impuls- und Energiegleichung mit der Kontinuitätsgleichung eliminieren, wobei die Unbekannten $\bar{\rho}$, $\bar{u}$ und $\bar{T}$ verbleiben.

Bei der konventionellen Mittelung tritt in der gemittelten Kontinuitätsgleichung (6.144) ein Quellterm $\partial(\overline{\rho' v'})/\partial y$ auf, der einen Massenfluß quer zu den durch $\bar{v}_j$ definierten Stromlinien darstellt. Das bedeutet, daß die konventionelle Mittelung nicht mit dem Stromlinienkonzept konsistent ist. Die Stromlinien können bei kompressiblen Strömungen nicht über den Volumenstrom (pro Fläche) v_j sondern nur über den Massenstrom (pro Fläche) ρv_j definiert werden, da durch eine von Stromlinien begrenzte Stromröhre definitonsgemäß kein Massenstrom tritt. Dies hat dazu geführt, anstelle der konventionellen Mittelung eine sog. *massengewichtete Mittelung* vorzunehmen. Diese geht auf Arbeiten von van Driest sowie Favre zurück, siehe z.B. [6.4, 6.8]. Die massengewichtete mittlere Geschwindigkeit ist durch

$$\tilde{v}_j = \frac{\overline{\rho v_j}}{\bar{\rho}}, \text{ d.h. } \tilde{u} = \frac{\overline{\rho u}}{\bar{\rho}} \text{ usw.} \tag{6.157}$$

definiert. Der Momentanwert der Geschwindigkeit wird üblicherweise in den massengewichteten Mittelwert $\tilde{v}_j$ und einen darauf bezogenen Schwankungswert v_j'' zerlegt:

$$v_j(x_i, t) = \tilde{v}_j(x_i) + v_j''(x_i, t). \tag{6.158}$$

Um einer möglichen Konfusion aufgrund der unterschiedlichen Bezeichnungen (die in der Literatur ohnehin nicht einheitlich sind) vorzubeugen, seien diese zusammengefaßt:

$\overline{\ldots}$ konventionelle zeitliche Mittelung

$\tilde{\ldots}$ massengewichtete Mittelung

$\ldots'$ Schwankungsanteil bei konventioneller Mittelung

$\ldots''$ Schwankungsanteil bei massengewichteter Mittelung.

Es ist zweckmäßig, die Dichte weiterhin konventionell zu mitteln, d.h. $\rho = \bar{\rho} + \rho'$ zu setzen. Damit wird

$$\rho v_j = (\bar{\rho} + \rho')(\tilde{v}_j + v_j'') = \bar{\rho}\tilde{v}_j + \rho'\tilde{v}_j + \rho'v_j'' + \bar{\rho}v_j''.$$

Nach zeitlicher Mittelung wird daraus

$$\overline{\rho v_j} = \bar{\rho}\tilde{v}_j + \overline{(\bar{\rho} + \rho')v_j''} = \bar{\rho}\tilde{v}_j + \overline{\rho v_j''}.$$

Setzen wir hier $\tilde{v}_j$ nach der Definition (6.157) ein, so folgt die Aussage:

$$\overline{\rho v_j''} = 0. \tag{6.159}$$

Damit erkennen wir den wesentlichen Unterschied zwischen beiden Mittelungsarten:

Konventionelle Mittelung: $\overline{v_j'} = 0$; $\overline{\rho v_j'} \neq 0$

Massengewichtete Mittelung: $\overline{v_j''} \neq 0$; $\overline{\rho v_j''} = 0.$

Aufgabe 6.8:   Es läßt sich eine Reihe von Zusammenhängen zwischen den unterschiedlich gemittelten Größen angeben. Man drücke die Differenz $\tilde{v}_j - \overline{v}_j$ durch Schwankungsgrößen aus und zeige, daß $\overline{\rho' v_j'} = \overline{\rho' v_j''}$ ist.

Wir wollen die Bemerkungen über die massengewichtete Mittelung abschließen, indem die Grenzschicht-Gleichungen (6.151) bis (6.153) mit der massengewichteten Geschwindigkeit $\tilde{v}_j$ geschrieben werden. Vorbereitend können wir nach Aufgabe 6.8 schreiben:

$$\tilde{u} - \overline{u} = \frac{\overline{\rho' u''}}{\overline{\rho}}; \quad \tilde{v} - \overline{v} = \frac{\overline{\rho' v''}}{\overline{\rho}}.$$

In Grenzschichtströmungen ist $\overline{v} \ll \overline{u}$ bzw. $v \ll u$, daher kann man

$$\tilde{u} = \overline{u}; \quad \tilde{v} = \overline{v} + \frac{\overline{\rho' v''}}{\overline{\rho}}$$

setzen. Bezüglich der Komponente u sind in Grenzschichtströmungen somit beide Mittelungsarten identisch; dies gilt bezüglich v jedoch nicht. Aufgrund der Definition (6.157) ist $\overline{\rho v} = \overline{\rho}\tilde{v}$; dies führen wir in das Gleichungssystem (6.151) bis (6.153) ein und erhalten:

$$\frac{\partial}{\partial x}\left(\overline{\rho}\overline{u}\right) + \frac{\partial}{\partial y}\left(\overline{\rho}\tilde{v}\right) = 0 \tag{6.160}$$

$$\overline{\rho}\overline{u}\frac{\partial \overline{u}}{\partial x} + \overline{\rho}\tilde{v}\frac{\partial \overline{u}}{\partial y} = -\frac{dp_\delta}{dx} + \frac{\partial \tau}{\partial y} \tag{6.161}$$

$$c_p\left(\overline{\rho}\overline{u}\frac{\partial \overline{T}}{\partial x} + \overline{\rho}\tilde{v}\frac{\partial \overline{T}}{\partial y}\right) = \overline{u}\frac{dp_\delta}{dx} - \frac{\partial q}{\partial y} + \tau\frac{\partial \overline{u}}{\partial y}. \tag{6.162}$$

Wir verwenden im weiteren die konventionelle Reynoldssche Mittelung, da der bei der massengewichteten Mittelung durch den Fortfall der Dichteschwankungsterme zunächst gewonnene Vorteil bei der Schließung des Gleichungssystems wieder aufgehoben wird. Weiterhin ist ein Vergleich zwischen Modellierung und Experiment i.a. nur auf der Basis der konventionellen Mittelung möglich. Diese Problematik diskutiert Härtnagel[1] ausführlicher.

6.9.3 Partikulärlösung der Energiegleichung

Zunächst definieren wir wie im inkompressiblen Fall analog zu den Gln. (6.20) und (6.21) turbulente Austauschgrößen durch

$$-\overline{\rho}\,\overline{u'v'} = \overline{\rho}\,\epsilon_\tau\frac{\partial \overline{u}}{\partial y} \tag{6.163}$$

1   siehe Fußnote Seite 308.

$$-\bar{\rho} c_p \, \overline{T'v'} = \bar{\rho} \, c_p \, \epsilon_q \, \frac{\partial \overline{T}}{\partial y}. \tag{6.164}$$

Diese werden in die Impulsgleichung (6.152) und die Energiegleichung (6.153) eingeführt, wobei letztere nicht in Enthalpie- bzw. Temperaturform sondern in Anlehnung an Abschnitt 3.8.3 für die totale Enthalpie $h_0 = h + u^2/2$ angegeben wird. Die Umformung geschieht analog zu Abschnitt 3.8.3, und wir können das Ergebnis hier übernehmen. Der einzige Unterschied gegenüber dem laminaren Fall besteht darin, daß die Variablen zeitlich gemittelte Größen sind und die Schubspannung sowie die Wärmestromdichte einen molekularen und einen turbulenten Anteil beinhalten. Führen wir weiterhin die molekulare und die turbulente Prandtl-Zahl ein, so lauten die Impuls- und die Energiegleichung nach kurzer Umformung:

$$\bar{\rho}\bar{u} \frac{\partial \bar{u}}{\partial x} + \bar{\rho}\bar{v} \frac{\partial \bar{u}}{\partial y} = - \frac{dp_\delta}{dx} + \frac{\partial}{\partial y}\left[(\mu + \bar{\rho}\epsilon_\tau) \frac{\partial \bar{u}}{\partial y}\right] \tag{6.165}$$

$$\bar{\rho}\bar{u} \frac{\partial h_0}{\partial x} + \bar{\rho}\bar{v} \frac{\partial h_0}{\partial y} = \frac{\partial}{\partial y}\left[\left(\frac{\mu}{Pr} + \frac{\bar{\rho}\epsilon_\tau}{Pr_{tur}}\right) \frac{\partial h_0}{\partial y}\right]$$

$$+ \frac{\partial}{\partial y}\left[\left(\mu \frac{Pr - 1}{Pr} + \bar{\rho}\epsilon_\tau \frac{Pr_{tur} - 1}{Pr_{tur}}\right)\frac{1}{2} \frac{\partial \bar{u}^2}{\partial y}\right]. \tag{6.166}$$

Für Luft und andere Gase sind die Voraussetzungen $Pr = 1$ und $Pr_{tur} = 1$ in guter Näherung erfüllt. Damit entfällt der zweite Term der rechten Seite von Gl. (6.166). Setzen wir weiterhin $dp_\delta/dx = 0$, so sind Impuls- und Energiegleichung wie im laminaren Fall identisch. Analog zu Gl. (3.233) existiert daher im turbulenten Fall die gleiche Partikulärlösung

$$h_0 = A\bar{u} + B \quad \text{bzw.} \quad \bar{h} = B + A\bar{u} - \frac{\bar{u}^2}{2}. \tag{6.167}$$

Der Mittelungsstrich kann bei der totalen Enthalpie weggelassen werden, da wie in Abschnitt 6.9.1 erwähnt die totale Enthalpie einen vernachlässigbaren Schwankungsanteil enthält.

Mit Beachtung der Randbedingungen folgt aus Gl. (6.167) das Temperaturprofil wie in Gl. (3.236). Wir hatten an jener Stelle drei alternative Schreibweisen angegeben. Vorbereitend auf den nächsten Abschnitt geben wir hier eine vierte Formulierung an, die unter Verwendung der Beziehung (3.230) für die adiabate Wandtemperatur T_{aw} aus der Gl. (3.236) folgt:

$$\frac{\overline{T}}{T_w} = 1 + b \frac{\bar{u}}{u_\infty} - a^2 \left(\frac{\bar{u}}{u_\infty}\right)^2 \tag{6.168}$$

$$a^2 = \frac{\kappa - 1}{2} Ma_\infty^2 \frac{T_\infty}{T_w}; \quad b = \frac{T_{aw} - T_w}{T_w} = \left(1 + \frac{\kappa - 1}{2} Ma_\infty^2\right)\frac{T_\infty}{T_w} - 1.$$

Dieses *Crocco-Busemann-Integral* ist auch bei Strömungen mit Druckgradient eine gute Näherung. Entsprechend den Überlegungen in den Abschnitten 3.7 und 3.8 kann dessen Genauigkeit durch Einführung des Recovery-Faktors r erhöht werden. An Stelle von Gl. (6.168) können wir dann

$$a^2 = r \frac{\kappa - 1}{2} Ma_\infty^2 \frac{T_\infty}{T_w} ; b = \left(1 + r \frac{\kappa - 1}{2} Ma_\infty^2\right)\frac{T_\infty}{T_w} - 1 \tag{6.169}$$

schreiben. Aufgrund von Experimenten wird für den Recovery-Faktor die Abhängigkeit

$$r = Pr^{1/3} \tag{6.170}$$

angenommen. Es ist $r \approx 0{,}88$ für Luft. Es sei daran erinnert, daß in laminaren Strömungen der Recovery-Faktor in gewissen Fällen exakt als $r = r(Pr)$ berechnet werden konnte. Dies ist bei turbulenten Strömungen nicht möglich.

Das Crocco-Busemann-Integral ist eine der zentralen Beziehungen bei den meisten Verfahren zur Berechnung turbulenter kompressibler Grenzschichten. Es wird im folgenden Abschnitt bei der Diskussion der Geschwindigkeitsverteilung innerhalb der Grenzschicht verwendet werden.

6.9.4 Geschwindigkeitsverteilung in der Grenzschicht

In diesem Abschnitt wird die Frage diskutiert, in welcher Weise die variable Dichte, ausgedrückt durch die Parameter Mach-Zahl und ein geeignetes Temperaturverhältnis, die Geschwindigkeitsverteilung innerhalb der Grenzschicht beeinflußt. Diese Frage ist für die Entwicklung von Näherungsmethoden vom Typ der Integralverfahren oder auch schon für die Ermittlung des Reibungsbeiwertes an einer ebenen Platte von zentraler Bedeutung.

In den Abschnitten 5.7 und 5.13.3 ist die Geschwindigkeitsverteilung für inkompressible Strömungen behandelt worden. Die Ergebnisse, die im folgenden benötigt werden, seien noch einmal zusammengestellt:

$$u^+ = y^+ \qquad\qquad \text{viskose Unterschicht} \tag{6.171}$$

$$u^+ = \frac{1}{\kappa}\ln y^+ + C \qquad\qquad \text{vollturbulente wandnahe Schicht} \tag{6.172}$$

$$u^+ = \frac{1}{\kappa}\ln y^+ + C + \frac{B(x)}{\kappa}\, w\!\left(\frac{y}{\delta}\right). \tag{6.173}$$

Letztere Beziehung gilt für den vollturbulenten wandnahen Bereich einschließlich des wandfernen Außenbereiches, der Nachlaufcharakter besitzt. Darin ist $w(y/\delta)$ eine empirisch ermittelte Nachlauf-Funktion und B ein Nachlauf-Parameter, der die Ausdehnung des wandfernen Bereiches beschreibt. Die viskose Unterschicht ist in der Beziehung (6.173) nicht berücksichtigt. Dies ist speziell für Integrationszwecke zulässig, da die viskose Unterschicht abhängig von der Reynolds-Zahl außerordentlich dünn ist. Wir hatten mit Gl. (5.133) eine mögliche Erweiterung der Beziehung (6.173) angegeben, in der die viskose Unterschicht mit erfaßt wird.

Die dimensionslosen Größen sind durch

$$y^+ = \frac{y\, u_\tau}{\nu}; \quad u^+ = \frac{\bar{u}}{u_\tau} \tag{6.174}$$

definiert, u_τ ist die sog. Schubspannungsgeschwindigkeit

$$u_\tau = \sqrt{\tau_w/\rho}. \tag{6.175}$$

Der Einfluß der Reynolds-Zahl ist in der Schubspannungsgeschwindigkeit enthalten. Aus diesem Grund stellen die Beziehungen (6.171) und (6.172) universelle Geschwindigkeitsverteilungen dar, siehe Bild 5.11. Erst im Außenbereich kommt eine weitere Einflußgröße, der Nachlauf-Parameter, hinzu, siehe Bild 5.22. Er hängt i.w. von dem Druckgradienten, also den Randbedingungen, ab.

Nach dieser kurzen Wiederholung wenden wir uns dem Einfluß der Kompressibilität zu. Da die Dichte und die Viskosität mit dem Wandabstand y variieren, werden die Größen u^+, y^+ und u_τ mit den Wandwerten definiert. An die Stelle der Definitionen (6.174) und (6.175) treten bei kompressiblen Strömungen:

$$y^+ = \frac{y u_\tau}{\nu_w}; \quad u^+ = \frac{\overline{u}}{u_\tau}; \quad u_\tau = \sqrt{\tau_w/\rho_w}. \tag{6.176}$$

Aus einer Vielzahl von Experimenten sind folgende Tendenzen bekannt:
— Durch eine Erhöhung der Mach-Zahl wird die Geschwindigkeitsverteilung unter die im inkompressiblen Fall gültige Beziehung (6.172) gedrückt, das Profil wird weniger völlig.
— Eine Heizung der Wand sowie ein Druckanstieg haben den gleichen Effekt.
— Eine Kühlung der Wand sowie ein Druckabfall lassen das Geschwindigkeitsprofil völliger werden, die Geschwindigkeitsverteilung liegt oberhalb der Beziehung (6.172).
In Bild 6.15 ist dies nach White [6.26] schematisch dargestellt.

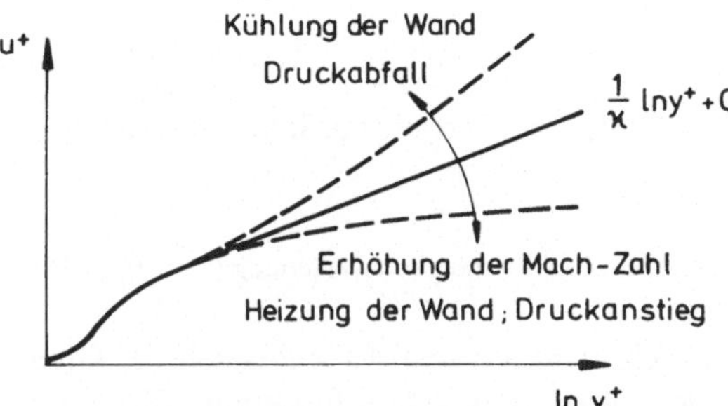

Bild 6.15 Skizze zum Einfluß der verschiedenen Parameter auf das Wandgesetz bei turbulenten kompressiblen Strömungen

Wir schildern im folgenden zunächst einen Vorschlag von van Driest aus dem Jahr 1951, diese Einflüsse zu erfassen, siehe z.B. [6.4, 6.17]. Van Driest vernachlässigte die viskose Unterschicht und modifizierte das Mischungswegkonzept von Prandtl dahingehend, daß er die Dichte als veränderlich ansah. An Stelle der Beziehung (5.70) schrieb er

$$\tau \approx \tau_{\text{tur}} = \overline{\rho}\, l^2 \left(\frac{d\overline{u}}{dy}\right)^2 \qquad \text{mit } l = \varkappa y. \tag{6.177}$$

Die totale Ableitung kann gesetzt werden, da eine Schichtenströmung angenommen wird. Die veränderliche Dichte wird mit Hilfe des Crocco-Busemann-Integrals (6.168) auf die veränderliche Geschwindigkeit zurückgeführt, wobei die thermische Zustandsgleichung $\overline{p} = \overline{\rho}R\overline{T}$ nach (6.137) verwendet wird:

$$\frac{\rho_w}{\overline{\rho}} = \frac{\overline{T}}{T_w} = 1 + b\,\frac{\overline{u}}{u_\infty} - a^2\left(\frac{\overline{u}}{u_\infty}\right)^2. \tag{6.178}$$

Das weitere Vorgehen erfolgt analog zu Aufgabe 5.4. Es wird $\tau = \tau_w$ gesetzt, was in Wandnähe für die ebene Plattenströmung näherungsweise zutrifft, und Gl. (6.177) wird unter Beachtung der variablen Dichte integriert. Es folgt ein geschlossener Ausdruck für die Geschwindigkeitsverteilung:

$$\frac{u_{eff}}{u_\tau} = \frac{1}{\kappa} \ln y^+ + C \tag{6.179}$$

$$u_{eff} = \frac{u_\infty}{a} \left\{ \arcsin \frac{2\,a^2 \bar{u}/u_\infty - b}{Q} + \arcsin \frac{b}{Q} \right\} \tag{6.180}$$

mit $Q = (b^2 + 4\,a^2)^{1/2}$ und a^2 sowie b nach Gl. (6.169).

Gl. (6.179) entspricht formal völlig dem logarithmischen Wandgesetz (5.66) für inkompressible Strömungen. An Stelle der Geschwindigkeit $\bar{u}$ erscheint hier eine nach van Driest als effektive Geschwindigkeit u_{eff} bezeichnete Größe. Diese beinhaltet allein den Einfluß von Mach-Zahl und Wärmeübergang.

Für den häufig vorhandenen Sonderfall der adiabaten Wand geht wegen $b = 0$ die Größe u_{eff} über in

$$u_{eff} = \frac{u_\infty}{a} \arcsin \left(a\,\frac{\bar{u}}{u_\infty} \right) \tag{6.181}$$

$$\text{mit } a = \left[\frac{r(\kappa - 1)\,Ma_\infty^2}{2 + r(\kappa - 1)\,Ma_\infty^2} \right]^{1/2}.$$

In dem Grenzfall $Ma_\infty \to 0$, d.h. $a \to 0$, wird $u_{eff} = \bar{u}$; der Übergang zur inkompressiblen Beziehung (5.66) ist gewährleistet.

Aufgabe 6.9:   Man bestätige die von van Driest angegebene Geschwindigkeitsverteilung (6.179), (6.180).

Die Überlegungen von van Driest beziehen sich nicht auf den Außenbereich der Grenzschicht, der im inkompressiblen Fall durch die Colessche Nachlauf-Funktion, Gl. (5.130) bzw. (6.173), beschrieben wird. Maise und McDonald, siehe hierzu [6.4], haben durch Vergleiche mit Experimenten gezeigt, daß die Überlegungen von Coles auf kompressible Strömungen übertragen werden können, sofern in der Schreibweise (5.132) als Außengesetz die Geschwindigkeit $\bar{u}$ durch die effektive Geschwindigkeit u_{eff} ersetzt wird. Somit ist es gestattet, den Außenbereich durch

$$\frac{u_{eff,\delta} - u_{eff}}{u_\tau} = -\frac{1}{\kappa} \ln \frac{y}{\delta} + \frac{B}{\kappa} \left[2 - w\!\left(\frac{y}{\delta}\right) \right] \tag{6.182}$$

zu beschreiben.

Ein anderer Vorschlag als jener von van Driest stammt von Rotta[1], der das in Abschnitt 5.7 geschilderte Ähnlichkeitsgesetz, das auf die Beziehung (5.66) bzw. (6.172) führte, auf kompressible Strömungen erweiterte. Als zusätzliche Parameter führt Rotta eine mit der Schub-

---

1   *J. C. Rotta:* Über den Einfluß der Machschen Zahl und des Wärmeübergangs auf das Wandgesetz turbulenter Strömung; Z. Flugwiss. 7 (1959), Heft 9, S. 264–274.

spannungsgeschwindigkeit gebildete Mach-Zahl $Ma_\tau = u_\tau/c_w$ (c_w = Schallgeschwindigkeit an der Wand) und eine dimensionslose Wärmestromzahl $\beta_q = q_w/[u_\tau(\rho c_p T)_w]$ ein. Er schreibt die Kontinuitätsgleichung, die Navier-Stokessche Gleichung in x- und y-Richtung sowie die Energiegleichung vereinfacht für Schichtenströmungen an und erhält damit gewöhnliche Differentialgleichungen in y-Richtung. Nach einigen plausiblen Annahmen löst Rotta das Gleichungssystem numerisch; für den vollturbulenten Bereich läßt sich eine asymptotische Lösung analytisch angeben. Auf diese Weise kann Rotta das Geschwindigkeits- und das Temperaturprofil als Funktion des Wandabstandes sowie der Parameter Ma_τ und β_q darstellen. Es soll auf Einzelheiten der Rechnung nicht eingegangen werden, sondern lediglich das numerisch ermittelte Geschwindigkeitsprofil dargestellt werden. Dies zeigt Bild 6.16 für $Pr = 0{,}72$; $Pr_{tur} = 0{,}9$; $\kappa = 1{,}4$ sowie $\omega = 0{,}76$.

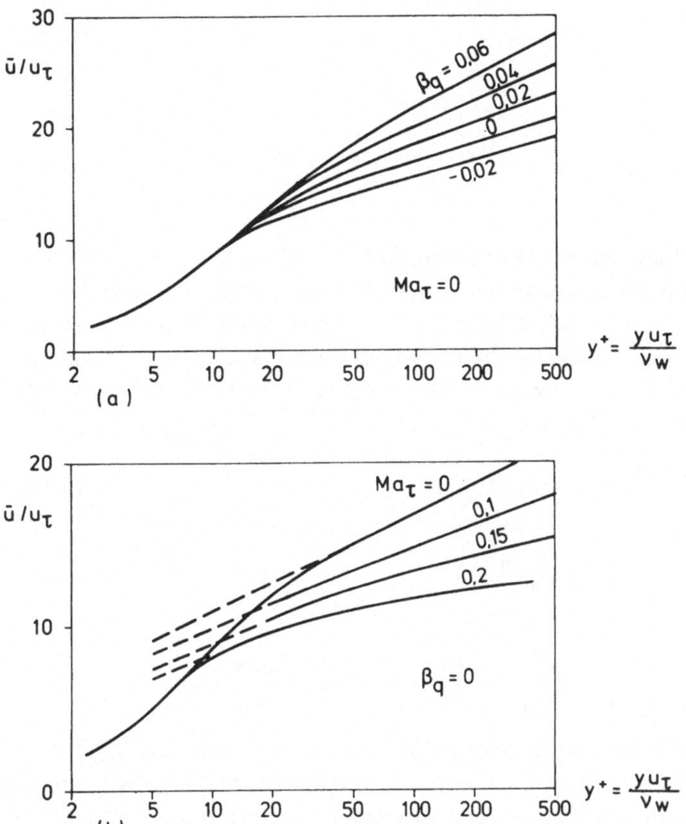

Bild 6.16 Theoretische Geschwindigkeitsverteilung bei kompressibler turbulenter Strömung nach Rotta
(a) Einfluß der Wärmestromzahl für $Ma_\tau = 0$
(b) Einfluß der Mach-Zahl für $\beta_q = 0$

Man erkennt die Übereinstimmung mit der Schemaskizze Bild 6.15. Rotta hat seine theoretischen Überlegungen mit Messungen verglichen. Die Übereinstimmung ist im vollturbulenten Bereich befriedigend.

6.9.5 Der Reibungsbeiwert bei der ebenen Plattenströmung

Mit den bisher vorgestellten Informationen kann die Frage beantwortet werden, in welcher Weise der Reibungsbeiwert von der Mach-Zahl und dem Wärmeübergang abhängt. Es gibt hierzu eine große Zahl von Vorschlägen. Darüber haben 1953 Chapman und Kester sowie 1964 Spalding und Chi zusammenfassend berichtet, siehe hierzu z.B. [6.22, 6.26]. Wir wollen an dieser Stelle nur auf die Überlegungen von van Driest (1956) eingehen, die z.B. in [6.17] ausführlich dargestellt sind.

Grundlage ist wie bei anderen Vorschlägen zu dem geschilderten Problem die Integralbedingung für den Impuls, die wir mit Gl. (3.258) für laminare kompressible Grenzschichtströmungen vorgestellt hatten. Sie gilt gleichermaßen für turbulente Grenzschichtströmungen und lautet für die ebene Platte:

$$\frac{d\delta_2}{dx} = \frac{c_f}{2} = \frac{\tau_w}{\rho_\delta u_\delta^2} . \tag{6.183}$$

Darin ist

$$\delta_2 = \int_0^\delta \frac{\overline{\rho}}{\rho_\delta} \frac{\overline{u}}{u_\delta} \left(1 - \frac{\overline{u}}{u_\delta}\right) dy \tag{6.184}$$

die Impulsverlustdicke. Van Driest hat die Geschwindigkeitsverteilung nach Gl. (6.179) und die Dichteverteilung nach dem Crocco-Busemann-Integral (6.168) eingesetzt. Der komplizierte Integrand kann mit Hilfe von partiellen Integrationen in eine Reihe entwickelt werden, so daß bei Vernachlässigung von Gliedern höherer Ordnung eine geschlossene Integration möglich ist. Nach anschließender Ableitung gemäß Gl. (6.183) gab van Driest folgende implizite Beziehung für c_f $(Re_x, Ma_\infty, T_w/T_\infty)$ an:

$$0,242 \frac{\arcsin \alpha + \arcsin \beta}{a \, (c_f \, T_w/T_\infty)^{1/2}} = 0,41 \tag{6.185}$$

$$+ \log (Re_x \, c_f) - \left(\frac{1}{2} + \omega\right) \log \frac{T_w}{T_\infty}$$

$$\text{mit } \alpha = \frac{2 \, a^2 - b^2}{(b^2 + 4 \, a^2)^{1/2}} ; \quad \beta = \frac{b}{(b^2 + 4 \, a^2)^{1/2}}; \quad Re_x = \frac{u_\infty x}{\nu_w} .$$

Darin sind a und b die nach Gl. (6.169) definierten Funktionen von Ma_∞ und T_w/T_∞. Van Driest hat weiterhin eine alternative Beziehung angegeben, indem er bei der Herleitung des Geschwindigkeitsprofils an Stelle des Prandtlschen Ansatzes $l = \kappa y$ die von Kármánsche Beziehung $l = \kappa(d\overline{u}/dy)/(d^2\overline{u}/dy^2)$ nach Gl. (5.73) verwendete. Das oben geschilderte Vorgehen führt zu

$$0,242 \frac{\arcsin \alpha + \arcsin \beta}{a \, (c_f T_w/T_\infty)^{1/2}} = 0,41 + \log (Re_x c_f) - \omega \log \frac{T_w}{T_\infty} . \tag{6.186}$$

Beide Beziehungen unterscheiden sich nur durch den Term $0,5 \log (T_w/T_\infty)$. Für den adiabaten Fall geht Gl. (6.186) in eine schon früher von Wilson, siehe [6.17], angegebene Beziehung über.

Im inkompressiblen Fall ($Ma_\infty \to 0$) sowie $T_w/T_\infty \to 1$ folgt wegen $a = 0$ und $b = 1$ aus beiden Beziehungen

$$\frac{0{,}242}{\sqrt{c_f}} = 0{,}41 + \log\,(Re_x\,c_f). \tag{6.187}$$

Dies entspricht Gl. (5.116 c) nach von Kármán und Schoenherr. Gl. (6.186) ist in Bild 6.17 dargestellt.

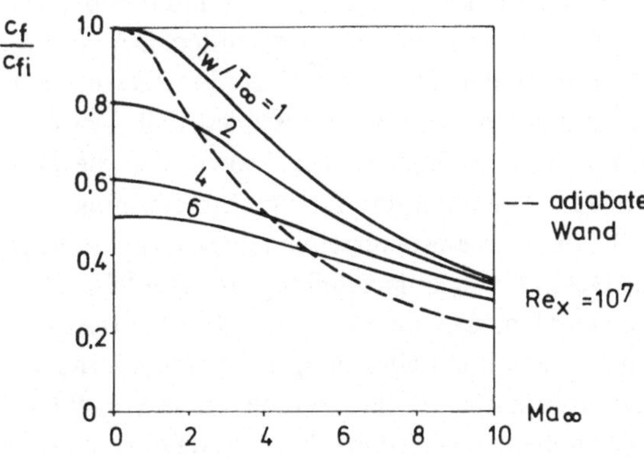

Bild 6.17 Zum Einfluß des Wärmeübergangs und der Mach-Zahl auf den örtlichen Reibungsbeiwert entsprechend Gl. (6.186) nach van Driest, siehe [6.17]

In Bild 6.17 ist $c_{fi} = c_f(Re_x, Ma_\infty = 0)$ der Vergleichwert im inkompressiblen Fall, der bei der gleichen Reynolds-Zahl Re_x wie der tatsächliche Reibungsbeiwert $c_f\,(Re_x, Ma_\infty, T_w/T_\infty)$ ermittelt wird.

Genau wie im laminaren Fall nimmt der Reibungsbeiwert mit wachsender Mach-Zahl und zunehmender Wandtemperatur ab.

Neben dem lokalen Reibungsbeiwert $c_f(x) = f(Re_x)$ läßt sich durch eine Integration über die Plattenlänge der resultierende Widerstandsbeiwert $c_w = f(Re_L)$ mit $Re_L = u_\infty L/\nu_w$ angeben. Bild 6.18 zeigt dies nach van Driest auf der Basis der Beziehung (6.185) für die adiabate ebene Wand.

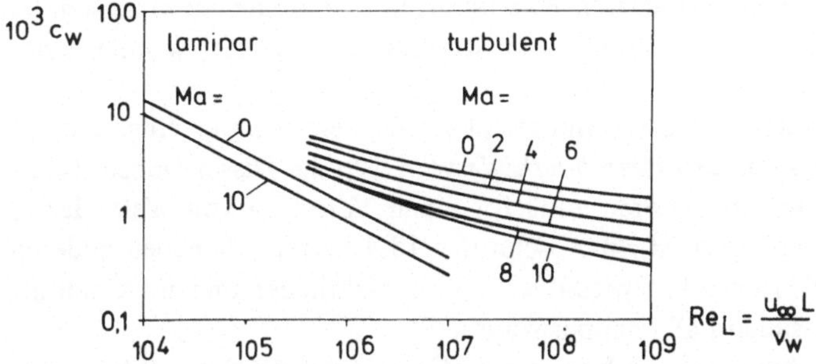

Bild 6.18 Widerstandsbeiwert bei adiabater Plattenströmung nach van Driest

Die numerische Auswertung erfolgte für $\omega = 0{,}76$ und $Pr = 1$. Man vergleiche Bild 6.18 mit Bild 5.21 für den inkompressiblen Fall. Mit wachsender Mach-Zahl wird bei gleicher Reynolds-Zahl der Widerstandsbeiwert geringer. Der laminare Bereich ist gleichfalls eingezeichnet. Die

Kurve für Ma = 0 entspricht Gl. (2.48) nach Blasius; jene für Ma = 10 entstammt einer Arbeit nach von Kármán und Tsien, siehe hierzu [6.22].

6.9.6 Rechenverfahren

Im inkompressiblen Fall hatten wir ausführlicher Integralmethoden und kürzer Feld-methoden zur Berechnung turbulenter Grenzschichten mit Druckgradient besprochen; siehe hierzu die Abschnitte 5.13.4 und 5.13.5. Eine Reihe der dort geschilderten und darüberhin-aus existierenden Verfahren sind auf kompressible Strömungen erweitert worden. Der Grund-gedanke ist sowohl bei Integral- als auch Feldmethoden folgender: Die Modellierung der Reynoldsschen Schubspannung erfolgt in Anlehnung an den inkompressiblen Fall. Der Ein-fluß von Mach-Zahl und Wärmeübergang wird über die variable Dichte $\bar{\rho}$ sowie über die vari-ablen Stoffwerte $\bar{\mu}$ und $\overline{\lambda}$ erfaßt, die jeweils eine Funktion der Temperaturverteilung sind (der Druck ist als Randbedingung vorgegeben). Die Temperaturverteilung ihrerseits wird über das Crocco-Busemann-Integral (6.168) auf die Geschwindigkeitsverteilung zurückgeführt.

Es muß der Vollständigkeit halber erwähnt werden, daß auch Kompressibilitäts-Transfor-mationen vorgeschlagen werden, mit denen die Grenzschicht-Gleichungen mit veränderlichen Stoffwerten auf solche mit konstanten Stoffwerten zurückgeführt werden. Diese Vorgehens-weise ist bei laminaren Grenzschichtströmungen außerordentlich erfolgreich, da dort ein ein-deutiger Zusammenhang zwischen der Schubspannungs- und der Geschwindigkeitsverteilung besteht. Wir hatten dies in Abschnitt 3.8.4 unter dem Stichwort „Ähnliche Lösungen" be-sprochen. Bei der Anwendung von Kompressibilitäts-Transformationen geht man von der Annahme aus, daß die empirische Beziehung für den lokalen Reibungsbeiwert wie auch andere entsprechende Relationen gültig bleiben, wenn die transformierten Variablen einge-setzt werden. Diese Annahme ist bei laminaren Strömungen zulässig. Sie ist bei turbulenten Strömungen zumindest äußerst problematisch, da entsprechende Koordinatentransforma-tionen eigentlich nicht auf Gleichungen mit Schwankungstermen angewendet werden dürfen. In diesem Zusammenhang sei auf kritische Bemerkungen von Rotta in [6.22] sowie von White [6.26] verwiesen.

Feldmethoden sollen an dieser Stelle nicht besprochen werden. Wir begnügen uns mit dem Hinweis, daß entsprechend den oben angeführten Bemerkungen eine Reihe der in Abschnitt 5.13.5 kurz angeführten Verfahren auf kompressible Strömungen erweitert worden sind, siehe hierzu z. B. [6.26].

In welcher Weise der Einfluß der Kompressibilitität in ein Rechenverfahren eingearbeitet werden kann, soll exemplarisch an einer *Integralmethode* vom Typ der Dissipationsintegral-Verfahren besprochen werden. Wir diskutieren zunächst einen Vorschlag von Walz, der in seinem Buch [6.25] ausführlich erläutert ist. In Abschnitt 5.13.4 hatten wir neben anderen dieses Verfahren für den turbulenten inkompressiblen Fall ausführlicher und in Abschnitt 3.8.5 für den laminaren kompressiblen Fall knapper vorgestellt.

Walz geht von den *Integralbedingungen für Impuls- und Energie* aus, die entsprechend den Gln. (3.258) und (3.264) lauten:

$$\frac{d\delta_2}{dx} + \frac{\delta_2}{u_\delta}\frac{du_\delta}{dx}\left(2 + \frac{\delta_1}{\delta_2} - Ma_\delta^2\right) = \frac{\tau_w}{\rho_\delta u_\delta^2} = \frac{c_f}{2} \tag{6.188}$$

$$\frac{d\delta_3}{dx} + \frac{\delta_3}{u_\delta} \frac{du_\delta}{dx} \left(3 + 2\frac{\delta_4}{\delta_3} - Ma_\delta^2\right) = \frac{2}{\rho_\delta u_\delta^3} \int\limits_0^\delta \tau \frac{\partial \overline{u}}{\partial y}\, dy = c_D. \qquad (6.189)$$

Diese Integralbedingungen sind bei laminaren und turbulenten Strömungen formal identisch. Der Einfluß der Turbulenz kommt in der (empirischen) Beziehung für den Reibungsbeiwert sowie in der Schubspannung τ entsprechend Gl. (6.154) im Dissipationsintegral zum Tragen. Die Integralgrößen sind mit den zeitlich gemittelten Feldern zu bilden:

$$\delta_1 = \int\limits_0^\delta \left(1 - \frac{\overline{\rho}\,\overline{u}}{\rho_\delta u_\delta}\right) dy \qquad (6.190)$$

$$\delta_2 = \int\limits_0^\delta \frac{\overline{\rho}\,\overline{u}}{\rho_\delta u_\delta} \left(1 - \frac{\overline{u}}{u_\delta}\right) dy \qquad (6.191)$$

$$\delta_3 = \int\limits_0^\delta \frac{\overline{\rho}\,\overline{u}}{\rho_\delta u_\delta} \left[1 - \left(\frac{\overline{u}}{u_\delta}\right)^2\right] dy \qquad (6.192)$$

$$\delta_4 = \int\limits_0^\delta \frac{\overline{\rho}\,\overline{u}}{\rho_\delta u_\delta} \left(\frac{\overline{T}}{T_\delta} - 1\right) dy. \qquad (6.193)$$

Die beiden Integralbedingungen enthalten 6 Unbekannte, die Integralgrößen δ_1 bis δ_4 sowie den örtlichen Reibungsbeiwert c_f und das Dissipationsintegral c_D. Somit werden 4 weitere Beziehungen benötigt, um das Gleichungssystem (6.188), (6.189) lösen zu können. Als verbleibende Unbekannte wählt Walz die Impulsverlustdicke δ_2 und einen kinematischen Formparameter $H = H_{32} = \delta_{3i}/\delta_{2i}$ entsprechend Gl. (3.278). Der Index i soll „inkompressibel" bedeuten, d.h. die Integralgrößen sind für konstante Dichte anzusetzen. Es bedeuten

$$\delta_{2i} = \int\limits_0^\delta \frac{\overline{u}}{u_\delta} \left(1 - \frac{\overline{u}}{u_\delta}\right) dy \qquad (6.194)$$

$$\delta_{3i} = \int\limits_0^\delta \frac{\overline{u}}{u_\delta} \left[1 - \left(\frac{\overline{u}}{u_\delta}\right)^2\right] dy. \qquad (6.195)$$

Die 4 zusätzlich benötigten Beziehungen sind:

1. Ein Ansatz für das Geschwindigkeitsprofil

In Abschnitt 6.9.4 hatten wir festgestellt, daß sich die Geschwindigkeitsverteilung innerhalb der Grenzschicht durch eine Beziehung der Form

$$\frac{\overline{u}}{u_\delta} = \frac{\overline{u}}{u_\delta}\left(Ma_\delta, \theta, Re_2, \frac{y}{\delta}, B\right) \qquad (6.196)$$

darstellen läßt. Darin ist Re_2 die mit der Impulsverlustdicke δ_2 gebildete Reynolds-Zahl $\mathrm{Re}_2 = \rho_\delta u_\delta \delta_2 / \mu_w$ und θ ein geeignet definierter Wärmeübergangsparamter.

2. Ein Ansatz für das Dichteprofil

In Abschnitt 6.9.3 hatten wir das Crocco-Busemann-Integral erläutert, mit dem sich das Temperatur- bzw. Dichteprofil auf das Geschwindigkeitsprofil zurückführen läßt. Gemäß Gl. (6.168) kann man schreiben:

$$\frac{\bar{\rho}}{\rho_\delta} = \frac{\bar{\rho}}{\rho_\delta}\left(\mathrm{Ma}_\delta, \theta, \mathrm{Pr}, \frac{\bar{u}}{u_\delta}\right). \tag{6.197}$$

Das Crocco-Busemann-Integral gilt exakt nur für die Plattenströmung. Auch für Strömungen mit Druckgradient stellt es eine gute Näherung dar, wie Vergleiche mit Experimenten gezeigt haben.

3. Ein Ansatz für den Reibungsbeiwert

In Anlehnung an Walz [6.25] kann man für den Reibungsbeiwert formal folgende Umformung vornehmen:

$$c_f = 2\,\frac{\tau_w}{\rho_\delta u_\delta^2} = 2\,\frac{\mu_w}{\rho_\delta u_\delta^2}\left(\frac{\partial \bar{u}}{\partial y}\right)_w = \frac{2\,\mu_w}{\rho_\delta u_\delta \delta_2}\left(\frac{\partial \bar{u}/u_\delta}{\partial y/\delta_2}\right)_w \tag{6.198}$$

$$= \frac{2}{\mathrm{Re}_2}\left(\frac{\partial \bar{u}/u_\delta}{\partial y/\delta_{2i}}\right)_w \frac{\delta_2}{\delta_{2i}}.$$

Dies gilt gleichermaßen für laminare wie für turbulente Grenzschichten. Der Klammerausdruck stellt die dimensionslose Wandsteigung des Geschwindigkeitsprofils dar. Diese ist bei laminarer Grenzschicht eine eindeutige Funktion des Formparameters. Bei turbulenter Grenzschicht hängt die Wandsteigung zusätzlich von der Reynolds-Zahl ab, wovon man sich leicht überzeugen kann. Dazu wird Gl. (6.198) für den inkompressiblen Fall ($\delta_2 = \delta_{2i}$) mit dem empirischen Reibungsgesetz von Ludwieg und Tillmann, das nach Gl. (5.154)

$$c_f = \frac{\alpha_{tur}\,(H_{12})}{\mathrm{Re}_2^{\,n}}; \quad n = 0,268 \tag{6.199}$$

lautet, verglichen. Darin ist α_{tur} eine nur vom Formparameter (H_{12} oder H_{32}) abhängige Funktion. Der Vergleich liefert das bemerkenswerte Ergebnis

$$\left(\frac{\partial \bar{u}/u_\delta}{\partial y/\delta_{2i}}\right)_w = \alpha_{tur}\,(H_{12})\,\mathrm{Re}_2^{\,1-n}; \quad 1-n = 0,732. \tag{6.200}$$

Damit hängt die Wandsteigung des Geschwindigkeitsprofils außer vom Formparameter zusätzlich von der Reynolds-Zahl ab. Die Zunahme mit wachsender Reynolds-Zahl ist plausibel, da einerseits das Geschwindigkeitsprofil mit wachsender Reynolds-Zahl völliger wird und andererseits die Dicke der viskosen Unterschicht abnimmt.

Der Faktor δ_2/δ_{2i} in Gl. (6.198) erfaßt den Einfluß von Mach-Zahl und Wärmeübergang im wesentlichen über das Dichteprofil. Dazu schreiben wir

$$\delta_2 = \int_0^\delta \frac{\bar{\rho}\bar{u}}{\rho_\delta u_\delta}\left(1 - \frac{\bar{u}}{u_\delta}\right)dy = \frac{\widetilde{\bar{\rho}}}{\rho_\delta}\int_0^\delta \frac{\bar{u}}{u_\delta}\left(1 - \frac{\bar{u}}{u_\delta}\right)dy = \frac{\widetilde{\bar{\rho}}}{\rho_\delta}\delta_{2i}.$$

Darin stellt $\tilde{\bar{\rho}}/\rho_\delta$ einen geeignet gebildeten Mittelwert dar. Wir verwenden das Crocco-Busemann-Integral (6.168), wobei wir hier jedoch die Schreibweise (3.236c) vorziehen. (Man beachte, daß das Crocco-Busemann-Integral für laminare und turbulente Grenzschichten gleich lautet; es ist lediglich der Recovery-Faktor r eine andere Funktion der Prandtl-Zahl.) Führen wir den Recovery-Faktor ein, so folgt

$$\frac{\delta_2}{\delta_{2i}} = \frac{\tilde{\bar{\rho}}}{\rho_\delta} = \frac{T_\delta}{\tilde{\bar{T}}} = \left[1 + r\frac{\kappa - 1}{2}\, Ma_\delta^2 \left(1 + \frac{\tilde{\bar{u}}}{u_\delta} - \theta\right)\left(1 - \frac{\tilde{\bar{u}}}{u_\delta}\right)\right]^{-1}.$$

Dabei ist die „geeignet gewählte" Mittelung auf das Geschwindigkeitsprofil übergegangen. Gemäß Gl. (3.237) ist der Wärmeübergangsparameter θ durch

$$\theta = \frac{T_{aw} - T_w}{T_{aw} - T_\delta} \tag{6.201}$$

definiert. Dabei ist T_∞ durch T_δ ersetzt worden, T_{aw} ist die adiabate Wandtemperatur. Der geeignet gebildete Mittelwert $\tilde{\bar{u}}/u_\delta$ muß sich mit einem Formparameter des Geschwindigkeitsprofils in Zusammenhang bringen lassen. Dazu schreiben wir probeweise

$$\delta_{3i} = \int_0^\delta \frac{\bar{u}}{u_\delta}\left[1 - \left(\frac{\bar{u}}{u_\delta}\right)^2\right] dy = \left(1 + \frac{\tilde{\bar{u}}}{u_\delta}\right)\int_0^\delta \frac{\bar{u}}{u_\delta}\left(1 - \frac{\bar{u}}{u_\delta}\right) dy = \left(1 + \frac{\tilde{\bar{u}}}{u_\delta}\right)\delta_{2i}.$$

Akzeptieren wir diese Festlegung der „geeigneten" Mittelung, so folgt

$$\frac{\delta_{3i}}{\delta_{2i}} = H_{32} = H = 1 + \frac{\tilde{\bar{u}}}{u_\delta}.$$

Eingesetzt in δ_2/δ_{2i} wird

$$\frac{\delta_2}{\delta_{2i}} = \left[1 + r(Pr)\frac{\kappa - 1}{2}\, Ma_\delta^2 (H - \theta)(2 - H)\right]^{-1} = f(Ma_\delta, \theta, Pr, H). \tag{6.202}$$

Damit ist der lokale Reibungsbeiwert darstellbar als

$$c_f = c_f(H, Re_2, Ma_\delta, \theta, Pr) = c_{fi}(H, Re_2)\frac{\delta_2}{\delta_{2i}}(Ma_\delta, \theta, Pr, H). \tag{6.203}$$

Der Index i bedeutet inkompressibel. H und Re_2 bzw. δ_2 sind die beiden Unbekannten des Rechenverfahrens, die Größen $Ma_\delta(x)$, $\theta(x)$ und Pr sind mit der Aufgabenstellung vorgegebene Größen.

4. Ein Ansatz für das Dissipationsintegral

Wir kommen damit zur letzten der benötigten zusätzlichen Beziehungen, die zugleich die problematischste ist. Durch formale Umformung des Dissipationsintegrals kann man

$$c_D = \frac{2}{\rho_\delta u_\delta^3}\int_0^\delta \tau\frac{\partial \bar{u}}{\partial y}\, dy = c_f\int_0^1 \frac{\tau}{\tau_w}\, d\frac{\bar{u}}{u_\delta}$$

schreiben. Unterstellt man, daß der Integralausdruck in erster Näherung von Mach-Zahl und Wärmeübergangsparameter unabhängig ist, so kommt der Kompressibilitätseinfluß nur über den oben diskutierten Reibungsbeiwert ins Spiel. Wenn wir uns an die verschiedenen in Abschnitt 5.13.4 geschilderten Dissipationsgesetze bei inkompressibler Grenzschicht erinnern, so können wir

$$c_D = c_D\,(H, Re_2, ..., Ma_\delta, \theta, Pr) = \qquad\qquad (6.204)$$

$$c_{Di}\,(H, Re_2, ...)\,\frac{\delta_2}{\delta_{2i}}\,(Ma_\delta, \theta, Pr, H)\quad.$$

schreiben. Auch hier bewirkt die gleiche Funktion δ_2/δ_{2i} die Erweiterung auf kompressible Grenzschichten. Mit (...) ist der Vorgeschichte-Einfluß gemeint; ohne Vorgeschichte ist $c_{Di} = c_{Di}(H, Re_2)$, siehe hierzu Abschnitt 5.13.4.

Damit sind die 4 zusätzlich benötigten Beziehungen vorgestellt. Aus der Integralbedingung (6.189) kann entsprechend Gl. (5.145) eine Formparametergleichung für den Formparameter $\delta_3/\delta_2 = H_{32}{}^* = H^*$ gewonnen werden. Mit dem Crocco-Busemann-Integral (6.197) läßt sich H^* mit dem kinematischen Formparameter $\delta_{3i}/\delta_{2i} = H$ in Zusammenhang bringen. Es ist $H^* = H^*\,(H, Ma_\delta, \theta, Pr)$, siehe hierzu Walz [6.25]. Ebenso können ähnliche Beziehungen für die Ausdrücke δ_1/δ_2 sowie δ_4/δ_3 gewonnen werden, vgl. Aufgabe 6.10.

Aufgabe 6.10:   Aus den Definitionen der Integralgrößen δ_1 bis δ_4 lassen sich δ_4/δ_3 und δ_1/δ_2 als Funktion von Ma_δ, θ, Pr und H darstellen. Man zeige dies unter Verwendung des Crocco-Busemann-Integrals.

Für das Dissipationsgesetz bei inkompressibler Strömung, hier mit c_{Di} bezeichnet, kann z.B. jenes nach Rotta/Truckenbrodt oder das die Vorgeschichte berücksichtigende von Felsch verwendet werden, siehe Abschnitt 5.13.4. Es muß noch geklärt werden, ob und in welcher Weise die empirische Beziehung von Felsch durch den Kompressibilitätseinfluß verändert wird, wie Walz [6.25] schreibt.

Um zu untersuchen, wie das Dissipationsintegral durch Mach-Zahl und Wärmeübergang beeinflußt wird, haben Härtnagel und Jischa [1,2] das in Abschnitt 5.13.4 geschilderte Vorgehen von Jischa und Homann angewendet, das Dissipationsintegral mit Hilfe einer geeignet modellierten Transportgleichung zu erfassen. Wir gehen darauf kurz ein. Dazu schreiben wir das Dissipationsintegral erneut an:

$$c_D = \frac{2}{\rho_\delta u_\delta^3}\int_0^\delta \tau\,\frac{\partial\bar u}{\partial y}\,dy = \frac{2}{\rho_\delta u_\delta^3}\int_0^\delta \left(\mu\,\frac{\partial\bar u}{\partial y} - \overline{\rho u'v'}\right)\frac{\partial\bar u}{\partial y}\,dy. \qquad (6.205)$$

1 *M. Jischa, R. Härtnagel:* An improved integral method for compressible turbulent boundary layers; Collection of papers of the 23rd Conference on Aviation and Astronautics, Israel 1981.
2 *R. Härtnagel:* Die Berechnung turbulenter kompressibler Grenzschichten mit Wärmeübergang durch ein Integralverfahren mit Transportgleichung; Diss. Univ. Essen-GH, 1981.

Der Einfluß der Kompressibilität kann an vier Stellen zum Tragen kommen:
— über das Dichteprofil $\bar{\rho}(y, \ldots)$,
— über das Geschwindigkeitsprofil $\bar{u}(y, \ldots)$,
— über das Profil der Korrelation $\overline{u'v'}(y, \ldots)$ und
— über das Viskositätsprofil $\mu(y, \ldots)$.
Es ist zu vermuten, daß sich der Kompressibilitätseinfluß entscheidend über das Dichteprofil bemerkbar macht.

Ausgangspunkt der weiteren Überlegungen ist die Transportgleichung für die Turbulenzenergie, die wir mit Gl. (5.57) für inkompressible Strömungen bereitgestellt hatten. Sie lautet für kompressible Strömungen mit Grenzschichtcharakter unter gewissen Vereinfachungen[1]:

$$\bar{\rho}\bar{u}\,\frac{\partial k}{\partial x} + \bar{\rho}\bar{v}\,\frac{\partial k}{\partial y} + \bar{\rho}\overline{u'v'}\,\frac{\partial \bar{u}}{\partial y} + \bar{\rho}\epsilon \tag{6.206}$$

$$+ \frac{\partial}{\partial y}\,[\overline{p'v'} + \bar{\rho}\,\overline{kv'} + \overline{\rho'k\,v'} + \ldots] + D = 0.$$

Es sei daran erinnert, daß $k = \overline{v_j'^2}/2 = (\overline{u'^2} + \overline{v'^2} + \overline{w'^2})/2$ die Turbulenzenergie ist und daß z.B. $\overline{kv'}$ bedeutet $\overline{v_j'^2 v'}/2$. Wir wollen die Herleitung der Transportgleichung nicht vollständig nachvollziehen, sondern uns lediglich die zusätzlichen Terme plausibel machen. Die Ausdrücke Konvektion, Produktion und Dissipation entsprechen jenen bei inkompressiblen Strömungen. In dem Diffusionsterm tritt auf Grund der Dichteschwankung der Summand $\overline{\rho'kv'}$ hinzu; die die molekulare Viskosität enthaltenden Terme sind bereits weggelassen worden, da sie verglichen mit den Schwankungsgrößen i.a. vernachlässigbar sind.

Gegenüber Gl. (5.57) kommt ein Kompressibilitätsterm D hinzu:

$$D = \overline{\rho'u'}\left(\bar{u}\,\frac{\partial \bar{u}}{\partial x} + \bar{v}\,\frac{\partial \bar{u}}{\partial y}\right).$$

Er entstammt den nichtlinearen konvektiven Termen und enthält eine Korrelation zwischen Dichte- und Geschwindigkeitsschwankung. Diese ist nach Gl. (6.140) proportional Ma^2; der Klammerausdruck kann näherungsweise durch die Kräftegleichung (6.152) eliminiert werden. Es folgt

$$D \approx (\kappa - 1)\,Ma^2\,\frac{\overline{u'^2}}{\bar{u}}\left[-\frac{dp_\delta}{dx} - \frac{\partial}{\partial y}\,(\bar{\rho}\,\overline{u'v'})\right] \sim Ma^2. \tag{6.207}$$

Wir verwenden im weiteren eine Integralbedingung der Transportgleichung. Diese lautet entsprechend Gl. (5.167):

$$\frac{d}{dx}\int_0^\delta \bar{\rho}\,\bar{u}k\,dy + \int_0^\delta \bar{\rho}\,\overline{u'v'}\,\frac{\partial \bar{u}}{\partial y}\,dy + \int_0^\delta \bar{\rho}\epsilon\,dy + \int_0^\delta D\,dy = 0. \tag{6.208}$$

1 *P. Bradshaw, D. H. Ferriss:* Calculation of Boundary Layer Development using the Turbulent Energy Equation: Compressible Flow on Adiabatic Walls; JFM 46, pp. 83–110, 1971.

Die Herleitung erfolgt analog zur Aufgabe 5.18. Der Diffusionsterm verschwindet bei der partiellen Integration über y.

Wir führen den Modellierungsvorschlag von Bradshaw, Ferriss und Atwell ein. Dieser ist in Abschnitt 5.10 besprochen worden. Es läßt sich nach Bradshaw und Ferriss, siehe z.B. [6.4], auch bei kompressiblen Grenzschichtströmungen anwenden, da der Kompressibilitätseinfluß hauptsächlich über die Dichte $\bar{\rho}$ zum Tragen kommt. Wir setzen gemäß Gl. (5.88)

$$-\overline{u'v'} = 2\, a_1 k, \tag{6.209}$$

darin ist $a_1 = 0{,}15$ eine empirische Konstante. Der Dissipationsterm wird von Bradshaw u.a. in der Prandtlschen Modellierung (5.84) verwendet:

$$\epsilon = \frac{1}{L}\left(\frac{\tau}{\bar{\rho}}\right)^{3/2} \quad \text{mit } \tau = \tau_{\text{tur}} = -\bar{\rho}\,\overline{u'v'}. \tag{6.210}$$

Darin ist bereits der Ansatz (6.209) eingeführt, die Modellierungskonstante ist in L enthalten. Damit lautet die modellierte Integralbedingung für die Turbulenzenergie:

$$\frac{1}{2\,a_1}\int_0^\delta \bar{u}\,\bar{\rho}\,\overline{u'v'}\,dy = -\int_0^\delta \bar{\rho}\,\overline{u'v'}\,\frac{\partial \bar{u}}{\partial y}\,dy - \int_0^\delta \bar{\rho}\left(\frac{\overline{u'v'}}{L}\right)^{3/2}dy \tag{6.211}$$

$$+ \int_0^\delta D\,dy = 0.$$

Das zweite Integral, der Produktionsterm, ist mit dem dominierenden turbulenten Anteil des Dissipationsintegrals (6.205) identisch. Zur weiteren Auswertung der Gl. (6.211) als Bestimmungsgleichung für das Dissipationsintegral werden benötigt:

— Ein Ansatz für das Geschwindigkeitsprofil: Hierfür wird die Geschwindigkeitsverteilung (6.179) nach van Driest erweitert um den Nachlaufanteil und die viskose Unterschicht entsprechend Gl. (5.133) verwendet. Letztere Erweiterung ist notwendig, da in dem Produktionsintegral die Ableitung der Geschwindigkeitsverteilung erscheint.

— Ein Ansatz für das Dichteprofil: Es wird das Crocco-Busemann-Integral (6.168) benutzt.

— Ein Ansatz für die Korrelation $-\overline{u'v'} = \tau_{\text{tur}}/\bar{\rho}$: Aus Experimenten ist bekannt, daß das Schubspannungsprofil bezogen auf die Wandschubspannung in erster Näherung unabhängig von Mach-Zahl und Wärmeübergang ist. Daher wird anlehnend an Gl. (5.174) ein Lösungsansatz der Form

$$\frac{\tau}{\tau_{\text{w}}} = f(\eta, \Gamma, \beta, H_{32}) \quad \text{mit } \tau = \tau_{\text{res}} = \tau_{\text{mol}} + \tau_{\text{tur}} \tag{6.212}$$

gemacht.

Damit ist das Dissipationsintegral von folgenden Größen abhängig:

$$c_D = c_D(H_{32}, Re_2, \Gamma, \beta, Ma_\delta, \theta, Pr). \tag{6.213}$$

Die ersten vier Einflußgrößen $H_{32} \div \beta$ treten schon bei inkompressibler Strömung auf, vgl. Gl. (5.175), wie der Vorschlag von Jischa und Homann zeigt. Es bedeuten:

$$
\begin{aligned}
H_{32} &= \text{Formparameter} \\
Re_2 &= \text{Dickenparameter}
\end{aligned}
\quad \text{des Geschwindigkeitsprofils}
$$

$$
\begin{aligned}
\Gamma &= \text{Vorgeschichte-Parameter} \\
\beta &= \text{Druckgradienten-Parameter.}
\end{aligned}
$$

Die drei restlichen Einflußgrößen berücksichtigen die Kompressibilität:

$$
\begin{aligned}
Ma_\delta &= \text{Mach-Zahl der Außenströmung} \\
\theta &= \text{Wärmeübergangsparameter als geeignet definiertes Temperaturverhält-} \\
&\quad\text{nis} \\
Pr &= \text{Prandtl-Zahl zur Charakterisierung des Strömungsmediums.}
\end{aligned}
$$

Wie bei dem in Abschnitt 5.13.4 geschilderten Verfahren von Jischa und Homann für inkompressible Strömungen müssen drei gewöhnliche Differentialgleichungen simultan gelöst werden:
— Die Integralbedingung für den Impuls (6.188),
— die Integralbedingung für die mechanischen Energien (6.189) und
— die Integralbedingung für die Turbulenzenergie (6.211).

Die Unbekannten der Rechnung sind H_{32}, Re_2 und Γ. Die „Kompressibilitätsparameter" treten in einzelnen Termen der Differentialgleichungen auf. Vergleichsrechnungen zeigen eine gute Übereinstimmung mit Experimenten.

Es ging in diesem Abschnitt i.w. darum, den Einfluß der Kompressibilität zu diskutieren und Möglichkeiten zu dessen Beschreibung zu skizzieren. Bezüglich des zuletzt geschilderten Verfahrens geschah dies aus Gründen des Platzes und der Übersichtlichkeit etwas vereinfacht. Genauere Untersuchungen von Härtnagel[1], die an frühere Überlegungen von Bradshaw[2] anknüpfen, lassen sich wie folgt zusammenfassen:

In dem Dissipationsintegral (6.205) ist ein weiterer Term zu berücksichtigen, der proportional Ma_δ^2 ist und vom Druckgradienten abhängt, wobei dieser dessen Vorzeichen reguliert. Er kann im Dissipationsintegral jedoch auch bei höheren Machzahlen und stärkeren Druckgradienten näherungsweise vernachlässigt werden. Dies gilt jedoch nicht in der Transportgleichung (6.206), in der bei genauerer Analyse ein Kompressibilitätsterm hinzukommt, der die Reynoldsschen Normalspannungen beschreibt. Auch dieser Term ist proportional Ma_δ^2 und hängt vom Druckgradienten ab. Er ist bedeutend kleiner als die „konventionelle" Produktion sowie die Dissipation. Da jedoch in der Transportgleichung (6.206) die Differenz dieser beiden großen Terme gebildet wird, muß dieser zusätzliche Kompressibilitätsterm zumindest bei starken Druckgradienten berücksichtigt werden. Er bewirkt je nach dem Vorzeichen des Druckgradienten eine Abschwächung oder Verstärkung der „konventionellen" Produktion. Dies wird in der Originalarbeit von Härtnagel anhand von Beispielrechnungen deutlich.

---

1   siehe Fußnote Seite 308.
2   *P. Bradshaw:* The Effect of Mean Compression and Dilatation on the Turbulence Structure of Supersonic Boundary Layer; JFM 63, pp. 449–464. 1974.

6.10 Zusammenfassung und Schlußbemerkungen

Der turbulente Wärme- und Stoffaustausch ist untrennbar mit dem turbulenten Impulsaustausch verknüpft. Sämtliche bei der Erfassung des turbulenten Impulsaustausches auftretenden Probleme treffen wir daher hier erneut an. Darüberhinaus werden die Schwierigkeiten aber bedeutend größer, wenn zu den Geschwindigkeits- und Druckschwankungen noch Schwankungen der Temperatur, der Partialdichten und gar der resultierenden Dichte hinzukommen. Die Probleme liegen ganz entscheidend auf der experimentellen Seite. Es ist bedeutend einfacher, Korrelationen von Geschwindigkeitsschwankungen wie die Turbulenzenergie k oder die Reynoldssche Spannung $u'v'$ zu messen als Korrelationen von anderen Schwankungsgrößen.

Von daher sind die zahlreichen Versuche zu verstehen, den turbulenten Wärme- und Stoffaustausch auf den (vergleichsweise dazu recht zuverlässig erfaßbaren) turbulenten Impulsaustausch zurückzuführen. Es werden eine turbulente Prandtl- und Schmidt-Zahl in Analogie zu den entsprechenden molekularen Kennzahlen eingeführt. Erstere sind jedoch stets vom Strömungsfeld abhängige Strömungsgrößen, deren Beschreibung bisher nur auf halbempirischem Wege möglich ist. Der Wert und die Zuverlässigkeit derartiger halbempirischer Ansätze hängt weitgehend von der Güte vorhandener Experimente ab. Dies muß man bei sämtlichen Modellierungsvorschlägen stets vor Augen haben.

Wegen der geschilderten Schwierigkeiten werden daher oft rein empirische Zusammenhänge der Form Nu (Re, Pr) für den turbulenten Wärmeaustausch bzw. Sh (Re, Sc) für den turbulenten Stoffaustausch verwendet.

In kompressiblen Strömungen kommen erschwerend die Dichteschwankungen hinzu, die teilweise zu unangenehmen Tripelkorrelationen führen. Gestützt auf Experimente lassen sich gewisse Vereinfachungen vornehmen (Morkovin-Hypothese), die dazu führen, daß der Kompressibilitätseinfluß näherungsweise nur über die zeitlich gemittelte Dichte wirksam wird.

Literatur zu Kapitel 6

[6.1] *R.B. Bird, W.E. Stewart, E.N. Lightfoot:* Transport Phenomena; J. Wiley & Sons, New York, 1960.

[6.2] *P. Bradshaw* (Ed.): Turbulence; Topics in Applied Physics, Vol. 12, Springer-Verlag, Berlin, 1976.

[6.3] *P. Bradshaw:* Compressible Turbulent Shear Layers; in Annual Reviews of Fluid Mechanics, Vol. 9, 1977.

[6.4] *T. Cebeci, A.M.O. Smith:* Analysis of Turbulent Boundary Layers; Academic Press, New York, 1974.

[6.5] *W.H. Dorrance:* Viscous Hypersonic Flow; McGraw-Hill Book Comp., New York, 1972.

[6.6] *E.R.G. Eckert, R.M. Drake:* Analysis of Heat and Mass Transfer; McGraw-Hill Book Comp., New York, 1972.

[6.7] *A. Favre (Ed.):* Mécanique de la Turbulence; Editions du Centre National de la Recherche Scientifique, Paris, 1962; siehe auch: The Mechanics of Turbulence; Gordon and Breach, New York, 1964.

[6.8] *A. Favre, L.S.G. Kovasznay, R. Dumas, J. Gaviglio, M. Coantic:* La turbulence en mécanique des fluides, Gauthier-Villars, Paris, 1976.

[6.9] *B. Gebhardt:* Heat Transfer; McGraw-Hill Book Comp., New York, 2. Auflage, 1971.

[6.10] *Ch. Gutfinger (Ed.):* Topics in Transport Phenomena; Hemisphere Publ. Corp., Washington, 1975.

[6.11] *R. Günther:* Verbrennung und Feuerung; Springer-Verlag. Berlin, 1974.

[6.12] *W.D. Hayes, D.F. Probstein:* Hypersonic Flow Theory; Academic Press, New York, 1959.

[6.13] *J.G. Knudsen, D.L. Katz:* Fluid Dynamics and Heat Transfer; McGraw-Hill Book Comp., New York, 1958.

[6.14] *S. S. Kutateladze, A. I. Leontev:* Turbulent Boundary Layers in Compressible Gases; Edward Arnold Ltd., London, 1964.

[6.15] *B. E. Launder* (Ed.): Studies in Convection; Theory, Measurement and Applications; Academic Press, London, Vol. II, 1977.

[6.16] *B. E. Launder, D. B. Spalding:* Lectures in Mathematical Models of Turbulence; Academic Press, New York, 1972.

[6.17] *C. C. Lin* (Ed.): Turbulent Flows and Heat Transfer; High Speed Aerodynamics and Jet Propulsion, Vol. V, Princeton Univ. Press, London, 1959.

[6.18] *S. V. Patankar, D. B. Spalding:* Heat and Mass Transfer in Boundary Layers; Intertext Books, London, 2. Auflage, 1970.

[6.19] *J. A. Reynolds:* Turbulent Flows in Engineering; J. Wiley & Sons, New York, 1974.

[6.20] *W. M. Rohsenow, H. Choi:* Heat, Mass, and Momentum Transfer; Prentice-Hall, Englewood Cliffs, New Jersey, 1961.

[6.21] *J. C. Rotta:* Turbulente Strömungen; B. G. Teubner, Stuttgart, 1972.

[6.22] *H. Schlichting:* Grenzschichttheorie; G. Braun-Verlag, Karlsruhe, 5. Auflage, 1965.

[6.23] *D. B. Spalding:* Some Fundamentals of Combustion; Butterworth, London, 1955.

[6.24] *R. W. Truitt:* Fundamentals of Aerodynamic Heating; The Ronald Press Comp., New York, 1960.

[6.25] *A. Walz:* Strömungs- und Temperaturgrenzschichten; G. Braun-Verlag, Karlsruhe, 1966.

[6.26] *F. M. White:* Viscous Fluid Flow; McGraw-Hill Book Comp., New York, 1974.

[6.27] *J. R. Welty, R. E. Wilson, C. E. Wicks:* Fundamentals of Momentum, Heat and Mass Transfer; J. Wiley & Sons, New York, 2. Auflage, 1976.

[6.28] VDI Wärmeatlas, VDI-Verlag, Düsseldorf, 3. Auflage, 1977.

7 Anhang

7.1 Lösungen der Aufgaben

Kapitel 1

1.1 $\left(\dfrac{\partial v_i}{\partial x_j}\right)^2 = \dfrac{\partial v_i}{\partial x_j}\dfrac{\partial v_i}{\partial x_j},$ es ist nacheinander über i und j zu summieren:

$$\left(\frac{\partial v_i}{\partial x_j}\right)^2 = \left(\frac{\partial v_1}{\partial x_j}\right)^2 + \left(\frac{\partial v_2}{\partial x_j}\right)^2 + \left(\frac{\partial v_3}{\partial x_j}\right)^2$$

$$= \left(\frac{\partial v_1}{\partial x_1}\right)^2 + \left(\frac{\partial v_1}{\partial x_2}\right)^2 + \left(\frac{\partial v_1}{\partial x_3}\right)^2 + \left(\frac{\partial v_2}{\partial x_1}\right)^2 + \left(\frac{\partial v_2}{\partial x_2}\right)^2 + \left(\frac{\partial v_2}{\partial x_3}\right)^2$$

$$+ \left(\frac{\partial v_3}{\partial x_1}\right)^2 + \left(\frac{\partial v_3}{\partial x_2}\right)^2 + \left(\frac{\partial v_3}{\partial x_3}\right)^2.$$

1.2   Es ist über i zu summieren, anschließend ist j = 1, 2, 3 zu setzen:

$$b_i\delta_{ij} = b_1\delta_{1j} + b_2\delta_{2j} + b_3\delta_{3j}$$

$$= b_1 \text{ für } j = 1$$

$$= b_2 \text{ für } j = 2$$

$$= b_3 \text{ für } j = 3, \text{ also gilt die Regel } b_i\delta_{ij} = b_j.$$

1.3 $\delta_{ij}\delta_{ij} = \delta_{i1}\delta_{i1} + \delta_{i2}\delta_{i2} + \delta_{i3}\delta_{i3}$

$$= \delta_{11}\delta_{11} + \delta_{22}\delta_{22} + \delta_{33}\delta_{33} = 1 + 1 + 1 = 3$$

wegen $\delta_{ij} = 0$ für $i \neq j$. Es ist natürlich gleichgültig, ob man zuerst über i oder über j summiert. Mit Kenntnis der Rechenregel nach Aufgabe 1.2 erkennt man sofort $\delta_{ij}\delta_{ij} = \delta_{jj} = 3$.

1.4

$$\frac{\partial a_i}{\partial x_k} \mathrel{\hat=} \begin{bmatrix} \dfrac{\partial a_1}{\partial x_1} & \dfrac{\partial a_1}{\partial x_2} & \dfrac{\partial a_1}{\partial x_3} \\[2mm] \dfrac{\partial a_2}{\partial x_1} & \dfrac{\partial a_2}{\partial x_2} & \dfrac{\partial a_2}{\partial x_3} \\[2mm] \dfrac{\partial a_3}{\partial x_1} & \dfrac{\partial a_3}{\partial x_2} & \dfrac{\partial a_3}{\partial x_3} \end{bmatrix} = \begin{bmatrix} b_{11} & b_{21} & b_{31} \\[2mm] b_{12} & b_{22} & b_{32} \\[2mm] b_{13} & b_{23} & b_{33} \end{bmatrix} \mathrel{\hat=} b_{ki}.$$

Man sieht hierbei,daß der durch die Differentiation hinzukommende Index an die erste Stelle gesetzt werden muß.

1.5
$$\frac{\partial a_{ij}}{\partial x_i} = \frac{\partial a_{1j}}{\partial x_1} + \frac{\partial a_{2j}}{\partial x_2} + \frac{\partial a_{3j}}{\partial x_3}$$

$$= \frac{\partial a_{11}}{\partial x_1} + \frac{\partial a_{21}}{\partial x_2} + \frac{\partial a_{31}}{\partial x_3} = b_1 \qquad \text{für } j = 1$$

$$= \frac{\partial a_{12}}{\partial x_1} + \frac{\partial a_{22}}{\partial x_2} + \frac{\partial a_{32}}{\partial x_3} = b_2 \qquad \text{für } j = 2$$

$$= \frac{\partial a_{13}}{\partial x_1} + \frac{\partial a_{23}}{\partial x_2} + \frac{\partial a_{33}}{\partial x_3} = b_3 \qquad \text{für } j = 3$$

$$= b_j.$$

1.6   Bei richtungsabhängiger Wärmeleitfähigkeit haben der Wärmestrom q_k und der Temperaturgradient $\partial T/\partial x_l$ unterschiedliche Richtungen. Sie sind jedoch weiterhin linear voneinander abhängig. Ihre Verknüpfung erfolgt über einen Tensor zweiter Stufe:

$$q_k = \lambda_{kl} \frac{\partial T}{\partial x_l} = \lambda_{k1} \frac{\partial T}{\partial x_1} + \lambda_{k2} \frac{\partial T}{\partial x_2} + \lambda_{k3} \frac{\partial T}{\partial x_3},$$

$k = 1,2\ 3$ setzen.

Die Wärmeleitfähigkeit ist bei anisotropen Medien ein Tensor zweiter Stufe. Gase und Flüssigkeiten sind stets isotrop. Es gibt dagegen Festkörper mit gerichteten Eigenschaften (z.B. faserverstärkte Kunststoffe); so brennt etwa Holz bevorzugt in Faserrichtung.

1.7
$$\frac{\partial}{\partial t}(\rho v_j) + \frac{\partial}{\partial x_k}(\rho v_j v_k) =$$

$$v_j \left[\frac{\partial \rho}{\partial t} + \frac{\partial}{\partial x_k}(\rho v_k) \right] + \rho \left[\frac{\partial v_j}{\partial t} + v_k \frac{\partial v_j}{\partial x_k} \right] = \rho \frac{dv_j}{dt}.$$

$$\underbrace{\qquad\qquad\qquad\qquad}_{= 0 \text{ wegen Gl. (1.16).}} \qquad \underbrace{\qquad\qquad\qquad}_{= \dfrac{dv_j}{dt}}$$

Diese Umrechnung wird in analoger Weise bei allen Bilanzgleichungen verwendet.

1.8   Wegen $h = u + p/\rho$ ist

$$du = dh - \frac{1}{\rho}\, dp - pd\,\frac{1}{\rho}\,; \qquad\qquad d\,\frac{1}{\rho} = -\frac{d\rho}{\rho^2}$$

$$\rho \frac{du}{dt} = \rho \frac{dh}{dt} - \frac{dp}{dt} + \frac{p}{\rho}\frac{d\rho}{dt}\,; \qquad\qquad \frac{d\rho}{dt} = -\rho \frac{\partial v_j}{\partial x_j}$$

$$= \rho \frac{dh}{dt} - \frac{dp}{dt} - p\frac{\partial v_j}{\partial x_k}\delta_{jk}\,; \qquad\qquad \frac{\partial v_j}{\partial x_j} = \frac{\partial v_j}{\partial x_k}\delta_{jk}.$$

Der letzte Term wird mit dem letzten Term der Gl. (1.32) zusammengenommen:

$P_{jk} - p\delta_{jk} = \pi_{jk}$, es folgt Gl. (1.35).

1.9   dh/dt in Gl. (1.35) wird durch Gl. (1.38) ersetzt. Der letzte Term von Gl. (1.38) lautet

$$\rho \sum_\alpha h_\alpha \frac{dc_\alpha}{dt} = -\underline{\sum_\alpha{}' h_\alpha \frac{\partial j_{k,\alpha}}{\partial x_k}} + \sum_\alpha{}' h_\alpha\, \sigma_\alpha.$$

Der Energiestrom q_k' in Gl. (1.35) wird durch Gl. (1.34) ersetzt, d.h.

$$\frac{\partial q_k'}{\partial x_k} = \frac{\partial q_k}{\partial x_k} + \sum_\alpha{}' j_{k,\alpha} \frac{\partial h_\alpha}{\partial x_k} + \underline{\sum_\alpha{}' h_\alpha \frac{\partial j_{k,\alpha}}{\partial x_k}}\,.$$

Der unterstrichene Term tritt auf der linken und rechten Seite der Gleichung mit demselben (negativen) Vorzeichen auf und entfällt daher. Nach Einsetzen folgt Gl. (1.39).

1.10   Aus der Thermodynamik ist bekannt, siehe z.B. [1.20]:
G = H − TS bzw. g = h − Ts. Diese Beziehung gilt auch für die partiellen spezifischen Größen, d.h.

$$g_\alpha = h_\alpha - Ts_\alpha, \text{ wobei } g_\alpha = \left(\frac{\partial g}{\partial c_\alpha}\right)_{T,p,c_\beta} = \mu_\alpha,$$

$$h_\alpha = \left(\frac{\partial h}{\partial c_\alpha}\right)_{T,p,c_\beta}, \text{ vgl. Gl. (1.37)}, \; s_\alpha = \left(\frac{\partial s}{\partial c_\alpha}\right)_{T,p,c_\beta}.$$

Das chemische Potential ist mit der partiellen spezifischen Gibbs-Enthalpie identisch. Weiterhin gilt die Maxwell-Relation, vgl. z.B. [1.20]:

$$\left(\frac{\partial G}{\partial T}\right)_{p,m_\alpha} = -S, \text{ d.h. auch } \left(\frac{\partial g_\alpha}{\partial T}\right)_{p,c_\alpha} = \left(\frac{\partial \mu_\alpha}{\partial T}\right)_{p,c_\alpha} = -s_\alpha.$$

Damit folgt

$$\mu_\alpha = h_\alpha - Ts_\alpha \qquad \text{und daraus die gesuchte Beziehung:}$$

$$h_\alpha = \mu_\alpha - T\left(\frac{\partial \mu_\alpha}{\partial T}\right)_{p,c_\alpha} = -T^2\left[\frac{\partial}{\partial T}\left(\frac{\mu_\alpha}{T}\right)\right]_{p,c_\alpha}.$$

Die rechte Seite der Gleichung verifiziere man durch Ausdifferenzieren.

1.11
$$\pi_{jk} \mathrel{\widehat=} \begin{bmatrix} \pi_{11} & \pi_{12} & \pi_{13} \\ \pi_{21} & \pi_{22} & \pi_{23} \\ \pi_{31} & \pi_{32} & \pi_{33} \end{bmatrix} = \begin{bmatrix} \pi_{11} & 0 & 0 \\ 0 & \pi_{22} & 0 \\ 0 & 0 & \pi_{33} \end{bmatrix} + \begin{bmatrix} 0 & \pi_{12} & \pi_{13} \\ \pi_{21} & 0 & \pi_{23} \\ \pi_{31} & \pi_{32} & 0 \end{bmatrix}$$

isotroper Tensor   Deviator

Isotroper Tensor: $\bar\pi\, \delta_{jk}$ mit

$$\bar\pi = \frac{1}{3}\pi_{lm}\delta_{lm} = \frac{1}{3}\pi_{ii} = \frac{1}{3} \text{ der Spur von } \pi_{jk};$$

Deviator: $\mathring\pi_{jk}$.

Kapitel 2

2.1

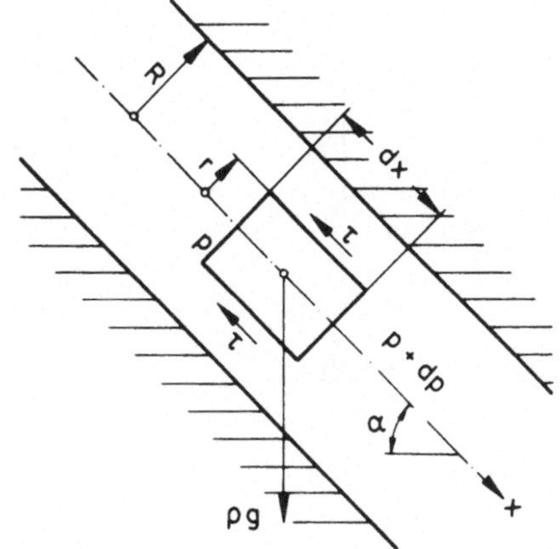

Kräftegleichgewicht in x-Richtung:

$$-\tau\,2\,\pi r\,dx - dp\,\pi r^2 + \rho g\,\pi r^2\,dx\,\sin\alpha = 0.$$

Für $\alpha = 0$ folgen Gl. (2.13) und damit die angegebenen Resultate. Für $dp/dx = 0$ wird

$$-\tau(r) = \mu\,\frac{du}{dr} = -\frac{1}{2}\,\rho g r\,\sin\alpha$$

$$\curlywedge\; u(r) = -\frac{\rho g r^2}{4\,\mu}\,\sin\alpha + C$$

$$r = 0 : u = u_{max} = C = \frac{\rho g R^2}{4\,\mu}\,\sin\alpha$$

$$\curlywedge\; u(r) = \frac{\rho g}{4\,\mu}\,\sin\alpha\,(R^2 - r^2) \quad\text{bzw.}\quad \frac{u(r)}{u_{max}} = 1 - \left(\frac{r}{R}\right)^2.$$

Anstelle des Druckgradienten ist nunmehr die Schwerkraft der Antrieb.

$$\dot V = \int\limits_0^R 2\,\pi r\,u(r)\,dr = \frac{\rho g \pi R^4}{8\,\mu}\,\sin\alpha.$$

Man vergleiche das Resultat mit den Gln. (2.16) bzw. (2.18). An die Stelle von $\Delta p/L$ tritt hier $\rho g \sin\alpha$.

Die Beziehung für $\dot V$ stellt eine Möglichkeit zur Messung der Viskosität dar.

2.2
$$\frac{\text{Trägheitskraft}}{\text{Reibungskraft}} \sim \frac{\rho u_\delta^2}{\mu\,\dfrac{\partial u}{\partial y}} \sim \frac{\rho u_\delta^2}{\mu\,\dfrac{u_\delta}{\delta}} = \frac{\rho u_\delta \delta}{\mu} = \frac{u_\delta \delta}{\nu} = Re_\delta.$$

Hierbei ist die Re-Zahl mit der Grenzschichtdicke δ als charakteristischer Bezugslänge gebildet worden.

2.3 $Re = \dfrac{u_\infty L}{\nu}$; $L = 1\,m$

$u_\infty\,[m/s]$	0,1	1	10
Re Wasser	10^5	10^6	10^7
Re Luft	$6{,}7 \cdot 10^3$	$6{,}7 \cdot 10^4$	$6{,}7 \cdot 10^5$

Man erkennt, daß für diese Fälle die Forderung $Re \gg 1$ erfüllt ist.

2.4 $F_w \sim u_\infty^{3/2}\, L^{1/2}$.

Verdopplung von u_∞ :

$F_w \to 2^{3/2}\, F_w$ für $u_\infty \to 2\, u_\infty$, d.h. F_w nimmt um ca. 183% zu.

Verdopplung von L:

$F_w \to 2^{1/2}\, F_w$ für $L \to 2\, L$, d.h. F_w nimmt um ca. 41% zu. Der Reibungswiderstand verdoppelt sich nicht etwa, da die hinteren Plattenanteile weniger zum Widerstand beitragen, vgl. Bild 2.7 (b).

2.5 Das Gleichungssystem (2.68), (2.69) ist für $u_\delta' = a$; $u_\delta'/u_\delta = 1/x$ zu lösen. Da für die ebene Staupunktströmung eine ähnliche Lösung existiert, muß $\Lambda = $ konstant sein. Aus Gl. (2.68) folgt

$$\Lambda = \frac{a\delta^2}{\nu} \curvearrowright \delta = \text{konstant.}$$

Damit ist auch $\delta_2(\Lambda, \delta) = $ konstant und Gl. (2.69) lautet

$$\frac{\delta_2}{x}\left(2 + \frac{\delta_1}{\delta_2}\right) = \frac{\tau_w}{\rho u_\delta^2}\,.$$

Nach Gl. (2.61) ist

$$\frac{\tau_w}{\rho u_\delta^2} = \frac{\nu}{\delta u_\delta}\left(2 + \frac{1}{6}\Lambda\right) = \frac{\nu}{\delta\, ax}\left(2 + \frac{1}{6}\Lambda\right).$$

Es folgt

$$\frac{\delta_2}{\delta}\left(2 + \frac{\delta_1}{\delta_2}\right) = \frac{\nu}{\delta^2 a}\left(2 + \frac{1}{6}\Lambda\right) = \frac{1}{\Lambda}\left(2 + \frac{1}{6}\Lambda\right).$$

Wegen δ_2/δ und $\delta_1/\delta_2 = f(\Lambda)$ nach Gl. (2.66) und (2.67) ist obige Beziehung eine Bestimmungsgleichung für den Formparameter Λ. Nach Auflösung folgt der Wert $\Lambda = 7{,}052$.

2.6   Die folgende Herleitung ist dem Buch von Walz [2.15] entnommen.

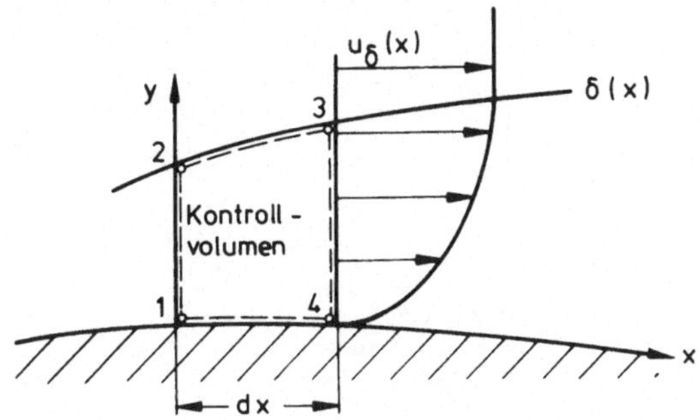

Sämtliche Größen werden auf die Tiefe 1 bezogen.

Massenbilanz: Durch 1,2 einströmender minus durch 3,4 ausströmender Massenstrom

$$\int_0^\delta \rho u\,dy - \left[\int_0^\delta \rho u\,dy + \frac{d}{dx}\left(\int_0^\delta \rho u\,dy\right)dx\right] = -\frac{d}{dx}\left(\int_0^\delta \rho u\,dy\right)dx$$

muß aus Kontinuitätsgründen gleich dem durch 2,3 eintretenden Massenstrom sein. Wegen $v_\delta < 0$ folgt die Massenbilanz zu

$$\frac{d}{dx}\left(\int_0^\delta \rho u\,dy\right)dx = -\rho v_\delta dx.$$

Kräftebilanz: Durch 1,2 und 2,3 eintretender minus durch 3,4 austretender Impulsstrom

$$\int_0^\delta \rho u^2 dy - \left[\int_0^\delta \rho u^2 dy + \frac{d}{dx}\left(\int_0^\delta \rho u^2 dy\right)dx\right] - \rho v_\delta u_\delta dx$$

$$= -\frac{d}{dx}\left(\int_0^\delta \rho u^2 dy\right)dx + u_\delta\frac{d}{dx}\left(\int_0^\delta \rho u\,dy\right)dx$$

(wobei v_δ durch die Aussage der Kontinuitätsbedingung ersetzt wurde) ist gleich den am Kontrollvolumen von außen angreifenden Kräften.

Druckkraft: $p\delta - \left(p + \dfrac{dp}{dx}dx\right)\delta = -\delta\dfrac{dp}{dx}dx = \delta\rho u_\delta\dfrac{du_\delta}{dx}dx$

bei Verwendung der Bernoulli-Gleichung (2.32).

Reibungskraft: $-\tau_w dx$, da am Außenrand die Schubspannung Null ist.

Damit lautet die Integralbedingung für den Impuls zunächst

$$u_\delta\frac{d}{dx}\left(\int_0^\delta u\,dy\right) - \frac{d}{dx}\left(\int_0^\delta u^2 dy\right) + \delta u_\delta\frac{du_\delta}{dx} = \frac{\tau_w}{\rho}.$$

Um auf die Form (2.64) zu kommen, formen wir das Glied mit dem Faktor δ um:

$$\delta u_\delta \frac{du_\delta}{dx} = -u_\delta \frac{d}{dx}(u_\delta \delta) + \frac{d}{dx}(u_\delta^2 \delta)$$

$$= -u_\delta \frac{d}{dx}\left(u_\delta \int_0^\delta dy\right) + \frac{d}{dx}\left(u_\delta^2 \int_0^\delta dy\right).$$

Dies oben eingesetzt ergibt

$$-u_\delta \frac{d}{dx}\left[u_\delta \underbrace{\int_0^\delta \left(1 - \frac{u}{u_\delta}\right)dy}_{\delta_1}\right] + \frac{d}{dx}\left[u_\delta^2 \underbrace{\int_0^\delta \left\{1 - \left(\frac{u}{u_\delta}\right)^2\right\}dy}_{\delta_1 + \delta_2,}\right] = \frac{\tau_w}{\rho}.$$

$\qquad\qquad\qquad\qquad\qquad\qquad\qquad\qquad\qquad\qquad\qquad\qquad$ siehe Gl. (2.62) und (2.63).

Nach kurzer Zusammenfassung folgt Gl. (2.64), d.h.

$$\frac{d}{dx}(u_\delta^2 \delta_2) + \delta_1 u_\delta \frac{du_\delta}{dx} = \frac{\tau_w}{\rho}.$$

Den Begriff der Verdrängungsdicke δ_1 hatten wir uns anschaulich klar gemacht, siehe Bild 2.6. Die Impulsverlustdicke δ_2 bewertet den Impulsstrom ρu_δ^2, da der Impulsstrom innerhalb der Grenzschicht kleiner ist als ρu_δ^2.

2.7 Ausgangspunkt ist die Beziehung

$$\rho u_\infty^2 \frac{d\delta_2}{dx} = \tau_w \quad \text{mit}$$

$$\tau_w = \mu\left(\frac{\partial u}{\partial y}\right)_w = \frac{\mu u_\delta}{\delta}\left(\frac{\partial u/u_\delta}{\partial \eta}\right)_w \; ; \quad \frac{\tau_w \delta}{\mu u_\delta} = \left(\frac{\partial u/u_\delta}{\partial \eta}\right)_w = A,$$

$$\frac{\delta_2}{\delta} = \int_0^1 \frac{u}{u_\delta}\left(1 - \frac{u}{u_\delta}\right)d\eta = B.$$

Damit schreiben wir obige Differentialgleichung um:

$$\delta \frac{d\delta}{dx} = \frac{A}{B}\frac{\nu}{u_\infty} \; \wedge \; \frac{\delta(x)}{x} = \frac{\sqrt{2A/B}}{\sqrt{Re_x}} = \frac{C}{\sqrt{Re_x}}.$$

Sie hat damit die weiter oben angegebene Form, wobei die Konstanten A und B vom jeweiligen Geschwindigkeitsansatz abhängen. Das P3-Profil nach c) geht bei Beachtung der Randbedingungen wegen a = 0, b = 3/2, c = 0, d = −1/2 über in

$$\frac{u}{u_\delta} = \frac{3}{2}\eta - \frac{1}{2}\eta^3.$$

Damit können die Konstanten A und B bestimmt werden. Dazu folgt

$$\frac{\delta_1}{\delta} = \int_0^1 \left(1 - \frac{u}{u_\delta}\right)d\eta = D,$$

$$c_f(x) = 2 \frac{\tau_w}{\rho u_\infty^2} = 2A \frac{\mu}{\rho u_\infty \delta} = \frac{2A}{C} \frac{1}{\sqrt{Re_x}} = \frac{E}{\sqrt{Re_x}},$$

$$c_w = 2 \frac{F_w}{\rho u_\infty^2 bL}, \quad \text{mit} \quad F_w = b \int_0^L \tau_w(x)\, dx \quad \text{folgt}$$

$$c_w = 4 \frac{A}{C} \frac{1}{\sqrt{Re}}, \qquad \text{wobei} \quad Re = \frac{u_\infty L}{\nu}.$$

Die Ergebnisse sind in folgender Tabelle zusammengestellt:

	(a) lineares Profil	(b) Sinusprofil	(c) P3-Profil	exakte Blasius-Lösung
$\dfrac{\tau_w \delta}{\mu u_\delta} = A$	1	$\dfrac{\pi}{2} = 1{,}571$	1,500	
$\dfrac{\delta_2}{\delta} = B$	0,167	$\dfrac{2}{\pi} - \dfrac{1}{2} = 0{,}137$	0,139	
$\dfrac{\delta}{x} \sqrt{Re_x} = C$	3,461	4,795	4,641	5,0*
$\dfrac{\delta_1}{x} \sqrt{Re_x} = C \cdot D$	1,723	1,742	1,740	1,7208
$c_f \sqrt{Re_x} = E$	0,577	0,655	0,646	0,664
$c_w \sqrt{Re} = 4 \dfrac{A}{C}$	1,154	1,310	1,292	1,328

*Wegen der Definition von δ eignet sich dieser Wert für Vergleichszwecke schlecht.

Man sieht, daß unabhängig vom gewählten Geschwindigkeitsansatz immer das gleiche qualitative Ergebnis folgt. Der Fehler hängt von der Güte des Geschwindigkeitsansatzes und von der gefragten Größe ab; er liegt bei diesen Beispielen in der Größenordnung einiger Prozente. Der Fehler läßt sich durch die Wahl eines möglichst genauen Lösungsansatzes drastisch senken. Dies ist charakteristisch für sämtliche Integralmethoden.

Kapitel 3

3.1 $\quad c^2 = \left(\dfrac{\partial p}{\partial \rho} \right)_s.$

Wegen $s = \text{konstant}$ ist $p = p_0 \left(\dfrac{\rho}{\rho_0} \right)^\kappa$, es folgt

$$c^2 = \frac{p_0}{\rho_0^\kappa} \frac{\partial \rho^\kappa}{\partial \rho} = \frac{p_0}{\rho_0^\kappa} \kappa \rho^{\kappa-1} = \kappa \frac{p}{\rho^\kappa} \rho^{\kappa-1} = \kappa \frac{p}{\rho}.$$

Mit $p/\rho = RT$ ist $c^2 = \kappa \dfrac{p}{\rho} = \kappa RT.$

$$Ec = \frac{u^2}{c_p \Delta T} = \frac{u^2}{c^2} \frac{\kappa RT}{c_p \Delta T} = (\kappa - 1) \frac{T}{\Delta T} Ma^2$$

$$wegen \quad \frac{R}{c_p} = \frac{c_p - c_v}{c_p} = 1 - \frac{1}{\kappa}; \quad \kappa = \frac{c_p}{c_v}.$$

3.2 Der Index 0 bezeichnet den Ruhestand $u = 0$:

$$c_p T + \frac{u^2}{2} = c_p T_0$$

$$\wedge \frac{T_0}{T} = 1 + \frac{u^2}{2 c_p T} = 1 + \frac{\kappa - 1}{2} Ma^2, \quad \text{siehe auch Abschnitt 3.7.1.}$$

T_0 ist die Ruhetemperatur, sie stellt sich bei adiabatem Aufstau der Strömung ein (z.B. im Staupunkt eines Flugkörpers, Bild 3.19).

Reibungsfreie, stationäre, adiabate Strömungen verlaufen isentrop, siehe hierzu z.B. [3.2], [3.25], also können wir die Isentropenbeziehungen verwenden:

$$\frac{\rho_0}{\rho} = \left(\frac{T_0}{T}\right)^{1/(\kappa - 1)} = \left[1 + \frac{\kappa - 1}{2} Ma^2\right]^{1/(\kappa - 1)} = (1 + \epsilon)^{1/n}.$$

Entwicklung: $(1 + \epsilon)^{1/n} = 1 + \frac{1}{n}\epsilon + 0(\epsilon^2) + ...$

$$\approx 1 + \frac{1}{n}\epsilon \quad \text{für} \quad \epsilon \ll 1.$$

D.h. $\frac{\rho_0}{\rho} \approx 1 + \frac{1}{2} Ma^2$ bzw. $\frac{\rho_0 - \rho}{\rho} \approx \frac{1}{2} Ma^2.$

Dieser Zusammenhang ist unabhängig vom Adiabatenexponenten κ.

Es sei $\frac{\rho_0 - \rho}{\rho} = 1\%$: $\quad Ma^2 = 0,02; \quad Ma = 0,14$

$$\wedge u \approx 50 \text{ m/s} = 180 \text{ km/h}$$

$$= 5\%: \quad Ma^2 = 0,10; \quad Ma = 0,32$$

$$\wedge u \approx 110 \text{ m/s} \approx 400 \text{ km/h.}$$

Fazit: Für Strömungsgeschwindigkeiten bis etwa 50 m/s liegt die Dichteänderung bei Gasen unter 1%.

3.3 $$\int_0^H u \frac{\partial T}{\partial x} dy + \int_0^H v \frac{\partial T}{\partial y} dy = a \int_0^H \frac{\partial^2 T}{\partial y^2} dy = -\frac{1}{\rho c_p} \int_0^H \frac{\partial q}{\partial y} dy$$

$$= \frac{1}{\rho c_p} q_w = -a \left(\frac{\partial T}{\partial y}\right)_w.$$

An der Stelle $y = H$ verschwinden die Ableitungen $\partial/\partial y$. Das zweite Integral der linken Seite lautet

$$\int_0^H v \frac{\partial T}{\partial y} dy = vT \Big|_0^H - \int_0^H T \frac{\partial v}{\partial y} dy.$$

Mit $\dfrac{\partial v}{\partial y} = -\dfrac{\partial u}{\partial x}$ und $v_H = -\displaystyle\int_0^H \dfrac{\partial u}{\partial x}\,dy$ aus der Kontinuitätsgleichung folgt

$$\int_0^H v\,\frac{\partial T}{\partial y}\,dy = -T_\delta \int_0^H \frac{\partial u}{\partial x}\,dy + \int_0^H T\,\frac{\partial u}{\partial x}\,dy.$$

Eingesetzt in obige Beziehung:

$$\int_0^H \left[u\,\frac{\partial T}{\partial x} + T\,\frac{\partial u}{\partial x} - T_\delta\,\frac{\partial u}{\partial x} \right] dy = \int_0^H \left[\frac{\partial}{\partial x}(uT - uT_\delta) \right] dy = -a\left(\frac{\partial T}{\partial y}\right)_w.$$

Die Integrationsgrenze H ist von x unabhängig, Integration und Differentiation können vertauscht werden. Es folgt

$$\frac{d}{dx}\left[\int_0^{\delta_T} u(T - T_\delta)\,dy \right] = -a\left(\frac{\partial T}{\partial y}\right)_w.$$

Es kann $H = \delta_T$ gesetzt werden, da für $y > \delta_T$ der Integrand wegen $(T - T_\delta) \to 0$ verschwindet.

3.4 $\displaystyle \frac{d}{dx}\left[u_\infty \int_0^H \frac{u}{u_\infty}(1 - \theta)\,dy \right] = a\left(\frac{\partial \theta}{\partial y}\right)_w \qquad \wedge$

$$\frac{d}{dx}\left\{ u_\infty \int_0^H \left[\frac{3}{2}\frac{y}{\delta_S} - \frac{1}{2}\left(\frac{y}{\delta_S}\right)^3 \right]\left[1 - \frac{3}{2}\frac{y}{\delta_T} + \frac{1}{2}\left(\frac{y}{\delta_T}\right)^3 \right] dy \right\} = \frac{3a}{2\delta_T},$$

$$\frac{d}{dx}\left\{ u_\infty \int_0^H \left[\frac{3y}{2\delta_S} - \frac{9y^2}{4\delta_S\delta_T} + \frac{3y^4}{4\delta_S\delta_T^{\,3}} - \frac{y^3}{2\delta_S^{\,3}} + \frac{3y^4}{4\delta_S^{\,3}\delta_T} - \frac{y^6}{4\delta_S^{\,3}\delta_T^{\,3}} \right] dy \right\} = \frac{3a}{2\delta_T}.$$

Nach Integration folgt, wobei die Integrationsgrenze H mit δ_T gleichgesetzt wird, da der Integrand für $H > \delta_T$ wegen $\theta = 1$ verschwindet:

$$\frac{d}{dx}\left[\frac{3}{20}\frac{\delta_T^{\,2}}{\delta_S} - \frac{3}{280}\frac{\delta_T^{\,4}}{\delta_S^{\,3}} \right] = \frac{3a}{2\delta_T u_\infty}.$$

3.5 Die Dgl. ist von dem Typ

$$x\frac{dy}{dx} + ay = b, \quad a, b = \text{konstant}.$$

Eine Partikulärlösung ist offenbar $y_P = b/a$. Die homogene Dgl. wird durch die Lösung $y_H = x^{-a}$ erfüllt. Damit lautet die vollständige Lösung

$$y(x) = Cx^{-a} + \frac{b}{a}; \quad C = \text{Integrationskonstante}.$$

3.6 $\theta' = \phi$ setzen: $\phi' + \dfrac{1}{2}\,\mathrm{Pr}f\phi = 0$ bzw.

$$\frac{\mathrm{d}\phi}{\phi} = -\frac{1}{2}\,\mathrm{Pr}f\mathrm{d}\eta, \quad \text{nach Integration folgt}$$

$$\ln\phi = -\frac{1}{2}\,\mathrm{Pr}\int f\mathrm{d}\eta + C_1.$$

An dieser Stelle kann man zwei Wege einschlagen, entweder $\phi = C\exp\left[-\dfrac{1}{2}\,\mathrm{Pr}\int f\mathrm{d}\eta\right] = \dfrac{\mathrm{d}\theta}{\mathrm{d}\eta}$ nochmals integrieren oder durch Benutzung der Blasius-Gleichung (2.40)

$$-\frac{1}{2}f = \frac{f'''}{f''} \quad \text{setzen. Damit folgt} \quad \ln\phi = \mathrm{Pr}\int\frac{f'''}{f''}\,\mathrm{d}\eta + C_1 = \mathrm{Pr}\ln f'' + C_1 \quad \text{bzw.}$$

$$\phi = \frac{\mathrm{d}\theta}{\mathrm{d}\eta} = C_2(f'')^{\mathrm{Pr}}. \quad \text{Nach nochmaliger Integration:} \quad \theta = C_2\int(f'')^{\mathrm{Pr}}\,\mathrm{d}\eta + C_3.$$

Die Konstanten C_2, C_3 werden durch die Randbedingungen (3.83) bestimmt:

Wegen $\theta = 1$ für $\eta = 0$ wird $C_3 = 1$,

wegen $\theta = 0$ für $\eta \to \infty$ wird $C_2 = \left[-\displaystyle\int_0^\infty (f'')^{\mathrm{Pr}}\,\mathrm{d}\eta\right]^{-1}.$

Es folgt die Lösung zu

$$\theta = 1 - \frac{\displaystyle\int_0^\eta (f'')^{\mathrm{Pr}}\,\mathrm{d}\eta}{\displaystyle\int_0^\infty (f'')^{\mathrm{Pr}}\,\mathrm{d}\eta} = \theta\,(\eta,\mathrm{Pr}).$$

Für den Sonderfall $\mathrm{Pr} = 1$ geht die Lösung über in

$$\theta = 1 - \frac{f'(\eta) - f'(0)}{f'(\infty) - f'(0)} = 1 - f'(\eta) = 1 - \frac{u}{u_\infty} = \frac{T - T_\infty}{T_w - T_\infty}$$

und es folgt mit

$$\frac{T - T_w}{T_\infty - T_w} = \frac{u}{u_\infty}$$

die schon in Abschnitt 3.2.1, Gl. (3.47), angegebene spezielle Lösung.

Die Steigung des Temperaturprofils an der Wand folgt aus $\mathrm{d}\theta/\mathrm{d}\eta = C_2(f'')^{\mathrm{Pr}}$ zu

$$-\left(\frac{\mathrm{d}\theta}{\mathrm{d}\eta}\right)_w = \frac{0{,}332^{\mathrm{Pr}}}{\displaystyle\int_0^\infty (f'')^{\mathrm{Pr}}\,\mathrm{d}\eta} = a_1(\mathrm{Pr}) \quad \text{mit } f''(0) = 0{,}332.$$

Bei Einschlagung des ersten Weges erhält man durch entsprechendes Vorgehen als Lösung

$$\theta = 1 + \left(\frac{d\theta}{d\eta}\right)_w \int\limits_0^\eta \exp\left[-\frac{1}{2}\Pr \int\limits_0^\eta f\, d\eta\right] d\eta = \theta\,(\eta, \Pr) \quad \text{mit}$$

$$-\left(\frac{d\theta}{d\eta}\right)_w = \left\{\int\limits_0^\infty \exp\left[-\frac{1}{2}\Pr \int\limits_0^\eta f d\eta\right] d\eta\right\}^{-1}.$$

3.7 Wir gehen von der Beziehung

$$-\left(\frac{d\theta}{d\eta}\right)_w = \left\{\int\limits_0^\infty \exp\left[-\frac{1}{2}\Pr \int\limits_0^\eta f\, d\eta\right] d\eta\right\}^{-1}$$

nach Aufgabe 3.6 aus und ersetzen f durch entsprechende Ansätze.

a) $\Pr \to 0$: Wegen $u\,(x, y) = u_\infty$ ist $f' = 1$ und $f = \eta$. Es folgt

$$-\left(\frac{d\theta}{d\eta}\right)_w = \left\{\int\limits_0^\infty \exp\,(-\Pr\eta^2/4)\, d\eta\right\}^{-1} = \sqrt{\frac{\Pr}{\pi}} = 0,564\,\Pr^{1/2}.$$

b) $\Pr \to \infty$: Mit dem linearen Ansatz

$$\frac{u}{u_\infty} = C\eta \quad \text{ist} \quad f = \frac{1}{2}\,C\eta^2. \text{ Es folgt}$$

$$-\left(\frac{d\theta}{d\eta}\right)_w = \left\{\int\limits_0^\infty \exp\,(-\Pr C\eta^3/12)\, d\eta\right\}^{-1} = K\,\Pr^{1/3}.$$

Dabei ist K eine Konstante.

3.8 Unabhängig von der Prandtl-Zahl ist $Nu_x \sim Re_x^{1/2}$. Somit gilt $Nu_m = 2\,Nu_x$ bei $x = L$ nach Gl. (3.52) für sämtliche Pr-Zahlen. Es sei darauf hingewiesen, daß Nu_m mit dem mittleren Wärmeübergangskoeffizienten α_m und der Plattenlänge L gebildet als mittlere Nusselt-Zahl bezeichnet wird. Sie ist nicht gleich dem Mittelwert Nu_{gem} der örtlichen Nusselt-Zahl Nu_x, wie die Skizze analog zu Bild 3.3 zeigt.

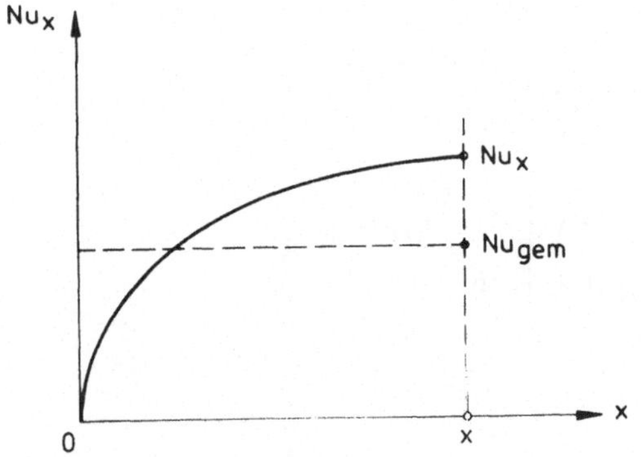

$$Nu_x = C\sqrt{x}$$

$$Nu_{gem} = \frac{C}{x}\int\limits_0^x \sqrt{x}\, dx$$

$$= \frac{2}{3}\,C\sqrt{x} = \frac{2}{3}\,Nu_x$$

3.9
$$\frac{\partial}{\partial r}\left(r\frac{\partial T}{\partial r}\right) = \frac{2u_m}{a}\frac{dT_m}{dx}\left[1 - \left(\frac{r}{R}\right)^2\right]r$$

liefert nach der ersten Integration:

$$r\frac{\partial T}{\partial r} = \frac{2u_m}{a}\frac{dT_m}{dx}\left(\frac{r^2}{2} - \frac{r^4}{4R^2}\right) + C_1.$$

Aus der ersten Randbedingung (3.106) folgt $C_1 = 0$. Die zweite Integration ergibt

$$T = \frac{2u_m}{a}\frac{dT_m}{dx}\left(\frac{r^2}{4} - \frac{r^4}{16R^2}\right) + C_2.$$

Aus der zweiten Randbedingung (3.106) folgt

$$C_2 = T_w - \frac{2u_m}{a}\frac{dT_m}{dx}\frac{3}{16}R^2$$

und damit

$$T - T_w = \frac{2u_m}{a}\frac{dT_m}{dx}\left(\frac{r^2}{4} - \frac{r^4}{16R^2} - \frac{3}{16}R^2\right).$$

3.10 Die Energiegleichung (3.102) wird für $u = u_m$ integriert:

$$\frac{\partial}{\partial r}\left(r\frac{\partial T}{\partial r}\right) = \frac{u_m}{a}\frac{dT_m}{dx}r,$$

$$r\frac{\partial T}{\partial r} = \frac{u_m}{a}\frac{dT_m}{dx}\frac{r^2}{2} + C_1; \quad C_1 = 0 \text{ wegen } \frac{\partial T}{\partial r} = 0 \text{ für } r = 0.$$

$$T = \frac{u_m}{4a}\frac{dT_m}{dx}r^2 + C_2,$$

$$C_2 = T_w - \frac{u_m}{4a}\frac{dT_m}{dx}R^2 \text{ wegen } T = T_w \text{ für } r = R.$$

Damit lautet die Temperaturverteilung

$$T(x,r) = T_w(x) - \frac{u_m}{4a}\frac{dT_m}{dx}(R^2 - r^2).$$

Die mittlere Temperatur folgt aus

$$T_w - T_m = \frac{1}{u_m\pi R^2}\int_0^R u(T_w - T)2\pi r dr$$

$$= \frac{u_m}{2a}\frac{dT_m}{dx}R^2\int_0^1 \frac{r}{R}\left[1 - \left(\frac{r}{R}\right)^2\right]d\frac{r}{R} = \frac{u_m}{8a}\frac{dT_m}{dx}R^2.$$

In Verbindung mit Gl. (3.111) wird

$$q_w = \alpha (T_w - T_m) = \alpha \frac{\rho c_p u_m}{8\lambda} \frac{dT_m}{dx} R^2 = \frac{1}{2} \rho c_p u_m R \frac{dT_m}{dx}$$

und daraus $Nu = \dfrac{\alpha 2R}{\lambda} = 8$.

3.11 Außerhalb der Grenzschicht lautet Gl. (3.123)

$$\rho_\delta u_\delta \frac{du_\delta}{dx} = -\rho_\delta g - \frac{dp}{dx}; \qquad \frac{dp}{dx} = \frac{dp_\delta}{dx}.$$

Das ist gleichbedeutend mit der Bernoulli-Gleichung

$$\frac{1}{2} \rho u^2 + p + \rho g x = \text{konstant}$$ angeschrieben für den Außenrand $y = \delta$. Es folgt

$$-\rho g - \frac{dp}{dx} = (\rho_\delta - \rho) g + \rho u_\delta \frac{du_\delta}{dx} = -g\beta\rho \, (T_\delta - T) + \rho u_\delta \frac{du_\delta}{dx},$$

wobei der thermische Ausdehnungskoeffizient β eingeführt wurde. Die Impulsgleichung (3.123) geht über in

$$u \frac{\partial u}{dx} + v \frac{\partial u}{\partial y} = u_\delta \frac{du_\delta}{dx} + g\beta \, (T - T_\delta) + \nu \frac{\partial^2 u}{\partial y^2}.$$

Für eine konstante Außengeschwindigkeit $u_\delta (x) = u_\infty$ bleibt die Impulsgleichung (3.131) unverändert. Die von Null verschiedene Außengeschwindigkeit erscheint nur als veränderte Randbedingung, vgl. Gl. (3.144).

3.12 Wegen $Nu_m \sim Gr^{1/4}$ folgt $\alpha_m L \sim L^{3/4} (T_w - T_\infty)^{1/4}$.

a)	Länge multipliziert mit	2	3	4
	Erhöhung von $Nu_m \sim \alpha_m L$	68%	127%	182%
b)	ΔT multipliziert mit	2	3	4
	Erhöhung von $Nu_m \sim \alpha_m L$	18%	31%	41%

Fazit: Bei freier Konvektion bewirkt eine Zunahme der Plattenlänge einen stärkeren Zuwachs im Wärmeübergang. Es ist $Nu_m \sim L^{3/4}$ bei freier und $Nu_m \sim L^{1/2}$ bei erzwungener Konvektion.

Eine Zunahme der Plattenlänge L erhöht den Wärmeübergang stärker als eine entsprechende Zunahme der Temperaturdifferenz $(T_w - T_\infty)$.

3.13 Wegen $dh_0 = c_p dT + u du$ ist

$$\rho u \frac{\partial h_0}{\partial x} = \rho u c_p \frac{\partial T}{\partial x} + \rho u^2 \frac{\partial u}{\partial x}$$

$$\rho v \frac{\partial h_0}{\partial y} = \rho v c_p \frac{\partial T}{\partial y} + \rho u v \frac{\partial u}{\partial y}, \qquad \text{eingesetzt in Gl. (3.168):}$$

$$\rho\left(u\frac{\partial h_0}{\partial x} + v\frac{\partial h_0}{\partial y}\right) = \underbrace{\rho u\left(u\frac{\partial u}{\partial x} + v\frac{\partial u}{\partial y}\right) + u\frac{dp}{dx}}_{u\dfrac{\partial \tau}{\partial y} \quad \text{wegen Gl. (3.30)}} + \mu\left(\frac{\partial u}{\partial y}\right)^2 + \frac{\partial}{\partial y}\left(\lambda\frac{\partial T}{\partial y}\right)$$

$$= u\frac{\partial \tau}{\partial y} + \tau\frac{\partial u}{\partial y} - \frac{\partial q}{\partial y} = \frac{\partial}{\partial y}(u\tau - q).$$

3.14 Wir schließen an die Aufgabe 3.6 an und setzen $\theta_a{}' = \phi_a$:

$$\phi_a{}' + \frac{1}{2}\,\text{Pr}f\phi_a = -2\,\text{Pr}\,(f'')^2.$$

Mit der Methode der Parametervariation suchen wir eine Lösung der Form

$$\phi_a = \alpha\phi_1 + \beta\phi_1.$$

$\phi_1 = (f'')^{\text{Pr}}$ ist nach Aufgabe 3.6 eine Lösung der homogenen Gleichung; α ist eine beliebige Konstante und β ist eine beliebige Funktion von η. Wir setzen $\beta\phi_1$ für ϕ_a in Gl. (3.183) ein:

$$\beta'\phi_1 + \beta\underbrace{\left(\phi_1{}' + \frac{1}{2}\,\text{Pr}f\phi_1\right)}_{= 0} = -2\,\text{Pr}\,(f'')^2,$$

$$\wedge \quad \beta' = -\frac{1}{\phi_1}\,2\,\text{Pr}\,(f'')^2 = -2\,\text{Pr}\,(f'')^{2-\text{Pr}} \qquad \text{und}$$

$$\beta(\eta) = -2\,\text{Pr}\int(f'')^{2-\text{Pr}}\,d\eta.$$

Damit sowie mit ϕ_1 gehen wir in den Lösungsansatz:

$$\phi_a = \alpha\,(f'')^{\text{Pr}} - 2\,\text{Pr}\,(f'')^{\text{Pr}}\int(f'')^{2-\text{Pr}}\,d\eta.$$

Mit der Randbedingung $\phi_a = \theta_a{}' = 0$ für $\eta = 0$ folgt $\alpha = 0$, so daß

$$\phi_a = -2\,\text{Pr}\,(f'')^{\text{Pr}}\int_0^{\eta}(f'')^{2-\text{Pr}}\,d\eta \quad \text{ist.}$$

Aufgrund der Randbedingung $\theta_a = 0$ für $\eta \to \infty$ kann man schreiben:

$$\theta_a = \int_{\infty}^{\eta}\frac{d\theta_a}{d\eta}\,d\eta = -\int_{\eta}^{\infty}\phi_a\,d\eta.$$

Nach Einsetzen von ϕ_a folgt die gesuchte Lösung:

$$\theta_a(\eta,\text{Pr}) = 2\,\text{Pr}\int_{\eta}^{\infty}(f'')^{\text{Pr}}\left[\int_0^{\eta}(f'')^{2-\text{Pr}}\,d\eta\right]d\eta.$$

3.15 Für Pr = 1 lautet Gl. (3.186)

$$\theta_a(\eta) = 2 \int_\eta^\infty f'' \left[\int_0^\eta f'' \, d\eta \right] d\eta.$$

Wir setzen $f' = g$, $f'' = g'$:

$$\int_0^\eta f'' \, d\eta = \int_0^\eta g' \, d\eta = g(\eta)$$

wegen $g(0) = f'(0) = 0$; ($f' = \dfrac{u}{u_\infty}$ zur Erinnerung).

$$\theta_a = 2 \int_\eta^\infty g'g\,d\eta = \int_\eta^\infty dg^2 = g^2(\infty) - g^2(\eta).$$

Wegen $g(\infty) = f'(\infty) = 1$ folgt

$$\theta_a = 1 - (f')^2.$$

3.16 $\dfrac{T_{aw}}{T_\infty} = 1 + r\dfrac{\kappa - 1}{2}\,Ma_\infty^2 \qquad$ nach Gl. (3.172)

$r = 0{,}835; \quad \kappa = 1{,}4.$

$$\frac{T_{aw}}{T_\infty} = 1 + 0{,}167\,Ma_\infty^2 = 1{,}042 \ \text{ für } \ Ma_\infty = 0{,}5,$$

$T_{aw} = 260{,}5 \text{ K} \ \text{ für } \ T_\infty = 250 \text{ K}.$

Für $T_w < 260{,}5$ K fließt Wärme von der Strömung zur Wand hin, die Wand muß gekühlt werden. Für $T_w > 260{,}5$ K fließt Wärme von der Wand zur Strömung, die Wand ist beheizt.

3.17 $c_f = \dfrac{2}{Re} \displaystyle\int_0^1 \left(\dfrac{T}{T_\infty}\right)^\omega d\left(\dfrac{u}{u_\infty}\right)$

$$= \frac{2}{Re} \int_0^1 \left[\frac{T_w}{T_\infty} + \frac{T_\infty - T_w}{T_\infty}\frac{u}{u_\infty} + Pr\,\frac{\kappa - 1}{2}\,Ma_\infty^2\,\frac{u}{u_\infty}\left(1 - \frac{u}{u_\infty}\right) \right]^\omega d\left(\frac{u}{u_\infty}\right).$$

Für $\omega = 1$ kann geschlossen integriert werden:

$$c_f = \frac{2}{Re}\left[\frac{T_w}{T_\infty} + \frac{1}{2}\frac{T_\infty - T_w}{T_\infty} + Pr\,\frac{\kappa - 1}{2}\,Ma_\infty^2\left(\frac{1}{2} - \frac{1}{3}\right) \right]$$

$$= \frac{2}{Re}\left[\frac{T_\infty + T_w}{2\,T_\infty} + Pr\,\frac{\kappa - 1}{12}\,Ma_\infty^2 \right].$$

3.18 Ausgangspunkt ist die Beziehung (3.209) in der Form

$$\frac{\tau_w y}{u_\infty \mu_\infty} = \int_0^{u(y)} \frac{\mu}{\mu_\infty} \, d \frac{u}{u_\infty}.$$

Nach Einführung des Reibungsbeiwertes c_f sowie des Ansatzes $\mu \sim T$ wird daraus

$$\frac{c_f}{2} \, Re \, \frac{y}{h} = \int_0^{u(y)} \frac{T}{T_\infty} \, d \frac{u}{u_\infty} \qquad \text{entsprechend Gl. (3.223).}$$

Wir setzen das Temperaturprofil (3.222) für den Sonderfall der adiabaten Wand $(T_w = T_{aw})$ ein:

$$\frac{c_f}{2} \, Re \, \frac{y}{h} = \int_0^{u(y)} \left[\frac{T_{aw}}{T_\infty} - Pr \, \frac{\kappa - 1}{2} \, Ma_\infty^2 \left(\frac{u}{u_\infty} \right)^2 \right] d \frac{u}{u_\infty}.$$

Wir setzen Gl. (3.216)

$$\frac{T_{aw}}{T_\infty} = 1 + Pr \, \frac{\kappa - 1}{2} \, Ma_\infty^2$$

ein und erhalten nach Integration

$$\frac{c_f}{2} \, Re \, \frac{y}{h} = \frac{u}{u_\infty} + Pr \, \frac{\kappa - 1}{2} \, Ma_\infty^2 \left[\frac{u}{u_\infty} - \frac{1}{3} \left(\frac{u}{u_\infty} \right)^3 \right].$$

Für c_f setzen wir Gl. (3.224) ein und es folgt

$$\frac{y}{h} \left[\frac{T_\infty + T_w}{2 T_\infty} + Pr \, \frac{\kappa - 1}{12} \, Ma_\infty^2 \right] = \frac{u}{u_\infty} + Pr \, \frac{\kappa - 1}{2} \, Ma_\infty^2 \left[\frac{u}{u_\infty} - \frac{1}{3} \left(\frac{u}{u_\infty} \right)^3 \right].$$

3.19 Aufgrund der Koppelungsbeziehung $T(u)$ nach Gl. (3.236) ist

$$-q_w \;=\; \lambda \left(\frac{\partial T}{\partial y} \right)_w = c_p \left(\frac{\lambda}{\mu c_p} \right)_w \left(\frac{dT}{du} \right)_w \left(\mu \, \frac{\partial u}{\partial y} \right)_w \qquad \text{mit}$$

$$\left(\frac{dT}{du} \right)_w = \frac{T_\infty}{u_\infty} \, \frac{T_{aw} - T_w}{T_\infty}; \qquad \text{es folgt}$$

$$-q_w \;=\; \frac{c_p}{Pr_w} \, \frac{T_{aw} - T_w}{u_\infty} \, \tau_w \qquad \text{entsprechend Gl. (3.218) bei der Couette-Strömung.}$$

Eingesetzt in die Stanton-Zahl folgt

$$St = \frac{c_f}{2 \, Pr_w}, \; \text{d.h.} \; St = \frac{c_f}{2} \; \text{für} \; Pr = 1.$$

3.20 Wir knüpfen an das Bild in Aufgabe 2.6 und damit an das Buch von Walz [3.22] an und erhalten bei variabler Dichte als Kräftebilanz durch analoges Vorgehen:

$$u_\delta \frac{d}{dx} \left(\int_0^\delta \rho u \, dy \right) - \frac{d}{dx} \left(\int_0^\delta \rho u^2 \, dy \right) + \delta \rho_\delta u_\delta \, \frac{du_\delta}{dx} = \tau_w$$

$$\delta \rho_\delta u_\delta \frac{du_\delta}{dx} = -u_\delta \frac{d}{dx}(\rho_\delta u_\delta \delta) + \frac{d}{dx}(\rho_\delta u_\delta{}^2 \delta)$$

$$= -u_\delta \frac{d}{dx}\left(\rho_\delta u_\delta \int_0^\delta dy\right) + \frac{d}{dx}\left(\rho_\delta u_\delta{}^2 \int_0^\delta dy\right).$$

Oben eingesetzt ergibt dies

$$-u_\delta \frac{d}{dx}\left[\rho_\delta u_\delta \underbrace{\int_0^\delta \left(1 - \frac{\rho u}{\rho_\delta u_\delta}\right) dy}_{\delta_1}\right] + \frac{d}{dx}\left[\rho_\delta u_\delta{}^2 \underbrace{\int_0^\delta \left\{1 - \frac{\rho}{\rho_\delta}\left(\frac{u}{u_\delta}\right)^2\right\} dy}_{\delta_1 + \delta_2}\right] = \tau_w$$

$$\frac{d}{dx}[\rho_\delta u_\delta{}^2 (\delta_1 + \delta_2)] - u_\delta \frac{d}{dx}(\rho_\delta u_\delta \delta_1) = \tau_w \quad \wedge$$

$$u_\delta \frac{d}{dx}(\rho_\delta u_\delta \delta_2) + \rho_\delta u_\delta (\delta_1 + \delta_2) \frac{du_\delta}{dx} = \tau_w .$$

$$u_\delta \frac{d}{dx}(\rho_\delta u_\delta \delta_2) = \rho_\delta u_\delta{}^2 \frac{d\delta_2}{dx} + u_\delta{}^2 \delta_2 \frac{d\rho_\delta}{dx} + \rho_\delta u_\delta \delta_2 \frac{du_\delta}{dx}.$$

$d\rho_\delta/dx$ kann mit du_δ/dx in Verbindung gebracht werden; dazu werden verwendet:

Bernoullische Gleichung $\dfrac{u_\delta{}^2}{2} + \displaystyle\int \dfrac{dp}{\rho} = $ konstant.

$$\wedge \quad \frac{dp_\delta}{dx} = -\rho_\delta u_\delta \frac{du_\delta}{dx} \quad \text{wie Gl. (2.32),}$$

Energiesatz $\dfrac{u_\delta{}^2}{2} + c_p T_\delta = \dfrac{u_\delta{}^2}{2} + \dfrac{c_p}{R}\dfrac{p_\delta}{\rho_\delta} = $ konstant.

$$\wedge \quad u_\delta \frac{du_\delta}{dx} + \frac{c_p}{R}\frac{1}{\rho_\delta}\frac{dp_\delta}{dx} - \frac{c_p}{R}\frac{p_\delta}{\rho_\delta{}^2}\frac{d\rho_\delta}{dx} = 0$$

$$\wedge \quad u_\delta \frac{du_\delta}{dx} - \frac{c_p}{R} u_\delta \frac{du_\delta}{dx} - \frac{c_p}{\kappa R}\frac{c_\delta{}^2}{\rho_\delta}\frac{d\rho_\delta}{dx} = 0 \quad \text{mit } c^2 = \kappa \frac{p}{\rho}$$

$$\wedge \quad \frac{1}{\rho_\delta}\frac{d\rho_\delta}{dx} = -\frac{1}{u_\delta}\frac{du_\delta}{dx} Ma_\delta{}^2.$$

Dies oben eingesetzt ergibt nach Division durch $\rho_\delta u_\delta{}^2$:

$$\frac{d\delta_2}{dx} + \frac{\delta_2}{u_\delta}\frac{du_\delta}{dx}\left(2 + \frac{\delta_1}{\delta_2} - Ma_\delta{}^2\right) = \frac{\tau_w}{\rho_\delta u_\delta{}^2}.$$

3.21 Ausgangspunkt der Herleitung sind die Grenzschichtgleichung (3.30) und die Kontinuitätsgleichung (3.29):

$$(1) \quad \rho u \frac{\partial u}{\partial x} + \rho v \frac{\partial u}{\partial y} = -\frac{dp_\delta}{dx} + \frac{\partial \tau}{\partial y}; \quad \tau = \mu \frac{\partial u}{\partial y}$$

(2) $\quad \dfrac{\partial}{\partial x}(\rho u) + \dfrac{\partial}{\partial y}(\rho v) = 0.$

Gl. (1) mit u multiplizieren. Bei Beachtung von Gl. (2) folgt:

(3) $\quad \rho u \dfrac{\partial}{\partial x}\dfrac{u^2}{2} + \rho v \dfrac{\partial}{\partial y}\dfrac{u^2}{2} = -u\dfrac{dp_\delta}{dx} + u\dfrac{\partial \tau}{\partial y}.$

Die Komponente ρv mit Gl. (2) eliminieren, d.h.

(4) $\quad \rho v = -\displaystyle\int\limits_0^y \dfrac{\partial}{\partial x}(\rho u)\,dy \;$ in Gl. (3) einsetzen.

Partiell über y von $y = 0$ bis $y = h$ (wobei $h > \delta$ ist) integrieren:

(5) $\quad \displaystyle\int\limits_0^h \rho u\,\dfrac{\partial}{\partial x}\dfrac{u^2}{2}\,dy - \int\limits_0^h \left[\int\limits_0^y \dfrac{\partial}{\partial x}(\rho u)\,dy\right]\dfrac{\partial}{\partial y}\dfrac{u^2}{2}\,dy$

$\qquad = \displaystyle\int\limits_0^h u\rho_\delta u_\delta\,\dfrac{du_\delta}{dx}\,dy + \int\limits_0^h u\,\dfrac{\partial \tau}{\partial y}\,dy.$

Dabei ist von der Bernoulli-Gleichung bei der Umformung des Druckgliedes Gebrauch gemacht worden:

(6) $\quad \dfrac{dp_\delta}{dx} = -\rho_\delta u_\delta\,\dfrac{du_\delta}{dx}.$

Methode der partiellen Integration $\quad \displaystyle\int\limits_a^b p'q\,dx = pq\Big|_a^b - \int\limits_a^b pq'\,dx \quad$ anwenden:

(7) $\quad \displaystyle\int\limits_0^h \underbrace{\left[\int\limits_0^y \dfrac{\partial}{\partial x}(\rho u)\,dy\right]}_{q}\,\underbrace{\dfrac{\partial}{\partial y}\dfrac{u^2}{2}}_{p'}\,dy$

$\qquad = \dfrac{u_\delta^2}{2}\displaystyle\int\limits_0^h \dfrac{\partial}{\partial x}(\rho u)\,dy - \int\limits_0^h \dfrac{u^2}{2}\dfrac{\partial}{\partial x}(\rho u)\,dy.$

Eingesetzt in Gl. (5) folgt:

(8) $\quad \displaystyle\int\limits_0^h \dfrac{\partial}{\partial x}\left(\rho u\dfrac{u^2}{2}\right)dy - \dfrac{u_\delta^2}{2}\int\limits_0^h \dfrac{\partial}{\partial x}(\rho u)\,dy$

$$\underbrace{\hspace{6cm}}$$

$\qquad\qquad -\displaystyle\int\limits_0^h \dfrac{\partial}{\partial x}\left(\rho u\dfrac{u_\delta^2}{2}\right)dy + \int\limits_0^h \rho u\,\dfrac{du_\delta^2/2}{dx}\,dy$

$\qquad -\displaystyle\int\limits_0^h u\rho_\delta u_\delta\,\dfrac{du_\delta}{dx}\,dy = -\int\limits_0^h \tau\,\dfrac{\partial u}{\partial y}\,dy.$

Dabei ist das Integral auf der rechten Seite mit Hilfe der partiellen Integration umgeformt worden. Da die Integrationsgrenzen von x unabhängig sind, können Differentiation und Integration vertauscht werden. Es folgt:

$$(9) \quad \frac{1}{2} \frac{d}{dx} \int_0^h \rho u \, (u_\delta^2 - u^2) \, dy + u_\delta \frac{du_\delta}{dx} \int_0^h (\rho_\delta u - \rho u) \, dy = \int_0^h \tau \frac{\partial u}{\partial y} \, dy.$$

An dieser Stelle werden die Integralgrößen δ_3 und δ_4 eingeführt. Damit wird

$$(10) \quad \frac{1}{2} \frac{d}{dx} (\rho_\delta u_\delta^3 \delta_3) + \rho_\delta u_\delta^2 \delta_4 \frac{du_\delta}{dx} = \int_0^h \tau \frac{\partial u}{\partial y} \, dy.$$

Es wird ausdifferenziert, durch $\rho_\delta u_\delta^3 / 2$ dividiert und die Beziehung

$$(11) \quad \frac{d\rho_\delta}{dx} = - \frac{\rho_\delta}{u_\delta} \, \mathrm{Ma}_\delta^2 \frac{du_\delta}{dx}$$

aus dem Energiesatz (vgl. Aufg. 3.20) verwendet. Es folgt:

$$\frac{d\delta_3}{dx} + \frac{\delta_3}{u_\delta} \frac{du_\delta}{dx} \left[3 + 2 \frac{\delta_4}{\delta_3} - \mathrm{Ma}_\delta^2 \right] = c_D.$$

Kapitel 4

4.1 $\quad \omega_\alpha = \dfrac{n_\alpha}{n} = \dfrac{n_\alpha M_\alpha}{n \overline{M}} \cdot \dfrac{\overline{M}}{M_\alpha} = c_\alpha \dfrac{\overline{M}}{M_\alpha}$

wegen $\quad n_\alpha M_\alpha = \rho_\alpha \quad$ bzw. $\quad N_\alpha M_\alpha = m_\alpha$

$\qquad\qquad\;\, n \overline{M} \;\;\; = \rho \qquad\qquad\; N \overline{M} \;\;\; = m.$

4.2 $\quad dc_1 = \dfrac{\partial c_1}{\partial \omega_1} d\omega_1; \qquad c_1 = \dfrac{\omega_1 M_1}{\omega_1 M_1 + (1 - \omega_1) M_2} \qquad$ nach Gl. (4.17)

$$\frac{\partial c_1}{\partial \omega_1} = \frac{M_1 [\omega_1 M_1 + (1 - \omega_1) M_2] - \omega_1 M_1 (M_1 - M_2)}{[\omega_1 M_1 + (1 - \omega_1) M_2]^2} = \frac{M_1 M_2}{\overline{M}^2}$$

Also $dc_1 = \dfrac{M_1 M_2}{\overline{M}^2} d\omega_1 \quad$ und $\quad j_{k,1} = -\rho D \dfrac{\partial c_1}{\partial x_k} = -\rho D \dfrac{M_1 M_2}{\overline{M}^2} \dfrac{\partial \omega_1}{\partial x_k}.$

Bei gleichen Molmassen beider Komponenten ist $dc_1 = d\omega_1$ wegen $c_1 = \omega_1$.

4.3 Im ortsfesten Koordinatensystem gilt für den Massenstrom senkrecht zur Wand nach Gl. (4.44):

$$\dot m_{1w} = j_w + \rho_1 v_w.$$

Anstelle der Gln. (4.72) bis (4.74) gilt nunmehr:

$$\dot m_{1w} = -\rho D \, (c_\infty - c_w) \sqrt{\frac{u_\infty}{\nu x}} \left(\frac{d\phi}{d\eta} \right)_w + \rho c_w v_w$$

$$\beta = \frac{\dot{m}_w}{\rho \Delta c} = -D \sqrt{\frac{u_\infty}{\nu x}} \left(\frac{d\phi}{d\eta}\right)_w + \frac{c_w}{c_\infty - c_w} v_w$$

$$Sh_x = \frac{\beta x}{D} = -Re_x^{1/2} \left(\frac{d\phi}{d\eta}\right)_w + \frac{c_w}{c_\infty - c_w} \frac{v_w x}{D}.$$

$$\text{Mit } \frac{v_w x}{D} = Re_x \, Sc \quad \frac{v_w}{u_\infty} = -\frac{f_w}{2} \, Re_x^{1/2} \, Sc \text{ folgt}$$

$$\frac{Sh_x}{Re_x^{1/2}} = -\left(\frac{d\phi}{d\eta}\right)_w - \frac{c_w}{c_\infty - c_w} \, Sc \, \frac{f_w}{2} \qquad \text{anstelle von Gl. (4.74).}$$

Für $c_w \ll 1$ entfällt der zweite Term. Bei starken Ausblaseraten f_w kann dies problematisch sein, wie der diskutierte Zusammenhang zwischen f_w und der Wandsteigung zeigt.

4.4 Im Bereich der Sauerstoffdissoziation besteht die Luft aus N_2, O_2 und O. Der Dissoziationsgrad des Sauerstoffs ist das Massenverhältnis

$$\alpha_O = \frac{m_O}{\Sigma m_\alpha} = \frac{m_O}{m_O + m_{O_2} + m_{N_2}}.$$

Die Massen m_α der einzelnen Komponenten lassen sich durch die Molzahlen N_α und die Molmassen M_α ausdrücken:

$$m_O = N_O M_O; \quad m_{O_2} = N_{O_2} M_{O_2} = 2\, N_{O_2} M_O; \quad m_{N_2} = N_{N_2} M_{N_2} = 2\, N_{N_2} M_N$$

$$\alpha_O = \frac{N_O}{N_O + 2\,(N_{O_2} + N_{N_2}\, M_N/M_O)}.$$

Wir bezeichnen mit N_G die Summe aller Atome im Grundzustand (Index G) = $2 \cdot$ Summe aller Moleküle im Grundzustand:

$$N_G = 2\,(N_{N_2} + N_{O_2})_G = 2\,(N_{N_2} + N_{O_2}) + N_O.$$

Setzen wir $M_N = M_O$, was näherungsweise zutrifft, so folgt der Massenbruch der Sauerstoffatome damit zu

$$\alpha_O = \frac{N_O}{N_G}.$$

Während die Bezugsgröße bei den Massenbrüchen konstant ist (die Gesamtmasse), so ist sie bei den Molenbrüchen variabel. Die gesamte Molzahl $N = \Sigma N_\alpha$ variiert. Sie wächst mit zunehmendem Dissoziationsgrad α_O. Es ist

$$\sum N_\alpha = N = N_{N_2} + N_{O_2} + N_O = \frac{1}{2}\,(N_G + N_O).$$

Damit folgen die Molenbrüche zu

$$\omega_O = \frac{N_O}{N} = \frac{N_O}{\frac{1}{2}\,(N_G + N_O)} = \frac{2\alpha_O}{1 + \alpha_O}$$

$$\omega_{O_2} = \frac{N_{O_2}}{N} = \frac{(N_{O_2})_G - \frac{1}{2} N_O}{\frac{1}{2}(N_G + N_O)} = \frac{0,20 - \alpha_O}{1 + \alpha_O}$$

$$\omega_{N_2} = \frac{N_{N_2}}{N} = \frac{(N_{N_2})_G}{\frac{1}{2}(N_G + N_O)} = \frac{0,80}{1 + \alpha_O}$$

wegen $\quad \dfrac{(N_{O_2})_G}{\frac{1}{2} N_G} = 0,20; \qquad \dfrac{(N_{N_2})_G}{\frac{1}{2} N_G} = 0,80.$

Eingesetzt in die Gleichgewichtskonstante

$$K_{pO} = \frac{p_O^2}{p_{O_2}} = \frac{\omega_O^2}{\omega_{O_2}} p \quad \text{mit} \quad \omega_O = \frac{p_O}{p}, \quad \omega_{O_2} = \frac{p_{O_2}}{p} \qquad \text{folgt}$$

$$\frac{K_{pO}}{p} = \frac{4\alpha_O^2}{(1 + \alpha_O)(0,20 - \alpha_O)}.$$

Nach Auflösung erhält man α_O nach Gl. (4.108). Ein analoges Vorgehen liefert die Beziehung für α_N nach Gl. (4.108). Dabei ist davon auszugehen, daß im Bereich der Stickstoffdissoziation die Luft aus N_2, N und O besteht, da der Sauerstoff beim Einsetzen der Stickstoffdissoziation bereits vollständig dissoziiert ist.

Kapitel 5

5.1 Im Normalzustand hat die kinematische Viskosität die Werte:

Wasser: $\quad \nu_w \approx 10^{-6}\,\text{m}^2/\text{s}$
Luft: $\quad \nu_L \approx 15 \cdot 10^{-6}\,\text{m}^2/\text{s}.$

Wasser $\quad (u_m d)_{krit} = 2300 \cdot 10^{-6}\,\text{m}^2/\text{s} = 2,3 \cdot 10^{-3}\,\text{m}^2/\text{s}$
Luft $\quad (u_m d)_{krit} = 2300 \cdot 15 \cdot 10^{-6}\,\text{m}^2/\text{s} = 34,5 \cdot 10^{-3}\,\text{m}^2/\text{s}$

d [mm]		1	5	10	50	100
$u_m\ [\frac{m}{s}]$	Wasser	2,3	0,46	0,23	0,05	0,02
	Luft	34,5	6,90	3,45	0,69	0,35

Man erkennt an diesem Beispiel, daß fast alle technisch wichtigen Rohrströmungen turbulent sind.

5.2 Mit den in Aufgabe 5.1 angegebenen Werten für die kinematische Viskosität folgt für

Wasser $\quad (u_\infty x)_{krit} = 5 \cdot 10^5 \cdot 10^{-6}\,\text{m}^2/\text{s} = 0,5\,\text{m}^2/\text{s}$
Luft $\quad (u_\infty x)_{krit} = 5 \cdot 10^5 \cdot 15 \cdot 10^{-6}\,\text{m}^2/\text{s} = 7,5\,\text{m}^2/\text{s}$

u_∞ [m/s]		1	5	10	50
x_{krit} [m]	Wasser	0,5	0,1	0,05	0,01
	Luft	7,5	1,5	0,75	0,15

Man erkennt an diesen Zahlen, daß z. B. für den Schiffbau und den Flugzeugbau laminare Grenzschichten nahezu bedeutungslos sind; sie existieren nur in einer kurzen Anlaufstrecke.

5.3 Im wandnahen vollturbulenten Bereich ist die universelle Geschwindigkeitsverteilung (5.66) gültig. Somit ist

$$\frac{\partial \bar{u}}{\partial y} = \frac{u_\tau}{\kappa\,y}; \qquad \text{eingesetzt in Gl. (5.71) folgt mit (5.76)}$$

$$\epsilon_\tau = l^2 \left|\frac{\partial \bar{u}}{\partial y}\right| = (\kappa\,y)^2 \frac{u_\tau}{\kappa\,y} = \kappa\,u_\tau y.$$

5.4 Couette-Strömung

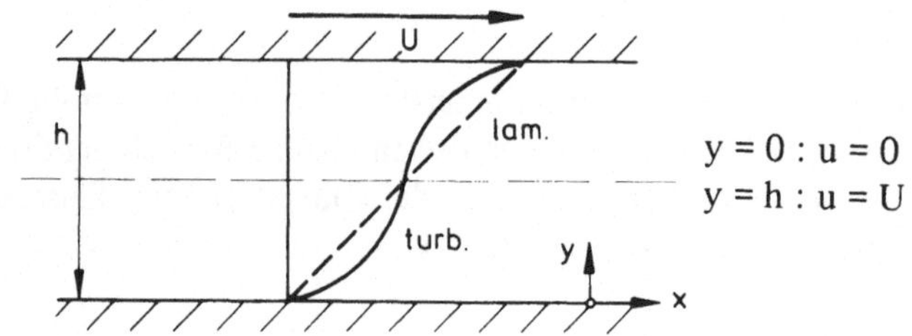

$$\frac{\partial \bar{u}}{\partial x} = 0 \qquad \text{wegen } \bar{u}\,(x,\,y) = \bar{u}\,(y),$$

$$\wedge \quad \frac{dp}{dx} = \frac{\partial \tau}{\partial y} = 0 \qquad \text{(der Antrieb der Strömung erfolgt durch die bewegte Platte)}$$

$$\wedge \quad \tau = \tau_w = \text{konst.}$$

d.h. $\tau = \mu \dfrac{d\bar{u}}{dy} + \rho l^2 \left(\dfrac{d\bar{u}}{dy}\right)^2 = \tau_w.$

Wegen $d\bar{u}/dy > 0$ können die Betragsstriche weggelassen werden.

$$l = \kappa\,y; \quad u^+ = \frac{u}{u_\tau}; \quad y^+ = \frac{y u_\tau}{\nu} \qquad \text{einführen:}$$

$$\frac{du^+}{dy^+} + \kappa^2 y^{+2} \left(\frac{du^+}{dy^+}\right)^2 = 1.$$

Wie in Abschnitt 5.7 erfolgt die Lösung bereichsweise.
Viskose Unterschicht: Für $y^+ \to 0$ wird der Term y^{+2} vernachlässigt, es folgt

$$\frac{du^+}{dy^+} = 1 \ \wedge\ u^+ = y^+. \quad \text{Dies entspricht natürlich der Gl. (5.64).}$$

Vollturbulenter Bereich: Für große y^+-Werte überwiegt der turbulente Anteil der Schubspannung, es folgt nach Trennung der Variablen

$$du^+ = \frac{1}{\kappa}\frac{dy^+}{y^+} \quad \wedge \quad u^+ = \frac{1}{\kappa}\ln y^+ + C.$$

Tatsächlich hat Prandtl die logarithmische Geschwindigkeitsverteilung (5.66) zuerst durch Verwendung der Mischungswegformel hergeleitet.

Die $\bar{u}$-Verteilung ist eingezeichnet, gleichfalls der lineare Verlauf im laminaren Fall (wegen τ = konst. ist u $\sim$ y). Der eigentümliche S-förmige Verlauf folgt aus der Überlegung, daß $\tau = \tau_{mol} + \tau_{tur}$ = konstant ist. Die Geschwindigkeitsverteilung muß wie im laminaren Fall in Bezug auf die Mittellinie (umgekehrt) symmetrisch sein.

5.5 Aus $u^+ = \dfrac{1}{\kappa}\ln y^+ + C = \dfrac{\bar{u}}{u_\tau}$ folgt $\dfrac{\partial\bar{u}}{\partial y} = \dfrac{u_\tau}{\kappa y}$.

In Wandnähe ist L $\sim$ y, damit ist

$$k = \frac{C_\tau}{C_D} L^2 \left(\frac{\partial\bar{u}}{\partial y}\right)^2 \sim \frac{C_\tau}{C_D}\left(\frac{u_\tau}{\kappa}\right)^2 = \text{konstant.}$$

Das bedeutet, daß in Wandnähe die laufend neu produzierte Turbulenzenergie vollständig dissipiert wird, es ist k = konstant. Solange der Zahlenwert von C_τ noch nicht anderweitig festgelegt ist, kann wie bisher (gemeint ist $l = \kappa y$) L = κy gesetzt werden. Damit ist

$$\frac{\partial\bar{u}}{\partial y} = \frac{u_\tau}{L} \quad \text{und} \quad k = \frac{C_\tau}{C_D} u_\tau^2.$$

Andererseits folgt aus der Definition (5.69) von ϵ_τ

$$\epsilon_\tau = \frac{\tau_w}{\rho\,\partial\bar{u}/\partial y} = \frac{u_\tau^2}{\partial\bar{u}/\partial y} = u_\tau L \quad \text{wegen} \quad \frac{\partial\bar{u}}{\partial y} = \frac{u_\tau}{L}.$$

Nach dem Ansatz (5.82) ist

$$\epsilon_\tau = C_\tau\sqrt{k}\,L \quad \text{und daher} \quad u_\tau = C_\tau\sqrt{k}.$$

Dies eingesetzt in $k = \dfrac{C_\tau}{C_D} u_\tau^2$ liefert $C_\tau^3 = C_D$.

Unter den getroffenen Annahmen läßt sich daher eine der drei Konstanten eliminieren. Der experimentelle Befund $C_\tau \approx 0{,}56$ und $C_D \approx 0{,}18$ bestätigt dies. Damit wird L = l.

5.6 $\tau(r) = \tau_w\dfrac{r}{R} = \rho l^2\left(\dfrac{d\bar{u}}{dr}\right)^2 \quad \wedge \quad \dfrac{\tau_w}{\rho} = u_\tau^2 = \dfrac{R}{r} l^2\left(\dfrac{d\bar{u}}{dr}\right)^2,$

mit $l = \kappa\left|\dfrac{d\bar{u}/dr}{d^2\bar{u}/dr^2}\right|$ integrieren.

$$u_\tau = -\sqrt{\frac{R}{r}}\,l\,\frac{d\bar{u}}{dr} = -\sqrt{\frac{R}{r}}\,\kappa\left|\frac{(d\bar{u}/dr)^2}{d^2\bar{u}/dr^2}\right| \qquad \text{(wegen } d\bar{u}/dr < 0 \text{ muß die negative Wurzel gewählt werden)}$$

$$\frac{d\bar{u}}{dr/R} = q \quad \text{setzen:} \quad \frac{dq}{q^2} = -\frac{\kappa}{u_\tau}\,\frac{dr/R}{\sqrt{r/R}}.$$

Die erste Integration liefert

$$\frac{1}{q} = \frac{\kappa}{u_\tau}\,(2\sqrt{r/R} + c_1) \quad \curlywedge \quad q = \frac{u_\tau}{\kappa}\,\frac{1}{2\sqrt{r/R} + c_1}.$$

Die Konstante c_1 wird so gewählt, daß $q \to \infty$ für $r \to R$ geht. Wie bei dem Prandtlschen Ansatz hat auch hier die Steigung an der Wand einen unsinnigen Wert, da die in Wandnähe wesentliche viskose Unterschicht vernachlässigt wird. Es folgt $c_1 = -2$ und damit

$$q = \frac{d\bar{u}}{dr/R} = -\frac{u_\tau}{2\kappa}\,\frac{1}{1 - \sqrt{r/R}} \quad \text{bzw.} \quad \frac{d\bar{u}}{u_\tau} = -\frac{1}{2\kappa}\,\frac{dr/R}{1 - \sqrt{r/R}}.$$

Die zweite Integration liefert

$$\frac{\bar{u}}{u_\tau} = \frac{1}{\kappa}\,[\ln(1 - \sqrt{r/R}) + \sqrt{r/R}] + c_2.$$

Die Randbedingung $u(r = 0) = u_{max}$ ergibt $c_2 = u_{max}/u_\tau$. Entsprechend Gl. (5.94) schreibt man die Geschwindigkeitsverteilung als Außengesetz:

$$\frac{u_{max} - \bar{u}(r)}{u_\tau} = -\frac{1}{\kappa}\,[\ln(1 - \sqrt{r/R}) + \sqrt{r/R}] = F_2\left(\frac{r}{R}\right).$$

5.7   Wegen $\dot{V} = u_m \pi R^2 = \displaystyle\int_0^R \bar{u}(r)\,2\pi r\,dr$ ist

$$u_m = \frac{2}{R^2}\int_0^R \bar{u}\,r\,dr.$$

Von r auf y übergehen: $r = R - y$; $dr = -dy$;

für $r = 0$ ist $y = R$, für $r = R$ ist $y = 0$.

$$u_m = \frac{2}{R}\int_0^R \bar{u}\,dy - \frac{2}{R^2}\int_0^R \bar{u}\,y\,dy;$$

$$u^+ = \frac{\bar{u}}{u_\tau};\quad y^+ = \frac{y u_\tau}{\nu};\quad R^+ = \frac{R u_\tau}{\nu};\quad Re = \frac{u_m D}{\nu};\quad D = 2R$$

einführen:

$$\frac{u_m D}{\nu} = Re = 4\int_0^{R^+} u^+ dy^+ - \frac{4}{R^+}\int_0^{R^+} u^+ y^+ dy^+;$$

$u^+ = \dfrac{1}{\kappa}\ln y^+ + C$ nach Gl. (5.66) einsetzen und integrieren:

$$\int_0^{R^+} u^+ dy^+ = \frac{R^+}{\kappa}\,(\ln R^+ + \kappa C - 1)$$

$$\int_0^{R^+} u^+ y^+ dy^+ = \frac{R^{+2}}{4\kappa}(2\ln R^+ + 2\kappa C - 1); \qquad \text{es folgt}$$

$$Re = \frac{R^+}{\kappa}(2\ln R^+ - 2\kappa C - 3).$$

Weiter ist mit Gl. (5.95)

$$\lambda = 8\left(\frac{u_\tau}{u_m}\right)^2 = 32\left(\frac{R^+}{Re}\right)^2, \quad \text{d.h.} \quad R^+ = Re\sqrt{\lambda/32}.$$

Dies oben eingesetzt ergibt

$$\sqrt{32/\lambda} = \frac{1}{\kappa}\,[2\ln(Re\sqrt{\lambda/32}) - 2\kappa C - 3].$$

Es ist $\kappa \approx 0{,}4$ und $C \approx 5{,}5$, d.h. $\kappa C = 2{,}2$. Wir gehen auf den Logarithmus der Basis 10 über und erhalten nach Zusammenfassung einen Ausdruck, der nur 2 Konstanten enthält:

$$\frac{1}{\sqrt{\lambda}} = 2{,}035 \log(Re\sqrt{\lambda}) - 0{,}913.$$

Diese Beziehung wurde 1935 von Prandtl angegeben. In der Herleitung ist mit dem Geschwindigkeitsansatz (5.66) die viskose Unterschicht nicht berücksichtigt worden, die obige Beziehung ist daher leicht fehlerbehaftet. Dies gilt speziell für kleine Re-Zahlen bzw. dicke viskose Unterschichten. Prandtl hat daher die Konstanten der obigen Beziehungen an Experimente von Nikuradse (1932) angepaßt und die korrigierte Form (5.96) angegeben.

5.8
$$u_m = \frac{2}{R^2}\int_0^R \bar{u}\,r\,dr, \qquad \text{siehe Aufgabe 5.7}$$

$$\frac{u_m}{u_{max}} = 2\int_0^1 \frac{\bar{u}}{u_{max}}\frac{r}{R}\,d\left(\frac{r}{R}\right); \qquad \text{Gl. (5.98) einsetzen:}$$

$$\frac{u_m}{u_{max}} = 2\int_0^1 \left(1 - \frac{r}{R}\right)^{1/n}\frac{r}{R}\,d\left(\frac{r}{R}\right) = 2\left[-\frac{r}{R}\frac{n}{1+n}\left(1 - \frac{r}{R}\right)^{\frac{1+n}{n}}\right.$$

$$\left.-\frac{n^2}{(1+n)(1+2n)}\left(1 - \frac{r}{R}\right)^{\frac{1+2n}{n}}\right]\Bigg|_0^1$$

$$\curvearrowright \quad \frac{u_m}{u_{max}} = \frac{2n^2}{(n+1)(2n+1)}.$$

Einige Werte für $u_m/u_{max} = f(n)$ sowie der experimentell ermittelte Zusammenhang $n = n(Re)$ sind in der folgenden Tabelle dargestellt, siehe hierzu z. B. Schlichting [5.32].

Re	$4 \cdot 10^3$	$2,3 \cdot 10^4$	$1,1 \cdot 10^5$	$1,1 \cdot 10^6$	$2 \cdot 10^6$	$3,2 \cdot 10^6$
n	6	6,6	7	8,8	10	10
$\dfrac{u_m}{u_{max}}$	0,791	0,807	0,817	0,850	0,866	0,866

Für eine mittlere Re-Zahl von $\approx 10^5$ ist n = 7 ein häufig verwendeter Mittelwert. Mit wachsender Re-Zahl nimmt der Exponent 1/n ab, das Geschwindigkeitsprofil wird völliger.

5.9   Es ist $\lambda = \dfrac{0,3164}{Re^{1/4}}$; $Re = \dfrac{u_m D}{\nu}$; $\dfrac{\tau_w}{\rho} = u_\tau^2 = \dfrac{\lambda}{8} u_m^2$.

Damit wird

$$u_\tau^2 = \frac{0,3164}{8} \frac{u_m^{7/4} \nu^{1/4}}{D^{1/4}} = \underbrace{\frac{0,3164}{8 \cdot 2^{1/4}}}_{0,03325} \frac{u_m^{7/4} \nu^{1/4}}{R^{1/4}} \curvearrowright$$

$$\left(\frac{u_m}{u_\tau}\right)^{7/4} = \frac{1}{0,03325} \left(\frac{u_\tau R}{\nu}\right)^{1/4} \qquad \text{bzw.} \qquad u_m^+ = 6,99\, R^{+1/7}$$

mit $u_m^+ = \dfrac{u_m}{u_\tau}$; $R^+ = \dfrac{u_\tau R}{\nu}$.

u_m durch u_{max} nach Aufgabe 5.8 ersetzen; zu n = 7 gehört näherungsweise $u_m = 0,8\, u_{max}$:

$$\frac{u_{max}}{u_\tau} = \frac{6,99}{0,8} \left(\frac{u_\tau R}{\nu}\right)^{1/7} = 8,74\, R^{+1/7}.$$

Nimmt man an, daß diese Beziehung nicht nur auf der Achse, sondern auch für jeden anderen Wandabstand y gelten möge, so folgt

$$\frac{\overline{u}}{u_\tau} = 8,74 \left(\frac{u_\tau y}{\nu}\right)^{1/7} \qquad \text{bzw.} \qquad u^+ = 8,74\, y^{+1/7}.$$

Damit ist gezeigt, daß die Potenz 1/7 in dem Ansatz (5.98) mit dem Exponenten 1/4 in der Reibungsformel (5.97) nach Blasius zusammenhängt.

5.10 $\Delta p = \lambda \dfrac{L}{D} \dfrac{\rho}{2} u_m^2$

a) laminar: $\lambda = \dfrac{64}{Re} \sim \dfrac{1}{u_m} \curvearrowright \Delta p \sim u_m.$

b) turbulent, hydraulisch glatt: $\lambda = \dfrac{0,3164}{Re^{1/4}} \sim \dfrac{1}{u_m^{1/4}} \curvearrowright \Delta p \sim u_m^{7/4}.$

c) turbulent, vollständig rauh: $\lambda = \lambda\,(k_s/D)$ unabhängig von $Re \curvearrowright \Delta p \sim u_m^2.$

Nur im Fall c ist der Druckverlust dem Staudruck (gebildet mit der mittleren Geschwindigkeit) direkt proportional.

5.11 Rohrströmung, Gl. (5.97):

$$\lambda = \frac{0{,}3164}{\mathrm{Re}^{1/4}}, \quad \mathrm{Re} = \frac{u_m D}{\nu} = 2\,\frac{u_m R}{\nu}.$$

Die Widerstandszahl λ definiert durch

$$\Delta p = \lambda\,\frac{L}{D}\,\frac{\rho}{2}\,u_m{}^2 \quad \text{(bei der Rohrströmung)}$$

und der Reibungsbeiwert c_f definiert durch

$$c_f = 2\,\frac{\tau_w}{\rho u_\delta{}^2} \quad \text{(bei der Grenzschichtströmung)}$$

hängen zusammen. Dazu ersetzen wir

Rohrströmung		*Grenzschichtströmung*
R	durch	δ
u_{max}	durch	u_δ.

Weiter verwenden wir den Zusammenhang

$$\frac{u_m}{u_{max}} = \frac{2n^2}{(n+1)(2n+1)} = f(n) = 0{,}817 \approx 4/5 \ \text{für } n = 7 \text{ aus Aufgabe 5.8.}$$

In $c_f = 2\,\dfrac{\tau_w}{\rho u_\delta{}^2}$ dann $\tau_w = \dfrac{\Delta p R}{2L}$ und $\Delta p = \lambda\,\dfrac{L}{D}\,\dfrac{\rho}{2}\,u_m^2$ einsetzen:

$$\curvearrowright c_f = \frac{\lambda}{4}\left(\frac{u_m}{u_\delta}\right)^2. \quad \text{Dies in}$$

$$\lambda = 0{,}3164\left(\frac{\nu}{u_m D}\right)^{1/4} = 0{,}3164\left(\frac{\nu}{u_{max} R}\right)^{1/4}\left(\frac{u_{max}}{2u_m}\right)^{1/4}$$

einsetzen; statt $u_{max} \to u_\delta$, statt $R \to \delta$ setzen:

$$\frac{c_f}{2} = \underbrace{\frac{0{,}3164}{4 \cdot 2^{1/4}}\,f(n)^{7/4}} \cdot \mathrm{Re}_\delta{}^{-1/4} \quad \text{entsprechend Gl. (5.112).}$$
$$= 0{,}0225 \ \text{für } f = 4/5 \ \text{d.h. } n = 7.$$

5.12 $\delta(x)$ wird in $c_f(x)$ nach Gl. (5.112) eingesetzt.

$$\frac{c_f}{2} = 0{,}0225\left(\frac{\nu}{u_\infty x}\right)^{1/4}\left(\frac{x}{\delta}\right)^{1/4} \curvearrowright$$

$$c_f = 2\,\frac{0{,}0225}{0{,}37^{1/4}}\,\frac{\left(\mathrm{Re}_x{}^{1/5}\right)^{1/4}}{\mathrm{Re}_x{}^{1/4}} = \frac{0{,}0577}{\mathrm{Re}_x{}^{1/5}}.$$

Resulierender Widerstand

$$F_w = b \int_0^L \tau_w(x)\, dx \qquad\qquad L = \text{Plattenlänge}$$
$$\qquad\qquad\qquad\qquad\qquad\qquad\qquad b = \text{Plattenbreite}$$

$$= \frac{0{,}0577}{2}\, b\rho u_\infty^2 \left(\frac{\nu}{u_\infty}\right)^{1/5} \underbrace{\int_0^L x^{-1/5}\, dx}_{\dfrac{5}{4} L^{4/5}}$$

$$= \frac{5 \cdot 0{,}0577}{8}\, bL\rho u_\infty^2 \left(\frac{\nu}{u_\infty L}\right)^{1/5} \quad \wedge \quad c_w = \frac{F_w}{\frac{1}{2}\rho u_\infty^2 bL} = \frac{0{,}072}{Re_L^{1/5}}.$$

5.13 $\quad \Delta_1 = \int_0^\delta \frac{u_\delta - \bar{u}}{u_\tau}\, dy = \frac{u_\delta}{u_\tau} \int_0^\delta \left(1 - \frac{\bar{u}}{u_\delta}\right) dy = \frac{u_\delta}{u_\tau}\, \delta_1.$

Wegen $c_f = 2\,\dfrac{\tau_w}{\rho u_\delta^2} = 2\left(\dfrac{u_\tau}{u_\delta}\right)^2$, d.h. $\dfrac{u_\tau}{u_\delta} = \sqrt{\dfrac{c_f}{2}}$ folgt

$$\Delta_1 = \delta_1 \sqrt{2/c_f}.$$

$$\Delta_2 = \int_0^\delta \left[\frac{u_\delta - \bar{u}}{u_\tau}\right]^2 dy = \left(\frac{u_\delta}{u_\tau}\right)^2 \int_0^\delta \left(1 - \frac{\bar{u}}{u_\delta}\right)^2 dy$$

$$= \left(\frac{u_\delta}{u_\tau}\right)^2 \int_0^\delta \left[1 - 2\frac{\bar{u}}{u_\delta} + \left(\frac{\bar{u}}{u_\delta}\right)^2\right] dy = \left(\frac{u_\delta}{u_\tau}\right)^2 \left\{\int_0^\delta \left(1 - \frac{\bar{u}}{u_\delta}\right) dy - \int_0^\delta \frac{\bar{u}}{u_\delta}\left(1 - \frac{\bar{u}}{u_\delta}\right) dy\right\} \quad \wedge$$

$$\Delta_2 = \left(\frac{u_\delta}{u_\tau}\right)^2 (\delta_1 - \delta_2) = \frac{2}{c_f}(\delta_1 - \delta_2).$$

$$G = \frac{\Delta_2}{\Delta_1} = \frac{u_\delta}{u_\tau}\frac{\delta_1 - \delta_2}{\delta_1} \quad \wedge \quad G\sqrt{\frac{c_f}{2}} = 1 - \frac{1}{H_{12}} \quad \wedge \quad H_{12} = \left[1 - G\sqrt{\frac{c_f}{2}}\right]^{-1}.$$

5.14 Mit $\bar{v} = -\displaystyle\int_0^y \frac{\partial \bar{u}}{\partial x}\, dy$ aus der Kontinuitätsgleichung lautet die Grenzschichtgleichung

(5.53) nach Multiplikation mit $\bar{u}$ und anschließender Integration über y von $y = 0$ bis $y = h > \delta(x)$:

$$\rho \int_0^h \left[\bar{u}^2 \frac{\partial \bar{u}}{\partial x} - \bar{u}\frac{\partial \bar{u}}{\partial y}\int_0^y \frac{\partial \bar{u}}{\partial x}\, dy - \bar{u}\, u_\delta \frac{du_\delta}{dx}\right] dy = \int_0^h \bar{u}\frac{\partial \tau}{\partial y}\, dy.$$

Der erste und der dritte Term der linken Seite können zusammengefaßt werden:

$$\int_0^h \bar{u}^2 \frac{\partial \bar{u}}{\partial x} \, dy - \int_0^h \bar{u}\, u_\delta \frac{du_\delta}{dx} \, dy = \int_0^h \bar{u} \left(\frac{1}{2} \frac{\partial \bar{u}^2}{\partial x} - \frac{1}{2} \frac{du_\delta{}^2}{dx} \right) dy$$

$$= -\frac{1}{2} \int_0^h \bar{u} \frac{\partial}{\partial x} (u_\delta{}^2 - \bar{u}^2) \, dy.$$

Der zweite Term der linken Seite kann durch partielle Integration umgeformt werden:

$$-\int_0^h \bar{u} \frac{\partial \bar{u}}{\partial y} \int_0^y \frac{\partial \bar{u}}{\partial x} \, dy \, dy = -\frac{1}{2} \left[u_\delta{}^2 \int_0^h \frac{\partial \bar{u}}{\partial x} \, dy - \int_0^h \bar{u}^2 \frac{\partial \bar{u}}{\partial x} \, dy \right]$$

$$= -\frac{1}{2} \int_0^h (u_\delta{}^2 - \bar{u}^2) \frac{\partial \bar{u}}{\partial x} \, dy.$$

Wegen $\dfrac{\partial}{\partial x} [\bar{u}\,(u_\delta{}^2 - \bar{u}^2)] = \bar{u} \dfrac{\partial}{\partial x}(u_\delta{}^2 - \bar{u}^2) + (u_\delta{}^2 - \bar{u}^2) \dfrac{\partial \bar{u}}{\partial x}$ und mit

$$\int_0^h \bar{u} \frac{\partial \tau}{\partial y} \, dy = \underbrace{\bar{u}\tau \Big|_0^h}_{= 0} - \int_0^h \tau \frac{\partial \bar{u}}{\partial y} \, dy \quad \text{folgt damit:}$$

$$\frac{\rho}{2} \int_0^h \frac{\partial}{\partial x} [\bar{u}\,(u_\delta{}^2 - \bar{u}^2)] \, dy = \int_0^h \tau \frac{\partial \bar{u}}{\partial y} \, dy.$$

Vertauschung von Differentiation und Integration und Multiplikation mit $\dfrac{2}{\rho u_\delta{}^3}$ ergibt:

$$\frac{1}{u_\delta{}^3} \frac{d}{dx} \int_0^\delta \bar{u}\,(u_\delta{}^2 - \bar{u}^2) \, dy = \frac{2}{\rho u_\delta{}^3} \int_0^\delta \tau \frac{\partial \bar{u}}{\partial y} \, dy = c_D.$$

Da außerhalb der Grenzschicht die Integranden Null werden, wurde die obere Grenze h durch $y = \delta$ ersetzt.

Wegen $\dfrac{1}{u_\delta{}^3} \dfrac{d}{dx} \displaystyle\int_0^\delta \bar{u}\,(u_\delta{}^2 - \bar{u}^2) \, dy = \dfrac{d}{dx} \left[\dfrac{1}{u_\delta{}^3} \displaystyle\int_0^\delta \bar{u}\,(u_\delta{}^2 - \bar{u}^2) \, dy \right]$

$$+ \frac{3}{u_\delta{}^4} \frac{du_\delta}{dx} \int_0^\delta \bar{u}\,(u_\delta{}^2 - \bar{u}^2) \, dy$$

folgt mit δ_3 nach Gl. (5.142) endgültig Gl. (5.141):

$$\frac{d\delta_3}{dx} + 3 \frac{\delta_3}{u_\delta} \frac{du_\delta}{dx} = c_D.$$

Gl. (5.145) folgt aus den Gln. (5.136) und (5.141):

$$(1) \quad \frac{d\delta_2}{dx} + \frac{\delta_2}{u_\delta}\frac{du_\delta}{dx}(2 + H_{12}) = \frac{c_f}{2}$$

$$(2) \quad \frac{d\delta_3}{dx} + 3\frac{\delta_3}{u_\delta}\frac{du_\delta}{dx} = c_D.$$

Wegen $\dfrac{dH_{32}}{dx} = \dfrac{d}{dx}\left(\dfrac{\delta_3}{\delta_2}\right) = \dfrac{1}{\delta_2}\dfrac{d\delta_3}{dx} - \dfrac{\delta_3}{\delta_2{}^2}\dfrac{d\delta_2}{dx}$ wird

Gl. (2) mit $1/\delta_2$, Gl. (1) mit $-\delta_3/\delta_2{}^2$ multipliziert, anschließend werden beide Gleichungen addiert:

$$\frac{1}{\delta_2}\frac{d\delta_3}{dx} - \frac{\delta_3}{\delta_2{}^2}\frac{d\delta_2}{dx} + \frac{\delta_3}{\delta_2}\frac{1}{u_\delta}\frac{du_\delta}{dx}(3 - 2 - H_{12}) = \frac{1}{\delta_2}\left(c_D - \frac{c_f}{2}\frac{\delta_3}{\delta_2}\right).$$

Es folgt Gl. (5.145):

$$\frac{dH_{32}}{dx} - \frac{H_{32}}{u_\delta}\frac{du_\delta}{dx}(H_{12} - 1) = \frac{1}{\delta_2}\left(c_D - \frac{c_f}{2}H_{32}\right).$$

5.15 $\dfrac{\partial\bar{u}}{\partial x} + \dfrac{\partial\bar{v}}{\partial y} = 0$ ergibt nach Integration über y:

$$v_\delta = -\int_0^\delta \frac{\partial\bar{u}}{\partial x}\,dy = -\frac{d}{dx}\int_0^\delta \bar{u}\,dy + u_\delta\frac{d\delta}{dx}.$$

Dabei mußte beim Vertauschen von Differentiation und Integration die Leibnizsche Regel beachtet werden, da die obere Integrationsgrenze δ von x abhängt.

$$\frac{d\delta}{dx} - \frac{v_\delta}{u_\delta} = c_E = \frac{1}{u_\delta}\frac{d}{dx}\int_0^\delta \bar{u}\,dy = \frac{1}{u_\delta}\frac{d}{dx}\left\{u_\delta\int_0^\delta\left[1 - \left(1 - \frac{u}{u_\delta}\right)\right]dy\right\}$$

$$= \frac{1}{u_\delta}\frac{d}{dx}\left[u_\delta(\delta - \delta_1)\right].$$

5.16 In die Impulsverlustdicke

$$\frac{\delta_2}{\delta} = \int_0^1 \frac{\bar{u}}{u_\delta}\left(1 - \frac{\bar{u}}{u_\delta}\right)d\eta = \left(\frac{u_\tau}{u_\delta}\right)^2 \int_0^1 \frac{\bar{u}}{u_\tau}\left(\frac{u_\delta - \bar{u}}{u_\tau}\right)d\eta$$

wird das Außengesetz (5.132)

$$\frac{u_\delta - \bar{u}}{u_\tau} = -\frac{1}{\kappa}\ln\eta + \frac{B}{\kappa}(2 \quad w) = f(\eta, B)$$

eingesetzt. Mit

$$\frac{u_\tau}{u_\delta} = \sqrt{\frac{c_f}{2}} \quad \text{und} \quad \frac{\bar{u}}{u_\tau} = \sqrt{\frac{2}{c_f}} - f \qquad \text{folgt}$$

$$\frac{\delta_2}{\delta} = \sqrt{\frac{c_f}{2}} \int_0^1 f \, d\eta - \frac{c_f}{2} \int_0^1 f^2 \, d\eta = \frac{\delta_1}{\delta} - \frac{c_f}{2} \int_0^1 f^2 \, d\eta$$

mit δ_1/δ nach Gl. (5.153). Es sei daran erinnert, daß zur Integration des ersten Ausdruckes, der zu Gl. (5.153) führt, die Nachlauffunktion $w(\eta)$ nicht analytisch angegeben werden muß. Es wird nur die Normierungsbedingung

$$\int_0^1 w(\eta) \, d\eta = 1 \quad \text{benötigt.}$$

Zur Integration des zweiten Ausdruckes muß für $w(\eta)$ ein integrabler Ansatz verwendet werden, wir wählen nach Moses $w(\eta) = 2\,(3\eta^2 - 2\eta^3)$, Gl. (5.131). Damit wird

$$\int_0^1 f^2 \, d\eta = \frac{1}{\kappa^2} \int_0^1 [-\ln\eta + B\,(2 - 6\eta^2 + 4\eta^3)]^2 \, d\eta$$

$$= \frac{1}{\kappa^2} \left(2 + \frac{19}{6} B + \frac{52}{35} B^2 \right)$$

nach Ausmultiplikation und Integration. Die Zahlenwerte hängen von dem gewählten Ansatz für w ab, der Ansatz $w(\eta) = 2 \sin^2(\pi\eta/2)$ würde

$$\int_0^1 f^2 \, d\eta = \frac{1}{\kappa^2} (2 + 3{,}179\,B + 1{,}5\,B^2) \quad \text{ergeben.}$$

Bei Verwendung der ersten Form wird

$$\frac{\delta_2}{\delta} = \sqrt{\frac{c_f}{2}} \frac{1 + B}{\kappa} - \frac{c_f}{2} \frac{1}{\kappa^2} \left(2 + \frac{19}{6} B + \frac{52}{35} B^2 \right) = \frac{\delta_2}{\delta}(c_f, B)$$

$$H_{12} = \frac{\delta_1}{\delta_2} = \frac{1 + B}{1 + B - \dfrac{1}{\kappa} \sqrt{\dfrac{c_f}{2}} \left(2 + \dfrac{19}{6} B + \dfrac{52}{35} B^2 \right)} = H_{12}(c_f, B)$$

$$H_1 = \frac{\delta - \delta_1}{\delta_2} = \left[\sqrt{\frac{c_f}{2}} \frac{1 + B}{\kappa} - \frac{c_f}{2} \frac{1}{\kappa^2} \left(2 + \frac{19}{6} B + \frac{52}{35} B^2 \right) \right]^{-1} - H_{12} = H_1(c_f, B).$$

Die Größe δ_3/δ läßt sich in ähnlicher Weise gewinnen. Es wird hier darauf verzichtet und z.B. auf White [5.37] verwiesen.

5.17 Die Formparameter sind definiert durch

$$H_{12} = \frac{\delta_1}{\delta_2}; \quad H_{32} = \frac{\delta_3}{\delta_2}; \quad H_1 = \frac{\delta - \delta_1}{\delta_2} = \frac{\delta}{\delta_2} - H_{12}.$$

Der Potenzansatz

$$\frac{\bar{u}}{u_\delta} = \left(\frac{y}{\delta} \right)^{1/n} = \eta^{1/n}; \quad \eta = \frac{y}{\delta}$$

wird in die Integralgrößen eingesetzt. Es kann jeweils geschlossen integriert werden.

$$\frac{\delta_1}{\delta} = \int_0^1 \left(1 - \frac{\bar{u}}{u_\delta}\right) d\eta = \int_0^1 (1 - \eta^{1/n})\, d\eta = \frac{1}{1+n},$$

$$\frac{\delta_2}{\delta} = \int_0^1 \frac{\bar{u}}{u_\delta}\left(1 - \frac{\bar{u}}{u_\delta}\right) d\eta = \int_0^1 \eta^{1/n}(1 - \eta^{1/n})\, d\eta = \frac{n}{1+n} - \frac{n}{2+n},$$

$$\frac{\delta_3}{\delta} = \int_0^1 \frac{\bar{u}}{u_\delta}\left[1 - \left(\frac{\bar{u}}{u_\delta}\right)^2\right] d\eta = \int_0^1 \eta^{1/n}(1 - \eta^{2/n})\, d\eta = \frac{n}{1+n} - \frac{n}{3+n}.$$

Damit werden:

$$H_{12} = \frac{2+n}{n}; \quad H_{32} = \frac{4+2n}{3+n}; \quad H_1 = 2 + n.$$

Zur Anschauung: Das 1/7-Potenzprofil hat die Formparameterwerte

$$H_{12} = 9/7 \approx 1{,}29; \quad H_{32} = 1{,}8; \quad H_1 = 9.$$

Die Elimination von n liefert die gesuchten Zusammenhänge (5.157):

$$n = \frac{4 - 3\,H_{32}}{H_{32} - 2} \quad \text{in} \quad H_{12} = \frac{2+n}{n} = \frac{H_{32}}{3\,H_{32} - 4},$$

$$n = \frac{2}{H_{12} - 1} \quad \text{in} \quad H_1 = 2 + n = \frac{2\,H_{12}}{H_{12} - 1}.$$

5.18   Gl. (5.57) partiell über y von y = 0 bis y = δ integrieren:

$$\int_0^\delta \left(\bar{u}\,\frac{\partial k}{\partial x} + \bar{v}\,\frac{\partial k}{\partial y}\right) dy + \int_0^\delta \overline{u'v'}\,\frac{\partial \bar{u}}{\partial y}\, dy + \int_0^\delta \epsilon\, dy + \left[\overline{\left(k + \frac{p'}{\rho}\right)v'}\right]_0^\delta = 0.$$

Die die Viskosität enthaltenden Ausdrücke im Diffusionsterm sind bereits vernachlässigt. Die Integration des Diffusionsterms liefert keinen Beitrag, sofern die Schwankungsgrößen am Außenrand der Grenzschicht zu Null angenommen werden. An der Wand verschwinden sie ohnehin.

Im Konvektionsterm wird die Quergeschwindigkeit $\bar{v}$ durch die Kontinuitätsgleichung eliminiert.

$$\bar{v} = -\int_0^y \frac{\partial \bar{u}}{\partial x}\, dy \qquad \text{einsetzen:}$$

$$\int_0^\delta \bar{v}\,\frac{\partial k}{\partial y}\, dy = -\int_0^\delta \int_0^y \frac{\partial \bar{u}}{\partial x}\, dy\, \frac{\partial k}{\partial y}\, dy$$

$$= -\underbrace{\left[k \int_0^y \frac{\partial \bar{u}}{\partial x}\, dy\right]_0^\delta}_{= 0} + \int_0^\delta k\,\frac{\partial \bar{u}}{\partial x}\, dy$$

nach partieller Integration. Es wird

$$\int\limits_{0}^{\delta}\left(\overline{u}\,\frac{\partial k}{\partial x} + \overline{v}\,\frac{\partial k}{\partial y}\right) dy = \int\limits_{0}^{\delta}\left(\overline{u}\,\frac{\partial k}{\partial x} + k\,\frac{\partial \overline{u}}{\partial x}\right) dy = \frac{d}{dx}\int\limits_{0}^{\delta}\overline{u}k\,dy.$$

Die Integration und Differentiation dürfen vertauscht werden, da die obere Integrationsgrenze δ durch eine von x unabhängige Grenze (genannt h in Abschnitt 2.4) ersetzt werden kann. Es folgt Gl. (5.167).

Kapitel 6

6.1 Ausgangspunkt ist die vollständige Energiegleichung (1.40). Weiter werden die Informationen aus Abschnitt 3.1 verwendet. Zunächst ist

$$h = \sum_{\alpha} c_{\alpha}h_{\alpha} = c_1 h_1 + c_2 h_2 \qquad \text{wegen} \quad c_2 = 1 - c_1, c_1 = c$$

$$= ch_1 + (1 - c)h_2$$

$$= c\,(c_{p_1} - c_{p_2})\,T + c_{p_2}T + ch^0.$$

Die einzelnen Terme in Gl. (1.40) lauten mit gewissen zusätzlichen Voraussetzungen:

$\rho\left(\dfrac{\partial h}{\partial p}\right)_{T,c_{\alpha}} = 0$, wenn beide Teilgase kalorisch ideal sind (d.h. die spezifischen Wärmekapazitäten nur von der Temperatur und nicht vom Druck abhängen).

$\left.\begin{array}{l} v_j\,\dfrac{\partial p}{\partial x_j} = 0 \\[2em] \pi_{jk}\,\dfrac{\partial v_j}{\partial x_k} = 0 \end{array}\right\}$ Die Arbeit des Druckes und die Dissipation entfallen gemäß Abschnitt 3.1 wegen ρ = konstant.

$$\sum_{\alpha} j_{k,\alpha}\,f_{k,\alpha} = g_k\,(j_{k,1} + j_{k,2}) = 0 \qquad \text{wegen} \quad j_{k,1} = -j_{k,2},$$

wenn als Volumenkraft nur die Schwerkraft wirkt.

$$-\sum_{\alpha} j_{k,\alpha}\,\frac{\partial h_{\alpha}}{\partial x_k} = j_k\left(\frac{\partial h_1}{\partial x_k} - \frac{\partial h_2}{\partial x_k}\right) \qquad \text{wegen} \quad j_k = j_{k,1} = -j_{k,2}$$

$$= j_k\left[(c_{p_1} - c_{p_2})\frac{\partial T}{\partial x_k} + \frac{\partial h^0}{\partial x_k}\right], \qquad \text{wenn} \quad c_{p_1}, c_{p_2} = \text{konst.}$$

$$= -\rho D\,\frac{\partial c}{\partial x_k}\left[(c_{p_1} - c_{p_2})\frac{\partial T}{\partial x_k} + \frac{\partial h^0}{\partial x_k}\right],$$

wenn Überlagerungseffekte vernachlässigt werden.

$$\sum_{\alpha} h_{\alpha}\,\sigma_{\alpha} = h_1\,\sigma_1 + h_2\,\sigma_2 = \sigma\,(h_1 - h_2) \qquad \text{wegen} \quad \sigma = \sigma_1 = -\sigma_2$$

$$= \sigma\,(c_{p_1} - c_{p_2})\,T + \sigma h^0$$

$$\approx \sigma h^0, \qquad \text{da in der Regel} \qquad h^0 \gg (c_{p_1} - c_{p_2})\,T \text{ ist.}$$

Damit geht die Energiegleichung (1.40) über in

$$\rho c_p \left(\frac{\partial T}{\partial t} + v_k \frac{\partial T}{\partial x_k} \right) = \frac{\partial p}{\partial t} + \lambda \frac{\partial^2 T}{\partial x_k^2} - \sigma h^0 + \rho D \frac{\partial c}{\partial x_k} \left[(c_{p_1} - c_{p_2}) \frac{\partial T}{\partial x_k} + \frac{\partial h^0}{\partial x_k} \right].$$

Gegenüber Gl. (6.1) kommen die beiden letzten Terme hinzu. In der Regel ist die Reaktionsenthalpie h^0 konstant, und von dem letzten Ausdruck verbleibt nur der Enthalpiediffusionsterm. Auch dieser verschwindet, wenn die Wärmekapazitäten beider Komponenten gleich sind.

6.2   Mit $\dfrac{\bar{u}}{u_{max}} = \left(\dfrac{y}{H} \right)^{1/n}$ wird

$$\int_0^{y/H} \frac{\bar{u}}{u_m} \, d\left(\frac{y}{H} \right) = \frac{u_{max}}{u_m} \int_0^{y/H} \frac{\bar{u}}{u_{max}} \, d\left(\frac{y}{H} \right) = \frac{\displaystyle\int_0^{y/H} \frac{\bar{u}}{u_{max}} \, d\left(\frac{y}{H} \right)}{\displaystyle\int_0^1 \frac{\bar{u}}{u_{max}} \, d\left(\frac{y}{H} \right)}$$

$$\int_0^{y/H} \left(\frac{y}{H} \right)^{1/n} d\left(\frac{y}{H} \right) = \frac{n}{n+1} \left(\frac{y}{H} \right)^{(n+1)/n}; \qquad \text{es folgt} \quad \frac{q(y)}{q_w} = 1 - \left(\frac{y}{H} \right)^{(n+1)/n}.$$

6.3   Ausgangspunkt sind die Bilanzgleichungen für die Momentanwerte:

$$(1) \quad \frac{\partial v_i}{\partial x_i} = 0$$

$$(2) \quad \frac{\partial v_j}{\partial t} + v_k \frac{\partial v_j}{\partial x_k} = -\frac{1}{\rho} \frac{\partial p}{\partial x_j} + \frac{1}{\rho} \frac{\partial \tau_{jk}}{\partial x_k}$$

$$(3) \quad \frac{\partial T}{\partial t} + v_k \frac{\partial T}{\partial x_k} = \frac{1}{\rho c_p} \left[\frac{\partial p}{\partial t} + v_k \frac{\partial p}{\partial x_k} + \Phi - \frac{\partial q_k}{\partial x_k} \right]$$

wobei

$$\tau_{jk} = \mu \left(\frac{\partial v_j}{\partial x_k} + \frac{\partial v_k}{\partial x_j} \right); \quad q_k = -\lambda \frac{\partial T}{\partial x_k}; \quad \Phi = \tau_{jk} \frac{\partial v_j}{\partial x_k}.$$

Aus Abschnitt 3.1 ist bekannt, daß bei inkompressiblen Strömungen die Arbeit des Druckes und die Dissipation entfallen. Da sie aber nicht vernachlässigbare Schwankungsanteile enthalten können, werden sie zunächst mitberücksichtigt.

Gl. (2) wird mit T' multipliziert und zur mit v_j' multiplizierten Gl. (3) addiert:

$$(4) \quad T' \frac{\partial v_j}{\partial t} + T' v_k \frac{\partial v_j}{\partial x_k} + v_j' \frac{\partial T}{\partial t} + v_j' v_k \frac{\partial T}{\partial x_k} = \frac{1}{\rho} \left[-T' \frac{\partial p}{\partial x_j} + \mu T' \frac{\partial^2 v_j}{\partial x_k^2} \right]$$

$$+ \frac{1}{\rho c_p} \left[v_j' \frac{\partial p}{\partial t} + v_j' v_k \frac{\partial p}{\partial x_k} + v_j' \Phi + \lambda v_j' \frac{\partial^2 T}{\partial x_k^2} \right].$$

Darin bedeuten v_j, T und p die Momentanwerte, für die nun $v_j = \bar{v}_j + v_j{}'$ usw. geschrieben wird. Die einzelnen Terme werden ausmultipliziert, dies sei am zweiten Term der linken Seite gezeigt:

$$T'v_k \frac{\partial v_j}{\partial x_k} = T'(\bar{v}_k + v_k{}') \frac{\partial}{\partial x_k} (\bar{v}_j + v_j{}')$$

$$= T'\bar{v}_k \frac{\partial \bar{v}_j}{\partial x_k} + T'\bar{v}_k \frac{\partial v_j{}'}{\partial x_k} + T'v_k{}' \frac{\partial \bar{v}_j}{\partial x_k} + T'v_k{}' \frac{\partial v_j{}'}{\partial x_k}.$$

Derart wird mit sämtlichen Termen der Gl. (4) verfahren. Danach wird geeignet zusammengefaßt und zeitlich gemittelt. Man erhält für statistisch stationäre Strömungen:

$$(5) \quad \underbrace{\bar{v}_k \frac{\partial}{\partial x_k} \overline{(T'v_j{}')}}_{\text{Konv.}} + \underbrace{\overline{v_j{}'v_k{}'} \frac{\partial \bar{T}}{\partial x_k} + \overline{T'v_k{}'} \frac{\partial \bar{v}_j}{\partial x_k} - \frac{1}{\rho c_p} \overline{v_j{}'v_k{}'} \frac{\partial \bar{p}}{\partial x_k}}_{\text{Produktion}}$$

$$\underbrace{- \frac{1}{\rho c_p} \overline{\Phi'v_j{}'} - \frac{\lambda}{\rho c_p} \overline{v_j{}' \frac{\partial^2 T'}{\partial x_k^2}} - \nu \overline{T' \frac{\partial^2 v_j{}'}{\partial x_k^2}}}_{\text{dissipative Terme}}$$

$$\underbrace{- \frac{1}{\rho c_p} \left[\overline{v_j{}' \frac{\partial p'}{\partial t}} + \overline{\bar{v}_k v_j{}' \frac{\partial p'}{\partial x_k}} + \overline{v_j{}'v_k{}' \frac{\partial p'}{\partial x_k}} - \overline{c_p T' \frac{\partial p'}{\partial x_j}} \right]}_{\text{Umverteilungsterme}} + \underbrace{\frac{\partial}{\partial x_k} \overline{(T'v_j{}'v_k{}')}}_{\text{Diffusion}} = 0.$$

Damit die Analogie zur Transportgleichung für $\overline{v_i{}'v_j{}'}$ in der Schreibweise (5.23) deutlich wird, müssen die dissipativen und die Umverteilungsterme ähnlich wie in Abschnitt 5.4 umgeformt werden. In der Transportgleichung für $\overline{v_i{}'v_j{}'}$ werden Terme, die Produkte von Druckschwankungen und Gradienten von Geschwindigkeitsschwankungen (Druck-Scher-Korrelationen) enthalten, als Umverteilung bezeichnet. Entsprechende Ausdrücke erhält man durch Umformung der Umverteilungsterme in Gl. (5), z. B.:

$$(6) \quad - \frac{1}{\rho} \overline{T' \frac{\partial p'}{\partial x_j}} = - \frac{1}{\rho} \frac{\partial}{\partial x_j} \overline{(T'p')} + \frac{1}{\rho} \overline{p' \frac{\partial T'}{\partial x_j}}.$$

Entsprechend lassen sich auch der zweite und dritte dissipative Term in Gl. (5) derart aufspalten, daß analog zur Transportgleichung für $\overline{v_i{}'v_j{}'}$ ein diffusiver Term abgespalten werden kann. Führt man die molekulare Prandtl-Zahl ein, so läßt sich schreiben:

$$(7) \quad \frac{\lambda}{\rho c_p} \overline{v_j{}' \frac{\partial^2 T'}{\partial x_k^2}} + \nu \overline{T' \frac{\partial^2 v_j{}'}{\partial x_k^2}} = \nu \left[\frac{1}{Pr} \overline{v_j{}' \frac{\partial^2 T'}{\partial x_k^2}} + \overline{T' \frac{\partial^2 v_j{}'}{\partial x_k^2}} \right]$$

$$= \underbrace{\nu \frac{\partial}{\partial x_k} \left[\frac{1}{Pr} \frac{\partial}{\partial x_k} \overline{(T'v_j{}')} + \frac{Pr - 1}{Pr} \overline{T' \frac{\partial v_j{}'}{\partial x_k}} \right]}_{\text{Diffusion}} - \underbrace{\nu \frac{Pr + 1}{Pr} \overline{\frac{\partial T'}{\partial x_k} \frac{\partial v_j{}'}{\partial x_k}}}_{\text{Dissipation}}$$

Man erkennt bei dem Dissipationsterm die Analogie zum entsprechenden Ausdruck

$$2\,\nu\,\overline{\frac{\partial v_i'}{\partial x_k}\frac{\partial v_j'}{\partial x_k}}\quad\text{in Gl. (5.23).}$$

Setzt man die angeführten Umformungen in Gl. (5) ein, so folgt die zu Gl. (5.23) analoge Formulierung der Transportgleichung für $\overline{T'v_j'}$:

$$(8)\quad \underbrace{\overline{v}_k\,\frac{\partial}{\partial x_k}\,(\overline{T'v_j'})}_{\text{Konvektion}} + \underbrace{\overline{v_j'v_k'}\,\frac{\partial \overline{T}}{\partial x_k} + \overline{T'v_k'}\,\frac{\partial \overline{v}_j}{\partial x_k} - \frac{1}{\rho c_p}\,\overline{v_j'v_k'}\,\frac{\partial \overline{p}}{\partial x_k}}_{\text{Produktion}}$$

$$\underbrace{-\,\frac{1}{\rho c_p}\,\overline{\Phi'v_j'} + \nu\,\frac{Pr+1}{Pr}\,\overline{\frac{\partial T'}{\partial x_k}\frac{\partial v_j'}{\partial x_k}}}_{\text{Dissipation}}$$

$$\underbrace{+\,\frac{1}{\rho c_p}\,\overline{p'\left(\frac{\partial v_j'}{\partial t} + v_k'\,\frac{\partial v_j'}{\partial x_k} + \overline{v}_k\,\frac{\partial v_j'}{\partial x_k} - c_p\,\frac{\partial T'}{\partial x_j}\right)}}_{\text{Umverteilung}}$$

$$+\,\frac{\partial}{\partial x_k}\Bigg[\overline{T'v_j'v_k'} - \frac{\nu}{Pr}\,\frac{\partial}{\partial x_k}\,(\overline{T'v_j'}) - \nu\,\frac{Pr-1}{Pr}\,\overline{T'\frac{\partial v_j'}{\partial x_k}}$$

$$\underbrace{-\,\frac{1}{\rho c_p}\,\overline{v}_k\,\overline{p'v_j'} + \frac{1}{\rho}\,\overline{p'T'}\delta_{jk} - \frac{1}{\rho c_p}\,\overline{v_j'v_k'p'}\Bigg] = 0.}_{\text{Diffusion}}$$

Mit Φ' ist der Schwankungsanteil der Dissipation $\Phi = \tau_{jk}\,\partial v_j/\partial x_k$ gemeint:

$$\Phi' = \mu\left[\frac{\partial v_j'}{\partial x_k}\left(\frac{\partial v_j'}{\partial x_k} + \frac{\partial v_k'}{\partial x_j}\right) + \frac{\partial v_j'}{\partial x_k}\left(\frac{\partial \overline{v}_j}{\partial x_k} + \frac{\partial \overline{v}_k}{\partial x_j}\right) + \frac{\partial \overline{v}_j}{\partial x_k}\left(\frac{\partial v_j'}{\partial x_k} + \frac{\partial v_k'}{\partial x_j}\right)\right].$$

Der zeitliche Mittelwert dieser Größe ist gleich der turbulenten Dissipation $\rho\epsilon$ nach Gl. (5.26).

6.4 Die exakte und vollständige Grenzschichtabschätzung ist recht aufwendig. Wir wollen dies bei Beachtung von

$$\frac{\partial}{\partial x}\,(\overline{...}) \ll \frac{\partial}{\partial y}\,(\overline{...}) \quad \text{und} \quad \overline{v} \ll \overline{u}; \quad \frac{\partial}{\partial z}\,(\overline{...}) = 0; \quad \overline{w} = 0$$

entsprechend abkürzen. Von der Vektorgleichung (8) nach Aufgabe 6.3 benötigen wir nur die Koordinate $j = 2$, d.h. $\overline{T'v'}$. Wir setzen daher $j = 2$ und summieren jeweils über k von 1 bis 3. Bei Beachtung der Grenzschichtvereinfachungen und der Annahme einer zweidimensionalen Strömung gehen die einzelnen Terme der Gl. (8) über in:

Konvektion: $\quad \overline{u}\,\dfrac{\partial}{\partial x}\,(\overline{T'v'}) + \overline{v}\,\dfrac{\partial}{\partial y}\,(\overline{T'v'})$

Produktion:
$$\overline{v'^2}\,\frac{\partial \overline{T}}{\partial y} - \frac{\overline{u'v'}}{\rho c_p}\,\frac{d\overline{p}}{dx}.$$

Insbesondere verschwindet der Produktionsterm infolge des Geschwindigkeitsgradienten, da $\overline{T'v'}\,\partial\overline{v}/\partial y \ll \overline{v'^2}\partial\overline{T}/\partial y$ ist. Der dem Druckgradienten proportionale Produktionsterm ist bei inkompressiblen Strömungen gleichfalls zu vernachlässigen, wie die folgende Abschätzung für den Fall einer Rohrströmung zeigt:

$$\rho c_p \frac{\overline{v'^2}\ \partial\overline{T}/\partial y}{\overline{u'v'}\ d\overline{p}/dx} \sim \rho c_p\,\frac{\partial\overline{T}/\partial y}{d\overline{p}/dx} \sim \rho c_p\,\frac{\Delta T}{R}\,\frac{L}{\Delta p} \sim c_p \Delta T\,\frac{2\rho L}{\Delta p R} \sim \frac{c_p \Delta T}{\lambda u_m^2} \sim \frac{Re^{1/4}}{Ec}$$

$$\gg 1 \ \text{für}\ Ec \to 0 \ \ \text{oder}\ \ Re \gg 1.$$

Dabei sind Gl. (5.95) sowie das Blasiussche Reibungsgesetz (5.97) verwendet worden.

Dissipation: Verbleibt wie in Gl. (8), da die Gradienten der Schwankungsgrößen sämtlich von gleicher Größenordnung sind. Mitunter wird die Tripelkorrelation $\overline{v'\Phi'}$ (man beachte, daß Φ' eine Doppelkorrelation darstellt) gegenüber dem zweiten Produktionsterm vernachlässigt.

Umverteilung:
$$\frac{1}{\rho c_p}\,\overline{p'\left(\frac{\partial v'}{\partial t}+\overline{u}\,\frac{\partial v'}{\partial x}\right)} - \frac{\overline{p'}}{\rho}\,\frac{\partial T'}{\partial y}$$

In Gl. (6.91) ist nur der unterstrichene Term aufgeführt.

Diffusion:
$$\frac{\partial}{\partial y}\left[\overline{T'v'^2} - \frac{\nu}{Pr}\,\frac{\partial}{\partial y}\,(\overline{T'v'}) - \nu\frac{Pr-1}{Pr}\,\overline{T'\frac{\partial v'}{\partial y}} + \frac{\overline{p'T'}}{\rho} - \frac{\overline{p'v'^2}}{\rho c_p} - \frac{\overline{v}}{\rho c_p}\,\overline{p'v'}\right]$$

In Gl. (6.91) ist auch hiervon nur der unterstrichene Term aufgeführt. Damit folgt die als Gl. (6.91) angegebene Beziehung.

6.5 Ausgangspunkt sind die Integralbedingungen (6.116) und (6.117):

$$\frac{d}{dx}\int_0^\delta \overline{u}^2 dy = -\frac{\tau_w}{\rho} + g\beta\int_0^\delta (\overline{T} - T_\infty)\,dy$$

$$\frac{d}{dx}\int_0^\delta \overline{u}\,(\overline{T} - T_\infty)\,dy = \frac{q_w}{\rho c_p}.$$

Es werden die Ansätze (6.118) und (6.119)

$$\frac{\overline{T} - T_\infty}{T_w - T_\infty} = 1 - \eta^{1/7}; \qquad \frac{\overline{u}}{u_0} = \eta^{1/7}\,(1 - \eta)^4; \qquad \eta = \frac{y}{\delta}$$

eingesetzt. Die Integrationen lassen sich geschlossen ausführen und die einzelnen Integrale lauten:

$$\int_0^\delta \overline{u}^2\,dy = u_0^2 \delta \int_0^1 \eta^{2/7}\,(1 - \eta)^8\,d\eta = 0{,}0523\ u_0^2\delta$$

$$g\beta \int_0^\delta (\overline{T} - T_\infty)\,dy = g\beta\,(T_w - T_\infty)\,\delta \int_0^1 (1 - \eta^{1/7})\,d\eta = \frac{1}{8}\,g\beta\,(T_w - T_\infty)\,\delta$$

$$\int_0^\delta \overline{u}\,(\overline{T} - T_\infty)\,dy = u_0\delta\,(T_w - T_\infty) \int_0^1 \eta^{1/7}\,(1 - \eta)^4\,(1 - \eta^{1/7})\,d\eta$$

$$= 0{,}0366\,u_0\delta\,(T_w - T_\infty).$$

In obige Integralbedingungen eingesetzt folgen bei Beachtung der Ansätze (6.120) für τ_w sowie (6.122) für q_w die Beziehungen (6.123) und (6.124).

6.6 Die Integralbedingungen (6.123) und (6.124) werden abkürzend

$$a\,\frac{d}{dx}\,(u_0^2\delta) = -b\,u_0^{7/4}\left(\frac{\nu}{\delta}\right)^{1/4} + c\delta$$

$$d\,\frac{d}{dx}\,(u_0\delta) = b\,u_0^{3/4}\left(\frac{\nu}{\delta}\right)^{1/4} Pr^{-2/3}$$

geschrieben. Dabei sind

$$a = 0{,}0523; \quad b = 0{,}0225; \quad c = 0{,}125\,g\beta\,(T_w - T_\infty); \quad d = 0{,}0366.$$

Für die Unbekannten u_0 und δ werden die Ansätze

$$u_0 = Ax^m \quad und \quad \delta = Bx^n$$

eingeführt:

$$(1)\quad aA^2B\,\frac{d}{dx}\,x^{2m+n} = aA^2B\,(2m+n)\,x^{2m+n-1}$$

$$= -bA^{7/4}B^{-1/4}\nu^{1/4}x^{(7m-n)/4} + cBx^n$$

$$(2)\quad dAB\,\frac{d}{dx}\,x^{m+n} = dAB\,(m+n)\,x^{m+n-1}$$

$$= bA^{3/4}B^{-1/4}\nu^{1/4}Pr^{-2/3}x^{(3m-n)/4}.$$

Da diese Gleichungen für beliebige x-Werte gelten, müssen die Exponenten von x jeweils übereinstimmen. Ein Exponentenvergleich in Gl. (1) ergibt:

$$2m + n - 1 = n \;\wedge\; m = 1/2$$

$$(7m - n)/4 = n \;\wedge\; n = 7m/5 = 7/10.$$

Dies wird durch den Exponentenvergleich in Gl. (2) bestätigt:

$$m + n - 1 = (3m - n)/4 \;\wedge\; m = 4 - 5n.$$

Die Konstanten A und B der Lösungsansätze folgen aus einem Koeffizientenvergleich der Gln. (1) und (2):

$$(3)\quad aA^2B\,\frac{17}{10} = -bA^{7/4}B^{-1/4}\nu^{1/4} + cB$$

(4) $dAB \dfrac{6}{5} = bA^{3/4}B^{-1/4}\nu^{1/4}Pr^{-2/3}$.

Zunächst wird aus (4):

$$A = \left(\frac{5}{6}\frac{b}{d}\right)^4 \nu Pr^{-8/3}B^{-5}.$$

Eingesetzt in (3) und aufgelöst nach B folgt

$$B^{10} = \frac{1}{c}\left\{\frac{17}{10}\,a\left(\frac{5}{6}\frac{b}{d}\right)^8 \nu^2 Pr^{-16/3}\left[1 + \frac{10}{17}\frac{6}{5}\frac{d}{b}\,Pr^{2/3}\right]\right\}.$$

Nach Einsetzen von a bis d folgen die in Gl. (6.125) angegebenen Ausdrücke für A und B. Damit lauten $u_0(x)$ und $\delta(x)$:

$$u_0 = 1{,}185\,[g\beta\,(T_w - T_\infty)]^{1/2}\,[1 + 0{,}494\,Pr^{-2/3}]^{-1/2}\,x^{1/2}$$

$$= 1{,}185\,\frac{\nu}{x}\,Gr_x^{1/2}\,[1 + 0{,}494\,Pr^{-2/3}]^{-1/2};$$

$$\delta = 0{,}566\left[\frac{\nu^2}{g\beta\,(T_w - T_\infty)}\right]^{1/10}\,[1 + 0{,}494\,Pr^{2/3}]^{1/10}\,Pr^{-8/15}\,x^{7/10}$$

$$= 0{,}566\,Gr_x^{-1/10}\,[1 + 0{,}494\,Pr^{2/3}]^{1/10}\,Pr^{-8/15}\,x$$

mit $Gr_x = \dfrac{g\beta x^3(T_w - T_\infty)}{\nu^2}$ nach Gl. (6.126).

Damit sind die Gln. (6.127) und (6.128) für $u_0(x)$ und $\delta(x)$ bestätigt. Diese werden in die Wärmestromdichte

$$\frac{q_w}{\rho c_p} = 0{,}0225\,(T_w - T_\infty)\,u_0\left(\frac{\nu}{u_0\delta}\right)^{1/4}\,Pr^{-2/3} \qquad \text{nach Gl. (6.122)}$$

eingesetzt. Für die durch

$$Nu_x = \frac{q_w x}{\lambda\,(T_w - T_\infty)}$$

definierte örtliche Nusselt-Zahl folgt damit die Beziehung (6.129).

6.7 Es ist $h_0 = h + \dfrac{u^2}{2}$ bzw. $T_0 = T + \dfrac{u^2}{2\,c_p}$.

Damit wird einerseits

$$\frac{\overline{T_0}}{\overline{T}} = 1 + \frac{\overline{u^2}}{2 c_p \overline{T}} = 1 + \frac{\kappa - 1}{2}\,Ma^2; \qquad Ma = \frac{\overline{u}}{\sqrt{\kappa R \overline{T}}}$$

und andererseits

$$\overline{T_0} + T_0' = \overline{T} + T' + \frac{1}{2 c_p}\,(\overline{u}^2 + 2\overline{u}u' + u'^2) \qquad \text{bzw.}$$

$$\frac{\overline{T_0}}{\overline{T}} \approx 1 + \frac{T'}{\overline{T}} + \frac{\kappa - 1}{2}\,Ma^2\left(1 + 2\frac{u'}{\overline{u}}\right).$$

In Verbindung mit obiger Beziehung für $\overline{T}_0/\overline{T}$ folgt

$$\frac{T'}{\overline{T}} \approx -(\kappa - 1)\, Ma^2 \frac{u'}{\overline{u}} \; .$$

6.8 Aus $\rho v_j'' = (\overline{\rho} + \rho')v_j''$

folgt nach zeitlicher Mittelung wegen $\overline{\rho v_j''} = 0$ nach Gl. (6.159)

$$\overline{v_j''} = -\frac{\overline{\rho' v_j''}}{\overline{\rho}} \; .$$

Eine zeitliche Mittelung der Gl. (6.158) liefert

$$\widetilde{v}_j - \overline{v}_j = -\overline{v_j''} = \frac{\overline{\rho' v_j''}}{\overline{\rho}} \; .$$

Andererseits erhalten wir aus

$$v_j = \overline{v}_j + v_j' = \widetilde{v}_j + v_j''$$

nach Multiplikation mit $\rho = \overline{\rho} + \rho'$ und zeitlicher Mittelung

$$\overline{\rho}\,\overline{v}_j + \underbrace{\overline{\rho v_j'}}_{= \overline{\rho' v_j'}} = \overline{\rho}\,\widetilde{v}_j + \underbrace{\overline{\rho v_j''}}_{= 0 \ \text{wegen Gl. (6.159)}}.$$

Daraus wird $\widetilde{v}_j - \overline{v}_j = \dfrac{\overline{\rho' v_j'}}{\overline{\rho}} \; .$

Ein Vergleich mit obigem Ausdruck für die Differenz $\widetilde{v}_j - \overline{v}_j$ liefert die Aussage

$$\overline{\rho' v_j'} = \overline{\rho' v_j''} \; .$$

6.9 In $\tau = \rho l^2 \left(\dfrac{d\overline{u}}{dy}\right)^2 \approx \tau_w$ werden $l = \kappa y$ sowie

$$\frac{\overline{\rho}}{\rho_w} = \left[1 + b\,\frac{\overline{u}}{u_\infty} - a^2\left(\frac{\overline{u}}{u_\infty}\right)^2\right]^{-1} \qquad \text{eingesetzt.}$$

Es wird mit $u_\tau = \sqrt{\tau_w/\rho_w}$ nach Trennung der Variablen:

$$\frac{u_\infty}{u_\tau}\int \sqrt{\frac{\overline{\rho}}{\rho_w}}\, d\,\frac{\overline{u}}{u_\infty} = \frac{u_\infty}{u_\tau}\int \frac{d\,\overline{u}/u_\infty}{[1 + b\,\overline{u}/u_\infty - (a\,\overline{u}/u_\infty)^2]^{1/2}} = \frac{1}{\kappa}\int \frac{dy}{y} + C_1.$$

Das Integral der linken Seite kann geschlossen angegeben werden:

$$\int \frac{dx}{(Ax^2 + Bx + C)^{1/2}} = -\frac{1}{\sqrt{-A}}\, arc\, sin\, \frac{2\,Ax + B}{\sqrt{B^2 - 4\,AC}}$$

$$= -\frac{1}{a}\, arc\, sin\, \frac{-2\,a^2 x + b}{\sqrt{b^2 + 4\,a^2}} = \frac{1}{a}\, arc\, sin\, \frac{2\,a^2\overline{u}/u_\infty - b}{\sqrt{b^2 + 4\,a^2}}$$

für $A = -a^2 < 0;\quad 4\,AC - B^2 = -4\,a^2 - b^2 < 0.$

Integriert zwischen den Grenzen 0 und $\bar{u}/u_\infty$ folgt

$$\frac{u_\infty}{u_\tau} \frac{1}{a} \left[\arcsin \frac{2\,a^2\bar{u}/u_\infty - b}{Q} + \arcsin \frac{b}{Q} \right] = \frac{1}{\kappa} \ln \frac{y\,u_\tau}{\nu_w} + C$$

mit $Q = (b^2 + 4\,a^2)^{1/2}$ entspr. Gl. (6.179), (6.180).

Bei dem Integral der rechten Seite muß aufgrund der Vernachlässigung der molekularen Schubspannung als untere Integrationsgrenze y_0 an Stelle von 0 vorgesehen werden. Damit wird

$$\frac{1}{\kappa} \int_{y_0}^{y} \frac{dy}{y} = \frac{1}{\kappa} \ln y \,\Big|_{y_0}^{y} = \frac{1}{\kappa} \ln y - G(y_0); \quad G(y_0) = \frac{1}{\kappa} \ln y_0.$$

Dies kann als

$$\frac{1}{\kappa} \ln y - G(y_0) = \frac{1}{\kappa} \ln \frac{y u_\tau}{\nu_w} + \left[-G(y_0) - \frac{1}{\kappa} \ln \frac{u_\tau}{\nu_w} \right]$$

$$= \frac{1}{\kappa} \ln y^+ + \left(-\frac{1}{\kappa} \ln \frac{y_0 u_\tau}{\nu_w} \right) = \frac{1}{\kappa} \ln y^+ + C$$

geschrieben werden. Die Konstante $C(y_0)$ entspricht derjenigen in der Beziehung (5.66) für inkompressible Strömungen ($C \approx 5{,}5$); damit ist der Übergang zu $Ma \to 0$ gewährleistet.

6.10 $\displaystyle \delta_1 = \int_0^{\delta} \left(1 - \frac{\rho u}{\rho_\delta u_\delta} \right) dy = \int_0^{\delta} \left(1 - \frac{u}{u_\delta} \right) dy + \int_0^{\delta} \frac{\rho u}{\rho_\delta u_\delta} \left(\frac{\rho_\delta}{\rho} - 1 \right) dy = \delta_{1i} + \delta_4.$

Die Mittelungsstriche werden vereinfachend weggelassen, da die entsprechenden Umformungen sowohl für laminare als auch für turbulente Grenzschichten gelten.
Mit dem Crocco-Busemann-Integral in der Schreibweise (3.236 c) geht δ_4 über in

$$\delta_4 = \int_0^{\delta} \frac{\rho u}{\rho_\delta u_\delta} \left(\frac{T}{T_\delta} - 1 \right) dy = r \frac{\kappa - 1}{2} Ma_\delta^2 \left\{ \int_0^{\delta} \frac{\rho u}{\rho_\delta u_\delta} \left[1 - \left(\frac{u}{u_\delta} \right)^2 \right] dy \right.$$

$$\left. - \theta \int_0^{\delta} \frac{\rho u}{\rho_\delta u_\delta} \left(1 - \frac{u}{u_\delta} \right) dy \right\} = r \frac{\kappa - 1}{2} Ma_\delta^2 (\delta_3 - \theta \delta_2).$$

Damit ist

$$\frac{\delta_4}{\delta_3} = r \frac{\kappa - 1}{2} Ma_\delta^2 \left(1 - \frac{\theta}{H^*} \right) = \frac{\delta_4}{\delta_3} (Ma_\delta, \theta, Pr, H^*)$$

$$= \frac{\delta_4}{\delta_3} (Ma_\delta, \theta, Pr, H) \quad \text{wegen} \quad H^* = H^*(H, Ma_\delta, \theta, Pr).$$

Weiter wird

$$\frac{\delta_1}{\delta_2} = \frac{\delta_{1i}}{\delta_{2i}} \frac{\delta_{2i}}{\delta_2} + \frac{\delta_4}{\delta_2} = \frac{\delta_1}{\delta_2} (Ma_\delta, \theta, Pr, H).$$

Darin ist $\delta_{1i}/\delta_{2i} = H_{12}$ ein weiterer kinematischer Formparameter, für den entsprechend Abschnitt 5.13.4 $H_{12} = H_{12}(H, Re_2)$ gilt.

7.2 Die Bilanzgleichungen in der symbolischen Schreibweise, der indizierten Tensornotation sowie in kartesischen, Zylinder- und Kugelkoordinaten

Im ersten Kapitel wurden die Bilanzgleichungen in der indizierten Tensornotation angegeben. Sie werden in dieser Zusammenstellung nacheinander in folgenden Schreibweisen aufgeführt:

(T)   = Indizierte Tensornotation
(S)   = Symbolische Schreibweise
(CK) = (Rechtwinklige) Kartesische Koordinaten
(ZK) = Zylinderkoordinaten
(KK) = Kugelkoordinaten

Bild 7.1 zeigt die drei letzten für praktische Anwendungen wichtigen Koordinatensysteme. Es gelten die Zusammenhänge:

Zylinderkoordinaten	$\leftrightarrow$	Kartesische Koordinaten
$x = r \cos \theta$		$r = \sqrt{x^2 + y^2}$
$y = r \sin \theta$		$\theta = \arctan (y/x)$
$z = z$		$z = z$

Kugelkoordinaten	$\leftrightarrow$	Kartesische Koordinaten
$x = r \sin \theta \cos \phi$		$r = \sqrt{x^2 + y^2 + z^2}$
$y = r \sin \theta \sin \phi$		$\theta = \arctan (\sqrt{x^2 + y^2}/z)$
$z = r \cos \theta$		$\phi = \arctan (y/x)$.

Die Transformation von (rechtwinkligen) Kartesischen Koordinaten auf Zylinder- oder Kugelkoordinaten geschieht in folgenden Schritten; dies sei am Beispiel der Zylinderkoordinaten erläutert.

Um die partiellen Ableitungen einer skalaren Größe bezüglich x, y, z in partielle Ableitungen bezüglich r, θ, z umzuschreiben, wird die Kettenregel zur partiellen Differentiation zusammen mit obigen Transformationsvorschriften angewendet. Es folgt:

$$\frac{\partial}{\partial x} = (\cos \theta) \frac{\partial}{\partial r} + \left(-\frac{\sin \theta}{r}\right) \frac{\partial}{\partial \theta} + (0) \frac{\partial}{\partial z}$$

$$\frac{\partial}{\partial y} = (\sin \theta) \frac{\partial}{\partial r} + \left(\frac{\cos \theta}{r}\right) \frac{\partial}{\partial \theta} + (0) \frac{\partial}{\partial z}$$

$$\frac{\partial}{\partial z} = (0) \frac{\partial}{\partial r} + (0) \frac{\partial}{\partial \theta} + (1) \frac{\partial}{\partial z}.$$

Analog wird für die zweiten Ableitungen verfahren.

Bei der Koordinatentransformation von Vektoren müssen die Transformationsvorschriften der Einheitsvektoren berücksichtigt werden, siehe Bild 7.2.

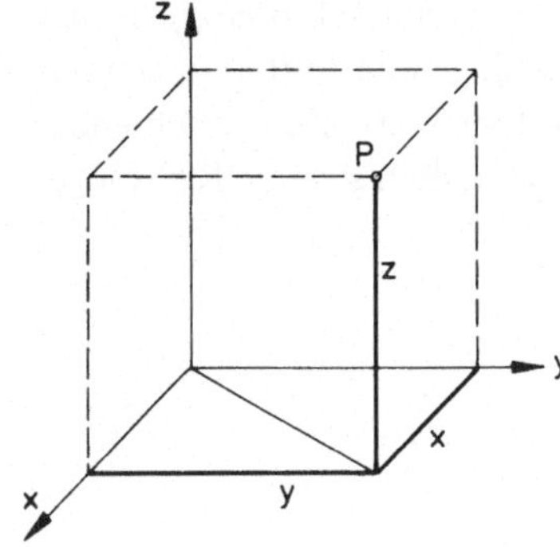

(CK) = Kartesische Koordinaten
Die Geschwindigkeitskomponenten werden in den x, y, z-Koordinaten als u, v, w bezeichnet. Die Komponenten anderer Tensoren tragen die Indizes x, y, z.

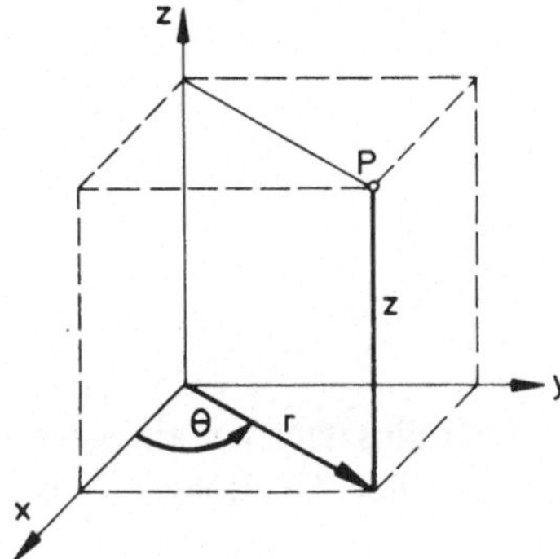

(ZK) = Zylinderkoordinaten
Die Geschwindigkeitskomponenten in den r, θ, z-Koordinaten tragen die Indizes r, θ, z.

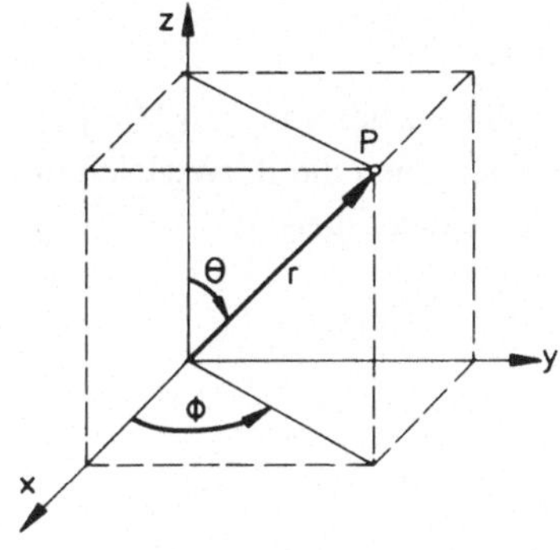

(KK) = Kugelkoordinaten
Die Geschwindigkeitskomponenten in den r, θ, ϕ-Koordinaten tragen die Indizes r, θ, ϕ.

Bild 7.1 Darstellung der verschiedenen Koordinatensysteme

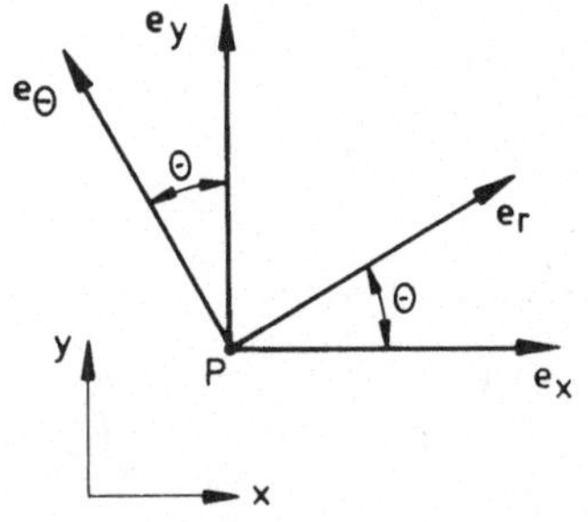

Bild 7.2 Einheitsvektoren in rechtwinkligen kartesischen und in Zylinderkoordinaten

Die Einheitsvektoren e_x, e_y sind unabhängig vom Ort x, y. Die Einheitsvektoren e_r, e_θ hängen dagegen vom Ort ab. Der Einheitsvektor e_r ist ein Vektor der Länge Eins in Richtung wachsenden Radius r; der Einheitsvektor e_θ ist ein Vektor der Länge Eins in Richtung wachsenden Winkels θ. Wenn der Punkt P sich in der x, y-Ebene bewegt, so ändern sich die Richtungen von e_r und e_θ. Aus trigonometrischen Betrachtungen folgt:

$$e_r = (\cos\theta)\ e_x + (\sin\theta)\,e_y + (0)\,e_z$$
$$e_\theta = (-\sin\theta)\ e_x + (\cos\theta)\,e_y + (0)\,e_z$$
$$e_z = (0)\qquad e_x + (0)\qquad e_y + (1)\,e_z.$$

Aufgelöst nach e_x, e_y, e_z wird

$$e_x = (\cos\ \theta)\,e_r - (\sin\ \theta)\,e_\theta$$
$$e_y = (\sin\ \theta)\,e_r + (\cos\theta)\,e_\theta$$
$$e_z = e_z.$$

Am Beispiel des Operators

$$\nabla = e_x\,\frac{\partial}{\partial x} + e_y\,\frac{\partial}{\partial y} + e_z\,\frac{\partial}{\partial z}$$

sei die Transformation auf Zylinderkoordinaten durchgeführt. Nach Einsetzen der angegebenen Beziehungen für die Einheitsvektoren e_x, e_y, e_z sowie für die partiellen Ableitungen $\partial/\partial x$, $\partial/\partial y$, $\partial/\partial z$ folgt nach Zusammenfassung:

$$\nabla = e_r\,\frac{\partial}{\partial r} + \frac{e_\theta}{r}\,\frac{\partial}{\partial\theta} + e_z\,\frac{\partial}{\partial z}.$$

Diese Bemerkungen mögen genügen, ansonsten sei z.B. auf die Bücher von Aris [1.1] sowie von Bird, Stewart und Lightfoot [1.3] verwiesen. Im folgenden seien die Bilanzgleichungen in den verschiedenen Schreibweisen und Koordinatensystemen angegeben.

Pauschale Kontinuitätsgleichung

(T) $\dfrac{\partial\rho}{\partial t} + \dfrac{\partial}{\partial x_j}\,(\rho v_j) = 0$

(S) $\dfrac{\partial\rho}{\partial t} + \nabla\cdot(\rho\vec{v}) = 0$ bzw. $\dfrac{\partial\rho}{\partial t} + \mathrm{div}(\rho\vec{v}) = 0$

(CK) $\dfrac{\partial\rho}{\partial t} + \dfrac{\partial}{\partial x}\,(\rho u) + \dfrac{\partial}{\partial y}\,(\rho v) + \dfrac{\partial}{\partial z}\,(\rho w) = 0$

(ZK) $\dfrac{\partial\rho}{\partial t} + \dfrac{1}{r}\,\dfrac{\partial}{\partial r}\,(r\rho v_r) + \dfrac{1}{r}\,\dfrac{\partial}{\partial\theta}\,(\rho v_\theta) + \dfrac{\partial}{\partial z}\,(\rho v_z) = 0$

(KK) $\dfrac{\partial\rho}{\partial t} + \dfrac{1}{r^2}\,\dfrac{\partial}{\partial r}\,(r^2\rho v_r) + \dfrac{1}{r\sin\theta}\,\dfrac{\partial}{\partial\theta}\,(\rho v_\theta\sin\theta) + \dfrac{1}{r\sin\theta}\,\dfrac{\partial}{\partial\phi}\,(\rho v_\phi) = 0$

Partielle Kontinuitätsgleichung
(für ein Binärgemisch unter Vernachlässigung der Überlagerungseffekte)

$$\text{(T)} \quad \rho \frac{\partial c}{\partial t} + \rho \frac{\partial}{\partial x_k}(cv_k) = -\frac{\partial j_k}{\partial x_k} + \sigma \quad \text{mit} \quad j_k = -\rho D \frac{\partial c}{\partial x_k}$$

$$\text{(S)} \quad \rho \frac{dc}{dt} = \nabla \cdot (\rho D \nabla c) + \sigma$$

$$\text{(CK)} \quad \rho \frac{\partial c}{\partial t} + \rho \frac{\partial}{\partial x}(c\,u) + \rho \frac{\partial}{\partial y}(c\,v) + \rho \frac{\partial}{\partial z}(c\,w) = \frac{\partial}{\partial x}\left(\rho D \frac{\partial c}{\partial x}\right) + \frac{\partial}{\partial y}\left(\rho D \frac{\partial c}{\partial y}\right) +$$

$$+ \frac{\partial}{\partial z}\left(\rho D \frac{\partial c}{\partial z}\right) + \sigma$$

$$\text{(ZK)} \quad \rho \left[\frac{\partial c}{\partial t} + \frac{1}{r}\frac{\partial}{\partial r}(rcv_r) + \frac{1}{r}\frac{\partial}{\partial \theta}(cv_\theta) + \frac{\partial}{\partial z}(cv_z)\right] = \frac{1}{r^2}\frac{\partial}{\partial r}\left(r\rho D \frac{\partial c}{\partial r}\right) +$$

$$+ \frac{1}{r^2 \sin\theta}\frac{\partial}{\partial \theta}\left(\sin\theta\, \rho D \frac{\partial c}{\partial \theta}\right) + \frac{1}{r^2 \sin^2\theta}\frac{\partial}{\partial \phi}\left(\rho D \frac{\partial c}{\partial \phi}\right) + \sigma$$

$$\text{(KK)} \quad \rho \left[\frac{\partial c}{\partial t} + \frac{1}{r^2}\frac{\partial}{\partial r}(r^2 cv_r) + \frac{1}{r \sin\theta}\frac{\partial}{\partial \theta}(cv_\theta \sin\theta) + \frac{1}{r \sin\theta}\frac{\partial}{\partial \phi}(cv_\phi)\right] = \frac{1}{r^2}\frac{\partial}{\partial r}\left(r\rho D \frac{\partial c}{\partial r}\right) +$$

$$+ \frac{1}{r^2 \sin\theta}\frac{\partial}{\partial \theta}\left(\sin\theta\, \rho D \frac{\partial c}{\partial \theta}\right) + \frac{1}{r^2 \sin^2\theta}\frac{\partial}{\partial \phi}\left(\rho D \frac{\partial c}{\partial \phi}\right) + \sigma$$

Navier-Stokessche Bewegungsgleichung

$$\text{(T)} \quad \rho \frac{\partial v_j}{\partial t} + \rho \frac{\partial}{\partial x_k}(v_j v_k) = -\frac{\partial p}{\partial x_j} + \rho g_j + \frac{\partial \tau_{jk}}{\partial x_k} \quad \text{mit} \quad \tau_{jk} = \mu\left(\frac{\partial v_j}{\partial x_k} + \frac{\partial v_k}{\partial x_j}\right) + \mu' \frac{\partial v_i}{\partial x_i}\delta_{jk}$$

$$\text{(S)} \quad \rho \frac{d\vec{v}}{dt} = \rho \left[\frac{\partial \vec{v}}{\partial t} + (\vec{v} \cdot \nabla)\vec{v}\right] = -\nabla p + \rho \vec{g} - \nabla \times [\mu(\nabla \times \vec{v}) + \nabla[(2\mu + \mu')\nabla \cdot \vec{v}]$$

$$\text{(CK)} \quad \text{Mit} \quad \frac{d}{dt} = \frac{\partial}{\partial t} + u\frac{\partial}{\partial x} + v\frac{\partial}{\partial y} + w\frac{\partial}{\partial z} \quad \text{und} \quad \nabla \cdot \vec{v} = \frac{\partial u}{\partial x} + \frac{\partial v}{\partial y} + \frac{\partial w}{\partial z}$$

folgt für die x, y- und z-Richtung:

$$\rho \frac{du}{dt} = \rho\left(\frac{\partial u}{\partial t} + u\frac{\partial u}{\partial x} + v\frac{\partial u}{\partial y} + w\frac{\partial u}{\partial z}\right) = -\frac{\partial p}{\partial x} + \rho g_x + \frac{\partial}{\partial x}\left[2\mu \frac{\partial u}{\partial x} + \mu' \nabla \cdot \vec{v}\right] +$$

$$+ \frac{\partial}{\partial y}\left[\mu\left(\frac{\partial u}{\partial y} + \frac{\partial v}{\partial x}\right)\right] + \frac{\partial}{\partial z}\left[\mu\left(\frac{\partial w}{\partial x} + \frac{\partial u}{\partial z}\right)\right] ;$$

$$\rho \frac{dv}{dt} = \rho\left(\frac{\partial v}{\partial t} + u\frac{\partial v}{\partial x} + v\frac{\partial v}{\partial y} + w\frac{\partial v}{\partial z}\right) = -\frac{\partial p}{\partial y} + \rho g_y + \frac{\partial}{\partial x}\left[\mu\left(\frac{\partial u}{\partial y} + \frac{\partial v}{\partial x}\right)\right] +$$

$$+ \frac{\partial}{\partial y}\left[2\mu \frac{\partial v}{\partial y} + \mu' \nabla \cdot \vec{v}\right] + \frac{\partial}{\partial z}\left[\mu\left(\frac{\partial v}{\partial z} + \frac{\partial w}{\partial y}\right)\right] ;$$

$$\rho\,\frac{dw}{dt} = \rho\left(\frac{\partial w}{\partial t} + u\,\frac{\partial w}{\partial x} + v\,\frac{\partial w}{\partial y} + w\,\frac{\partial w}{\partial z}\right) = -\frac{\partial p}{\partial z} + \rho g_z + \frac{\partial}{\partial x}\left[\mu\left(\frac{\partial w}{\partial x} + \frac{\partial u}{\partial z}\right)\right] +$$

$$+\frac{\partial}{\partial y}\left[\mu\left(\frac{\partial v}{\partial z} + \frac{\partial w}{\partial y}\right)\right] + \frac{\partial}{\partial z}\left[2\mu\,\frac{\partial w}{\partial z} + \mu'\,\nabla\cdot\vec{v}\right]$$

(ZK) Mit $\dfrac{d}{dt} = \dfrac{\partial}{\partial t} + v_r\,\dfrac{\partial}{\partial r} + \dfrac{v_\theta}{r}\,\dfrac{\partial}{\partial \theta} + v_z\,\dfrac{\partial}{\partial z}$ und $\nabla\cdot\vec{v} = \dfrac{1}{r}\,\dfrac{\partial}{\partial r}(rv_r) + \dfrac{1}{r}\,\dfrac{\partial v_\theta}{\partial \theta} + \dfrac{\partial v_z}{\partial z}$

folgt für die r-, θ- und z-Richtung:

$$\rho\left[\frac{dv_r}{dt} - \frac{v_\theta^2}{r}\right] = -\frac{\partial p}{\partial r} + \rho g_r + \frac{\partial}{\partial r}\left[2\mu\,\frac{\partial v_r}{\partial r} + \mu'\,\nabla\cdot\vec{v}\right]$$

$$+\frac{1}{r}\,\frac{\partial}{\partial \theta}\left[\mu\left(\frac{1}{r}\,\frac{\partial v_r}{\partial \theta} + \frac{\partial v_\theta}{\partial r} - \frac{v_\theta}{r}\right)\right]$$

$$+\frac{\partial}{\partial z}\left[\mu\left(\frac{\partial v_r}{\partial z} + \frac{\partial v_z}{\partial r}\right)\right] + \frac{2\mu}{r}\left(\frac{\partial v_r}{\partial r} - \frac{1}{r}\,\frac{\partial v_\theta}{\partial \theta} - \frac{v_r}{r}\right)\ ;$$

$$\rho\left[\frac{dv_\theta}{dt} + \frac{v_r v_\theta}{r}\right] = -\frac{1}{r}\,\frac{\partial p}{\partial \theta} + \rho g_\theta + \frac{1}{r}\,\frac{\partial}{\partial \theta}\left[2\mu\left(\frac{1}{r}\,\frac{\partial v_\theta}{\partial \theta} + \frac{v_r}{r}\right) + \mu'\,\nabla\cdot\vec{v}\right]$$

$$+\frac{\partial}{\partial z}\left[\mu\left(\frac{1}{r}\,\frac{\partial v_z}{\partial \theta} + \frac{\partial v_\theta}{\partial z}\right)\right]$$

$$+\frac{\partial}{\partial r}\left[\mu\left(\frac{1}{r}\,\frac{\partial v_r}{\partial \theta} + \frac{\partial v_\theta}{\partial r} - \frac{v_\theta}{r}\right)\right] + \frac{2\mu}{r}\left(\frac{1}{r}\,\frac{\partial v_r}{\partial \theta} + \frac{\partial v_\theta}{\partial r} - \frac{v_\theta}{r}\right)\ ;$$

$$\rho\,\frac{dv_z}{dt} = -\frac{\partial p}{\partial z} + \rho g_z + \frac{\partial}{\partial z}\left[2\mu\,\frac{\partial v_z}{\partial z} + \mu'\,\nabla\cdot\vec{v}\right] + \frac{1}{r}\,\frac{\partial}{\partial r}\left[\mu r\left(\frac{\partial v_r}{\partial z} + \frac{\partial v_z}{\partial r}\right)\right]$$

$$+\frac{1}{r}\,\frac{\partial}{\partial \theta}\left[\mu\left(\frac{1}{r}\,\frac{\partial v_z}{\partial \theta} + \frac{\partial v_\theta}{\partial z}\right)\right]$$

(KK) Mit $\dfrac{d}{dt} = \dfrac{\partial}{\partial t} + v_r\,\dfrac{\partial}{\partial r} + \dfrac{v_\theta}{r}\,\dfrac{\partial}{\partial \theta} + \dfrac{v_\theta}{r\sin\theta}\,\dfrac{\partial}{\partial \phi}$

und $\nabla\cdot\vec{v} = \dfrac{1}{r^2}\,\dfrac{\partial}{\partial r}(r^2 v_r) + \dfrac{1}{r\sin\theta}\,\dfrac{\partial}{\partial \theta}(v_\theta\sin\theta) + \dfrac{1}{r\sin\theta}\,\dfrac{\partial v_\phi}{\partial \phi}$

folgt für die r-, θ- und ϕ-Richtung:

$$\rho\left[\frac{dv_r}{dt} - \frac{v_\theta^2 + v_\phi^2}{r}\right] = -\frac{\partial p}{\partial r} + \rho g_r + \frac{\partial}{\partial r}\left[2\mu\,\frac{\partial v_r}{\partial r} + \mu'\,\nabla\cdot\vec{v}\right] + \frac{1}{r}\,\frac{\partial}{\partial \theta}\left[\mu\left\{r\,\frac{\partial}{\partial r}\left(\frac{v_\theta}{r}\right) + \frac{1}{r}\,\frac{\partial v_r}{\partial \theta}\right\}\right]$$

$$+\frac{1}{r\sin\theta}\,\frac{\partial}{\partial \phi}\left[\mu\left\{\frac{1}{r\sin\theta}\,\frac{\partial v_r}{\partial \phi} + r\,\frac{\partial}{\partial r}\left(\frac{v_\phi}{r}\right)\right\}\right]$$

$$+\frac{\mu}{r}\left[4\,\frac{\partial v_r}{\partial r} - \frac{2}{r}\,\frac{\partial v_\theta}{\partial \theta} - \frac{4v_r}{r} - \frac{2}{r\sin\theta}\,\frac{\partial v_\phi}{\partial \phi}\right.$$

$$\left.-\frac{2v_\theta\cot\theta}{r} + r\cot\theta\,\frac{\partial}{\partial r}\left(\frac{v_\theta}{r}\right) + \frac{\cot\theta}{r}\,\frac{\partial v_r}{\partial \theta}\right]\ ;$$

$$\rho\left[\frac{dv_\theta}{dt} + \frac{v_r v_\theta}{r} - \frac{v_\theta^2 \cot\theta}{r}\right] = -\frac{1}{r}\frac{\partial p}{\partial\theta} + \rho g_\theta + \frac{1}{r}\frac{\partial}{\partial\theta}\left[\frac{2\mu}{r}\left(\frac{\partial v_\theta}{\partial\theta} + v_r\right) + \mu'\,\nabla\cdot\vec{v}\right]$$

$$+ \frac{1}{r\sin\theta}\frac{\partial}{\partial\phi}\left[\mu\left\{\frac{\sin\theta}{r}\frac{\partial}{\partial\theta}\left(\frac{v_\phi}{\sin\theta}\right) + \frac{1}{r\sin\theta}\frac{\partial v_\theta}{\partial\phi}\right\}\right]$$

$$+ \frac{\partial}{\partial r}\left[\mu\left\{r\frac{\partial}{\partial r}\left(\frac{v_\theta}{r}\right) + \frac{1}{r}\frac{\partial v_r}{\partial\theta}\right\}\right]$$

$$+ \frac{\mu}{r}\left[2\left(\frac{1}{r}\frac{\partial v_\theta}{\partial\theta} - \frac{1}{r\sin\theta}\frac{\partial v_\phi}{\partial\phi} - \frac{v_\theta\cot\theta}{r}\right)\cot\theta\right.$$

$$\left. + 3\left\{r\frac{\partial}{\partial r}\left(\frac{v_\theta}{r}\right) + \frac{1}{r}\frac{\partial v_r}{\partial\theta}\right\}\right];$$

$$\rho\left[\frac{dv_\phi}{dt} + \frac{v_\phi v_r}{r} + \frac{v_\theta v_\phi \cot\theta}{r}\right] = -\frac{1}{r\sin\theta}\frac{\partial p}{\partial\phi} + \rho g_\phi + \frac{1}{r\sin\theta}\frac{\partial}{\partial\phi}\left[\frac{2\mu}{r}\left(\frac{1}{\sin\theta}\frac{\partial v_\phi}{\partial\phi}\right.\right.$$

$$\left.\left. + v_r + v_\theta\cot\theta\right) + \mu'\,\nabla\cdot\vec{v}\right]$$

$$+ \frac{\partial}{\partial r}\left[\mu\left\{\frac{1}{r\sin\theta}\frac{\partial v_r}{\partial\phi} + r\frac{\partial}{\partial r}\left(\frac{v_\phi}{r}\right)\right\}\right]$$

$$+ \frac{1}{r}\frac{\partial}{\partial\theta}\left[\mu\left\{\frac{\sin\theta}{r}\frac{\partial}{\partial\theta}\left(\frac{v_\phi}{\sin\theta}\right) + \frac{1}{r\sin\theta}\frac{\partial v_\theta}{\partial\phi}\right\}\right]$$

$$+ \frac{\mu}{r}\left[3\frac{1}{r\sin\theta}\frac{\partial v_r}{\partial\phi} + r\frac{\partial}{\partial r}\left(\frac{v_\phi}{r}\right)\right.$$

$$\left. + 2\cot\theta\left\{\frac{\sin\theta}{r}\frac{\partial}{\partial\theta}\left(\frac{v_\phi}{\sin\theta}\right) + \frac{1}{r\sin\theta}\frac{\partial v_\theta}{\partial\phi}\right\}\right]$$

Energiegleichung (für ein Einkomponentenfluid)

$$\text{(T)}\quad \rho c_p\left[\frac{\partial T}{\partial t} + \frac{\partial}{\partial x_k}(Tv_k)\right] = \frac{\partial p}{\partial t} + \frac{\partial}{\partial x_k}(pv_k) + \Phi - \frac{\partial q_k}{\partial x_k}$$

$$\text{mit}\quad \Phi = \tau_{jk}\frac{\partial v_j}{\partial x_k} \quad\text{und}\quad q_k = -\lambda\frac{\partial T}{\partial x_k}$$

$$\text{(S)}\quad \rho c_p\frac{dT}{dt} = \frac{dp}{dt} + \Phi + \nabla\cdot(\lambda\nabla T)$$

$$\text{(CK)}\quad \rho c_p\left[\frac{\partial T}{\partial t} + \frac{\partial}{\partial x}(Tu) + \frac{\partial}{\partial y}(Tv) + \frac{\partial}{\partial z}(Tw)\right] = \frac{\partial p}{\partial t} + \frac{\partial}{\partial x}(pu) + \frac{\partial}{\partial y}(pv) + \frac{\partial}{\partial z}(pw) + \Phi +$$

$$+ \frac{\partial}{\partial x}\left(\lambda\frac{\partial T}{\partial x}\right) + \frac{\partial}{\partial y}\left(\lambda\frac{\partial T}{\partial y}\right) + \frac{\partial}{\partial z}\left(\lambda\frac{\partial T}{\partial z}\right)$$

$$(\text{ZK})\quad \rho c_p \left[\frac{\partial T}{\partial t} + \frac{1}{r}\frac{\partial}{\partial r}(rTv_r) + \frac{1}{r}\frac{\partial}{\partial \theta}(Tv_\theta) + \frac{\partial}{\partial z}(Tv_z) \right] =$$

$$\frac{\partial p}{\partial t} + \frac{1}{r}\frac{\partial}{\partial r}(rpv_r) + \frac{1}{r}\frac{\partial}{\partial \theta}(pv_\theta) + \frac{\partial}{\partial z}(pv_z) + \Phi +$$

$$+ \frac{1}{r}\frac{\partial}{\partial r}\left(r\lambda \frac{\partial T}{\partial r} \right) + \frac{1}{r^2}\frac{\partial}{\partial \theta}\left(\lambda \frac{\partial T}{\partial \theta} \right) + \frac{\partial}{\partial z}\left(\lambda \frac{\partial T}{\partial z} \right)$$

$$(\text{KK})\quad \rho c_p \left[\frac{\partial T}{\partial t} + \frac{1}{r^2}\frac{\partial}{\partial r}(r^2 Tv_r) + \frac{1}{r \sin\theta}\frac{\partial}{\partial \theta}(Tv_\theta \sin_\theta) + \right.$$

$$\left. + \frac{1}{r \sin\theta}\frac{\partial}{\partial \phi}(Tv_\phi) \right] = \frac{\partial p}{\partial t} + \frac{1}{r^2}\frac{\partial}{\partial r}(r^2 pv_r) +$$

$$+ \frac{1}{r \sin\theta}\frac{\partial}{\partial \theta}(pv_\theta \sin\theta) + \frac{1}{r \sin\theta}\frac{\partial}{\partial \phi}(pv_\phi) + \Phi +$$

$$+ \frac{1}{r^2}\frac{\partial}{\partial r}\left(r\lambda \frac{\partial T}{\partial r} \right) + \frac{1}{r^2 \sin\theta}\frac{\partial}{\partial \theta}\left(\sin\theta\, \lambda \frac{\partial T}{\partial \theta} \right) + \frac{1}{r^2 \sin^2\theta}\frac{\partial}{\partial \phi}\left(\lambda \frac{\partial T}{\partial \phi} \right)$$

Sachwortverzeichnis

Norbert Elsner

Grundlagen der Technischen Thermodynamik

Mit 310 Abb. und 20 Tabellen, davon 4 als Beilage. 2., bearb. und erw. Aufl. 1980. XIII, 641 S. 17,5 X 24,5 cm. Gbd.

Inhalt: Grundlagen der Energielehre — Zum Inhalt und Aufbau der Technischen Thermodynamik — Maßsysteme und Einheiten — Grundbegriffe der Thermodynamik — Der erste Hauptsatz der Thermodynamik — Der zweite Hauptsatz der Thermodynamik — Thermische und kalorische Zustandseigenschaften reiner Stoffe und Gemische — Die einfachen thermodynamischen Prozesse — Kreisprozesse — Technische Verbrennungsprozesse — Grundlagen des Transportes der thermischen Energie — Grundbegriffe des Transportes der thermischen Energie — Wärmeleitung — Konvektion — Strahlung — Wärmedurchgang — Wärmeübertrager — Anhang.

Dieses Standardlehrbuch und Nachschlagewerk gliedert sich auch in der zweiten überarbeiteten Auflage in zwei Hauptteile: Während sich Teil A mit den Grundlagen der Energielehre beschäftigt und durch einige Abschnitte über die Bewertung thermodynamischer Prozesse aus der Sicht des ersten und zweiten Hauptsatzes ergänzt wurde, ist Teil B den Grundlagen des Transports der thermischen Energie gewidmet. In diesem Teil hat insbesondere das Kapitel über den Wärmedurchgang durch die Einbeziehung der Rippenheizflächen eine inhaltliche Erweiterung erfahren. Bei der Berechnung der Übungsbeispiele wird ausschließlich das Internationale Einheitensystem (SI) verwendet.

Karl-Friedrich Knoche

Technische Thermodynamik

für Studenten des Maschinenbaus und der Elektrotechnik ab 1. Semester. Mit 131 Abb. 3., durchges. Aufl. 1981. VIII, 158 S. DIN C 5 (uni-text). Paperback

Inhalt: Grundbegriffe — Der erste Hauptsatz der Thermodynamik (Energieerhaltungsprinzip) — Zustandsgleichungen und Zustandsänderungen — Kreisprozesse — Zweiter Hauptsatz der Thermodynamik — Offene Systeme — Exergie — Zustandsgleichungen realer Gase — Gemische und Mischungsprozesse — Verbrennungsvorgänge und andere chemische Umsetzungen — Strömungs- und Arbeitsprozesse — Energieumwandlung Wärme-Arbeit.

Die Technische Thermodynamik behandelt die bei technischen Prozessen auftretenden makroskopischen Veränderungen materieller Systeme. Die Beschreibung derartiger Vorgänge läßt sich auf wenige Grundprinzipien, wie den ersten und zweiten Hauptsatz der Thermodynamik, zurückführen. Sie werden in anschaulicher Form eingeführt und im Zusammenhang mit technischen Problemstellungen vertieft.